21世纪高等学校规划教材 | 物联网

# 无线传感器网络
# 实用教程

余成波 李洪兵 陶红艳 编著

清华大学出版社
北京

## 内 容 简 介

本书是作者在近几年无线传感器网络学习研究的基础上，结合实际开发经验进行编撰的。本书共分5篇18章，主要介绍无线传感器的原理及实践开发技术。本书在介绍无线传感器网络基本原理和理论后，重点阐述无线传感器网络实践开发技术。第1篇是无线传感器网络概述，第2篇是无线传感器网络原理，第3篇是ZigBee(TI 2430)实践开发技术，第4篇是ZigBee(JENNIC)实践开发技术，第5篇是TinyOS实践开发技术。

本书的特点是在编写过程中除介绍其基本理论外，突出了实践的重要性。在内容的编排上淡化了学科性，避免介绍过多偏深的原理、理论，而注重理论在具体运用中的要点、方法和技术操作，并结合实际范例，逐层分析和总结。本书侧重于实践操作，将教材内容与工作岗位对专业人才的知识要求与技能要求结合起来，将开发实例提升到一个较重要的位置，按照"理论—平台构建—开发实例"的组织结构编写教材。

本书可以作为高等院校本专科生和各高职院校学生的学习教材，也可以作为研究生进行无线传感器网络开发和研究的参考书。只要具备基本的软硬知识的人员通过此书的学习就能够较快地了解并熟悉无线传感器网络原理和掌握其开发实践技术。本书具有较强的实践指导意义。

本书封面贴有清华大学出版社防伪标签，无标签者不得销售。
版权所有，侵权必究。举报: 010-62782989, beiqinquan@tup.tsinghua.edu.cn

**图书在版编目(CIP)数据**

无线传感器网络实用教程/余成波,李洪兵,陶红艳编著.—北京: 清华大学出版社,2012.4 (2023.4重印)
(21世纪高等学校规划教材·物联网)
ISBN 978-7-302-27105-5

Ⅰ. ①无… Ⅱ. ①余… ②李… ③陶… Ⅲ. ①无线电通信—传感器—教材 Ⅳ. ①TP212

中国版本图书馆CIP数据核字(2011)第210714号

| | |
|---|---|
| 责任编辑: | 魏江江　薛　阳 |
| 封面设计: | 傅瑞学 |
| 责任校对: | 李建庄 |
| 责任印制: | 杨　艳 |

出版发行: 清华大学出版社
网　　址: http://www.tup.com.cn, http://www.wqbook.com
地　　址: 北京清华大学学研大厦A座　　　　　　邮　编: 100084
社 总 机: 010-83470000　　　　　　　　　　　　邮　购: 010-62786544
投稿与读者服务: 010-62776969, c-service@tup.tsinghua.edu.cn
质量反馈: 010-62772015, zhiliang@tup.tsinghua.edu.cn
课件下载: http://www.tup.com.cn, 010-83470236
印 装 者: 三河市龙大印装有限公司
经　　销: 全国新华书店
开　　本: 185mm×260mm　　印　张: 28.75　　字　数: 722千字
版　　次: 2012年4月第1版　　　　　　　　　　印　次: 2023年4月第11次印刷
印　　数: 15101~15500
定　　价: 44.50元

产品编号: 039144-01

# 编审委员会成员

（按地区排序）

| | | |
|---|---|---|
| 清华大学 | 周立柱 | 教授 |
| | 覃 征 | 教授 |
| | 王建民 | 教授 |
| | 冯建华 | 教授 |
| | 刘 强 | 副教授 |
| 北京大学 | 杨冬青 | 教授 |
| | 陈 钟 | 教授 |
| | 陈立军 | 副教授 |
| 北京航空航天大学 | 马殿富 | 教授 |
| | 吴超英 | 副教授 |
| | 姚淑珍 | 教授 |
| 中国人民大学 | 王 珊 | 教授 |
| | 孟小峰 | 教授 |
| | 陈 红 | 教授 |
| 北京师范大学 | 周明全 | 教授 |
| 北京交通大学 | 阮秋琦 | 教授 |
| | 赵 宏 | 副教授 |
| 北京信息工程学院 | 孟庆昌 | 教授 |
| 北京科技大学 | 杨炳儒 | 教授 |
| 石油大学 | 陈 明 | 教授 |
| 天津大学 | 艾德才 | 教授 |
| 复旦大学 | 吴立德 | 教授 |
| | 吴百锋 | 教授 |
| | 杨卫东 | 副教授 |
| 同济大学 | 苗夺谦 | 教授 |
| | 徐 安 | 教授 |
| 华东理工大学 | 邵志清 | 教授 |
| 华东师范大学 | 杨宗源 | 教授 |
| | 应吉康 | 教授 |
| 东华大学 | 乐嘉锦 | 教授 |
| | 孙 莉 | 副教授 |
| 浙江大学 | 吴朝晖 | 教授 |

| | | |
|---|---|---|
| | 李善平 | 教授 |
| 扬州大学 | 李 云 | 教授 |
| 南京大学 | 骆 斌 | 教授 |
| | 黄 强 | 副教授 |
| 南京航空航天大学 | 黄志球 | 教授 |
| | 秦小麟 | 教授 |
| 南京理工大学 | 张功萱 | 教授 |
| 南京邮电学院 | 朱秀昌 | 教授 |
| 苏州大学 | 王宜怀 | 教授 |
| | 陈建明 | 副教授 |
| 江苏大学 | 鲍可进 | 教授 |
| 中国矿业大学 | 张 艳 | 教授 |
| 武汉大学 | 何炎祥 | 教授 |
| 华中科技大学 | 刘乐善 | 教授 |
| 中南财经政法大学 | 刘腾红 | 教授 |
| 华中师范大学 | 叶俊民 | 教授 |
| | 郑世珏 | 教授 |
| | 陈 利 | 教授 |
| 江汉大学 | 颜 彬 | 教授 |
| 国防科技大学 | 赵克佳 | 教授 |
| | 邹北骥 | 教授 |
| 中南大学 | 刘卫国 | 教授 |
| 湖南大学 | 林亚平 | 教授 |
| 西安交通大学 | 沈钧毅 | 教授 |
| | 齐 勇 | 教授 |
| 长安大学 | 巨永锋 | 教授 |
| 哈尔滨工业大学 | 郭茂祖 | 教授 |
| 吉林大学 | 徐一平 | 教授 |
| | 毕 强 | 教授 |
| 山东大学 | 孟祥旭 | 教授 |
| | 郝兴伟 | 教授 |
| 中山大学 | 潘小轰 | 教授 |
| 厦门大学 | 冯少荣 | 教授 |
| 仰恩大学 | 张思民 | 教授 |
| 云南大学 | 刘惟一 | 教授 |
| 电子科技大学 | 刘乃琦 | 教授 |
| | 罗 蕾 | 教授 |
| 成都理工大学 | 蔡 淮 | 教授 |
| | 于 春 | 副教授 |
| 西南交通大学 | 曾华燊 | 教授 |

# 出 版 说 明

随着我国改革开放的进一步深化,高等教育也得到了快速发展,各地高校紧密结合地方经济建设发展需要,科学运用市场调节机制,加大了使用信息科学等现代科学技术提升、改造传统学科专业的投入力度,通过教育改革合理调整和配置了教育资源,优化了传统学科专业,积极为地方经济建设输送人才,为我国经济社会的快速、健康和可持续发展以及高等教育自身的改革发展做出了巨大贡献。但是,高等教育质量还需要进一步提高以适应经济社会发展的需要,不少高校的专业设置和结构不尽合理,教师队伍整体素质亟待提高,人才培养模式、教学内容和方法需要进一步转变,学生的实践能力和创新精神亟待加强。

教育部一直十分重视高等教育质量工作。2007年1月,教育部下发了《关于实施高等学校本科教学质量与教学改革工程的意见》,计划实施"高等学校本科教学质量与教学改革工程"(简称"质量工程"),通过专业结构调整、课程教材建设、实践教学改革、教学团队建设等多项内容,进一步深化高等学校教学改革,提高人才培养的能力和水平,更好地满足经济社会发展对高素质人才的需要。在贯彻和落实教育部"质量工程"的过程中,各地高校发挥师资力量强、办学经验丰富、教学资源充裕等优势,对其特色专业及特色课程(群)加以规划、整理和总结,更新教学内容、改革课程体系,建设了一大批内容新、体系新、方法新、手段新的特色课程。在此基础上,经教育部相关教学指导委员会专家的指导和建议,清华大学出版社在多个领域精选各高校的特色课程,分别规划出版系列教材,以配合"质量工程"的实施,满足各高校教学质量和教学改革的需要。

为了深入贯彻落实教育部《关于加强高等学校本科教学工作,提高教学质量的若干意见》精神,紧密配合教育部已经启动的"高等学校教学质量与教学改革工程精品课程建设工作",在有关专家、教授的倡议和有关部门的大力支持下,我们组织并成立了"清华大学出版社教材编审委员会"(以下简称"编委会"),旨在配合教育部制定精品课程教材的出版规划,讨论并实施精品课程教材的编写与出版工作。"编委会"成员皆来自全国各类高等学校教学与科研第一线的骨干教师,其中许多教师为各校相关院、系主管教学的院长或系主任。

按照教育部的要求,"编委会"一致认为,精品课程的建设工作从开始就要坚持高标准、严要求,处于一个比较高的起点上。精品课程教材应该能够反映各高校教学改革与课程建设的需要,要有特色风格、有创新性(新体系、新内容、新手段、新思路,教材的内容体系有较高的科学创新、技术创新和理念创新的含量)、先进性(对原有的学科体系有实质性的改革和发展,顺应并符合21世纪教学发展的规律,代表并引领课程发展的趋势和方向)、示范性(教材所体现的课程体系具有较广泛的辐射性和示范性)和一定的前瞻性。教材由个人申报或各校推荐(通过所在高校的"编委会"成员推荐),经"编委会"认真评审,最后由清华大学出版社审定出版。

目前,针对计算机类和电子信息类相关专业成立了两个"编委会",即"清华大学出版社计算机教材编审委员会"和"清华大学出版社电子信息教材编审委员会"。推出的特色精品教材包括：

（1）21世纪高等学校规划教材·计算机应用——高等学校各类专业，特别是非计算机专业的计算机应用类教材。

（2）21世纪高等学校规划教材·计算机科学与技术——高等学校计算机相关专业的教材。

（3）21世纪高等学校规划教材·电子信息——高等学校电子信息相关专业的教材。

（4）21世纪高等学校规划教材·软件工程——高等学校软件工程相关专业的教材。

（5）21世纪高等学校规划教材·信息管理与信息系统。

（6）21世纪高等学校规划教材·财经管理与应用。

（7）21世纪高等学校规划教材·电子商务。

（8）21世纪高等学校规划教材·物联网。

清华大学出版社经过三十多年的努力，在教材尤其是计算机和电子信息类专业教材出版方面树立了权威品牌，为我国的高等教育事业做出了重要贡献。清华版教材形成了技术准确、内容严谨的独特风格，这种风格将延续并反映在特色精品教材的建设中。

清华大学出版社教材编审委员会<br>
联系人：魏江江<br>
E-mail：weijj@tup.tsinghua.edu.cn

# 前　言

　　无线传感器网络是当前众多学科研究的热点,无线传感器网络的发展将有助于全面提升物联网在社会生产生活中的信息感知能力、信息互通性和智能决策能力,它将有望掀起第三次信息产业浪潮。当前,无线传感器网络的理论和关键技术仍处在研发阶段,但其原理及技术已应用到国民生产和生活等各个方面,其相关编著已逐渐加入到本专科和研究生课程中,被各层次专业人员和教师学生所使用。到目前为止,已出版的有关无线传感器网络的著作数量较少,且主要以介绍其原理和关键技术为主,而以较大篇幅介绍其实践操作和开发技术的著作并不多见。无线传感器网络作为一门实践操作技术较强的专业知识,在其学习和开发实践中,离不开一本以较大篇幅介绍开发实践技术的著作。鉴于此,本书在编写过程中除介绍其基本理论外,突出实践的重要性。在内容的编排上淡化了学科性,避免介绍过多偏深的原理、理论,而注重理论在具体运用中的要点、方法和技术操作,并结合实际范例,逐层分析和总结。本书侧重于实践操作,将教材内容与工作岗位对专业人才的知识要求与技能要求结合起来,将开发实例提升到一个较重要的位置,按照"理论—平台构建—开发实例"的组织结构编写教材。

　　本书在组织结构上共分为5篇18章,主要内容如下:

　　第1篇是无线传感器网络概述,包括第1章,主要介绍了短距离无线网络概述、无线传感器网络发展历程、无线传感器网络的特征、无线传感器网络关键技术、无线传感器网络的应用、无线传感器网络仿真平台、无线传感器网络开发平台。

　　第2篇是无线传感器网络原理,包括第2~9章。第2章介绍了无线传感器网络体系结构,内容涉及体系结构概述、无线传感器网络体系结构等。第3章介绍了路由协议,内容涉及路由协议概述、分类及典型路由协议。第4章介绍了MAC协议,内容涉及MAC协议的概述、分类及分类比较等。第5章介绍了拓扑控制,内容涉及拓扑控制的概述、拓扑控制设计目标与研究现状、拓扑模型与拓扑控制算法等。第6章介绍了WSN定位技术,内容涉及定位技术简介、测距方法、常用的定位计算方法、典型WSN定位系统和算法及定位算法设计的注意问题等内容。第7章介绍了时间同步,内容涉及时间同步的概述、算法及算法比较分析等。第8章介绍了安全技术,内容涉及无线传感器网络安全基本理论、无线传感器网络的安全技术研究、无线传感器网络安全协议、操作系统安全技术及无线传感器网络安全的研究进展等内容。第9章介绍了协议标准,内容涉及标准概述与网络简介、IEEE 802.15.4协议及ZigBee标准等。

　　第3篇是ZigBee(TI 2430)实践开发技术,包括第10~13章。第10章介绍了ZigBee硬件平台,内容涉及ZigBee无线SoC片上系统CC2430/CC2431概述、CC2430/CC2431芯片主要特点、CC2430/CC2431芯片功能结构、SoC无线CC2430之8051的CPU介绍、CC2410/CC2431主要外部设备、无线模块、CC2430/CC2431所涉及无线通信技术、CC2431无线定位引擎介绍、基于CC2430/2431的ZigBee硬件平台等内容。第11章介绍了CC2430开发环境IAR,内容主要涉及软件安装、ZigBee精简协议、软件设置及程序下载、软件使用实例及取片内温度实例等内容。第12章介绍了开发实践-环境监测,内容涉及系统总体方案、ZigBee芯片选择、系统硬件研制及系统试验平台搭建等内容。

第4篇是ZigBee(JENNIC)实践开发技术,包括第13～15章。第13章介绍了硬件平台,内容涉及硬件平台概述、介绍等。第14章介绍了软件平台,内容涉及软件介绍、软件使用说明、实验平台功能演示及可视化工具软件iSnamp-J等。第15章介绍了开发实践——基于ZigBee协议栈进行开发,内容涉及协议栈架构简介、ZigBee协议栈的开发接口API、应用框架接口函数、ZigBee Device Profile API、外围部件的操作等。

第5篇是TinyOS实践开发技术,包括第16～18章。第16章介绍了nesC语言,内容涉及nesC语言简介、语法与术语、接口、组件、模块、结构、nesC协作、应用程序与多样性等内容。第17章介绍了TinyOS操作系统,内容涉及TinyOS简介、TinyOS框架结构与特点、TinyOS组件、TinyOS的系统模型、TinyOS通信模型、TinyOS事件驱动机制、调度策略、TinyOS任务调度机制、TinyOS硬软件实现、TinyOS协议栈、TinyOS应用示例及TinyOS的安装等内容。第18章介绍了TinyOS示例,内容涉及TinyOS示例——用事件驱动方式从传感器读取数据、Crossbow-OEM设计套件与网络操作及传感器节点配置、MoteView操作示例等内容。

本书作者的研究工作得到了重庆市科技攻关计划项目(No. CSTC2011AC2179)、国家科技型中小企业技术创新基金项目(No. 09C26225115524)、重庆市经济与信息化委员会基金项目(No. 渝经信科技[2010]9号)、重庆市九龙坡区科委项目(No. 九龙坡科委发[2009]52号)等的资助,在此表示感谢!

全书由余成波负责统稿和审校。第1篇由余成波编写;第2篇由余成波、李洪兵、杨如民编写;第3篇由李洪兵编写;第4篇由陶红艳、杨佳编写;第5篇由李洪兵、崔焱喆编写。其他参加各章节编写的还有刘彦飞、刘贺、李彦林、沈钰、吴佳伟、周召敏、闫俊辉、熊飞、唐海燕、张一萌、余婷、刘峪瑄、张进、余磊、谭俊、李芮、何强、刘天宝、曾一致、晏绍奎、田引黎、赵西超等。

本书编写过程中参考了大量文献和资料,在此对原作者深表感谢,恕不一一列举。同时,本书在编写过程中得到了众多高等学校、科研单位、厂矿企业等的大力支持和帮助,并获得了许多宝贵的意见。在此,一并表示衷心的感谢。

殷切地期望各位读者和同仁对本书的错误和不足之处进行指正并提出建议。

编著者
2011年12月

# 目 录

## 第1篇 无线传感器网络概述

### 第1章 无线传感器网络简介 ... 3
- 1.1 短距离无线网络概述 ... 3
  - 1.1.1 短距离无线通信的特点 ... 3
  - 1.1.2 常用短距离无线通信技术的介绍 ... 3
- 1.2 无线传感器网络发展历程 ... 7
  - 1.2.1 无线数据网络 ... 7
  - 1.2.2 无线自组织网络 ... 10
  - 1.2.3 无线传感器网络 ... 10
- 1.3 无线传感器网络的特征 ... 11
  - 1.3.1 传感器网络的特点 ... 11
  - 1.3.2 传感器节点的限制 ... 13
- 1.4 传感器网络的关键技术 ... 13
- 1.5 无线传感器网络的应用 ... 18
- 1.6 无线传感器网络仿真平台 ... 20
  - 1.6.1 NS-2 仿真平台 ... 21
  - 1.6.2 OPNET 仿真平台 ... 23
  - 1.6.3 GloMoSim 仿真平台 ... 24
  - 1.6.4 TOSSIM 的系统结构及仿真方法 ... 25
  - 1.6.5 PowerTOSSIM ... 26
- 1.7 无线传感器网络开发平台 ... 28
- 1.8 小结 ... 32
- 参考文献 ... 32

## 第2篇 无线传感器网络原理

### 第2章 无线传感器网络体系结构 ... 37
- 2.1 体系结构概述 ... 37
- 2.2 无线传感器网络体系结构 ... 38
  - 2.2.1 无线传感器网络物理体系结构 ... 38
  - 2.2.2 无线传感器网络软件体系结构 ... 39
  - 2.2.3 无线传感器网络的协议栈 ... 41

2.2.4 无线传感器网络通信体系结构 ················· 41
2.3 小结 ················· 43
参考文献 ················· 43

## 第3章 路由协议 ················· 45

3.1 概述 ················· 45
3.2 路由协议分类 ················· 46
3.3 典型路由协议分析 ················· 48
    3.3.1 平面路由协议 ················· 48
    3.3.2 层次路由协议 ················· 52
    3.3.3 协议综合比较 ················· 56
3.4 小结 ················· 56
参考文献 ················· 57

## 第4章 MAC协议 ················· 60

4.1 概述 ················· 60
    4.1.1 研究现状和趋势 ················· 60
    4.1.2 影响WSN的MAC协议因素 ················· 60
    4.1.3 协议特点 ················· 63
    4.1.4 WSN的MAC协议设计策略 ················· 64
4.2 WSN的MAC协议分类 ················· 64
4.3 MAC协议分析比较 ················· 65
    4.3.1 MAC协议分析 ················· 65
    4.3.2 MAC协议的比较 ················· 73
4.4 小结 ················· 75
参考文献 ················· 76

## 第5章 拓扑控制 ················· 79

5.1 概述 ················· 79
5.2 拓扑控制设计目标与研究现状 ················· 80
    5.2.1 拓扑控制的设计目标 ················· 80
    5.2.2 拓扑控制的研究现状 ················· 81
5.3 拓扑模型与拓扑控制算法 ················· 85
    5.3.1 拓扑模型 ················· 85
    5.3.2 拓扑控制算法 ················· 86
5.4 小结 ················· 93
参考文献 ················· 95

## 第6章 WSN定位技术 ················· 101

6.1 定位技术简介 ················· 101

|  |  | 6.1.1 基本概念和评价指标 ············································· 101 |
| :- | :- | :- |
|  |  | 6.1.2 定位算法的分类 ················································· 104 |
|  | 6.2 | 测距方法 ····································································· 106 |
|  |  | 6.2.1 接收信号强度指示法 ············································· 106 |
|  |  | 6.2.2 到达时间法 ······················································· 107 |
|  |  | 6.2.3 到达时间差法 ···················································· 108 |
|  |  | 6.2.4 到达角法 ·························································· 108 |
|  | 6.3 | 常用的定位计算方法 ······················································ 109 |
|  |  | 6.3.1 三边定位与求解 ··················································· 109 |
|  |  | 6.3.2 三角定位与求解 ··················································· 109 |
|  |  | 6.3.3 极大似然估计法 ··················································· 110 |
|  | 6.4 | 典型 WSN 定位系统和算法 ················································ 110 |
|  |  | 6.4.1 Active Badge 定位系统 ············································ 111 |
|  |  | 6.4.2 Active Office ······················································· 111 |
|  |  | 6.4.3 Cricket 定位系统 ·················································· 111 |
|  |  | 6.4.4 APIT ································································ 111 |
|  |  | 6.4.5 AHLos ······························································ 112 |
|  |  | 6.4.6 SPA 相对定位 ······················································ 113 |
|  |  | 6.4.7 凸规划 ······························································ 114 |
|  |  | 6.4.8 APS ································································· 114 |
|  |  | 6.4.9 Cooperative Ranging 和 Two-Phase Positioning ················ 115 |
|  |  | 6.4.10 Generic Localized Algorithms ··································· 116 |
|  |  | 6.4.11 MDS-MAP ························································ 117 |
|  | 6.5 | 定位算法设计的注意问题 ················································· 117 |
|  |  | 6.5.1 典型定位系统和算法比较 ········································· 117 |
|  |  | 6.5.2 定位算法设计的注意问题 ········································· 120 |
|  | 6.6 | 小结 ········································································· 121 |
|  | 参考文献 ············································································ 121 |

**第 7 章　时间同步** ············································································ 125

  7.1 时间同步概述 ································································ 125
      7.1.1 消息传递过程分解 ····················································· 125
      7.1.2 算法设计的影响因素 ·················································· 125
      7.1.3 算法的性能指标 ······················································· 126
  7.2 时间同步算法 ································································ 127
      7.2.1 经典时间同步算法 ···················································· 127
      7.2.2 基于前同步思想的同步算法 ········································· 131
      7.2.3 基于后同步思想的时间同步协议 ··································· 133
  7.3 算法比较分析 ································································ 133
  7.4 小结 ············································································ 135

参考文献 ………………………………………………………………………… 136

## 第8章 安全技术 ……………………………………………………………… 137

### 8.1 无线传感器网络安全基本理论 ……………………………………………… 137
8.1.1 无线传感器网络安全的限制因素 ………………………………… 137
8.1.2 系统假设 ……………………………………………………………… 138
8.1.3 无线传感器网络的安全问题分析 ………………………………… 138
8.1.4 无线传感器网络安全要求 ………………………………………… 143

### 8.2 无线传感器网络的安全技术研究 …………………………………………… 144
8.2.1 无线传感器网络密码技术 ………………………………………… 145
8.2.2 密钥确立和管理 …………………………………………………… 145
8.2.3 无线传感器网络的路由安全 ……………………………………… 146
8.2.4 数据融合安全 ……………………………………………………… 147

### 8.3 无线传感器网络安全协议 …………………………………………………… 148
8.3.1 符号 ………………………………………………………………… 148
8.3.2 密钥管理 …………………………………………………………… 148
8.3.3 SNEP：数据加密、认证、完整性和实时性 …………………… 150

### 8.4 操作系统安全技术 …………………………………………………………… 151
8.4.1 无线传感器网络运行的操作系统 ………………………………… 151
8.4.2 链路层加密方案Ⅰ（TinySec）——TinyOS的安全保护措施 … 152
8.4.3 链路层加密方案Ⅱ（SenSec）——TinySec的改进 …………… 154

### 8.5 无线传感器网络安全的研究进展 …………………………………………… 156
8.5.1 密钥管理 …………………………………………………………… 156
8.5.2 身份认证 …………………………………………………………… 157
8.5.3 攻防技术 …………………………………………………………… 158

### 8.6 小结 …………………………………………………………………………… 159
参考文献 ………………………………………………………………………… 159

## 第9章 协议标准 ……………………………………………………………… 163

### 9.1 标准概述与网络简介 ………………………………………………………… 163
9.1.1 IEEE 802.15.4 标准概述 ………………………………………… 163
9.1.2 IEEE 802.15.4 网络简介 ………………………………………… 164

### 9.2 IEEE 802.15.4 协议 ………………………………………………………… 166
9.2.1 工业无线通信协议 ………………………………………………… 166
9.2.2 IEEE 802.15.4 网络协议栈 ……………………………………… 170

### 9.3 ZigBee 协议标准 …………………………………………………………… 179
9.3.1 ZigBee 是什么 ……………………………………………………… 179
9.3.2 ZigBee 标准概要 …………………………………………………… 179
9.3.3 ZigBee 技术优势 …………………………………………………… 179
9.3.4 ZigBee 协议栈 ……………………………………………………… 180

|     | 9.3.5 ZigBee 协议的消息格式及帧格式 | 182 |
| --- | --- | --- |
|     | 9.3.6 ZigBee 网络拓扑 | 184 |
| 9.4 | 小结 | 186 |
| 参考文献 | | 186 |

# 第 3 篇　ZigBee 实践开发技术——CC2430

## 第 10 章　ZigBee 硬件平台 ················ 189

| 10.1 | ZigBee 无线 SoC 片上系统 CC2430/CC2431 概述 | 189 |
| --- | --- | --- |
| 10.2 | CC2430/CC2431 芯片主要特点 | 190 |
| 10.3 | CC2430/CC2431 芯片功能结构 | 192 |
| 10.4 | SoC 无线 CC2430 之 8051 的 CPU 介绍 | 194 |
|      | 10.4.1 简介 | 194 |
|      | 10.4.2 存储器 | 195 |
|      | 10.4.3 特殊功能寄存器 | 197 |
| 10.5 | CC2410/CC2431 主要外部设备 | 199 |
|      | 10.5.1 I/O 端口 | 199 |
|      | 10.5.2 DMA 控制器 | 201 |
|      | 10.5.3 AES（高级加密标准）协处理器 | 204 |
| 10.6 | 无线模块 | 207 |
|      | 10.6.1 IEEE 802.15.4 调制方式 | 209 |
|      | 10.6.2 接收模式 | 209 |
|      | 10.6.3 发送测试模式 | 210 |
|      | 10.6.4 CSMA-CA/选通处理器 | 211 |
| 10.7 | CC2430/CC2431 所涉及的无线通信技术 | 214 |
|      | 10.7.1 清除信道评估 CCA | 214 |
|      | 10.7.2 无线直接频谱技术 DSSS | 215 |
|      | 10.7.3 载波侦听多点接入/避免冲撞 CSMA/CA | 218 |
| 10.8 | CC2431 无线定位引擎介绍 | 219 |
| 10.9 | 基于 CC2430/CC2431 的 ZigBee 硬件平台 | 220 |
|      | 10.9.1 扩展表演板硬件描述 | 220 |
|      | 10.9.2 进入演示 | 222 |

## 第 11 章　CC2430 开发环境 IAR ··············· 224

| 11.1 | 软件安装 | 224 |
| --- | --- | --- |
| 11.2 | ZigBee 精简协议 | 224 |
| 11.3 | 软件设置及程序下载 | 225 |
| 11.4 | 软件使用实例 | 226 |
|      | 11.4.1 创建一个工作区窗口 | 226 |
|      | 11.4.2 建立一个新工程 | 226 |

| | | |
|---|---|---|
| | 11.4.3 添加文件或新建程序文件 | 227 |
| | 11.4.4 设置工程选项 | 228 |
| | 11.4.5 编译和链接 | 231 |
| | 11.4.6 调试 | 232 |
| 11.5 | 取片内温度实例 | 237 |

## 第 12 章 开发实践——环境监测 239

| | | |
|---|---|---|
| 12.1 | 系统总体方案 | 239 |
| 12.2 | ZigBee 芯片选择 | 240 |
| 12.3 | 系统硬件研制 | 242 |
| | 12.3.1 射频传输模块 | 242 |
| | 12.3.2 采集节点底板模块 | 243 |
| | 12.3.3 Coordinator 节点底板模块 | 245 |
| 12.4 | 系统试验平台搭建 | 246 |
| | 12.4.1 集成开发环境及调试器 | 247 |
| | 12.4.2 系统联调与实现 | 247 |
| 12.5 | 小结 | 252 |

参考文献 253

# 第 4 篇　ZigBee 实践开发技术——JENNIC

## 第 13 章　硬件平台 257

| | | |
|---|---|---|
| 13.1 | 概述 | 257 |
| 13.2 | 硬件平台介绍 | 257 |
| | 13.2.1 GAINSJ 开发板 | 257 |
| | 13.2.2 JN5121 SoC 芯片 | 258 |
| | 13.2.3 JN5139 SoC 芯片 | 261 |
| | 13.2.4 JN5121 模块 | 263 |
| | 13.2.5 JN5139 模块 | 265 |

## 第 14 章　软件平台 268

| | | |
|---|---|---|
| 14.1 | 软件介绍 | 268 |
| 14.2 | 软件安装 | 268 |
| 14.3 | 软件使用说明 | 269 |
| | 14.3.1 打开工程文件 | 269 |
| | 14.3.2 编译程序 | 270 |
| | 14.3.3 烧写程序 | 270 |
| | 14.3.4 新建工程 | 272 |
| 14.4 | 实验平台功能演示 | 273 |
| | 14.4.1 基本功能介绍 | 273 |

14.4.2 开发案例介绍 …… 273
14.5 可视化工具软件 iSnamp-J …… 276
　　14.5.1 简介 …… 276
　　14.5.2 特性 …… 276

## 第15章 开发实践——基于 ZigBee 协议栈进行开发 …… 284

15.1 协议栈架构简介 …… 284
　　15.1.1 新的概念简介 …… 284
　　15.1.2 节点的类型简要解释 …… 286
　　15.1.3 网络拓扑形式 …… 286
　　15.1.4 地址模式 …… 287
15.2 ZigBee 协议栈的开发接口 API …… 288
　　15.2.1 应用的初始化函数 …… 290
　　15.2.2 应用程序调用协议栈的函数 …… 290
　　15.2.3 协议栈调用应用程序的函数 …… 292
15.3 应用框架接口函数 …… 295
15.4 ZigBee Device Profile API …… 300
15.5 外围部件的操作 …… 304
　　15.5.1 如何实现定时休眠唤醒 …… 304
　　15.5.2 如何使用 SPI 接口 …… 305
　　15.5.3 如何使用 UART …… 305
　　15.5.4 如何使用 GPIO …… 306

参考文献 …… 307

# 第5篇　TinyOS 实践开发技术

## 第16章　nesC 语言 …… 311

16.1 nesC 语言简介 …… 311
　　16.1.1 nesC 语言概述 …… 311
　　16.1.2 nesC 语言组成 …… 311
　　16.1.3 nesC 语言基本特点 …… 313
　　16.1.4 nesC 编译技术 …… 314
　　16.1.5 nesC 程序开发平台 …… 314
16.2 语法与术语 …… 315
　　16.2.1 变化 …… 315
　　16.2.2 语法 …… 315
　　16.2.3 术语 …… 318
16.3 接口 …… 319
16.4 组件 …… 320
　　16.4.1 组件概述 …… 320

         16.4.2 组件语法与说明 ·················· 322
         16.4.3 模块及其组成 ·················· 325
         16.4.4 配件及其组成 ·················· 326
         16.4.5 属性声明 ····················· 328
   16.5 模块 ·························· 328
         16.5.1 说明 ······················· 329
         16.5.2 调用命令和事件信号 ··············· 330
         16.5.3 任务 ······················· 331
         16.5.4 原子陈述 ····················· 331
   16.6 结构 ·························· 332
         16.6.1 包含组件 ····················· 332
         16.6.2 配线 ······················· 332
         16.6.3 隐含连接 ····················· 334
         16.6.4 配线语义 ····················· 334
   16.7 nesC 协作 ······················· 337
   16.8 应用程序 ······················· 337
         16.8.1 装载 C 文件 X ·················· 338
         16.8.2 装载组件 K ··················· 338
         16.8.3 载入接口类型 I ················· 339
   16.9 多样性 ························ 339
         16.9.1 没有自变量的函数的 C 声明 ··········· 339
         16.9.2 注释 ······················· 339
         16.9.3 属性 ······················· 339
         16.9.4 编译-时间常量函数 ················ 341
   参考文献 ···························· 341

第 17 章 TinyOS 操作系统 ···················· 342
   17.1 TinyOS 简介 ····················· 342
   17.2 TinyOS 框架结构与特点 ·············· 344
         17.2.1 总体结构 ····················· 344
         17.2.2 基于组件的程序模型 ················ 345
         17.2.3 组件化分层架构 ·················· 345
         17.2.4 操作系统特点概述 ················· 347
   17.3 TinyOS 组件 ···················· 352
         17.3.1 组件说明与实现 ·················· 352
         17.3.2 并发模型 ····················· 352
         17.3.3 TinyOS 组件模型 ················· 353
         17.3.4 应用示例——组件组合与无线通信 ········· 357
   17.4 TinyOS 的系统模型 ················ 363
         17.4.1 TinyOS 的系统模型 ················ 363

17.4.2　TinyOS IDE 设计与实现机制 …………………………………… 364
　17.5　TinyOS 通信模型 …………………………………………………………… 366
　　　17.5.1　主动消息概述 …………………………………………………… 366
　　　17.5.2　基于主动消息的通信模型 ……………………………………… 368
　　　17.5.3　主动消息的设计与实现 ………………………………………… 368
　　　17.5.4　主动通信的缓存管理机制 ……………………………………… 369
　　　17.5.5　主动消息的显式确认消息机制 ………………………………… 369
　17.6　TinyOS 事件驱动机制、调度策略 ………………………………………… 369
　　　17.6.1　事件驱动机制 …………………………………………………… 369
　　　17.6.2　调度策略 ………………………………………………………… 371
　　　17.6.3　TinyOS 并发模型与执行模块 …………………………………… 371
　　　17.6.4　用事件驱动方式从传感器读取数据 …………………………… 373
　17.7　TinyOS 任务调度机制 ……………………………………………………… 377
　　　17.7.1　调度机制概述 …………………………………………………… 377
　　　17.7.2　中断处理 ………………………………………………………… 378
　　　17.7.3　任务队列 ………………………………………………………… 379
　　　17.7.4　调度策略与能量管理机制 ……………………………………… 379
　　　17.7.5　TinyOS 调度模型的特点 ………………………………………… 380
　　　17.7.6　TinyOS 的调度机制不足 ………………………………………… 381
　　　17.7.7　示例——用于处理应用数据的任务 …………………………… 381
　17.8　TinyOS 硬软件实现 ………………………………………………………… 382
　　　17.8.1　系统的硬件实现 ………………………………………………… 382
　　　17.8.2　系统的软件实现 ………………………………………………… 386
　　　17.8.3　TinyOS 支持多种不同设备 ……………………………………… 386
　　　17.8.4　系统及硬件验证 ………………………………………………… 387
　17.9　TinyOS 协议栈 ……………………………………………………………… 389
　17.10　TinyOS 应用示例 ………………………………………………………… 391
　　　17.10.1　应用程序示例：Blink …………………………………………… 391
　　　17.10.2　应用程序示例：数据收集应用程序 …………………………… 398
　17.11　TinyOS 的安装 …………………………………………………………… 400
　　　17.11.1　在 Windows 平台下下载和安装 TinyOS 自动安装程序 ……… 401
　　　17.11.2　手动安装 ………………………………………………………… 403

## 第18章　TinyOS 示例 ……………………………………………………………… 404

　18.1　TinyOS 示例——用事件驱动方式从传感器读取数据 …………………… 404
　　　18.1.1　SenseM.nc 模块 ………………………………………………… 404
　　　18.1.2　Sense.nc 配置 …………………………………………………… 406
　　　18.1.3　定时器与参数化接口 …………………………………………… 407
　　　18.1.4　运行 Sense 应用程序 …………………………………………… 408
　18.2　Crossbow-OEM 设计套件与网络操作 …………………………………… 408

        18.2.1　Crossbow-OEM 设计套件 …………………………………… 408
        18.2.2　Crossbow-OEM 网络操作 …………………………………… 409
        18.2.3　使用 MoteView 客户端程序查看无线传感器网络数据 ……… 411
　　18.3　传感器节点配置 ……………………………………………………………… 413
        18.3.1　MoteConfig ……………………………………………………… 413
        18.3.2　安装 …………………………………………………………… 414
        18.3.3　启动 MoteConfig ……………………………………………… 415
        18.3.4　本地程序烧写 …………………………………………………… 415
        18.3.5　远程/OTAP …………………………………………………… 418
　　18.4　MoteView 操作示例 ………………………………………………………… 423
        18.4.1　简介 …………………………………………………………… 423
        18.4.2　安装 …………………………………………………………… 425
        18.4.3　快速启动应用 …………………………………………………… 426

# 第 1 篇 无线传感器网络概述

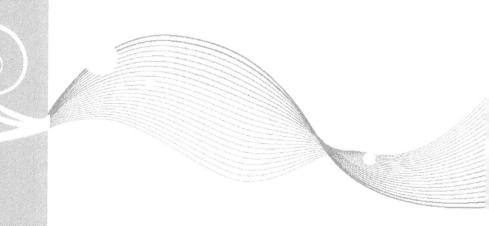

- 第1章 无线传感器网络简介

# 第1章 无线传感器网络简介

## 1.1 短距离无线网络概述[1~7]

### 1.1.1 短距离无线通信的特点

随着通信和信息技术的不断发展,短距离无线通信技术的应用步伐不断加快,正在日益走向成熟。

到目前为止,学术界和工程界对短距离无线通信网络并没有一个严格的定义。一般而言,短距离无线通信的主要特点是通信距离短,覆盖距离一般为 10~200m。另外,无线发射器的发射功率较低,发射功率一般小于 100mW,工作频率多为免付费、免申请的全球通用的工业、科学、医学(Industrial,Scientific and Medical,ISM)频段。常用的 ISM 频段有 27MHz,315MHz,433MHz,868MHz(欧洲),902~928MHz(美国)和 2.4GHz。目前,在我国使用最多的还是 27MHz,315MHz,433MHz 和 2.4GHz 等 ISM 频段。

短距离无线通信技术所包含的范围很广,在一般意义上,它是指集信息采集、信息传输、信息处理于一体的综合型智能信息系统,并且其传输距离限制在一个较短的范围内(通常是几米以内)。短距离无线通信网络通过各类集成化的微型传感器之间的协作进行实时感知、采集和监测各类感兴趣的信息。经过十多年的不断探索,在短距离无线通信领域形成了当今令人眼花缭乱的各种无线通信协议和产品。短距离无线网络具有十分广阔的应用前景,在家庭信息化、生物医疗、环境监测、抢险救灾、防恐反恐等领域扮演着越来越重要的角色,已经引起了许多国家学术界和工业界的高度重视。

低成本、低功能和对等通信,是短距离无线通信技术的三个重要特征和优势。

首先,低成本是短距离无线通信的客观要求。因为各种通信终端的产销量很大,要提高终端间的直通能力,没有足够低的成本是很难推广的。

其次,低功耗是相对于其他无线通信技术而言的一个特点。这与其通信距离短密切相关,由于传播距离短,遇到障碍物的概率也小,发射功率普遍很低,通常在 1mW 量级。

最后,对等通信是短距离无线通信的重要特征,有别于基于网络基础设施的无线通信技术。终端之间直接进行对等通信,不需要网络设备进行中转,故空中接口设计和高层协议都相对较简单,无线资源管理通常采用竞争的方式(如载波侦听)。

### 1.1.2 常用短距离无线通信技术的介绍

目前使用较广泛的短距离无线通信技术是蓝牙(Bluetooth),无线局域网 802.11(Wi-Fi)和红外数据传输(Infrared Data Association,IrDA)。同时还有一些具有发展潜力的短距离无线通信技术标准,它们分别是:ZigBee、超宽频(Ultra Wide-band)、短距通信(Near Field Communication,NFC)、WiMedia、GPS、DECT(Digtal Enhanced Cordless Telecommunications)、无线1394和专用无线系统等。它们都能满足不同的应用要求,或基于传输速度、距离、耗电量的特别需求;或着眼于功能的扩充性;或符合某些单一应用的特别需求;或建立竞争技术的差异化等。不过没有一种技术能完美到足以满足所有的需求。ZigBee系统采用的是直序扩频技术(Direct Sequence Spread Spectrum,DSSS),使得原来较窄的高功率频率变成较宽的低功率频率,以有效控制噪声,是一种抗干扰能力极强,保密性、可靠性都很高的通信方式。蓝牙系统采用的是跳频扩频技术(Frequency-Hopping Spread Spectrum,FHSS),这些系统仅在部分时间才会发生使用频率冲突,其他时间则能在彼此相互无干扰的频道中运作。ZigBee系统是非跳频系统,所以蓝牙在多次通信中才可能和ZigBee的通信频率产生重叠,且将会迅速跳至另一个频率。在大多数情况下,蓝牙不会对ZigBee产生严重威胁,而ZigBee对蓝牙系统的影响可以忽略不计。

#### 1. IrDA 技术

红外线数据协会(Infrared Data Association,IrDA)是致力于建立红外线无线连接的非营利组织,同时也是一种利用红外线进行点对点数据传输的协议,通信距离一般在0~1m之间,传输速度最快可达到16Mbps,通信介质为波长900nm左右的近红外线。其传输具有小角度、短距离、直线数据传输、保密性强及传输速率较高等特点,适于传输大容量的文件和多媒体数据。并且无需申请频率的使用权,成本低廉。IrDA已被全球范围内的众多厂商采用,目前主流的软硬件平台均提供对它的支持。

IrDA的不足之处在于它是一种视距传输,两个相互通信的设备之间必须对准,中间不能被其他物体阻隔,而且只适合两台设备之间的连接。IrDA目前的研究方向是如何解决视距传输问题及提高数据传输率。

#### 2. 蓝牙技术

蓝牙技术由瑞典爱立信公司在1994年开始研究开发,意在通过一种短程无线连接替代已经被广泛使用的有线连接,研究一种能使手机与其附件之间进行相互通信的无线模块。之后爱立信公司与诺基亚、IBM等公司共同推出了蓝牙技术,主要用于通信设备的无线连接。

蓝牙作为一种电缆替代技术,具有低成本、高传输速率的特点,它可把内嵌有蓝牙芯片的计算机、手机和多种便携式通信终端互联起来,为其提供语音和数字接入服务,实现信息的自动交换和处理。与红外技术相比,蓝牙无需对准就能传输数据,它能够在10m半径范围内实现单点对多点的无线数据和声音传输,在信号放大器的帮助下,通信距离甚至达几十米。数据传输带宽可达1Mbps。

蓝牙系统一般由无线单元、链路控制单元、链路管理单元和蓝牙软件(协议栈)单元等4个单元组成。

蓝牙技术的特点和优点在于:工作在全球开放的2.4GHz ISM频段;使用跳频扩频技术,把频带分成若干个跳频信道,在一次连接中,无线电收发器按一定的码序列不断地从一个信道跳到另一个信道;在有效范围内可越过障碍物进行连接,没有特别的通信视角和方向要求;组网简单方便;低功耗、通信安全性好;数据传输带宽可达1Mbps;一台蓝牙设备可同时与其他7台蓝牙设备建立连接;支持语音传输。

蓝牙产品涉及PC、笔记本、移动电话等通信设备以及A/V设备、汽车电子、家用电器和工业设备领域。尤其是在个人局域网应用较多,包括无绳电话、PDA与计算机的互联。但蓝牙同时存在植入成本高、通信对象少、通信速率较低等问题,它的发展与普及尚需市场的磨炼,其自身的技术也有待于不断完善和提高。

蓝牙的典型应用有:

① 语音/数据接入,是指将一台计算机通过安全的无线链路连接到通信设备上,完成与广域网的连接。

② 外围设备互连,是指将各种设备通过蓝牙链路连接到主机上。

③ 个人局域网(Personal Area Network,PAN),主要用于个人网络中信息的共享与交换。

### 3. Wi-Fi 技术

Wi-Fi(Wireless Fidelity,即无线保真技术)是属于无线局域网技术的一种,通常是指符合 IEEE 定义的一个无线网络通信的工业标准(IEEE 802.11)。它使用的是 2.4GHz 附近的频段,物理层定义了两种无线调频方式和一种红外传输方式。Wi-Fi 基于 IEEE 802.11a、IEEE 802.11b、IEEE 802.11g 和 IEEE 802.11n,其最大优点就是传输的有效距离很长,传输速率较高(可达 11Mbps),与各种 IEEE 802.11 DSSS 设备兼容。

IEEE 802.11 没有具体定义分配系统,只是定义了分配系统应该提供的服务。整个无线局域网定义了 9 种服务,5 种服务属于分配系统的任务,4 种服务属于站点的任务,分别是鉴权(Authentication)、结束鉴权(Deauthentication)、隐私(Privacy)和 MAC 数据传输(MSDU delivery)。

目前,最新的交换机能把 Wi-Fi 无线网络从接近 100m 的通信范围扩大到约 6.5km。另外,使用 Wi-Fi 的门槛较低。厂商只要在机场、车站、咖啡店、图书馆等人员较密集的地方设置"热点",通过高速线路即可接入因特网。其主要特点为:速度快、可靠性高,在开放性区域通信距离可达 305m,在封闭区域通信距离为 76~122m,方便与现有的有线以太网络整合,组网结构弹性化、灵活、价格较低。

在未来,Wi-Fi 最具应用潜力的应用将主要在 SOHO、家庭无线网络以及不便安装电缆的建筑物等场所。目前,Wi-Fi 已作为一种流行的笔记本电脑技术而大受青睐。然而,由于 IEEE 802.11 的发展呈多元化趋势,其标准仍存在一些亟须解决的问题(如,厂商间的互操作性和备受关注的安全性问题)。

### 4. RFID 技术

最近,随着科技的飞速发展,出现了两种新兴的短距离无线传输技术。其一是 RFID(Radio Frequency Identification),即射频识别,俗称电子标签。其二是 UWB(Ultra Wideband),即超宽带技术。

RFID 是一种非接触式的自动识别技术,通过射频信号自动识别目标对象并获取相关数据。RFID 由标签(Tag)、解读器(Reader)和天线(Antenna)三个基本要素组成。其基本工作原理是:标签进入磁场后,接收解读器发出的射频信号,凭借感应电流所获得的能量发送出存储在芯片中的产品信息(PassiveTag,无源标签或被动标签),或者主动发送某一频率的信号(ActiveTag,有源标签或主动标签)。解读器读取信息并解码后,送至中央信息系统进行有关数据处理。RFID 将渗透到包括汽车、医药、食品、交通运输、能源、军工、动物管理以及人事管理等各个领域。然而,由于成本、标准等问题的局限,RFID 技术和应用环境还很不成熟。主要表现在:制造技术较为复杂,智能标签的生产成本相对过高;标准尚未统一,大规模应用的市场尚无法启动;应用环境和解决方案还不够成熟,安全性将受到很大考验。

### 5. UWB 技术

UWB(Ultra WideBand,超宽带技术)起源于 20 世纪 50 年代末,此前主要作为军事技术在雷达等通信设备中使用。随着无线通信的飞速发展,人们对高速无线通信提出了更高的要求,超宽带技术又被重新提出,并备受关注。UWB 是利用纳秒至微微秒级的非正弦波窄脉冲传输数据,在较宽的频谱上传送较低功率信号。UWB 不使用载波,而是使用短的能量脉冲序列,并通过正交频分调制或直接排序将脉冲扩展到一个频率范围内。UWB 可提供高速率的无线通信,保密性很强,发射功率谱密度非常低,被检测到的概率也很低,在军事通信上有很大的应用前景。此外 UWB 通信采用调时序列,能够抗多径衰落,因此特别适合在高速移动环境下使用。更重要的是,UWB 通信又被称为是无载波的基带通信,几乎是全数字通信系统,所需要的射频和微波器件很少,因此可以减小系统的复杂性,降低成本。

与当前流行的短距离无线通信技术相比,UWB 具有抗干扰能力强、传输速率高、带宽极宽、发射功率小等优点,具有广阔的应用前景,在室内通信、高速无线 LAN、家庭网络等场合能得到充分应用。

当然,UWB 技术也存在自身的弱点。主要是占用的带宽过大,可能会干扰其他无线通信系统,因此其频率许可问题一直在争论之中。另外,有学者认为,尽管 UWB 系统发射的平均功率很低,但由于其脉冲持续时间很短,瞬时功率峰值可能会很大,这甚至会影响到民航等许多系统的正常工作。但是学术界的种种争论并不影响 UWB 的开发和使用,2002 年 2 月美国通信协会(Federal Communications Commission,FCC)批准了 UWB 用于短距离无线通信的申请。

### 6. ZigBee 技术

ZigBee 技术主要用于无线个域网(Wireless Personal Area Network,WPAN),是基于 IEEE 802.15.4 无线标准研制开发的,是一种介于无线标签技术和蓝牙技术之间的技术提案,主要应用在短距离范围之内并且数据传输速率不高的各种电子设备之间。

ZigBee 协议比蓝牙、高速率个人区域网络或 IEEE 802.11x 无线局域网使用更简单。ZigBee 可以说是蓝牙的同族兄弟,它使用 2.4GHz 波段,采用跳频技术。与蓝牙相比,ZigBee 更简单,速率更慢,功率及费用也更低。它的基本速率是 250Kbps,当降低到 280Kbps 时,传输范围可扩大到 134m,并获得更高的可靠性。另外,它可与 254 个节点联网。可以比蓝牙更好地支持游戏、消费电子、仪器和家庭自动化应用。人们期望能在工业监控、传感器网络、家庭监控、安全系统和玩具等领域拓展 ZigBee 的应用。

ZigBee 名字来源于蜂群使用的赖以生存和发展的通信方式,蜜蜂通过跳 ZigBee 形状的舞蹈来分享新发现的食物源的位置、距离和方向等信息。ZigBee 技术特点主要包括如下几项。

(1) 数据传输速率低。只有 10~250Kbps,专注于低传输应用。

(2) 功耗低。在低耗电待机模式下,两节普通 5 号干电池可使用 6 个月至两年。这也是 ZigBee 的支持者所一直引以为豪的独特优势。

(3) 低成本。因为 ZigBee 数据传输速率低,协议简单,所以大大降低了成本;积极投入 ZigBee 开发的 Motorola 以及 PHILIPS,均已在 2003 年正式推出芯片,PHILIPS 预估,应用于主机端的芯片成本和其他终端产品的成本比蓝牙更具有价格竞争力。

(4) 网络容量大。每个 ZigBee 网络最多可支持 255 个设备,也就是说每个 ZigBee 设备可以与另外 254 台设备相连接。

(5) 有效范围小。有效覆盖范围在 10~75m 之间,具体依据实际发射功率的大小和各种不同的应用模式而定,基本上能够覆盖普通的家庭或办公室环境。

（6）工作频段灵活。使用的频段分别为 2.4GHz、868MHz(欧洲)、915MHz(美国)，均为免执照频段。

ZigBee 以其低功耗、低速率、低成本的技术优势，适合于 PC 外设(鼠标、键盘、游戏操控杆)、消费类电子设备(TV、VCR、CD、VCD、DVD 等设备上的遥控装置)、家庭内智能控制(照明、煤气计量控制及报警等)、玩具(电子宠物)、医护(监视器和传感器)、工控(监视器、传感器和自动控制设备)等各种领域。

## 1.2 无线传感器网络发展历程[8~16]

无线传感器网络是集信息采集、信息传输、信息处理于一体的综合智能信息系统，具有广阔的应用前景，是目前非常活跃的一个领域。无线传感器网络是一种由成千上万的微传感器构成的具有动态拓扑结构的自组织网络。由于微传感器的体积小、重量轻，甚至可以像灰尘一样在空气中浮动，因此，有人又称无线传感器网络为"智能灰尘(smart dust)"。

早在 20 世纪 70 年代就出现了将传统传感器采用点对点传输，连接传感控制器而构成传感器网络雏形，人们把它归结为第一代传感器网络。随着相关学科的不断发展，传感器网络同时还具有获取多种信息信号的综合能力，采用串/并接口(如 RS-232、RS-485)与传感控制器相连，构成了有信息综合处理能力的传感器网络，这是第二代传感器网络。在 20 世纪 90 年代后期和 21 世纪初，将具有获取多种信息信号能力的智能传感器，采用现场总线与传感控制器连接，构成局域网络，成为智能化传感器网络，这是第三代传感器网络。第四代传感器网络正在研究开发，用大量的具有多功能、多信息信号获取能力的传感器，采用自组织无线接入网络，与传感器网络控制器连接，构成无线传感器网络。

无线传感器网络的发展主要经历了如下几个阶段。

### 1.2.1 无线数据网络

人们通常把以数据传输为主要功能的无线网络技术称为无线数据网络，对其研究起源于人们对无线数据传输的需求。从技术角度讲，无线通信技术是无线传感器网络出现和发展的基础和直接推动力。

常用的典型无线数据网络有如下几种。

**1. ALOHA 协议**

ALOHA 协议(或称 ALOHA 技术、ALOHA 网)是世界上最早的无线电计算机通信网。它的名字起源于 20 世纪 60 年代末，美国夏威夷大学 Norman Abramson 及其同事的一项研究计划，取名 ALOHA，是夏威夷人表示致意的问候语，这项研究计划目的是要解决夏威夷群岛之间的通信问题。ALOHA 网络可以使分散在各岛的多个用户通过无线电信道来使用中心计算机，从而实现一点到多点的数据通信。ALOHA 协议是一种使用无线广播技术的分组交换计算机网络协议，也是最早最基本的无线数据通信协议。

ALOHA 协议分为纯 ALOHA 和时隙 ALOHA 两种。

纯 ALOHA 协议的思想很简单，只要用户有数据要发送，就尽管让他们发送。当然，这样会产生冲突从而造成对帧的破坏。但是，由于广播信道具有反馈性，因此发送方可以在发送数据的过程中进行冲突检测，将接收到的数据与缓冲区的数据进行比较，就可以知道数据帧是否遭到破坏。同样的道理，其他用户也是按照此过程工作。如果发送方知道数据帧遭到破坏(即检测到冲突),那么它可以在等待一段随机的时间后重发该帧。所谓等待一段随机长的时间,就是为了防止发生冲突的用户在检测到冲突后立即重发数据,而使各个用户错开重发时间,以避免连锁冲突的恶性循环。

时隙 ALOHA 协议,是 1972 年 Roberts 发明的一种能把信道利用率提高一倍的信道分配策略。其思想是用时钟来统一用户的数据发送。办法是将时间分为离散的时间片,用户每次必须等到下一个时间片才能开始发送数据,从而避免了用户发送数据的随意性,减少了数据产生冲突的可能性,提高了信道的利用率。在时隙 ALOHA 系统中,计算机并不是在用户按下回车键后就立即发送数据,而是要等到下一个时间片开始时才发送。这样,连续的纯 ALOHA 就变成离散的时隙 ALOHA。由于冲突的危险区平均减少为纯 ALOHA 的一半,因此时隙 ALOHA 的信道利用率可以达到 36.8%,是纯 ALOHA 协议的两倍。但对于时隙 ALOHA,用户数据的平均传输时间要高于纯 ALOHA 系统。

ALOHA 技术的特点就是原理非常简单,特别便于无线设备实现。该技术将计算机与通信结合起来,能将计算机存储的大量信息传输到所需地方。

### 2. PRNET 系统

PRNET(Packet Radio NETwork),称为"分组无线网络",是 Ad hoc 网络的前身。对分组无线网络的研究源于军事通信的需要,并已经持续了近 20 年。早在 1972 年,美国 DARPA 就启动了分组无线网项目,研究分组无线网络在战场环境下数据通信中的应用。项目完成之后,DAPRA 又在 1993 年启动了高残存性自适应网络(SURvivable Adaptive Network,SURAN)项目。研究如何将 PRNET 的成果加以扩展,以支持更大规模的网络,还要开发能够适应战场快速变化环境下的自适应网络协议。1994 年,DARPA 又启动了全球移动信息系统(Global Mobile Information Systems,GloMo)项目。在分组无线网络已有成果的基础上对能够满足军事应用需要的、可快速展开、高抗毁性的移动信息系统进行全面深入的研究,并一直持续至今。1991 年成立的 IEEE 802.11 标准委员会采用了"Ad hoc 网络"一词来描述这种特殊的对等式无线移动网络。

### 3. Amateur 分组无线网络

Amateur 分组无线网络是一个由各国业余无线电爱好者设计构建的自组织、多跳、全国范围的网络。Amateur 的缺陷是地区间只能使用低速率短波链路。由于在链路层以上缺乏统一的协议,用户只能通过人工的方式配置路由,限制了网络的应用。

Amateur 分组无线网络的后续研究包括:分组网络与 Internet 雏形的互联,多种短波通信物理层协议的开发,基于卫星的分组网络等。最主要的进步在于多路访问冲突避免(Multiple Access Collision Avoidance,MACA)无线信道接入协议的开发。MACA 将载波监听多路访问机制与 Apple 公司的 Localtalk 网络中使用的 RTS/CTS 通信握手机制相结合,极大地解决了"隐藏终端"和"暴露终端"问题。

### 4. 无线局域网(WLAN)

无线局域网(Wireless Local Area Networks,WLAN)就是在各工作站和设备之间,不再使用通信电缆,而采用无线的通信方式连接的局域网。一般来讲,凡是采用无线传输媒体的计算机局域网都可以称之为无线局域网。

目前,无线局域网采用的传输媒体主要有两种——无线电波和红外线。根据调制方式的不同,无线电波方式又可分为扩展频谱方式和窄带调制方式。扩展频谱方式是指用来传输信息的射频带宽远大于信息本身带宽的一种通信方式,它虽然牺牲了频带带宽,却提高了通信系统的抗干扰能力和安全性；窄带调制方式是指数据基带信号的频谱不做任何扩展即被直接搬移到射频发射出去，与扩展频谱方式相比，窄带调制方式占用频带少，频带利用率高，但是通信可靠性较差。而红外线方式的最大优点是不受无线电干扰，且红外线的使用不必受国家无线电管理委员会的限制，但是红外线对非透明物体的透过性较差，传输距离受限。

1990 年，IEEE 802 LAN/MAN 标准委员会成立了 802.11 工作组来建立无线局域网标准，并于 1997 年发布了该标准的第一个版本，其中定义了介质访问接入控制层（MAC 层）和物理层。物理层定义了工作在 2.4GHz 的 ISM 频段上的两种无线调频方式和一种红外传输的方式，总数据传输速率设计为 2Mbps。两个设备之间的通信可以自由直接（Ad hoc）的方式进行，也可以在基站（Base Station，BS）或者访问点（Access Point，AP）的协调下进行。1999 年，加上了两个补充版本：IEEE 802.11a 定义了一个在 5GHz ISM 频段上的数据传输速率可达 54Mbps 的物理层，IEEE 802.11b 定义了一个在 2.4GHz 的 ISM 频段上但数据传输速率高达 11Mbps 的物理层。2.4GHz 的 ISM 频段为世界上绝大多数国家通用的频段，因此 IEEE 802.11b 得到了最为广泛的应用。苹果公司把自己开发的 IEEE 802.11 标准起名叫 AirPort。1999 年工业界成立了 Wi-Fi 联盟，致力解决符合 IEEE 802.11 标准的产品的生产和设备兼容性问题。

**5．无线个域网（WPAN）**

无线个域网（Wireless Personal Area Networks，WPAN）是一种与无线广域网（WWAN）、无线城域网（WMAN）、无线局域网（WLAN）并列但覆盖范围较小的无线网络，是为了实现活动半径小、业务类型丰富、面向特定群体、无线无缝的连接而提出的新兴无线通信网络技术。支持无线个人局域网的技术包括：蓝牙、ZigBee、超频波段（UWB）、IrDA、HomeRF 等，每一项技术只有被用于特定的用途、应用程序或领域才能发挥最佳的作用。此外，虽然在某些方面，有些技术被认为是在无线个人局域网空间中相互竞争的，但是它们常常相互之间又是互补的。

美国电子与电器工程师协会（Institute of Electrical and Electronics Engineers，IEEE）802.15 工作组是对无线个人局域网做出定义说明的机构。除了基于蓝牙技术的 802.15 之外，IEEE 还推荐了其他两个类型：低频率的 802.15.4（TG4，也被称为 ZigBee）和高频率的 802.15.3（TG3，也被称为超波段或 UWB）。TG4 ZigBee 针对低电压和低成本家庭控制方案提供 20Kbps 或 250Kbps 的数据传输速度，而 TG3 UWB 则支持用于多媒体的介于 20Mbps 和 1Gbps 之间的数据传输速度。

为了满足类似于温度传感器这样小型、低成本设备无线联网的要求，在 2000 年 12 月，电气和电子工程师协会成立了 IEEE 802.15.4 工作组。这个工作组致力于定义一种供廉价的固定、便携或移动设备使用的极低复杂度、成本和功耗的低速率无线连接技术。ZigBee 正是这种技术的商业化命名，这个名字来源于蜂群使用的赖以生存和发展的通信方式，蜜蜂通过 ZigBee 形状的舞蹈来分享新发现的食物源的位置、距离和方向等信息。在标准化方面，IEEE 802.15.4 工作组主要负责制定物理层和 MAC 层的协议，其余协议主要参照和采用现有的标准。高层应用、测试和市场推广等方面的工作由 ZigBee 联盟负责。ZigBee 联盟成立于 2002 年 8 月，由英国 Inversys 公司、日本三菱电气公司、美国摩托罗拉公司以及荷兰飞利浦半导体公司组成，如今已经吸引了上百家芯片公司、无线设备公司和开发商的加入。同时，IEEE 802.15.4 协议也吸引力其他标准化组织的注意力，比如 IEEE 1451 工作组就在考虑怎样在 IEEE 802.15.4 标准基础上实现传感器网络。

正式 IEEE 802.15.4 标准在 2003 年上半年发布，芯片和产品已经面世。ZigBee 联盟在 IEEE 802.15.4—2003 标准的基础上，于 2005 年 6 月 27 日公布了第一份 ZigBee 规范"ZigBee

Specification v1.0",并于 2006 年 12 月 1 日公布了改进版本的 ZigBee Specification——2006 版本,再次掀起了全球范围内研究 ZigBee 技术的热潮。据市场研究机构预测,低功耗、低成本的 ZigBee 技术将在未来的两年内得到快速增长,2005 年全球 ZigBee 器件的出货量已达到 100 万件,2006 年超过 8000 万件,2008 年超过 1.5 亿件,2009—2010 年已达到 10 亿件。这正在从 ZigBee 联盟及其成员近期的一系列活动和进展中得到验证。在标准林立的短距离无线通信领域,ZigBee 的快速发展可以说是始料不及的,从 2004 年底标准确立到 2005 年底相关芯片及终端设备总共卖出 1500 亿美元,应该说比被业界"炒"了多年的蓝牙、Wi-Fi 进展要快。

基于 ZigBee 技术的无线传感网络应用在 ZigBee 联盟和 IEEE 802.15.4 组织的推动下,结合其他无线技术可以实现无所不在的网络。它不仅在工业、农业、军事、环境、医疗等传统领域具有极高的应用价值,而且在未来其应用更将扩展到涉及人类日常生活和社会生产活动的所有领域。

### 1.2.2 无线自组织网络

无线自组织网络,即 MANET(Mobile Ad Hoc Network),是一个由几十到上百个节点组成的、采用无线通信方式的、动态组网的多跳的移动性对等网络。其目的是通过动态路由和移动管理技术传输具有服务质量要求的多媒体信息流。通常节点具有持续的能量供给。无线自组织网络不同于传统无线通信网络的技术。传统的无线蜂窝通信网络,需要固定的网络设备如基站的支持,进行数据的转发和用户服务控制。而无线自组织网络不需要固定设备支持,各节点即用户终端自行组网,通信时,由其他用户节点进行数据的转发。这种网络形式突破了传统无线蜂窝网络的地理局限性,能够更加快速、便捷、高效地部署,适合于一些紧急场合的通信需要,如战场的单兵通信系统。但无线自组织网络也存在网络带宽受限、对实时性业务支持较差、安全性不高的弊端。目前,国内外有大量研究人员进行此项目研究。

### 1.2.3 无线传感器网络

无线传感器网络的研究和使用最早可追溯到冷战时期,美国在其战略区域布置了声学监视系统(Sound Surveillance System,SOSUS),用于检测和跟踪静默下的前苏联潜艇。SOSUS 是一种声学传感器(水下测声仪)系统,安装在海底。之后,美国开发了其他较复杂的声学网络,用于潜艇监视。随后建立了雷达防空网络,用于保护美国大陆和加拿大。为使传感器网络能在军事和民用领域被广泛应用,美国国防高级研究计划局(DARPA)在 1978 年发起了分布式传感器网络研讨会,该研讨会在宾夕法尼亚州的卡耐基-梅隆大学召开。由于军用监视系统对传感器网络感兴趣,人们开始对传感器网络在通信和计算的权衡方面展开研究,同时对传感器网络在普适环境中的应用展开研究。DARPA 在 1979 年提出了"分布式传感器网络计划——DSN",确定了 DSN 的技术组成,包括传感器(声学)、通信(在资源共享网络公共应用上进行链路处理的高级协议)、处理技术和算法(包括传感器自定位算法)、分布式软件(动态可更改分布式系统和语言设计)。由于 DARPA 此时正在大力发起人工智能(Artificial Intelligence,AI)的研究,因此,如何将 AI 技术应用于信号识别、态势评估以及分布式问题求解等技术,在 DSN 项目中也被考虑在内。20 世纪 90 年代中期,开始了低功率无线集成微型传感器研究计划,1998 年美国国防高级研究计划局又提出了"传感器信息技术计划——SensIT",计划的发起使得人们对无线传感器系统的兴趣持续增长。SensIT 主要研究用于大型分布式军用传感器系统的无线 Ad Hoc 网络,在此计划中由 25 个研究机构资助了总计 29 个研究项目,该计划于 2002 年结束。这些计划的根本目的是研究无线传感器网络的理论和实现方法,并在此基础上研制具有实用目的的无线传感器网络。这些研究为后来无线传感器网络的发展打下了非常重要的基础,具有非常重要的意义。

在美国自然科学基金委员会的推动下,美国加州大学伯克利分校、麻省理工学院、康奈尔大学、加州大学洛杉矶分校等学校开始了无线传感器网络的基础理论和关键技术的研究。英国、日本、意大利等国家的一些大学和研究机构也纷纷开展了该领域的研究工作。UC Berkeley(加州大学伯克利分校)提出了应用网络连通性重构传感器位置的方法,并研制了一个传感器操作系统——TinyOS。TinyOS 是开发的开放源代码操作系统,专为嵌入式无线传感网络设计,操作系统基于构件(component-based)的架构使得快速的更新成为可能,而这又减小了受传感网络存储器限制的代码长度。TinyOS 的构件包括网络协议、分布式服务器、传感器驱动及数据识别工具。其良好的电源管理源于事件驱动执行模型,该模型也允许时序安排具有灵活性。TinyOS 已被应用于多个平台和感应板中。康奈尔大学、南加州大学等很多大学开展了无线传感器网络通信协议的研究,先后提出了几类新的通信协议,包括基于谈判类协议(如 SPIN-PP 协议、SPIN-EC 协议、SPIN-BC 协议、SPIN-RL 协议)、定向发布类协议、能源敏感类协议、多路径类协议、传播路由类协议、介质存取类协议、基于 Cluster 的协议、以数据为中心的路由算法。

无线传感器网络技术被认为是 21 世纪中能够对信息技术、经济和社会进步发挥重要作用的技术,其发展潜力巨大,该技术的广泛应用,将会对现代军事、现代信息技术、现代制造业及许多重要的社会领域产生巨大的影响。

## 1.3 无线传感器网络的特征[8~16]

无线传感器网络作为一种新型的信息获取系统与普通的网络不同,具有自己的特点:比如能量受限,通信方式以数据为中心,相邻节点的数据有着相似性,拓扑结构也在不断的变化等。无线传感器网络可以看成是由数据获取网络、数据分布网络和控制管理中心三部分组成的。其主要组成部分是集成有传感器、数据处理单元和通信模块的节点,各节点通过协议自组成一个分布式网络,再将采集来的数据通过优化后经无线电波传输给信息处理中心。

### 1.3.1 传感器网络的特点

WSN 是多学科交叉的新兴前沿研究热点技术,它综合了传感技术、嵌入式技术、无线通信和网络技术、分布式信息处理技术以及微机电技术等,具有低功耗、多节点分布式协作的特点。作为一种独特的网络,无线传感器网络具有以下显著特点。

#### 1. 大规模网络

为了获取精确信息,在监测区域通常部署大量传感器节点,传感器节点数量可能达到成千上万,甚至更多。通过不同空间视角获得的信息具有更大的信噪比;通过分布式处理大量采集的信息能够提高监测的精确度,降低对单个节点传感器的精度要求;大量冗余节点的存在,使得系统具有很强的容错性能;大量节点能够增大覆盖的监测区域,减少洞穴或者盲区。因为节点的数量巨大,而且还处在随时变化的环境中,这就使它有着不同于普通传感器网络的独特"个性"。

## 2. 自组织网络

在无线传感器网络中，所有节点的地位都是平等的，没有预先指定的中心，各节点通过分布式算法来相互协调，在无人值守的情况下，节点就能自动组织起一个测量网络。而正因为没有中心，网络便不会因为单个节点的脱离而受到损害。在实际无线传感器网络应用中，通常情况下传感器节点被放置在没有基础设施的地方，而且传感器节点的位置不能预先精确设定，节点之间的相互邻居关系也不能预先知道，如通过飞机撒播大量传感器节点到面积广阔的原始森林中，或随意放置到人不可到达或危险的区域。这样就要求传感器节点具有自组织的能力，能够自动进行配置和管理，通过拓扑控制机制和网络协议自动形成转发监测数据的多跳无线网络系统。在无线传感器网络使用过程中，部分传感器节点由于能量耗尽或环境因素造成失效，也有一些传感器节点为了弥补失效节点、增加监测精度而补充到网络中，这样在无线传感器网络中的节点个数就动态的增加或减少，从而使网络的拓扑结构随之动态变化。无线传感器网络的自组织性要能够适应这种网络拓扑结构的动态变化。

## 3. 多跳路由

网络中节点通信距离有限，一般在几十到几百米范围内，节点只能与它的邻居直接通信。如果希望与其射频覆盖范围之外的节点进行通信，则需要通过中间节点进行路由。固定网络的多跳路由使用网关和路由器来实现，而无线传感器网络中的多跳路由是由普通网络节点完成的，没有专门的路由设备。这样每个节点既可以是信息的发起者，也可以是信息的转发者。

## 4. 动态性网络

无线传感器网络是一个动态的网络，节点可以随处移动；一个节点可能会因为电池能量耗尽或其他故障，退出网络运行；一个节点也可能由于工作的需要而被添加到网络中。网络中的节点是处于不断变化的环境中，它的状态也在相应地发生变化，加之无线通信信道的不稳定性，网络拓扑因此也在不断地调整变化，而这种变化方式是无人能准确预测出来的。

而对于无线传感器网络的拓扑结构可能因为下列因素而改变：①环境因素或电能耗尽造成的传感器节点出现故障或失效。环境条件变化可能造成无线通信链路的带宽变化，甚至时断时通。②无线传感器网络的传感器、感知对象和观察者这三要素都可能具有移动性。③新节点的加入。④可靠的网络。

## 5. 以数据为中心的网络

传感器网络是一个任务型的网络，脱离传感器网络谈论传感器节点没有任何意义。传感器网络中的节点采用编号标识，节点编号是否需要全网唯一取决于网络通信协议的设计。由于传感器节点随机部署，构成的传感器与节点编号之间的关系是完全动态的，表现为节点编号与节点位置没有必然联系。用户使用传感器网络查询事件时，直接将所关心的事件通告给网络，而不是通告给某个确定编号的节点。网络在获得指定事件的信息后汇报给用户。这种以数据本身作为查询或者传输线索的思想更接近于自然语言交流的习惯。所以通常说传感器是一个以数据为中心的网络。

例如，在应用于目标跟踪的传感器网络中，跟踪目标可能出现在任何地方，对目标感兴趣的用户只关心目标出现的位置和时间，并不关心哪个节点监测到了目标。事实上，在目标移动的过程中，必然是由不同的节点提供目标的位置信息。

## 6. 兼容性应用的网络

传感器用来感知客观物理世界，获取物理世界的信息量。客观世界的物理量多种多样，不可穷尽。不同的传感器应用关心不同的物理量，因此对传感器的应用系统也有多种多样的要求。不同的应用背景对传感器网络的要求不同,其硬件平台、软件系统和网络协议必然会有很大差异。所以传感器网络不能像 Internet 一样,有统一的通信协议平台。对于不同的传感器网络应用虽然存在一些共性问题,但在开发传感器网络应用中,更关心传感网络的差异。只有让系统更贴近应用,才能做出更高效的目标系统。针对每一个具体应用来研究传感器网络技术,这是传感器网络设计不同于传统网络的显著特征。

### 1.3.2 传感器节点的限制

传感器节点在实现各种网络协议和应用系统时,存在以下一些现实约束。

**1. 电源能量有限**

传感器节点体积微小,通常携带能量十分有限的电池。由于传感器节点个数多、成本要求低廉、分布区域广,而且部署区域环境复杂,有些区域甚至人员不能到达,所以传感器节点通过更换电池的方式来补充能源是不现实的。如何高效使用能量来最大化延长网络生命周期是传感器网络面临的首要挑战。

传感器节点消耗能量的模块包括传感器模块、处理器模块和无线通信模块。随着集成电路工艺的进步,处理器和传感器模块的功耗变得很低,绝大部分能量消耗在无线通信模块上。

无线通信模块存在发送、接收、空闲和睡眠 4 种状态。无线通信模块在空闲状态一直监听无线信道的使用情况,检查是否有数据发送给自己,而在睡眠状态则关闭通信模块。如何让网络通信更有效率,减少不必要的转发和接收,不需要通信时尽快进入睡眠状态,是传感器网络协议设计需要重点考虑的问题。

**2. 通信能力有限**

无线通信的能量消耗与通信距离的关系为 $E=Kd^n$。其中,参数 $n$ 满足关系 $2<n<4$。$n$ 的取值与很多因素有关,例如传感器节点部署贴近地面时,障碍物多、干扰大,$n$ 的取值就大;天线质量对信号发射质量的影响也很大。考虑诸多因素,通常取 $n$ 为 3,即通信能耗与距离的三次方成正比。随着通信距离的增加,能耗将急剧增加。因此,在满足通信连通度的前提下应尽量减少单跳通信距离。一般而言,传感器节点的无线通信半径在 100m 以内比较合适。

考虑到传感器节点的能量限制和网络覆盖区域大,传感器网络采用多跳路由的传输机制。传感器节点的无线通信带宽有限,通常仅有几百 Kbps 的速率。由于节点能量的变化,受高山、建筑物、障碍物等地势地貌以及风雨雷电等自然环境的影响,无线通信性能可能经常变化,频繁出现通信中断。在这样的通信环境和节点有限通信能力的情况下,如何设计网络通信机制以满足传感器网络的通信需求是传感器网络面临的挑战之一。

**3. 计算和存储能力有限**

传感器节点是一种微型嵌入式设备,要求它价格低、功耗小,这些限制必然导致其携带的处理器能力比较弱,存储器容量比较小。为了完成各种任务,传感器节点需要完成监测数据的采集和转换、数据的管理和处理、应答汇聚节点的任务请求和节点控制等多种工作。如何利用有限的计算和存储资源完成诸多协同任务成为传感器网络计的挑战。

## 1.4 传感器网络的关键技术[9,10,17,18]

无线传感器网络技术是典型的具有交叉学科性质的军民两用的高科技技术,它是由许许多多功能相同或不同的无线传感器节点组成,每一个传感器节点由数据采集模块(传感器、

A/D转换器)、数据处理和控制模块(微处理器、存储器)、通信模块(无线收发器)和供电模块(电池、DC/AC能量转换)等组成。随着微机电系统(MEMS)技术的发展,促进了传感器的微型化、智能化,通过MEMS技术和射频(RF)通信技术的融合促进了无线传感器及其网络的诞生。传统的传感器正逐步实现微型化、智能化、信息化、网络化,正经历着一个从传统传感器到智能传感器再到嵌入式Web传感器的内涵不断丰富的发展过程。

随着无线通信技术、微系统技术与嵌入式技术的日益成熟,无线传感器网络可靠性逐渐提高,应用的范围也日渐广泛,如工业监控、机械制造、矿井安全监测、健康状况监测、智能化家居环境、农业用生物环境保护等要求高可靠性的领域也开始引入无线传感器网络。无线传感器网络作为当今信息领域新的研究热点,涉及多学科交叉的研究领域,有非常多的关键技术有待研究,下面仅列出部分关键技术。

**1. 网络拓扑控制**[19~22]

对于无线自组织传感器网络而言,网络拓扑控制具有特别重要的意义。通过拓扑控制自动生成的良好的网络拓扑结构,能够提高路由协议和MAC协议的效率,可为数据融合、时间同步和目标定位等很多方面奠定基础,有利于节省节点的能量来延长网络的生存期。所以,拓扑控制是无线传感器网络研究的核心技术之一。

传感器网络拓扑控制目前主要的研究问题是在满足网络覆盖度和连通度的前提下,通过功率控制和骨干网节点选择,剔除节点之间不必要的无线通信链路,生成一个高效的数据转发的网络拓扑结构。通过拓扑控制,可保障节点间可达性,降低能量损耗,提升网络容量,减小信道干扰,增强空间复用等。

由于无线传感器网络自身部署环境复杂、能量有限、节点数目多、网络拓扑变化频繁,需要一种更加优化和高效的拓扑控制机制。具体地讲,传感器网络中的拓扑控制按照研究方向可以分为两类:节点功率控制和层次型拓扑结构组织。功率控制机制调节网络中每个节点的发射功率,在满足网络连通度的前提下,减少节点的发送功率,均衡节点单跳可达的邻居数目;已经提出了COMPOW等统一功率分配算法,LINT/LILT和LMN/LMA等基于邻近图的近似算法。层次型的拓扑控制利用分簇机制,让一些节点作为簇头节点,由簇头节点形成一个处理并转发数据的骨干网,其他非骨干网节点可以暂时关闭通信模块,进入休眠状态以节省能量;目前提出了TopDisc成簇算法,改进的GAF虚拟地理网格分簇算法,以及LEACH和HEED等自组织成簇算法。

**2. 网络协议**[23~31]

由于传感器节点的计算能力、存储能力、通信能量以及携带的能量都十分有限,每个节点只能获取局部网络的拓扑信息,其上运行的网络协议也不能太复杂。同时,传感器拓扑结构动态变化,网络资源也在不断变化,这些都对网络协议提出了更高的要求。传感器网络协议负责使各个独立的节点形成一个多跳的数据传输网络,目前研究的重点是网络层协议和数据链路层协议。网络层的路由协议决定监测信息的传输路径;数据链路层的介质访问控制用来构建底层的基础结构,控制传感器节点的通信过程和工作模式。

网络层的路由协议决定监测信息的传输路径,路由协议负责将数据分组,从源节点通过网络转发到目的节点。由于无线传感器网络节点能量受限,基于局部拓扑信息,以数据为中心,拓扑结构频繁改变的特征使得传统无线网络的路由协议不适应于无线传感器网络,需要为无线传感器网络设计专门的路由协议。在无线传感器网络中,路由协议面临构建能量有效的全局最优路由策略,通过数据融合减少信息冗余,保持通信负载平衡,延长网络生存时间,具有可扩展性、鲁棒性、安全性等技术挑战。按照不同的分类方法，路由协议包括平面路由和层次路由；主动路由、按需路由和混合路由；基于位置的路由和非基于位置的路由；基于 QoS 的路由和不基于 QoS 的路由；基于数据融合的路由和非基于数据融合的路由；能量感知路由协议和非能量感知路由协议；查询驱动和非查询驱动路由；单路径和多路径路由；安全路由与非安全路由。

传感器网络的 MAC 协议首先要考虑节省能源和可扩展性，其次才考虑公平性、利用率和实时性等。在 MAC 层的能量浪费主要表现在空闲侦听、接收不必要数据和碰撞重传等。为了减少能量的消耗，MAC 协议通常采用"侦听/睡眠"交替的无线信道侦听机制，传感器节点在需要收发数据时才侦听无线信道，没有数据需要收发时就尽量进入睡眠状态。由于传感器网络是应用相关的网络，应用需求不同时，网络协议往往需要根据应用类型或应用目标环境特征定制，没有任何一个协议能够高效适应所有的不同的应用。

**3. 网络安全**[35]

无线传感器网络作为任务型的网络，不仅要进行数据的传输，而且要进行数据采集和融合、任务的协同控制等。如何保证任务执行的机密性、数据产生的可靠性、数据融合的高效性以及数据传输的安全性，就成为无线传感器网络安全问题需要全面考虑的内容。

为了保证任务的机密布置和任务执行结果的安全传递和融合，无线传感器网络需要实现一些最基本的安全机制：机密性、点到点的消息认证、完整性鉴别、新鲜性、认证广播和安全管理。除此之外，为了确保数据融合后数据源信息的保留，水印技术也成为无线传感器网络安全的研究内容。

虽然在安全研究方面，无线传感器网络没有引入太多的内容，但无线传感器网络的特点决定了它的安全与传统网络安全在研究方法和计算手段上有很大的不同。首先，无线传感器网络的单元节点的各方面能力都不能与目前 Internet 的任何一种网络终端相比，所以必然存在算法计算强度和安全强度之间的权衡问题，如何通过更简单的算法实现尽量坚固的安全外壳是无线传感器网络安全的主要挑战；其次，有限的计算资源和能量资源往往需要系统的各种技术综合考虑，以减少系统代码的数量，如安全路由技术等；另外，无线传感器网络任务的协作特性和路由的局部特性使节点之间存在安全耦合，单个节点的安全泄漏必然威胁网络的安全，所以在考虑安全算法的时候要尽量减小这种耦合性。

无线传感器网络 SPINS 安全框架在机密性、点到点的消息认证、完整性鉴别、新鲜性、认证广播方面定义了完整有效的机制和算法。安全管理方面目前以密钥预分布模型作为安全初始化和维护的主要机制，其中随机密钥对模型、基于多项式的密钥对模型等是目前最有代表性的算法。

**4. 时间同步**

时间同步是需要协同工作的传感器网络系统的一个关键机制。如测量移动车辆速度需要计算不同传感器检测事件时间差，通过波束阵列确定声源位置节点间时间同步。NTP 协议是 Internet 上广泛使用的网络时间协议，但只适用于结构相对稳定、链路很少失败的有线网络系统；GPS 系统能够以纳秒级精度与世界标准时间 UTC 保持同步，但需要配置固定的高成本接收机，同时在室内、森林或水下等有掩体的环境中无法使用 GPS 系统。因此，它们都不适合应用在传感器网络中。

Jeremy Elson 和 Kay Romer 在 2002 年 8 月的 HotNets-I 国际会议上首次提出并阐述了无线传感器网络中的时间同步机制的研究课题，在传感器网络研究领域引起了关注。目前已提出了多个时间同步机制,其中 RBS、TINY/MINI-SYNC 和 TPSN 被认为是三个基本的同步机制。RBS 机制是基于接收者-接收者的时钟同步一个节点广播时钟参考分组,广播域内的两个节点分别采用本地时钟记录参考分组的到达时间,通过交换记录时间来实现它们之间的时钟同步。TINY/MINI-SYNC 是简单的轻量级的同步机制:假设节点的时钟漂移遵循线性变化,那么两个节点之间的时间偏移也是线性的,可通过交换时标分组来估计两个节点间的最优匹配偏移量。TPSN 采用层次结构实现整个网络节点的时间同步:所有节点按照层次结构进行逻辑分级,通过基于发送者-接收者的节点对方式,每个节点能够与上一级的某个节点进行同步,从而实现所有节点都与根节点的时间同步。

### 5. 定位技术[32~34]

位置信息是传感器节点采集数据中不可缺少的部分,没有位置信息的监测消息通常毫无意义。确定事件发生的位置或采集数据的节点位置是传感器网络最基本的功能之一。为了提供有效的位置信息,随机部署的传感器节点必须能够在布置后确定自身位置。由于传感器节点存在资源有限、随机部署、通信易受环境干扰甚至节点失效等特点,定位机制必须满足自组织性、健壮性、能量高效、分布式计算等要求。

根据节点位置是否确定,传感器节点分为信标节点和位置未知节点。信标节点的位置是已知的,位置未知节点需要根据少数信标节点,按照某种定位机制确定自身的位置。在传感器网络定位过程中,通常会使用三边测量法、三角测量法或极大似然估计法确定节目点位置。根据定位过程中是否实际测量节点间的距离或角度,把传感器网络中的定位分类为基于距离的定位和距离无关的定位。

基于距离的定位机制就是通过测量相邻节点间的实际距离或方位来确定未知节点的位置,通常采用测距、定位和修正等步骤实现。根据测量节点间距离或方位时所采用的方法,基于距离的定位分为基于 TOA 的定位、基于 TDOA 的定位、基于 AOA 的定位、基于 RSSI 的定位等。由于要实际测量节点间的距离或角度,基于距离的定位机制通常定位精度相对较高,所以对节点的硬件也提出了很高的要求。距离无关的定位机制无须实际测量节点间的绝对距离或方位就能够确定未知节点的位置,目前提出的定位机制主要有质心算法、DV-Hop 算法、Amorphous 算法、APIT 算法等。由于无须测量节点间的绝对距离或方位,因而降低了对节点硬件的要求,使得节点成本更适合于大规模传感器网络。距离无关的定位机制的定位性能受环境因素的影响小,虽然定位误差相应有所增加,但定位精度能够满足多数传感器网络应用的要求,是目前大家重点关注的定位机制。

### 6. 数据融合

传感器网络存在能量约束。减少传输的数据量能够有效地节省能量,因此在从各个传感器节点收集数据的过程中,可利用节点的本地计算和存储能力处理数据的融合,去除冗余信息,从而达到节省能量的目的。由于传感器节点的易失效性,传感器网络也需要数据融合技术对多份数据进行综合处理,提高信息的准确度。

数据融合技术可以与传感器网络的多个协议层次进行结合。在应用层设计中,可以利用分布式数据库技术,对采集到的数据进行逐步筛选,在网络层中达到融合的效果,很多路由协议均结合了数据融合机制,以期减少数据传输量。此外,还有研究者提出了独立于其他协议层的数据融合协议层,通过减少 MAC 层的发送冲突和头部开销达到节省能量的目的,同时又不损失时间性能和信息的完整性。数据融合技术已经在目标跟踪、目标自动识别等领域得到了广泛的应用。在传感器网络的设计中,只有面向应用需求设计针对性强的数据融合方法,才能最大限度地获益。

数据融合技术在节省能量、提高信息准确度的同时，要以牺牲其他方面的性能为代价。首先是延迟的代价，在数据传送过程中寻找易于进行数据融合的路由、进行数据融合操作、为融合而等待其他数据的到来，这三个方面都可能增加网络的平均延迟。其次是鲁棒性的代价，传感器网络相对于传统网络有更高的节点失效率以及数据丢失率，数据融合可以大幅度降低数据的冗余性，但丢失相同的数据量可能损失更多的信息，因此相对而言也降低了网络的鲁棒性。

### 7. 数据管理

从数据存储的角度来看，传感器网络可被视为一种分布式数据库。以数据库的方法在传感器网络中进行数据管理，可以将存储在网络中的数据的逻辑视图与网络中的实现进行分离，使得传感器网络的用户只需要关心数据查询的逻辑结构，无须关心实现细节。虽然对网络所存储的数据进行抽象会在一定程度上影响执行效率，但可以显著增强传感器网络的易用性。美国加州大学伯克利分校的 TinyDB 系统和 Cornell 大学的 Cougar 系统是目前具有代表性的传感器网络数据管理系统。

传感器网络的数据管理与传统的分布式数据库有很大的差别。由于传感器节点能量受限且容易失效，数据管理系统必须在尽量减少能量消耗的同时提供有效的数据服务。同时，传感器网络中节点数量庞大，且传感器节点产生的是无限的数据流，无法通过传统的分布式数据库的数据管理技术进行分析处理。此外，对传感器网络数据的查询经常是连续的查询或随机抽样的查询，这也使得传统分布式数据库的数据管理技术不适用于传感器网络。

传感器网络的数据管理系统的结构主要有集中式、半分布式、分布式以及层次式结构，目前大多数研究工作均集中在半分布式结构方面。传感器网络中数据的存储采用网络外部存储、本地存储和以数据为中心的存储三种方式。相对于其他两种方式，以数据为中心的方法便是一种常用的数据存储方式。传感器网络中，既可以为数据建立一维索引，也可以建立多维索引。DIFS 系统中采用的是一维索引的方法，DIM 是一种适用于传感器网络的多维索引方法。传感器网络的数据查询语言目前多采用类 SQL 的语言。查询操作可以按照集中式、分布式或流水线式查询进行设计。集中式查询由于传送了冗余数据而消耗额外的能量；分布式查询利用聚集技术可以显著降低通信开销而流水线式聚集技术可以提高分布式查询的聚集正确性。传感器网络中，对连续查询的处理也是需要考虑的方面，CACQ 技术可以处理传感器网络节点上的单连续查询和多连续查询请求。

### 8. 无线通信技术

传感器网络需要低功耗短距离的无线通信技术。IEEE 802.15.4 标准是针对低速无线个人域网络的无线通信标准，把低功耗、低成本作为设计的主要目标，旨在为个人或者家庭范围内不同设备之间低速联网提供统一标准。由于 IEEE 802.15.4 标准的网络与无线传感器网络存在很多相似之处，故很多研究机构把它作为无线传感器网络的无线通信平台。

### 9. 嵌入式操作系统

传感器节点是一个微型的嵌入式系统，携带非常有限的硬件资源，需要操作系统能够节能高效地使用其有限的内存、处理器和通信模块，且能够对各种特定应用提供最大的支持。在面向无线传感器网络的操作系统的支持下，多个应用可以并发地使用系统的有限资源。

传感器节点有两个突出的特点。一个特点是并发性密集，另一个特点是传感器节点模块化程度很高，要求操作系统能够让应用程序方便地对硬件进行控制。上述这些特点对设计面向无线传感器网络的操作系统提出了新的挑战。美国加州大学伯克利分校针对无线传感器网络研发了 TinyOS 操作系统，在科研机构的研究中得到比较广泛的使用，但仍然存在不足之处。

**10．应用层技术**

传感器网络应用层由各种面向应用的软件系统构成，部署的传感器网络往往执行多种任务。应用层的研究主要是各种传感器网络应用系统的开发和多任务之间的协调，如作战环境侦查与监控系统、军事侦查系统、情报获取系统、战场监测与指挥系统、环境监测系统、交通管理系统、灾难预防系统、危险区域监测系统、有灭绝危险的动物或珍贵动物的跟踪监护系统、民用和工程设施的安全性监测系统、生物医学监测、治疗系统和智能维护等。

传感器网络应用开发环境的研究旨在为应用系统的开发提供有效的软件开发环境和软件工具，需要解决的问题包括传感器网络程序设计语言，传感器网络程序设计方法学，传感器网络软件开发环境和工具，传感器网络软件测试工具的研究，面向应用的系统服务（如位置管理和服务发现等），基于感知数据的理解、决策和举动的理论与技术（如感知数据的决策理论、反馈理论、新的统计算法、模式识别和状态估计技术等）。

## 1.5 无线传感器网络的应用

WSN(Wireless Sensor Network)是由具有感知、计算和通信能力的微型传感器以 Ad hoc 方式构成的无线网络，通过大量节点间的分工协作，实时监测，感知以及采集网络分布区域内的各种环境或监测对象的数据并进行处理，获得详尽而准确的信息之后传送给需要这些信息的用户。传感器网络的应用前景非常广阔，多应用于军事、环境监测和预报、建筑物状态监测、复杂机械监控、健康护理、智能家居、城市交通以及机场、大型工业园区的安全监测等领域。近年来，无线传感器网络发展迅速，受到政府、军队以及研究机构等广泛关注和重视。

**1．军事应用**

传感器网络可快速部署、可自组织、隐蔽性强且容错性高，满足作战中知己知彼的要求。典型设想是用飞行器将大量微传感器节点散布在战场的广阔地域，这些节点自组成网，将战场信息边收集、边传输、边融合，为各参战单位提供"各取所需"的情报服务。传感器网络由大量的随机分布的节点组成，即使有一部分节点被敌方破坏，余下的节点仍然可自组织形成网络，传感器网络可以通过分析采集到的数据，得到十分精确的目标定位，并由此为火控和制导系统提供精确制导。

1）智能微尘(smart dust)

智能微尘(smart dust)是一个具有电脑功能的超微型传感器，其是由微处理器、无线电收发装置以及使它们能够组成一个无线网络的软件共同组成。将一些无线传感器节点散放在一定范围内，它们就能够相互定位，收集数据并向基站传递信息。近几年，由于硅片技术和生产工艺的突飞猛进，集成有传感器、计算电路、双向无线通信模块和供电模块的微尘器件的体积已经缩小到沙粒般大小，但其却包含了信息收集、信息处理以及信息发送所必需的全部部件。未来的智能微尘甚至可以悬浮在空中几个小时。搜集、处理、发射信息，它能够仅依靠微型电池工作多年。智能微尘的远程传感器芯片能够跟踪敌人的军事行动，可以把大量智能微尘装在宣传品、子弹或炮弹中，在目标地点撒落下去，形成严密的监视网络，监视敌军的军情。

2）战场环境侦察与监视系统

该系统是一个智能化传感器网络,可以更为详尽、准确地探测到精确信息,如一些特殊地形地域的特种信息(登陆作战中敌方岸滩的翔实地理特征信息,丛林地带的地面坚硬度、干湿度)等,为更准确地制定战斗行动方案等提供情报依据。它通过"数字化路标"作为传输工具,为各作战平台与单位提供所需要的情报服务。该系统由撒布型微传感器网络系统、机载和车载型侦察与探测设备等构成。

3）传感器组网系统

美国海军最近也确立了"传感器组网系统"研究项目。传感器组网系统的核心是一套实时数据库管理系统。该系统可以利用现有的通信机制对从战术级到战略级的传感器信息进行管理,而管理工作只需通过一台专用的商用便携机即可,不需要其他专用设备。该系统以现有的带宽进行通信,并可协调来自地面和空中监视传感器以及太空监视设备的信息。该系统可以部署到各级指挥单位中。

传感器网络已经成为军事 C4ISRT（command，control，communication，computing，intelligence，surveillance，reconnaissance and targeting）系统必不可少的一部分,受到军事发达国家的普遍重视,各国均投入了大量的人力和财力进行研究。

2．智能家居

现有智能家居多以有线网络为主,布线较为烦琐,且网络处理能力较差。传感器网络能够应用在家居中。在家电和家具中嵌入传感器节点,通过无线网络与 Internet 连接在一起,可以为人们提供更加舒适、方便和更具有人性化的智能家居环境。利用远程监控系统可完成对家电远程遥控。智能家居的发展依赖于家庭网络技术在家庭内部的推广。家庭网络是整个智能家居系统的基础,要实现家居智能化,就必须能够实时监控住宅内部的各种信息,例如水、电、气的供给系统等,从而采取相应的控制,为此智能家居必须能够运用传感器采集各种信息,如温度、湿度、有无燃气泄露,小偷入室等。图 1-1 为智能家居构成。

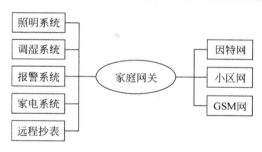

图 1-1 智能家居构成

3．环境监测

人们对于环境的关注与日俱增,环境科学涉及领域广泛。传感器网络在环境研究方面范围甚广,涉及土壤质量、家畜生长环境、农作物灌溉等诸多方面。

基于传感器网络的环境监测系统可运用一定数量的节点来监测例如温湿度、光照度、降雨量等,也可对环境进行预警,例如其可对森林环境监测,在森林中分布大量传感器节点,若某处发生火灾,则控制台可立刻根据传输到的数据判断具体的火灾发生位置,第一时间开展火灾扑救工作。

此外,运用无线传感器网络可以监测动物活动,据此研究动物的生活习性。

4．建筑物质量监控

传感器网络可以用于对建筑物的质量进行监控,建筑物状态监控（Structure Health Monitoring,SHM）主要用于监测由于对建筑物的修补以及建筑物长时间使用出现的老化现象而导致的一些安全隐患,往往在建筑物中出现的类似于小裂缝等都可能在日后造成重大的灾难,而无线传感器网络系统可以及时发现这些情况并采取相应的措施解决此类安全隐患。

目前在国内外很多大型桥梁上都应用了大量的无线传感器节点，桥梁上任何某个部位出了问题都可以及时查出并得以解决。

**5. 医疗护理**

无线传感器网络在医疗研究、护理领域也可以大展身手。其在医疗系统和健康护理方面的应用包括监测人体的各种生理数据，跟踪和监控医院内医生和患者的行动，医院的药物管理等。

罗彻斯特大学的科学家使用无线传感器创建了一个智能医疗房间，使用微尘来测量居住者的重要征兆（血压、脉搏和呼吸）、睡觉姿势以及每天 24 小时的活动状况。英特尔公司也推出了无线传感器网络的家庭护理技术。该技术是作为探讨应对老龄化社会的技术项目 Center for Aging Services Technologies(CAST)的一个环节开发的。该系统通过在鞋、家具以家用电器等家中道具和设备中嵌入半导体传感器，帮助老龄人士、阿尔茨海默氏病患者以及残障人士的家庭生活。利用无线通信将各传感器联网可高效传递必要的信息从而方便接受护理。人工视网膜是一项生物医学的应用项目。在 SSIM（Smart Sensors and Integrated Microsystems）计划中，替代视网膜的芯片由 100 个微型的传感器组成，并置入人眼，这样就可使得失明者或视力极差者能够恢复到一个正常的视力水平。

**6. 其他方面应用**

无线传感器网络还被应用于其他一些领域。比如一些危险的工业环境如井矿、核电厂等，工作人员可以通过它来实施安全监测。也可以用在交通领域作为车辆监控的有力工具。此外和还可以应用在工业自动化生产线等诸多领域，英特尔正在对工厂中的一个无线网络进行测试，该网络由 40 台机器上的 210 个传感器组成，这样组成的监控系统将可以大大改善工厂的运作条件。它可以大幅降低检查设备的成本，同时由于可以提前发现问题，因此将能够缩短停机时间，提高效率，并延长设备的使用时间。传感器网络可以应用于空间探索。可借助于航天器在外星体散播一些传感器网络节点对星球表面进行监测，NASA 的 JPL（Jet Propulsion Laboratory）实验室研制的 Sensor Webs 就是将来的火星探测进行技术准备，该系统已在佛罗里达宇航中心周围的环境监测项目中实施测试和完善。

尽管无线传感器技术目前仍处于初步应用阶段，但已经展示出了非凡的应用价值，相信随着相关技术的发展和推进，一定会得到更大的应用。

## 1.6 无线传感器网络仿真平台

在开展的无线传感器网络的研究中，都力求围绕网络的各种关键性能对无线传感器网络的各种技术进行改进。然而受有限的资金和网络条件的限制，在实验室构建大规模的实验平台比较昂贵。因此，充分利用现有资源，构建虚拟的仿真环境是非常有意义的。

目前，比较典型的仿真平台或基于现有平台的无线传感器网络模型，包括 NS-2，OPNET，GloMoSim，TOSSIM，PowerTOSSIM 等。

(1) NS-2 是著名的用于网络研究的离散事件仿真工具，主要致力于 OSI 模型的仿真，且其源码开放，适合二次开发。一些研究小组对 NS-2 进行了扩展，使它能支持无线传感器网络的仿真，包括传感器模型、电池模型、小型的协议栈、混合仿真的支持和场景工具等。但由于 NS-2 对数据包级进行非常详细的仿真，接近于运行时的数据包数量，使得其无法进行大规模网络的仿真。

(2) OPNET 是成熟的商业化通信网络仿真平台,库中提供了很多的模型,包括 TCP/IP、IEEE 802.11、3G 等。且已有一些研究人员在 OPNET 上实现对 TinyOS 的 NesC 程序的仿真[2]。但要实现无线传感器网络的仿真,还需要添加能量模型。

(3) GloMoSim 是一个可扩展的用于无线和有线网络的仿真系统,它采用 ParseC 进行设计开发,提供了对并行离散时间仿真的支持[3]。但目前,其仅支持传感器网络中的物理信道特征和数据链路协议的时延等特性的仿真。

(4) TOSSIM 是用于对采用 TinyOS 的 Motes 进行 bit 级的仿真的工具。它将 TinyOS 环境下的 NesC 代码直接编译为可在 PC 环境下运行的可执行文件,提供了不用将程序下载到真实的 Mote 节点上就可以对程序进行测试的一个平台。其唯一的缺点是没有提供能量模型,无法对能耗有效性进行评价。

(5) PowerTOSSIM 是对 TOSSIM 的扩展,采用实测的 MICA2 节点的能耗模型对节点的各种操作所消耗的能量进行跟踪,从而实现无线传感器网络的能耗性能评价。PowerTOSSIM 的缺点是所有节点的程序代码必须相同,而且无法实现网络级的抽象算法的仿真。

### 1.6.1 NS-2 仿真平台

在无线传感器网络特点和协议栈的研究基础上,利用网络仿真软件 NS-2 进行了研究和二次开发,构建了一个基于各种无线传感器网络关键性能的仿真界面。使得用户可以通过仿真界面来自主配置网络元素,搭建网络,运行并直观地显示各种关键性能,以对其研究起到一定的指导作用。

**1. 无线传感器网络体系结构及 NS-2 仿真机制**

1) 无线传感器网络体系结构

网络体系结构是网络的协议分层以及网络协议的集合,是对网络及其部件所应完成功能的定义和描述。对于无线传感器网络来说,图 1-2 是传感器节点使用的最典型的网络协议体系结构,包括物理层、数据链路层、网络层和应用层,与互联网协议栈的 5 层协议相对应。

此外,还包括网络管理模块。这些管理平台使得传感器节点能够按照能源消耗情况以高效的方式协同工作,在节点移动的传感器网络中转发数据,并支持多任务和资源共享。该模型既参考了现有通用网络的 TCP/IP 和 OSI 模型的架构,同时又包含了传感器网络特有的电源管理、移动管理及任务管理。应用层为不同的应用提供了一个相对统一的高层接口;如果需要,传输层可为传感器网络保持数据流或保证与 Internet 连接;网络层主要关心数据的路由;数据链路层协调无线媒质的访问,尽量减少相邻节点广播时的冲突;物理层为系统提供一个简单、稳定的调制、传输和接收系统。除此而外,电源、移动和任务管理负责传感节点能量、移动和任务分配的监测,帮助传感节点协调感测任务,尽量减少整个系统的功耗。

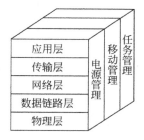

图 1-2 传感器网络协议体系结构

2) NS-2 的仿真机制

NS-2 是美国加州 Lawrence Berkeley 国家实验室于 1989 年开始开发的软件。NS-2 是一种可扩展、可配置和可编程的基于事件驱动的仿真工具,可以提供有线网络、无线网络中链路层及其上层,精确到数据包级的一系列行为的仿真。最值得一提的是,NS-2 中的许多协议代码都和真实网络中的应用代码十分接近,其真实性和可靠性高居世界仿真软件的前列。NS-2底层的仿真引擎主要由C++编写,同时利用OTCL语言作为仿真命令和配置的接口语言,网络仿真的过程由一段OTCL的脚本来描述,这段脚本通过调用引擎中各类属性、方法,定义网络的拓扑,配置源节点、目的节点,建立连接,产生所有事件的时间表,运行并跟踪仿真结果,还可以对结果进行相应的统计处理或制图。通常情况下,NS-2仿真器的工作从创建仿真器类(simulator)的实例开始,仿真器调用各种方法生成节点,进而构造拓扑图,对仿真的各个对象进行配置,定义事件,然后根据定义的事件,模拟整个网络活动的过程。

仿真器封装了多个功能模块,包括如下几项。

(1) 事件调度器:由于NS是基于事件驱动的,调度器也成为NS-2的调度中心,可以跟踪仿真时间,调度当前事件链中的仿真时间并交由产生该事件的对象处理。

(2) 节点:是一个复合组件,在NS-2中可以表示端节点和路由器,节点为每个连接到它的节点分配不同的端口,用于模拟实际网络中的端口。

(3) 链路:有多个组件复合而成,用来连接网络节点。

(4) 代理:代理类包含源及目的节点地址、数据包类型、大小、优先级等状态变量,每个代理连接到一个网络节点上,通常连接到端节点,由该节点给它分配端口号。

(5) 包:由包头和数据两部分组成。NS-2采取对真实网络元素进行抽象,保留其基本特征,并运用等效描述的方法来建立网络仿真模型。它们由大量的仿真组件所构成,用于实现对真实网络的抽象和模拟。

**2. 仿真平台设计**

NS-2的主代码主要采用Tcl和C++两种语言进行编写。C++的程序运行时间很短,转换时间很长,适合实现的具体协议,而Tcl运行较慢但转换很快,正好用来进行仿真的配置。Tcl提供了一个强有力的平台,可以生成面向多种平台的应用程序、协议、驱动程序等。它与Tk(toolkit)协作,可生产GUI应用程序。Tk是基于Tcl的图形程序开发工具箱,是Tcl的重要扩展部分。利用Tcl/Tk进行界面编程速度快,且界面编程工作可以从应用程序的其余部分分离开来,开发人员可以先集中精力实现程序的核心部分,然后逐步建立用户界面。主要就是采用Tk工具包来作出友好的无线传感器网络用户操作界面,将所要运行的NS-2代码嵌入其中,通过Nam动画演示来展现网络运行的过程,用Xgraph静态图表来分析网络的各种关键性能。通过Tcl脚本来描述在用户界面上所定义的网络拓扑、场景参数以及网络协议等网络场景信息。系统体系结构如图1-3所示。

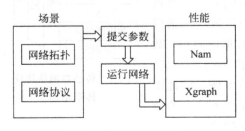

图1-3 系统体系结构

系统主要由网络场景模块和性能分析模块组成,网络场景模块主要包括环境参数设定、拓扑生成以及网络协议添加的实现。当设定好基站以及普通节点拓扑范围后,随机生成一个网络节点拓扑文件,结合其余的环境参数和网络协议,便可完成网络环境的初始化。在NS-2仿真器中,模拟的配置被作为一种程序设计而不是一种静态的配置。一次模拟的场景为模拟的运行定义了一个输入配置,NS-2采用Tcl脚本来描述用户提交的网络模拟场景。当提交网络模拟场景后,根据参数便会生成Tcl模拟脚本并调用NS-2仿真器进行模拟运行网络,模拟结束后性能分析模块即被激活,性能分析模块主要包括 Nam 动画演示和 Xgraph 静态性能分析的实现。其中静态分析实现了网络能量、延时、丢包以及吞吐量等关键性能的仿真。

### 1.6.2 OPNET 仿真平台

**1. OPNET 的特点**

OPNET 是一个功能强大的仿真软件,它所创建的系统由一系列属性可配置的对象组成,采用模块化的设计和数学分析的建模方法,能够对各种网络设备、通信链路和各层网络协议实现精确建模。具体有如下特点。

(1) 层次化的网络模型。使用多层次嵌套的子网来建立复杂的网络拓扑结构。

(2) 简单明了的建模方法。Modeler 建模过程分为 3 个层次,进程(Process)层次、节点(Node)层次以及网络(Network)层次。在进程层次中模拟单个对象的行为,在节点层次中将其互联成设备,在网络层次中将这些设备互联组成网络。

(3) 系统的完全开放性。Modeler 中的源码全部开放,用户可以根据自己的需要添加、修改已有的源码。

(4) 集成的分析工具。Modeler 仿真结果的显示界面十分友好,可以方便地选择绘画类型,分析各种类型的曲线,还可将曲线导出到电子表格中。

(5) 动画。Modeler 可以在仿真中或者仿真后显示模型行为的动画,使得仿真结果具有更好的演示效果。

(6) 集成的调试器。有自己的调试工具——OPNET Debugger(ODB),快速地验证仿真或发现仿真中存在的问题。另外 OPNET 在 Windows 平台下还支持和 VC 的联合调试。

(7) Modeler 提供多个编辑器可简化建模的难度。Modeler 提供的编辑器有,项目编辑器、节点编辑器、进程编辑器、链路编辑器、路径编辑器、包编辑器、天线模式编辑器、接口控制信息编辑器、调制曲线编辑器、概率分布函数编辑器、探针编辑器、图标编辑器、源程序编辑器等。每个编辑器均可完成一定的功能,使得原先需要书写很长代码的程序,只需通过图形化的界面进行一些设置就可以完成了。

**2. OPNETModeler 基本仿真流程**

OPNET 的仿真流程和普通的应用软件编程过程没太多区别,软件提供了非常友好的人机对话界面,需要仔细处理的地方主要是三个模型的建立,如图 1-4 所示。具体描述如下。

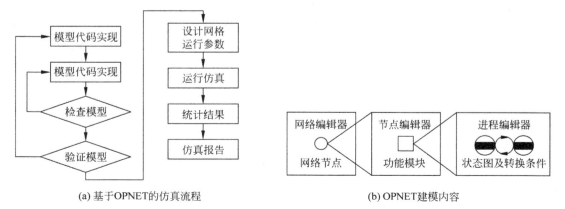

(a) 基于OPNET的仿真流程　　　　(b) OPNET建模内容

图 1-4　OPNET 仿真建模流程

(1) 建立进程模型主要使用 Process Editor。根据需要，可使用库中已有节点模型中的进程模型或者对底层进程模型修改来满足需要。

(2) 建立节点模型主要使用 Node Editor。必要时可以使用 Device Creator 快速建立模型。使用进程模型为它的底层模型。建模中，可能有三种情况：完全使用模型库中的节点模型，基于模型库进行修改，完全新开发模型。

(3) 建立网络模型主要使用 Network Editor。使用链路、节点模型为它的底层模型。

### 1.6.3 GloMoSim 仿真平台

**1. GloMoSim 的特点**

GloMoSim 网络仿真器具有如下特点。

(1) 专用于无线网络的仿真，执行速度快。GloMoSim 是专用于无线网络的仿真软件。具有字符界面，占用资源少，执行速度快，能仿真较大网络。

(2) 无线自组网的各种协议完备。GloMoSim 软件包中包括了无线网络各层所需的多种最新协议，例如 MAC 层协议包括 IEEE 802.11、CSMA、MACA、TSCA 等。路由协议包括 BellmanFord、AODV、DSR、LAR1、WRP、FishEye 等。这样在研究新协议时，只改变仿真设置文件的几个参数就可很方便地与这些协议进行比较，对新协议得出较准确的评价。

(3) 仿真设置简单，方便实用。GloMoSim 软件的仿真设置文件是文本文件，可用任意文字编辑器。当不需要某项特性时只要把仿真设置文件中的相应行注释掉即可。

(4) 支持多种操作系统。GloMoSim 支持多种操作系统，如 Solaris、Windows、Linux、Irix、Freebsd、Aix 等。

(5) 开放的源代码。GloMoSim 提供源代码，阅读源代码就可深入掌握其工作细节。

**2. GloMoSim 中仿真的运行过程**

仿真的基本原理：各种网络仿真器中都是基于类似事件队列功能的数据结构实现仿真的。系统维护一个数据结构，该数据结构的每个数据单元表示一个事件称这种数据结构为事件队列，队列中事件按触发事件顺序排列，越早触发的事件在队列中越处于较前的位置。每次事件循环都从队列中取出第一个事件，并交给相应的模块进行处理。模块处理过程中也可能会产生新的事件，这些事件都要插入事件队列中并根据事件的触发事件调整队列中事件的位置。这种循环一直继续，直到发生下面两种情况：设定的仿真时间已经到达，或事件队列为空。这两种事件发生时仿真结束。

对事件队列进行全局调度的功能模块在 glomo.pc 文件中。GloMoSim 中仿真运行过程如下。

1) 仿真启动

仿真程序从 driver.pc 开始运行，在 driver.pc 中读取一些仿真设置信息，如仿真场景大小、仿真时间、节点数量、随机数种子等，并根据用户设置确定节点初始位置，然后将运行控制权交给 glomo.pc 文件。

2) 仿真初始化

glomo.pc 初始化全局事件队列，然后进入系统初始化程序模块。系统初始化模块针对每个节点调用各层模块的层次调度模块，各层的层次调度模块进而调用本层各具体功能模块的初始化函数，完成相应功能模块的初始化工作，初始化顺序基本为从 radio 层到应用层依次完成。初始化完成后即进入正常的事件队列处理循环过程。

3) 事件队列处理循环

每次循环过程中,glomo.pc 从全局事件队列中取出队首事件,判断该事件由哪个节点处理,根据该事件的某些属性判断该事件应由哪个层次处理,并把该事件交给相应层次的调度模块。该层调度模块进行进一步调度,将事件交给相应节点的具体功能模块进行处理。具体功能模块对事件的处理过程中可能会产生新的事件,如标志某项记录的有效期已过,或模拟需要一定时间的工作已经完成等,这些事件都要插入事件队列中并根据事件的触发事件调整队列中事件的位置。该过程一直循环,直到队列中已经没有事件,或者仿真时间结束,则进入仿真收尾阶段。

4) 仿真收尾阶段

进入仿真收尾阶段,glomo.pc 针对每个节点依次调用 radio、mac、网络层、传输层和应用层的收尾调度模块,各层的收尾调度模块进而调用本层各具提供能模块的收尾函数。收尾函数把在仿真过程中收集的统计数据写入文本文件以便仿真结束后处理。至此仿真结束。

**3. GloMoSim 网络仿真器的不足**

GloMoSim 网络仿真器具有如下几点不足。

(1) 没有帮助文档,要了解系统工作原理必须阅读源代码。

(2) 对仿真场景的控制能力较弱,不便于构造复杂的场景。

(3) 其调试功能也很有限,不支持断点、单步等基本调试方式。

(4) 用户对仿真的控制操纵能力较弱,如不支持不同节点的高层模块之间进行消息交互,而很多情况下这对于控制仿真的运行是很有必要的。在这方面,OPNET 具有明显优势。要对以上几点方面进行改进,需要 GloMoSim 发布者做出努力。对于第 4 条,用户可以对 GloMoSim 进行功能扩充以改善这方面不足。

## 1.6.4 TOSSIM 的系统结构及仿真方法

美国加州大学 Berkeley 分校研发的 TOSSIM 是基于 WSN 节点机嵌入式操作系统的仿真方法的实现代表。TinyOS 是 Berkeley 分校研发的 WSN 嵌入式操作系统,源码公开,主要应用在其研发的 MICA 系列 WSN 节点机。

**1. TinyOS**

WSN 嵌入式操作系统 TinyOS 以及编程语言 nesC 由 Berkeley 分校开发并维护,TinyOS 面向组件(component-oriented),基于事情驱动(event-driven)。TinyOS 由 nesC 语言编写,nesC 专为 WSN 节点机设计。nesC 语法和 C 语言类似,支持并行模式,具有连接其他组件的机制。一个 TinyOS 程序可以用组件图表示,每个组件具有私有变量,组件有三个部分:命令(command)、事件(event)和任务(task)。命令和事件实现组件间的通信,任务体现了组件间的并行性。一个命令是组件的某种服务请求,例如初始化传感器读操作;事件是服务请求完成的信号。事件也可以是异步的,例如硬件中断或消息的到来。命令和事件不能被阻塞,命令立即返回,经过一定时间,标志服务请求完成的信号到来。命令和事情立即执行,而命令和事件的处理程序可以发布任务,任务的执行由 TinyOS 调度,这样的机制实现命令和事件立即返回,同时把计算任务发布出去。

**2. TOSSIM 的系统结构**

正如字面所示,TOSSIM 是 TinyOS 的仿真器(simulator)。在 TOSSIM 环境下,TinyOS 应用被直接编译进事件驱动的仿真器,仿真器运行在普通计算机上,TOSSIM 提供了节点机外部接口硬件的软件模拟,例如传感器、射频收发器等。由于 TinyOS 的基于组件特性,运行在 TOSSIM 上的节点机程序除了模拟外部接口的软件部分外,其他代码不变,允许实际节点机的相同代码在普通计算机上进行大规模的节点仿真,TOSSIM 能够捕获成千上万个 TinyOS 节点的网络行为和相互作用。

**3. TOSSIM 的仿真方法**

TOSSIM 直接把 TinyOS 组件图编译至 TOSSIM 离散事件仿真环境,仿真环境运行的程序和网络硬件程序基本相同,不同之处仅限于一些底层相关部分。TOSSIM 把硬件中断翻译成仿真环境离散事件,仿真环境事件队列提交中断信号,驱动 TinyOS 应用程序的运行。TinyOS 程序的其他代码不变。TOSSIM 对 WSN 的抽象简单且高效。网络抽象成一张有向图,顶点代表节点,每一条边具有一定的误比特率,每一个节点具有感知无线信道的内部状态变量。通过控制误比特率,这种抽象能够仿真理想状态和真实环境的 WSN。把 TinyOS 程序从目标平台硬件移植到仿真软件环境,仅需要替换一小部分低级组件。内在的事件驱动执行模式充分地适应了事件驱动仿真模式。整个程序编译过程能够重定向到仿真器的存储模型,由于单个仿真器的资源很少,在仿真环境的地址空间内能够一次仿真多个节点。TinyOS 组件的静态存储模型简化了仿真环境的状态管理,设定仿真环境抽象的级别能够准确地捕获 TinyOS 应用的行为和交互。TOSSIM 提供的接口允许 PC 应用通过 TCP/IP 驱动及监视仿真。用 TinyOS 的抽象概念来说,TOSSIM 和 PC 应用之间的仿真协议是一种命令/事件接口。TOSSIM 向 PC 应用发出事件信号,提供仿真数据,例如开发者在 TinyOS 代码中增加的调试信息、射频数据包、UART 数据包及传感器读数。PC 应用调用命令使 TOSSIM 执行仿真或者修改其内部变量,命令包括修改无线链路的误比特率及传感器读数等。开发者可以在 TOSSIM 中增加自己需要的功能。TinyViz 是 TOSSIM 的可视化工具,展示了 TOSSIM 的通信服务的能力。TinyViz 是基于 Java 的 TOSSIM 图形用户接口,允许仿真的可视、可控及可分析。

### 1.6.5 PowerTOSSIM

**1. PowerTOSSIM 的主要特点**

PowerTOSSIM 是基于 TOSSIM 的事件驱动仿真环境,由哈佛大学开发,能针对无线传感器网络应用进行大规模网络仿真。主要特点如下。

(1) 完善的节点能量模型。通过对 Mica2 硬件平台的实测获得了精确的能量消耗模型,为 CPU 和外设根据应用需要选择不同能耗级别的工作方式提供依据。灵活的能量模型接口便于单个传感器决定是否加入,以及单个节点的启停控制。

(2) 丰富的 radio 模型提供两种 radio 模型:simple 和 lossy,它们处在仿真器的外面,使得仿真器能够保持简单和高效。

(3) 良好的伸缩性。PowerTOSSIM 把应用程序生成能在本机执行的代码,执行高效,可以处理大范围配置内含有上千个节点的网络。

(4) 较强的逼真度。在 bit 级上仿真 TinyOS 网络应用,能够捕捉到 TinyOS 网络内包丢失和噪声的许多原因,可以真实地模拟现实世界。

**2. PowerTOSSIM 实现原理**

1) 节点层次模型

节点功能的层次结构如图 1-5 所示,包括两部分:SW 软件部分和 HW 硬件部分,实心箭头代表向下层组件调用命令,空心箭头代表向上层组件触发事件,纺锤箭头代表能量信息交换,三角形代表以中断方式工作的硬件。

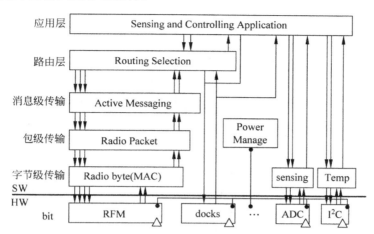

图 1-5  PowerTOSSIM 中节点层次模型

应用层用来模拟各种不同特征的应用,获得多种数据信息。路由层完成路由生成、维护等功能,向应用层提供路由接口,具体路由算法由用户自行选择或设计。活动消息技术是一种基于事件驱动的高性能并行通信方式,根据消息 ID 把消息中的数据传给应用层句柄进行处理,这种方式极大地减少了传统 TCP/IP 对内存和 CPU 资源所需开销,提高了消息传送效率。字节级传输使用单个错误纠正/两个错误检测的数据编码,完成整个包的 CRC 校验。PowerManage 模块完成各组件的功率消耗统计功能,把功率状态转变为信息记录在日志文件里,以备能量消耗工具分析。Sensing 和 Temp 模块完成模数转换和温度检测功能。这种层次模型使得节点功能划分结构清晰,便于用户对系统分析掌握、合理选用组件,提高开发效率。

2) 仿真原理

PowerTOSSIM 内核维护一个仿真器事件队列,中断被建模成仿真器事件。在 PowerTOSSIM 运行一个仿真器事件后,调度器执行相应节点 TinyOS 任务队列里的任务,遵循正常 TinyOS 调度器的 FIFO 运行到结束的模型。核心循环执行一个仿真器事件时,它设置全局状态,以指示哪个节点正在运行,一旦控制转移出硬件抽象组件,PowerTOSSIM 执行标准的 TinyOS 代码。仿真器用自己的仿真版本仅仅代替 TinyOS 中的硬件驱动组件,从而以很少的代码变动连接 TinyOS 应用到仿真硬件上。利用这种设计,独立模块 PowerState 统计每个仿真硬件驱动代码记录的功率状态转变消息,这种在一个独立模块中,抽象功率状态转变的方式可使得接口很容易被扩展来支持新的硬件组件。

3) PowerTOSSIM 的体系结构

PowerTOSSIM 仿真器体系结构如图 1-6 所示。一方面,包括 TOSSIM 的基本组成部分;另一方面,包括以独立的 PowerState 组件为核心的能量管理模块,通过生成特定的功率状态转变消息,跟踪仿真节点每个硬件组件的功率状态,该消息在仿真运行期间被完整记录下来。由 PowerTOSSIM 生成的功率状态数据被结合到一个功率模型,来确定每个节点、每个组件的能量使用状况,这种处理方式可使用脱机执行以获得它们功率消耗的详细记录,或者导入到可视化工具来实时显示功率消耗数据。把功率状态转换数据的生成和处理分开使得 PowerTOSSIM 具有有效性和灵活性,记录运行时硬件状态转换消息仅带来很低的开销,保持了TOSSIM在仿真大规模网络时的高效性,网络可扩展到上千的节点。

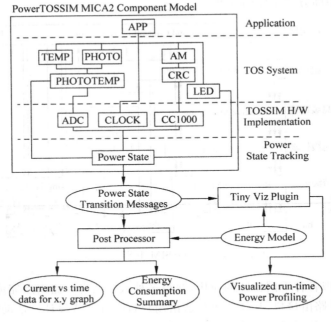

图1-6 PowerTOSSIM体系结构

4) 并发模型

PowerTOSSIM在中断和任务粒度上捕捉到TinyOS的事件驱动并发模型,它把每个中断建模成一个仿真事件,相互之间以原子方式运行,因此,不像在真实的硬件上,中断之间不能相互抢占。每个仿真事件执行后,PowerTOSSIM检查任务队列看有无未完成的任务,如有的话,以FIFO的调度顺序执行它们。这种执行方式意味着旋转任务(比如,以旋转锁方式进入队列的任务)将引起PowerTOSSIM无限执行该任务,以这种方式管理任务与事件驱动的TinyOS编程模型是相悖的。开发者应注意代码的实际执行踪迹,在仿真器里能执行的代码并不意味着在实际节点上一定能执行。

**3. PowerTOSSIM存在的不足**

根据以上分析,PowerTOSSIM仿真器存在的问题主要有如下几点。

(1) 所有节点必须同构,限制了传感网络的应用场合。

(2) 内核调度采用FIFO的模型,功能过于简单,对诸如实时性等系统参数的支持不够。

(3) 将中断事件建模成离散仿真器事件,不支持抢占,降低了仿真的逼真度。

(4) 对丰富仿真场景构造的能力较弱,较难实现节点移动、多基站等要求。

(5) 节点功率模型单一,且对于同一应用,使用不同的能耗获取工具所得结果不一致,存在较大偏差。

## 1.7 无线传感器网络开发平台

目前市场上的无线传感器的开发平台较多,有代表性的包括Chipcon公司的CC2430/CC2431/CC2480A1,Jennic公司 JN5121/JN5139/JN5148,Freescale公司的 MC13191/

MC13192/MC13201/MC13202 以及 Ember 公司的 EM250/EM260/EM351/EM357 ZigBee 系列开发芯片。

以下介绍几种目前常用的无线传感器网络开发平台。

### 1. Chipcon CC2430/CC2431 平台

CC2430 芯片沿用了以往 CC2420 的芯片架构，在单个芯片上整合了 ZigBee 射频（RF）前端、内存和微控制器。它使用 1 个 8 位 MCU（8051），具有 128KB 可编程闪存和 8KB 的 RAM，还包含模拟数字转换器（ADC）、4 个定时器（Timer）、AES128 协同处理器、看门狗定时器（Watchdog-timer）、32MHz 晶振的休眠模式定时器、上电复位电路（Power-On-Reset）、掉电检测电路（Brown-Out-Detection），以及 21 个可编程 I/O 引脚。CC2430 芯片采用 $0.18\mu m$ CMOS 工艺生产，工作时的电流损耗为 27mA；在接收和发射模式下，电流损耗分别低于 27mA 或 25mA。CC2430 的休眠模式和转换到主动模式的超短时间的特性，特别适合那些要求电池寿命非常长的应用。CC2430 有如下特点：高性能和低功耗的 8051 微控制器核；集成符合 IEEE 802.15.4 标准的 2.4GHz 的 RF 无线电收发机；优良的无线接收灵敏度和强大的抗干扰性；在休眠模式时仅 $0.9\mu A$ 的流耗，外部的中断或 RTC 能唤醒系统；在待机模式时少于 $0.6\mu A$ 的流耗，外部的中断能唤醒系统；硬件支持 CSMA/CA 功能；较宽的电压范围（2.0～3.6V）；数字化的 RSSI/LQI 支持和强大的 DMA 功能；有电池监测和温度感测功能；集成了 14 位模数转换的 ADC；集成 AES 安全协处理器；带有两个强大的支持几组协议的 USART，以及一个符合 IEEE 802.15.4 规范的 MAC 计时器，一个常规的 16 位计时器和 2 个 8 位计时器；强大和灵活的开发工具；支持硬件调试；尺寸 QLP 48 封装，7mm×7mm。IAR Embedded Workbench 是一款基于 CC2430/CC2431 的无线传感器网络的开发平台（简称 EW），其 C/C++ 交叉编译器和调试器是今天世界最完整的和最容易使用专业嵌入式应用开发工具。EW 对不同的微处理器提供同样直观的用户界面。EW 今天已经支持 35 种以上的 8 位/16 位/32 位 ARM 的微处理器结构。IAR Embedded Workbench 的特点如下。

（1）高效 PROMable 代码。

（2）完全标准 C 兼容。

（3）内建对应芯片的程序速度和大小优化器。

（4）目标特性扩充。

（5）版本控制和扩展工具支持良好。

（6）便捷的中断处理和模拟。

（7）瓶颈性能分析。

（8）高效浮点支持。

（9）内存模式选择。

（10）工程中相对路径支持。

CC2430 的典型应用电路如图 1-7 所示。

### 2. Jennic JN5121/JN5139 平台

Jennic 是一家将无线连接革新技术带入新应用中的半导体设计公司。Jennic 的专注于世界级 RF、数字化芯片及结合系统和软件设计领域，并将焦点集中在 IEEE 802.15.4 和 ZigBee 标准上，以专门技术提供了无线通信市场一项低成本、高集成度的无线射频 SoC 解决方案。公司产品包括最新型的低功率射频 SoC 芯片、模块、开发平台、通信协议及应用软件，为客服提供了一站式 ZigBee 解决方案。Jennic 公司 JN 5121 微控制器是市场上最早大量销售的全

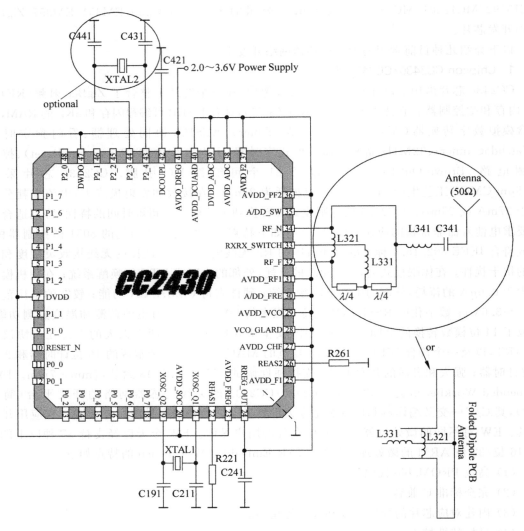

图 1-7　CC2430 典型应用电路

集成、单芯片 ZigBee 解决方案。JN513x 是继 JN5121 后又一个高性能的全集成单芯片 ZigBee 解决方案,除了降低价格门槛外,此系列产品在微控制器性能的表现、成本及功率消耗等方面均优于现有的 JN5121 系列。除了芯片的推出外,一系列基于 JN513x 的模块、开发工具、软件及通信协议软件也同时供应上市。Jennic 公司提供了基于 IEEE 802.15.4 规范的超低功耗、低速率(250Kbps)、短距离无线个域网单芯片解决方案,具有较好的数据安全性以及非常灵活的组网能力,满足大规模网络应用需求。

JN5139 主要特性如下。

(1) 全集成、单芯片。

(2) 2.4GHz 兼容 IEEE 802.15.4 规范。

(3) 内建 128 位 AES 安全协处理器。

(4) 内建高效的电源管理器。

(5) 内建 32 位 RISC 处理器。

(6) 内建 96KB 容量 RAM 静态存储器。
(7) 内建 192KB ROM 程序存储器。
(8) 内建 4 路 12 位 ADC、2 路 11 位 DAC、2 个比较器。
(9) 内建 3 个系统 Timer 和 2 个用户 Timer。
(10) 内建 2 个 UART 端口。
(11) 内建一个 SPI 接口,带有 5 个片选线。
(12) 内建 1 个 2 线串行接口,兼容 SM-BUS 和 $I^2C$ 规范。
(13) 内建 21 个通用 I/O 口。
(14) 8mm×8mm 56-pin 的 QFN 封装。
(15) 符合 ROHS 规范。

JN5139 模块如图 1-8 所示。

软件设计平台使用 Jennic 公司 SDK（Software Develop Kits）软件平台,其中的 Jennic cygwin 的功能是将程序文件与 ZigBee 协议一起编译、链接,生成可执行的二进制可执行文件（BIN 文件）。

图 1-8  JN5139 模块

### 3. Freescale MC13191/MC13192 平台

MC13192 是飞思卡尔公司提供的符合 IEEE 802.15.4 标准的带数据调制解调器的射频收发芯片。该芯片性能稳定,功耗很低,采用经济高效的 CMOS 设计,几乎不需要外部组件。更重要的是,该芯片和飞思卡尔其他的 ZigBee 产品组合在一起可以搭建成飞思卡尔 ZigBee-Ready 平台,利用该平台进行 ZigBee 相关方面的开发工作可以有效地缩短工程师的开发时间,降低开发成本。MC13192 符合 IEEE 802.15.4 标准,它选择的工作频率是 2.405～2.480GHz,数据传输速率为 250Kbps,采用 O-QPSK 调试方式。这种功能丰富的双向 2.4GHz 收发器带有一个数据调制解调器,可以在 ZigBee 技术应用中使用,它还具有一个优化的数字核心,有助于降低 MCU 处理功率,缩短执行周期。内部集成 4 个定时比较器,使其可以和性能较低、价格低廉的 MCU 配合使用以降低成本,广泛的中断维修服务使得 MCU 编程更为容易;芯片和 MCU 之间使用串行外围接口,使得在 MCU 选择上具有更大的余地。芯片集成的连接质量和电源检测功能可以为组网和维护提供必要的数据。除此之外,芯片还具有以下的特性:全频谱编码和译码;经济高效的 CMOS 设计,几乎不需要外部组件;可编程的时钟,供基带 MCU 使用;标准的 4 线 SPI（以 4MHz 或更高频率运行）;扩展的范围性能（使用外部低噪音放大器功率放大器）;可编程的输出功率,通常为 0dB;超低功率模式;7 条 GPIO 线路;芯片采用 2.7V 供电,接收状态耗电 37mA,发射状态耗电 30mA,功耗很低; QFN-32 封装,尺寸为 5mm×5mm,是同类芯片中尺寸最小的。

### 4. Ember EM250/EM260 平台

Ember 公司的 EM260 是 ZigBee 网络协处理器,集成了 2.4GHz IEEE 802.15.4 兼容的无线电收发器和运行在 EmberZNet ZigBee 堆栈的基于闪存的 16 位微处理器（XAP2b 核）。EM260 具有和应用微处理器快速 SPI 接口,使得开发者很容易在他们的微控制器中增加 ZigBee 网络功能。EM260 能处理所有时序和 ZigBee 网络堆栈的资源,使得应用微处理器能专一处理应用的需求。EM260 的目标应用包括建筑物自动化和控制,家庭自动化和控制,家庭娱乐控制以及资产跟踪等。本文提供了 EM260 包括 RF 特性在内的基本特性、详细的方框图、应用电路图以及参考设计所用元器件清单(BOM)。

#### 5. Crossbow OEM2110CA 平台

OEM2110CA 是 Crossbow 公司出品的一款 ZigBee 套件。Crossbow OEM 套件支持快速无线传感器网络开发。MICAz OEM 套件主要用于 2.4GHz 频率带宽。而 MICA2 OEM 套件则用于 868/916MHz 频率带宽。该套件为用户提供了 OEM 模块，包括模块编程器、预编程参考设计板、传感器/数据采集板、编程器和连接以太网的基站。邮票大小的 OEM 射频处理器模块具有低功耗、高传输速率和鲁棒性等特点。2.4GHz 版本使用直接序列扩频(DSSS)技术，868~916MHz 版本使用频移键控(FSK)技术。64 针封装易于传感器的集成。为简化 OEM 的集成设计还提供了参考设计文档。MDA300 传感器和数据采集板具有基本的传感器功能，如测量温度和湿度，连接外部传感器的标准接口，Crossbow 同时提供无线传感器网络的软件开发平台——MoteWorksTM 作为此套件的可选的软件。并特别优化了 MoteWorksTM 软件以适用于低功耗电池供电的网络，可支持传感器板，协议栈和操作系统，兼容 IEEE 802.15.4/ZigBee，空中编程和交叉开发工具；服务器网关，连接无线传感器网络到企业信息与管理系统的中间件；客户端，用于远程分析、监控、管理和配置传感器网络。

## 1.8 小结

无线传感器网络综合了现代传感器技术、微电子技术、通信技术、嵌入式计算技术和分布式信息处理技术等多个学科，是新兴的交叉研究领域，是当前信息领域一个研究的热点。本章首先简述了短距离无线网络以及无线传感器网络的发展历程，总结了无线传感器网络的发展历史和研究现状，分析了无线传感器网络的地位和作用，对当前国内外的最新研究现状进行了概述，指出了无线传感器网络技术发展所面对的挑战以及无线传感器网络的发展趋势。介绍了无线传感器网络的特征，列举了当前无线传感器网络研究的关键技术，以及在军事、智能家居、环境监测、建筑物状态监测、复杂机械监控、医疗健康护理、城市交通以及安全监测等领域的应用。最后介绍了无线传感器网络的几款仿真平台和开发平台。

## 参考文献

[1] 陈林星. 无线传感器网络技术与应用. 北京：电子工业出版社，2009.
[2] 王殊，阎毓杰，胡富平等. 无线传感器网络的理论及应用. 北京：北京航空航天大学出版社，2007.
[3] 孙利民，李建中，陈渝等. 无线传感器网络. 北京：清华大学出版社，2005.
[4] 李晓维. 无线传感器网络技术. 北京：北京理工大学出版社，2007.
[5] 宋文，王兵，用应宾. 无线传感器网络技术与应用. 北京：电子工业出版社，2007.
[6] 于海斌，曾鹏梁. 智能无线传感器网络. 北京：科学出版社，2006.
[7] 王雪. 无线传感网络测量系统. 北京：机械工业出版社，2007.
[8] 任丰原，黄海宁，林闯. 无线传感器网络. 软件学报，2003(2)：1282-1291.
[9] 李建中，高宏. 无线传感器网络的研究进展. 计算机研究与发展，2008，45 (1)：1-15.
[10] 崔莉，鞠海玲，苗勇. 无线传感器网络研究进展. 计算机研究与发展，2005，42(1)：163-174.
[11] POTTIEG，KAISERW. Wireless integrated network sensors[J]. Communications of the ACM，2000，43 (5)：551-558.
[12] ESTRIN D，GOVINDAN R，HEIDEMANN J. Next century challenges：scalable coordination in sensor networks[A]. Proceedings of the Fifth Annual International Conference on Mobile Computing and

Networks(MobiCOM'99)[C]. Washington, USA, 1999. 263-270.
[13] 汪文勇. 无线传感器网络的研究与应用. 电子科技大学学报, 2005.
[14] 崔莉, 鞠海玲, 苗勇等. 无线传感器网络研究进展. 计算机研究与发展, 2005(1): 163-174.
[15] 马祖长, 孙怡宁, 梅涛. 无线传感器网络综述. 通信学报, 2004, 25(4): 114-124.
[16] 余向阳. 无线传感器网络研究综述. 单片机与嵌入式系统应用, 2008(8): 12-17.
[17] 肖健等. 无线传感器网络技术中的关键性问题. 传感器学报, 2004(7): 14-18.
[18] 李钊, 韦玮. 无线传感器网络及关键技术综述. 空间电子技术, 2006(增刊). 23-28, 38.
[19] 刘林峰, 金杉. 无线传感器网络的拓扑控制算法综述. 计算机科学学报, 2008, 35(3).
[20] 朱晓颖, 刘晓文, 胡明. 无线传感器网络拓扑控制算法研究进展. 工矿自动化, 2009(4): 43-45.
[21] 王方伟, 张运凯, 丁振国等. 无线自组网的拓扑控制策略研究进展. 计算机科学, 2007, 34(10): 70-73.
[22] 龚海刚, 刘明, 易发胜. 无线传感器网络媒质接入控制协议的研究进展. 计算机科学, 2007, 34(4): 89-93.
[23] 唐勇, 周明天, 张欣. 无线传感器网络路由协议研究进展. 软件学报, 2006, 17(3): 410-421.
[24] 于海滨, 曾鹏, 王忠锋等. 分布式无线传感器网络通信协议研究. 通信学报, 2004, 25(10): 102-110.
[25] 郑国强, 李建东, 周志立. 无线传感器网络 MAC 协议研究进展. 自动化学报, 2008, 34(3): 305-316.
[26] 蹇强, 龚正虎, 朱培栋等. 无线传感器网络 MAC 协议研究进展. 软件学报, 2008, 389-403.
[27] 董武世. 无线传感器网络 QoS 路由技术研究进展. 湖北师范学院学报（自然科学版）, 2008, 28(3): 8-13.
[28] 王艳丽, 王志林, 马天义, 储怡. 无线传感网络的 MAC 协议的性能研究. 信息科学学报. 2010(24): 24, 25.
[29] 唐勇, 周明天, 张欣. 无线传感器网络路由协议研究进展. 软件学报, 2006, 17(3): 410-421.
[30] 余勇昌, 韦岗. 无线传感器网络路由协议研究进展及发展趋势. 计算机应用研究, 2008, 25(6): 1616-1621, 1651.
[31] 缪强等. 无线传感器网络的路由协议设计研究. 国家"863"计划资助项目.
[32] 王福豹, 史龙, 任丰原. 无线传感器网络中的自身定位系统和算法. 软件学报. 2005, 16(5): 857-868.
[33] 任彦, 张恩东, 张宏科. 无线传感器网络中覆盖控制理论与算法. 软件学报. 2006, 17(3): 422-433.
[34] 史龙. 无线传感器网络自身定位算法研究. 西北工业大学硕士学位论文. 2005.
[35] 郑燕飞, 李晖, 陈克非. 无线传感器网络的安全性研究进展. 信息与控制, 2006, 35(2): 233-238.

# 第 ② 篇　无线传感器网络原理

- 第2章　无线传感器网络体系结构
- 第3章　路由协议
- 第4章　MAC协议
- 第5章　拓扑控制
- 第6章　WSN定位技术
- 第7章　时间同步
- 第8章　安全技术
- 第9章　协议标准

## 第 2 篇 现代传感器网络原理

- 第6章 无线传感器网络体系结构
- 第7章 路由协议
- 第8章 MAC 协议
- 第9章 拓扑控制
- 第10章 WSN 应用技术
- 第11章 时间同步
- 第12章 安全技术
- 第13章 仿真技术

# 第 2 章 无线传感器网络体系结构

## 2.1 体系结构概述

无线传感器网络是由大量的密集部署在监控区域的智能传感器节点构成的一种网络应用系统。由于传感器节点数量众多,部署时只能采用随机投放的方式,传感器节点的位置不能预先确定在任意时刻,节点间通过无线信道连接,自组织网络拓扑结构传感器节点间具有很强的协同能力,通过局部的数据采集、预处理以及节点间的数据交互来完成全局任务。

无线传感器网络是一种无中心节点的全分布系统,由于大量传感器节点是密集部署的,传感器节点间的距离很短,因此,多跳(multi-hop)、对等(peer to peer)通信方式比传统的单跳、主从通信方式更适合在无线传感器网络中使用,由于每跳的距离较短,无线收发器可以在较低的能量级别上工作,另外,多跳通信方式可以有效地避免在长距离无线信号传播过程中遇到的信号衰减和干扰等各种问题。

无线传感器网络可以在独立的环境下运行,也可以通过网关连接到现有的网络基础设施上,如 Internet,在后者这种情况中,远程用户可以通过 Internet 浏览无线传感器网络所采集的信息[1]。

无线传感器网络包括 4 类基本实体对象:目标、观测节点、传感节点和感知视场。另外,还需定义外部网络、远程任务管理单元和用户来完成对整个系统的应用刻画,如图 2-1 所示。大量传感节点随机部署,通过自组织方式构成网络,协同形成对目标的感知视场。传感节点检测的目标信号经本地简单处理后通过邻近传感节点多跳传输到观测节点。用户和远程任务管理单元通过外部网络,比如卫星通信网络或 Internet,与观测节点进行交互。观测节点向网络发布查询请求和控制指令,接收传感节点返回的目标信息。

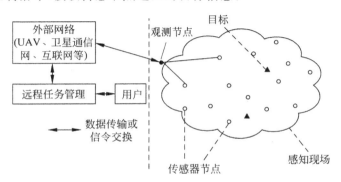

图 2-1 无线传感器网络体系结构

传感节点具有原始数据采集、本地信息处理、无线数据传输及与其他节点协同工作的能力，依据应用需求，还可能携带定位、能源补给或移动等模块。节点可采用飞行器撒播、火箭弹发射或人工埋置等方式部署。

目标是网络感兴趣的对象及其属性，有时特指某类信号源。传感节点通过目标的热、红外、声呐、雷达或震动等信号，获取目标温度、光强度、噪声、压力、运动方向或速度等属性。传感节点对感兴趣目标的信息获取范围称为该节点的感知视场，网络中所有节点视场的集合称为该网络的感知视场。当传感节点检测到的目标信息超过设定阈值，需提交给观测节点时，被称为有效节点。

观测节点具有双重身份。一方面，在网内作为接收者和控制者，被授权监听和处理网络的事件消息和数据，可向传感器网络发布查询请求或派发任务；另一方面，面向网外作为中继和网关完成传感器网络与外部网络间信令和数据的转换，是连接传感器网络与其他网络的桥梁。通常假设观测节点能力较强，资源充分或可补充。观测节点有被动触发和主动查询两种工作模式，前者被动地由传感节点发出的感兴趣事件或消息触发，后者则周期扫描网络和查询传感节点，较常用。

## 2.2 无线传感器网络体系结构

### 2.2.1 无线传感器网络物理体系结构[7～20]

无线传感器网络系统架构如图 2-2 所示，无线传感器网络系统通常包括传感器节点(sensor node)、汇聚节点(sink node)和管理节点。大量传感器节点随机部署在监测区域(sensor field)内部或附近，具有无线通信与计算能力的微小传感器网络节点通过自组织的方式构成的能够根据环境自主完成指定任务的分布式智能化网络系统，并以协作的方式实现感知、采集和处理网络覆盖区域中的信息，通过多跳后路由到汇聚节点，最后通过互联网或者卫星到达数据处理中心管理节点。用户通过管理节点沿着相反的方向对传感器网络进行配置和管理，发布监测任务以及收集监测数据。

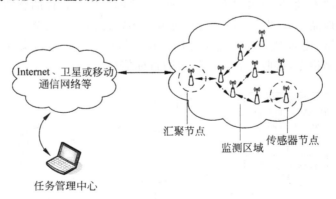

图 2-2 无线传感器网络系统架构

**1. 传感器节点**

无线传感器网络是由大量的传感器节点组成的网络系统，每个传感器节点通常是一个微型的嵌入式系统，它具有感知能力、处理能力、存储能力和通信能力。传感器节点一般由数据采集模块、处理控制模块、无线通信模块和能量供应模块 4 部分组成(如图 2-3 所示)。

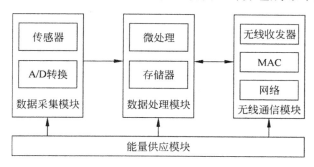

图 2-3 传感器节点的一般结构

(1) 数据采集模块。它是硬件平台中真正与外部信号量接触的模块,一般包括传感器探头和变送系统两部分,负责对感知对象的信息进行采集和数据转换。

(2) 处理控制模块。它是无线传感器网络节点的核心,负责控制整个传感器节点的操作(设备控制、任务分配与调度)、存储与处理自身采集的数据以及其他节点发来的数据。

(3) 无线通信模块。它是用于传感器网络节点间的数据通信,负责与其他传感器节点进行无线通信、交换控制信息和收发采集数据。解决无线通信中载波频段选择、信号调制方式、数据传输速率、编码方式等,并通过天线进行节点间、节点与基站间数据的收发。

(4) 能量供应模块。它是作为整个无线传感器网络节点的基础模块,为传感器节点提供运行所需的能量,是节点正常顺利工作的保证。由于是无线网络,故无法采用普通的工业电能,只能使用自己已存储的能源(如电池供电)或者从自然界自动摄取能量(如太阳能、振动能等),一旦电源耗尽,节点就失去了工作能力。节点的设计在不同应用中各不相同,但其基本原则是采用尽量灵敏的传感器、尽量低功耗的器件、尽量节省的信号处理和尽量持久使用的电源。本模块中必须解决好能源消耗与网络运行可靠性的关系。目前,电池无线充电技术日益引起人们的关注并成为可能的发展方向;另外,利用周围环境获取能量(如太阳能、振动能、风能、物理能量等)为节点供电相结合也是 WSN 节点设计技术的一个潜在的发展方向。

**2. 汇聚节点**

汇聚节点处理能力、存储能力和通信能力相对较强,它连接传感器网络和 Internet 等外部网络,实现两种协议栈之间的通信协议的转换,同时发布管理节点的监测任务,并把收集的数据转发到外部网络上。汇聚节点既可以是一个具有增强功能的传感器节点,有足够的能量供给和更多的内存与计算资源,也可以是没有监测功能仅带有无线通信接口的特殊网关设备。

**3. 管理节点**

即用户节点,用户通过管理节点对传感器网络进行配置和管理,发布监测任务以及收集监测数据。抛撒在监测区域的传感器节点以自组织方式构成网络,采集数据之后以多跳中继方式将数据传回 sink 节点,由 sink 节点将收集到的数据通过互联网或移动通信网络传送到远程监控中心进行处理。在这个过程中,传感器节点既充当感知节点,又充当转发数据的路由器。目前传感器节点的软硬件技术是无线传感器网络研究的重点。

## 2.2.2 无线传感器网络软件体系结构

针对每一类无线传感器网络应用系统,在设计和实现时需要开发的不仅是在应用服务器上的业务逻辑部分的软件，还必须设计处理分布系统所特有的软件，而目前的系统软件（操作系统）都不支持。无线传感器网络中间件将使无线传感器网络应用业务的开发者集中于设计与应用有关的部分，从而简化设计和维护工作。采用中间件实现技术，利用软件构件化、产品化能够扩展和简化无线传感器网络的应用。无线传感器网络中间件的开发将会使无线传感器网络在应用中达到柔性、高效的数据传输路径和局部化的目的，同时使整个网络在整个应用中达到最优化。无线传感器网络中间件和平台软件构成无线传感器网络业务应用的公共基础，提供了高度的灵活性、模块化和可移植性。

在一般无线传感器网络应用系统中，管理和信息安全纵向贯穿于各个层次的技术架构，最底层是无线传感器网络基础设施层，逐渐向上展开的是应用支撑层、应用业务层、具体的应用领域——军事、环境、健康和商业等。无线传感器网络中间件和平台软件在无线传感器网络应用系统架构中的位置如图 2-4 所示。

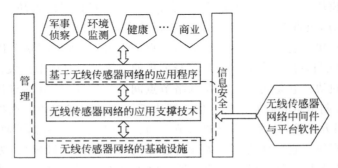

图 2-4　无线传感器网络应用系统架构

无线传感器网络应用支撑层、无线传感器网络基础设施和基于无线传感器网络应用业务层的一部分共性功能以及管理、信息安全等部分组成了无线传感器网络中间件和平台软件。其基本含义是，应用支撑层支持应用业务层，为各个应用领域服务提供所需的各种通用服务，在这一层中核心的是中间件软件；管理和信息安全是贯穿各个层次的保障。

无线传感器网络中间件和平台软件体系结构主要分为 4 个层次：网络适配层、基础软件层、应用开发层和应用业务适配层。其中，网络适配层和基础软件层组成无线传感器网络节点嵌入式软件（部署在无线传感器网络节点中）的体系结构，应用开发层和基础软件层组成无线传感器网络应用支撑结构（支持应用业务的开发与实现）。

（1）网络适配层：在网络适配层中，网络适配器是对无线传感器网络底层（无线传感器网络基础设施、无线传感器操作系统）的封装。

（2）基础软件层：基础软件层包含无线传感器网络各种中间件。这些中间件构成无线传感器网络平台软件的公共基础，并提供了高度的灵活性、模块化和可移植性。

（3）网络中间件：完成无线传感器网络接入服务、网络生成服务、网络自愈合服务、网络连通性服务等。

（4）配置中间件：完成无线传感器网络的各种配置工作，例如路由配置，拓扑结构的调整等。

（5）功能中间件：完成无线传感器网络各种应用业务的共性功能，提供各种功能框架接口。

（6）管理中间件：为无线传感器网络应用业务实现各种管理功能，例如目录服务、资源管理、能量管理、生命周期管理。

（7）安全中间件：为无线传感器网络应用业务实现各种安全功能，例如安全管理、安全监控、安全审计。

无线传感器网络中间件和平台软件采用层次化、模块化的体系结构，使其更加适应无线传感器网络应用系统的要求，并用自身的复杂度换取应用开发的简单性，而中间件技术能够更简单明了地满足应用的需要。一方面，中间件提供满足无线传感器网络个性化应用的解决方案，形成一种特别适用的支撑环境；另一方面，中间件通过整合，使无线传感器网络应用只需面对一个可以解决问题的软件平台，因而以无线传感器网络中间件和平台软件的灵活性、可扩展性保证了无线传感器网络安全性，提高了无线传感器网络数据管理能力和能量效率，降低了应用开发的复杂性。

### 2.2.3 无线传感器网络的协议栈

无线传感器网络的协议栈包括物理层、数据链路层、网络层、传输层和应用层，还包括能量管理、移动管理和任务管理等平台。这些管理平台使得传感器节点能够按照能源高效的方式协同工作，在节点移动的传感器网络中转发数据，并支持多任务和资源共享。

图 2-5 显示了协议栈模型，定位和时间子层在协议栈中的位置比较特殊，它们既要依赖于数据传输通道进行协作定位和时间同步协商，同时又要为各层网络协议提供信息支持，如基于时分复用的 MAC 协议、基于地理位置的路由协议等都需要定位和同步信息。

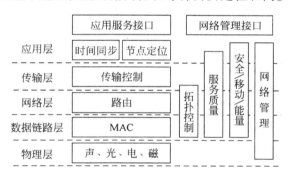

图 2-5 无线传感器网络的协议栈

### 2.2.4 无线传感器网络通信体系结构

无线传感器网络的实现需要自组织网络技术，相对于一般意义上的自组织网络，传感器网络有以下一些特色，需要在体系结构的设计中特别考虑。

（1）无线传感器网络中的节点数目众多，这就对传感器网络的可扩展性提出了要求，由于传感器节点的数目多，开销大，传感器网络通常不具备全球唯一的地址标识，这使得传感器网络的网络层和传输层相对于一般网络而言有很大的简化。

（2）自组织传感器网络最大的特点就是能量受限，传感器节点受环境的限制，通常由电量有限且不可更换的电池供电，所以在考虑传感器网络体系结构以及各层协议设计时，节能是设计的主要考虑目标之一。

（3）由于传感器网络应用的环境的特殊性，无线信道不稳定以及能源受限的特点，传感器网络节点受损的概率远大于传统网络节点，因此自组织网络的健壮性保障是必须的，以保证部分传感器网络的损坏不会影响全局任务的进行。

（4）传感器节点高密度部署，网络拓扑结构变化快。对于拓扑结构的维护也提出了挑战。

根据以上特性分析，传感器网络需要根据用户对网络的需求设计适应自身特点的网络体系结构，为网络协议和算法的标准化提供统一的技术规范，使其能够满足用户的需求。无线传感网络通信体系结构如图 2-6 所示，即横向的通信协议层和纵向的传感器网络管理面。通信协议层可以划分为物理层、链路层、网络层、传输层、应用层[6]。而网络管理面则可以划分为能耗管理面、移动性管理面以及任务管理面，管理面的存在主要是用于协调不同层次的功能以求在能耗管理、移动性管理和任务管理方面获得综合考虑的最优设计[2~5]。

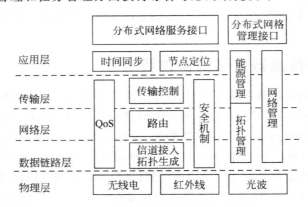

图 2-6　无线传感器网络通信体系结构

1）物理层

负责数据传输的介质规范，规定了工作频段、工作温度、数据调制、信道编码、定时、同步等标准。无线传感器网络的传输介质可以是无线、红外和激光，实现为数据终端设备提供传送数据的通路和完成数据传输。为了确保能量的有效利用，保持网络生存时间的平滑性能，物理层与介质访问控制（MAC）子层就密切关联使用。物理层的设计直接影响到电路的复杂度和传输能耗等问题，研究目标是设计低成本、低功耗和小体积的传感器节点。

2）数据链路层

负责数据流的多路复用、数据帧检测、媒体介入和差错控制，以保证无线传感器网络中节点之间的连接。由于无线传感器网络的信道是自由空间特性，环境噪声、节点移动和多点冲突等现象在所难免，而能量问题又是传感器网络的核心问题。因此，该层最主要的是设计一个适合于传感器网络的介质访问控制方法（MAC）。介质访问控制方法是否合理与高效，直接决定了传感器节点间协调的有效性和对网络拓扑结构的适应性，合理与高效的介质访问控制方法能够有效地减少传感器节点收发控制性数据的比率，进而减少能量损耗。

3）网络层

负责路由发现、路由维护和路由选择，实现数据融合，使得传感器节点可以实现有效的相互通信。路由算法执行效率的高低，直接影响传感器节点收发控制性数据与有效采集数据的比率。路由算法设计时需要特别考虑能耗的问题。根据路由转发的原理不同，传感器网络的路由协议又可以分为平面路由和层次路由两种。传感器网络的网络层的设计特色还体现在以数据为中心。在传感器网络中人们只关心某个区域的某个观测指标的值，而不会去关心具体某个节点的观测数据。而传统网络传送的数据是和节点的物理地址联系起来的，以数据为中心的特点要求传感器网络能够脱离传统网络的寻址过程,快速有效地组织起各个节点的信息并融合提取出有用信息直接传送给用户。

4) 传输控制层

负责数据流的传输控制,实现将传感器网络的数据提供给外部网络,是保证通信服务质量的重要部分。由于传感器网络的研究还处于初期阶段,还没有一个专门的传感器网络传输层协议。如果传感器网络要通过现有的 Internet 网络或卫星与外界通信,必然需要将传感器网络内部以数据为基础的寻址,变换为外界的以 IP 地址为基础的寻址,即必须进行数据格式的转换。

5) 应用层

包括一系列基于监测任务的应用层软件。与传输层类似,应用层研究也相对较少。应用层的传感器管理协议、任务分配和数据广播管理协议以及传感器查询和数据传播管理协议是传感器网络应用层需要解决的三个潜在问题。

传感器网络的应用支撑服务包括时间同步和定位,其中时间同步服务为协同工作的传感器节点提供本地时钟同步;节点定位服务依靠有限的已知节点,确定其他节点的位置,在系统中建立起一定的空间关系。

在各层设计中还要考虑能量、安全等问题。拓扑管理主要是为了节约能量,制定节点的休眠策略,保证网络畅通;QoS 的服务主要是为用户提供高质量的服务;网络管理主要是实现在传感器网络的环境下对各种资源的管理,为上层应用服务的提供一个集成的网络环境。

## 2.3 小结

传感器网络的体系结构受应用驱动。总地说来,灵活性、容错性、高密度以及快速部署等传感器网络的特征为其带来了许多新的应用。在未来,有许多广阔的应用领域可以使传感器网络成为人们生活中的一个不可缺少的组成部分,实现这些和其他的传感器网络的应用需要自组织网络技术。然而,传统 Ad hoc 网络的技术并不能够完全适应于传感器网络的应用。因此,充分认识和研究传感器网络自组织方式及传感器网络的体系结构,为网络协议和算法的标准化提供理论依据,为设备制造商的实现提供参考,成为当前无线传感器网络研究领域中一项十分紧迫的任务。也只有从网络体系结构的研究入手,带动传感器组织方式及通信技术的研究,才能更有力地推动这一具有战略意义新技术的研究和发展。

## 参考文献

[1] 曾鹏,于海斌,梁英等. 分布式无线传感器网络体系结构及应用支撑技术研究. 信息与控制,2004,33(3):307-313.

[2] Pottie G,Kaiser W. Wireless integrated network sensors[J]. Communication of the ACM,2000,43(5):551-558.

[3] Shih E,Cho S H,Ickes N,et al. Physical layer driver protocol and algorithm design for energy-efficient wireless sensor networks[A]. Proceedings of the 7th Annual International Conference on Mobile Computing and Networks(MobiCOM'01)[C]. Rome:ACM Press,2001,272-286.

[4] Kahn J,Katz R,Pister K. Next century challenges:mobile networking for smart dust[A]. Proceedings of the 5th Annual International Conference on Mobile Computing and Networks(Mobi-COM'99)[C].

Washington:ACM Press,1999,271-278.
- [5] 文浩,林闯,任丰原等. 无线传感器网络的QoS体系结构. 计算机学报,2009,32(3):432-440.
- [6] 李迎春,朱诗兵,陈刚. 无线传感器网络体系结构研究. 山西电子技术,2009(4):71-73.
- [7] 赵继军,刘云飞,赵欣. 无线传感器网络数据融合体系结构综述. 传感器与微系统(Transducer and Microsystem Technologies),2009,28(10):1-4.
- [8] 李方敏,李姮,刘新华. 无线多媒体传感器网络体系结构及QoS保障机制. 计算机科学,2009,36(6):19-25.
- [9] Akyildiz I F, Su W, Sankarasubramaniam Y, et al. Cayirci, Wireless Sensor Networks: A Survey[J]. Computer Networks,2002,38(4):393-422.
- [10] Tommaso Melodia, Dario Pompili, Akyildiz, Ian F. A Communication Architecture for Mobile Wireless Sensor and Actor Networks [G]. Proceedings of IEEE SECON,2006:898-907.
- [11] 孙利民,李建中. 无线传感器网络[M]. 北京:清华大学出版社,2005.
- [12] 彭木根,王英杰,王文博. 无线传感器网络体系结构和关键技术研究[J]. 中兴通讯技术,2005,11(6):32-36.
- [13] 纪阳,张平. 无线传感器网络的体系结构[J]. 中兴通讯技术,2005,11(4):45-49.
- [14] 林喜源. 基于TinyOS的无线传感器网络体系结构. 单片机与嵌入式系统应用,2006(9):44-47.
- [15] 纪阳,张平. 无线传感器网络的体系结构. 中兴通讯技术. 2005,11(4):32-35.
- [16] 朱祥贤,孙岐峰,杨永. 无线传感器网络的体系结构及其应用. 信息通信,2009(6):44-47.
- [17] 王玉,卢彬. 无线传感器网络的体系结构与研究热点. 电信快报,2007(1):26-29.
- [18] 彭木根,王英杰,王文博. 无线传感器网络体系结构和关键技术研究. 中兴通讯技术,2005,11(6):34-39.
- [19] 周颖. 无线传感器网络的网络管理体系及相关技术的研究. 武汉理工大学博士学位论文,2008.4.
- [20] 林知微,底欣. 军用无线传感器网络体系结构研究. 火力与指挥控制(增刊),2008,33(6):48-50.

# 路由协议

## 3.1 概述

无线传感器网络(WSN)的路由协议设计是无线传感器自组网中的一个核心环节,路由协议负责将数据分组从源节点通过网络转发到目的节点,它主要包括寻找源节点和目的节点间的优化路径、并沿此优化路径正确转发数据包等两个方面的功能。Ad hoc、无线局域网等传统无线网络的首要目标是提供高服务质量和公平高效地利用网络带宽,这些网络路由协议的主要任务是寻找源节点到目的节点间的通信延迟小的路径,同时提高整个网络的利用率,避免产生通信堵塞并均衡网络流量等,而能量消耗问题不是这类网络考虑的重点。

与传统 Ad hoc 网络路由协议相比,WSN 路由协议有其固有的特点。在 WSN 中,节点能量有限且一般没有能量补充,因此路由协议需要以节约能源为主要目标,高效利用能量,延长网络寿命。传感器节点数量较大,不可能建立全局地址,节点只能获取局部拓扑结构信息,路由协议要求能在局部网络信息的基础上选择合适的路径。传感器网络具有很强的应用相关性,不同应用中的路由协议可能差别很大,没有一个通用的路由协议。传感器网络以数据为中心,所关注是检测区域的感知数据,而不是具体哪个节点获取的信息,因此,传感器网络通常包含多个传感器节点到少数汇聚节点的数据流,需要以数据为中心形成消息的转发路径。节点间的数据冗余度高,传感器网络的路由机制还经常与数据融合技术联系在一起,要求路由协议需要具有良好的数据汇聚能力,通过减少通信量而节省能量。在多数应用中,除了少数节点移动外,一般节点在部署后保持固定。

因此,常规路由协议都不适合在 WSN 环境中运行,这就为 WSN 路由协议的设计提出了新的问题和挑战。具体体现在以下几点[1~5]。

(1) 节点没有统一的标志——由于 WSN 中节点数目巨大,WSN 节点没有统一的标志,节点间采用广播式的通信方式进行数据交换。

(2) 能量受限——WSN 的一个重要特征就是能量受限。因此,WSN 协议必须以节约能源为主要目标并尽可能延长网络存活时间。

(3) 面向特定应用——在 WSN 中,传感器节点和物理环境交互密切,WSN 的通信构架及其所采用的路由协议都是针对每个特定的应用而设计的。

(4) 频繁变化的拓扑结构——在 WSN 中,网络拓扑会因为节点损坏而变化频繁。路由协议必须要适应 WSN 频繁变化的拓扑结构。

(5) 容错性——传感器节点容易失效,因此路由协议必须具备良好的容错性,以便形成新的链路。

(6) 可扩展性——传感器节点一般成百上千,路由协议应该具有可扩展性来适应相应的应用环境。

（7）连通性——由于网络节点失效，很难预测网络拓扑和大小的变化，路由协议必须保证节点的连通性。

（8）数据融合——传感器节点产生的数据具有较大的冗余度，因此路由协议必须能进行数据融合，以便节省能量和使数据传输最优化。

（9）服务质量（QoS）——许多应用中，如视频应用，需要路由协议提供满足应用要求的服务质量。

（10）安全机制——路由协议极易受到安全威胁，因此必须考虑安全机制，尤其在军事应用中。

针对 WSN 路由机制的上述特点，在具体应用时，传感器网络路由机制需要满足以下要求。

（1）能量高效。传感器网络路由协议不仅要选择能量消耗小的消息传输路径，而且要从整个网络的角度考虑，选择能使整个网络能量均衡消耗的路由。传感器节点的资源有限，传感器的路由机制要能够简单而且高效地实现信息传输。衡量传感器网络路由性能的一个重要指标，就是路由机制能否合理地使用网络中各个传感器网络节点的有限能量，使得网络保持连通性的时间更长。

（2）可扩展。在 WSN 中，检测区域范围或节点密度不同，都会造成网络规模大小不同；节点失败、新节点加入以及节点移动等，都会使得网络拓扑结构动态发生变化，这就要求路由机制具有可扩展性，能够适应网络结构的变化。

（3）具有鲁棒性。能量用尽或环境因素造成的传感器网络节点的失败，周围环境影响无线链路的通信质量以及无线链路本身的缺点等，这些 WSN 的不可靠特性要求路由机制具有一定的容错能力。

（4）快速收敛性。传感器网络的拓扑结构动态变化，节点能量和通信带宽等资源有限，因此要求路由机制能够快速收敛，以适应网络拓扑的动态变化，减少通信协议开销，提高消息传输的效率。

## 3.2 路由协议分类[1~5]

WSN 路由协议负责在 sink 点和其余节点间可靠地传输数据。由于 WSN 与应用高度相关，单一的路由协议不能满足各种应用需求，因而人们研究了众多的路由协议。为揭示协议特点，根据文献中路由协议采用的通信模式、路由结构、路由建立时机、状态维护、节点标识和投递方式等策略，运用多种分类方法对其进行了分类。由于研究人员组合多种策略来实现路由机制，故同一路由协议可分属不同类别。

（1）根据传输过程中采用路径的多少，可分为单路径路由协议和多路径路由协议。单路径路由节约存储空间，数据通信量少；多路径路由容错性强，健壮性好，且可从众多路由中选择一条最优路由。

（2）根据节点在路由过程中是否有层次结构、作用是否有差异，可分为平面路由协议和层次路由协议。平面路由简单，健壮性好，但建立、维护路由的开销大，数据传输跳数多，适合小规模网络；层次路由扩展性好，适合大规模网络，但簇的维护开销大，且簇头是路由的关键节点，其失效将导致路由失败。

(3) 根据路由建立时机与数据发送的先后关系,可分为主动路由协议、按需路由协议和混合路由协议。主动路由建立、维护路由的开销大,资源要求高;按需路由在传输前需计算路由,时延大;混合路由则综合利用这两种方式。

(4) 根据是否以地理位置来标识目的地、路由计算中是否利用地理位置信息,可分为基于位置的路由协议和非基于位置的路由协议。有大量 WSN 应用需要知道突发事件的地理位置,这是基于位置的路由协议的应用基础,但需要 GPS 定位系统或者其他定位方法协助节点计算位置信息。

(5) 根据是否以数据来标识目的地,可分为基于数据的路由协议和非基于数据的路由协议。有大量 WSN 应用要求查询或上报具有某种类型的数据,这是基于数据的路由协议的应用基础,但需要分类机制对数据类型进行命名。

(6) 根据节点是否编址、是否以地址标识目的地,可分为基于地址的路由协议和非基于地址的路由协议。基于地址的路由在传统路由协议中较常见,而在 WSN 中一般不单独使用而与其他策略结合使用。

(7) 根据路由选择是否考虑 QoS 约束,可分为保证 QoS 的路由协议和不保证 QoS 的路由协议。保证 QoS 的路由协议是指在路由建立时,考虑时延、丢包率等 QoS 参数,从众多可行路由中选择一条最适合 QoS 应用要求的路由。

(8) 根据数据在传输过程中是否进行聚合处理,可分为数据聚合的路由协议和非数据聚合的路由协议。数据聚合能减少通信量,但需要时间同步技术的支持,并使传输时延增加。

(9) 根据路由是否由源节点指定,可分为源站路由协议和非源站路由协议。源站路由协议节点无须建立、维护路由信息,从而节约存储空间,减少通信开销。但如果网络规模较大,数据包头的路由信息开销也大,而且如果网络拓扑变化频繁,将导致路由失败。

(10) 根据路由建立时机是否与查询有关,可分为查询驱动的路由协议和非查询驱动的路由协议。查询驱动的路由协议能够节约节点存储空间,但数据时延较大,且不适合环境监测等需紧急上报的应用。

为了更好地分析各种协议的特点,表 3-1 运用了多种分类方法对 WSN 路由协议进行分类。

表 3-1 无线传感器网络路由协议分类

| 分 类 标 准 | 协 议 类 型 |
| --- | --- |
| 网络的拓扑结构 | 平面路由协议 |
|  | 层次路由协议 |
| 数据传输的路径条数 | 单路径路由协议 |
|  | 多路径路由协议 |
| 路由是否由源节点指定 | 基于源路由协议 |
|  | 非基于源路由协议 |
| 路由建立是否与查询有关 | 查询驱动路由协议 |
|  | 非查询驱动路由协议 |
| 节点是否编址、是否以地址标识目的地 | 基于地址路由协议 |
|  | 非基于地址路由协议 |
| 是否以地理位置来标识目的地 | 基于地址路由协议 |
|  | 非基于地址路由协议 |

续表

| 分类标准 | 协议类型 |
| --- | --- |
| 路由建立时机与数据发送的先后关系 | 主动路由协议 |
| | 按需路由协议 |
| | 混合路由协议 |
| 路由选择是否考虑 QoS 约束 | 保证 QoS 路由协议 |
| | 非保证 QoS 路由协议 |
| 是否以数据类型来寻找路径 | 基于数据路由协议 |
| | 非基于数据路由协议 |

## 3.3 典型路由协议分析

相对于传统无线通信网络研究的重点放在无线通信的服务质量（QoS）而言，WSN 路由协议的研究重点是放在如何提高能量效率上，当前较为流行的几个 WSN 的路由协议可分为如下几类[1~5]。

### 3.3.1 平面路由协议

在平面路由协议中，所有节点的地位是平等的，不存在等级和层次的差异。它们通过局部操作和信息反馈来生成路由，原则上不存在瓶颈问题。平面路由协议的优点是简单、具有较好的健壮性；其缺点是可扩展性差。另外，平面路由协议需要维持路由表，在大规模网络中会消耗节点大量的存储空间，同时由于发送信息中包含了路由信息，会引起网络中通信负担的加重。

**1. Flooding 协议及 Gossiping 协议**[6]

这是两个最为经典和简单的传统网络路由协议。

在 Flooding（泛洪）协议中，节点产生或收到数据后向所有邻节点广播，直到数据包过期或到达目的地。该路由不进行维护网络拓扑和相关路由算法，只负责以广播形式转发数据包，因此效率并不高。该协议具有严重缺陷：内爆（Implosion，节点几乎同时从邻节点收到多份相同数据）、交叠（Overlap，节点先后收到监控同一区域的多个节点发送的几乎相同的数据）、盲目利用资源（节点不考虑自身资源限制，在任何情况下都转发数据），造成资源的浪费。

Gossiping（闲聊）协议是对 Flooding 协议的改进，节点将产生或收到的数据随机转发，而不是用广播。这种方式避免了以广播形式进行信息传播的能量消耗，节约能量，在一定程度上解决了信息的"内爆"问题，但增加了信息的数据传输平均时延，传输速度变慢，并且无法解决部分交叠现象和盲目利用资源问题。

**2. DD 路由协议**[7]

DD（Directed Diffusion，定向扩散）协议是以数据为中心的路由算法，是一种基于查询的路由机制。整个过程可以分为兴趣扩散、梯度建立以及路径加强三个阶段。为建立路由，sink 点向网络中 Flooding（包含属性列表、上报间隔、持续时间、地理区域等）信息的查询请求 Interest（该过程本质上是设置一个监测任务）。沿途节点按需对各 Interest 进行缓存与合并，并根据 Interest 计算、创建（包含数据上报率、下一跳等）信息的梯度（gradient），从而建立多条指向 sink 点的路径。Interest 中的地理区域内节点则按要求启动监测任务，并周期性地上报数据。途中各节点可对数据进行缓存与聚合。sink 点可在数据传输过程中通过对某条路径发送上报间隔更小或更大的 Interest,以增强或减弱数据上报率。

DD 协议健壮性好；使用数据聚合能减少数据通信量；sink 点根据实际情况采取增强或减弱方式能有效利用能量；使用查询驱动机制按需建立路由,避免了保存全网信息,但不适合环境监测等应用。而且 gradient 的建立开销很大,不适合多 sink 点网络；数据聚合过程采用时间同步技术,这其实在传感器网络中并不容易实现。

经仿真分析,DD 路由协议具有较好的节能性,适用于在传感器节点接收到数据请求后,较长时间内需要连续向 sink 节点传送数据的场合,不适用于收到请求后只发一次少量数据的场合。因为 DD 算法建立梯度需要花费较大的代价。

3. Rumor 协议[8]

如果 sink 点的一次查询只需一次上报,DD 协议开销太大。Rumor(谣传)协议正是为解决此问题而设计的。该协议借鉴了欧氏平面图上任意两条曲线交叉概率很大的思想。节点监测到事件后将其保存,并创建称为 agent 的生命周期较长的(包括事件和源节点)信息数据包,将其按一条或多条随机路径在网络中转发。收到 agent 的节点根据事件和源节点信息建立反向路径,并将 agent 再次随机发送到相邻节点,并可在再次发送前在 agent 中增加其已知的事件信息。sink 查询请求也沿着一条随机路径转发,当两路径交叉时则路由建立；如不交叉,sink 可 Flooding 查询请求。在多 sink 点、查询请求数目很大、网络事件很少的情况下,仿真结果表明 Rumor 协议能显著地降低路由开销,节约能量。但对于事件数较多的情况,维护事件表和处理代理所花费的开销会急剧增长。同时,由于路由使用随机的方式生成路径,数据传输的路径不是最优路径,并且可能存在路由环路问题。

Rumor 协议的优点是避免了大量扩散,显著节省能量,适用于数据传输量较小的情况。但如果网络拓扑结构频繁变动,则 Rumor 协议的性能会大幅下降。

4. SPIN 协议[9]

SPIN(Sensor Protocol for Information via Negotiation)路由算法是一种以数据为中心的自适应通信路由协议。节点仅广播采集数据的属性描述信息(元数据 meta-data)而不是数据本身,当有相应的请求时,才有目的地发送数据信息。其目标是通过使用节点间的协商制度和资源自适应机制,解决传统泛洪法(Flooding)存在的不足之处。

在 SPIN 算法中,假设所有的传感器节点均可能是希望获得数据的 sink,每个传感器节点知道自己是否需要数据或是否在数据源到 sink 的路径上。传感器节点在发送数据前先进行协商,仅将数据发送到需要的相邻节点。这种协商制度可以确保有效的数据传输。传感器节点间通过发送元数据(meta-data,即描述传感器节点采集的数据属性的数据),而非对采集到的整个数据进行协商。由于元数据小于采集的数据,传输元数据消耗的能量相对较少。在发送或接收数据之前,每个节点都必须检查各自可用的能量状况。如果处于低能量水平,则必须中断一些操作,如充当数据中转(路由器)的角色,停止数据转发操作。

SPIN 协议中使用三种类型的消息：①ADV,用于新数据广播。当一个传感器节点有数据需要传输时,它就使用 ADV 数据包(包括元数据)对外广播；②REQ,用于请求发送数据。当一个传感器节点希望接收 DATA 数据包时,便发送 REQ；③DATA,包含了元数据头、传感器节点采集数据的数据包。在发送 DATA 数据包之前,传感器节点首先对外广播 ADV 消息。如果一个邻近节点在收到 ADV 后希望接收该 DATA 数据包,那么它向该节点发送一个REQ；接着该节点向它发送 DATA 数据包。类似的过程继续下去,DATA 数据包就会被传输到远方 sink。SPIN 协议的工作流程如图 3-1 所示。

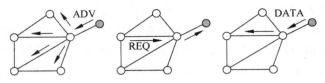

图 3-1 SPIN 协议工作流程

SPIN 家族的协议有很多,主要的两个协议是 SPIN-1 和 SPIN-2。SPIN-1 协议就是前面阐述的基本三次握手协商机制。扩展的 SPIN-2 协议是基于预设值资源提醒机制协议。当资源充足时,SPIN-2 使用的是三次握手协商机制;当资源低于某个预设值时,它将减少参与数据发送的次数。总体上,SPIN-1 和 SPIN-2 都是简单高效的协议,不用维护每个邻居的状态。其他的 SPIN 家族协议还有:①SPIN-PP,用于点对点的通信,如 hop-by-hop 路由;②SPIN-EC,在 SPIN-PP 的基础上考虑了节点的功耗,当能量不低于设定阈值的节点时才参与数据交换;③SPIN-BC,设计了广播信道,使所有在有效半径内的节点可以同时完成数据交换;④SPIN-RL,是对 SPIN-BC 的完善,主要考虑如何恢复无线链路引入的分组差错与丢失。

该协议的优点是:元数据的传输耗能相对较少;只广播其他节点没有的数据,减少了能耗;不维护邻居节点信息,适应节点移动的情况。SPIN 协议的缺陷也很明显:健壮性差,会出现"数据盲点",它的扩展受限,如果 sink 对网络中的多个事件感兴趣,sink 周围的节点能量会很快耗尽,不适用于高密度节点分布的情况;另外,数据会在整个网络中传输。

**5. EAR 协议**[10]

EAR(Energy Aware Routing)协议是一个反应式路由协议,其主要目的是用于延长网络的生存时间。协议操作可以分成三个主要阶段。

(1) 协议初始化。由 sink 点发起协议初始化过程。初始化报文携带了路径代价信息,每一个转发初始化报文的节点都将本节点的代价加入到路径的总代价中。这样每个节点均能建立一条或多条到 sink 节点的路由,并且知道每条路由的代价。

(2) 数据传输。节点向 sink 点传送数据时,可从多条路径中按某种概率选取一条。代价越大的路径,转发的概率越小。

(3) 路由维护。通过局部的泛洪来更新路径代价。如果节点的能量低于某个门限,可以使这条路径失效。

EAR 路由协议类似于 DD 协议,但它维护多条路径而不是强迫使用一个最优化路径。它通过一定的概率选择路径并维护它们,概率值的确定依赖于每条路径的能量情况。这样可以防止过分依赖某条路径而导致该路径能量消耗过大。仿真结果表明,该协议相比 DD 协议可以使网络寿命延长 44%;但该协议的缺点是需要收集位置信息并建立编址机制,增加了路由建立的复杂度和开销。

**6. GBR 协议**[11]

GBR(Gradient Based Routing)路由协议是 DD 协议的一种改进路由算法,目的是使数据报文传输的总跳数最小。其关键思想是当 DD 协议中的兴趣消息扩散到整个网络时,节点需要记录到 sink 节点的最小跳数,将这个跳数作为节点的 height;邻居节点之间的 height 差就是链路的梯度。当数据报文发往 sink 节点时,沿着梯度最大的方向传送。GBR 使用诸如数据融合、负载均衡等技术,以获得均匀的网络负载。当多条路径都要通过同一个节点时,该节点就成为一个关键节点。关键节点可以采用三种数据分发技术。

（1）随机机制。当有多个链路的梯度相同时，节点随机选择一个梯度方向发送。

（2）基于能量的机制。当一个节点的能量低于某个门限时，该节点增加它的梯度。这样，节点就能减少中继的数据量。

（3）基于流的机制。当一条路径正在为其他数据流服务时，新增加的数据流用另外一条路径传输，从而使各条路径流量均衡。

仿真结果表明，GBR 协议可以均衡网络负载、延长网络寿命；但 GBR 协议同样增加了路由建立的复杂度。

### 7. HREEMR 协议[12]

HREEMR(Highly-Resilient, Energy-Efficient Multi-path Routing)与 Rumor 协议的不同之处在于它利用多路径(multi-path)技术实现了能源有效的故障恢复，并解决了 DD 协议为提高协议的健壮性，采用周期低速率扩散数据而带来的能源浪费问题。它采用与 DD 相同的本地化算法建立 source 与 sink 间的最优路径 p。为了保障 p 发生失效时协议仍能正常运行，构建多条与 p 不相交的冗余路径，一旦发生失效现象，即可启用冗余路径进行通信。

### 8. SMECN 协议[13]

SMECN(Small Minimum Energy Communication Network)协议是节点定位的路由协议，它是在针对 Ad hoc 网络设计的 MECN 协议基础上进行改进的。该协议通过构建具有 ME(最小能量)属性的子图来降低传输数据所消耗的能量，从而更好地满足了 WSN 对节能性的需求。仿真结果显示，在广播范围能够达到环绕广播机区域内的所有节点的情况下，SMECN 构建的子图小于 MECN 构建的子图，在拓扑变化不太频繁的传感器网络中能够很好地得到应用。

### 9. GEM 协议[14]

GEM(Graph Embedding)路由协议是一种适用于数据中心存储(data-centric storage)方式的基于位置的路由协议。其基本思想是建立一个虚拟极坐标系统，用来表示实际的网络拓扑结构。网络中的节点形成一个以汇聚节点为根的带环树(ringed tree)。每个节点用树根的跳数和角度范围来表示。整个网络形成一个树状的拓扑结构，越靠近树根的节点，对网络整体的结构就了解越多。当一个节点不知道目的节点的路由时，就将数据报文向根的方向传送，直到某个节点知道了到目的节点的路由。由于大部分数据都是发送到树根的，这种树状结构能很好地应用于传感器网络中。

GEM 带环树的建立由汇聚点发起，通过逐步扩散从而建立覆盖整个网络的拓扑树。它不依赖节点的精确位置信息，将网络的实际拓扑映射到一个易于进行路由处理的逻辑拓扑中。当网络中节点位置改变引起网络拓扑变化时，树的调整比较复杂，因此 GEM 适应于拓扑结构相对稳定的传感器网络。

### 10. SCBR 协议[15]

一般基于地理位置信息的路由协议均要求每个节点具备感知位置信息的能力，这在传感器网络中往往无法实现。SCBR 路由算法只需少数节点具有精确位置信息即可进行正确路由的定位路由机制。其基本思想是通过少数能够得到精确位置信息的节点(称为信标点)来确定一个全局的坐标系。通过迭代算法计算其他节点在这个坐标系中的位置；当所有节点的坐标位置确定之后，就可以使用贪婪算法选择合适的路由。因此，协议的关键部分是利用信标节点建立坐标系以及确定其他节点在坐标系中的位置。

SCBR(Scalable Coordinate-Based Routing)提到在三种情况下确定节点位置的算法：①网络实际边界上的节点都是信标节点；②使用两个信标节点；③使用一个信标节点的情况。信标点越少，计算越复杂。与其他基于位置的路由协议相比，SCBR只需要知道少数节点精确位置信息，其降低了对传感器节点的要求，使网络成本降低。但是，为了确定全局坐标系和节点在坐标系中的位置，节点需要交换大量信息，通信开销大；同时使用迭代算法，节点的计算开销也大。

**11. SAR 协议**[16]

SAR(Sequential Assignment Routing)协议是第一个具有 QoS 的路由协议。该协议通过构建以 sink 的单跳邻居节点为根节点的多播树实现传感器节点到 sink 的多跳路径。它的特点是路由决策不仅要考虑到每条路径的能源，还涉及端到端的延迟需求和待发送数据包的优先级。仿真结果显示，与只考虑路径能量消耗的最小能量度量协议相比，SAR 的能量消耗较少。该算法的缺点是不适用于大型的和拓扑频繁变化的网络。

### 3.3.2 层次路由协议

在层次型结构的网络中，具有某种关联的网络节点组成簇。在簇内，通常有一个按一定规则选举产生的，被称为簇头（cluster head）的节点。除了簇头节点外，一般节点成员（cluster member）的功能较简单，无须维护复杂的路由信息。这类协议的设计思想是，将所有节点划分为若干簇，每个簇按照一定规则来选举一个簇头。各个节点采集的数据在簇头节点进行融合，再由簇头节点与 sink 节点进行通信。

层次化路由机制具有以下几个优点。

（1）簇头融合了成员节点的数据之后再进行转发，减少了数据通信量，从而节省了网络能量。

（2）成员节点大部分时间可以关闭通信模块，由簇头构成一个更上一层的连通网络来负责数据的长距离路由转发。这样既保证了原有覆盖范围内的数据通信，也在很大程度上节省了网络能量。

（3）成员节点的功能比较简单，无须维护复杂的路由信息，这大大减少了网络中路由控制信息的数量，减少了通信量。

（4）分簇拓扑结构便于管理，有利于分布式算法的应用，可以对系统变化作出快速反应，具有较好的可扩展性，适合大规模网络。

（5）与平面路由相比，更容易克服传感器节点移动带来的问题。

层次路由的缺点就是簇头节点容易成为网络的瓶颈，因此要求路由算法具有一定的容错性；同时簇的负载均衡也是分布式成簇的一大挑战。

**1. LEACH 协议**[17]

LEACH(LOW-Energy Adaptive Clustering Hierarchy)是一种 WSN 的低功耗自适应聚类路由算法，其基本思想是通过等概率地随机循环选择簇头，将整个网络的能量负载平均分配到每个传感器节点，从而达到降低网络能量耗费、延长网络生命周期的目的。LEACH 算法包括簇头的产生、簇的形成和簇的路由三个阶段。其中，在簇的形成阶段，随机选择一个节点作为簇头，相邻节点动态地形成簇；簇形成后进入稳定工作阶段（簇的路由），簇头开始接收簇内各节点采集的数据，然后采用数据融合技术进行处理，将整合后的数据传输给汇聚节点。在簇准备阶段，LEACH 协议随机选择一个传感器网络节点作为簇头节点，随机性确保簇头与基站

之间数据传输的高能耗成本均匀地分摊到所有传感器网络节点上。簇头节点选择依据为

$$T(n) = \begin{cases} \dfrac{p}{1-p \times \left(r \bmod \dfrac{1}{p}\right)}, & n \in G \\ 0, & \text{other} \end{cases} \quad (3\text{-}1)$$

式中：$n$ 为网络中传感器网络节点；$p$ 为簇头在所有节点中所占的百分比；$r$ 为选举的轮数；$\left(r \bmod \dfrac{1}{p}\right)$ 表示这一轮循环中当选过簇头的节点个数；$G$ 为这一轮循环中未当选过簇头的节点的集合。

LEACH 的执行过程是周期性的，每轮循环的基本过程是：在簇的建立阶段，每个节点选取一个介于 0 与 1 之间的随机数，如果这个数小于某个阈值 $T(n)$，该节点成为簇头。式(3-1)表明：只有那些以前的轮回中没有做过簇头的节点、能量消耗较少的节点才能够成为当前轮回的簇头节点。如果节点已经当选过簇头节点，则将阈值 $T(n)$ 设为 0，这个节点将不再参与簇头的选择。而对于未当选过簇头的节点，则根据 $T(n)$ 概率当选。节点当选簇头后向所有节点广播自己成为簇头的消息。每个节点根据接收到广播信号的强弱来决定加入哪个簇，并回复该簇簇头。当簇头接收到所有的加入信息后，就产生一个 TDMA 消息，通知本簇内所有节点的工作时间。这样，在数据传输阶段，簇内的所有节点按照 TDMA（时分复用）时隙向簇头发送数据。簇头将数据融合之后把结果发给基站。在持续工作一段时间之后，网络重新进入启动阶段，进行下一轮的簇头选取并重新建立簇。

为了节省资源开销，LEACH 稳定阶段的持续时间要长于建立阶段的持续时间。该协议采用随机选举簇头的方式避免簇头过分消耗能量，提高了网络生存时间；数据聚合能有效减少通信量。但协议层次化的目的在于数据聚合，仍采用一跳通信，虽然传输时延小，但要求节点具有较大功率通信能力，扩展性差，不适合大规模网络；即使在小规模网络中，离 sink 点较远的节点由于采用大功率通信也会导致生存时间较短；而且频繁选举簇头引发的通信量耗费了能量。

LEACH-C 和 LEACH-F(LEACH-fixed) 都是集中式的簇头产生算法，由基站负责挑选簇头。LEACH 是由每个节点根据随机数自主决定是否当选簇头，每轮产生的簇头没有确定的数量和位置。LEACH-C 根据全局信息挑选簇头，可以有效解决 LEACH 的这一不足，每个节点把自身地理位置和当前能量报告给基站。基站根据所有节点的报告计算平均能量。当前能量低于平均能量的节点不能成为候选簇头，从剩余候选节点中选出合适数量和最优地理位置的簇头集合是一个 NP 问题。基站根据所有成员节点到簇头的距离平方和最小的原则，采用模拟退火算法解决该 NP 问题。最后，基站把簇头集合和簇的结构广播出去。

LEACH-F 也在 LEACH 基础上作了一些改变。簇的形成与 LEACH-C 一样，也是基站采用模拟退火算法生成簇。同时，基站为每个簇生成一个簇头列表，指示簇内节点轮流当选簇头的顺序。一旦簇形成之后，簇的结构就不再改变，簇内节点根据簇头列表依次成为簇头。与 LEACH 和 LEACH-C 相比，LEACH-F 最大的优点就是无须每轮循环都构造簇，减少了构造簇的开销。但是，LEACH-F 并不适合真实的网络应用，因为它不能动态处理节点的加入、失败和移动。同时它还增加了簇间的信号干扰。

**2. PEGASIS 协议**[18]

PEGASIS(Power-Efficient GAthering in Sensor Information Systems)并不是严格意义上的分簇路由协议，但它借鉴了 LEACH 中分簇算法的思想。该协议要求每个节点都知道网

络中其他节点的位置,通过贪婪算法选择最近的邻节点形成链。动态选举簇头的方法很简单:设网络中 $N$ 个节点都用 $1 \sim N$ 的自然数编号,第 $j$ 轮选取的簇头是第 $i$ 个节点,$i = j \bmod N$($i$ 为 0 时,取 $N$)。簇头与 sink 点进行一跳通信,利用令牌控制链两端数据沿链传送到簇头本身,在传送过程中可聚合数据。当链两端数据都传送完成时,开始新一轮选举与传输。该协议通过避免 LEACH 协议频繁选举簇头带来的通信开销以及自身有效的链式数据聚合,极大地减少了数据传输次数和通信量;节点采用小功率与最近距离邻节点通信,形成多跳通信方式,有效地利用了能量,与 LEACH 协议相比能大幅提高网络生存时间。但单簇方法使得簇头成为关键点,其失效会导致路由失败;且要求节点都具有与 sink 点通信的能力;如果链过长,数据传输时延将会增大,不适合实时应用;成链算法要求节点知道其他节点位置,开销非常大。

### 3. TEEN 协议[19]

TEEN(Threshold sensitive Energy Efficient sensor Network protocol)采用类似 LEACH 的分簇算法,只是在数据传送阶段使用不同的策略。根据数据传输模式的不同,通常可以简单地把 WSN 分为主动型(proactive)和响应型(reactive)两种类型。主动型 WSN 持续监测周围环境,并以恒定速率发送监测数据;而响应型 WSN 只是在被监测对象发生突变时才传送监测数据。

TEEN 的具体做法是在协议中设置了硬、软两个阈值,以减少发送数据的次数。在每轮簇头轮换时将两个阈值广播出去。当监测数据第一次超过设置的硬阈值时,节点把这次数据设为新的硬阈值,并在接下来的时隙内发送它。之后,只有监测数据超过硬阈值并且监测数据的变化幅度大于软阈值时,节点才会传送最新的监测数据,并将它设为新的硬阈值。

通过调节两个阈值的大小,可以在精度要求与系统能耗之间取得合理的平衡。采用这样的方法,可以监视一些突发事件和热点地区,减少网络通信量。仿真结果表明,TEEN 比 LEACH 更有效。但 TEEN 存在两个缺陷:一是如果不能达到阈值,节点不会传送任何数据;二是数据一旦符合阈值要求,节点立即传送,容易造成信号干扰,如果采用 TDMA,则会造成数据延迟。采用 ARTEEN 则可以在一定程度上克服这种缺陷。ARTEEN 是一种混合式的路由协议,平时采用与 TEEN 协议一样的工作方式,但是如果超过一定的时间节点没有发送任何数据,则强制要求节点传送一次数据。它的主要缺点是增加了协议的复杂度,需要一个软、硬门限值和定时机制。

### 4. GAF 协议[20]

GAF(Geographic Aware Routing)路由协议是基于位置信息的能量感知路由协议,其最初是应用在 Ad hoc 网络中,但对于很多传感器网络同样适用。协议的基本思想是将网络区域划分成很多小区,每个小区内的节点相互协作,一部分节点保持正常工作状态,完成数据收集和转发等任务;另一部分节点可以处于睡眠状态以节省能量,延长网络整体寿命。小区内处于正常工作的节点就相当于簇首。

GAF 的缺点是每个节点都需要通过 GPS 得到自己的地理信息,这大大增加了节点的成本和复杂度,不适用于很多场合。

### 5. GEAR 协议[21]

GEAR(Geographic and Energy Aware Routing)与 GAF 协议一样是一种基于位置信息的能量感知路由,并将整体网络按地理区域划分成多个小区域。GEAR 路由机制根据事件区域的地理位置信息,建立汇聚节点到事件区域的优化路径,避免了洪泛传播,从而减少了路由建立的开销。

GEAR 路由假设已知事件区域的位置信息,每个节点知道自己的位置信息和剩余能量信息,并通过一个简单的 Hello 消息交换机制知道所有邻居节点的位置信息和剩余能量信息。GEAR 适用于节点移动较少的网络场合。其核心思想是将定向扩散协议的兴趣消息限制在一定的区域,而不是在全网广播。

GEAR 协议中,节点根据能量和距离信息估计到目的地的路径代价。当一个节点到目的节点的代价比所有邻居节点到目的节点的代价都大时,这个节点就是路由空洞点。通过调整路径代价可以解决路由空洞问题。每当一个数据包到达目的节点时,通过反馈代价信息调整下一个数据包的传输路径。

数据传输为从其他区域传递到目的区域和在区域内的传输两个部分。相当于群间的传输和群内的传输。GEAR 路由中查询消息传播包括两个阶段。首先汇聚节点发出查询命令,并根据事件区域的地理位置将查询命令传送到区域内距汇聚节点最近的节点,然后从该节点将查询命令传播到区域内的其他所有节点。监测数据沿查询消息的反向路径向汇聚节点传送。

**6. SPAN 协议[22]**

SPAN 是一种基于位置的路由协议,协议根据各个节点的地理位置,从中选取出一些协调点。协调点将组成一个骨干网;传感器节点将收集的信息沿着协调点组成的骨干网传送到 sink 点。

协调点的选取有一个基本原则:如果其两个邻居节点不能直接通信,并且通过现有的一个或两个协调点依然无法连接通信,那么这个节点将成为协调点。SPAN 协议中,协调点需要保存两跳或三跳范围内的节点信息,因此协调点并不需要直接相连。

**7. SOP[23]**

SOP(Self-Organization Protocol)将网络中的节点分成两类,即传感器节点和路由节点。协议中的传感器节点是可以移动的,但路由节点不能移动。路由节点形成主干网,传感器节点收集的数据经过路由节点到达 sink 点;每个传感器应该能够到达一个路由器。路由节点之间构成一个树状拓扑,从而与 sink 相连接。传感器节点仅仅与最近的路由节点保持连接。协议的操作可以分成如下 4 个阶段。

(1) 发现阶段——发现自己的邻居节点。
(2) 自组织阶段——形成分簇结构,计算簇内和簇首到 sink 间的路由,形成树状结构。
(3) 维护阶段——维护传感器节点移动和链路断开以后的拓扑变化。
(4) 重组阶段——当路由节点失效或者网络出现分裂时,重新组织网络结构。

**8. MECN 协议[24]**

MECN(Minimum Energy Communication Network)协议本质上是为无线网络设计的,但是也可直接应用于无线传感器网络。该算法的实质是利用低功率的 GPS,通过构建最小能量属性子图来降低传输数据所消耗的能量。协议为每个节点定义了一个中继区域(relay region)。中继区域由一系列节点构成,传感器通过中继区域将数据转发给 sink 点,比自己直接发送给 sink 点更节约能量,使得各个节点的能量消耗更平均。中继区域可以通过局部查找算法确定。

可见,该算法是能自配置的,很好地解决了节点失效问题,能适应网络动态变化小的应用场合;但是对于节点运动的情况而言,该算法计算中继区域内的路径代价急剧上升。

**9. EARSN 协议[25]**

EARSN(Energy-Aware Routing for cluster-based Sensor Network)是基于三层体系结构

的路由协议。该协议要求网络运行前由终端用户 sink 将传感器节点划分成簇,并通知每个簇首节点的 ID 标志和簇内所分配节点的位置信息。传感器节点能够以活动和备用的低能源两种方式运行,并以下面这 4 种方式之一存在:感知、转发、感知并转发、休眠。与一般层次路由协议不同的是,该协议的簇首不受能量的限制。它作为网络的中心管理者,可以监控节点的能量变化,决定并维护传感器的 4 种状态。算法依据两个节点间的能量消耗、延迟最优化等性能指标计算路径代价函数。簇首节点利用代价函数作为链路成本,选择最小成本的路径作为节点与其通信的最优路径。经仿真分析,该协议在运行过程中具有很好的节能性、较高的吞吐量和较低的通信延迟。

### 3.3.3 协议综合比较

WSN 路由协议的性能可以从多个方面进行评价。本文将从路由协议的路由结构、网络生存时间、节点定位、数据传输路径、健壮性、扩展性、节能策略、节点移动、安全机制、是否支持 QoS 等方面进行总结,如表 3-2 所示。

表 3-2 无线传感器网络路由协议性能比较

| 协议类型 | 路由结构 | 生存时间 | 节点定位 | 传输路径 | 健壮性 | 扩展性 | 节能策略 | 移动性 | 安全机制 | QoS支持 |
| --- | --- | --- | --- | --- | --- | --- | --- | --- | --- | --- |
| Flooding | 平面 | 短 | 否 | 多路径 | 好 | 一般 | 否 | 较好 | 无 | 无 |
| DD | 平面 | 长 | 否 | 单路径 | 好 | 较好 | 是 | 一般 | 无 | 无 |
| Rumor | 平面 | 长 | 否 | 单路径 | 好 | 好 | 是 | 一般 | 无 | 无 |
| SPIN | 平面 | 长 | 否 | 多路径 | 不好 | 一般 | 是 | 好 | 无 | 无 |
| EAR | 平面 | 长 | 否 | 多路径 | 好 | 一般 | 是 | 一般 | 无 | 无 |
| GBR | 平面 | 长 | 否 | 单路径 | 好 | 好 | 是 | 一般 | 无 | 无 |
| HREEMR | 平面 | 长 | 否 | 多路径 | 好 | 一般 | 是 | 一般 | 无 | 无 |
| SMECN | 平面 | 长 | 是 | 单路径 | 好 | 好 | 是 | 一般 | 无 | 无 |
| GEM | 平面 | 长 | 是 | 单路径 | 好 | 一般 | 是 | 不好 | 无 | 无 |
| SCBR | 平面 | 长 | 是 | 单路径 | 好 | 一般 | 是 | 不好 | 无 | 无 |
| SAR | 平面 | 长 | 否 | 多路径 | 好 | 一般 | 是 | 一般 | 无 | 有 |
| LEACH | 层次 | 很长 | 否 | 单路径 | 好 | 一般 | 是 | 簇头固定 | 无 | 无 |
| PEGASIS | 层次 | 很长 | 否 | 单路径 | 好 | 好 | 是 | 不好 | 无 | 无 |
| TEEN | 层次 | 很长 | 否 | 单路径 | 好 | 好 | 是 | 簇头固定 | 无 | 无 |
| GAF | 层次 | 很长 | 否 | 单路径 | 好 | 好 | 是 | 一般 | 无 | 无 |
| GEAR | 层次 | 长 | 是 | 单路径 | 好 | 一般 | 是 | 一般 | 无 | 无 |
| SPAN | 层次 | 长 | 否 | 单路径 | 好 | 一般 | 是 | 一般 | 无 | 无 |
| SOP | 层次 | 长 | 否 | 单路径 | 好 | 较好 | 是 | 一般 | 无 | 无 |
| MECN | 层次 | 很长 | 否 | 单路径 | 一般 | 一般 | 是 | 一般 | 无 | 无 |
| EARSN | 层次 | 长 | 是 | 单路径 | 不好 | 较好 | 是 | 簇头固定 | 无 | 有 |

## 3.4 小结

WSN 的路由算法是 WSN 研究中的热点问题。本章对 WSN 中的各种典型协议进行了分类,对算法的思想进行了总结,并分析和比较了各典型协议的特点。尽管人们提出了多种较好的路由算法,但与实际应用还有一段差距,需要进一步改进原有算法或者设计新的算法,以便路由算法能适应各种实际应用。

由于 WSN 资源有限且与应用高度相关,研究人员采用多种策略来设计路由协议。其中良好的协议具有以下特点:针对能量高度受限的特点,高效利用能量几乎是设计的第一策略;针对包头开销大、通信耗能、节点有合作关系、数据有相关性、节点能量有限等特点,采用数据聚合、过滤等技术;针对流量特征、通信耗能等特点,采用通信量负载平衡技术;针对节点较少移动的特点,不维护其移动性;针对网络相对封闭、不提供计算等特点,只在 sink 点考虑与其他网络互联;针对网络节点不常编址的特点,采用基于数据或基于位置的通信机制;针对节点易失效的特点,采用多路径机制。

通过对当前的各种路由协议进行分析与总结,可以看出将来 WSN 路由协议采用如下研究策略与发展趋势。

(1) 减少通信量。由于 WSN 中数据通信最为耗能,应在协议中尽量减少数据通信量。例如,可采用过滤机制以抑制不必要的数据上传;也可采用数据聚合机制。

(2) 负载均衡。通过更加灵活地使用路由策略让各个节点分担数据传输,平衡节点的剩余能量,以提高整个网络的生存时间。

(3) 支持移动性。目前的 WSN 路由协议对网络的拓扑感知能力和移动性的支持比较差,许多路由协议只适用在拓扑变化很少的场合。因此,如何在控制协议开销的前提下,支持节点移动及拓扑感知,是路由协议研究的一个重要挑战。

(4) 容错性。由于 WSN 节点容易发生故障,应尽量利用节点易获得的网络信息计算路由,以确保在路由出现故障时能够尽快得到恢复,并且可采用多路径传输来提高数据传输的可靠性。

(5) 组播路由。其本身就是网络的一个难题,在 WSN 的动态环境中进行组播路由则更具有挑战性。

(6) 路由安全。由于 WSN 的固有特性,其路由协议极易受到安全威胁,尤其是在军事应用中。目前的路由协议很少考虑安全问题,因此在一些应用中必须考虑设计具有安全机制的路由协议。

(7) 可扩展性。这是衡量路由协议性能的一个重要方面。无论平面路由协议还是分级的路由协议,提高可扩展性以适应网络规模的扩大是一个无法回避的问题。

(8) QoS 路由。它对于一些视频及图像传感等实时应用非常必要。在 WSN 中,由于增加了动态拓扑、资源有限等因素,QoS 路由的实现是 WSN 路由协议研究的极大挑战。

(9) 跨层协议优化。将网络层与链路层协议甚至应用层协议等结合起来设计跨层路由协议,以实现协议的优化。

(10) 与 IPv6 结合。IPv6 协议已成为下一代网络的核心,WSN 也将朝着与 IPv6 结合的方向发展。但由于受资源的限制,WSN 只能采用精简格式的 IPv6 协议。WSN 路由协议将继续向基于数据、基于位置的方向发展。这是由 WSN 一般不统一编址和以数据、位置为中心的特点决定的。

# 参考文献

[1] 余勇昌,韦岗. 无线传感器网络路由协议研究进展及发展趋势[J]. 计算机应用研究,2008,25(6):1616-1621,1651.

[2] 唐勇,周明天,张欣. 无线传感器网络路由协议研究进展[J]. 软件学报,2006,17(3):410-421.

[3] 于继明, 卢先领, 杨余旺等. 无线传感器网络多路径路由协议研究进展[J]. 计算机应用研究, 2007, 24(6): 1-3, 11.

[4] 李建中, 高宏. 无线传感器网络的研究进展[J]. 计算机研究与发展, 2008, 45(1): 1-15.

[5] 张衡阳, 李莹莹, 刘云辉. 基于地理位置的无线传感器网络路由协议研究进展[J]. 计算机应用研究, 2008, 25(1): 18-21, 28.

[6] HAAS Z J, HALPERN J Y, L I Li. Gossip-based Ad hoc routing [C]. Proc of IEEE INFOCOM. New York: IEEE Communications Society, 2002: 1707-1716.

[7] INTANAGONW IWAT C, GOV INDAN R, ESTR IN D, et al. Directed diffusion for wireless sensor networking [J]. IEEE/ACM Trans on Networking, 2003, 11(1): 2-16.

[8] BRAGINSKY D, ESTR IN D. Rumor routing algorithm for sensor networks [C]. Proc of the 1st Workshop on Sensor Networks and Applications. 2002: 22-31.

[9] KUL IK J, W R HEINZELMANW R, BALAKR ISHNAN H. Negotiation-based protocols for disseminating information in wireless sensor networks [J]. Wireless Networks, 2002, 8(2~3): 169-185.

[10] SHAH R C, RABAEY J. Energy aware routing for low energy Ad hoc sensor networks [C]. Proc of IEEE Wireless Communications and Networking Conference. 2002: 350-355.

[11] SCHURGERS C, SR IVASTAVA M B. Energy efficient routing in wireless sensor networks [C]. Proc of Communications for Network Centric Operations: Creating the Information Force. 2001: 357-361.

[12] GANESAN D, GOV INDAN R, SHENKER S, et al. Highly resilient, energy efficient multi-path routing in wireless sensor networks[C]. Proc of Mobile Computing and Communications Review. 2002: 251-254.

[13] L I Li, HALPERN J Y. Minimum energy mobile wireless networks revisited[C]. Proc of IEEE International Conference on Communications. Piscataway: IEEE, 2001: 278-283.

[14] NEWSOME J, SONGD. GEM: graph embedding for routing and data centric storage in sensor networks without geographic information[C]. Proc of the 1st ACM Conf on Embedded Networked Sensor Systems. 2003: 76-88.

[15] RAO A, RATNASAMY S, PA PAD IM ITR IOU S, et al. Geographic routing without location information[C]. Proc of the 9th Annual International Conf on Mobile Computing and Networking. 2003: 96-108.

[16] SOHRAB I K, GAO J, A ILAWADH IV, et al. Protocols for self-organization of a wireless sensor network [J]. IEEE Personal Communications, 2000, 7(5): 16-27.

[17] HEINZELMAN W, CHANDRAKASAN A, BALAKR ISHNAN H. Energy efficient communication protocol for wireless microsensor networks[C]. Proc of the 33 rd Hawaii International Conference on System Sciences. 2000: 3005-3014.

[18] L INDSEY S, RAGHAVENDRA C S. PEGASIS: power-efficient gathering in sensor information systems[C]. Proc of IEEE Aerospace Conference. Montana: IEEE Aerospace and Electronic Systems Society, 2002: 1125-1130.

[19] MANJESHWAR A, AGARWAL D P. TEEN: a routing protocol for enhanced efficiency in wireless sensor networks[C]. Proc of the 1st International Workshop on Parallel and Distributed Computing Issues in Wireless Networks and Mobile Computing. 2001: 2009-2015.

[20] XU Ya, HEIDEMANN J, ESTR IN D. Geography informed energy conservation for Ad hoc routing [C]. Proc of the 7th Annual International Conference on Mobile Computing and Networking. New York: ACM Press, 2001: 70-84.

[21] YU Yan, ESTRIN D, GOVINDAN R. Geographical and energy aware routing: a recursive data dissemination protocol for wireless sensor networks, UCLA/CSD-TR-01-0023 [R]. [S. l.]: UCLA Computer Science Department, 2001: 1-11.

[22] CHEN Ben-jie, JAMIESON K, BALAKR ISHNAN H, et al. SPAN: an energy efficient coordination algorithm for topology maintenance in Ad hoc wireless networks [C]. Proc of the 7th Annual International Conference on Mobile Computing and Networking. New York: ACM Press, 2001: 85-96.

[23] SUBRAMAN IAN L, KATZ R H. An architecture for building self configurable systems[C]. Proc of the 1st ACM International Symposium on Mobile Ad hoc Networking and Computing. Piscateway: IEEE Press, 2000: 63-73.

[24] RODOPLU V, MENG T H. Minimum energy mobile wireless networks[J]. IEEE Journal Selected Areas in Communications, 1999, 17(8): 1333-1344.

[25] YOUN IS M, YOUSSEF M, AR ISHA K. Energy aware routing in cluster-based sensor networks [C]. Proc of the 10th IEEE International Symposium on Modeling, Analysis and Simulation of Computer and Telecommunications Systems. Washington DC: IEEE Computer Society, 2002: 129-136.

# 第4章 MAC协议

## 4.1 概述

在 WSN 中,介质访问控制(Medium Access Control,MAC)协议决定了无线信道的使用方式,在传感器节点间分配有限的通信资源,构建传感器网络的底层基础结构。MAC 协议对传感器网络的性能有较大的影响,是保障 WSN 高效通信的关键协议之一。

基于 WSN 的能量限制,为了延长网络的寿命,能量有效性成为 WSN 应用中一个首要的设计指标。能量高效的 WSN 通信协议,是目前的一个热点研究领域。MAC 处于 WSN 通信协议的底层部分,以解决 WSN 中节点以怎样的规则共享媒体才能取得满意的网络性能问题。WSN 的吞吐量、延迟等性能,与所采用的 MAC 协议直接相关。近年来,研究人员已经提出了众多专门用于 WSN 的 MAC 协议[1~13]。

### 4.1.1 研究现状和趋势

目前,WSN 吸引了越来越多的研究力量,许多 MAC 协议也随之相继被提出。早期的 WSN 研究较多地集中于能量有效性问题,MAC 协议研究也侧重于能耗因素及相应节能策略,而其他方面并没有突破传统自组网 MAC 协议的设计策略。可以说,相当一部分 WSN 的 MAC 协议主要研究如何将节能策略引入传统自组网 MAC 协议,并避免对协议性能产生不利影响,其中休眠机制是被广泛采用的有效节能策略,并由此带来了如何使无业务节点最大可能进入休眠而避免能耗,在业务到来时确保及时激活节点从而降低休眠机制对网络时延、吞吐等性能造成的损失问题。例如,S-MAC 的接入规程和冲突避免机制均与 IEEE 802.11 DCF 基本协议相同,不同之处在于引入了周期激活/休眠机制等若干节能策略。随着 WSN 研究的深入以及其多样的应用场景越来越具体,各种不同于传统自组网的网络特点不断凸现,如业务流的方向性、节点的不同转发角色、监测信息在时间和空间上的相关性以及监测信息冗余等。因而,针对应用需求或业务特点量身设计,或者与节能策略相结合,以进一步提高能量有效性或在多个其他特殊需求中权衡取舍逐渐成为 MAC 协议研究的另一趋势,如 D-MAC、EBRI-MAC、Sift 和 EMACs 等协议。

### 4.1.2 影响 WSN 的 MAC 协议因素

为了研究和比较现有 WSN 的 MAC 协议性能,首先讨论影响 WSN 的 MAC 协议性能有关基本问题,并分析 WSN 节点间通信时造成能量浪费的潜在因素,然后,针对 WSN 应用的业务多样性,定义网络中可能的通信模式,以分析不同 WSN 协议的适应性[1,2]。

**1. WSN 的 MAC 协议设计主要问题**[1,2]

WSN 的强大功能,是通过众多资源受限的网络节点协作实现的。由于节点无线通信的广播特征,节点间信息传递在局部范围内,需要 MAC 协议协调节点间的无线信道分配;在整个网络范围内,需要路由协议选择通信路径。WSN 的 MAC 协议设计,需要根据应用的要求考虑以下的网络性能问题。

(1) 能量有效性。能量有效性是 WSN 的 MAC 协议最重要一项性能指标。由于 WSN 的节点一般采用电池提供能量,并且电池能量难以补充和更换。因此,在设计 WSN 时,有效利用节点的能量,尽量延长网络节点的生存时间,是设计网络各层协议都要考虑的一个重要问题。在节点的能量消耗中,无线收发装置的能量消耗占绝大部分,而 MAC 层协议直接控制无线收发信装置的行为,因此 MAC 协议的能量有效性直接影响网络节点的生存时间和网络寿命。

(2) 可扩展性。可扩展性是指 MAC 协议可以适应网络大小、拓扑结构、节点密度不断变化的能力。由于节点数目、节点分布密度等在 WSN 生存过程中不断变化,节点位置也可能移动,还有新节点加入网络的问题,所以 WSN 的拓扑结构具有动态性。良好的 MAC 协议应具有可扩展性,以适应这种动态变化的拓扑结构。

(3) 冲突避免。冲突避免是 MAC 协议的一项基本任务。它决定网络中的节点何时、以何种方式访问共享的传输媒体和发送数据。在 WSN 中,冲突避免的能力直接影响节点的能量消耗和网络性能。

(4) 信道利用率。信道利用率反映了网络通信中信道带宽如何被使用。在蜂窝移动通信系统和无线局域网中,信道利用率是一项非常重要的性能指标。因为在这样的系统中,带宽是非常重要的资源,系统需要尽可能地容纳更多的用户通信。相比之下,WSN 中处于通信中的节点数量是由一定的应用任务所决定的,信道利用率在 WSN 中处于次要的位置。

(5) 延迟。延迟是指从发送端开始向接收端发送一个数据包,直到接收端成功接收这一数据包所经历的时间。在 WSN 中,延迟的重要性取决于网络的应用。

(6) 吞吐量。吞吐量是指在给定的时间内发送端能够成功发送给接收端的数据量。网络的吞吐量受到许多因素的影响,如冲突避免机制的有效性、信道利用率、延迟、控制开销等。和数据传输的延迟一样,吞吐量的重要性也取决于 WSN 的应用。在 WSN 的许多应用中,为了获得更长的节点生存时间,允许适当牺牲数据传输的延迟和吞吐量等性能指标。

(7) 公平性。公平性通常指网络中各节点、用户、应用,平等地共享信道的能力。在传统的语音、数据通信网络中,它是一项很重要的性能指标。因为网络中每一个用户,都希望拥有平等发送、接收数据的能力。但是在 WSN 中,所有的节点为了一个共同的任务相互协作,在某个特定的时刻,存在一个节点相比于其他节点拥有大量的数据需要传送。因此,公平性往往用网络中某一应用是否成功实现来评价,而不是以每个节点平等发送、接收数据的能力来评价。

以上性能指标反映了 MAC 协议的特性。与传统网络的 MAC 协议重点考虑节点使用带宽的公平性、提高带宽利用率以及增加网络的实时性等因素正好相反,能量有效性是设计 WSN 的 MAC 协议首要考虑的性能指标;其次是协议的可扩展性和适应网络拓扑变化的能力;而其他的网络性能指标如延迟、信道利用率等,需要根据应用进行折中。所以传统网络的 MAC 协议,并不适用于 WSN。

### 2. 能耗因素分析

为了分析和评价 MAC 协议的能量有效性,需要分析是哪些因素导致了网络能量浪费,其主要因素包括如下几方面[14,15]。

(1) 空闲侦听(Idle listening)。网络中的节点,由于不能预知它的邻节点什么时候会向其发送数据,所以将其无线收发模块始终保持在接收模式,这是节点能量浪费的主要来源。原因在于典型的无线收发模块处于接收模式时消耗的能量,比其处于睡眠模式时要多几个数量级。

(2) 消息碰撞(Message collision)。当两个节点传送的数据包发生冲突时,两个数据包被损坏。这时节点消耗在发送和接收数据上的能量被浪费掉了,这就需要重传发送的数据,从而消耗节点更多的能量。

(3) 窃听(Overhearing)。无线信道是一个共享媒体,一个节点可能会接收到发送给其他节点的消息,这时节点消耗在接收数据上的能量被浪费掉了。因此从节能考虑,这时应将其无线传输模块关闭。

(4) 控制报文开销(Control-packet overhead)。在 MAC 协议的头字段和控制消息包(ACK/RTS/CTS)中没有包含有效的数据,因此可认为是一种损耗。为了提高能效应该尽可能减少控制消息。

(5) 发送失效(Overemitting)。在目的节点没有准备好接收时,发送节点发送了消息,造成能量的浪费。

(6) 在控制节点之间的信道分配时,如果控制消息过多,也会消耗较多的网络能量。

传感器节点无线通信模块的状态包括发送状态、接收状态、侦听状态和睡眠状态等。单位时间内消耗的能量按照上述顺序依次减少。基于上述原因,传感器网络 MAC 协议为了减少能量的消耗,通常采用"侦听/睡眠"交替的无线信道使用策略。当有数据收发时,节点就开启无线通信模块进行发送或侦听;如果没有数据需要收发时,节点就控制无线通信模块进入睡眠状态,从而减少节点空闲侦听造成的能量消耗。另外,为了使节点在无线模块睡眠时不错过发送给它的数据,或减少节点的过渡侦听,邻居节点间需要协调侦听和睡眠的周期,同时睡眠或唤醒。

### 3. 通信模式

传感器网络是与应用高度相关的。不同的网络结构、不同的应用场景和目的,其业务特征呈现多样性,需要采用不同的通信模式,以更有效地交换业务。基于不同的业务特征,MAC 协议对不同通信模式的支持,可以有效减少节点能耗。所以对不同通信模式的支持与否,也是衡量 MAC 协议能量有效性的重要因素。Kulkarni 等定义了 WSN 的三种通信模式:广播(Broadcast)、会聚(Convergecast)和本地通信(Local gossip),Demirkol 等定义了多播的通信模式。上述各种通信模式的基本定义如下[14,15]。

(1) 广播模式:通常在由基站向整个网络节点发送消息时使用。广播的消息可能为查询信息、节点的程序更新信息和控制信息等。注意,广播模式和广播分组不同,广播分组的接收节点是仅在发送节点通信范围内的节点,而广播模式要求所有的网络节点都能处于接收状态。

(2) 会聚模式:是指 WSN 中的节点在感知到感兴趣的事件时,所有监测到事件的节点都把所感知的信息发送给信息中心,即一组节点同一个特定的节点进行通信,这个特定的节点可以是一个簇头节点、数据融合中心或基站。

(3) 本地通信：指的是监测到同一个事件的节点之间，在本地的相互通信，即节点把信息发送给通信范围内的邻居节点。这种模式主要用于本地的信息处理。

(4) 多播模式：指的是节点把信息发送给一组特定的节点，例如在簇头节点发送信息时，通信的接收者往往只是整个簇成员的一部分节点。

### 4.1.3 协议特点

WSN 广泛的应用领域使其面临多样和特殊的应用需求和业务，从而激发了各种不同的 MAC 协议设计。这些 MAC 协议设计从多个层面、多个角度出发，具有不同的特点，同时又存在相互交叉的共同点，很难对其进行完备、系统的分类。除了引入不同休眠机制，WSN 的 MAC 协议设计还具有其他特点，主要可归纳为以下内容[1,2,12]。

#### 1. 采用基于 TDMA 的接入方式

不同于传统的自组网，WSN 的 MAC 协议中较多采用基于 TDMA 的接入方式。其原因是：WSN 多为准静止拓扑，网络承载的业务量较低，对信道利用率的要求不高；尤为重要的是，基于 TDMA 方式具有良好的能量有效性，本身具有无冲突的优势，并且可以通过相邻节点的时隙安排以预知业务何时到来，便于休眠机制的控制。但是，WSN 大规模随机布设以及无中心分布式多跳的特点使时隙分配成为基于 TDMA 接入方式的一个瓶颈。通常需要引入随机接入机制交互控制分组以完成时隙资源分配，同时还要从控制时隙分配、维护的开销能耗和时隙复用两方面考虑时隙分配的有效性。

#### 2. 利用分群结构群首局部集中控制的机制

由于网络节点的大规模布设，为便于信息的采集或汇聚，上层协议及网络管理通常采用分群结构，如 LEACH 中的一跳群重构。基于这种群结构，采用群首为中心的局部集中式控制，管理和调度本群成员节点的无线资源以及控制适时的休眠/激活切换，从而避免完全分布式控制的开销，如 BMA。然而，各个群内的信道资源分配相互独立，必然存在群间干扰问题。此外，群首节点收集成员节点的监测数据，最终要转发给 sink，采用何种方式完成群间通信也是一个关键问题，而 EBRI-MAC 提出的虚拟群结构避免了群间通信问题。

#### 3. 与多跳转发相关的资源分配策略

在数据采集的协作过程中，不同节点承担的转发角色可能不同。一般情况下，靠近 sink 的节点构成多跳转发骨干网络可能性较大，除了发送自己的监测数据之外，还负责为其他节点转发数据；处于网络边缘的节点承担转发的可能性较小，通常只发送自己的监测数据；另外，当传感器节点布设较为密集时，根据上层的网络管理决策（如网络均衡的拓扑控制策略），可能还有一部分节点冗余，它们不参与任何监测和数据的发送。结合节点的不同角色设计不同的无线资源接入策略，有利于在满足不同需求的同时，进一步简化协议的控制规程和节省能量，如 EMACs 和 Arisha。

#### 4. 冗余相关数据的隐聚合

WSN 多为随机布设，使某些区域内可能存在大量监测同一物理事件的传感器节点。这种情况下，并不需要监测到同一事件的所有节点都发送监测信息，只要有一部分节点将监测信息发送到 sink 节点就足以保证监测精度；而另一部分节点在侦听到其他节点发送了相关数据后，将不发送监测数据，这里称之为冗余相关数据的隐聚合。充分考虑这种隐聚合，有利于缓解局部空间的业务密度，提高 MAC 协议的性能，如 Sift。

### 4.1.4 WSN 的 MAC 协议设计策略

传感器节点的能量、存储、计算和通信带宽等资源有限，单个节点的功能比较弱，而传感器网络主要是许多节点协调实现其主要的功能。多点通信需要 MAC 协议协调局部范围的无线信道的分配，需要路由协议协调整个网络内的通信路径。为了促进 MAC 协议研究的全面性，其设计策略如下[2]。

（1）由于不同场合对网络的要求不同，MAC 协议的设计面临着各种各样与应用相关的业务特性和需求，因此并不存在一种通用的 MAC 协议。但随着 WSN 研究的逐渐深入，不可能针对各种具体应用进行不同的分析和设计，这就需要根据 WSN 特殊的应用特点进行透彻的研究和总结，提取共同点。

（2）能量高效仍是 MAC 协议设计的关键因素，但不是唯一目标。在未来的应用中，WSN 的应用需求还可能存在着对某个或某些指标有特别的要求，这就要求在 MAC 协议的设计上进行一定的折中。

（3）由于最初 WSN 被假定为是由静态节点组成的，因此在研究时会忽略 MAC 协议的移动性，但随着应用需求要求节点具有自主移动性，对 MAC 协议移动性设计也提出了更高的要求。

（4）现有 WSN 的 MAC 协议安全性十分脆弱，窃听、传感器数据伪造、拒绝服务攻击和传感器节点物理妥协等各种网络攻击层出不穷，这使得安全问题和其他 WSN 性能问题同样重要，MAC 协议的设计应考虑到网络安全的因素，引入一定的安全机制，对现有安全协议进行优化。

## 4.2 WSN 的 MAC 协议分类

MAC 协议主要负责协调网络节点对信道的共享。由于研究人员从不同方面提出了多种 MAC 协议，要想严格地对 MAC 协议进行分类那是非常困难的，因此，采用不同的条件则 MAC 协议有不同的分类方法。综合对目前提出的 MAC 协议的研究，WSN 的 MAC 协议可以按以下几种不同的方式进行分类。

（1）根据采用分布式控制还是集中控制，可分为分布式执行的协议和集中控制的协议。这类协议与网络的规模直接有关，在大规模网络中通常采用分布式的协议。

（2）根据使用的信道数（即物理层所使用的信道数），可分为单信道、双信道和多信道。如 S-MAC 和 LEEM 分别为单信道和双信道的 MAC 协议。使用单信道的 MAC 协议，虽然节点的结构简单，但无法解决能量有效性和时延的矛盾；而多信道的 MAC 协议可以解决这个问题，但增加了节点结构的复杂性。

（3）根据信道的分配方式，可分为基于 TDMA 的时分复用固定式、基于 CSMA 的随机竞争式和混合式三种。基于 TDMA 的固定分配方式，通过将时分复用（TDMA）和频分复用（FDMA）或者码分复用（CDMA）的方式相结合，实现无冲突的强制信道分配（如 C-TDMA 协议）。以竞争为基础的 MAC 协议，通过竞争机制，保证节点随机使用信道，并且不受其他节点的干扰（如 S-MAC）。混合式是将基于 TDMA 的固定分配方式和基于 CSMA 的竞争方式相结合，以适应网络拓扑、节点业务流量的变化等（如 Z-MAC）。

（4）根据接收节点的工作方式，可分为侦听、唤醒和调度三种。在发送节点有数据需要传递时,接收节点的不同工作方式直接影响数据传递的能效性和接入信道的时延等性能。接收节点的持续侦听,在低业务的 WSN 网络中,会造成节点能量的严重浪费。通常采用周期性的侦听睡眠机制以减少能量消耗,但增加了时延。为了进一步减少空闲侦听的开销,发送节点可以采用低能耗的辅助唤醒信道发送唤醒信号,以唤醒一跳的邻居节点,如 STEM 协议。在基于调度的 MAC 协议中,接收节点接入信道的时机是确定的,知道何时应该打开其无线通信模块,避免了能量的浪费。

## 4.3 MAC 协议分析比较

### 4.3.1 MAC 协议分析

通过对当前 WSN 的 MAC 协议研究,并基于以上 WSN 的分类方法的考虑,选取了以下较为重要的不同类型 MAC 协议,对其核心实现机制、特点以及优缺点等进行了分析。

**1. C-TDMA 协议**

Arisha 等人针对分簇结构的 WSN 提出了基于 TDMA 机制的 MAC 协议(C-TDMA)。支持 C-TDMA 协议的网络是一种基于分簇结构的网络。在多个传感器节点形成的簇中,有一个簇头节点(Cluster head),簇头节点收集和处理簇内节点发来的数据,并把处理后的数据发送到汇聚节点,同时负责为簇内成员节点分配时隙。

C-TDMA 协议将 WSN 的节点划分为 4 种状态:感应、转发、感应并转发、非活动。节点在感应状态时,收集数据并向其相邻节点发送;在转发状态时,接收其他节点发送的数据,再转发给下个节点;而感应并转发状态的节点,则要完成上述两项功能;节点没有接收和发送数据时,就自动进入非活动状态。由于传输数据、接收数据、转发数据以及侦听信道,节点消耗的能量各不相同,各节点在簇内扮演的角色也不一样,因此簇内节点的状态随时都在变化。为了高效地使用网络(如让能量相对高的节点转发数据、及时发现新的节点等),该协议将时间帧分为 4 个阶段:a)数据传输阶段:各节点在各自被分配的时隙内,向网关发送数据;b)刷新阶段:节点周期性地向簇头报告其状态;c)刷新引起的重组阶段:紧跟在刷新阶段之后,簇头节点根据簇内节点的情况,重新分配时隙;d)事件触发的重组阶段:节点能量小于特定值、网络拓扑发生变化等都是需要重组的事件。若有以上事件触发,网关就重新分配时隙。

C-TDMA 协议能够减少空闲侦听,避免信道冲突,也考虑了可扩展性;但是区域内簇头节点和成员节点需要严格的时钟同步,对簇头节点的处理能力、能量和放置方式都有较高的要求。

**2. SMACS/EAR 协议**

Sohrabi 等提出的 SMACS/EAR(Self-organizing Medium Access Control for Sensor Eavesdrop And Register,具有监听/注册功能的 WSN 自组织 MAC 协议)协议,是结合 TDMA 和 FDMA 的基于固定信道分配的分布式 MAC 协议,用来建立一个对等的网络结构。SMACS 协议主要用于静止的节点之间连接的建立,而对于静止节点与运动节点之间的通信,则需要通过 EAR 协议进行管理。其基本思想是,为每一对邻居节点分配一个特有频率进行数据传输,不同节点对间的频率互不干扰,从而避免同时传输的数据之间产生碰撞。

SMACS 协议假设节点静止,节点在启动时广播一个"邀请"消息,通知附近节点与本节点建立连接,接收到"邀请"消息的邻居节点,与发出"邀请"消息的节点交换信息,在二者之间分配一对时隙,供二者以后通信。EAR 协议用于少量运动节点与静止节点之间进行通信,运动节点侦听固定节点发出的"邀请"消息,根据消息的信号强度、节点 ID 号等信息,决定是否建立连接。如果运动节点认为需要建立连接,则与对方交换信息,分配一对时隙和通信频率。SMACS/EAR 不需要所有节点的帧同步,可以避免复杂的高能耗同步操作,但不能完全避免碰撞,多个节点在协商过程中,可能同时发出"邀请"消息或应答消息,从而出现冲突。在可扩展性方面,SMACS/EAR 协议可以为变化慢的移动节点提供持续的服务,但并不适用于拓扑结构变化较快的无线传感器网络。在网络效率方面,由于协议要求两节点间使用不同的频率通信,固定节点还需要为移动节点预留可以通信的频率,因此网络需要有充足的带宽以保证每对节点间建立可能的连接。但是由于无法事先预计并且很难动态调整每个节点需要建立的通信链路数,因此整个网络的带宽利用率不高。

图 4-1 说明了 WSN 执行 SMACS/EAR 协议时,节点 A 和 D、B 和 C 之间的链路建立过程。先启动的节点 D 向邻居节点广播"邀请"消息,收到消息的节点 A 发送应答消息,节点 A 和节点 D 之间协商建立两者之间的一对专用通信时隙和专用通信频率 $f_1$。节点 B 和节点 C 之间也通过协商建立专用的通信时隙和通信频率 $f_2$。A 和 D 之间的通信时隙与 B 和 C 之间的虽然重叠,但是由于双方使用频率不同,因此不会相互干扰。同样邻居节点 A 和 B、C 和 D 之间也分别通过协商建立相应的链路。

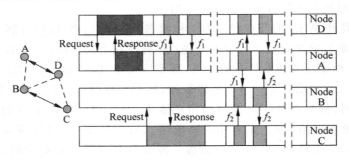

图 4-1　SMACS/EAR 协议的节点链路建立过程

### 3. S-MAC 协议

S-MAC(Sensor Medium Access Control)协议是 Wei 等在 IEEE 802.11 协议的基础上,针对 WSN 的能量有效性而提出的专用于 WSN 的节能 MAC 协议。S-MAC 协议设计的主要目标是减少能量消耗,提供良好的可扩展性。它针对 WSN 消耗能量的主要环节,采用了以下三方面的技术措施来减少能耗:

(1) 周期性侦听和休眠。每个节点周期性地转入休眠状态,周期长度是固定的,节点的侦听活动时间也是固定的。如图 4-2 所示,图中向上的箭头表示发送消息,向下的箭头表示接收消息。上面部分的信息流,表示节点一直处于侦听方式下的消息收发序列;下面部分的信息流,表示采用 S-MAC 协议时的消息收发序列。节点苏醒后进行侦听,判断是否需要通信。为了便于通信,相邻节点之间,应该尽量保持调度周期同步,

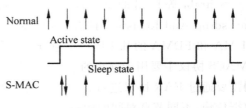

图 4-2　S-MAC 协议

从而形成虚拟的同步簇。同时每个节点需要维护一个调度表,保存所有相邻节点的调度情况。在向相邻节点发送数据时唤醒自己。每个节点定期广播自己的调度,使新接入节点可以与已有的相邻节点保持同步。如果一个节点处于两个不同调度区域的重合部分,则会接收到两种不同的调度,节点应该选择先收到的调度周期。

(2) 消息分割和突发传输。考虑到 WSN 的数据融合和无线信道的易出错等特点,将一个长消息分割成几个短消息,利用 RTS/CTS 机制一次预约发送整个长消息的时间,然后突发性地发送由长消息分割的多个短消息。发送的每个短消息都需要一个应答 ACK,如果发送方对某一个短消息的应答没有收到,则立刻重传该短消息。

(3) 避免接收不必要消息。采用类似于 IEEE 802.11 的虚拟物理载波监听和 RTS/CTS 握手机制,使不收发信息的节点及时进入睡眠状态。

S-MAC 协议同 IEEE 802.11 相比,具有明显的节能效果,但是由于睡眠方式的引入,节点不一定能及时传递数据,使网络的时延增加、吞吐量下降;而且 S-MAC 采用固定周期的侦听/睡眠方式,不能很好地适应网络业务负载的变化。针对 S-MAC 协议的不足,其研究者又进一步提出了自适应睡眠的 S-MAC 协议。在保留消息传递、虚拟同步簇等方式的基础上,引入了如下的自适应睡眠机制:如果节点在进入睡眠之前,侦听到了邻居节点的传输,则根据侦听到的 RTS 或 CTS 消息,判断此次传输所需要的时间;然后在相应的时间后醒来一小段时间(称为自适应侦听间隔),如果这时发现自己恰好是此次传输的下一跳节点,则邻居节点的此次传输就可以立即进行,而不必等待;如果节点在自适应侦听间隔时间内,没有侦听到任何消息,即不是当前传输的下一跳节点,则该节点立即返回睡眠状态,直到调度表中的侦听时间到来。自适应睡眠的 S-MAC 在性能上通常优于 S-MAC,特别是在多跳网络中,可以大大减小数据传递的时延。S-MAC 和自适应睡眠的 S-MAC 协议的可扩展性都较好,能适应网络拓扑结构的动态变化。缺点是协议的实现较复杂,需要占用节点大量的存储空间,这对于资源受限的传感器节点来说,显得尤为突出。

**4. T-MAC 协议**

T-MAC(Timeout MAC)协议,实际上是 S-MAC 协议的一种改进。S-MAC 协议的周期长度受限于延迟要求和缓存大小,而侦听时间主要依赖于消息速率。因此,为了保证消息的可靠传输,节点的周期活动时间必须适应最高的通信负载,从而造成网络负载较小时,节点空闲侦听时间的相对增加。针对这一不足,文献[8]提出了 T-MAC 协议。该协议在保持周期侦听长度不变的情况下,根据通信流量动态调整节点活动时间,用突发方式发送消息,减少空闲侦听时间。其主要特点是引入了一个 TA 时隙。如图 4-3 所示,图中箭头表示的意义与图 4-2 相同。若 TA 期间没有任何事件发生,则节点进入睡眠状态以实现节能。与 S-MAC 相比,主要的不同点是:T-MAC 同样引入串音避免机制,但在 T-MAC 协

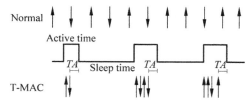

图 4-3　T-MAC 协议

议中,作为一个选择项,可以设置也可以不设置。T-MAC 与传统无占空比的 CSMA 和占空比固定的 S-MAC 比较,在负载不变的情况下,T-MAC 和 S-MAC 节能相仿,而在可变负载的场景中,T-MAC 要优于 S-MAC。但 T-MAC 协议的执行,会出现早睡眠问题,引起网络的吞吐量降低。为此,它采用了两种方法来避免早睡眠引起的数据吞吐量下降,即未来请求发送机制和满缓冲区优先机制,但效果并不是很理想。总之,T-MAC 协议在节能方面优于 S-MAC,但

要牺牲网络的时延和吞吐量。T-MAC 的其他性能与 S-MAC 相似。

### 5. PMAC 协议

PMAC(Pattern-MAC)协议是 Zheng 在文献[9]中提出的 WSN 的 MAC 协议,目的是在 S-MAC 和 T-MAC 协议的基础上,进一步减少空闲侦听的能量消耗。PMAC 协议的主要思想是:用一串二进制字符来代表某一节点所处的模式(即负载的轻重状况),节点把各自的模式信息通告给其相邻节点,根据收到的邻居节点模式信息(Pattern information)节点调整其睡眠与工作时间。假设用 $P_N^j$ 表示节点的模式,这里 $j$ 为某一节点,$N$ 为一个周期帧的时隙数。若 $P_N^j = 01010$,则表示在一个周期帧的 5 个时隙内,节点 $j$ 在 1,3,5 时隙转入睡眠状态,而在 2,4 时隙转入工作状态。再定义一种模式,即,$0^m1$,$m$ 大表示负载轻,$m$ 小表示负载重。节点 $j$ 能够根据周围节点发出的模式信息和自身的信息,在每一个时隙更新 $P_N^j$,以达到自适应调节节点睡眠时间与工作时间的目的。图 4-4 给出了 S-MAC、T-MAC 和 PMAC 协议的周期侦听/睡眠执行过程,比较发

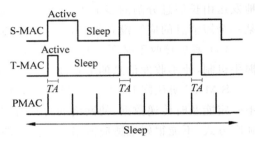

图 4-4 网络无负载时三种 MAC 协议空闲侦听时间比较

现:PMAC 协议进一步减少了空闲侦听的时间,若忽略传输状态信息所消耗的能量,理论上节点在没有任何数据传输时,执行 PMAC 协议的能耗可以降为零。研究表明,同 S-MAC、T-MAC 协议相比,协议具有很好的能效性和可扩展性,但协议的执行非常复杂,并进一步增加了控制开销和对节点存储能力的要求。

### 6. 低功耗前导载波周期侦听协议 LPL

CSMA 协议的主要缺点在于节点在空闲侦听时浪费了大量的能源,文献[10]和[11]各自独立提出了一种载波检测机制,通过使节点的无线收发装置有规律地处于"工作"、"待命"状态,而不丢失发送给该节点的数据,以减少空闲侦听的能量消耗。这种机制工作在物理层,它在每个无线数据包的前面附加了一个前导载波 Preamble,这个前导载波 Preamble 的主要作用是通知接收节点将有数据发送过来,使其调整电路准备接收数据。这种机制的主要思想是将接收节点消耗在空闲侦听上的能量,转移到发送数据节点消耗在发送前导载波 Preamble 的能量消耗上去,从而使接收节点能周期性地开启无线收发装置、侦听是否有发送过来的数据和检测是否有前导载波 Preamble。如果接收节点在工作状态检测到前导载波 Preamble,它就会一直侦听信道,直到数据被正确地接收;如果节点没有检测到前导载波,节点的无线装置将被置于"待命"状态,直到下一个前导载波检测周期到来,如图 4-5 所示。

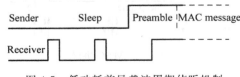

图 4-5 低功耗前导载波周期侦听机制

这种有效的载波侦听方法可以和任何一种基于竞争的 MAC 协议相结合,文献[10]将其与 ALOHA 协议结合,提出了前导字段侦听(Preamble sampling)协议;文献[11]将其与 CSMA 协议结合,提出了低耗侦听(Low Power Listening)协议。这两种协议统称为 LPL 协议。LPL 协议通过周期性关闭无线装置以节省节点的能耗,对节点的存储能力要求很低,并且不需要周期性地进行信息交换和维护邻居节点的状态信息,节省了协议的控制开销,具有良好的可扩展性,但减小了数据成功发送的概率。前导 Preamble 的长度与节点的无线模块关断时间有关。节点周期睡眠的时间越长,发送节点发

送数据时前导 Preamble 的长度就需要越长，所以前导长度的增加，又增加了发送节点的能量消耗。

LPL 协议的 Preamble 长度和周期侦听间隔需要根据应用进行合理设置，其本身无法根据网络的变化对这两个参数进行自动调整。为此在 LPL 协议的基础上，文献[12]提出了改进的 LPL 协议，称为 WiseMAC。其基本思想是：使每个发送节点知道邻居接收节点的具体抽样调度，从而缩短 Preamble 的长度。WiseMAC 协议在保持网络节点的抽样调度不变的情况下，发送节点可提前知道接收节点的抽样调度，直到接收节点将要侦听时，发送节点才发送适当长度的 Preamble，这样就减少了 Preamble 的长度，从而节省能量消耗。WiseMAC 协议通过增加控制开销，企图减少因发送较长 Preamble 所造成的能量消耗，其节能效果依赖于网络应用和有关参数的合理设置。

**7．LMAC 协议**

LMAC 协议是一种基于分布式 TDMA 的信道接入协议。它通过在时间上把信道分成许多时隙，形成一个固定长度的帧结构。一个时隙包含一个业务控制时段和固定长度的数据时段。帧结构的管理机制非常简单，每个节点控制一个时隙。当一个节点需要发送数据包时，它会一直等待，直到属于自己的时隙到来。在每个时隙的控制时段内，节点首先广播消息头（消息头中详细描述了发送消息的接收节点地址和消息长度），然后马上发送数据；监听到消息头的节点，如果发现自己不是此消息的接收者，它会将自己的无线装置关闭。与其他的 MAC 协议相比，接收端在正确接收一个消息后，LMAC 协议不需要向发送端回送确认消息，LMAC 协议将可靠性问题留给高层协议来处理，通过让节点选择一个在两跳范围内的无重用时隙来调度"帧结构"。其控制部分包含了详细的描述时隙占用信息的比特组，欲加入网络的新节点先侦听整个帧结构，通过操作所有节点的时隙占用比特组，新加入的节点能够计算出哪些时隙是空闲的，并在其中随机选择一个时隙，与其他新加入的节点竞争占用该时隙。图 4-6 说明了 LMAC 协议的网络节点时隙调度情况。

图 4-6 中代表节点的每个圆圈内的数字，既表示节点的编号，又表示节点在周期帧中所占用的时隙号；每个节点旁边的比特序列是帧时隙占用的比特组，其中 1 表示该位对应的时隙已经占用，0 表示该位对应的时隙空闲。新加入网络的节点 New node 通过侦听整个帧的时间，获取所有邻居节点（图中的节点 2,3,5,6,7）关于帧时

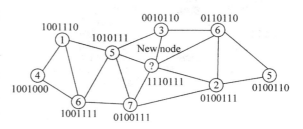

图 4-6　LMAC 协议的节点时隙调度

隙占用的比特组信息；节点 New node 将获取的这些信息，执行或运算得到表示邻居节点时隙占用的比特序列：1110111，其中只有第 4 位为零，即该位对应的时隙为空闲。这样节点就可以选取该时隙作为其控制时隙，并在该时隙到来时，在控制时段发布其表示帧时隙占用的比特组信息：1111111；接收到节点 New node 比特组信息的邻居节点，对自己的比特组信息进行修改，将第 4 位修改为 1，以避免其他的新节点加入时把该时隙误认为空闲。这样就完成了节点 New node 加入网络的时隙分配过程。

LMAC 协议的不足之处在于，欲加入网络的节点必须监听整个帧结构中的所有控制时段，甚至包括没有被使用的时隙。因为新的节点随时会加入进来，可采用对节点未占用时隙的控制部分进行抽样判断的方法来减少空闲监听能量消耗。当检测到未占用时隙上有消息传递

时,将该时隙标记为占用,并在下一个帧中相应时隙进行监听。另外,LMAC 协议要求节点维护的帧结构时隙大小与网络的规模有关。随着网络规模的增加,节点的帧长度不断增大,从而增加节点的数据传递时延,所以 LMAC 协议的可扩展性差,不适合大规模无线传感器网络应用。

### 8. Z-MAC 协议

Rhee 等在文献[14]中提出了一种结合 CSMA 和 TDMA 优点的混合 MAC 协议 Z-MAC。Z-MAC 协议的主要特点是:节点根据网络的信道竞争程度,自适应地调整信道的接入方式,以 CSMA 作为基本的接入方式,而利用 TDMA 解决竞争等级高的情况下节点间对信道的竞争。在竞争等级较低的情况下,Z-MAC 协议的执行更像 CSMA;在竞争等级高的情况下,Z-MAC 协议按类似 TDMA 的方式分配信道。Z-MAC 协议的执行,在网络布置初期,首先需要一个建立阶段,包括邻居发现、时隙分配、本地帧的信息交换和网络节点的时间同步。在这个阶段,通过执行一个有效的分布可扩展时隙调度 DRANA 算法,并按照如下的帧构成规则,确定节点维护的帧时隙大小和每个时隙的状态,为每个节点预先分配一个特定的时隙,而且这个时隙还可以由两跳之外的其他节点重新使用。节点的本地帧构成规则如下:若节点 $i$ 执行 DRANA 算法后,根据节点本地的两跳邻居节点信息,节点 $i$ 的最小帧长为 $N_i$ 个时隙,并且节点 $i$ 分配的数据传输时隙在最小帧长中的编号为 $S_i(S_i=0,1,2,\cdots,N_i)$,则节点 $i$ 的周期帧的帧长为 $2^m$ 个时隙($m$ 为下式所决定的正整数,$2^{m-1}<N_i<2^m-1$。也即,把每 $2^m$ 个时隙组成的本地帧中的第 $S_i$ 个时隙,分配给节点 $i$)。图 4-7 说明了一个简单拓扑中网络节点在执行上述帧构成规则后的节点时隙分配结果。图 4-7(a)是一个简单的网络拓扑,每个节点旁的数字,表示节点在每一帧中所分配的时隙 $S_i$,而括号内的数字,表示参数 $N_i$。图 4-7(b)是每个节点在一个周期帧中的时隙分配结果,其中灰色时隙表示分配给对应节点的传输时隙,节点为该时隙的拥有者;黑色时隙表示每一帧中的空闲时隙,即该时隙没有分配给节点两跳范围内的任意邻居节点和节点本身。如果整个网络采用相同的帧调度机制,图中的节点 $A$ 和 $B$,就需要每 6 个时隙占用一个传输时隙,即周期帧的帧长为 6 个时隙。而按照上述的本地帧

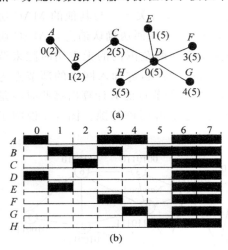

图 4-7 Z-MAC 协议的节点时隙调度

构成规则,节点 $A$ 和 $B$ 的周期帧的帧长为 4。所以增加了信道的利用率,减少了信息传输的时延。图中的 6 和 7 两个时隙,对整个网络节点来讲,均为空闲时隙。注意,在网络节点分布均匀的情况下,如果整个网络节点的帧时隙大小一致,则空闲时隙的数量很小;但在网络非均匀分布的情况下,如果采用全局一致的帧大小,则局部稀疏的网络节点维护的帧中,将存在大量的空闲时隙。这时,利用 Z-MAC 协议的本地帧构成规则,就可以大大减少空闲时隙的存在。

在执行上述节点时隙调度分配和本地帧构成规则之后,Z-MAC 协议要求每个节点将本地帧的大小、占用的时隙等信息转发给两跳范围内的邻居节点,这样每个节点具有两跳范围内邻居节点的帧结构信息和时隙占用信息,Z-MAC 协议根据这些信息,执行传输控制。在 Z-MAC 协议中,基于节点接收和发送数据业务的统计,节点在传输控制中可能处于下列两种模式之

一:低竞争等级和高竞争等级。在低竞争等级模式中,节点在任意时隙都可以通过竞争去传输数据;但在高竞争等级模式中,仅允许当前时隙的拥有者和其一跳的邻居节点竞争占用该时隙。在两种模式下,当前时隙的拥有者具有较高的优先级。如果当前时隙是一个空闲时隙,或该时隙的拥有者没有数据发送,则其他的非拥有者就可以通过竞争使用该时隙。Z-MAC协议通过使用空闲信道感知和低功率侦听的回退算法,解决了在两种模式下节点竞争信道的优先级问题。Z-MAC协议的具体数据传输控制规则如下,当节点$i$有数据要传输时,首先检测节点$i$是否是当前时隙的拥有者。然后根据不同的检测结果,分别采用以下三种执行方式:a) 如果节点$i$是当前时隙的拥有者。节点$i$在固定窗口大小为$T_0$的时间间隔内,执行随机回退。当随机回退时间结束时,节点$i$开始侦听信道。如果信道空闲,就开始传输数据;如果信道忙,节点$i$等待直到信道空闲,并重复这个过程。b) 如果节点$i$是当前时隙的非拥有者,而且处于低竞争等级模式,或者虽然处于高竞争等级模式,但当前时隙为空闲时隙,那么节点$i$首先等待$T_0$,然后在竞争时间窗口$[T_0, T_n]$内随机回退。当随机回退时间结束时,节点$i$执行空闲信道侦听。如果侦听信道空闲,节点就开始传输数据;如果侦听信道忙,节点就等待,直到信道空闲,并重复同样的过程。c) 如果节点$i$是当前时隙的非拥有者,并且处于高竞争等级模式,那么节点$i$就延后传输,直到出现一个空闲时隙或节点$i$为时隙的拥有者,然后重复以上过程。

Z-MAC协议在网络布置初期引入大量的网络开销,而通过网络的长期高效运行,对开销所消耗的能量可以进行弥补。在网络执行过程中,只要网络的拓扑不发生大的变化,Z-MAC协议就具有很强的鲁棒性。除了初始时需要全网同步外,Z-MAC协议仅需要两跳邻居发送节点间的本地同步,并且本地同步的执行频率与节点的数据业务率成正比。所以Z-MAC协议是一个分布式的协议,具有良好的可扩展性,对节点的存储能力要求也较低;但Z-MAC协议的执行很复杂,每周期控制时隙的引入,随着网络的密度增加会增加较多的控制开销,在低业务情况下又造成了延时增加和能量的严重浪费。

### 9. LEEM协议

文献[15]提出了一种用于多跳WSN,且基于预约机制的最小时延能量有效MAC协议(LEEM)。LEEM协议是对STEM协议的改进。LEEM协议要求网络节点采用双频的无线收发器结构,其中控制信道执行信道的一跳或$N$跳预约,数据信道传递数据报文。LEEM协议网络节点的控制信道采用周期侦听/睡眠的方式工作,在控制信道的周期侦听活动时间内,执行数据信道的预约;数据信道只有在传递和接收数据时才唤醒。若用$T_{total}$、$T_{sleep}$和$T_{active}$分别表示节点控制信道的侦听周期、睡眠时间和侦听时间。用$T_{data}$表示数据报文的传输时间,则当$T_{data}$大于$T_{total}$时,LEEM协议执行一跳预约;而当$T_{data}$小于$T_{total}$时,执行$N$跳预约(这里,$N=T_{total}/T_{data}$)。LEEM协议执行一跳预约的过程如下:

(1) 当网络节点感知到事件发生时,等待直到其控制信道的侦听活动时间到来,然后在控制信道发送REQ请求报文(该报文中除了包括接收节点地址外,还包括一个附加字段,用于指定数据传输的持续时间)。

(2) 接收到REQ报文的一跳中继节点,如果数据信道空闲,就在控制信道用P-ACK进行确认应答;如果数据信道忙,就用N-ACK进行拒绝请求应答。

(3) 感知事件发生源节点,根据接收到的应答ACK是确认还是拒绝,决定执行数据传输还是转入睡眠状态。如果接收到确认的P-ACK,立即唤醒其数据信道;同时,执行P-ACK响应的一跳中继节点,根据接收的REQ报文包含的时间信息,也唤醒其数据信道;然后就开始在数据信道中进行数据传输。如果接收到拒绝的 N-ACK 应答,说明当前预约接收节点的数据信道忙,该节点的控制信道立即转入睡眠状态,等到下一个控制信道的侦听活动时间到来时,再继续执行上述同样的过程,直至接收到正确的 P-ACK 应答才可以在数据信道进行数据的传输。

(4) 正在接收数据报文的节点,当其控制信道的周期侦听活动时间到来时,根据正在接收的数据报文包含的控制信息,在控制信道发送 RES 请求报文,按照同源节点发送 REQ 报文执行的类似过程,预约其接收节点并执行数据传输。持续执行这个过程,直至将数据传递到最终目的节点。如果在每一跳的预约过程中,接收到 REQ 或 RES 的一跳接收节点的数据信道都是空闲的,那么由于预约是在数据传输过程中由节点的控制信道实现的,每一跳的数据传输在前一跳传输完成后就可以立即进行,从而消除了数据在传递过程中等待建立链路的时延。关于 LEEM 协议的多跳预约执行过程,同其一跳的预约类似,不再详述,具体可参见文献[15]。图 4-8 说明了 LEEM 协议执行一跳预约的数据传递过程。

图 4-8 中,感知事件发生的源节点 1,通过执行上述过程,在每一跳相继成功预约了节点 2,3,4 分别作为前一跳的接收节点,除了最初的等待时延(图 4-8 中的 Setup delay)外,消除了数据传输(图 4-8 中的 Data transmission)过程中的每一跳等待时延。

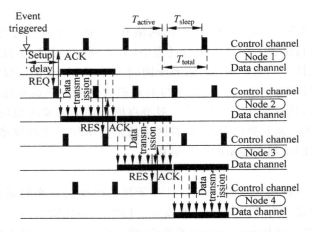

图 4-8　LEEM 协议的多跳数据传递过程

LEEM 协议是针对 WSN 基于事件驱动的特点而设计的 MAC 协议,通过增加节点硬件的复杂性,控制信道采用周期侦听/睡眠的工作方式,减少了节点的能量消耗,并且使时延最小。但 LEEM 协议要求网络节点间保持同步,并且在执行预约的过程中,要求节点必须存储下列信息:①发起预约节点的地址;②预约成功后数据信道的唤醒时间;③当前数据的传输时间。这又增加了节点能量的消耗和对节点存储能力的要求。

**10. GeRaF 协议**

文献[17,18]提出了一种基于节点的地理位置信息,并通过接收节点间竞争信息来选择中继节点的数据转发方法,并在上述这些思想和碰撞避免机制的基础上,设计了一种称为 GeRaF 的 MAC 协议。GeRaF 协议假设网络节点的位置是固定的,或具有很低的位置移动性;每个节点的位置已知,并且所有节点都知道最终目的节点 sink 的位置;每个节点具有两个无线收发模块,数据信道和忙音信道。网络节点的数据信道工作于周期性的侦听/睡眠模式,且各节点的活动是随机的,不要求同步,用于发送数据和控制报文;节点的忙音信道用于发送忙音,在业务交换过程中通过控制发送忙音以避免碰撞。基于类似 IEEE 802.11 的信道接入机制,GeRaF 协议采用 RST/CTS/DATA/ACK 的握手机制,建立节点间的数据链路并执行数据传输。但在这里的 RTS 消息中,并不指定特定的下一跳邻居节点。在 RTS 消息中,通过附加数据发送的源节点位置信息和最终目的节点 sink 的位置信息,由能侦听到 RTS 消息的所有一跳邻居节点,根据其位置分布,评估自己作为中继接收节点转发信息的优先级,并根据优先级确定参与应答 CTS 消息的时机,采用一定的评价指标尽力去选取最佳位置的节点作为中继。由于可能存在多个相同优先级的候选接收节点,同时用 CTS 消息进行应答,所以需要采用碰撞分解的方法解决 CTS 消息的碰撞,以选取唯一的候选节点作为接收中继节点。数据传输的碰撞避免是通过控制信息的握手过程而解决的。而在这个过程中,为了进一步避免可能的隐藏和暴露终端问题,则利用忙音信道在数据信道侦听消息期间发送的忙音,从而确保建立的数据链路不会受到邻居节点的干扰。这样,执行 GeRaF 协议的网络节点,既不需要维护网络拓扑信息,也不需要维护路由表,仅位置信息就足够了,把路由、MAC 和拓扑管理整合为单一的层,使协议大大简化。

GeRaF 协议实现容易,并且协议的执行是分布式的,具有良好的可扩展性,对节点的内存资源要求也很低。但 GeRaF 协议需要网络具有足够高的节点密度,而且协议的能效性直接与优化的性能参数有关。在非优化的参数,如节点的占空比等一定的情况下,执行该协议的能效性较差。另外从该协议的执行情况来看,选取的中继节点也并不一定是最佳的。如何改进该协议使其适应网络节点密度的变化,以降低对节点密度的要求是该协议需要进一步研究的问题。

### 4.3.2　MAC 协议的比较

表 4-1 对所研究的 MAC 协议进行了综合比较。表 4-1 中的适应性指的是适应网络拓扑变化的能力;信道利用率和吞吐量表示在竞争等级较低 WSN 应用的情况下网络的性能。由于 WSN 依赖于应用,而且物理层的结构也不统一,节点的硬件结构呈现多样性,所以并没有形成一个公认的标准。从对能量有效性和其他性能指标如延迟、吞吐量等的比较发现,所有的 MAC 协议在节能和延迟性能之间,都存在不同程度的矛盾性,而且并没有某一种 MAC 协议在各方面同时比其他协议表现得更优。每种协议都有自己的优点和缺点,需要根据应用在能效性和其他性能要求之间取得平衡。基于竞争类 MAC 协议通常具有良好的可扩展性和能量有效性,在竞争等级较低的情况的 WSN 应用中具有较好的吞吐量,但无法避免碰撞问题,从而带来了延时。基于调度的 TDMA 类 MAC 协议没有类似竞争机制的碰撞重传问题,节点在空闲时隙能及时进入睡眠状态,从而降低节点的能量消耗。但 TDMA 类的 MAC 协议需要节点间的时间同步。由于节点的接入时隙是固定的,在竞争等级较低的情况下,空闲时隙增多,网络的吞吐量很低,而且网络的可扩展性和对网络拓扑动态变化的适应性差。为了弥补这些不足,需要增加控制开销,这又降低了能效。混合类和基于双信道的 MAC 协议,分别通过增加控制开销和节点的结构复杂性,进一步改进了能量有效性和其他性能,同时也具有较好的适应性和可扩展性,但能量有效性仍然和其他性能之间存在矛盾,协议的执行过程也更复杂。所以良好的 MAC 协议应根据能量有效性和网络的其他性能,综合进行权衡,其中能量有效性,在满足应用要求前提下,是衡量一个 MAC 协议是否良好的关键因素。

表 4-1 MAC 协议的特征比较

| 比较参数 | C-TDMA | SMACS/EAR | S-MAC | T-MAC | PMAC | LPL | LMAC | Z-MAC | LEEM | GeRaF |
|---|---|---|---|---|---|---|---|---|---|---|
| 能量有效性 | 较好 | 较好 | 较好 | 较好 | 好 | 较好 | 较好 | 较好 | 较好 | 较好 |
| 可扩展性 | 差 | 较好 | 好 | 好 | 好 | 好 | 差 | 较好 | 较好 | 好 |
| 信道利用率 | 差 | 差 | 较好 | 较好 | 较好 | 较好 | 差 | 较好 | 较好 | 好 |
| 延迟 | 差 | 差 | 一般 | 一般 | 一般 | 一般 | 差 | 一般 | 较好 | 较好 |
| 吞吐量 | 差 | 一般 | 较好 | 好 | 好 | 较好 | 一般 | 好 | 好 | 较好 |
| 同步要求 | 需要 | 不需要 | 不需要 | 不需要 | 不需要 | 需要 | 不需要 | 低 | 需要 | 不需要 |
| 类型 | TDMA | TDMA/FDMA | CSMA | CSMA | CSMA | CSMA | TDMA | CSMA/TDMA | CSMA | CSMA |
| 适应性 | 差 | 差 | 较好 | 较好 | 好 | 较好 | 差 | 较好 | 好 | 好 |
| 通信模式 | 汇聚/广播 | 闲聊 | 所有 | 所有 | 所有 | 所有 | 所有 | 所有 | 所有 | 所有 |
| 信道数 | 单信道 | 单信道 | 单信道 | 单信道 | 单信道 | 单信道 | 单信道 | 单信道 | 双信道 | 双信道 |

## 4.4 小结

本章首先简单地分析了影响 WSN 网络 MAC 协议设计的相关问题,讨论了 MAC 协议的分类方法,然后着重研究与论述了当前较为重要的一些 MAC 协议的核心实现机制和特点,进行了这些 MAC 协议在性能上的差异比较,以及这些 MAC 协议在性能上的差异比较,目的在于为进一步研究能量高效的 WSN 网络 MAC 协议提供参考。

由于 WSN 网络的资源有限且与应用高度相关,研究人员采用了多种策略来设计 MAC 协议。通过对当前提出的各种应用于 WSN 网络的 MAC 协议进行研究与分析,得到的结论是由于不同应用场合对网络的要求不同,对 MAC 协议来说,不存在一个适用于所有 WSN 网络应用的 MAC 协议,也没有一种协议在各方面明显强于其他协议,各种 MAC 协议在能量有效性和网络延迟等性能之间,都存在不同程度的矛盾性,且受到多方面因素的制约。但能量有效性是设计一个良好的 MAC 协议的关键因素,能量高效的 MAC 协议仍然是今后的一个开放性研究课题。在现有研究的基础上,将来 WSN 网络 MAC 协议的进一步研究策略和发展趋势如下。

**1. 利用多信道和动态的信道分配技术进行节能研究**

随着微电子机械技术的发展,低能、低成本、集成具有多信道或两个不同频率无线模块的收发器已经成为可能。合理地使用多个信道的资源,基于局部节点协作的方法,进行信道的动态分配,可以实现节能和改进网络性能。信道分配技术利用调度算法,在发送时隙和节点之间建立起特定的映射关系,为进行节能协议的设计提供了良好的条件,如:在本文研究的 Z-MAC 协议基础上,把 TDMA 和 CSMA 相结合,采用合适的分布式算法,根据节点的流量,基于概率的方法动态调整节点的分配时隙,维护网络的局部连通性,避免和减少碰撞,使无关和竞争等级较低的节点,尽可能睡眠以节省能量。由于 WSN 网络分布的环境恶劣,链路的易发生故障性和节点的易失效性,也可以进一步探讨利用认知无线电技术、基于分布式的方法,动态自适应地分配节点的多个信道,以适应不同业务、网络拓扑变化的要求,提高能效性和网络性能。

**2. 采用跨层优化设计**

WSN 网络由于受到节点的资源限制,分层的协议栈已不适应能量、内存等节点资源的有效利用。将 MAC 层、物理层以及网络层的设计相结合,根据局部网络的拓扑信息,采用综合各层的设计方法,实现对节点工作模式的有效控制,减少控制开销,从而取得更好的网络性能。前面所介绍的 GeRaF 协议,就是通过把 MAC、路由和拓扑管理结合为一体考虑,采用双射频模块的协作,解决数据传输中的碰撞问题,并简化了采用分层协议可能带来的额外控制开销,使协议的执行变得简单,从而提高能效性和网络性能。但如何根据网络拓扑的变化,动态调整节点的工作参数和优化握手信号,利用最小的控制开销以节省节点的能量消耗、减少数据传输接入信道的时延,GeRaF 协议并没有给出相应的解决方法。而基于竞争的自适应 S-MAC、PMAC 协议,基于局部信息的维护,具有适应业务、拓扑动态变化的能力;LPL 协议通过利用物理层的前导载波,减少了节点的空闲侦听。所以利用这些协议的优点,就可以进行跨层设计,从而增强协议的适应性,同时提高能效和网络性能。基于联合多层的参数优化,进行跨层和集成多层协议栈的综合设计,是 WSN 网络今后的一个研究热点。

**3. 应用特点和业务模式的研究**

WSN 应用领域的广泛性和特殊性,意味着 MAC 协议的设计面临着各种各样与应用相关的业务特性和需求，这些正是刺激 MAC 协议研究不断发展的原动力。随着 WSN 研究的逐渐深入，不可能针对各种具体应用一一进行业务特性和需求的分析，有必要对传感器网络特殊的应用特点和业务模式进行深入分析和总结，抽象出通用的分析模型。一方面利于为 MAC 协议研究的新课题指明方向，另一方面，利于为 MAC 协议性能分析和优化提供更接近现实的分析模型，如 WSN 业务的存在形式以"一对多"的广播或"多对一"的汇聚为主，各个节点的业务不再相互独立，并与节点位置、转发策略以及相邻节点业务等许多复杂因素相关，不再适用传统的业务分析模型。

4. 能量有效性和其他性能指标的权衡

通常为解决作为研究核心的能量有效性问题，对 WSN 的 MAC 协议其他性能都进行了一定折中，如 SMAC 的周期休眠策略避免了空闲监听的能耗，但导致了网络吞吐和时延性能的损失。随着各种具体应用的发展，WSN 的应用需求不单是能量有效性的问题，还同时存在着对某个或某些指标作特别优化的需求，如工业监控对时延的严格限制等。所以，分析各种性能指标之间的相互影响关系，研究综合权衡各种性能的策略是一项不可忽略的问题。

5. 安全问题

由于 WSN 具有无线传播、能量受限、分布式控制等特点，使其更加容易受到被动窃听、主动干扰、拒绝服务、剥夺休眠（节点无法进入休眠模式）、伪造数据等各种形式的网络攻击，从而使安全问题成为 WSN 网络研究的一个重点。MAC 层的基本任务是保证点对点的可靠传输，MAC 协议的设计应该根据不同需求引入一定的安全措施，如信道加密、抗干扰、用户认证、密钥管理、访问控制等，提高网络对攻击的防御性，并有必要针对 WSN 能源匮乏和计算能力弱等特点对安全协议进行相应的优化。

# 参考文献

[1] 郑国强,李建东,周志立. 无线传感器网络 MAC 协议研究进展. 自动化学报,2008,34(3):305-316.
[2] 丁睿,南建国. 无线传感器网络 MAC 协议的研究与分析. 计算机工程,2009,35(19):105-107.
[3] 孙超,张世庆,张西良. 无线传感器网络 MAC 协议研究. 传感器世界,2006(8):31-34.
[4] 王磊,张瑞华,邢厚子. 无线传感器网络 MAC 协议研究比较. 计算机工程与设计,2006,27(19):4043-4045.
[5] 蹇强,龚正虎,朱培栋等. 无线传感器网络 MAC 协议研究进展. 软件学报,2008,19(2):389-403.
[6] 江雪. 基于无线传感器网络的 MAC 层协议的研究. 西安邮电学院学报,2006,11(5):70-74.
[7] 柯欣,孙利民. 无线传感器网络的 MAC 协议研究. 计算机科学,2004,31(9):29-31.
[8] 吕慧娟,胡颖,王海燕. 无线传感器网络中的 MAC 协议研究. 商丘师范学院学报,2010,26(3):77-79.
[9] 徐文龙,李立宏,杨永田. 无线传感器网络 MAC 协议的对比研究. 信息技术,2005(9):88-90.
[10] 吉利萍. 无线传感器网络 MAC 协议的研究. 科技创新导报,2009(18):34.
[11] 汪文标,黄本雄,张剑. 无线传感器网络 MAC 协议研究. 科技咨询,2006(31):35-36.
[12] 刘阿娜,于宏毅,李宏. 无线传感器网络 MAC 协议研究. 电信科学,2008(2):60-65.
[13] 李平安,孙林慧,杨震. 无线传感器网络中节能 MAC 协议的研究. 论文选粹,2006(1):38-42.
[14] Kulkarni S S, Arumugam M. Tdma service for sensor networks. In: Proceedings of the 24th International Conference on Distributed Computing Systems Workshops. Washington, D. C. , USA: IEEE,2004,604-609.
[15] Demirkol I, Ersoy C, Alagoz F. MAC protocols for wireless sensor networks: a survey. IEEE Communications Magazine,2006,44(4):115-121.
[16] 朱云歌,施建俊. 无线 Ad Hoc 网络组密钥协商和管理方案[J]. 计算机工程,2006,32(4):166-167.

[17] Arisha K A, Youssef M A, Younis M F. Energy-aware TDMA-based MAC for sensor networks. In: Proceeding of IEEE Workshop on Integrated Management of Power Aware Communications, Computing and Networking. New York, USA: IEEE, 2002, 189-201.

[18] Sohrabi K, Gao J, Ailawadhi V et al. Protocols for self-organization of a wireless sensor network. IEEE Personal Communications, 2000, 7(5): 16-27.

[19] Ye W, Heidemann J, Estrin D. An energy-efficient MAC protocol for wireless sensor networks. In: Proceedings of the 21st Annual Joint Conference of the IEEE Computer and Communications Societies. New York, USA: IEEE, 2002. 1567-1576.

[20] Ye W, Heidemann J, Estrin D. Medium access control with coordinated adaptive sleeping for wireless sensor networks. IEEE/ACM Transactions on Networking, 2004, 12(3): 493-506.

[21] Dam T V, Langendoen k. An adaptive energy-efficient MAC protocol for wireless sensor networks. In: Proceedings of the 1st International Conference on Embedded Networked Sensor Systems. California, USA: ACM, 2003, 171-180.

[22] Zheng T, Radhakrishnan S, Sarangan V. PMAC: an adaptive energy-efficient MAC protocol for wireless sensor networks. In: Proceedings of the 19th IEEE International Parallel and Distributed Processing Symposium. New York, USA: IEEE, 2005. 66-72.

[23] Zheng T, Radhakrishnan S, Sarangan V. P-MAC. An Energy efficient MAC Protocol for Wireless Sensor Networks[C]. Proc. Of the Parallel and Distributed Processing Symp. New York, USA: IEEE Press, 2005: 66-72.

[24] EI-Hoiydi A. Aloha wiht preamble sampling for sporadic traffic in ad hoc wireless sensor networks. In: Proceedings of IEEE International Conference on Communications. New York, USA: IEEE, 2002, 3418-3423.

[25] Hill J L, Culler D E. Mica: a wireless platform for deeply embedded networks. IEEE Micro, 2002, 22(6): 12-24.

[26] EI-Hoiydi A, Decotignie J D. WiseMAC: an ultra low power MAC protocol for the downlink of infrastructrue wireless sensor networks. In: Proceedings of the 9th IEEE International Symposium on Computers and Communications. New York, USA: IEEE, 2004, 244-251.

[27] Chatterjea S, Van Hoesel L F W, Havinga P J M. AILMAC: an adaptive, information-centric and lightweight MAC protocol for wireless sensor networks. In: Proceeding Conference. New Jersey, USA: IEEE, 2004, 381-388.

[28] Rhee I, Warrier A, Aia M, et al. Z-MAC: a bybrid MAC for wireless sensor networks. In: Proceedings of the 3rd International Conference on Embedded Networked Sensor Systems. California, USA: ACM, 2005, 90-101.

[29] Rhee N, Warrier A, Aia M, et al. ZMAC: A Hybrid MAC for Wireless Sensor Networks[C]. Proc. of the 3rd ACM Conf. on Embedded Networked Sensor Systems. San Diego, USA: ACM Press, 2005: 90-101.

[30] Dhanaraj M, Manoj B S, Siva R M C. A new energy efficient protocol for minimizing multi-hop latency in wireless sensor networks. In: Proceedings of the 3rd IEEE International Conference on Pervasive Computing and Communications. New Jersey, USA: IEEE, 2005, 117-126.

[31] Schurgers C, Tsiatsis V, Ganeriwal S, et al. Optimizing sensor networks in the energy-latency-density design space. IEEE Transactions on Mobile Computing, 2002, 1(1): 70-80.

[32] Zorzi M, Rao R R. Geographic random forwarding (GeRaF) for ad hoc and sensor networks: multihop performance. IEEE Transactions on Mobile Computing, 2003, 2(4): 337-348.

[33] Zorzi M, Rao R R. Geographic random forwarding (GeRaF) for ad hoc and sensor networks: energy and latency performance. IEEE Transactions on Mobile Computing, 2003, 2(4): 349-365.

[34] Jamieson K, Balakrishnan H, Tay Y C. Sift: an MAC protocol for event-driven wireless sensor

networks. In: Proceedings of the 3rd European Workshop on Wireless Sensor Networks. Heideberg, Germany: Springer Verlag, 2006. 260-275.

[35] Miller M J, Vaidya N H. An MAC protocol to reduce sensor network energy consumption using a wakeup radio. IEEE Transaction on Mobile Computing, 2005, 4(3): 228-242.

[36] Rajendran V, Obraczka K, Garcia-Luna-Aceves J J. Energy-efficient, collision-free medium access control for wireless sensor networks. Wireless Networks, 2006, 12(1): 63-78.

[37] Lu, G, Krishnamachari B, Raghavendra C S. An adaptive energy-efficient and low-latency MAC for data gathering in sensor networks. In: Proceedings of the 18th International Conference on Parallel and Distributed Processing Symposium. Palmerston, USA: IEEE, 2004. 224-231.

[38] Lin P, Qiao C M, Wang X. Medium access control with a dynamic duty cycle for sensor networks. In: Proceedings of the 2004 IEEE Wireless Communications and Networking Conference. New York, USA: IEEE, 2004, 1534-1539.

[39] Tay Y C, Jamieson H. Conllision-minimizing csma and its applications to wireless sensor networks. IEEE Journal on Selected Areas in Communications, 2004, 22(6): 1048-1057.

[40] Rugin R, Mazzini G. A simple and efficient MAC-routing integrated algorithm for sensor networks. In: Proceedings of 2004 IEEE International Conference on Communication. New Jersey, USA: IEEE, 2004, 3499-3503.

[41] Gui S G, Madan R, Goldsmith A J, et al. Joint routing, MAC, and link layer optimization in sensor networks with energy constraints. In: Proceedings of the 2005 IEEE International Conference on Communications. New Jersey, USA: IEEE, 2005, 725-729.

[42] Ilker Demirkol, Fatih Alagoz, Hakan Delic, et al. Wireless sensor networks for intrusion detection: packet traffic modeling. IEEE Communications Letter, 2006, 10(1): 22-24.

[43] Chris Karlof, Naveen Sastry, David Wagner. TinySec: a link layer security architecture for wireless sensor networks. In: Proceedings of SenSys'04, Baltimore, Maryland, USA, November 2004.

# 第5章 拓扑控制

## 5.1 概述

WSN 有着广阔的应用前景,它在国家安全、环境监测、交通管理、空间探索等领域具有重大的应用价值,因而引起了军界、工业界和学术界的高度关注。2003 年,美国《技术评论》将 WSN 列为十大新兴技术之首。2005 年,欧洲第一届专业传感器网络会议在德国柏林召开。同年,ACM 增设传感器网络研究专刊 TOSN(Transactions On Sensor Networks)。WSN 向科技工作者提出了大量的研究课题,拓扑控制是其中的一个基本问题。拓扑控制就是要形成一个优化的网络拓扑结构,它是传感器网络中许多其他研究课题的基础。

WSN 一般具有大规模、自组织、随机部署、环境复杂、传感器节点资源有限、网络拓扑经常发生变化的特点[1]。这些特点使拓扑控制成为挑战性研究课题。同时,这些特点也决定了拓扑控制在 WSN 研究中的重要性,其主要表现在以下几个方面:①拓扑控制是一种重要的节能技术;②拓扑控制保证覆盖质量和连通质量;③拓扑控制能够降低通信干扰,提高 MAC(Media Access Control)协议和路由协议的效率,为数据融合提供拓扑基础;④拓扑控制能够提高网络的可靠性、可扩展性等其他性能。总之,拓扑控制对网络性能具有重大的影响,因而对它的研究具有十分重要的意义[2~13]。

以加州大学伯克利分校、加州大学洛杉矶分校、伊利诺斯大学、麻省理工学院和康奈尔大学为代表的美国著名高校在 WSN 拓扑控制研究方面已经取得了初步的研究成果。其他国家在这一领域的研究均落后于美国。我国在这一领域的研究由于起步相对较晚,与当今发达国家特别是与美国相比存在一定的差距。

目前,拓扑控制研究已经形成功率控制和睡眠调度两个主流研究方向[14]。所谓功率控制,就是为传感器节点选择合适的发射功率;所谓睡眠调度,就是控制传感器节点在工作状态和睡眠状态之间的转换。传感器网络拓扑可以根据节点的可移动与否(动态的或静态的)和部署的可控与否(可控的或不可控的)分为如下 4 类。

(1) 静态节点、不可控部署:静态节点随机地部署到给定的区域。这是大部分拓扑控制研究所作的假设。对稀疏网络的功率控制和对密集网络的睡眠调度是两种主要的拓扑控制技术。

(2) 动态节点、不可控部署:这样的系统称为移动自组织网络(Mobile Ad hoc NETwork,MANET)。其挑战是无论独立自治的节点如何运动,都要保证网络的正常运转。功率控制是主要的拓扑控制技术。

(3) 静态节点、可控部署:节点通过人或机器人部署到固定的位置。拓扑控制主要是通过控制节点的位置来实现的,功率控制和睡眠调度虽然可以使用,但已经是次要的了。

（4）动态节点、可控部署：在这类网络中，移动节点能够相互定位。拓扑控制机制融入移动和定位策略中。因为移动是主要的能量消耗，所以节点间的能量高效通信不再是首要问题。因为移动节点的部署不太可能是密集的，所以睡眠调度也不重要。

## 5.2 拓扑控制设计目标与研究现状

### 5.2.1 拓扑控制的设计目标

拓扑控制研究的问题是：在保证一定的网络连通质量和覆盖质量的前提下，一般以延长网络的生命期为主要目标，兼顾抗通信干扰、减少网络延迟、负载均衡、简单性、可靠性、可扩展性等其他性能，形成一个优化的网络拓扑结构。WSN是与应用相关的，不同的应用对底层网络的拓扑控制设计目标的要求也不尽相同。下面介绍拓扑控制中一般要考虑的设计目标和相关的概念、结论。

**1. 覆盖**

覆盖可以看成是对传感器网络服务质量的度量。在覆盖问题中，最重要的因素是网络对物理世界的感知能力[15]。覆盖问题可以分为区域覆盖、点覆盖和栅栏覆盖（Barrier Coverage）[16]。其中，区域覆盖研究对目标区域的覆盖（监测）问题；点覆盖研究对一些离散的目标点的覆盖问题；栅栏覆盖研究运动物体穿越网络部署区域被发现的概率问题。相对而言，对区域覆盖的研究较多。如果目标区域中的任何一点都被 $k$ 个传感器节点监测，就称网络是 $k$-覆盖的，或者称网络的覆盖度为 $k$。一般要求目标区域的每一个点至少被一个节点监测到，即1-覆盖。因为讨论完全覆盖一个目标区域往往是困难的，所以有时也研究部分覆盖，包括部分的1-覆盖和部分的 $k$-覆盖。而且有时也讨论渐近覆盖，所谓渐近覆盖是指，当网络中的节点数趋于无穷大时，完全覆盖目标区域的概率趋于1。对于已部署的静态网络，覆盖控制主要是通过睡眠调度实现的。Voronoi图是常用的覆盖分析工具。对于动态网络，可以利用节点的移动能力，在初始随机部署后，根据网络覆盖的要求实现节点的重部署。虚拟势场方法是一种重要的重部署方法。覆盖控制是拓扑控制的基本问题。

**2. 连通**

传感器网络一般是大规模的，所以传感器节点感知到的数据一般要以多跳的方式传送到汇聚节点。这就要求拓扑控制必须保证网络的连通性。如果至少要去掉 $k$ 个传感器节点才能使网络不连通，就称网络是 $k$-连通的，或者称网络的连通度为 $k$。拓扑控制一般要保证网络是连通(1-连通)的。有些应用可能要求网络配置到指定的连通度。像渐近覆盖一样，有时也讨论渐近意义上的连通，亦即当部署区域趋于无穷大时，网络连通的可能性趋于1。功率控制和睡眠调度都必须保证网络的连通性，这是拓扑控制的基本要求。

**3. 网络生命期**

网络生命期有多种定义。一般将网络生命期定义为直到死亡节点的百分比低于某个阈值时的持续时间[17]。也可以通过对网络的服务质量的度量来定义网络的生命期[18]，可以认为网络只有在满足一定的覆盖质量、连通质量、某个或某些其他服务质量时才是存活的。功率控制和睡眠调度是延长网络生命期十分有效的技术。最大限度地延长网络的生命期是一个十分复杂的问题，它一直是拓扑控制研究的主要目标。

**4. 吞吐能力**

设目标区域是一个凸区域，每个节点的吞吐率为 $\lambda$bps，在理想情况下，则有下面的关

系式[19]

$$\lambda \leqslant \frac{16AW}{\pi\Delta^2 L} \cdot \frac{1}{nr} \text{bps} \tag{5-1}$$

其中，$A$ 是目标区域的面积，$W$ 是节点的最高传输速率，$\pi$ 是圆周率，$\Delta$ 是大于 0 的常数，$L$ 是源节点到目的节点的平均距离，$n$ 是节点数，$r$ 是理想球状无线电发射模型的发射半径。

由此可以看出，通过功率控制减小发射半径和通过睡眠调度减小工作网络的规模，在节省能量的同时，可以在一定程度上提高网络的吞吐能力。

**5．干扰和竞争**

减小通信干扰、减少 MAC 层的竞争和延长网络的生命期基本上是一致的。功率控制可以调节发射范围，睡眠调度可以调节工作节点的数量。这些都能改变 1 跳邻居节点的个数（也就是与它竞争信道的节点数）。事实上，对于功率控制，网络无线信道竞争区域的大小与节点的发射半径 $r$ 成正比[20]，所以减小 $r$ 就可以减少竞争。睡眠调度显然也可以通过使尽可能多的节点睡眠来减小干扰和减少竞争。

**6．网络延迟**

当网络负载较高时，低发射功率会带来较小的端到端延迟；而在低负载情况下，低发射功率会带来较大的端到端延迟[21]。对于这一点，一个直观的解释是：当网络负载较低时，高发射功率减少了源节点到目的节点的跳数，所以降低了端到端的延迟；当网络负载较高时，节点对信道的竞争是激烈的，低发射功率由于缓解了竞争而减小了网络延迟。这是功率控制和网络延迟之间的大致关系。

**7．拓扑性质**

事实上，对于网络拓扑的优劣，很难直接根据拓扑控制的终极目标给出定量的度量。因此，在设计拓扑控制（特别是功率控制）方案时，往往退而追求良好的拓扑性质。除了连通性之外，对称性、平面性、稀疏性、节点度的有界性、有限伸展性（spanner property）等，都是希望具有的拓扑性质[22]。

此外，拓扑控制还要考虑诸如负载均衡、简单性、可靠性、可扩展性等其他方面。拓扑控制的各种设计目标之间有着错综复杂的关系。对这些关系的研究也是拓扑控制研究的重要内容。

## 5.2.2 拓扑控制的研究现状

当前，拓扑控制的研究主要以最大限度地延长网络的生命期作为设计目标，并集中于功率控制和睡眠调度两个方面。下面分别予以介绍。各种拓扑控制算法的比较见表 5-1。

表 5-1　WSN 拓扑控制算法的比较

| Algorithms | Connectivity | Synchronization required | Based on location or direction | Complexity | Node density | Network scale | Heterogeneity |
|---|---|---|---|---|---|---|---|
| COMPOW | Yes | No | No | Medium | Sparse | Medium | No |
| CLUSTERPOW | Yes | No | No | High | Sparse | Medium | No |
| LMA | No | No | No | Low | Sparse | Large | Possible |
| LMN | No | No | No | Low | Sparse | Large | Possible |
| CBTC | Yes | No | Yes | Low | Sparse | Large | No |

续表

| Algorithms | Connectivity | Synchronization required | Based on location or direction | Complexity | Node density | Network scale | Heterogeneity |
|---|---|---|---|---|---|---|---|
| DRNG | Yes | No | Yes | Medium | Sparse | Large | Possible |
| DLMST | Yes | No | Yes | Medium | Sparse | Large | Possible |
| XTC | Yes | No | No | Low | Sparse | Large | Possible |
| RIS | No | Yes | No | Low | Dense | Large | Possible |
| MSNL | No | No | Yes | Medium | Dense | Large | No |
| LDAS | No | No | No | Medium | Dense | Large | No |
| ASCENT | No | No | No | Low | Dense | Large | Possible |
| PEAS | No | No | No | Low | Dense | Large | Possible |
| PECAS | No | No | No | Medium | Dense | Large | Possible |
| CCP | Yes | No | Yes | High | Dense | Large | No |
| SPAN | Yes | No | No | Medium | Dense | Large | Possible |
| LEACH | — | Yes | No | Medium | Dense | Small | No |
| EECS | — | Yes | No | Medium | Dense | Small | No |
| LDS | No | No | Yes | Medium | Dense | Small | No |
| GAF | Yes | No | Yes | Medium | Dense | Large | No |
| GBR | Yes | No | Yes | High | Dense | Large | No |
| TopDisc | Yes | No | No | High | Dense | Medium | No |
| HEED | No | Yes | No | High | Dense | Large | No |

**1. 功率控制**

功率控制是一个十分复杂的问题。希腊佩特雷大学(University of Patras)的 Kirousis 等人将其简化为发射范围分配问题[23],简称 RA(Range Assignment)问题,并详细讨论了该问题的计算复杂性。设 $N=\{u_1,\cdots,u_n\}$ 是 $d(d=1,2,3)$ 维空间中代表网络节点位置的点的集合,$r(u_i)$ 代表节点 $u_i$ 的发射半径。RA 问题就是要在保证网络连通的前提下,使网络的发射功率(各节点的发射功率的总和)最小,也就是要最小化 $\sum_{u_i \in N}(r(u_i))^a$,其中,$a$ 是大于 2 的常数。在一维情况下,RA 问题可以在多项式时间 $O(n^4)$ 内解决;然而在二维[12]和三维[11]情况下,RA 是 NP 难问题。实际的功率控制问题比 RA 问题更为复杂。

这个结论从理论上告诉我们,试图寻找功率控制问题的最优解是不现实的,应该从实际出发,寻找功率控制问题的实用解。针对这一问题,当前已提出了一些解决方案,其基本思想都是通过降低发射功率来延长网络的生命期。下面是几个典型的解决方案,分别代表了目前功率控制的几个典型的研究方向。

1) 与路由协议结合的功率控制

伊利诺斯大学的 Narayanaswamy 等人提出并实现了一种简单地将功率控制与路由协议相结合的解决方案 COMPOW[20]。其基本思想是:所有的传感器节点使用一致的发射功率,在保证网络连通的前提下,将功率最小化。COMPOW 建立各个功率层上的路由表,在功率 $P_i$ 层上,通过使用功率 $P_i$ 交换 HELLO 消息建立路由表 $RT_{P_i}$,所有可达节点都是路由表中的表项。COMPOW 选择最小的发射功率 $P_{com}$,使得 $RT_{P_{com}}$ 与 $RT_{P_{max}}$ 具有相同数量的表项,其中,$P_{max}$ 是最大发射功率。于是,整个网络都使用公共的发射功率 $P_{com}$。在节点分布均匀的情况下,COMPOW 具有较好的性能。但是,一个相对孤立的节点会导致所有的节点使用很大的发射功率,所以在节点分布不均的情况下,它的缺陷是明显的。Kawadia 和 Kumar 提出的 CLUSERPOW[25]是对 COMPOW 的改进。当转发一个包到目的节点 $d$ 时,CLUSERPOW 选择出现 $d$ 的最低层次的路由表,设为 $RT_{P_{\min}}$,然后,以功率 $P_{\min}$ 而不是 $P_{com}$ 将其发送到下一跳节点。在 CLUSERPOW 中,分簇是隐含的,且不需要任何簇头节点,分簇通过给定功率层的可达性来实现,分簇的层次由功率的层次数来决定,分簇是动态的、均匀分布的。CLUSERPOW 的主要缺陷是开销太大。

2)基于节点度的功率控制

具有代表性的基于节点度算法由柏林工业大学的 Kubisch 等人提出的 LMA 和 LMN[26]等。基于节点度算法的基本思想是:给定节点度的上限和下限,每个节点动态地调整自己的发射功率,使得节点的度数落在上限和下限之间。但是,基于节点度数的算法一般难以保证网络的连通性。

3)基于方向的功率控制

微软亚洲研究院的 Wattenhofer 和康奈尔大学的 Li 等人提出了一种能够保证网络连通性的基于方向的 CBTC 算法[27]。其基本思想是:节点 $u$ 选择最小功率 $P_{u,\rho}$,使得在任何以 $u$ 为中心的角度为 $\rho$ 的锥形区域内至少有一个邻居。作者证明了当 $\rho \leqslant 5\pi/6$ 时,可以保证网络的连通性。麻省理工学院的 Bahramgiri 等人又将其推广到三维空间,提出了容错的 CBTC[28]。基于方向的算法需要可靠的方向信息,因而需要很好地解决到达角度问题,节点需要配备多个有向天线,因而对传感器节点提出了较高的要求。

4)基于邻近图的功率控制

伊利诺斯大学的 Li 和 Hou 提出的 DRNG 和 DLMST[29]是两个具有代表性的基于邻近图理论的算法。基于邻近图的功率控制算法的基本思想是:设所有节点都使用最大发射功率发射时形成的拓扑图为 G,按照一定的邻居判别条件求出该图的邻近图 G',每个节点以自己所邻接的最远节点来确定发射功率。经典的邻近图模型有 RNG(Relative Neighborhood Graph)、GG(Gabriel Graph)、DG(Delaunay Graph)、YG(Yao Graph)和 MST(Minimum Spanning Tree)等。DRNG 是基于有向 RNG 的,DLMST 是基于有向局部 MST 的。DRNG 和 DLMST 能够保证网络的连通性,在平均功率和节点度等方面具有较好的性能。基于邻近图的功率控制一般需要精确的位置信息。

此外,微软亚洲研究院的 Wattenhofer 等人提出的 XTC[30]算法对传感器节点没有太高的要求,对部署环境也没有过强的假设,提供了一个简单、实用的研究方向。因为 XTC 代表了功率控制的发展趋势,本章将详细加以介绍。

**2. 睡眠调度**

功率控制通过降低节点的发射功率来延长网络的生存时间,但却没有考虑空闲侦听时的能量消耗和覆盖冗余。事实上,无线通信模块在空闲侦听时的能量消耗与在收发状态时相当,覆盖冗余也造成了很大的能量浪费。所以,只有使节点进入睡眠状态,才能大幅度地降低网络的能量消耗。这对于节点密集型和事件驱动型的网络十分有效。如果网络中的节点都具有相同的功能,扮演相同的角色,就称网络是非层次的或平面的,否则就称为是层次型的。层次型网络通常又称为基于簇的网络。下面分别介绍非层次网络和层次型网络中具有代表性的睡眠调度算法。

1)非层次型网络的睡眠调度算法

非层次型睡眠调度的基本思想是:每个节点根据自己所能获得的信息,独立地控制自己在工作状态和睡眠状态之间的转换。它与层次型睡眠调度的主要区别在于,每个节点都不隶属于某个簇,因而不受簇头节点的控制和影响。

俄亥俄州立大学的 Kumar 等人提出了一种简单的睡眠调度算法 RIS[31]。RIS 将时间划分为周期,在每个周期的开始,每个节点以某一概率独立地决定自己是否进入睡眠状态。显然,RIS 需要较为严格的时间同步。宾夕法尼亚州立大学的 Berman 等人提出了 MSNL[20],将睡眠调度问题表示成带有覆盖约束的最大化网络生命期问题。MSNL 节点有 3 个状态:活动状态、睡眠状态和过渡状态。当节点处于过渡状态时,如果它发现自己的部分监测区域不能被其他活动状态或过渡状态的节点覆盖,它就立刻转为活动状态,否则进入睡眠状态。MSNL 需要精确的位置信息,并且多个相邻的节点有可能同时进入睡眠状态。维克多利亚大学的 Wu 等人提出了一种不需要位置信息的 LDAS 算法[18]。在没有位置信息的情况下,要确定一个节点的监测区域是否完全被其他节点覆盖是极其困难的,甚至是不可能的。Wu 认为,即使所有的节点都处于活动状态,也很难保证完全覆盖给定的部署区域。基于这种想法,LDAS 基于部分冗余进行调度,它提供对覆盖度的统计保证。但是,LDAS 只适用于节点均匀分布的情况。加州大学洛杉矶分校的 Cerpa 和 Estrin 提出了一种着重于保证数据通路畅通的 ASCENT 算法[33]。如果某个节点发现丢包严重,就向邻居节点发出求救信息;收到求救信息的节点主动成为工作节点,帮助邻居节点转发数据包。但是,ASCENT 并不能保证网络的连通性,因为它只是通过丢包率来判断连通性的。事实上,当网络不连通时,它是无法检测和修复的。ASCENT 也不能保证能量的均匀消耗。加州大学洛杉矶分校的 Ye 等人提出了一种适用于恶劣环境中高密度传感器网络的 PEAS 算法[34]。PEAS 节点有 3 个状态:睡眠状态、探测状态和工作状态。初始时节点处于睡眠状态,当睡眠定时器溢出时,节点进入探测状态。然后它以某个给定的发射半径广播探测消息,如果收到回答就进入睡眠状态,否则进入工作状态,直到能量耗尽。PEAS 能够保证渐近连通性。加州大学戴维斯分校的 Gui 等人提出的 PECAS[35] 是对 PEAS 的扩展。在 PEAS 中,节点一旦工作就不再睡眠,节点能量耗尽会导致网络被割裂。在 PECAS 中,工作节点工作一段时间后会再次进入睡眠状态,它在对邻居节点的探测消息的回答中发布自己的剩余工作时间。这样,决定进入睡眠状态的工作节点就能够根据邻居节点的剩余工作时间使自己在那个节点睡眠之前苏醒。此外,影响较大的还有华盛顿大学的 Xing 等人提出的 CCP[36] 和麻省理工学院的 Chen 等人提出的 SPAN[37] 等。因为 CCP 和 SPAN 很有代表性,将详细加以介绍。

上面针对非层次网络介绍了一些具有代表性的睡眠调度算法。事实上,这些算法也可以用在层次型网络中,因为它们可以在簇的内部使用。

2) 层次型网络的睡眠调度算法

层次型网络睡眠调度的基本思想是:由簇头节点组成骨干网络,则其他节点就可以(当然未必)进入睡眠状态。层次型网络睡眠调度的关键技术是分簇。

麻省理工学院的 Heinzelman 等人提出了一直被广泛引用的 LEACH 算法[38]。LEACH 需要较为严格的时间同步,也不能保证簇头均匀分布。南京大学的 Ye 等人提出的 EECS 算法[39]能够保证簇头的均匀分布,但 EECS 与 LEACH 一样,簇头与汇聚节点的单跳通信方式限制了网络的规模。雪城大学(Syracuse University)的 Deng 等人提出了一种适用于基于簇的高密度传感器网络的 LDS 算法[17]。LDS 只考虑簇内的睡眠调度,它假设分簇结构已经存在。但是,LDS 不能保证能量的均匀消耗,因此,Deng 等人又对 LDS 作了一些改进[40]。南加州大学的 Xu 等人提出了以节点地理位置为分簇依据的 GAF 算法[41]。该算法把监测区域划分成正方形虚拟单元格,将节点按照位置信息划入相应的单元格,相邻单元格的任意两个节点可直接通信。GAF 节点有 3 种状态:工作状态、睡眠状态和发现状态。每个单元格只有一个随机产生的簇头节点处于工作状态,其他节点周期性地进入睡眠和发现状态。发现状态的节点可以竞争簇头。GAF 算法需要精确的地理位置,对传感器节点提出了很高的要求。GAF 算法没有考虑到实际网络中节点之间的距离的邻近并不能代表节点之间可以直接通信的问题,也不能保证能量的均匀消耗。渥太华大学的 Zhang 等人提出的 GBR 算法[42]是对 GAF 算法的改进,其基本思想是在单元格层次上构建连通支配集。GBR 同样需要精确的位置信息。鲁杰斯大学(Rutgers University)的 Deb 等人提出了一种基于图论中最小支配集问题的 TopDisc 算法[43]。理想地,基于分簇的拓扑控制就是要选取最少且足够的链路作为网络的通信骨干,同时减小控制和维护的开销。图论上的最小支配集问题和最小连通支配集问题是对分簇方法的最好描述[44]。对于配置了无限能源的网络,最小支配集消耗的能量是最少的[45]。然而,最小支配集问题是 NP 难问题[46],最小连通支配集问题是 NP 完全问题[46],最小 $k$ 跳支配集问题是 NP 完全问题[47],所以基于最小支配集问题的算法只能寻找近似解。TopDisc 算法能在密集部署的传感器网络中快速地形成分簇结构,并在簇头之间建立树型关系。但这种算法构建的层次型网络灵活性不强,算法的开销太大,也没有考虑到节点的剩余能量。普渡大学的 Younis 和 Fahmy 提出了一种迭代的分簇算法 HEED[47]。因为 HEED 影响较大,将详细加以介绍。基于分簇的睡眠调度算法还有许许多多,这里不再赘述。

## 5.3 拓扑模型与拓扑控制算法

### 5.3.1 拓扑模型

随机图理论在信息科学中被广泛应用,UDG,RNG 和 MST 等都是基于随机图理论的经典拓扑模型,很多的拓扑结构都是在它们的基础上演变而来的。从连通性和抗干扰的角度对拓扑模型进行分类,如图 5-1 所示。

**1. 单位圆图**

假定网络中 $N$ 个节点构成了二维平面中的节点集 $V$,所有节点都以最大功率工作时所生成的拓扑称为 UDG (Unit Disk Graph)。若所有节点最大的传输范围为 1,无线节点在平面中就构成了一个 UDG,当且仅当图中每对

图 5-1 基于随即图理论的拓扑模型

节点间的欧氏距离 $dis(u,v) \leqslant 1$ 时,两个节点之间才有链路相连。UDG 的连通性是网络能够提供的最大连通性,因此,任何拓扑控制算法生成的拓扑都是 UDG 的子图[48]。

**2. 准规则单位圆图**

假设 $V,R$ 是两个空间平面的节点集,且 $V \subset R$,设参数 $d \in [0,1]$,则对称的欧氏图 $(V,E)$ 被称为以 $d$ 为参数的准规则单位圆图(QUDG)。图中对任意 $\alpha,\beta \in V$,若 $|\alpha\beta| \leqslant d$,则 $(\alpha,\beta) \in E$;若 $|\alpha\beta| > 1$,则 $(\alpha,\beta) \notin E$。在实际应用中,节点的发射功率会因为硬件或环境等各种原因而变化,所以 QUDG 是比 UDG 更接近实际的拓扑模型[8]。未经拓扑控制算法处理的 UDG 是非平坦的,非平坦图边的非顶点交叉现象将给信道带来干扰。为了对其作平面化处理,简化拓

拓扑结构,许多 UDG 的近似子图算法被提了出来[5]。其中最具代表性的有 Gabriel 图(GG)、相关邻近图(RNG)和最小生成树(MST)。

**3. Gabriel 图**

在二维欧氏空间中,$V$ 为节点集,$w,u,v \in V, w \neq u \neq v$。连接 GG 中任意两个节点 $u$ 和 $v$,则以边 $d(u,v)$ 为直径、通过节点 $u$ 和 $v$ 的圆内不包含其他任何节点。如果 $(dis(u,v))^2 \leqslant \min((dis(w,u))^2 + (dis(w,v))^2), w \neq u \neq v$,则说明 $d(u,v)$ 为 GG 的一条边。在传输功率正比传输距离的平方时,GG 是最节能的拓扑模型。

**4. 相关邻近图**

在二维欧氏空间中,$V$ 为节点集,任意两个节点间的边长小于或等于 $u$、$v$ 分别与其他任意一节点的距离的最大值,即欧氏距离 $dis(u,v) \leqslant \max(dis(w,u), dis(w,v)), w, u, v \in V, w \neq u \neq v$。若 $d(u,v)$ 为 RNG 的一条边,则在分别以点 $u$ 或 $v$ 为圆心,以 $dis(u,v)$ 为半径的两个圆 $R_1$ 和 $R_2$ 的交集 $I$ 内不能有其他节点[6]。RNG 是由 GG 产生的,RNG 稀疏程度和连通性均介于 MST 与 GG 之间,优于 MST,且冲突干扰优于 GG,易于用分布式算法构造。

**5. 最小生成树**

MST 是保持图连接所需的满足最小权值的链路子集。MST 是 RNG 的子图,其特征是连通但不形成回路,任意两个节点均可以相互通信。每个节点出现在树上,链路总长度最小。构造 MST 有两种主要算法,即 Kruskal 和 Prim 算法。Kruskal 算法总是选择剩余权值最小的边加入最小生成树;Prim 算法则通过任意将节点加入最小生成树,同时仅将权值更小的边加入。

**6. 其他常用的拓扑模型**

除了上面讨论过的几种模型外,Yao 图(YG)、Voronoi Tessellation(VT)和 Delaunay Triangulation(DT)也是常用的模型。YG 分很多扇区,节点在扇区内选择最近的邻居进行通信,具有简单的分布式结构,节点的度较高;VT 首先识别网络冗余节点,然后计算出可被关闭的冗余节点,最后由工作节点构建覆盖集;DT 中点集 $V$ 的一个三角剖分 $T$ 只包含 Delaunay 边,具有最大化最小角、唯一性(任意 4 点不能共圆)等特性。

### 5.3.2 拓扑控制算法

**1. 平面网络中的拓扑控制——功率控制**

在平面网络中,所有的节点都是同构的,具有同样的硬件,同样的能力,完成同样的任务。在平面网络中拓扑控制最基本的方法是控制与一个节点通信的邻节点集。而这个问题与控制节点的发射功率有着密切的关系,所以一般称为功率控制。

目前,对平面网络的拓扑控制研究方法主要分为两类:一类是概率分析的方法,在节点按照某种概率密度分布的情况下,计算使拓扑满足某些性质(一般是连通性、覆盖率)所需要的最小发射功率和最小邻节点个数;另一类是计算几何方法,以某些几何结构为基础构建网络拓扑,以满足某些性质。

1)概率分析方法

研究人员针对无线传感器网络的特点提出了几何随机图理论。假设网络采用单位圆盘图模型(Unit Disk Graph,UDG)以及在给定面积为 $A$ 的区域内节点是均匀分布的,这个假设模型正好对应于几何随机图理论。

文献[51]采用了一种基于几何随机图的类似算法来确定图是 $k2$ 连通的概率表达式,如果节点的发射功率大到足以保证图的最小度数至少为 $k$(概率很大),那么有大量节点的图就是 $k2$ 连通的。Bettstetter 利用这个结论推导出了一个图中最小节点度的概率公式:

$$P(G\text{ 是连通的}) \approx 1 - \sum_{l=0}^{k-1}(p\pi r^2)^l/l! \cdot e^{-p\pi r^2} \quad (5\text{-}2)$$

其中:$r$ 为节点的发射半径;$\rho$ 为节点的密度(假设节点在给定区域内均匀分布)。

Li 等人[52]也研究过 $k$-连通问题,提出了当发射半径 $r$ 在 $k>0$ 时满足 $n\pi r^2 \geqslant \ln n + (2k-1)\ln\ln n - 2\ln k + 2\alpha$ 且 $n$ 足够大时,节点数为 $n$ 的网络 $(k+1)$ 连通的概率至少是 $e^{e^{-\alpha}}$。

如果网络中的节点并不是均匀分布的,尤其是稀疏网络,那么几何随机图理论就无法应用,但是研究人员对此也做了一些工作。Santi 等人[53]假设 $n$ 个节点(节点数固定,也可能变化)在 $d$ 维部署区域 $R=[0,l]^d$ 内随机均匀部署,对于节点密度 $\rho=n/l^d$ 没有限制,目标是使所有节点都具有最小半径发射半径 $r$,使得到的图是连通的。

对一维 $d=1$ 的情况,可以证明,如果 $m \geqslant 2l\ln l$,那么图是连通的概率很高;如果 $m \leqslant l\ln l$,图是非连通的概率很高。对于 $d=2,3$ 的情况,给出了如下结论:对于某常数 $k>0$,设 $r^d l = kl^d \ln l, r=r(l) \ll 1$ 和 $n=n(l) \gg 1$。如果 $k>d \times 2^d d^{d/2}$(或 $k=d \times 2^d d^{d/2}$ 及 $r=r(l) \gg 1$),那么图是连通的概率很高。设 $r=r(l) \ll 1$ 和 $n=n(l) \gg 1$。如果 $f^d \in O(l^d)$,那么图是非连通的概率很高。

还有其他一些平面网络的研究结果,Kubisch 等人[54]描述了两种将邻节点数控制在一定数量内的分布式算法,并通过仿真实验评价了它们的性能。Liu 等人[55]研究了关于节点有不同最大发射范围的问题,得到了非连接的信息,采用了一个分布式拓扑结构控制算法来最小化最大功率,保持了每个节点的可达性。Royer 等人[56]研究了功率控制和移动性的关系,功率控制与 Ad hoc 路由协议之间的相互作用,即 Ad hoc 按需距离矢量(AODV)的性能,证明了不存在最优密度,但是密度会随着节点的运动而增大。当前大部分研究把功率控制看做与网络中其他层是无关的。Cruz 等人[57]研究了跨层问题,提出了一个结合连接调度表和功率控制的算法。

2)计算几何方法

如果能够获得节点之间的距离或它们的相对位置的信息,那么可以有效地实现将网络拓扑变得稀疏。利用计算几何方法构建邻近图的方法能够实现拓扑控制。经常使用的几何结构有以下几种。

最小生成树(MST)。文献[58]提出了一种基于本地信息的最小生成树的构造法,其思想是每个节点会收集它的邻节点,然后构造(如使用 Prim 算法)这些节点的最小生成树,将能量代价作为连接权重(代价相同的连接由加入的节点表示符作为间断符来区分)。下一步的关键就是在化简后的拓扑中保留这些对应于最小生成树中直接邻节点的边。这种构造法保持了原图的连通性,而且每个节点的最大度数是 6。它能限制双向连接,也比较容易加入功率控制。而且,平均节点度数比较小,接近理论界限。

Gabriel 图(Gabriel Graph,GG)。在传输功率正比传输距离的平方时,GG 是最节能的拓扑。MST 是 GG 的子图,GG 也满足连通性。在文献[59]中介绍了 GG 的分布式构造法。一个节点必须要对它的所有邻节点都测试邻近图定义是否还成立,如果所有的节点都与它们的邻节点的位置相交换,那么这是很容易做到的。

相关邻近图(Relative Neighbor graph,RNG),很容易用本地算法实现。如果原始图 G 是连通的,那么它也是连通的。其稀疏程度在 MST 和 GG 之间,连通性也在 MST 和 GG 之间,优于 MST,冲突干扰优于 GG,是两者的折中。RNG 易于用分布式算法构造。

Li 等人[60]提出的 DRNG 和 DLMST 是两个具有代表性的基于邻近图理论的算法。基于邻近图的功率控制算法的基本思想是：设所有节点都是用最大发射功率发射时形成的拓扑图 G,按照一定的邻居判别条件求出该图的邻近图 G',每个节点以自己所邻近的最远节点来确定发射功率。DRNG 是基于有向 RNG 的,DLMST 是基于有向局部 MST 的。DRNG 和 DLMST 能够保证网络的连通性,在平均功率和节点度等方面具有良好的性能。

平面网络的功率控制算法除了上面两类基本类型之外,研究人员也提出了一些其他算法,如分布式公共功率协议 COMPOW[61],K-NEIGH 协议[62],XTC,CCP 和 SPAN 等。

分布式公共功率协议 COMPOW 是一种简单地将功率控制与路由协议相结合的解决方案。其基本思想是：所有的传感器节点使用同样的发射功率,在保证网络连通的前提下,将功率最小化。COMPOW 在各个功率层上建立路由表,在功率 $P_i$ 层上,通过使用功率 $P_i$ 交换 HELLO 消息建立路由表 $RT_{P_i}$,所有可达节点都是路由表中的表项。COMPOW 选择最小的发射功率 $P_{com}$,使得 $RT_{P_{com}}$ 和 $RT_{P_{max}}$ 具有相同的表项。其中 $P_{max}$ 是最大发射功率。于是整个网络都使用公共的发射功率 $P_{com}$。在节点分布均匀的情况下,COMPOW 具有较好的性能,但是一个相对孤立的节点会导致所有的节点使用很大的发射功率。另外这个理论虽然实现起来相对简单,但是它需要保留所有潜在节点的路由表,这一点使得它基本上不适合无线传感器网络。

K-NEIGH 协议的思想是使每个节点的邻节点数保持 $k$ 个或接近于 $k$ 个。这个协议是分布式的,基于节点间的距离是估计的,而且需要总量为 $2|V|$ 的信息交换量。这种方法是节点用大发射功率发布它们的信标,收集它们观察到的邻节点的信息,按距离对邻节点进行分类,并计算能够互相到达的 $k$ 个最近的邻节点,这样每个节点用最小的发射功率就能到达已计算的所有邻节点。在这个协议的设计中,需要注意的是要等待足够长的时间随机地唤醒节点,以及适当解决潜在的非对称链路的问题。

XTC 的基本思想是用接收信号的强度作为 RNG 中的距离度量[63]。XTC 算法可分为如下 3 步,①邻居排序,节点 $u$ 对其所有的邻居计算一个反映链路质量的全序 $\prec_u$。在 $\prec_u$ 中,如果节点 $w$ 在节点 $v$ 的前面,则记为 $w\prec_u v$。节点 $u$ 与 $\prec_u$ 中出现越早的节点之间的链路,其质量越好。②信息交换,节点 $u$ 向其邻居广播自己的 $\prec_u$,同时接收邻居节点建立的 $\prec$。③链路选择,节点 $u$ 按顺序遍历 $\prec_u$,先考虑好邻居,后考虑坏邻居。对于 $u$ 的邻居 $v$,如果节点 $u$ 没有更好的邻居 $w$,使得 $w\prec_u v$,那么 $u$ 就和 $v$ 建立一条通信链路。

XTC 不需要位置信息,对传感器节点没有太高的要求,适用于异构网络,也适用于三维空间。与大多数其他算法相比,XTC 更简单,更实用。但是,XTC 与实用化要求仍然有一定的距离,例如,XTC 并没有考虑到通信链路质量的变化。

CCP 的基本思想是[64],在保证 $k$-覆盖和 $k$-连通的前提下,将睡眠节点数最大化。CCP 基于这样一个定理(当然是理想情况下的结论)：当发射半径大于或等于感知半径的 2 倍时,如果一个网络 $k$-覆盖一个凸区域,那么这个网络必然是 $k$-连通的。这样,CCP 就可以通过保证覆盖度来保证连通度。如果一个节点的监测区域已被其他节点 $k$-覆盖,那么它就进入睡眠状态,否则进入工作状态。

CCP 节点不必检查它的感知区域内的每一个点是否被其他节点 $k$-覆盖。Xing 等人通过一个定理给出了一个凸区域 $A$ 被一个节点的集合 $k$-覆盖的充分条件：①节点与节点之间以及节点与边界之间存在交点；②节点间的所有交点至少是被 $k$-覆盖的；③节点与边界之间的所有交点至少是被 $k$-覆盖的。其中,两个节点的交点是指两个节点的感知圆的交点,节点与边界的交点是指节点的感知圆与区域边缘的交点。基于这个定理,Xing 等人给出了通过小数点来判断一个节点的感知区域是否被其他节点 $k$-覆盖的算法。该算法的时间复杂度为 $O(N^3)$,其中,$N$ 是感知半径内的节点数的 2 倍。

CCP 节点有 3 个基本状态:工作状态、侦听状态和睡眠状态。由于每个节点都是根据局部信息独立地进行调度,所以就有冲突的可能。例如,当一个工作节点死亡时,可能会有多个节点同时接替它的工作。为了避免这种冲突,CCP 引入了加入和退出两个过渡状态。初始时,CCP 节点都处于工作状态。一个处于工作状态的节点如果收到一个 HELLO 消息,它就检查自己是否符合睡眠的条件,如果符合条件,就进入退出状态并启动退出计时器。在退出状态,如果计时器溢出,就广播一个 WITHDRAW 消息,进入睡眠状态,并启动睡眠计时器;如果在计时器溢出之前收到来自邻居节点的 WITHDRAW 或 HELLO 消息,就撤销计时器并返回活动状态。在睡眠状态,如果计时器溢出,就进入侦听状态,并启动侦听计时器。在侦听状态,如果计时器溢出,就返回睡眠状态,同时启动睡眠计时器;如果在计时器溢出之前收到 HELLO、WITHDRAW 或 JOIN 消息,就检查自己是否应该工作,如果是,就进入加入状态,同时启动加入计时器。在加入状态,如果计时器溢出,就进入工作状态并广播 JOIN 消息;在计时器溢出之前,如果收到 JOIN 消息并判断出没有工作的必要,那么该节点就进入睡眠状态。

CCP 能够将网络配置到指定的覆盖度与连通度,这种灵活性使网络能够根据不同的应用和环境进行自配置。但是,CCP 需要较为精确的位置信息,并且当发射半径小于感知半径的 2 倍时,CCP 不能保证网络的连通性。所以,Xing 等人提出将 CCP 与 SPAN 相结合。SPAN 并不能将网络配置到指定的连通度,它只能保持网络原有的连通性。

SPAN 的基本思想是[42]:在不破坏网络原有连通性的前提下,根据节点的剩余能量、邻居的个数、节点的效用等多种因素,自适应地决定是成为骨干节点还是进入睡眠状态。睡眠节点周期性地苏醒,以判断自己是否应该成为骨干节点;骨干节点周期性地判断自己是否应该退出。

骨干节点退出骨干网络的规则是:如果一个骨干节点的任意两个邻居能够直接通信或通过其他工作节点间接地通信,那么它就应该退出(进入睡眠状态)。为了保证公平性,一个骨干节点在工作一段时间之后,如果它的任意两个邻居可以通过其他邻居通信,即使这些邻居不是骨干节点,它也应该退出。为了避免网络的连通性遭到临时性的破坏,节点在宣布退出之后,允许路由协议在新的骨干节点选出之前继续使用原来的骨干节点。

睡眠节点加入骨干网络的规则是:如果一个睡眠节点的任意两个邻居不能直接通信或通过一两个骨干节点间接通信,那么该节点就应该成为骨干节点。为了避免多个节点同时弥补一个空缺的骨干节点,SPAN 采用退避机制,节点在宣布成为骨干节点之前延迟一段时间(退避时间)。在延迟之后,如果该节点没有收到其他节点成为骨干节点的消息,它就宣布自己成为骨干节点;如果该节点收到其他节点成为骨干节点的消息,它就重新判断是否满足加入规则,宣布成为骨干节点当且仅当它仍然满足加入规则。为了获得较为合理的退避机制,SPAN 按下面的公式计算退避时间 $delay$:

$$delay = \left[\left(1-\frac{E_r}{E_m}\right)+(1-U_i)+R\right] \times N_i \times T, U_i = C_i \Big/ \binom{N_i}{2} \quad (5-3)$$

其中,$E_r$ 是节点的剩余能量,$E_m$ 是该节点的最大能量(电池充满时的能量),$U_i$ 称为节点 $i$ 的效用,$R$ 是区间[0,1]上的随机数,$N_i$ 是节点 $i$ 的邻居的个数,$T$ 是一个小包在一个无线链路上的往返延迟，$C_i$ 是指在节点 $i$ 成为骨干节点时增加的连通的邻居对的个数。可见，SPAN 的退避时间的计算考虑到多种因素。

SPAN 对传感器节点没有特殊的要求，这是它的优点。但是，随着节点密度的增加，SPAN 的节能效果越来越差。这主要是因为 SPAN 采用了 IEEE 802.11 的节能特性：睡眠节点必须周期性地苏醒并侦听。这种方式的代价是相当大的。

**2．层次型网络中的拓扑控制结构**

研究无线传感器网络拓扑结构的另一种方法是在网络节点中形成一种层次关系，构成一个层次型的网络。目前主要有两种研究手段，即采用支配集的层次型网络和采用分簇结构的层次型网络。

**1）采用支配集的层次型网络**

在网络中选出一些虚拟骨干节点组成虚拟骨干网，这些节点又叫做支配集，即如果 $V$ 中所有节点或在 $D$ 中，或是某个节点 $d \in D$ 的单跳邻节点($\forall v \in V: v \in D \vee \exists d \in D: (v,d) \in E$)，这里 $D$ 就是支配集。而这个支配集在某种程度上应该尽量小，这也是最小支配集问题 (Minimum Dominating Set，MDS)。

文献[66]介绍了两种集中式的例子。①生成树结构。主要思想是像生成树型结构一样构造支配集，迭代地给树加入旧节点和边，直到所有的旧节点都被覆盖为止。这个算法用节点的颜色来表示：白色节点表示没有被处理，黑色节点属于支配集，灰色节点表示受控集。②先构造一个不一定连通的支配集，然后在下一个阶段，把集合内的所有节点连接在一起。把非连通的支配集连通起来也叫做寻找斯坦纳树 (Steiner tree) 问题。

生成树的分布式算法可以由文献[67]介绍的分布式算法来实现。从本质上来说，就是所有灰色节点发现它们的两跳邻节点，并确定每个节点能够得到的最大收益，然后分布式地选择最大收益，就可以确定下一个黑色节点了。TopDisc(Topology Discovery)算法[68]来源于图论的思想，是基于最小支配集问题的经典算法。它利用颜色区分节点状态，解决骨干网拓扑结构的形成问题。在 TopDisc 算法中，由网络中的一个节点启动发送用于发现邻节点的查询消息，查询消息携带发送节点的状态信息。随着查询消息在网络中传播，TopDisc 算法依次为每个节点标记颜色。最后，按照节点颜色区分出骨干网节点，并通过反向寻找查询消息的传播路径在骨干网节点之间建立通信链路。每个骨干网节点管理与自己相邻的普通节点。

TopDisc 算法中提出了两种具体的节点状态标记办法，分别称为三色算法和四色算法。这两种算法的区别在于寻找骨干网节点的标准不一样，所以最后形成的拓扑结构也有所不同。

**2）采用簇结构的层次型结构**

前面介绍了通过把一些节点作为骨干节点形成支配集，把层次结构引入了网络。另一种形成层次结构的想法是把一些节点标记为具有特殊的功能，如控制其邻节点等，这样就形成了簇，这个具有特殊功能的节点就叫做簇首。这种分簇方法的优点与骨干节点类似，但是更着重于本地资源的优化使用，能够屏蔽网络高层的动态特性，使高层协议更具有可扩展性，另外簇首还能够进行本地数据融合、压缩任务。

LEACH(Low Energy Adaptive Clustering Hierarchy)[69]算法是一种自适应分簇算法，它的执行过程是周期性的，每轮循环分为簇的建立阶段和稳定的数据通信阶段。在簇的建立阶段，相邻节点动态地形成簇，随机产生簇首；在数据通信阶段，簇内节点把数据发送给簇首，簇首进行数据融合并把结果发送给汇聚节点。由于簇首需要完成数据融合、与汇聚节点通信等工作，能量消耗大，LEACH 算法能够保证各节点等概率地担任簇首，使得网络中的节点相对均衡地消耗能量。

GAF 算法[70]是基于地理位置的拓扑算法,但是它没有考虑节点的剩余能量,而是随机地选择节点作为簇首。该算法中的簇首承担更多的数据处理和通信任务,消耗的能量相对较大,因此,簇首应该选择剩余能量较多的节点。P Santi 等人[71]提出了一种 GAF 改进算法,设计了两种不同的簇首选择机制,并详细分析了簇首节点产生后的网络运行方式,同时验证了改进的 GAF 算法对网络生存时间的影响。与 GAF 算法相比,GAF 改进算法除了要求每个节点知道自己的 ID 以及属于哪个单元格外,还要求同一单元格中的节点保持时间同步。GAF 改进算法有两种簇首选择机制,即完全型簇首选择算法和随机型簇首选择算法。虚拟单元格建立起来后,每个节点都知道自己所属的虚拟单元格。节点根据已知本单元格相关信息的多少决定采取哪种簇首节点选择机制。

HEED 的基本思想是[72]:根据对作为第一因素的剩余能量和作为第二因素的簇内通信代价的综合考虑,周期性地通过迭代的办法实现分簇。HEED 用最小平均可达功率(AMRP)作为当某个节点被选为簇首时的簇内通信代价的度量。AMRP 是指一个簇内所有其他节点与簇首通信所需的最小功率的平均值。Younis 和 Fahmy 认为,根据 AMRP 选择簇首优于根据距离选择簇首,因为它对所有的节点(包括簇首节点)提供统一的分簇机制,而不是像许多其他分簇算法那样在不包括自身的节点的集合中选择最近的簇首节点。

HEED 不依赖于网络的规模,通过 $O(1)$ 次迭代实现分簇。迭代每一步的时间要足够长,使得节点能够收到来自邻居节点的消息。初始时,每个节点要确定在一簇范围内的邻居节点的集合;计算并广播 AMRP;计算自己成为临时簇首的初始概率 $CH_p$:

$$CH_p = \max\left(C_p \times \frac{E_r}{E_m}, p_{\min}\right) \tag{5-4}$$

其中,$C_p$ 是设定的簇首节点占总节点数的初始值(例如 5%),事实上,它对最后的分簇结果没有直接的影响;$E_r$ 是估计的剩余能量;$E_m$ 是最大能量;$p_{\min}$ 是设定的最小概率,其作用是保证算法可以在常数次迭代内完成。

在算法的每一次迭代中,如果节点发现在其邻居中已有临时簇首被选出,就选择代价最小的邻居作为它的临时簇首;如果没有临时簇首被选出,就将 $CH_p$ 乘以 2,并以新的 $CH_p$ 概率推荐自己为临时簇首,如果推荐成功,它就广播自己成为临时簇首的消息。当 $CH_p$ 的值达到 1 时,算法做最后一次迭代,被选举为簇首的节点在最后一次迭代中宣布自己成为簇首。

HEED 综合地考虑了生存时间、可扩展性和负载均衡,对节点的分布和能力也没有特殊的要求。虽然 HEED 的执行并不依赖于同步,但是不同步却会严重影响分簇的质量。

**3. 层次型拓扑结构与功率控制相结合**

层次型方法(骨干网节点控制、成簇控制)和平面网络中功率控制都是影响无线网络拓扑控制的有效方法。现在的一个研究方向就是将这两种机制结合在一起。

1) 基于引导信号的功率控制[73]

这是一种早期的方法,簇首用这种方法来进行功率控制,与在蜂窝网络中进行的功率控制相类似。在建立初始的分簇结构之后,簇首在引导信号和数据通信中使用功率控制。如果基于这些引导信号,所有节点都加入了同一个簇,那么就可以使用引导信号功率控制来控制簇的成员。数据通信功率控制用于保证远处节点的误码率足够低以及对附近节点能高效地发送信息;它也能防止出现非常差的发射条件。功率控制的主要优点是它在簇首中是集中式的,这简化了完全分布式的功率控制问题。

### 2) Ad hoc 网络设计算法

Ad hoc 网络设计算法（Ad Hoc Network design Algorithm，ANDA）[74]允许簇首通过功率控制来控制簇的大小，并且导出了一些具体的规则以尽可能延长网络的生存期。假设网络的生存期主要由簇首决定，因为簇首负责收集、转发感知信息，完成最主要的任务，能量消耗应该在维持簇首间均衡上。

这个方法的基本假设是，①普通节点和（预选出的）簇首的位置是已知的；②通信量在普通节点间均匀分布；③簇首的生存期与它的初始能量成正比，与 $cr\alpha+dn$ 成反比。其中：$r$ 是簇首覆盖区域的半径；$n$ 是簇内成员的个数；$\alpha$ 是路径损耗系数；$c,d$ 是常数。算法的最佳目标是使所有簇首的生存期最长，或者相应地使簇首中的最小生存期最长。

这种求最大值的问题是一个优化问题，用决策变量来描述簇 $j$ 中普通节点 $i$ 的成员身份。其中也隐含着所需的发射半径。对于静态网络来说，用一个简单的贪婪算法就能求得最优解：将节点 $i$ 分配给有最长生存期的簇首，对所有节点重复这一操作。对于动态网络来说，需要一个额外的重新配置过程，而且无法保证求得的是最优解，但其实际性能可满足一定要求。

### 3) CLUSTERPOW

前面讨论了在节点分布均匀的情况下，COMPOW 算法具有较好的性能，但是，一个相对孤立的节点会导致所有的节点使用很大的发射功率，所以在节点分布不均匀的情况下，它的缺点是明显的。针对这种缺点，文献[75]改进了 COMPOW 协议，提出了 CLUSTERPOW 协议。它的基本思想是简单地假设一组离散的发射功率值，如 1,10,100mW。在每个功率值处，簇都是独立形成的，而且对于每个功率值都有单独的路由表。如果用最小功率就能保证到达目的节点，那么就发送数据，一旦数据进入了包含目的节点的最小功率簇后，功率值就会被降低。在 CLUSTERPOW 中，分簇是隐含的，且无须任何簇首节点，分簇通过给定功率层的可达性来实现，分簇的层次由功率的层次数来实现，分簇是动态的、分布的。

替换较大的初始发射功率是很有用的。为了实现这个目标，在相关文献中描述了隧道式CLUSTERPOW 协议。在这种情况下，为了避免无限的路由循环，必须将用于以最小功率进行路由的中间节点的地址也装入数据分组中。

### 4. 其他一些启发式算法

还有一些其他的拓扑控制算法，并不是严格地符合利用骨干节点/支配集计算或分簇原理的，它们都是通过打开或关闭某些节点来影响图的拓扑结构。显然，源节点和数据汇聚节点总是活动的。

### 1) 基于地理位置的拓扑算法（GAF）

Xu 等人在文献[70]中提出了基于地理位置的拓扑算法，它的思想是将区域分成非常小的矩形，使每个矩形中的节点都能与相邻矩形中的节点进行通信。如果某些节点满足某些条件，那么这些节点从网络的高层（如路由层）来看可以看做是等价的。当一个节点休眠时，可以通过激活它的等价节点来替代。

假设节点都知道它们自己的位置，所以这些节点能很容易地构成等效矩形，并在它们自己的矩形中确定节点。这些节点之间互相合作确定休眠模式，按顺序地进入睡眠和工作状态。Xu 等人证明了使用这种方案，Ad hoc 路由协议的能量效率能被提高 40%～60%。

### 2) STEM 算法

在 GAF（或其他有等价节点概念的方法）的基础上，可以加入稀疏拓扑和能量管理（Sparse Topology and Energy Management）协议[76]。

STEM 是节点唤醒算法，在 STEM 算法中，节点需要采用一种简单而迅速的节点唤醒方式，保证网络通信的畅通和较小的延迟。该算法又包括两种不同的机制，即 STEM2B 和 STEM2T。它使节点在整个生命周期中大多数时间内处于睡眠状态。节点的睡眠周期、部署密度以及网络的传输延迟之间有着密切的关系。GAF 关闭节点，但是却保持网络的转发容量；虚拟唤醒信道的 STEM 机制提高了能量效率，却也增大了路径建立的延迟。Schurgers 等人[76]建议将这两种方法结合起来，即把 STEM 算法应用于 GAF 算法中等价的节点集合之中。

3) 可变的自适应拓扑算法（ASCENT）

加州大学洛杉矶分校的 Cerpa 等人[77]提出了一种着重于保证数据通路畅通的 ASCENT 算法。保留一定数量的节点作为路由节点，其余节点转入休眠状态，但是节点不仅根据附近节点的通信量来确定是否成为活动节点，还要考虑丢包率指标。如果某个节点发现丢包严重，就向邻节点发出求救信息；收到求救信息的节点主动成为工作节点，帮助邻节点转发数据包。但是，ASCENT 并不能保证网络的连通性，因为它只是通过丢包率来判断连通性的。事实上，当网络不连通时，它是无法检测和修复的。ASCENT 也不能保证能量的均匀消耗。节点可以关闭自己，但是必须周期性地进入被动状态来监听帮助请求。对网络性能的监测依赖于拓扑控制，这是 AS2CENT 算法区别于其他算法的地方，但是，它有大量需要优化的参数。

4) 在传感器覆盖率的基础上关闭节点

与传统的 Ad hoc 网络不同的是，对 WSN 来说，只保证网络的连通性是不够的。WSN 的主要任务是感知和测量它周围的环境。为了完成这项任务，无论是否需要连通性（可能是弱连通的），观测区域都必须被足够多的节点覆盖。通常，WSN 的感测覆盖率问题是一个很难解决的问题。

Tian 等人[78]指出要关闭节点，就必须保证节点的感测覆盖区域会由其他节点覆盖。只有这样的节点才有资格休眠一段时间。

假设节点知道它们的位置和它们的感测区域，在与它们的邻节点交换信息后（如在循环的开始），节点确定它自己的感测区域是否被它的邻节点所覆盖，这只是一个简单的地理问题。如果是，节点就声明它可以休眠，并通知它的邻节点，然后进入休眠状态。

如果所有可以休眠的节点同时进入休眠状态并立即关闭自己，就有出现盲点的危险。如果两个邻节点均可以休眠，根据假设，它们认为另一个节点会保持活动（在另一边剩余的未覆盖区域会由其他更远的节点覆盖），就会发生这种情况。为了避免这种情况，休眠资格的通告是用通用的随机补偿算法进行随机延迟的。当节点接收到这样的信息时，它从它的邻节点列表中将这个很快要进入休眠状态的节点删除，并重新评估它自己的休眠资格。

这个算法基于节点是冗余部署这一事实的；否则不可能有节点可以休眠。这是一个简单而有效的方法，并且考虑了 WSN 的实际特性。

## 5.4 小结

本章对 WSN 拓扑控制的研究现状进行了综述。从目前的研究现状来看，拓扑控制研究已经形成了功率控制和睡眠调度两个主流方向。在功率控制方面，已经提出了 CLUSTERPOW 等与路由协议结合的算法、LMA 等基于节点度数的算法、CBTC 等基于方向的算法、DRNG 等基于邻近图的算法以及 XTC 等追求简单实用的算法。在睡眠调度方面，已经提出了 CCP,SPAN,RIS 等非层次型睡眠调度算法和 HEED,GAF,TopDisc 等层次型睡眠调度算法。

但是,目前的研究还普遍存在着模型过于理想化,缺少对网络性能的综合考虑较少、研究结果没有足够的说服力等问题。这也是需要进一步研究的内容。

### 1. 模型过于理想化,没有考虑实际应用中的诸多困难

例如,在覆盖控制研究中一般使用二值感知模型。二值感知模型是指传感器节点在平面上的感知范围是一个以节点为圆心、以感知距离为半径的圆形区域,只有落在该圆形区域内的点才能被该节点覆盖。这与实际情况相差甚远。再如,大多数研究假设节点是同构的,在功率控制研究中,一般认为网络中的所有节点都具有相同的最大发射功率。然而事实上,即使网络中所有的传感器节点使用相同的发射功率,由于天线质量、地形等许多方面的差异,各个节点所形成的发射范围也是各不相同的,而且研究人员已经发现这种差别很大[79]。所以,异构网络相对于同构网络而言是更现实的网络模型。但是,由于网络的异构性给理论分析带来了困难,人们对异构网络的研究还比较少。再如,许多研究假设传感器节点能够精确定位,但是一方面由于受传感器节点的体积、价格、能源等种种限制,另一方面由于传感器网络的部署环境一般比较复杂甚至于十分恶劣,在实际应用中做这样的假设是不太现实的。此外,诸如分布均匀、严格同步等假设都没有考虑到实际应用中的诸多困难。因此,为了研究更加实用的拓扑控制技术,需要建立更加现实的模型,特别是至关重要的网络拓扑模型。研究人员通常使用点图作为对网络拓扑的抽象表示,但实际上,点图并不符合实际情况,而且很难进行定量的分析[80]。可以使用随机型的链路来取代确定型的链路[37],也可以考虑信噪比[80],只有接收方的信噪比高于某个给定的阈值时,才认为两点之间存在链路。此外,更现实的发射模型、感知模型等其他模型也需要进一步研究。

### 2. 对拓扑控制问题缺乏明确的定义和实用的算法

拓扑控制的目标是要形成优化的网络拓扑,那么究竟什么样的拓扑才算是优化的呢?目前对这个问题还没有清晰的答案,这主要是因为对网络性能缺乏有效的度量,这也是功率控制和睡眠调度的研究始终独立进行的重要原因。发射范围分配问题和最小支配集问题分别是理想化的功率控制问题和睡眠调度问题,但是,二者都不能作为某个特定的拓扑控制问题的定义,因为拓扑控制不仅仅是功率控制、睡眠调度。而且对于具体的功率控制问题和睡眠调度问题,也缺乏实用化的定义。当然,无线传感器网络是与应用相关的,不同的应用系统对拓扑控制的要求也不尽相同,所以不太可能给出一个通用的定义。然而,众多的研究在作出种种假设之后,所看到的仍然是对拓扑控制问题的模糊描述,而且提出的拓扑控制算法也大多是不实用的。因此,这里面有着极其丰富的研究内容。例如,虽然目前大多数的研究以节能作为主要目标,但是,即使在十分理想的情况下,仍然不能判定网络的最小能耗拓扑,即消耗能量最少的骨干网络。现在认为,最小支配集消耗的能量最少,然而,这种最优是在没有考虑通信代价的前提下得出的,它既没有考虑簇内通信的能量消耗,也没有考虑簇间通信的能量消耗。虽然在实际应用中不太可能构造最优的网络拓扑,但是最优网络拓扑的研究对拓扑控制算法的设计具有重大的指导意义。需要在最小能耗意义、最小干扰意义、负载均衡意义以及在综合网络性能等其他意义下定义并分析或解决拓扑控制问题。

### 3. 对网络性能缺乏有效的度量

拓扑控制要提高各种网络性能,包括覆盖质量、连通质量、能量消耗、通信干扰、网络延迟、可靠性、可扩展性等。然而对这些网络性能却缺乏有效的度量。例如,对覆盖质量的分析,在

没有精确位置信息的情况下,分析网络对目标区域的覆盖质量是极其困难的。再如网络的生命期,虽然人们提出了多种网络生命期的定义,但都不能真正反映网络的生存时间。事实上,网络的生命期是一个综合的性能指标,而实用的拓扑控制技术就需要考虑这样的综合性能。然而,这些性能之间存在着错综复杂的关系,人们对这些关系的认识还十分模糊。例如,一般认为降低能耗和减小干扰是一致的,然而有研究表明,它们有时也是矛盾的[81]。再如,CCP中所使用的覆盖与连通的关系对于凸区域覆盖来说是正确的,但是对于目标点覆盖却未必正确[82]。而且有些网络性能,如网络拓扑的稀疏性和容错性,在很大程度上是矛盾的。这些都增加了综合考虑网络性能的困难。因此,对网络性能的度量问题,特别是综合网络性能的度量问题以及网络性能之间的关系与权衡问题,都是拓扑控制研究的重要内容。

**4. 拓扑控制在协议栈中的位置尚难明确**

这是因为拓扑控制与许多其他方面有着密切的关系。拓扑控制直接影响物理层、链路层、网络层和传输层[83]。它使传感器网络的协议栈(称为"协议栈"是习惯的说法,事实上,WSN的协议栈已不再是严格意义上的栈结构)的层与层之间的界限不如有线网络的协议栈那样清晰。于是就产生这样一个问题,拓扑控制到底应该放在哪里?虽然已有许多关于拓扑控制与其他方面相结合的研究,但是目前对这个问题的回答还没有定论。拓扑控制可以放在MAC层,可以放在网络层,也可以放在MAC层之上、网络层之下,甚至不能否认,拓扑控制可以分散在各层[84]。这给协议栈的设计带来了困难。因此,拓扑控制与介质访问、路由、数据融合、数据存储等其他方面相结合的研究极大地拓宽了拓扑控制的研究领域。

**5. 研究结果没有足够的说服力**

大多数的研究对拓扑控制算法只作理论上的分析和小规模的模拟。但是理论分析所基于的模型本身就是理想化的。小规模的模拟又不能仿真大规模的网络及其复杂的部署环境。实验和应用是算法有效性的最有说服力的证明。但是由于实验成本太高,不太可能做大量节点的实验。同样由于成本和技术等方面的原因,无线传感器网络还没有进入实用阶段。这使得目前的研究结果普遍缺乏足够的说服力。最近有研究表明,在较为真实的环境下,对LEACH,HEED等算法的大规模仿真结果与现有文献的结论相差甚远。为了增强研究结果的说服力,需要更加现实的模型,这一方面降低了对传感器节点和部署环境的要求,另一方面也增强了建立在模型基础上的理论分析的说服力。此外,对拓扑控制技术验证平台的研究也是十分必要的。

总之,拓扑控制已经取得了初步的研究成果,但是大多数的拓扑控制算法还只停留在理论研究阶段,没有考虑实际应用的诸多困难。拓扑控制还有许多问题需要进一步研究,特别是需要探索更加实用的拓扑控制技术。以实际应用为背景、多种机制相结合、综合考虑网络性能将是拓扑控制研究的发展趋势。

# 参考文献

[1] Akyildiz IF, Su W, Sankarasubramaniam Y, Cayirci E. A survey on sensor networks. IEEE Communications Magazine,2002,40(8):102-114.
[2] 甘从辉,郑国强,唐盛禹. 无线传感器网络的拓扑控制研究. 计算机应用研究,2009,26(9):3214-3218.
[3] 卞永钊,于海斌,曾鹏. 无线传感器网络中的拓扑控制. 计算机应用研究,2008,25(10):3128-3133.
[4] 张学,陆桑璐,陈贵海等. 无线传感器网络的拓扑控制. 软件学报,2007,18(4):943-954.
[5] 吴雪,马兴凯. 无线传感器网络拓扑控制策略研究. 通信技术,2009,42(3):161-163.

[6] 何粒波. 无线传感器网络拓扑控制分析. 信息科学, 2009: 68-69.

[7] 朱晓颖, 刘晓文, 胡明. 无线传感器网络拓扑控制算法研究进展. 工矿自动化, 2009(4): 43-45.

[8] LI Ning, HOU J C. Topology control in heterogeneous wireless networks: problems and solutions [C]. Proc of the 23rd IEEE Conference on Computer Communications. New York: IEEE Press, 2004: 232-243.

[9] LI xiang-yang, SONG Wen-zhan, WANG Yu. Localized topology control for heterogeneous wireless sensor networks[J]. ACM Trans on Sensor Networks, 2006, 2(1): 129-153.

[10] 吴成洪. 无线传感器网络拓扑控制研究. 西安电子科技大学, 2010.

[11] 张建辉. 无线传感器网络拓扑控制研究. 浙江大学, 2008.

[12] 周颖. 无线传感器网络拓扑控制研究. 武汉理工大学, 2007.

[13] 孟中楼. 无线传感器网络拓扑控制研究. 华中科技大学, 2009.

[14] Poduri S, Pattem S, Krishnamachari B, Sukhatme G. A unifying framework for tunable topology control in sensor networks. Technical Report, CRES-05-004, University of Southern California, 2005. 1-15.

[15] Meguerdichian S, Koushanfar F, Potkonjak M, et al. Coverage problems in wireless ad-hoc sensor networks. In: Bauer F, Cavendish D, eds. Proc. of the IEEE Conf. on Computer Communications (INFOCOM). New York: IEEE Press, 2001. 1380-1387.

[16] Thai MT, Wang F, Du DZ. Coverage problems in wireless sensor networks: designs and analysis. Int'l Journal of Sensor Networks (Special Issue on Coverage Problems in Sensor Networks), 2007. http://www-users.cs.umn.edu/~mythai/research.html.

[17] Deng J, Han YS, Heinzelman WB, et al. Scheduling sleeping nodes in high density cluster-based sensor networks. ACM/Kluwer Mobile Networks and Applications (MONET), 2005, 10(6): 825-835.

[18] Wu K, Gao Y, Li F, Xiao Y. Light weight deployment-aware scheduling for wireless sensor networks. ACM/Kluwer Mobile Networks and Applications (MONET), 2005, 10(6): 837-852.

[19] Gupta P, Kumar PR. The capacity of wireless networks. IEEE Trans. on Information Theory, 2000, 46(2): 388-404.

[20] Narayanaswamy S, Kawadia V, Sreenivas RS, et al. Power control in ad-hoc networks: Theory, architecture, algorithm and implementation of the COMPOW protocol. In: Proc. of the European Wireless Conf. Florence, 2002. 156-162.

[21] Kawadia V. Protocols and architecture for wireless ad hoc networks [Ph. D. Thesis]. University of Illinois at Urbana-Champaign, 2004.

[22] Zhang X, Lu SL, Chen DX, Xie L. PREG: A practical power control algorithm based on a novel proximity graph for heterogeneous wireless sensor networks. In: Cheng XZ, Li W, Znati T, eds. Proc. of the 1st Int'l Conf. on Wireless Algorithms, Systems and Applications (WASA). LNCS 4138, Berlin: Springer-Verlag, 2006. 620-631.

[23] Kirousis LM, Kranakis E, Krizanc D, et al. Power consumption in packet radio networks. Theoretical Computer Science, 2000, 243(1-2): 289-305.

[24] Clementi A, Penna P, Silvestri R. On the power assignment problem in radio networks. ACM/Kluwer Mobile Networks and Applications (MONET), 2004, 9(2): 125-140.

[25] Kawadia V, Kumar PR. Power control and clustering in ad-hoc networks. In: Mitchell K, ed. Proc. of the IEEE Conf. on Computer Communications (INFOCOM). New York: IEEE Press, 2003. 459-469.

[26] Kubisch M, Karl H, Wolisz A, et al. Distributed algorithms for transmission power control in wireless sensor networks. In: Yanikomeroglu H, ed. Proc. of the IEEE Wireless Communications and Networking Conf. (WCNC). New York: IEEE Press, 2003. 16-20.

[27] Li L, Halpern JY, Bahl P, et al. A cone-based distributed topology control algorithm for wireless multi-hop networks. IEEE/ACM Trans. on Networking, 2005, 13(1): 147-159.

[28] Bahramgiri M, Hajiaghayi MT, Mirrokni VS. Fault-Tolerant and 3-dimensional distributed topology control algorithms in wireless multihop networks. In: Proc. of the IEEE Int'l Conf. on Computer Communications and Networks (ICCCN). 2002. 392-397.

[29] Li N, Hou JC. Topology control in heterogeneous wireless networks: Problems and solutions. In: Proc. of the IEEE Conf. On Computer Communications (INFOCOM). New York: IEEE Press, 2004. 232-243.

[30] Wattenhofer R, Zollinger A. XTC: A practical topology control algorithm for ad-hoc networks. In: Panda DK, Duato J, Stunkel C, eds. Proc. of the Int'l Parallel and Distributed Processing Symp. (IPDPS). New Mexico: IEEE Press, 2004. 216-223.

[31] Kumar S, Lai TH, Balogh J. On k-coverage in a mostly sleeping sensor network. In: Haas ZJ, ed. Proc. of the ACM Int'l Conf. On Mobile Computing and Networking (MobiCom). New York: ACM Press, 2004. 144-158.

[32] Berman P, Calinescu G, Shah C, et al. Efficient energy management in sensor networks. In: Xiao Y, Pan Y, eds. Proc. of the Ad Hoc and Sensor Networks, Series on Wireless Networks and Mobile Computing. New York: Nova Science Publishers, 2005.

[33] Cerpa A, Estrin D. ASCENT: Adaptive self-configuring sensor networks topologies. In: Stojmenovic I, Olariu S, eds. Proc. of the IEEE Conf. on Computer Communications (INFOCOM). New York: IEEE Press, 2002. 1278-1287.

[34] Ye F, Zhong G, Lu S, Zhang L. PEAS: A robust energy conserving protocol for long-lived sensor networks. In: Stankovic J, Zhao W, eds. Proc. of the Int'l Conf. on Distributed Computing Systems (ICDCS). Providence: IEEE Press, 2003. 28-37.

[35] Gui C, Mohapatra P. Power conservation and quality of surveillance in target tracking sensor networks. In: Haas ZJ, ed. Proc. of the ACM Int'l Conf. on Mobile Computing and Networking (MobiCom). New York: ACM Press, 2004. 129-143.

[36] Xing GL, Wang XR, Zhang YF, et al. Integrated coverage and connectivity configuration for energy conservation in sensor networks. ACM Trans. on Sensor Networks, 2005,1(1): 36-72.

[37] Chen B, Jamieson K, Balakrishnan H, et al. SPAN: An energy efficient coordination algorithm for topology maintenance in ad hoc wireless networks. ACM Wireless Networks, 2002,8(5): 481-494.

[38] Heinzelman WR, Chandrakasan AP, Balakrishnan H. Energy-Efficient communication protocol for wireless microsensor networks. In: Nunamaker J, Sprague R, eds. Proc. of the Hawaaian Int'l Conf. on System Science (HICSS). Washington: IEEE Press, 2000. 3005-3014.

[39] Ye M, Li CF, Chen GH, Wu J. EECS: An energy efficient clustering scheme in wireless sensor networks. In: Dahlberg T, Oliver R, Sen A, Xue GL, eds. Proc. of the IEEE Int'l Workshop on Strategies for Energy Efficiency in Ad Hoc and Sensor Networks. New York: IEEE Press, 2005. 535-540.

[40] Deng J, Han YS, Heinzelman WB, et al. Balanced-Energy sleep scheduling scheme for high density cluster-based sensor networks. Elsevier Computer Communications Journal (Special Issue on ASWN 2004), 2005,28(14): 1631-1642.

[41] Xu Y, Heidemann J, Estrin D. Geography-Informed energy conservation for ad hoc routing. In: Rose C, ed. Proc. of the ACM Int'l Conf. on Mobile Computing and Networking (MobiCom). New York: ACM Press, 2001. 70-84.

[42] Zhang B, Mouftah H. Efficient grid-based routing in wireless multi-hop networks. In: Proc. of the IEEE Symp. on Computers and Communications (ISCC). Cartagena: IEEE Press, 2005. 367-372.

[43] Deb B, Bhatnagar S, Nath B. A topology discovery algorithm for sensor networks with applications to network management. Technical Report, DCS-TR-441, Rutgers University, 2001.

[44] Bao LC, Garcia-Luna-Aceves JJ. Topology management in ad hoc networks. In: Gerla M, ed. Proc. of the ACM Int'l Symp. On Mobile Ad-Hoc Networking and Computing (MobiHoc). New York: ACM

[45] He GH, Zheng R, Gupta I, Sha L. A framework for time indexing in sensor networks. ACM Trans. on Sensor Networks, 2005,1(1): 101-133.

[46] Amis AD, Prakash R, Huynh D,et al. Max-Min d-cluster formation in wireless ad hoc networks. In: Bauer F, Irene K, eds. Proc. of the IEEE Conf. on Computer Communications (INFOCOM). Tel Aviv: IEEE Press, 2000. 32-41.

[47] Younis O, fahmy S. HEED: A hybrid, energy-efficient, distributed clustering approach for ad hoc sensor networks. IEEE Trans. On Mobile Computing, 2004,3(4): 660-669.

[48] 路纲,周明天,牛新征,等. 无线网络邻近图综述[J]. 软件学报,2008, 19 (4): 888-991.

[49] 贺鹏,李建东. 基于Delaunay三角剖分的Ad hoc网络路由法[J]. 软件学报,2006, 17 (5): 1149-1156.

[50] 郭庆胜,郑春燕,胡华科. 基于邻近图的点群层次聚类方法的研究[J]. 测绘学报,2008, 37 (2): 256-261.

[51] BETTSTETTER C. On the minimum node degree and connectivity of a wireless multihop network [M]. Los Alamitos: IEEE Computer Society Press, 2002: 80-91.

[52] LI xiang-yang, WAN Peng-jun, WANG Yu, et al. Fault tolerant deployment and topology control in wireless networks[C]. Proc of the 4th ACM Symposium on Mobile Ad hoc Networking and Computing. New York: ACM Press, 2003: 117-128.

[53] SANTI P, BLOUGH D M. The critical transmitting range for connectivity in sparse wireless Ad hoc networks[J]. IEEE Trans on Mobile Computing, 2003, 2 (1): 25-39.

[54] KUB ISCH M, KARL H, WOLISZA, et al. Distributed algorithms for transmission power control in wireless sensor networks [C]. Proc of IEEE Wireless Communications and Networking(WCNC). New York: IEEE Press, 2003: 558-563.

[55] LIU Ji-lei, LI Bao-chun. Distributed topology control in wireless sensor networks with asymmetric links [C]. Proc of IEEE Globecom Wireless Communications Symposium. San Francisco: [s. n.], 2003.

[56] ROYER EM,MELL IAR2SM ITH PM,MOSER L E. An analysis of the optimum node density for Ad hoc mobile networks[C]. Proc of IEEE International Conference on Communications. Helsinki: [s. n.], 2001: 857-861.

[57] CRUZ R L, SANTHANAM A V. Optimal routing, link scheduling and power control in multihop wireless networks [C]. Proc of the 22nd Annual Joint Conference on IEEE Computer and Communications Societies. New York: IEEE Press, 2003: 702-711.

[58] LI Ning, HOU J C, SHA L. Design and analysis of an MST-based topology control algorithm [J]. IEEE Trans on Wireless Communications, 2005, 4 (3): 1195-1206.

[59] KARP B, KUNG H T. GPSR: greedy perimeter stateless routing for wireless networks [C]. Proc of the 6th International Conference on Mobile Computing and Networking. New York: ACM Press, 2000: 243-254.

[60] LI Ning, HOU J C. Topology control in heterogeneous wireless networks: problems and solutions [C]. Proc of IEEE Conference on Computer Communications. New York: IEEE Press, 2004: 232-243.

[61] NARAYANASWAMY S, KAWAD IA V, SREEN IVAS R S, et al. Power control in Ad hoc networks: theory, architecture, algorithm and implementation of the COMPOW protocol[C]. Proc of European Wireless Conference. 2002: 156-162.

[62] BLOUGH D M, LEONCIN IM, RESTA G, et al. The K-neigh protocol for symmetric topology control in Ad hoc networks [C]. Proc of the 4th ACM International Symposium on Mobile Ad hoc Networking and Computing. New York: ACM Press, 2003.

[63] Wattenhofer R, Zollinger A. XTC: A practical topology control algorithm for ad-hoc networks. In:

Panda DK, Duato J, Stunkel C, eds. Proc. of the Int'l Parallel and Distributed Processing Symp. (IPDPS). New Mexico: IEEE Press, 2004. 216-223.

[64] Xing GL, Wang XR, Zhang YF, et al. Integrated coverage and connectivity configuration for energy conservation in sensor networks. ACM Trans. on Sensor Networks, 2005,1(1): 36-72.

[65] Chen B, Jamieson K, Balakrishnan H, et al. SPAN: An energy efficient coordination algorithm for topology maintenance in ad hoc wireless networks. ACM Wireless Networks, 2002,8(5): 481-494.

[66] GUBA S, KHULLER S. App roximation algorithms for connected dominating sets[J]. Algorithm ica, 1998, 20(4): 374-387.

[67] DASB, BHARGHAVAN V. Routing in Ad hoc networks using minimum connected dominating set [C]. Proc of International Conference on Communication (ICC). 1997: 376-380.

[68] DEB B, BHATNAGAR S, NATH B. A topology discovery algorithm for sensor networks with applications to network management, DCSTR-441 [R]. Comden, NJ: Rutgers University, 2001.

[69] HEINZELMAN W R, CHANDRASAN A, BALAKR ISHNAN H. An application specific protocol architecture for wireless micro-sensor networks[J]. IEEE Trans on Wireless Communications, 2002, 1 (4): 660-670.

[70] XU Ya, HEIDEMANN J, ESTR IN D. Geography-informed energy conservation for Ad hoc routing [C]. Proc of the 7th Annual International Conference on Mobile Computing and Networking. New York: ACM Press, 2001: 70-84.

[71] SANTI P, SIMON J. Silence is golden with probability: maintaining a connected backbone in wireless sensor networks [C]. Proc of the 1st European Workshop on Wireless Sensor Networks. Berlin: Springer, 2004: 106-121.

[72] YOUN IS O, FAHMY S. HEED: a hybrid, energy, efficient, distributed clustering approach for Ad hoc sensor networks[J]. IEEE Transion Mobile Computing, 2004, 3(4): 660-669.

[73] KWON T J, GERLA M. Clustering with power control [C]. Proc of the 4th IEEE Military Communications Conference. Atlantic City: IEEE Press, 1999: 1424-1428.

[74] CH IASSER IN IC F, CHLAMTAC I, MONTI P, et al. Energy efficient design of wireless Ad hoc networks[C]. Proc of the 2nd IF IP Networking Conference. London: Spring-Verlag, 2002: 376-386.

[75] KAWAD IA V, KUMAR P R. Power control and clustering in Ad hoc networks[C]. Proc of the 22nd Ammual Joint Conference on IEEE Computer and Communications Societies. New York: IEEE Press, 2003: 459-469.

[76] SCHURGERS C, TSIATSIS V, GANER IWAL S, et al. Topology management for sensor networks: exploiting latency and density[C]. Proc of the 3rd ACM International Symposium on Mobile Ad hoc Networking &. Colllputing. New York: ACM Press, 2002: 135-145.

[77] CERPA A, ESTR IN D. ASCENT: adaptive self, configuring sensor networks topologies[J]. IEEE Trans on Mobile Computing, 2004, 3: 272-285.

[78] TIAN Di, GEORGANAS N D. A coverage preserving node scheduling scheme for large wireless sensor networks [C]. Proc of the 1st ACM Workshop on Wireless Sensor Networks and Applications. New York: ACM Press, 2002: 32-41.

[79] Li XY, Song WZ, Wang Y. Localized topology control for heterogeneous wireless sensor networks. ACM Trans. on Sensor Networks, 2005,2(1): 129-153.

[80] Santi P. Topology control in wireless ad hoc and sensor networks. ACM Computing Surveys, 2005,37 (2): 164-194.

[81] Burkhart M, Rickenbach PV, Wattenhofer R, et al. Does topology control reduce interference? In: Murai J, Perkins CE, Tassiulas L, eds. Proc. of the ACM Int'l Symp. on Mobile Ad-Hoc Networking and Computing (MobiHoc). 2004. 9-19.

[82] Thai MT, Wang F, Du DZ. Coverage problems in wireless sensor networks: designs and analysis. Int'l

Journal of Sensor Networks(Special Issue on Coverage Problems in Sensor Networks),2007. http://www-users.cs.umn.edu/~mythai/research.html.

[83] Bisnik N. Protocol design for wireless ad hoc networks:The cross-layer paradigm. Technical Report, Rennselaer Polytechnic Institute,2005.

[84] Kawadia V,Kumar PR. A cautionary perspective on cross-layer design. IEEE Wireless Communications,2005,12(1):3-11.

# 第6章 WSN定位技术

节点定位是 WSN 的关键技术之一。对于大多数应用来说,不知道传感器位置则感知的数据是没有意义的。传感器节点必须明确自身位置才能详细说明"在什么位置或区域发生了特定事件",实现对外部目标的定位和追踪;另一方面,了解传感器节点位置信息还可以提高路由效率,为网络提供命名空间,向部署者报告网络的覆盖质量;实现网络的负载均衡以及网络拓扑的自配置。

而人工部署和为所有网络节点安装 GPS 接收器都会受到成本、功耗、扩展性等问题的限制,甚至在某些场合可能根本无法实现,因此必须采用一定的机制与算法实现 WSN 的自身定位。

## 6.1 定位技术简介

### 6.1.1 基本概念和评价指标

**1. 传感器节点定位的基本概念**

WSN 的定位问题一般指对于一组未知位置坐标的网络节点,依靠有限的位置已知的锚节点,通过测量未知节点至其余节点的距离或跳数,或者通过估计节点可能处于的区域范围,结合节点间交换的信息和锚节点的已知位置,来确定每个节点的位置。

在 WSN 节点定位技术中,根据节点是否已知自身的位置,把传感器节点分为信标节点 (beacon node)或锚点(anchor)和未知节点(unknown node)。信标节点在网络节点中所占的比例很小,可以通过携带 GPS 定位设备等手段获得自身的精确位置。信标节点是未知节点定位的参考点。除了信标节点外,其他传感器节点都是未知节点,它们通过信标节点的位置信息来确定自身位置。如图 6-1 所示的传感器网络中,M 代表信标节点,S 代表未知节点。S 节点通过与邻近 M 节点或已知得到信息的 S 节点之间进行通信,根据一定的定位算法计算出自身的位置。图 6-1 展示了 WSN 中的信标节点和未知节点。在 WSN 的各种应用中,监测到事件之后关心的一个重要问题就是该事件发生的位置。

如在环境监测应用中,需要知道采集的环境信息所对应的具体区域位置;对于突发事件,如需要知道森林火灾现场位置,战场上敌方车辆运动的区域,天然气管道泄漏的具体地点等。对于这些问题,传感器节点必须首先知道自身的地理位置信息,这是进一步采取措施和做出决策的基础。无线传感器节点通常随机布放在不

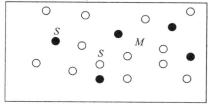

图 6-1 WSN 中信号标节点和未知节点

同的环境中执行各种监测任务,以自组织的方式相互协调工作,最常见的例子是用飞机将传感器节点布放在指定的区域中。随机布放的传感器节点无法事先知道自身位置,因此传感器节点必须能够在布放后实时地对自身位置进行定位。传感器节点自身定位就是根据少数已知位置的节点,按照某种定位机制确定自身的位置。只有在传感器节点自身位置正确定位之后,才能促使传感器节点之间相互协作,并利用它们自身的位置信息,使用特定定位机制确定事件发生的位置。在无线传感器网络中,传感器节点自身的正确定位是提供监测事件位置信息的前提。定位信息除用来报告事件发生的地点外,还具有下列用途:目标跟踪、实时监视目标的行动路线、预测目标的前进轨迹;协助路由,如直接利用节点位置信息进行数据传递的地理路由协议,避免信息在整个网络中的扩散,并可以实现定向的信息查询;进行网络管理,利用传感器节点传回的位置信息构建网络拓扑图,并实时统计网络覆盖情况,对节点密度低的区域及时采取必要的措施等。因此,在无线传感器网络中,传感器节点的精确定位对各种应用有着重要的作用。

全球定位系统 GPS(Global Position System)是目前应用最广泛最成熟的定位系统,通过卫星的授时和测距对用户节点进行定位,具有定位精度高、实时性好、抗干扰能力强等优点,但是 GPS 定位适用于无遮挡的室外环境,用户节点通常能耗高、体积大,成本也比较高,需要固定的基础设施等,这使得它不适用于低成本、自组织的无线传感器网络。在机器人领域中,机器人节点的移动性和自组织等特性,使其定位技术与传感器网络的定位技术具有一定的相似性,但是机器人节点通常携带充足的能量供应和精确的测距设备,系统中机器人节点的数量很少,所以这些机器人定位算法也不适用于传感器网络。在传感器网络中,传感器节点能量有限、可靠性差、节点规模大且随机布放、无线模块的通信距离有限,对定位算法和定位技术提出了很高的要求。

### 2. WSN 定位算法特点

在传感器网络中,传感器节点能量有限、可靠性差、节点数量规模大且随机布放、无线模块的通信距离有限,对定位算法和定位技术提出了很高的要求。传感器网络的定位算法通常要求具备以下特点。

(1) 自组织性:传感器网络的节点随机分布,不能依靠全局的基础设施协助定位。

(2) 健壮性:传感器节点的硬件配置低、能量少、可靠性差、测量距离时会产生误差,算法必须具有良好的容错性。

(3) 能量高效:尽可能地减少算法的复杂性,减少节点间的通信开销,以尽量延长网络的生存周期。通信开销是传感器网络的主要能量开销。

(4) 分布式计算:每个节点尽量计算自身位置,不能将所有信息传送到某个节点进行集中计算。

### 3. 传感器节点定位的基本术语

(1) 邻居节点(Neighbor Nodes):是指传感器节点通信半径内的所有其他节点,也就是说,在一个节点通信半径内,可以与其直接通信的所有其他点。

(2) 跳数(Hop Count):是指两个节点之间间隔的跳段总数。

(3) 跳段距离(Hop Distance):是指两个节点间隔的各跳段距离之和。

(4) 接收信号强度指示(Received Signal Strength Indicator,RSSI):是指节点接收到无线信号的强度大小。

(5) 到达时间(Time of Arrival,TOA):是指信号从一个节点传播到另一节点所需要的时间。

(6) 到达时间差(Time Difference Of Arrival,TDOA)：两种具有不同传播速度的信号从一个节点传播到另一节点所需要的时间之差。

(7) 到达角度(Angle Of Arrival,AOA)：是指节点接收到的信号相对于自身轴线的角度。

(8) 视线关系(Line Of Sight,LOS)：是指两个节点间没有障碍物间隔，能够直接通信。

(9) 非视线关系(Non Line Of Sight,NLOS)：是指两个节点之间存在障碍物。

(10) 基础设施(Infrastructure)：是指协助传感器节点定位的已知自身位置的固定设备（如卫星、基站等）。

**4. 传感器节点定位的评价指标**

无线传感器网络定位算法的性能直接影响其可用性，如何对其评价是一个需要深入研究的问题。下面定性地讨论几个常用的评价标准[1]。

(1) 定位精度。定位技术首要的评价指标就是定位精度，一般用误差值与节点无线射程的比例表示，例如，定位精度为 20% 表示定位误差相当于节点无线射程的 20%。也有部分定位系统将二维网络部署区域划分为网格，其定位结果的精度也就是网格的大小，如微软的 RADAR[2]，Wireless Corporation 的 RadioCamera[3] 等。

(2) 规模。不同的定位系统或算法可在园区内、建筑物内、一层建筑物内或仅仅是一个房间内实现定位。另外，给定一定数量的基础设施或在一段时间内，一种技术可以定位多少目标也是一个重要的评价指标。例如，RADAR[2] 系统仅可在建筑物的一层内实现目标定位，剑桥的 Active Office 定位系统[4] 可每隔 200ms 定位一个节点。

(3) 锚节点密度。锚节点定位通常依赖人工部署或 GPS 实现。人工部署锚节点的方式不仅受网络部署环境的限制，还严重制约了网络和应用的可扩展性。而使用 GPS 定位，锚节点的费用会比普通节点高两个数量级[5]，这意味着即使仅有 10% 的节点是锚节点，整个网络的价格也将比不使用锚节点增加 10 倍。因此，锚节点密度也是评价定位系统和算法性能的重要指标之一。

(4) 节点密度。在 WSN 中，增大节点密度不仅意味着网络部署费用会增加，而且会因为节点间的通信冲突问题造成有限带宽的阻塞。节点密度通常以网络的平均连通度来表示。许多定位算法的精度受节点密度的影响，如 DV-Hop 算法[6,7] 仅可在节点密集部署的情况下合理地估算节点位置。

(5) 容错性和自适应性。通常，定位系统和算法都需要比较理想的无线通信环境和可靠的网络节点设备。但在真实应用场合中常会有诸如以下的问题：外界环境中存在严重的多径传播、衰减、非视线(Non-Line-Of-Sight,NLOS)、通信盲点等问题；网络节点由于受周围环境影响或自身原因(如电池耗尽、物理损伤)而出现失效的问题；外界影响和节点硬件精度限制造成节点间点到点的距离或角度测量误差增大的问题。由于环境、能耗和其他原因，从物理上维护或替换传感器节点或使用其他高精度的测量手段常常是十分困难或不可行的。因此，定位系统和算法的软、硬件必须具有很强的容错性和自适应性，能够通过自动调整或重构纠正错误、适应环境、减小各种误差的影响，以提高定位精度。

(6) 功耗。功耗是对 WSN 的设计和实现影响最大的因素之一。由于传感器节点电池能量有限，因此在保证一定程度的定位精度的前提下，与功耗密切相关的定位所需的计算量、通信开销、存储开销、时间复杂性是一组关键性指标。

(7) 代价。定位系统或算法的代价可从几个不同方面来评价。时间代价包括一个系统的安装时间、配置时间、定位所需时间。空间代价包括一个定位系统或算法所需的基础设施和网络节点的数量、硬件尺寸等。资金代价则包括实现一种定位系统或算法的基础设施、节点设备的总费用。

上述 7 个性能指标不仅是评价 WSN 自身定位系统和算法的标准,也是其设计和实现的优化目标。为了实现这些目标的优化,有大量的研究工作需要完成。同时,这些性能指标是相互关联的,必须根据应用的具体需求做出权衡[8],以选择和设计合适的定位技术。

### 6.1.2 定位算法的分类

一直以来,研究者们致力于定位算法的研究,目前已有许多系统和算法能够解决 WSN 自身定位问题。但是,每种系统和算法都用来解决不同的问题或支持不同的应用,它们在用于定位的物理现象、网络组成、能量需求、基础设施和时空的复杂性等许多方面有所不同。依据不同的分类依据,可将分类算法进行多种分类。

#### 1. 基于测距技术的定位和无需测距技术的定位

根据定位算法是否需要通过物理测量来获得节点之间的距离(角度)信息,可以把定位算法分为基于测距的定位算法和无需测距的定位算法两类。前者是利用测量得到的距离或角度信息来进行位置计算,而后者一般是利用节点的连通性和多跳路由信息交换等方法来估计节点间的距离或角度,并完成位置估计。基于测距的定位算法总体上能取得较好的定位精度,但在硬件成本和功耗上受到一些限制。基于测距的定位机制可使用各种算法来减小测距误差对定位的影响,包括多次测量,循环定位求精,这些都要产生大量的计算和通信开销。所以,基于测距的定位机制虽然在定位精度上有可取之处,但并不适用于低功耗、低成本的应用领域。因功耗和成本因素以及粗精度定位对大多数应用已足够(当定性误差小于传感器节点无线通信半径的 40%时,定位误差对路由性能和目标追踪精确度的影响不会很大),无需测距的定位方案备受关注。室内定位系统 Cricket、AHLos(Ad-Hoc Localization System)算法、基于 AOA 的 APS 算法(Ad-hoc Positioning System)、RADAR 算法、LCB 算法(Localizable Collaborative Body)和 DPE(Directed Position Estimation)算法等都是基于测距的定位算法;而质心算法(Centroid Algorithm)、DV-Hop(Distance Vector-Hop)算法、移动锚节点(Mobile Anchor Points,MAP)定位算法、HiRLoc 算法、凸规划(Convex Optimization)算法和 MDS-MAP 算法等就是典型的无需测距的定位算法。

#### 2. 基于锚节点的定位算法和非基于锚节点的定位算法

根据定性算法是否假设网络中存在一定比例的锚节点,可以将定位算法分为基于锚节点的定位算法和非基于锚节点的定位算法两类。对于前者,各节点在定位过程结束后可以获得相对于某个全局坐标系的坐标,对于后者则只能产生相对的坐标,在需要和某全局坐标系保持一致的时候可以通过引入少数几个锚节点和进行坐标变换的方式来完成。基于锚节点的定位算法很多,例如质心算法、DV-Hop、AHLos、LCB 和 APIT(Approximate Point-In-Triangulation Test)等;而 ABC(Assumption Based Coordinates)和 AFL(Anchor-Free Localization)是典型的非基于锚节点的定位算法。

#### 3. 物理定位与符号定位

定位系统可提供两种类型的定位结果:物理位置和符号位置。例如,某个节点位于经纬度 47°39′17″N,122°18′23″W 就是物理位置;而某个节点在建筑物的 423 号房间就是符号位置。一定条件下,物理定位和符号定位可以相互转换。与物理定位相比,符号定位更适于某些特定的应用场合,例如,在安装有无线烟火传感器网络的智能建筑物中,管理者更关心某个房间或区域是否有火警信号,而不是火警发生地的经纬度。大多数定位系统和算法都提供物理定位服务,符号定位的典型系统和算法有 Active Badge、微软的 Easy Living 等,MIT 的 Cricket 定位系统则可通过配置而实现两种不同形式的定位。

**4. 递增式定位算法和并发式定位算法**

根据计算节点位置的先后顺序可以将定位算法分为递增式定位算法和并发式定位算法两类。递增式定位算法通常是从 3~4 个节点开始,然后根据未知节点与已经完成定位的节点之间的距离或角度等信息采用简单的三角法或局部最优策略逐步对未知节点进行位置估计。该类算法的主要不足是具有较大的误差累积。并发式定性算法则是节点以并行的方式同时开始计算位置。有些并发式算法采用迭代优化的方式来减小误差。并发式定位算法能更好地避免陷入局部最小和减少误差累积。大多数算法属于并发式的,像 ABC 算法则是递增式的。

**5. 紧密耦合与松散耦合**

紧密耦合(Tightly Coupled)定位系统是指信标节点不仅被仔细地部署在固定位置,并且通过有线介质连接到中心控制器;而松散型定位(Loosely Coupled)系统的节点采用无中心控制器的分布式无线协调方式。

紧密耦合定位系统适用于室内环境,具有较高的精确性和实时性,容易解决时间同步和信标节点间的协调问题。典型的紧密耦合定位系统包括 AT&T 的 Active Bat 系统和 Active Badge,Hiball Tracker 等。但这种部署策略限制了系统的可扩展性,代价较大,无法应用于布线工作不可行的室外环境。

近年来提出的许多定位系统和算法,如 Cricket,AHLos 等不属于松散耦合型解决方案。它们以选择牺牲紧密耦合系统的精确性为代价而获得了部署的灵活性,依赖节点间的协调和信息交换实现定位。在松散耦合系统中,因为网络以 Ad hoc 方式部署,没有对节点间进行直接协调,所以节点会竞争信道并相互干扰。针对这个问题,剑桥的 Mike Hazas 等人在文献[9,10]中提出使用宽带扩频技术(如 DSSS,DS/CDMA)以解决多路访问和带内噪声干扰问题[1]。

**6. 集中式计算与分布式计算**

集中式计算(Centralized Computation)是指把所需信息传送到某个中心节点(例如一台服务器),并在那里进行节点定位计算。分布式计算(Distributed Computation)指依赖节点间的信息交换和协调,由节点进行定位计算。

集中式计算的优点在于其可以从全局角度统筹规划,对计算量和存储量几乎没有限制,可以获得相对精确的位置估算。它的缺点是与中心节点位置较近的节点会因为通信开销大而过早地消耗完电能,导致整个网络与中心节点信息的交流中断,无法实时定位等。集中式定位算法包括 Convex Optionization,MDS-MAP 等。N-hop Multilateration Primitive 定位算法可以根据应用需求采用两种不同的计算模式。

相对于集中式算法,分布式算法有更为广泛的应用。分布式算法也称并发式算法,即定位过程只需与邻居节点进行通信,计算在本节点处完成。除上述集中式以外的其他算法均为分布式定位算法。Yi Shang 在其原先的集中式算法 MDS-MAP 基础上进行了改进,提出改进型多维标度定位算法,在不同的通信跳数内先计算相对较小的局部图块,最后拼接成一幅全局位置图。实验表明如果在两跳路由的无线范围内计算各局部图,则定位系统的整体性能会相对较好。

无线传感器网线的分布式定位算法与计算机科学中其他已有的分布式体系结构有所不

同,其分布式计算具有如下特点[28]。

(1) 无线传感器网络本质上与地理位置有关,具有特殊的物理几何特性;

(2) 有关的通信代价所占比重较高;

(3) 物理测量的精度受限,因此追求具有高精确性的计算方法不现实;

(4) 节点功耗可能是限制计算能力的最大障碍;

(5) 最关键的是数据采集本身是分布式的,且不可预测,因此需要设计新型的感知、通信和计算模型。

### 7. 粗粒度与细粒度

依据定位所需信息的粒度可将定位算法和系统分为两类:根据信号强度或时间等来度量与信标节点距离的称为细粒度定位技术;根据与信标节点的接近度来度量的称为粗粒度定价技术。其中细粒度又可细分为基于距离和基于方向性测量两类。另外,应用在 Radio-Camera 定位系统中的信号模式匹配专利技术(Signal Pattern Matching)也属于细粒度定位。粗粒度定位的原理是利用某种物理现象来感应是否有目标接近一个已知的位置,如 Active Badge、Convex Optionization, Xeror 的 Pare TAB 系统、佐治亚理工学院的 Smart Floor 等。Cricker、AHLos、RADAR、LCB 等都属于细粒度定位算法。

### 8. 绝对定位与相对定位

绝对定位与物理定位类似,定位结果是一个标准的坐标位置,如经纬度。而相对定位通常是以网络中部分节点为参考,建立整个网络的相对坐标系统。绝对定位可为网络提供唯一的命名空间,受节点移动性影响较小,有更广泛的应用领域。但研究发现,在相对定位的基础上也能够实现部分路由协议,尤其是基于地理位置的路由,而且相对定位不需要信标节点。大多数定位系统和算法都可以实现绝对定位服务,典型的相对定位算法和系统有 SPA(Self Positioning Algorithm)、LPS(Local Positioning System)、SpotON,而 MDS-MAP 定位算法可以根据网络配置的不同来分别实现两种定位。

### 9. 三角测量、场景分析和接近度定位

定位技术也可分力三角测量、场景分析和接近度三类。其中,三角测量和接近度定位与粗、细粒度定位相似;而场景分析定位是根据场景特点来推断目标位置,通常被观测的场景都具有易于获得、易于表示和易于对比的特点,如信号强度和图像。场景分析的优点在于无须定位目标参与,有利于节能并具有一定的保密性;它的缺点在于:需要事先预知所需的场景数据集,而且当场景发生变化时必须重建该数据集。RADAR 系统(基于信号强度分析)和 MIT 的 Sinart Rooms(基于视频图像)就是典型的场景分析定位系统。

## 6.2 测距方法

定位算法通常须预先拥有节点与邻居节点之间的距离或角度信息,因此测距是定位算法运行的前提。常用的测距方法及优缺点分析如下。

### 6.2.1 接收信号强度指示法

接收信号强度(Received Signal Strength Indicator,RSSI)指示法是接收机通过测量射频信号的能量来确定与发送机的距离[11~15]。由于 RSSI 指示已经是现有传感器节点的标准功能,实现简单,并且对节点的成本和功耗没有影响,因此 RSSI 方法已被广泛采用,不足之处是

遮盖或折射会引起接收端产生严重的测量误差,因此精度较低,有时测距误差可达到50%[16]。

在自由空间中,接收信号强度 $P_r(d)$ 与到发送机的距离 $d$ 的平方成反比,有如下公式[17]

$$P_r(d) = \frac{P_t G_t G_r \lambda^2}{(4\pi)^2 d^2} \tag{6-1}$$

式中:$P_t$ 是发射功率,$G_t$ 是发射天线增益,$G_r$ 是接收天线增益,$\lambda$ 是发射信号的波长。

上述公式是自由空间中的情况,过于理想。实际环境中,信号传播受到反射、散射、衍射的影响,这些影响与周围环境(室内、室外、天气、建筑物等)相关。实际环境中通常采用如下经验公式[18~19]

$$P_r(d)[dBm] = P_0(d_0)[dBm] - 10n_p \lg\left(\frac{d}{d_0}\right) + X_\sigma \tag{6-2}$$

式中:$P_0(d_0)[dBm]$ 是已知距发射机 $d_0$ 处的参考信号强度,单位是 db(毫瓦),$n_p$ 是路径衰减系数且与特定环境相关,$X_\sigma$ 是由遮蔽效应引起的服从正态分布的随机变量[17]。

从式(6-2)易推导出若给定从发射机 $i$ 到接收机 $j$ 的 RSSI 值 $P_{ij}$,那么 $i$ 和 $j$ 之间的距离 $d_{ij}$ 的最大似然估计为

$$\hat{d}_{ij} = d_0 \left(\frac{P_{ij}}{P_0(d_0)}\right)^{-\frac{1}{n_p}} \tag{6-3}$$

## 6.2.2 到达时间法

到达时间法(Time of Arrival, TOA)通过测量信号的传输时间来估算两节点之间的距离,精度较高。缺点是无线信号的传输速度快,时间测量上的很小误差可导致很大的距离误差值,另外要求传感器节点的计算能力较强。

到达时间测距:已知信号的传播速度,根据信号的传播时间来计算节点间的距离。图 6-2 给出了 TOA 测距的一个简单实现,采用伪噪声序列信号作为声波信号,根据声波的传播时间来测量节点间的距离。节点的定位部分主要由扬声器模块、麦克风模块、无线电模块和 CPU 模块组成。假设两个节点间时间同步,发送节点的扬声器模块

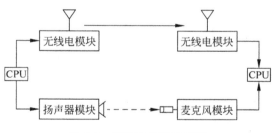

图 6-2 使用声波进行测距

在发送伪噪声序列信号的同时,无线电模块通过无线电同步信息通知接收节点伪噪声序列信号发送的时间,接收节点的麦克风模块在检测到伪噪声序列信号后,根据声波信号传播时间和速度计算发送节点和接收节点之间的距离。与无线射频信号相比,声波频率低,速度慢,对节点硬件的成本和复杂度的要求都低,但是声波的缺点是传播速度容易受到大气条件的影响。基于 TOA 的定位精度高,但要求节点间必须保持精确的时间同步,因此对传感器节点的硬件和功耗提出了较高的要求。

一种用来测量信号传输时间的方法是测量信号单向传播时间。这种方法测量发送并到达接收方的绝对时间差,发送方和接收方的本地时间需精确同步。例如通过测量射频信号到达时间来测距,精度要求分米级时,需要双方时间同步的误差在 1ns 内。

另外一种方法是测量信号往返时间差,接收节点在收到信号后直接发回,发送节点测量收发的时间差,由于仅使用发送节点的时钟,因此避免节点间时间同步的要求。这种方法的误差

来源于第二个节点的处理延时,可以通过预先校准等方法来获得比较准确的估计[20~22]。

由于声音传播速度远小于光速,Priyantha 等人提出一种测量单向传播时间的方法[23]。它装备了 RF 和超声波硬件,每次发送信号时同时发送 RF 信号和超声波脉冲,RF 信号到达接收方后,接收方打开超声波接收器开始监听,超声波与 RF 信号到达接收方的时间差可作为超声波的单向传播时间的估计。该方法可以获得米级的定位精度。

最近精确测量 TOA 时间的一个趋势是使用超宽带(UWB)[24,25]。UWB 信号有着大于 500MHz 的带宽和非常短的脉冲,这种特点使得 UWB 信号容易从多径信号中区分出来,有着良好的时间精度。

### 6.2.3 到达时间差法

到达时间差法(Time Difference of Arrival,TDOA)是测量不同的接收节点接收到同一个发射信号的时间差。TDOA 与 TOA 不同,无须发送方和接收方时钟同步,而是转为对接收节点之间的时间同步要求。假设发送节点 $t$ 发射一 RF 信号,接收节点 $i,j$ 接收到信号的时间差与节点 $t,i,j$ 坐标的关系如下

$$\Delta t_{ij} = t_i - t_j = \frac{1}{c}(\|r_i - r_t\| - \|r_j - r_t\|), \quad i \neq j \tag{6-4}$$

由式(6-4)可知,测得 $\Delta t_{ij}$,待定位节点 $t$ 的坐标 $r_t$ 在已知位置的节点 $i,j$ 的坐标 $r_i$ 和 $r_j$ 为焦点的双曲线上,如图 6-3 所示[26]。未知节点在坐标(1.2,1)处,4 个锚节点两两组合产生一条双曲线,由这些双曲线的交点可以推算出未知节点的位置。

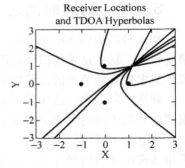

相对于 TOA 方法,TDOA 无须锚节点与普通节点时间同步,只需锚节点之间时间同步,由于锚节点在整个无线传感器网络中的数目比例小,因此实现锚节点之间时间同步比全网时间同步代价要小。

图 6-3 TDOA 定位原理图示

### 6.2.4 到达角法

如图 6-4,到达角法(Angle Of Arrival,AOA)方法通过配备天线阵列或多个接收器来估测其他节点发射的无线信号的到达角度。

如图 6-5 所示,接收节点通过话筒阵列,感知发射节点信号的到达方向。

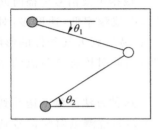

图 6-4 AOA 定位原理

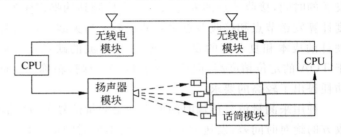

图 6-5 AOA 定位示意图

MIT 的 Cricket Compass[27] 等项目中利用多个接收器测量 AOA,其原型系统可在±40°角内以±5°的误差确定接收信号方向。

AOA 方法需要额外的硬件,在体积和功耗上对节点提出了更高的要求。

以上测距方法考虑的是如何得到相邻节点之间的观测物理量,所谓相邻是指无线通信可达,即互为邻居节点。有些算法还需要通过间接计算获得锚节点与其他不相连节点之间的距离,通常此类算法从锚节点开始有节制地发起泛洪,节点间共享距离信息,以较小的计算代价确定各节点与锚节点之间的距离。

## 6.3 常用的定位计算方法

测边或测角是 WSN 定位中应用最为广泛的方法,它能确定节点大概的位置范围,因此值得对它的数学原理进行了解。

### 6.3.1 三边定位与求解

三边定位与求解原理如图 6-6 所示,假设有三个信标节点 $A,B,C$ 坐标分别为 $(x_i,y_i)(i=a,b,c)$,未知节点 $D$ 的坐标为 $(x,y)$,与三个信标节点的距离分别为 $d_i(i=a,b,c)$,那么,存在以下公式,即

$$\begin{cases} \sqrt{(x-x_a)^2+(y-y_a)^2}=d_a \\ \sqrt{(x-x_b)^2+(y-y_b)^2}=d_b \\ \sqrt{(x-x_c)^2+(y-y_c)^2}=d_c \end{cases} \quad (6\text{-}5)$$

从最后一个方程开始分别与第一和第二个方程相减得

$$\begin{cases} 2(x_a-x_c)x+2(y_a-y_c)y+x_c^2-x_a^2+y_c^2-y_a^2=d_c^2-d_a^2 \\ 2(x_b-x_c)x+2(y_b-y_c)y+x_c^2-x_b^2+y_c^2-y_b^2=d_c^2-d_b^2 \end{cases}$$

(6-6)

由式(6-6)可得到节点 $D$ 的坐标为

$$\begin{bmatrix} x \\ y \end{bmatrix} = \begin{bmatrix} 2(x_a-x_c) & 2(y_a-y_c) \\ 2(x_b-x_c) & 2(y_b-y_c) \end{bmatrix}^{-1} \begin{bmatrix} x_a^2-x_c^2+y_a^2-y_c^2+d_c^2-d_a^2 \\ x_a^2-x_c^2+y_b^2-y_c^2+d_c^2-d_b^2 \end{bmatrix}$$

(6-7)

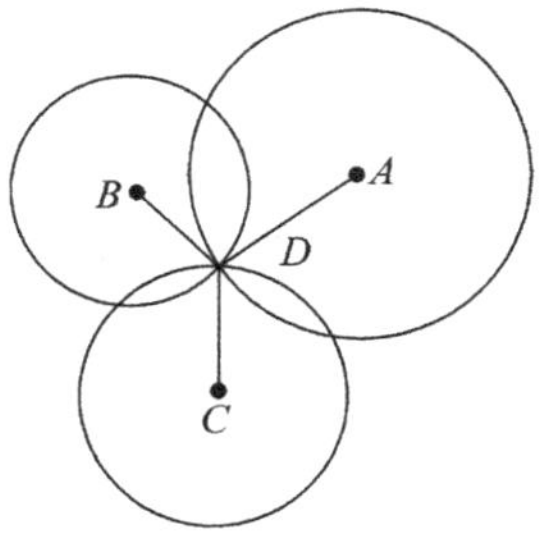

图 6-6 三边定位与求解图

### 6.3.2 三角定位与求解

三角定位与求解原理如图 6-7 所示,已知三个信标节点 $A,B,C$ 坐标分别为 $(x_i,y_i)(i=a,b,c)$,未知节点 $D$ 相对于节点 $A,B,C$ 的角度分别为 $\angle ADB$、$\angle ADC$、$\angle BDC$,节点 $D$ 的坐标为 $(x,y)$。

对于节点 $A,B$ 和角 $\angle ADB$,如果弧段 $AB$ 在 $\triangle ABC$ 内,那么能够唯一确定一个圆。设圆心为 $O_1(x_{O1},y_{O1})$,半径为 $r_1$,那么 $\alpha=\angle AO_1B=(2\pi-2\angle ADB)$,并且有下列公式,即

$$\begin{cases} \sqrt{(x_{O1}-x_a)^2+(y_{O1}-y_a)^2}=r_1 \\ \sqrt{(x_{O1}-x_b)^2+(y_{O1}-y_b)^2}=r_1 \\ (x_a-x_b)^2+(y_a-y_b)^2=2r_1^2-2r_1^2\cos\alpha \end{cases} \quad (6\text{-}8)$$

由式(6-8)能够确定圆心 $O_1$ 点的坐标和半径 $r_1$。同理对 $B,C$ 和角 $\angle BDC$ 与 $A,C$ 和角 $\angle ADC$ 分别确定相应的圆心 $O_2(x_{O2},y_{O2})$ 和半径 $r_2$ 与 $O_3(x_{O3},y_{O3})$ 和半径 $r_3$。

最后利用三边测量法,由点 $D(x,y)$、$O_1(x_{O1},y_{O1})$、$O_2(x_{O2},y_{O2})$ 与 $O_3(x_{O3},y_{O3})$ 确定 $D$ 点坐标。

### 6.3.3 极大似然估计法

极大似然估计法(Maximum Likelihood Estimation)如图 6-8 所示,已知 $1,2,3,\cdots,n$ 个节点的坐标分别为 $(x_1,y_1),(x_2,y_2),(x_3,y_3),\cdots,(x_n,y_n)$,它们到节点 $D$ 的距离分别为 $d_1,d_2,d_3,\cdots,d_n$,假设节点 $D$ 坐标为 $(x,y)$。那么有下列公式

$$\begin{cases} (x_1-x)^2+(y_1-y)^2=d_1^2 \\ \quad\vdots \\ (x_n-x)^2+(y_n-y)^2=d_n^2 \end{cases} \tag{6-9}$$

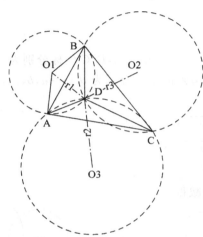

图 6-7 三角测量法图示

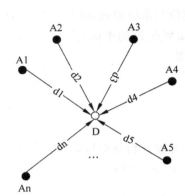

图 6-8 极大似然估计法图示

从第一个方程开始分别与最后一个方程相减,得

$$\begin{cases} x_1^2-x_n^2-2(x_1-x_n)x+y_1^2-y_n^2-2(y_1-y_n)y=d_1^2-d_n^2 \\ \quad\vdots \\ x_{n-1}^2-x_n^2-2(x_{n-1}-x_n)x+y_{n-1}^2-y_n^2-2(y_{n-1}-y_n)y=d_{n-1}^2-d_n^2 \end{cases} \tag{6-10}$$

式(6-10)的线性方程表示方式为

$$\boldsymbol{AX}=\boldsymbol{b}$$

其中: $\boldsymbol{A}=\begin{bmatrix} 2(x_1-x_n) & 2(y_1-y_n) \\ \vdots & \vdots \\ 2(x_{n-1}-x_n) & 2(y_{n-1}-y_n) \end{bmatrix}$, $\boldsymbol{b}=\begin{bmatrix} x_1^2-x_n^2+y_1^2-y_n^2+d_n^2-d_1^2 \\ \vdots \\ x_{n-1}^2-x_n^2+y_{n-1}^2-y_n^2+d_n^2-d_{n-1}^2 \end{bmatrix}$, $\boldsymbol{X}=\begin{bmatrix} x \\ y \end{bmatrix}$

根据最小均方估计方法可求得节点 $D$ 的坐标为

$$\hat{\boldsymbol{X}}=(\boldsymbol{A}^\mathrm{T}\boldsymbol{A})^{-1}\boldsymbol{A}^\mathrm{T}\boldsymbol{b} \tag{6-11}$$

当矩阵求逆不能计算时,单边测量法则不适用,否则即可成功得到位置估计。

## 6.4 典型 WSN 定位系统和算法

到目前为止,WSN 自身定位系统和算法的研究大致经过了两个阶段:第一阶段主要偏重于紧密耦合型和基于基础设施的定位系统,代表性的研究成果包括 RADAR[2],Active

Bat[29], Active Badge[30,31], RadioCamera[32], Active Office[33], Easy Living[34], SpotON[35], HiBall Tracker[36], Parc TAB[37], Smart Floor[38], Smart Rooms[39], 3D-iD[40], WhereNett[41]等。

对于松散耦合型和无需基础设施的定位技术的关注和研究可以认为是自身定位系统和算法研究的第二阶段，目前已经成为 WSN 领域一个重要的热点。下面介绍典型系统和算法。

### 6.4.1 Active Badge 定位系统

Active Badge 定位系统[30,31]是最早为大楼内定位而设计的便携式定位系统。便携设备发出红外光。因为红外光不能穿过墙壁，所以每一个房间就成为 Badge 所能分辨的最小单位。每个房间至少有一个红外接收器。便携设备 Badge 可以在楼里活动，Badge 周期性地主动向周围发出全局唯一的身份标识信息。附近的接收器捕捉到信息后通过网络送往中央服务器。中央服务器不断收集 Badge 的位置信息。于是，可以从中央服务器上查询出某个 Badge 的当前所在位置。

### 6.4.2 Active Office

Ward 等人研究了另一种室内定位系统"Active Office"[33]。这种定位系统使用了超声波，接收器被放在一个已知位置的地方，以阵列方式安装在天花板上。需要定位的设备作为超声波的发送方，向接收器发射超声波。

需要定位时，中央控制器发出一个无线消息，该消息包含需要定位的设备的地址。需要定位的设备收到无线消息以后，发出一个短时的超声波脉冲。这个脉冲被接收器阵列接收到后计算各自的到达时间及超声波脉冲与无线消息的到达时间差。根据这些时间差可以计算出定位设备到每个超声波接收器之间的距离，然后求解多边问题（在中央控制器内进行），进而估计出移动设备的位置。无线消息的发送周期为 200ms，因此移动设备在大多数时间处于睡眠状态。

该系统通过统计的方法删除那些过分偏离正常的数，从而提高距离估计的准确性。该系统的准确性很高，平均意义上，95%的估计值与真实位置误差在 8cm 以内。

### 6.4.3 Cricket 定位系统

为了弥补紧密耦合定位系统的不足，MIT 开发了最早的松散耦合定位系统 Cricket[42]。它由散布在建筑物内位置固定的锚节点和需要定位的未知节点（称为 Listener）组成。锚节点随机地同时发射 RF 和超声波信号，RF 信号中包含该锚节点的位置和 ID。未知节点使用 TDOA 技术测量其与锚节点的距离，当它能够获得 3 个以上锚节点距离时就使用三边测量法进行物理定位，精度为 4ft×4ft(1ft=0.3048m)，否则就以房间为单位进行符号定位。

### 6.4.4 APIT

APIT 算法[43]是一种适用于大规模无线传感器网络的分布式无需测距的定位算法。APIT 虽然是无需测距的定位算法，但其利用了电磁波强度大小与距离的相对关系，因此相比于其他无需测距定位算法有着定位精度高、对节点密度要求低、通信量小等优点，且适用于电磁波不规则模型。

APIT 算法中锚节点定时广播自己的坐标信息，节点与其邻居节点相互交换接收到的锚节点定位信号强度并以此来判断节点是否在锚节点组成的三角形内，从而估计节点可能位于的区域。如图6-9,APIT利用大量三角形的交叠来缩小节点可能位于的区域的面积,最终通过计算交叠区域的质心作为节点位置的近似值。

### 6.4.5 AHLos

AHLos(Ad-Hoc Localization System)[44]是一个迭代的定位算法。具体定位过程为:未知节点首先利用TDOA方法测量与其邻居节点的距离;当未知节点的邻居节点中信标节点大于或等于3个时,利用极大似然法计算自身位置,随后该节点转变成新的信标节点,称为转化信标节点,并将自身的位置广播给邻居节点;随着系统中转变信标节

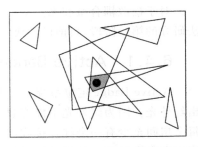

图6-9 APIT定位基本原理图示

点数量不断增加,对于原来邻居节点中信标节点数量少于3个的未知节点,将逐渐拥有足够多的邻居信标节点,这样就能够利用极大似然估计方法来计算自身的位置。这个过程一直重复到所有节点都能够计算出自身的位置。

在AHLos系统中,未知节点根据周围信标节点的不同分布情况,分别利用相应的子算法计算未知节点的位置。子算法包括原子多边算法、迭代多边算法和协作多边算法等三种。

**1. 原子多边算法**

原子多边算法(Atomic Multilateration)如图6-10(a)所示,在未知节点的邻居节点中至少有3个原始信标节点(非转化信标节点),这个未知节点基于原始信标节点,可以利用极大似然估计方法来计算自身位置。

**2. 迭代多边算法**

迭代多边算法(Iterative Multilateration)是指邻居节点中信标节点数量少于3个,在经过一段时间后,其邻居节点中部分未知节点在计算出自身位置后成为转化信标节点。邻居节点中信标节点数量等于或大于3个时,这个未知节点基于原始信标节点和转化信标节点,利用极大似然估计方法来计算自身位置。

**3. 协作多边算法**

协作多边算法(Collaborative Multilateration)是指在经过多次迭代定位以后,部分未知节点的邻居节点中,信标节点的数量仍然少于3个,此时必须要通过其他节点的协助才能够计算自身位置。如图6-10(b)所示,在经过多次迭代定位以后,未知节点2的邻居节点中只有1和3两个信标节点,节点2要计算出其到信标节点5和6的多跳距离,再利用极大似然估计方法来计算自身位置。

实验表明[44],在网络平均连通度约为10,锚节点比例为10%的条件下,该算法可使90%的节点实现定位,定位精度约为20cm。

AHLos算法的缺点如下。

(1)将已定位的未知节点直接升级为锚节点虽然缓解了锚节点稀疏问题,但会造成误差累积——相对于测距精度,该算法的定位精度降低了一个数量级。

(2)在AHLos算法中并没有给出一组节点能

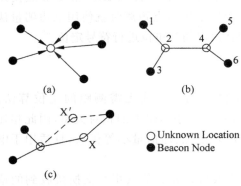

图6-10 AHLos最大似然估计定位示意图

否执行 Collaborative Multilateration 算法的充分条件。如图 6-10(c)所示,如果执行协作式定位,节点 $x$ 的解并不唯一。

AHLos 算法对信标节点的密度要求高,不适用于大规模的传感器网络。而且迭代过程中存在误差累积。文献[45]中引入了 N-跳段多边算法(N-Hop Multilateration),是对协作多边算法的扩展。在 N-跳段多边算法中,未知节点通过计算到信标节点的多跳距离来进行定位,减少了非视线关系对定位的影响,对信标节点密度要求也比较低。此外,节点定位之后又引入了修正阶段,从而提高了定位的精度。

N-Hop Multilateration[46]使用了超声波测距技术。该算法给出了一个能够判定未知节点是否可参与协作多边测量法的充分条件,然后利用卡尔曼滤波器进行循环求精。首先,将满足判定条件的未知节点和参考节点生成协作子树;不满足判定条件的未知节点将在整个算法的后阶段处理。每个协作子树可相应生成一组非线性方程组,该方程组具有 $N$ 个未知变量和至少 $N$ 个方程式,并确保每个未知变量拥有唯一解。其次,根据参考节点位置、节点间距离和网络连通性估测未知节点的初始位置,其结果输入到下一个阶段。未知节点 $C$ 在参考节点 $A,B$ 所形成的 Boundingbox 里面(见图 6-11),由此可推算出节点所在位置的 $x$ 坐标的取值范围是$(|x_A-a|,|x_B+(b+c)|)$。

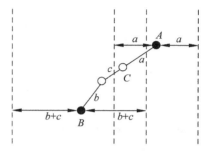

图 6-11  N-Hop Multilateration

最后,根据预设的定位精度,使用卡尔曼滤波器在每个协作子树范围内对上一阶段的结果进行循环求精。该方法使得少于 3 个参考节点的未知节点也能得到定位,提高了算法收敛速度,但是循环求精的次数无法预知,并且参考节点必须被部署在网络边缘。

N-Hop Multilateration 算法可以根据配置采用集中式和分布式两种计算方式,而且两者的通信开销基本相当。该算法的 Boundingbox 方法计算复杂度比最小二乘法小很多,另外其定位精度对参考节点的密度和分布比较敏感。

## 6.4.6  SPA 相对定位

瑞士洛桑联邦工业大学(EPFL)的 Srdjan Capkun 等人针对无基础设施的移动无线网络,提出了一种称为 SPA(Self-Positioning Algorithm) 的相对定位算法[47]。它选择网络中密度最大处的一组节点作为建立网络全局坐标系统的参考点(称为 Location Reference Group),并在其中选择连通度最大的一个节点作为坐标系统的原点。首先根据节点间的测距结果对各个节点建立局部坐标系统,通过节点间的信息交换与相互协调,以参考点为基准通过坐标变换(旋转与平移)建立全局坐标系统。因为所有节点都需要参与坐标的建立和变换计算,所以 SPA 的通信开销与节点数量几乎呈指数比。

针对 SPA 的缺点,美国仁斯利尔理工学院(Rensselaer Polytechnic Institute)的 Rajagopal Iyengar 等人[48]提出了一种基于聚类(Clustering-based)的定位算法:网络部署后,每个节点都开始运行一个随机定时器。假如与邻居节点相比,节点 $i$ 的定时器最早到期,则 $i$ 成为一个主节点(master),并向邻居节点广播一个消息,所有接收到该消息的邻居节点终止自己的定时器并成为一个从节点(slave),这些节点形成一个域。然后分别以这些主节点为原点使用与 SPA 类似的方法建立各个域的局部坐标系统。然后以主节点 ID 较小的局部坐标系统为参考,对相邻域进行坐标转换,逐步建立全局坐标系统。因为通信量是随着域的数量而增长的,所以该算法的通信开销与网络中节点数量呈线性比,更适合于大规模网络的部署。

很显然,相对定位算法最大的问题是当参考点发生移动或失效时,整个网络就必须重新定位。

### 6.4.7 凸规划

加州大学伯克利分校的 Doherty 等人将节点间点到点的通信连接视为节点位置的几何约束,把整个网络模型转化为一个凸集,从而将节点定位问题转化为凸规划问题,然后使用半定规划和线性规划方法得到一个全局优化的解决方案,确定节点位置[49]。其研究同时也给出了一种计算未知节点可能存在的矩形区域的方法。如图 6-12 所示,根据未知节点与锚节点之间的通信连接和节点无线射程,计算出未知节点可能存在的区域(图中阴影部分),并得到相应矩形区域,然后以矩形的质心作为未知节点的位置。

凸规划是一种集中式定位算法,在锚节点比例为 10% 的条件下,定位精度大约为 100%。为了高效工作,锚节点必须部署在网络边缘,否则节点的位置估算会向网络中心偏移。

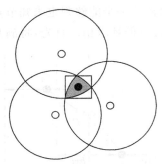

图 6-12 凸规划算法示意图

### 6.4.8 APS

美国路特葛斯大学(Rutgers University)的 Dragos Niculescu 等人利用距离矢量路由(Distance Vector Routing)和 GPS 定位的原理提出了一系列分布式定位算法,合称为 APS(Ad hoc Positioning System)[50,51]。它包括 6 种定位算法:DV Hop、DV-distance、Euclidean、DV-coordinate、DV-Bearing 和 DV-Radial。

**1. DV Hop 定位算法**

DV Hop 算法由三个阶段组成。首先使用典型的距离矢量交换协议,使网络中所有节点获得距锚节点的跳数(Distance in Hops)。第二阶段,在获得其他锚节点位置和彼此的相隔跳距之后,锚节点计算网络平均每跳距离,然后将其作为一个校正值(correction)广播至网络中。校正值采用可控洪泛法在网络中传播,这意味着一个节点仅接收获得的第一个校正值,而丢弃所有后来者,这个策略确保了绝大多数节点可从最近的锚节点接收校正值。在大型网络中,可通过为数据包设置一个 TTL 值来减少通信量。当接收到校正值之后,节点根据跳数计算与锚节点之间的距离。当未知节点获得与 3 个或更多锚节点的距离时,则在第三阶段执行三边测量定位。

如图 6-13 所示,已知锚节点 $L1$ 与 $L2$、$L3$ 之间的距离和跳数。$L2$ 计算得到校正值(即平均每跳距离)为 $(40+75)/(2+5)$ m ≈ 16.42m。在上例中,假设 $A$ 从 $L2$ 获得校正值,则它与 3 个锚节点之间的距离分别为 $L1=3\times16.42$m,$L2=2\times16.42$m,$L3=3\times16.42$m,然后使用三边测量法确定节点 $A$ 的位置。

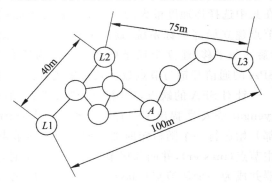

图 6-13 DV-hop 定位算法示意图

DV-Hop 算法在网络平均连通度为 10,锚节点比例为 10%的各向同性网络中定位精度约为 33%。其缺点是仅在各向同性的密集网络中,利用校正值才能合理地估算平均每跳距离。

#### 2. DV-Distance 定位算法

DV-Distance 算法与 DV-Hop 类似,所不同的是相邻节点使用 RSSI 测量节点间点到点距离,然后利用类似于距离矢量路由的方法传播与锚节点的累积距离。当未知节点获得与 3 个或更多锚节点的距离后使用三边测量法定位。DV-Distance 算法也仅适用于各向同性的密集网络。实验表明,该算法的定位精度为 20%(网络平均连通度为 9,锚节点比例为 10%,测距误差小于 10%);但随着测距误差的增大,定位误差也急剧增大。

#### 3. Euclidean 定位算法

Euclidean 定位算法给出了计算与锚节点相隔两跳的未知节点位置的方法。假设节点拥有 RSSI 测距能力,如图 6-14 所示,已知未知节点 $B$,$C$ 在锚节点 $L$ 的无线射程内,$BC$ 距离已知或可通过 RSSI 测量获得;节点 $A$ 与 $B$,$C$ 相邻。对于四边形 $ABCL$,所有边长和对角线 $BC$ 的长度已知,根据三角形的性质可以计算出 $AL$ 的长度(节点 $A$ 与 $L$ 的距离)。使用这种方法,当未知节点获得与 3 个或更多锚节点之间的距离后即可定位自身位置。

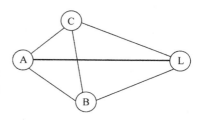

图 6-14 Euclidean 定位算法示意图

#### 4. DV-Coordinate 定位算法

在 DV-Coordinate 算法中,每个节点首先利用 Euclidean 算法计算与其相隔两跳以内的邻近节点的距离,建立局部坐标系统(以自身位置作为原点)。随后,相邻节点交换信息,假如一个节点从邻居节点处接收到锚节点的信息并将其转化为自身局部坐标系统中的坐标后,可使用以下两种方法定位自身:①在自身局部坐标系统中计算出距离,并使用这些距离进行三边测量定位;②将自身局部坐标系统转换为全局坐标系统。这两种方法具有相同的性能。

Euclidean 和 DV-Coordinate 定位算法虽然不受网络各向异性的影响,但受测距精度、节点密度和锚节点密度的影响。实验表明,Euclidean 和 DV-Coordinate 算法定位误差分别约为 20%和 80%(网络平均连通度为 9,锚节点比例为 20%,测距误差小于 10%)。

#### 5. DV-Bearing 和 DV-Radial 定位算法

E911 系统和智能机器人导航领域都有使用 AOA 技术确定目标方向和位置的方案,但它们大都使用了高能耗的天线阵列测量信号方向,并不适用于低能耗的 WSN 领域。针对这个问题,MIT 提出了一种融合 TDOA 和信号到达相位差的硬件解决方案——Cricket Compass,其原型系统可在 140°角内以±5°的误差确定接收信号方向。

DV-Bearing 和 DV-Radial 算法提出了以逐跳方式(Hop by Hop)跨越两跳甚至三跳来计算与锚节点的相对角度,最后使用三角测量定位的方法。两者的区别在于,DV-Radial 算法中每个锚节点或节点都安装有指南针(compass),从而可以获得绝对角度信息(例如与正北方向的夹角),并达到减少通信量和提高定位精度的目的。实验显示,DV-Bearing 和 DV-Radial 算法在网络平均连通度为 10.5,锚节点比例为 20%,AOA 测量误差小于 5°的条件下,90% 以上的节点可以实现定位,定位精度分别为 40%和 25%。

### 6.4.9 Cooperative Ranging 和 Two-Phase Positioning

为了减小测距误差对定位的影响,加州大学伯克利分校的 Chris Savarese 等人提出了两种循环求精定位算法——Cooperative Ranging[52]和Two-Phase Positioning[53]。

这两种算法都分为起始和循环求精两个阶段。起始阶段着重于获得对节点位置的粗略估算。而在循环求精阶段,每一次循环开始时,每个节点向其邻居节点广播它的位置估算,并根据从邻居节点接收的位置信息和节点间测距结果,重新执行三边测量,计算自身位置,直至可接受所计算的位置结果时,循环停止。

Cooperative Ranging算法的起始阶段又称为TERRAIN(Triangulation via Extended Range and Redundant Association of Intermediate Nodes)。首先在所有锚节点上,根据节点间测距结果使用ABC(Assumption Based Coordinates)算法建立局部坐标系统,然后将结果(以这个锚节点为原点的局部网络拓扑)传播到整个网络。未知节点根据它所获得的网络拓扑确定其与锚节点的距离,当获得3个与锚节点的距离后,使用三边测量定位自身。然后进入循环求精阶段。

与Cooperative Ranging算法不同,为了克服锚节点稀疏问题,Two-Phase Positioning算法在起始阶段使用Hop-TERRAIN算法(与DV-hop类似)获得对节点位置的粗略估算。在循环求精阶段,使用加权最小二乘法进行三边测量以计算新位置。它有两个特点:①在节点的位置估算中增加了一个权值属性(锚节点为1,未定位节点为0.1;未知节点每执行一次定位计算后,将自身权值设为参与定位计算的节点的均值),利用加权最小二乘法进行定位计算,使误差越大的节点对定位计算影响越小。②对因连通度低导致定位误差大的节点,通过不让其参与求精过程来消除它们对定位计算的影响。

实验表明,Cooperative Ranging算法定位精度可达到5%(测距误差为5%,而单纯使用TERRAIN算法得到的定位精度约为39%)。Two-Phase Positioning算法在锚节点比例为5%,测距误差为5%,网络连通度约为7的条件下,定位精度约为33%。

### 6.4.10 Generic Localized Algorithms

前面分析了Cooperative Ranging算法使用循环求精来降低测距误差影响,AHLos算法利用将已定位的未知节点升级为锚节点来解决锚节点稀疏问题。在此基础上,加州大学洛杉矶分校的Seapahn Meguerdichianl等人提出了通用型定位算法(Generic Localized Algorithm),它的特点在于,详细指定了未知节点接受位置估算并升级为锚节点的条件,以减少误差累积的影响。

该算法也由起始和循环两阶段组成。起始阶段中,将邻居节点少于3个的节点标记为orphan,将锚节点标记为gotFinal。在循环阶段,首先是相邻节点相互交换信息,假如一个未知节点的邻居节点中非orphan节点的数量小于3,就将其标记为orphan节点。假如一个节点有3个以上的邻居节点为gotFinal,则该节点就从中随机选择3个执行多次三边测量定位。执行的次数依赖于gotFinal邻居节点的数量,并确定自身位置为多次定位结果的均值。然后,该节点根据多次定位结果的一致性和gotFinal邻居节点的数量计算一个目标函数值。最后,相邻节点比较目标函数值,那些目标函数值最低的节点将接受位置估算并升级为锚节点,而其他节点都丢弃它们的位置估算,进入下一轮循环。因为每次循环都至少会有一个节点成为orphan节点或升级为锚节点,所以循环最终会结束。

实验表明,Generic Localized Algorithm在锚节点定位误差为10%,锚节点比例为20%,测距误差在25%条件下,定位精度为40%。

### 6.4.11 MDS-MAP

MDS-MAP[30]是一种集中式定位算法,可在 range-free 和 range-based 两种情况下运行,并可根据情况实现相对定位和绝对定位。它采用了一种源自心理测量学和精神物理学的数据分析技术——多维定标(Multidimensional Scaling),该技术常用于探索性的数据分析或信息可视化。

MDS-MAP 算法由三个步骤组成。

(1) 首先从全局角度生成网络拓扑连通图,并为图中每条边赋予距离值。当节点具有测距能力时,该值就是测距结果。当仅拥有连通性信息时,所有边赋值为 1。然后使用最短路径算法,如 Dijkstra 或 Floyd 算法,生成节点间距矩阵。

(2) 对节点间距矩阵应用 MDS 技术,生成整个网络的二维或三维相对坐标系统。

(3) 当拥有足够的锚节点时(二维最少三个,三维最少 4 个),将相对坐标系统转化为绝对坐标系统。

实验表明,当网络的节点密度减小时,定位误差增大,并且无法定位的节点数量增加;而当网络连通度达到 12.2 时,几乎全部节点都可实现定位;在拥有 200 个节点(其中 4 个锚节点),平均连通度为 12.1 的网络中,在 range-free 条件下,定位误差约为 30%;而在 range-based 条件下,定位误差为 16%(测距误差为 5%)。

## 6.5 定位算法设计的注意问题

### 6.5.1 典型定位系统和算法比较

6.4 节对典型的 WSN 定位系统和算法进行了分析,可以看出这些定位系统和算法采用的物理硬件、测距方法、适用环境等各不相同,没有哪种算法是通用和最优的,各有自己的特点和适用范围。表 6-1 对现有定位系统和算法进行了比较。

表 6-1 典型定位系统和算法比较

| 名称 | 类别 | | | | | 特点 | 定位精度 | | | | | 结果 |
|---|---|---|---|---|---|---|---|---|---|---|---|---|
| | 绝对 | 相对 | 集中 | 分布 | 测距 | 无需测距 | | 条件 | | | | |
| | | | | | | | 节点密度 | 信标密度 | 测距误差 | 信标定位误差 | 无线传播不规则性 | |
| Active Badge | • | | • | | | • | 周期性发射红外光 | | | | | 定位精度以房间为单位 |
| Active Office | • | | • | | • | | 采用超声波 TDOA | | | | | 95% 的估计值与真实位置误差在 1cm 以内 |
| RADAR | • | | • | | • | | 提供了场景分析和三边测量两种实现方式,需 3 个基站 | | | | | 定位精度以房间为单位 |
| Cricket | • | | | • | • | | 最早的松散耦合系统,锚节点密度高 | | | | | 1.5m×1.5m |

续表

| 名称 | 类别 | | | | | | 特点 | 定位精度 | | | | | |
|---|---|---|---|---|---|---|---|---|---|---|---|---|---|
| | 绝对 | 相对 | 集中 | 分布 | 测距 | 无需测距 | | 条件 | | | | | 结果 |
| | | | | | | | | 节点密度 | 信标密度 | 测距误差 | 信标定位误差 | 无线传播不规则性 | |
| 质心算法 | | • | | • | | • | Range-Free 算法,过程简单,误差大,锚节点密度高 | 约90%的节点定位精度为锚节点间距的1/3 | | | | | |
| SPA | | • | • | | • | | 通信开销与节点数量成指数比 | | | | | | |
| SPA 改进 | | • | | • | • | | 基于聚类,通信开销与节点数量成线性比 | | | | | | |
| APIT | • | | | • | | • | 采用近似三角形内点测试 | 6 | 10% | | | | 20% |
| 凸规划 | • | | • | | • | | Range-Free | | 10% | | | | 100% |
| DV-Hop | • | | | • | | • | Range-Free,锚节点密度小,适用于同性的密度网络 | 10 | 10% | | | | 13% |
| DV-Distance | | • | | • | • | | 锚节点密度小,仅适用于各向同性的密集网络 | 9 | 10% | 10% | | | 20% |
| Euclidean | • | | | • | • | | 跨越两跳计算与锚节点间距,受节点密度、锚节点密度和测距误差大 | 9 | 30% | 10% | | | 20% |
| DV-Coordinate | | • | | • | • | | 20%时,80%节点可定位 | 9 | 30% | 10% | | | 30% |
| Cricket Compass | • | | | • | • | | 提出 AOA 技术硬件解决方案,要求节点与锚节点相邻 | 原型系统可以在±40°角内以±5°的误差确定接收信号方向 | | | | | |
| DV-Bearing | • | | | • | • | | 跨越多跳计算与锚节点相对角度,节点密度 9 时,90%以上节点可实现定位和定向 | 10.5 | 20% | 5° | | | 40% |
| DV-Radial | • | | | • | • | | | | | | | | 25% |
| Cooperative Ranging | • | | | • | • | | 利用循环求精减小测距和误差影响 | | | 5% | | | 13% |
| Two-Phase Positioning | • | | | • | • | | 利用循环求精和加权最小二乘定位减小测距误差的影响,利用 Hop-TERRAIN 降低锚节点密度 | 12 | 10% | 40% | | | 40% |

续表

| 名称 | 类别 | | | | | 特点 | 定位精度 | | | | | 结果 |
|---|---|---|---|---|---|---|---|---|---|---|---|---|
| | 绝对 | 相对 | 集中 | 分布 | 无需测距 | | 条件 | | | | | |
| | | | | | | | 节点密度 | 信标密度 | 测距误差 | 信标定位误差 | 无线传播不规则性 | |
| AHLos | • | | • | | | 提出了将已定位节点升级为锚节点和协作式定位的思想,受测距误差累计影响 | 10 | 10% | 2CM | | | 20CM |
| N-Hop Multilateration Primitive | • | | | • | | 给出协作式定位的判定条件,使用卡尔曼滤波技术循环求精 | | 20% | 1CM | | | 3CM |
| Generic Localized Algorithm | • | | | • | | 指定了未知节点升级为锚节点的条件 | | 20% | 25% | 10% | | 40% |
| Am | • | | | • | • | 预知节点密度,节点密度较高 | 15 | | | 10% | | 20% |
| 超声波异步定位系统 | • | | | • | • | 用于定位运动节点 | 定位误差随目标运动速度变化明显 | | | | | |
| MDS-MAP | • | • | • | | • | Range-Free 和 Range-Based,对锚节点要求量低 | 200个节点(其中 4 个锚节点),节点密度为 12.1,Range-Free 定位误差为 30%,Range-Based 定位误差为 16%(测距误差为 5%) | | | | | |

从整体上看,近年来提出的一些循环求精算法,如 Cooperative Ranging,Two-Phase Positioning,N-Hop Multilateration Primitive,更加充分发挥了 WSN 的特点,即利用节点间的协同工作实现单个节点无法完成的任务。它们在初始阶段着重于获得对节点位置的粗略估算,并在求精阶段根据用户预设的精度门限循环求精;甚至还可根据应用需求,将整个求精阶段作为一个可选阶段。这些算法不仅提高了定位精度,还给予用户更大的自由度,正逐渐形成一个新的研究热点。

但还应看到,现有的定位系统和算法还存在如下一些问题[1]。

(1) 未知节点必须与锚节点直接相邻,锚节点密度过高,例如 Cricket,Cooperative Ranging。

(2) 定位精度依赖于网络部署条件。例如,DV-Hop,DV-Distance 仅适用于密集部署的各向同性网络;N-Hop Multilateration Primitive 和凸规划算法要求锚节点必须部署在网络的边缘。

(3) 没有对距离/角度测量误差采取抑制措施,造成误差传播和误差累积,定位精度依赖于距离/角度测量的精度。例如 AHLos,DV Distance,DV Bearing,DV Radial,SPA 及其改进算法。

(4) 依靠循环求精过程抑制测距误差和提高定位精度。虽然循环求精过程可以明显地减小测距误差的影响,但不仅产生了大量的通信和计算开销,而且因无法预估循环的次数而增加了算法的不确定性。例如,Cooperative Ranging, Two-Phase Positioning, N-Hop Multilateration Primitive。

(5) 算法收敛速度较慢。例如,Generic Localized Algorithm 在每次循环中,相邻节点中仅有一个节点可实现定位并升级为锚节点。

仿真显示,许多算法和系统的定位精度都还有很大的提高空间[69]。总之,无线传感器网络定位问题的研究仍然是 WSN 的一个技术难点,也是关键点之一。

### 6.5.2 定位算法设计的注意问题

由前几节内容可知,WSN 的定位算法非常多,但是没有一个定位算法是完美的。在实际应用中,如何设计合适的定位算法,需要根据以下的一些因素进行分析。

**1. 资源受限**

由前面的介绍可知,无线传感网络的节点是利用电池供电的,这就使得传感节点的定位算法不能有大量的消息,因为消息的发送和接受耗费能量过多。此外传感节点的信息处理能力和存储能力也非常有限,所以定位算法必须简单同时对存储空间要求较小。

除了传感节点的资源受限之外,通常用户的资源也是受限的。这就使得传感节点的价格必须更加低廉、网络的配置和维护需要尽可能的方便、定位算法的容错性要好。因为能量受限,传感节点的通信半径通常较小,每个节点覆盖的范围也有限,所以对于大范围的区域监测来说就需要大量传感节点,这就使得每个传感节点的价格必须十分低廉。同时对于一个大型的无线传感器网络,用户用于维护和配置整个网络需要消耗的资源也是惊人的,这就使得定位算法需要同时考虑分布式、自组织、可扩展性和容错性等多方面的问题,以减少用户在维护网络上的资源消耗。

同时,还需要认识到定位问题通常只是 WSN 的一项支撑技术,它是很多应用的前提之一。整个 WSN 的资源不但要满足定位算法,还需要满足其他的一些支撑技术,比如路由、时间同步、数据融合等。这就使得在设计定位算法时不能喧宾夺主,如果定位算法消耗了整个网络的大部分资源,那么这样的定位算法也是很失败的。

**2. 定位算法的应用场景**

定位算法的应用场景需要考虑两点:定位区域中存在非凸区域和定位区域中存在障碍物的情况。对于大部分定位算法来说,通常位于区域中间的节点比位于区域边界地区的节点定位精度要高。这是由于位于区域边界的节点通常只能接收到来自某一侧的参考节点信息,这就使得该节点无法利用全面的信息去估计自身的位置,所以通常误差较大。这种情况在非凸区域中表现得更加明显,如图 6-15 中传感节点 A 能够以直线方式通信的角度只是 360°内的一小部分,而如果采用该范围内的锚节点进行定位,误差会加大。当节点周围存在障碍物时也会屏蔽节点在某个方向上的通信,从而使整个网络出现非凸区域。而且障碍物会对很多测距方法的精度产生干扰。比如 TDOA 需要发送节点和接收节点处于视线范围内,而障碍物就会隔断它们之间的直接通信。同时对于基于

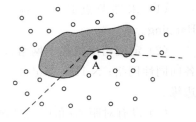

图 6-15 非凸区域示意图

RSSI 的测距方式，障碍物会对信号反射、折射以及吸收，这就会造成在障碍物周围的信号出现很大的不规则性，从而严重影响到测距的准确性，进而影响到定位精度。此外，在一些特殊环境下，比如水下无线传感器节点定位的工作[54~57]，由于无线信号在水中衰减非常快，这就使得通常的基于 RSSI 信号和连通性的定位算法遭遇很大的挑战。所以在设计定位算法时要考虑到实际的应用场景。

### 3. 节点密度

很多定位算法的精度受节点密度影响很大。比如基于通信跳数的定位算法需要整个网络有较大的节点密度，这样才能比较精确地计算跳段距离。而有些定位算法比如质心算法[6]，APIT[9]等需要网络中有较大的锚节点密度，当锚节点稀疏时，这些定位算法的精度就非常差。所以在设计定位算法时，节点密度也是一个需要重要考虑的方面。如果网络中的节点比较昂贵且功能较强，此时就可以布置一个节点稀疏的网络，并且采取基于测距的定位方法。如果节点的价格低廉且功能较弱，则布置一个节点稠密的网络，并且基于连通性进行定位也可以取得不错的效果。

## 6.6 小结

定位是无线传感器网络（WSN）的基本功能之一，根据定位机制的不同，WSN 定位算法的分类也不同。研究者们已经提出了很多定位算法，都具有各自的特点和适用范围，没有哪种算法是最优的。

目前的定位算法，大都对信标节点密度和网络布置条件的依赖程度较高，虽然可以依靠循环求精等方法抑制测距误差和提高定位精度，但同时增加了通信和计算开销，会造成算法的不确定性。

针对不同的实际应用，应该综合考虑节点的规模、能耗、成本和对定位精度的要求，来选择最合适的定位算法。

## 参考文献

[1] 王福豹，史龙，任丰原，无线传感器网络中的自身定位系统和算法，软件学报，2005.
[2] Johnson P, Andrews DC. Remote continuous physiological monitoring in the home [J]. Journal of Telemedicine and Telecare. 1996,2(2): 107-113.
[3] http://www.directionsmag.com/press.reIeases/index.php?duty=Show&id=383.1999.
[4] Harter A, Jones A, Hooper A. A new location technique for the active offce. IEEE Personal Communications, 1997.
[5] Spec: Smartdust chip with integrated RF communications. 2001. http://www.jlhlabs.com/jhill cs/spec/.
[6] D. Niculescu and B. Nath. Localized positioning in ad hoc networks. In IEEE International Workshop on Sensor Network Protocols and Applications, 2003, pp. 42-50.
[7] D. Niculescu, B. Nath. DV Based Positioning in Ad hoc Networks. In Journal of Telecommunication Systems, 2003.
[8] Bulusu N, Estrin D, Heidemann J. In location support systems: The case for quality-expressive location models for applications. In: Proc. of the Ubicomp 2001 Workshop on Location Modeling for Applications. Atlanta, 2001. 712.

[9] Hazas M, Ward A. A novel broadband ultrasonic location system. In: Borriello G, Holmquist LE, eds. Proc. of the 4th Int'l Conf. on Ubiquitous Computing. Goteborg: Springer-Verlag, 2002.

[10] Hazas M, Ward A. A high performance privacy-oriented location system. In: Titsworth F, ed. Proc. of the 1st IEEE Int'l Conf. on Pervasive Computing and Communications. Fort Worth: IEEE Computer Society, 2003.

[11] P. Bergamo and G. Mazzini. Localization in sensor networks with fading and mobility. in The 13th IEEE International Symposium on Personal, Indoor and Mobile Radio Communications, vol. 2, 2002, pp. 750-754.

[12] E. Elnahrawy, X. Li, R. Martin. The limits of localization using signal strength: a comparative study. In First Annual IEEE Conference on Sensor and Ad-hoc Communications and Networks, 2004, pp. 406-414.

[13] D. Madigan, E. Einahrawy, R. Martin, et al. Bayesian indoor positioning systems. in IEEE INFOCOM 2005, vol. 2, 2005, pp. 1217-1227.

[14] D. Niculescu, B. Nath. Localized positioning in ad hoc networks. In IEEE International Workshop on Sensor Network Protocols and Applications, 2003, pp. 42-50.

[15] N. Patwari, A. Hero, M. Perkins, et al. Relative location estimation in wireless sensor networks. IEEE Transactions on Signal Processing, vol. 51, No. 8, pp. 2137-2148, 2003.

[16] S. Meguerdichian, S. Slijepcevic, V. Karayan, et al. Localized algorithms in wireless ad-hoc networks: location discovery and sensor exposure. In Proceedings of the 2$^{nd}$ ACM international symposium on Mobile adhoc networking & computing, pages 106-116. ACM, 2001.

[17] T. S. Rappaport. Wireless Communications: Principles and Practice, 2nd ed. Prentice Hall PTR, 2001.

[18] D. C. Cox, R. Murray, A. Norris. 800mhz attenuation measured in and around suburban houses. AT&T Bell Laboratory Technical Journal, vol. 673, no. 6, pp. 921-954, 1984.

[19] R. Bernhardt. Macroscopic diversity in frequency reuse radio systems. IEEE Journal on Selected Areas in Communications, vol. 5, No. 5, pp. 862-870, 1987.

[20] D. McCrady, L. Doyle, H. Forstrom, et al. Mobile ranging using low-accuracy clocks. IEEE Transactions on Microwave Theory and Techniques, vol. 48, No. 6, pp. 951-958, 2000.

[21] G. Carter. Coherence and Time Delay Estimation. Piscataway, NJ: IEEE Press, 1993.

[22] C. Knapp, G. Carter. The generalized correlation method for estimation of time delay. IEEE Transansaction on Acoustics, Speech, Signal Processing, vol. 24, No. 4, p. 320327, 1976.

[23] N. B. Priyantha, A. Chakraborty, H. Balakrishnan. The cricket location-support system. In Proc. of the Sixth Annual ACM International Conference on Mobile Computing and Networking, 2000, pp. 32-43.

[24] J. Y. Lee, R. Scholtz. Ranging in a dense multipath environment using an UWB radio link. IEEE Journal on Selected Areas in Communications, vol. 20, No. 9, pp. 1677-1683, 2002.

[25] S. Gezici, Z. Tian, G. Giannakis, et al. Localization via ultra-wideband radios: a look at positioning aspects for future sensor networks. IEEE Signal Processing Magazine, vol. 22, No. 4, pp. 70-84, 2005.

[26] F. Gustafsson, F. Gunnarsson. Mobile positioning using wireless networks. IEEE Signal Processing Mag., vol. 22, No. 4, pp. 41-53, July 2005.

[27] Nissanka B. Priyantha, Allen K. L. Miu, Hari Balakrishnan, et al. The cricket compass for context-aware mobile applications. In Mobile Computing and Networking, pages 1-14, 2001.

[28] 方红雨,崔逊学,刘聂. 无线传感器网络的定位问题综述,电脑与信息技术,2005.

[29] Harter A, Hopper A, Steggles P, et al. The anatomy of a context-aware application. In: Proc. of the 5th Annual ACM/IEEE Int'l Conf. on Mobile Computing and Networking. Seattle: ACM Press, 1999.

[30] Want R, Hopper A, Falcao V, et al. The active badge location system. ACM Trans. On Information Systems, 1992.

[31] Harter A, Hopper A. A distributed location system for the active office. IEEE Network, 1994.

[32] http://www.directionsmag.com/press.releases/index.php?duty=Show&id=383. 1999.

[33] Harter A, Jones A, Hooper A. A new location technique for the active office. IEEE Personal Communications, 1997.

[34] Microsoft Research. Easy living, 2001. http://www.research.microsoft.com/easyliving/.

[35] Jeffrey Hightower, Roy Want, Gaetano Borriello. SpotON: An Indoor 3D Location Sensing Technology Based on RF Signal Strength. UW CSE 2000-02-02, University of Washington, Seattle, WA, Feb. 2000.

[36] Welch G, Bishop G, Vicci L, et al. The HiBall tracker: High-Performance wide-area tracking for virtual and augmented environments. In: Proc. Of the ACM Symp. on Virtual Reality Software and Technology. London: ACM Press, 1999.

[37] Want R, Schilit BN, Adams NI, et al. An overview of the ParcTab ubiquitous computing experiment. IEEE Personal Communications 1995.

[38] Orr RJ, Abowd GD. The smart floor: A mechanism for natural user identification and tracking. In: Proc. of the 2000 Conf. on Human Factors in Computing Systems. The Hague: ACM Press, 2000.

[39] Pentland A. Machine understanding of human action. In: Proe. of the 7th Int'l Forum on Frontier of Telecommunication Technology. Tokyo: ARPA Press, 1995. 757764. http://citeseer.ist.psu.edu/pentland95machine.html.

[40] Pinpoint Corporation. 2001. http://www.pinpointco.com.

[41] WhereNet Corporation. 2001. http://www.widata.com/solutionsee main.html.

[42] Priyantha NB, Chakraborty A, Balakrishnan H. The cricket location-support system. In: Proc. of the 6th Annual Int'l Conf. on Mobile Computing and Networking. Boston: ACM Press, 2000. 3243. http://citeseer.ist.psu.edu/priyantha00cricket.html.

[43] T. He, C. Huang, B. M. Blum, et al. Range-free localization schemes for large scale sensor networks. In Proc. ACM Int. Conf. Mobile Computing Networking (MOBICOM), San Diego, CA, Sep. 2003, pp. 81-95.

[44] Sawides A, Han C-C, Srivastava MB. Dynamic fine-grained localization in ad-hoc networks of sensors. In: Proc. of the 7th Annual Int'l Conf. on Mobile Computing and Networking. Rome: ACM Press, 2001.

[45] Avvides A, Park H, Srivastava MB. The bits and flops of the N-hop multilateration primitive for node localization problems. In: Proc. of the 1st ACM Int'l Workshop on Wireless Sensor Networks and Applications. Atlanta: ACM Press, 2002.

[46] J. Y. Lee, R. Scholtz. Ranging in a dense multipath environment using an UWB radio link. IEEE Journal on Selected Areas in Communications, vol. 20, No. 9, pp. 1677-1683, 2002.

[47] S. Capkun, M. Hamdi, J. P. Hubaux. GPS-free positioning in mobile Ad-Hoc networks. Hawaii International Conference On System Sciences, HICSS-34 January 3~6, 2001 Outrigger Wailea Resort.

[48] Jeffrey Hightower, Roy Want, Gaetano Borriello. SpotON: An Indoor 3D Location Sensing Technology Based on RF Signal Strength. UW CSE 2000-02-02, University of Washington, Seattle, WA, Feb. 2000.

[49] L. Doherly, L. E. Ghaoui, K. S. J. Pister. Convex Position Estimation in Wireless Sensor Networks. In Proceedings of the IEEE INFOCOM '01, Anchorage, AK, April 2001.

[50] D. Nicolescu, B. Nath. Ad-hoc positioning systems (APS). In Proc. IEEE GLOBECOM, vol. 5, San Antonio, TX, Nov. 2001, pp. 2926-2931.

[51] D. Niculescu, B. Nath. DV Based Positioning in Ad hoc Networks. In Journal of Telecommunication

Systems, 2003.

[52] Savarese C, Rabaey JM, Beutel J. Locationing in distributed ad-hoc wireless sensor network.. In: Proc. of the 2001 IEEE Int'1 Conf. on Acoustics, Speech, and Signal. Vol. 4, Salt Lake: IEEE Signal Processing Society, 2001.

[53] Want R, Schilit BN, Adams NI, et al. An overview of the ParcTab ubiquitous computing experiment. IEEE Personal Communications 1995.

[54] J. R. Vig. Introduction to Quartz Frequency Standards. SLCETTR-92-1 (rev. 1), Army Research Laboratory, Electronic and Power Sources Directorate, Fort Monmouth, NJ, at //www.ieeeuffc.org/freqcontrol/quartz/vig/vigtoc.htm, October 1992.

[55] 曹晓梅,俞波,陈贵海等. 传感器网络节点定位系统安全性分析,软件学报,Vol. 19, No. 4, 2008, pp. 879-887.

[56] Avinash Srinivasan, Jie Wu. A Survey on Secure Localization in Wireless Sensor Networks, http://www.cse.fau.edu/~jie/research/publications/Publication_files/BookChapter_SurveyOnSecureLocalizationInWirelessSensorNetworks.pdf.

[57] L. Lazos, R. Poovendran. SeRLoc: Secure Range-Independent Localization for Wireless Sensor Networks. In Proceedings of WiSe, 2004.

# 第7章

时间同步

## 7.1 时间同步概述

近年来由于低功耗无线电通信技术、嵌入式计算技术、微型传感器技术及集成电路技术的飞速发展和日益成熟,使得大量的、低成本的微型传感器通过无线链路构建自组织 WSN 成为现实。从而使无线自组织传感器网络在军事、民用和工业生产等领域被广泛应用。然而,在 WSN 中,时间同步是至关重要的一项技术,比如多个节点联合完成一项任务时,如果不事先进行时间同步,那么就无法联合完成任务。在 WSN 中,不同的节点都有自己的本地时间,由于不同节点的晶体振荡器频率存在偏差,以及受温度变化和电磁波干扰等影响,即使在某个时刻所有的节点都达到时间同步,它们的工作时间也会逐渐出现偏差,因此为了让 WSN 能协调地工作,必须进行节点间的时间同步[1]。由于 WSN 节点是随机部署的,预先无法知道节点的确切位置,而且 WSN 还有如下特征:电池能量、存储空间以及带宽均受限制,拓扑结构动态变化,导致传统的时间同步算法并不适合 WSN。

### 7.1.1 消息传递过程分解[2]

将消息在 WSN 节点间传递的过程分解成不同的阶段,是研究时间同步问题的关键,一条消息在 WSN 节点间的传递过程可分解成以下 6 个部分。

(1) Send Time:发送节点构造一条消息所需要的时间,包括内核协议处理和缓冲时间等,它取决于系统调用开销和处理器当前负载。

(2) Access Time:消息等待传输信道空闲所需时间,即从等待信道空闲到消息发送开始时的延迟,它取决于网络当前负载状况。

(3) Transmission Time:发送节点按位(bit)发送消息所需时间,该时间取决于消息长度和发送速率。

(4) Propagation Time:消息在两个节点之间传输介质中的传播时间,该时间主要取决于节点间的距离(电磁波在空气中的传播速率是一定的)。

(5) Reception Time:接收节点按位(bit)接收消息并传递给 MAC 层所需的时间,这个过程和(3)相对应。

(6) Receive Time:接收节点重新组装消息并传递给上层应用所需的时间。

### 7.1.2 算法设计的影响因素[3]

由于传感器节点的时钟都是不完美的,节点的本地时钟彼此之间会在时间上发生漂移,所以观察到的时间或者时间间隔对于网络中的节点来说彼此是不同的。但是,对于很多网络应用,需要一个共同的时间,使网路中的节点全部或者部分在瞬时是同步的[4]。然而,WSN 中的时间同步算法设计会受到很多因素的影响[5]。

(1) 传感器节点需要彼此并行操作和协作去完成复杂的传感任务。数据融合是这种并行操作的一种实例,其主要是将不同的节点收集的数据融合为一个有意义的结果。例如,在车辆跟踪系统中,传感器节点记录车辆的位置和时间并传送给网关节点,然后结合这些信息估计车辆的位置和速度。很明显,如果传感器节点缺乏统一的时间戳(也就是说没有同步),对车辆位置和速度的估计将是不准确的。

(2) 许多节能方案是利用时间同步来实现的。例如,传感器可以在适当的时候休眠(通过关闭传感器和收发器进入节能模式),在需要的时候再唤醒。当应用这种节能模式的时候,节点应该在同等的时间休眠和唤醒,也就是说当数据到来时,节点的接收器并没有关闭。这就需要传感器节点间精确地定时。一些调度算法,例如 TDMA,能够通过不同的时隙共享信道,进而去估计传输阻塞和保存能量。因此,时间同步是 TDMA 信道调度的基础。

### 7.1.3 算法的性能指标[3]

WSN 时间同步方案设计的目的是为网络中节点的本地时钟提供共同的时间戳[6]。评价一个 WSN 时间同步算法的性能,一般包含网络能量效率、可扩展性、精确度、健壮性、寿命、有效范围、成本和尺寸、直接性等指标。

(1) 能量效率。无线传感器网络的主要特点就是节点的能量受限,因此设计的时间同步算法须以考虑传感器节点有效的能量资源作为前提。

(2) 可扩展性。WSN 需要部署大量的传感器节点,时间同步方案应该能够有效扩展网络中节点的数目或者密度。

(3) 精确度。对精确度的需求依赖于特殊的应用和时间同步的目的,对于某些应用,获取时间和消息的先后顺序就足够,然而对于某些其他的应用,则要求时间同步精确到微秒。

(4) 健壮性。WSN 可能在监测区域长时间无人管理,一旦某些节点失效,在剩余的网络中,时间同步方案应该继续保持有效并且功能健全。

(5) 寿命。时间同步算法提供的同步时间可以是瞬时的,也可以和网络的寿命一样长。

(6) 有效范围。时间同步方案可以给网络内所有的节点提供时间,也可以给局部区域内的部分节点提供时间。由于考虑到可扩展性,进行全面的时间同步是有难度的,对于大面积的传感器网络,全面的时间同步会消耗能量和带宽。另一方面,对大量节点进行时间同步,需要收集来自遥远节点的用于全面时间同步的数据,对于大规模的无线传感器网络来说,这是很难实现的,而且直接影响了同步的精确度。

(7) 成本和尺寸。WSN 节点尺寸非常小而且廉价。因此,在传感器网络节点上安装相对较大或者昂贵的硬件(例如 GPS 接收器)是不合逻辑的。WSN 的时间同步方案必须考虑有限的成本和尺寸。

(8) 直接性。某些 WSN 的应用,比如紧急情况探测(例如气体泄漏检测、入侵检测等)需要将发生的事件直接发送到网关。在这种应用中,网络不容许有任何的延迟,但是某些协议是为事件发生后的额外处理而设计的,这些协议需要节点在任何时间都达到预先同步,这样看来,似乎和前面提到的直接性有些矛盾。

人们已经提出了很多关于 WSN 的时间同步算法。例如 RBS,TPSN 等,本章就现有的用于 WSN 的各种时间同步协议进行了综述和总结。

## 7.2 时间同步算法

### 7.2.1 经典时间同步算法

**1. 基于参考广播的时间同步协议[3]**

RBS(Reference Broadcast Synchronization)算法是 Elson 等人以"第三节点"实现同步的思想而提出的[7]。该算法是一个典型的接受者——接受者模式的同步算法。它是利用无线链路层广播信道特点,一个节点发送广播消息,在同一广播域的其他节点同时接收广播消息,并记录该点的时间戳。之后接收节点通过消息交换它们的时间戳,通过比较和计算达到时间同步。该算法中,节点发送参考消息给它的相邻节点,这个参考消息并不包含时间戳。相反地,它的到达时间被接收节点用作参考来对比本地时钟。此算法并不是同步发送者和接收者,而是使接收者彼此同步。

由于 RBS 算法将发送者的不确定性从关键路径中排除(如图 7-1 所示),所以获得了比传统的利用节点间双向信息交换实现时间同步的方法有较好的精确度。由于发送者的不确定性对 RBS 算法的精确度没有影响,误差的来源主要是传输时间和接收时间的不确定性。首先假设单个广播在相同时刻到达所有接收者,因此,传输误差可以忽略。当广播范围相对较小时,这种假设是正确的,而且也满足传感器网络的实际情形,所以在分析这个模型精确度的时候,只需要考虑接收时间误差。

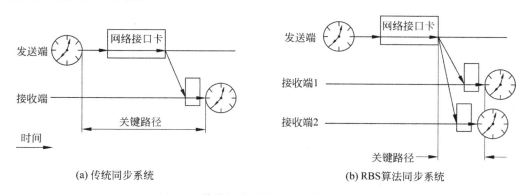

(a) 传统同步系统　　　　　　　　　(b) RBS算法同步系统

图 7-1　传统同步系统和 RBS 算法的比较

在 RBS 算法最简单的结构中,节点广播单个脉冲给两个接收者,接收者在收到脉冲的基础上再交换各自记录的脉冲到达时间,进而估计节点间相对的相位偏移。这种基本的 RBS 算法可以扩展为两个方面:①通过单个脉冲同步多个节点大于两个。②通过增加参考脉冲的数目提高精确度。通过仿真,在同步两个节点的时候,30 个参考脉冲(对于接收节点间的相对时间同步)能够将精确度从 $11\mu s$ 提高到 $1.6\mu s$,同时可以利用这个冗余信息估计时钟偏差和时间差异。

与通过多个观测值取相位偏移的平均值不同(例如对 30 个参考脉冲求相位偏移平均值),RBS 算法是通过最小均方线性衰落的方法取得这个数据。然后,节点本地时钟相对于远端节点的频率和相位可以通过图线的斜率和截取值获得。

Elson 等人在两种不同的硬件平台上实现和测试了 RBS 算法，进而获得了它们的精确度性能。其中一个平台是 Berkeley Motes，这个平台在传感器节点体系结构方面应用很广泛。在这个平台上，精确度在 11μs 内；另一个平台是 Compaq IPAQs，运行的是 Linux 2.4 版的内核，通过与 11Mbps 的 IEEE 802.11 网络进行连接，精确度可达 6.29±6.45μs。

在 RBS 协议中，假设到达各接收点的路径一样，这样路径时延变短，处理时延可忽略，使得同步误差大大减少，排除了发送端的单侧决定论，这种算法的精度高，并能广泛应用于商用硬件设备和无线传感器网络中已有的软件，它不需要访问操作系统的底层。缺点是节点间必须交换含有时间信息的附加消息，复杂度高。

**2. WSN 时间同步协议[3]**

TPSN(Timing-Sync Protocol for Sensor Networks)算法[8]是 Ganeriwal 等人提出的适用于 WSN 整个网络范围内的时间同步算法。该算法分两步：分级和同步。第一步的目的是建立分级的拓扑网络，每个节点有个级别。只有一个节点定为零级，叫做根节点。在第二步，$i$ 级节点与 $i-1$ 级节点同步，最后所有的节点都与根节点同步，从而达到整个网络的时间同步。

1) 分级

这个步骤在构建网络拓扑的时候运行一次。首先根节点被确定，并作为传感器网络的网关节点，在根节点上可以安装 GPS 接收器，网络中所有的节点就可以与外部时间（物理时间）同步。如果网关节点不存在，传感器节点可以周期性地作为根节点，现在存在一种选择算法可以实现这个目的。

根节点被定为零级，通过发送包含发送者本身级别的广播分级数据包进行分级。根节点的相邻节点收到这个包后，把自己定为 1 级。然后每个 1 级节点继续广播分级数据包。一旦节点被定级，它将拒收分级数据包。这个广播链延伸到整个网络，直到所有的节点都被定级。

2) 同步

同步阶段最基础的一部分就是两个节点间双向的消息交换。假设在单个消息交换的很小一段时间内，两个节点的时钟漂移是不变的，传输延迟在两个方向上也是不变的。如图 7-2 所示的节点 $A$ 和节点 $B$ 之间的双向

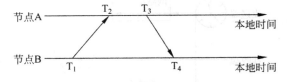

图 7-2 节点间的双向消息交换

消息交换，节点 $A$ 在 $T_1$（根据本地时钟）时刻发送同步信息包，这个信息包包含节点 $A$ 的等级和时间 $T_1$，节点 $B$ 在 $T_2=T_1+\Delta+d$ 时刻收到这个包，其中 $\Delta$ 是节点间的相对时钟漂移，$d$ 是脉冲的传输延迟，节点 $B$ 在 $T_3$ 返回确认信息包，信息包包含节点 $B$ 的等级和时间 $T_1,T_2,T_3$，然后，节点 $A$ 能够计算出时钟漂移和传输延迟，并与节点 $B$ 同步。

$$\Delta = \frac{(T_1-T_2)-(T_4-T_3)}{2} \tag{7-1}$$

$$d = \frac{(T_1-T_2)+(T_4-T_3)}{2} \tag{7-2}$$

同步是由根节点的 time-Sync 信息包引起的，1 级节点收到这个包后进行信息交换，每个节点等待随机时间后继续发送信息，从而把信道阻塞的可能性降到最小。一旦它们获得根节点的回应，它们就调整本地时钟与根节点同步。2 级节点监听 1 级节点和根节点的通信，与 1 级节点产生双向消息交换，然后再一次等待随机时间以保证 1 级节点完成同步。这个过程最终使所有节点与根节点同步。

TPSN 算法不仅应用在了 Berkeley 的 Mica 上,而且在 MAC 层给包打时间戳,这样可以降低发送者的不确定性。Ganeriwal 等人声称 TPSN 算法获得的精确度是 RBS 算法的两倍,而且声明 RBS 算法的能够达到 $6.5\mu s$ 的精确度是由于使用了高级操作系统(Linux)和更加稳定的晶体,因此,RBS 算法应用在 Mica 中获得了和 TPSN 算法一样优良的精确度。在早些时候,RBS 算法确实在 Berkeley Motes 上测试过,获得的精确度是 $11\mu s$。但是,Ganeriwal 等人证明说 RBS 算法在 Mica 上的实验结果是 $29.13\mu s$,而 TPSN 算法在相同的平台上是 $16.9\mu s$。本质上来说,通过在底层加时间戳而导致的发送端的不确定性其实对整个同步的误差影响很小,因此,在 WSN 中,经典的"发送——接收同步"比"接收——接收同步"更加有效。

### 3. Tiny-Sync 算法和 Mini-Sync 算法[3]

Tiny-Sync 算法和 Mini-Sync 算法是由 Sichitiu 和 Veerarit tip han 提出的两种用于 WSN 的时间同步算法[9]。该算法假设每个时钟能够与固定频率的振荡器近似。就像前面讨论的一样,两个时钟 $C_1(t),C_2(t)$ 假设线性相关,即

$$C_1(t) = a_{12} \cdot C_2(t) + b_{12} \tag{7-3}$$

其中:$a_{12}$ 是两个时钟的相对漂移,$b_{12}$ 是两个时钟的相对偏移。

Tiny-Sync 算法和 Mini-Sync 算法采用传统的双向消息设计来估计节点时钟间的相对漂移和相对偏移。节点 1 给节点 2 发送探测消息,时间戳是 $t_0$,即消息发送时的本地时钟。节点 2 在接收到消息后产生时间戳 $t_b$,并且立刻发送应答消息。最后,节点 1 在收到应答消息的时候产生时间戳 $t_r$。利用这些时间戳的绝对顺序和式(7-3)可以得到下面的不等式

$$t_0 < a_{12} \cdot t_b + b_{12} \tag{7-4}$$
$$t_r > a_{12} \cdot t_b + b_{12} \tag{7-5}$$

三个时间戳 $(t_0,t_b,t_r)$ 叫做数据点。Tiny-Sync 和 Mini-Sync 利用这些数据点进行工作,每个数据点通过双向消息交换进行信息收集。随着数据点数目的增多,算法的精确度也提高。每个数据点遵循相对漂移和相对偏移的式(7-4)和式(7-5)两个约束条件,图 7-3 描述了数据点加在 $a_{12},b_{12}$ 上的约束,式(7-4)描述的直线必须位于每个数据点垂直距离之间,其中的虚线表示满足式(7-4)斜率最大的直线,这条直线给出两个时钟相对漂移的上界(直线的斜率 $\bar{a}_{12}$)和相对偏移的下界(直线的 Y 轴的截取长度 $\underline{b}_{12}$)。同样地,另一条虚线给出了相对漂移的下界 $\underline{a}_{12}$ 和相对偏移的上界 $\bar{b}_{12}$。然后,相对漂移 $a_{12}$ 和相对偏移 $b_{12}$ 被限定为

$$\underline{a}_{12} \leqslant a_{12} \leqslant \bar{a}_{12} \tag{7-6}$$
$$\underline{b}_{12} \leqslant b_{12} \leqslant \bar{b}_{12} \tag{7-7}$$

确切的漂移值和偏移值不能够通过这种方法确定(或者其他方法,只要消息延迟是不可知的),但是可以对这两个值进行很好的估计。对其限制越紧密,获得的估计值就越好(也就是说,同步的精确度越高)。为了收紧限制,可以通过求解包含所有数据点限制的线性规划问题,这样可以得到最优化的限制条件。但是,这个方法对于传感器网络来说过于复杂,需要提高计算和存储能力以保存数据点。最直接的方法就是不用观测所有的数据点。例如,考虑到图 7-3 中的三个数据点,间隔 $[\underline{a}_{12},\bar{a}_{12}]$ 和 $[\underline{b}_{12},\bar{b}_{12}]$ 只是被数据点 1 和 3 限定。因此,数据点 2 是无用的。通过这种方法,Tiny-Sync 只是保留了四个限制数据点(能够产生最优估计边界的那些限制)。虽然算法比求解线性规划问题简单许多,但是,这种方案并不能总是为边界提供最优结果。算法可以忽略一些数据点(见图 7-4),认为它们是无用的,但是它们可能和后面出现的数据点一起提供较好的边界条件。因此,Mini-Sync 算法并不能得到最优的结果。

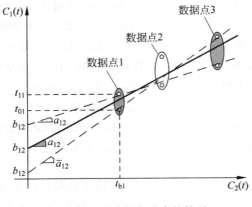

图 7-3 受到数据点约束的情况

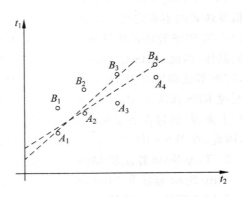

图 7-4 忽略某些数据点的情况

Mini-Sync 算法是 Tiny-Sync 算法的延伸,算法思想是阻止 Tiny-Sync 算法忽略可能和后面出现的数据点一起提供较好的边界条件的数据点。考虑到图 7-4 所示的情况,为了表示得比较清楚,只标示最优的约束 $A_j$。在收到前两个数据点 $(A_1-B_1)$ 和 $(A_2-B_2)$ 之后,计算出漂移和偏移的最初估计值。在收到第三个数据点 $(A_3-B_3)$ 之后,约束 $A_1$,$B_1$,$A_3$ 和 $B_3$ 被存储,然而 $(A_2-B_2)$ 被丢弃。下一个数据点 $(A_4-B_4)$ 将用到约束 $A_2$ 去产生更好的估计。不幸的是,数据点 $A_2$ 已经被删除,对于 $b_{12}$ 不够理想的估计被 $A_1$ 和 $A_4$ 加强。因此,tiny-Sync 在产生正确的结果的同时,可能错过最优的结果。

在图 7-4 中,约束 $A_2$ 被 tiny-Sync 丢弃,由于该约束并不是立刻有用,可能在以后将有用。但是,这并不意味着所有的约束在以后都有用。事实上,只有约束 $A_j$(e.g. $A_2$)满足这个条件:

$$m(A_i,A_j) > m(A_j,A_k) \quad (1 \leqslant i < j < k) \tag{7-8}$$

像这样的数据点是在以后有用的数据点(通过 $m(X,Y)$ 表示了通过点 $(X,Y)$ 的直线的斜率)。

**定理 7-1**:对于任何约束 $A_j$(e.g. $A_2$)满足:

$$m(A_i,A_j) \leqslant m(A_j,A_k) \quad (1 \leqslant i < j < k) \tag{7-9}$$

像这样的任何数据点都可以丢弃,在以后不会再有用。

Mini-Sync 算法在收到新的数据点以后,将检查新的约束是否将删除一些旧的约束,如果删除的是一些不相关的约束,仍能通过剩余的数据点获得最优的结果。只是存储 4 个节点,像 tiny-Sync 算法那样是不能产生最优结果的,那到底实际需要多少个点来产生最优结果呢?理论上来说,会是一个很大的数目,如果节点 1 和节点 2 之间的延迟单调增加,不等式(7-9)能够包含所有的约束 $A_j$。事实上,延时不会永远单调增加,因此,仅有一些约束需要存储以获得最优结果。通过实验可以得出一次最多可以存储 40 个点,这即使是对于无线传感器网络来说也是非常合理的。

#### 4. LTS 算法[3]

LTS(Lightweight Tree-Based Synchronization)算法是 Greunen 和 Rabaey 提出的[10],与其他算法最大的区别是该算法的目的并不是提高精确度,而是减小时间同步的复杂度。该算法在具体应用所需的时间同步精确度范围内,以最小的复杂度来满足需要的精确度。WSN 的最大时间精确度相对较低(在几分之一秒内),所以能够利用这种相对简单的算法来进行时间同步。

Greunen 和 Rabaey 提出了两种用于多跳网络同步的 LTS 算法,它们都是基于文献[7]的 Pair-Wise 同步方案,两个算法都需要节点与一些参考节点同步,例如 WSN 中的网关节点。

(1) 第一种算法是集中式算法,首先要构造树状图,然后沿着树的 $n-1$ 个叶子边缘进行成对同步。希望通过构造树状图使同步精度最大化,因此,最小深度的树是最优的。如果考虑时钟漂移,同步的精确度将受到同步时间的影响,为了最小化同步时间,同步应该沿着树的枝干并行进行,这样所有的叶子节点基本可以同时完成同步。在集中式同步算法中,参考节点就是树的根节点,如果需要,可以进行"再同步"。通过假设时钟漂移被限定和给出需要的精确度,参考节点可以计算单个同步步骤有效的时间周期。因此,树的深度会影响整个网络的同步时间和叶子节点的精确度误差,为了利用这个信息来决定再同步时间,需要把树的深度传给根节点。

(2) 第二种多跳 LTS 算法通过分布式方法实现全网范围内的同步。每个节点决定自己同步的时间,算法中没有利用树结构。当节点 $i$ 决定需要同步(利用期望的精确度、参考节点的距离和时钟漂移),它发送一个同步请求给最近的参考节点(利用现有的路由机制)。然后,所有沿着从参考节点到节点 $i$ 的路径上的节点必须在节点 $i$ 同步以前就已经同步。这个方案的优点就是一些节点可以减少传输时间,因此可以不需要频繁地同步。所以,节点可以决定它们自己的同步,节省了不需要的同步。另一方面,让每个节点决定再同步可以推进成对同步的数量,因为对于每个同步请求,沿着参考节点到再同步发起者的路径上的所有节点都需要同步。随着同步需求数量的增加,沿着这个路径的整个同步将是极大的资源浪费,因此,聚合算法应运而生:当任何节点希望同步的时候需要询问相邻节点是否存在未决的请求存在,如果存在,这个节点的同步请求将和未决的请求聚合,减少由于两个独立的同步沿着相同路径引起的无效结果。

## 7.2.2 基于前同步思想的同步算法

前同步是不论系统是否有触发条件,都要进行时间同步,也就是说系统会定期地自动进行时间同步的校正。常见方法如下[1]。

**1. 延时测量时间同步协议**

文献[11]提出了一种延时测量时间同步 DMTS(Delay Measurement Time Synchronization)协议,它在多跳网络中采用了层次型的分级结构来实现全网范围内的时间同步,它避免了冗余分组的传输,只接收级别比自己低的节点广播的分组。该协议能更好地支持与外部时间源及多个网络的同步。该协议是在 RBS 的基础上做了改进,它是一种基于广播时间的时间同步机制。和 RBS 相比,为了避免对往返传输时间进行估计,减少消息交换量,同时兼顾可扩展性,能量消耗和估算成本,它选择一个节点作为主节点,广播含有节点时间的分组,接收节点对分组的传输延迟进行测量,并且将自己的本地时间设置为接收到的分组中包含的时间加上分组传输时延。这样所有广播范围内的节点都可以与主节点进行同步。

但是由于 DMTS 在能量开销和同步精度之间做了折中,所以它主要应用在对精度要求不是很高的无线传感网中。

**2. 泛洪时间同步协议 FTSP**

2004 年 Maroti M 等人提出 FTSP(Flooding Time Synchronization Protocol)[11,12]的目标是实现整个网络的时间同步并将误差控制在微秒级,它考虑了根节点的选择,根节点和子节点的失效所造成的拓扑变化以及对冗余信息的处理等方面的问题,同时它采用了线性回归算法可以提高同步精度,比较适用于军事场合。

DMTS 和 FTSP 都是对 RBS 的改进,它们完全不考虑发送时间和访问时间,因此绝对路径的变短,使得同步误差大大地减少。只是 DMTS 算法是通过减少传输的消息条数,使算法的开销变小,可是精度不如 RBS。

### 3. HRTS 和 BTS

2004 年 Dai. H 提出的 HRTS(Hierarchy Referencing Time Synchronization Protocol)[13] 是在 TPSN 模型和 RBS 模型基础上演变出来的一种时间同步算法,当一个节点发送时间请求的时候,所有的相关节点都收到请求,并记录接到请求时的本地时间。例如节点 $O$ 发 $M_1$ 进行时间同步的请求,节点 $K,P$ 都接到请求,它们记录收到请求时的本地时间,其中节点 $K$ 和节点 $O$ 进行信息交互,计算出节点 $K,O$ 间的时间偏差,节点 $O$ 再次发送 $M_2$(其中包含时间偏差和节点 $K$ 接到同步请求时的本地时间),此时节点 $K,P$ 根据接收到的时间信息,进行时间信息的同步(见图 7-5)。

BTS[13] 思想和 HRTS 类似,但做了如下改进。

(1) 用捎带技术,将 $M_2$ 的信息附带在下一次的 $M_1$ 中进行发送,使同步报文个数降为 HRTS 的 2/3。

(2) 各节点不直接对节点的本地时间进行修改,保证了节点本地时间的连贯性。

(3) 用最小均方线性回归算法对误差进行分析。其时间同步的原理如图 7-6 所示。

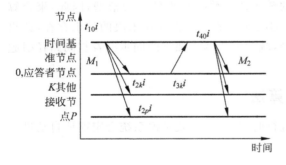
图 7-5　HRTS 原理图

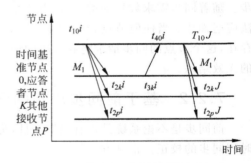
图 7-6　BTS 原理图

HRTS 中节点 $O$ 和 $K$ 的通信是采用 TPSN 方式,节点 $O$ 和 $P$ 的通信是采用 RBS 方式的。若节点 $O$ 和 $K$ 的误差为零,则 RBS 和 BTS 的性能几乎一样,当节点 $K$ 和 $P$ 的误差为零时,则 RBS 的性能和 TPSN 的性能一样。这两种算法通信消耗和参与同步的节点数成正比,所以在大规模的网络中,性能会受到较大的制约。

2007 年徐朝农等人还在 BTS 的基础上提出了改进型 BTS 协议,它在 BTS 的基础上按照广度优先生成树的原理,使各个节点不仅可以保存从父节点来的时间信息还可以保存来自叔父节点的时间信息,同时它采用了简化的平均加权时间组合算法。他们在 Simsync 时间同步模型的平台基础上以 Mica2 为基本节点,对传输延迟各组成部分以及晶振频率建模,通过实验发现改进型的 BTS 减少了节点间的同步误差,精度之所以得以提高的原因是时间组合算法的应用导致了节点时间偏移量的均方差减少。

### 4. 其他同步思想

2003 年 M. Sichitiu 和 C. Veerarittiphan 提出了 Tiny Sync and Mini Sync[14] 同步算法,它们利用线性拟合得出节点间时钟的相对漂移和相对偏移的范围。采用夹逼的方法估计频偏和相偏,这是以放宽时间精度的范围为前提的。

同样在 2003 年 J. Greunen 和 J. Rabaey 提出了降低同步开销的轻量级时间同步机制 LTS[15](Lightweight Time Synchronization),该协议侧重降低同步开销,并且具有鲁棒性和自配置的特点,同时它包含了从上往下的集中式和从下往上的分布式两类多跳时间同步。

2007 年杨博、廖明宏提出了 SCPS[16](Statistic Clock Protocol for Sensor networks),它周期性地对节点时钟采样,计算本地时钟和参考时钟的差值,进而修正本地时钟,在网络初始化过程时以及工作了一段时间后,协议要测量传输时延值,作为同步计算中的修正值,然后进行簇内时间同步,头节点收到同步请求后,连续发送多个同步消息,簇内节点收到消息后根据传输时延值计算出和头节点的时钟偏差值,从而修正本地时钟。由于网络节点设置不同的级别,每个节点只和其上级节点保持同步,从而达成了该范围内的时钟同步。通过实验可以看出,采用该方法能有效地降低能量的消耗和带宽消耗,它适用于由大量节点组成的传感网络。

### 7.2.3 基于后同步思想的时间同步协议[1]

文献[17]曾首次提出用后同步思想进行时间的同步,该思想是,通常情况下节点不进行时间同步,只有检测到一个感兴趣的事件发生后,节点才进行时间同步。

单脉冲同步机制[18]。该同步思想是加入第三方信标节点,在检测到感兴趣的事件后,信标节点立即广播一个同步脉冲,接收到这个脉冲的节点把这个同步脉冲作为一个即时的时间参考并且根据这个同步脉冲打上这个事件的时间戳。该同步思想在节点比较少的情况下工作性能很好。

结合"后同步"思想的 RBS 时间同步机制。它能在较大的范围内提供时间同步。但是 RBS 的评估算法需要多个同步脉冲来获得节点的时钟偏差,这需要一定的时间,所以可能引入新的误差。

文献[18]介绍的基于路由结合的时间同步协议 RITS(Routing Integrated Time Synchronization),是一种被动的时间同步协议。它并不执行明确的时间同步。在某个事件发生的时候,它以汇聚节点的本地时间为基准,获得多个观测到该事件节点的观测时间,当包含时间戳的数据包从一个节点传送到另一个节点的时候,它所带的时间戳相应地转换为对应节点的本地时间戳。通过实验可以看出,带有时间偏差补偿的误差率比不带时钟偏差补偿的误差率要小得多。

2003 年 ElsonJ. E 提出的 Post facto[12,15]为事件发生后的同步方法,当激励信号到达后,各节点记录激励该信号到达时的本地时间,一个节点广播一个同步脉冲给本地网络的所有节点,各节点将本地脉冲作为瞬时的相关时间标记来标准化自己的时间,在多事件同时发生的时候会引起系统时钟的不稳定。

基于后同步思想的时间同步协议因为在事件发生之后才进行节点间的时间同步。所以在能耗方面比基于前同步思想的时间同步协议明显要好。

## 7.3 算法比较分析

对于无线传感网络而言,影响时间同步精度的重要原因是时延的不确定性。Kopetz 和 Schwabl 曾把等待时间分解为 6 个组成部分[11],分别是:发送时延、访问时延、传送时延、传播时延、接受时延、接收时延。表7-1将常见的几种时间同步方法进行了对比,比较分析了各种不同算法的优缺点和适用场合。

表7-1 常见的无线传感网络时间同步算法比较

| 同步方法 | 优点 | 缺点 | 适用环境 |
| --- | --- | --- | --- |
| RBS | 1. 不考虑发送时延和访问时延,甚至排除了接受时间的不确定性<br>2. 时钟的调整不会影响时钟偏差的计算 | 时间同步算法复杂度高,能量消耗大,不适合有限能量供给的应用场合 | 不仅适用于无线网络也适用于有线网络,可广泛应用于商用硬件设备和已有的无线传感网软件中 |
| TPSN | 1. 不考虑发送时延和访问时延,甚至排除了接受时间的不确定性<br>2. 精度可以达到几百微秒,是RBS的两倍并支持外部时钟源同步 | 1. 能量开销大<br>2. 不适合网络动态变化的应用场合 | 对时间精度要求较高的稳定网络 |
| DMTS | 算法灵活,比RBS和TPSN能量消耗少 | DMTS的同步精度低于TPSN,FTPS,RBS | 对时间精度要求不高的无线传感器网络 |
| FTPS | 适合拓扑变化和需要冗余信息处理的网络,用线性回归算法提高同步精度 | 它的同步精度虽然比DMTS算法高,但是位于TPSN与RBS之间 | 适用于军事场合 |
| BTS | 采用了时间组合算法,减少了节点间的同步误差,时间同步精度高 | 通信耗能和节点数成正比 | 不适合大规模的网络 |
| SCPS | 有效降低了能耗和带宽消耗 | 实验得到的精度以0.9965的概率小于80μs(精度不是很高) | 由大量节点组成的传感器网络 |

无线传感器网络在不同的应用环境中,表现出来不同的特点,对时间同步的要求也就存在差异,所以上述算法针对具体的应用环境也表现出不同的特点。在分析无线传感器网络时间同步算法时,一般在网络结构、同步方式、误差、能耗和有效范围等方面进行比较,见表7-2[3]。

表7-2 时间同步算法参数比较分析表

| 算法名称 | RBS算法 | TPSN算法 | Mini-Sync算法 | LTS算法 |
| --- | --- | --- | --- | --- |
| 测试平台 | MICA | MICA | Ad-hoc(802.11b) | Omnet++ |
| 分级结构 | 否 | 是 | 是 | 是 |
| 同步方式 | 接收-接收 | 发送-接收 | 发送-接收 | 发送-接收 |
| 同步误差 | 29.13 | 16.9 | / | / |
| 精确度 | ☆☆☆ | ☆☆ | ☆ | ☆ |
| 能耗 | ☆☆☆ | ☆☆ | ☆☆ | ☆ |
| 复杂度 | ☆☆ | ☆☆ | ☆ | ☆☆ |
| 应用范围 | ☆☆ | ☆☆ | ☆ | ☆ |
| 有效范围 | ☆ | ☆☆ | ☆ | ☆☆ |

表中☆代表了算法在某个方面的性能等级,☆的数量越多代表算法在这个方面的性能越优良。文献[12]中给出了RBS算法和TPSN算法应用到MICA平台的同步误差等参数,比较了两种算法的不同之处。RBS算法由于采用了与其他算法不同的同步方式,精确度比较

高,但是由于节点的射频范围有限,使得算法的应用范围受限;TPSN 由于采用了分级的方式和传统的同步方式,使得同步效果比较好,但是增加了能耗和复杂度;LTS 算法是针对精确度要求不高的应用环境而设计的一种简单算法;Mini-Sync 算法的复杂度相对较低,但是对于计算和存储的要求较高。总之,每种算法的应用需要考虑无线传感器网络的具体应用环境。

目前,无线传感器网络时间同步算法的研究已经取得了很大进展,今后的研究热点将集中在节能和超大规模、可变拓扑中的时间同步以及时间同步的安全性方面。这将对算法的容错性、有效范围和可扩展性提出更高的要求。表 7-3 对几种算法就分级结构、同步机制、误差、精度、能耗和复杂度等方面作了对比分析[19]。

表 7-3 时间同步算法性能指标分析表

| 算　　法 | RBS | TPSN | Mini-Sync | LTS | DMTS | FTSP |
| --- | --- | --- | --- | --- | --- | --- |
| 分级结构 | 否 | 是 | 是 | 是 | 是 | 是 |
| 同步机制 | R-R | 成对 | 成对 | 成对 | S-R | S-R |
| 误差 | 29.1 | 16.9 | / | / | 32 | 21.8 |
| 精度 | 一般 | 高 | 较低 | 较低 | 一般 | 较高 |
| 能耗 | 一般 | 较高 | 一般 | 一般 | 较低 | 较低 |
| 复杂度 | 较高 | 一般 | 较低 | 一般 | 较低 | 较低 |

## 7.4 小结

以上介绍的各种协议算法就在这几种基本同步方法的基础上演进出来的,它们的设计思想有不同的侧重点,有的首先考虑节能,有的首先关注精度。因此,选择 WSN 的时间同步算法要根据具体的应用场合,在对精度要求不高的时候,应尽量减少时间同步的频率,同时可降低参与同步的节点数目以降低节点通信的能耗;在对精度要求比较高的场合,可以增加广播同步分组的次数,引入线性回归算法等数据处理方法。总之,对特定的应用场合,需要研究开发特定的时间同步机制。

目前对 WSN 时间同步算法的研究已取得了很大进展,但是现有的 WSN 时间同步算法还不够完善,以下几个方面值得进一步研究。

大规模 WSN 时间同步——随着硬件技术的发展,传感器节点的成本将会逐渐降低,使今后进行大规模传感器节点的部署成为可能,现有的 WSN 时间同步算法都是对中小规模的 WSN 时间同步进行仿真和实验的,因此 WSN 时间同步算法在大规模 WSN 中的应用是今后研究的方向之一。

健壮性和容错性——目前提出的 WSN 时间同步算法基本上都是在实验室环境或在状况较好的室外环境下进行的实验测试,实际的 WSN 应用环境经常是人们难以接近的恶劣环境,并且存在各种难以预测的干扰因素,因此 WSN 时间同步算法在真实应用环境下的健壮性和容错性也是一个不能忽视的研究方向。

可变拓扑下时间同步——目前的同步算法主要针对网络拓扑结构固定的 WSN,即节点处于静止状态下的时间同步,下一代的传感器网络可能包括移动的传感器节点,WSN 的拓扑结构也会不断发生变化,如何处理可变拓扑下的时间同步也需要进一步研究。

性能评价模型——现有 WSN 时间同步算法之间的性能对比都是通过相同运行环境下的

实验进行的,因此建立一个标准的性能评价模型也是一个值得研究的方向。

总之,WSN 时间同步是一个比较新的研究领域,其中还有许多问题有待解决,值得广大研究人员关注并进一步研究。

# 参考文献

[1] 王瑜,张继荣. 无线传感器网络的时间同步. 西安邮电学院学报,2010,15(1):143-147.

[2] 康冠林,王福豹,段渭军. 无线传感器网络时间同步综述. 计算机测量与控制,2005,13(10):1021-1030.

[3] 周贤伟,韦炜,覃伯平. 无线传感器网络的时间同步算法研究. 传感技术学报,2006,19(1):20-29.

[4] 钮永胜,赵新民. 基于神经网络在线建模的非线性动态系统中传感器故障检测方法[J]. 宇航学报,1998,19(1):55-59.

[5] 钮永胜,赵新民,孙金玮. 采用基于神经网络的时间序列预测器的传感器故障诊断新方法[J]. 仪器仪表学报,1998,19(4):383-388.

[6] Elson Jeremy, Rêmer Kay. Wireless Sensor Networks: A New Regime for Time Synchronization[C]. In: Proceedings of the First Workshop on Hot Topics In Networks (HotNets-I). Princeton, New Jersey, October 28-29 2002.

[7] Elson Jeremy, Girod Lewis, Estrin Deborah. Fine-Grained Net-work Time Synchronization Using Reference Broadcasts[C]. In: Proceedings of the Fifth Symposium on Operating Systems Design and Implementation. Boston, MA, 2002. 147-163.

[8] Ganeriwal Saurabh, Kumar Ram, Srivastava Mani. Timing Sync Protocol for Sensor Networks[C]. In: ACM SenSys. Los Angeles, CA, 2003.

[9] SichitiuMihailL, Veerarittipahan Chanchai. Simple, Accurate Time Synchronization for Wireless Sensor Networks[C]. In: Proceedings of the IEEE Wireless Communications and Net-working Conference (WCNC 2003). New Orleans, LA, March 2003: 1266-1273.

[10] Van Greunen Jana, Rabaey Jan. Lightweight Time Synchronization for Sensor Networks[C]. In: Proc. 2nd ACM Int'l. Conf. Wireless Sensor Networks and Apps. San Diego, CA, Sept. 2003.

[11] 周书民,周建勇,潘仕彬等. 无线传感网络中时钟同步的研究[J]. 电子技术应用,2006(09):24-26.

[12] 谢洁锐,胡月明,刘才兴等. 无线传感器网络的时间同步技术[J]. 计算机工程与设计,2007(01):76-77.

[13] Chaonong Xu, Lei Zhao, Yongjun Xu, et al. Time Synchronization Simulator and Its Application. IEEE 2006.06 ICIEA.

[14] M. L. Sichitiu, C. Veerarittiphan. Simple, accurate time synchronization for wireless sensor networks. Proceeding of the IEEE Wireless Communications and Networking Conference 2003(05):16-20.

[15] Poonam Yadav, Nagesh Yadav Shirshu Varma. Cluster Based Hierarchical Wireless Sensor Networks and Time Synchronization in CHWSN. IEEE 2007.02(1149-1153).

[16] 杨博,廖明宏. 基于统计的无线传感器网络的时钟同步协议[J]. 哈尔滨工业大学学报,2007(01):98-101.

[17] BXU N, Rangwala S, et al. A wireless sensor network for structural monitoring SenSys. 04. Proceeding of the 2nd international conference on Embedded networked sensor system, 2004:13-24.

[18] 张东波,汪文勇,向渝. 无线传感网络中基于"后同步"思想的时间同步机制[J]. 网络运行与管理,2007(02):33-35.

[19] 徐为,郦苏丹,彭伟. 无线传感器网络时间同步算法综述. 计算机与信息技术,33-36.

[20] 徐朝农,徐勇军,李晓维. 无线传感器网络时间同步新技术. 计算机研究与发展,2008,45(1):138-145.

# 第8章 安全技术

无线传感器网络(WSN)是通过无线通信方式组成的一种多跳自组织网络,是集信息采集、信息传输、信息处理于一体的智能化信息系统。由于其本身资源方面存在的局限性和脆弱性,使其安全问题成为一大挑战。随着 WSN 向大范围配置的方向发展,其安全问题越来越重要,针对 WSN 的特点,采用什么样的安全机制是一个亟待解决的问题。到目前为止,有关传感器网络安全方面的综述文献已经相当多。本章将从以下几个方面阐述 WSN 的安全问题。

## 8.1 无线传感器网络安全基本理论

随着无线传感器网络向大范围配置的方向发展,其安全问题越来越重要。许多研究者把精力集中在了发展无线传感器网络的网络结构和路由算法上,但是对安全问题关注较少[1,2]。

### 8.1.1 无线传感器网络安全的限制因素

实现传感器网络安全的限制因素包括两个方面,一是传感器节点本身的限制,包括电池能量的限制,节点 CPU、内存、存储容量方面的限制,以及缺乏足够的篡改保护机制等;另一个方面是无线网络本身的限制,包括通信带宽、延时、数据包的大小等方面的限制。具体的限制总结如下[6,16]。

**1. 信道的脆弱性**

不需要物理基础网络部件,恶意攻击者可以轻易地进行网络监听和发送伪造的数据报文。

**2. 节点的脆弱性**

传感器节点一般布置在敌对或者无人看管的区域,传感器节点的物理安全没有很大保证,攻击者很容易攻占节点,且节点没有防篡改的安全部件,易被攻击者利用。

**3. 弱安全假设**

一般情况下,传感器节点很可能被攻击者获取,而且传感器网络的防护机制很弱,可能会泄露存放在节点上的密钥。因此,在传感器网络的安全设计中,需要考虑到这个方面。不同的密钥,安全级别不同,传送数据的级别也不同。而且,密钥需要经常更新。

**4. 无固定结构**

从安全角度来看,没有固定的结构使得难以应用一些传统的安全技术。

**5. 拓扑结构动态变化**

网络拓扑频繁地动态变化,需要比较复杂的路由协议。

**6. 局限于对称密钥技术**

由于节点功能的局限性,只能使用对称密钥技术,而不能采用公钥技术。

#### 7. 性能因素

无线传感器网络,在考虑安全的同时,必须考虑一些其他的限制因素,性能是一个重要方面。例如,为了可以进行数据汇聚,可能对数据不进行加密,或者使用组密钥,这两种方法都减弱了安全性。

#### 8. 节点的电源能量有限

一种最简单的攻击方法,可能是向网络中发送大量的伪造数据报,耗尽中间路由节点的电源能量,导致网络中大量节点不可用。可用性在传统密钥学中不是非常重要,但在无线传感器网络中,却是安全的重要组成部分。设计安全协议的时候,应该充分考虑能量的消耗情况。

总之,WSN 安全要求是基于传感器节点和网络自身条件的限制提出的。其中传感器节点的限制是 WSN 特有的,在文献[3,4]中包括电池能量、充电能力、睡眠模式、内存储器、传输范围、干预保护及时间同步等。网络限制与普通的 Ad hoc 网络一样,包括有限的结构预配置、数据传输速率和信息包大小、通道误差率、间歇连通性、反应时间和孤立的子网络。这些限制对于网络的安全路由协议设计、保密性和认证性算法设计、密钥设计、操作平台和操作系统设计以及网络基站设计等方面都有极大的挑战。

### 8.1.2 系统假设[5]

在分析 WSN 安全需求和安全基础设施之前,先给出一些假设。一般来说传感器节点使用 RF(Radio Frequency)通信,因此广播是基本的通信原语。在部署之前,传感器和基站是任意分布的,没有任何的拓扑特征。在节点部署之后,节点是固定的。这些网络节点的假设如下。

#### 1. 传感器

每个传感器节点能够向前传输信息给基站,识别到达本节点的数据包,并且进行消息广播。对于节点不作任何的信任假设。

#### 2. 基站

基站是传感器网络与外部网络通信的接口。传感器节点以基站为根建立路由链路。这里假设基站也拥有传感器节点的能力,但是它拥有足够的电池能源支撑整个传感器网络的通信过程,拥有足够的内存存储密钥,并且能够与外部网络通信。在基站之间的广播通信是可行的,并且是安全的组通信。集群算法[5]能够很容易地被扩展用来建立安全的通信。基站能够为两个传感器节点生成临时的会话密钥。

#### 3. 命令节点

假设命令节点是安全的,并且受信于传感器网络的所有节点。

#### 4. 时间同步

假设传感器网络的各种节点能够在允许的误差范围内保证时间同步。

在 WSN 中通信模式可以分为如下几类:①传感器与传感器之间通信;②传感器与基站之间通信;③传感器与命令节点之间通信;④基站之间通信;⑤基站与命令节点之间通信。

在无线传感器网络平台上,由于计算资源是有限的,不能使用非对称加密技术,因此必须使用对称加密技术来设计安全协议。

### 8.1.3 无线传感器网络的安全问题分析

WSN 协议栈由物理层、数据链路层、网络层、传输层和应用层组成。物理层主要处理信号的调制、发射和接收。数据链路层主要负责数据流的多路传输、数据帧检测、媒介访问控制和错误控制。网络层主要考虑数据的路由。传输层用于维持给定的数据流。根据不同的应用,应用层上可使用不同的应用软件。在各层协议中,都面临着一些安全问题,具体分析如下。

### 1. 物理层的攻击与防御

物理层中安全的主要问题由无线通信的干扰和节点的沦陷引起的。无线通信的干扰所引起的安全问题是:一个攻击者可以用 $K$ 个节点去干扰并阻塞 $N$ 个节点的服务($K<N$)。其次,节点沦陷是另一种类型的物理攻击:攻击者取得节点的秘密信息,从而可以代替这个节点进行通信。物理层的攻击与防御具体情况如下。

(1) 拥塞攻击:拥塞攻击对单频点无线通信网络非常不利,攻击节点通过在传感器网络工作频段上不断发送无用信号,可以使攻击节点通信半径内的传感器节点都不能正常工作。抵御单频点的拥塞攻击,可使用宽频和跳频方法;对于全频段持续拥塞攻击,转换通信模式是唯一能够使用的方法,光通信和红外线通信都是有效的备选方法。鉴于全频拥塞攻击实施起来比较困难,攻击者一般不采用,传感器网络还可以采用不断降低自身工作的占空比来抵御能量有限的持续拥塞攻击;或者采用高优先级的数据包通知基站目前正遭受局部拥塞攻击,由基站映射出受攻击地点的外部轮廓,并将拥塞区域通知整个网络,在进行数据通信时节点将拥塞区视为路由,从而绕过拥塞区将数据传到目的节点。

(2) 物理破坏:敌方可以捕获节点,获取加密密钥等敏感信息,从而可以不受限制地访问上层的信息。针对无法避免的物理破坏可以采用的防御措施有:增加物理损害感知机制,节点在感知到被破坏后,可以销毁敏感数据、脱离网络、修改安全处理程序等,从而保护网络其他部分免受安全威胁;对敏感信息进行加密存储,通信加密密钥、认证密钥和各种安全启动密钥需要严密的保护,在实现的时候,敏感信息尽量放在易失存储器上,若不能,则采用轻量级的对称加密算法进行加密处理。

### 2. 数据链路层的攻击与防御

数据链路层或者介质访问控制层为邻居节点提供了可靠的通信通道。在介质访问控制协议中,节点通过监测邻居节点是否发送数据来确定自身是否能访问通信信道,这种载波监听的方式特别容易遭到拒绝式服务攻击(DoS)。在某些介质访问控制协议中使用载波监听的方法来与相邻节点协调使用信道,当发生信道冲突时,节点使用二进制指数倒退算法来确定重新发送数据的时机。攻击者只需要产生一个字节的冲突就可以破坏整个数据包的发送。因为只要部分数据的冲突就会导致接收者对数据包进行校验,从而使得接收者会发送数据冲突的应答控制信息,使发送节点根据二进制指数倒退算法重新选择发送时机。这样通过有计划的反复冲突,可以使节点不断倒退,从而导致其信道阻塞。而且相对于节点载波监听的开销,攻击者所消耗的能量非常小,而能量有限的接收节点却会很快被这种攻击耗尽能量。

某些介质访问控制协议采用时分多路复用算法为每个节点分配了传输时间片,这样就不需要在传输每一帧之前进行协商了。这个方法避免了倒退算法中由于冲突而导致信道阻塞的问题,但它也容易受到 DoS 攻击。一个恶意节点会利用介质访问控制协议的交互特性来实施攻击。例如,基于 IEEE 802.11 的介质访问控制协议用 RTS(Request To Send)、CTS(Confirm To Send)和 Data/ACK 消息来预定信道和传输数据。恶意节点不断地用 RTS 消息来申请信道,并促使目标节点发送 CTS 消息来响应其申请。这种持续不断的请求最终会导致目标节点耗尽能量。不过可以通过对 MAC 的准入控制进行限速,网络自动忽略过多的请求,从而不必对于每个请求都应答,节省了通信的开销。但是由于时分多路复用算法依赖于节点间的时间同步,攻击者依然可以通过攻击时间同步服务来干扰时分多路复用协议。

链路层的攻击与防御具体情况如下。

(1) 碰撞攻击:由于无线网络的通信环境是开放的,当两个设备同时进行发送时,它们的输出信号会因为相互叠加而不能被分离出来。任何数据包只要有一个字节的数据在传输过程中发生了冲突,则整个数据包都会被丢弃。这种冲突在链路层协议中称为碰撞。针对碰撞攻击,可以采用纠错编码、信道监听和重传机制来对抗碰撞攻击。

(2) 耗尽攻击:耗尽攻击指利用协议漏洞,通过持续通信的方式使节点能量资源耗尽。如利用链路层的错包重传机制,使节点不断重发上一个数据包,耗尽节点资源。应对耗尽攻击的一种方法是限制网络节点发送速度,让节点自动忽略过多的请求不必应答每个请求;另一种方法是对同一数据包的重传次数进行限制。

(3) 非公平竞争:如果网络数据包在通信机制中存在优先级控制,恶意节点或者被俘节点可能被用来不断在网络上发送高优先级的数据包占据信道,从而导致其他节点在通信过程中处于劣势。这是一种弱 DoS 攻击方式,一种缓解的方案是采用短包策略,即在 MAC 层中不允许使用过长的数据包,以缩短每包占用信道的时间;另外一种应对非公平竞争的方法是可以采用弱优先级之间的差异或不采用优先级策略,而采用竞争或时分复用的方式实现数据传输。

**3. 传感器网络网络层面临的安全威胁**

网络层路由协议为整个无线传感器网络提供了关键的路由服务,针对路由的攻击可能导致整个网络的瘫痪。安全的路由算法直接影响了无线传感器网络的安全性和可用性,因此是整个无线传感器网络安全研究的重点。目前,已经提出了许多安全路由协议,这些方案一般采用链路层加密和认证、多路径路由、身份认证、双向连接认证和认证广播等机制来有效地抵御外部伪造的路由信息、Sybil 攻击和 Hello flood 攻击。通常这些方法可以直接应用到现有的路由协议中,从而提高路由协议的安全性,但是 Sinkhole 攻击和 Wormholes 攻击却很难找到有效的抵御方法。现有的基于地理位置的路由协议,可以通过定期广播探测帧来检测黑洞区域,以此有效地发现和抵御 Sinkhole 和 Wormholes 攻击。然而,基于地理位置的路由协议需要节点位置定位协议来帮助传感器节点确定自身位置从而实现路由协议,攻击者也可以通过攻击节点位置确认协议来攻击这类基于地理位置的路由协议。

传感器网络中的每个节点既是终端节点,也是路由节点,更易受到攻击,两个节点之间的通信往往要经过很多跳,这样就给攻击者更多的机会来破坏数据包的正常传输。传输层和应用层的安全问题往往和具体系统密切相关。大多数 WSN 协议的主要设计目标是高效率地发送信息,节省网络资源,都没有把安全作为主要设计内容考虑进去,研究表明,现有的大多数路由协议,包括定向扩散、基于地理位置的路由协议、基于簇的路由协议、谣传路由、能量保护型路由协议都容易遭受攻击。

传感器网络网络层遭受的攻击可以归为以下几类。

1) 虚假路由信息

这是对路由协议最直接的攻击方式,通过哄骗、修改或者重放路由信息,攻击者能够使传感器网络产生路由环、吸引或抑制网络流量、延伸或缩短源路由,产生虚假错误消息、分割网络、增加端到端的延迟等。

这种攻击方式与网络层协议有关。对于层次式路由协议,可以使用输出过滤的方法,即对源路由进行认证,确认一个数据包是否是从它的合法子节点发送过来的,直接丢弃不能认证的数据包。

2）选择转发

无线传感器网络中每一个传感器节点既是终端节点又是路由中继点，要求每个传感器忠实地转发收到的消息，但攻击者节点在转发信息包的过程中会有意丢弃部分或全部信息包，使得信息包不能到达目的节点。该种攻击的一个简单做法是，恶意节点拒绝转发经由它的任何数据包，即所谓"黑洞攻击"，但这种做法会使得邻居节点认为该恶意节点已失效，从而不再经由它转发信息包。一种比较具有迷惑性的做法是选择性地丢弃某些数据包。

只要妥协节点存在，就可能引发选择转发攻击。解决办法就是使用多径路由，这样即使攻击者丢弃数据包，数据包仍然可以从其他路径到达目标节点；而且节点通过多径路由收到数据包和数据包的几个副本，通过对比可以发现某些中间数据包的丢失，从而推测出存在选择转发攻击节点。

3）女巫（Sybil）攻击

女巫（Sybil）攻击的目标是破坏依赖多节点合作和多路径路由的分布式解决方案。在女巫攻击中，恶意节点通过扮演其他节点或者通过声明虚假身份，从而对网络中其他节点表现出多重身份。在其他节点看来，存在女巫节点伪造出来的一系列节点，但事实上那些节点都不存在，所有发往那些节点的数据，将被女巫节点获得。Sybil 攻击能够明显降低路由方案对于诸如分布式存储、分散和多路径路由、拓扑结构保持的容错能力，对于基于位置信息的路由协议也构成很大的威胁。

对于 Sybil 攻击可以采用基于密钥分配、加密和身份认证等方法来抵御。使用全局共享密钥使得一个内部攻击者可以化装成任何存在或不存在的节点，因此必须确认节点身份。一个解决办法是每个节点都与可信任的基站共享一个唯一的对称密钥，两个需要通信的节点可以使用类似 Needham-Schroeder 的协议确认对方身份和建立共享密钥。然后相邻节点可通过协商密钥实现认证和加密链路。为防止一个内部攻击者试图与网络中的所有节点建立共享密钥，基站可以给每个节点允许拥有的邻居数目设一个阈值，当节点的邻居数目超出该阈值时，基站发送出错误消息。

4）槽洞（Sinkhole）攻击

槽洞（Sinkhole）攻击的目标是通过一个妥协节点吸引一个特定区域的几乎所有流量，创建一个以敌手为中心的槽洞。攻击者利用收发能力强的特点可以在基站和攻击者之间形成单跳高质量路由，从而吸引附近大范围的流量。

5）虫洞（Wormholes）攻击

虫洞（Wormholes）攻击又可称为隧道攻击，两个或者多个节点合谋通过封装技术，压缩它们之间的路由，减少它们之间的路径长度，使之似乎是相邻节点。常见的虫洞攻击行为是：恶意节点将在某一区域网络中收到的信息包通过低延迟链路传到另一区域的恶意节点，并在该区域重放该信息包。虫洞攻击易转化为槽洞攻击，两个恶意节点之间有一条低延迟的高效隧道，其中一个位于基站附近，这样另一个较远的恶意节点可以使其周围的节点认为自己有一条到达基站的高质量路由，从而吸引其周围的流量。

这两种攻击很难防御，尤其是两者联合攻击的时候。虫洞攻击难以觉察是因为攻击者使用一个私有的、对传感器网络不可见的、超出频率范围的信道；槽洞攻击对于那些需要广播某些信息（如剩余能量信息或估计端到端的可靠度以构造路由拓扑的信息）的协议很难防御，因为这些信息难以确认。地理路由协议可以解决虫洞和槽洞攻击。该协议中每个节点都保持自己绝对或是彼此相对的位置信息，节点之间按需形成地理位置拓扑结构，当虫洞攻击者妄图跨越物理拓扑时，局部节点可以通过彼此之间的拓扑信息来识破这种破坏，因为"邻居"节点将会注意到两者之间的距离远远超出正常的通信范围。另外由于流量自然地流向基站的物理位置，别的位置很难吸引流量因而不能创建槽洞。

6）Hello flood 攻击

很多协议要求节点广播 Hello 信息包来确定邻居节点，认为接收到该 Hello 信息包的节点在发送者正常的无线通信范围内。然而一个膝上电脑级的攻击者能够以足够大的发射功率发送 Hello 信息包，使得网络中所有节点认为该恶意节点是其邻居节点。事实上，由于该节点离恶意节点距离较远，以普通的发射功率传输的信息包根本到不了目的地。

对于该攻击的一个可能的解决办法是通过信任基站，使用身份确认协议认证每一个邻居的身份，基站限制节点的邻居个数，当攻击者试图发起 Hello flood 攻击时，必须被大量邻居认证，否则将引起基站的注意。

7）告知收到欺骗

该攻击方式充分利用无线通信的特性。其目标是使发送者认为弱链路很强或者"死"节点是"活"的。比如，源节点向某一邻居节点发送信息包，当攻击者侦听到该邻居处于"死"或"将死"状态时，便冒充该邻居向源节点回复一个消息，告知收到信息包，源节点误以为该节点处于"活"状态，这样发往该邻居的数据相当于进入了"黑洞"。

4. 传输层的攻击与防御

传输层主要负责无线传感器网络与 Internet 或外部网络端到端的连接。由于无线传感器网络节点的限制，节点无法保存维持端到端连接的大量信息，而且节点发送应答消息会消耗大量能量，因此，目前还没有关于传感器节点上的传输层协议的研究。基站节点作为传感器网络与外部网络的接口，传输层协议一般采用传统网络协议，其安全问题和传统网络中的安全问题完全一样。

5. 应用层的攻击与防御

应用层提供了 WSN 的各种实际应用，因此也面临各种安全问题。密钥管理和安全组播为整个 WSN 的安全机制提供了安全支撑。WSN 中采用对称加密算法、低能耗的认证机制和 Hash 函数。目前普遍认为可行的密钥分配方案是预分配，即在节点部署之前，将密钥预先配置在节点中。实现方法有基于密钥池的预配置方案、基于多项式的预配置方案以及利用节点部署信息的预配置方案等。

总之，由于 WSN 自身条件的限制，再加上网络的部署多在敌对区域内（主要是军事应用），使得网络很容易受到各种安全威胁，其中一些与一般的 Ad hoc 网络受到的安全威胁相似[5,6]。①窃听：一个攻击者能够窃听网络节点传送的部分或全部信息。②哄骗：节点能够伪装其真实身份。③模仿：一个节点能够表现出另一节点的身份。④危及传感器节点安全。若一个传感器以及它的密钥被捕获，储存在该传感器中的信息便会被敌手读出。⑤注入：攻击者把破坏性数据加入到网络传输的信息中或加入到广播流中。⑥重放：敌手会使节点误认为加入了一个新的会议，再对旧的信息进行重新发送。重放通常与窃听和模仿混合使用。⑦拒绝服务（DoS）：通过耗尽传感器节点资源来使节点丧失运行能力。

除了上面这些攻击种类外，WSN 还有其独有的安全威胁种类：①Hello 扩散法。这是一种 DoS（拒绝服务攻击），它利用了 WSN 路由协议的缺陷，允许攻击者使用强信号和强处理能量让节点误认为网络有一个新的基站。②陷阱区。攻击者能够让周围的节点改变数据传输路线,去通过一个被捕获的节点或是一个陷阱。

## 8.1.4 无线传感器网络安全要求

在普通网络中,安全目标往往包括数据的保密性、完整性以及认证性三个方面,但是由于 WSN 的节点的特殊性以及其应用环境的特殊性,其安全目标以及重要程度略有不同,基于 WSN 的特殊要求,在该领域形成了 WSN 的安全特性,并能直接应用到实际的网络中。WSN 安全可归纳为以下几个方面[9~11]。

(1) 数据保密性[12]。保密性是无线传感器网络军事应用中的重要目标。在民用中,除了部分隐私信息,比如屋内是否有人居住,人员居住在哪些房间等信息需要保密外,很多探测(温度探测)或警报信息(火警警报)并不需要保密。一个 WSN 不能把该网络传感器的感应数据泄漏给临近的节点。保持敏感数据保密性的标准方法是用密钥对数据进行加密,并且这些密钥只被特定的使用者所有。

(2) 数据认证。信息认证对 WSN 的许多应用都非常重要。在建立网络的同时,实现网络管理任务中的数据认证也是必需的。同时,由于敌手能够很容易地伪造信息,所以接收方需要确定数据的正确来源。数据认证可以分为两种情况,即两部分单一通信和广播通信。两部分单一通信是指一个发送者和一个接收者通信,其数据认证使用的是完全对称机制,即发送者和接收者共用一个密钥来计算所有通信数据的消息认证码(MAC);对于广播通信,完全对称机制并不安全,因为网络中的所有接收者都可以模仿发送者来伪造发送信息。

(3) 数据完整性。完整性是无线传感器网络安全最基本的需求和目标。虽然很多信息不需要保密,但是这些信息必须保证没有被篡改。完整性目标是杜绝虚假警报的发生。在网络通信中,数据的完整性确保数据在传输过程中不被敌手改变,可以检查接收数据是否被篡改。根据数据种类的不同,数据完整性可分为三种类型:连接完整性、无连接完整性和选域完整性业务。

(4) 数据实时性。所有的传感器网络测量的数据都是与时间有关的,并不能足以保证具有保密性和认证功能,但是一定要确保每个消息是实时的(fresh)。数据实时性暗含了数据是近期的,并且确保没有敌人重放以前的信息。有两种类型的实时性:弱实时性,提供部分信息顺序,但是不携带任何延时信息;强实时性,提供请求/响应对的完全顺序,并且允许延时预测。感知测量需要弱实时性,而网络内的时间同步需要强实时性。

(5) 密钥管理。为了实现、满足上面的安全需求,需要对加密密钥进行管理。WSN 由于能源和计算能力的限制,需要在安全级别和这些限制之间维持平衡。密钥管理应该包括密钥分配、初始化阶段、节点增加、密钥撤销、密钥更新。

(6) 真实性。节点身份认证或数据源认证在传感器网络的许多应用中是非常重要的。在传感器网络中,攻击者极易向网络注入信息,接收者只有通过数据源认证才能确信消息是从正确的节点处发送过来的。同时,对于共享密钥的访问控制权应当控制在最小限度,即共享密钥只对那些已认证过身份的用户开放。在传统的有线网络中,通常使用数字签名或数字证书来进行身份认证,但这种公钥算法不适用于通信能力、计算速度和存储空间都相当有限的传感器节点。针对这种情况,传感器网络通常使用共享唯一的对称密钥来进行数据源的认证。

(7) 扩展性。WSN 中传感器节点数量多、分布范围广,环境条件、恶意攻击或任务的变化可能会影响传感器网络的配置。同时,节点的经常加入或失效也会使得网络的拓扑结构不断发生变化。传感器网络的可扩展性表现在传感器数据、网络覆盖区域、生命周期、时间延迟、感知精度等方面的可扩展极限。因此,给定传感器网络的可扩展性级别,安全解决方案必须提供支持该可扩展性级别的安全机制和算法,来使传感器网络保持良好的工作状态。

(8) 可用性。可用性也是无线传感器网络安全的基本需求和目标。可用性是指安全协议高效可靠,不会给节点带来过多的负载而导致节点过早消耗完有限的电量。要使传感器网络的安全解决方案所提供的各种服务能够被授权用户使用,并能够有效防止非法攻击者企图中断传感器网络服务恶意攻击的一个合理的安全方案是节点应当具有节能的特点,各种安全协议和算法的设计不应当太复杂,并尽可能地避开公钥运算,计算开销、存储容量和通信能力也应当充分考虑传感器网络资源有限的特点,从而使得能量消耗最小化,在最终延长网络生命周期的同时,安全性设计方案不应当限制网络的可用性,并能够有效防止攻击者对传感器节点资源的恶意消耗。

(9) 自组织性。由于传感器网络是以自组织的方式进行组网的,这就决定了相应的安全解决方案也应当是自组织的,即在传感器网络配置之前无法确定节点的任何位置信息和网络的拓扑结构,也无法确定某个节点的邻近节点集。

(10) 鲁棒性。传感器网络一般配置在恶劣环境、无人区域或敌方阵地中,环境条件、现实威胁和当前任务具有很大的不确定性。这要求传感器节点能够灵活地加入或离开、传感器网络之间能够进行合并或拆分,因而安全解决方案应当具有鲁棒性和自适应性,能够随着应用背景的变化而灵活拓展,来为所有可能的应用环境和条件提供安全解决方案。此外,当某个或某些节点被攻击者控制后,安全解决方案应当限制其影响范围,保证整个网络不会因此而瘫痪或失效。

总之,根据不同的应用背景,无线传感器网络的安全目标也有不同的侧重。如在 2008 年奥运会这样的应用场景中,无线传感器网络主要用于监视一些火警、人员流动、突发性问题等,因此保密性要求不太高,而实时性要求比较高。

## 8.2 无线传感器网络的安全技术研究

无线传感器网络(WSN)是由一组传感器以自组织、多跳方式构成的无线网络,是一种全新的信息获取、处理和传输技术,集传感器技术、嵌入式计算技术、无线通信技术以及分布式信息处理技术于一体。随着 WSN 应用领域不断扩大,其安全问题也变得越来越重要。WSN 技术是一项新兴的前沿技术,通过对近几年 WSN 安全领域的研究,WSN 的安全技术大体可分为如表 8-1 所示几类[11]。

表 8-1　无线传感器网络安全项目分类

| 类 | 子　类 | 类 | 子　类 |
|---|---|---|---|
| 密码技术 | 加密技术 | 路由安全 | 安全路由行程 |
| | 完整性检测技术 | | 攻击 |
| | 身份认证技术 | | 路由算法 |
| | 数字签名 | 位置意识安全 | 攻击 |
| 密钥管理 | 预先配置密钥 | | 安全路由协议 |
| | 仲裁密钥 | | 位置确认 |
| | 自动加强的自治密钥 | 数据融合安全 | 集合 |
| | 使用配置理论的密钥管理 | | 认证 |
| | | 其他 | |

## 8.2.1 无线传感器网络密码技术[15]

WSN 也是无线通信网络的一种,和其他无线通信网络有着基本相同的密码技术。密码技术是 WSN 安全的基础,也是所有网络安全实现的前提。

### 1. 加密技术

加密是一种基本的安全机制,它把传感器节点间的通信消息转换为密文,形成加密密钥,这些密文只有知道解密密钥的人才能识别。加密密钥和解密密钥相同的密码算法称为对称密钥密码算法;而加密密钥和解密密钥不同的密码算法称为非对称密钥密码算法。对称密钥密码系统要求保密通信双方必须事先共享一个密钥,因而也叫单钥密码系统。这种算法又分为分流密码算法和分组密码算法两种。而非对称密钥密码系统中,每个用户拥有两种密钥,即公开密钥和秘密密钥。公开密钥对所有人公开,而只有用户自己知道秘密密钥。

### 2. 完整性检测技术

完整性检测技术用来进行消息的认证,是为了检测因恶意攻击者篡改数据而引起的信息错误。为了抵御恶意攻击,完整性检测技术加入了秘密信息,不知道秘密信息的攻击者将不能产生有效的消息完整性码。

消息认证码是一种典型的完整性检测技术。①将消息通过一个带密钥的哈希函数来产生一个消息完整性码,并将它附着在消息后面一起传送给接收方。②接收方在收到消息后可以重新计算消息完整性码,并将其与接收到的消息完整性码进行比较:如果相等,接收方可以认为消息没有被篡改;如果不相等,接收方就知道消息在传输过程中被篡改了。该技术实现简单,易于在无线传感器网络中使用。

### 3. 身份认证技术

身份认证技术通过检测通信双方拥有什么或者知道什么来确定通信双方的身份是否合法。这种技术是通信双方中的一方通过密码技术验证另一方是否知道他们之间共享的秘密密钥,或者其中一方自有的私有密钥。这是建立在运算简单的单钥密码算法和哈希函数基础上的,适合所有的无线网络通信。

### 4. 数字签名

数字签名是用于提供服务安全机制的常用方法之一。数字签名大多基于公钥密码技术,用户利用其秘密密钥将一个消息进行签名,然后将消息和签名一起传给验证方,验证方利用签名者公开的密钥来认证签名的真伪。

## 8.2.2 密钥确立和管理

密码技术是网络安全构架中十分重要的部分,而密钥是密码技术的核心内容。密钥确立需要在参与实体和加密钥计算之间建立信任关系,信任建立可以通过公开密钥或者秘密密钥技术来实现。WSN 的通信不能依靠一个固定的基础组织或者一个中心管理员来实现,而要用分散的密钥管理技术。

密钥管理协议分为预先配置密钥协议、仲裁密钥协议和自动加强的自治密钥协议。预先配置密钥协议在传感器节点中预先配置密钥。这种方法不灵活,特别是在动态 WSN 中增加或移除节点的时候。在仲裁密钥协议中,密钥分配中心(KDC)用来建立和保持网络的密钥,它完全被集中于一个节点或者分散在一组信任节点中。自动加强的自治密钥协议把建立的密钥散布在节点组中。

#### 1. 预先配置密钥

（1）整个网络范围的预先配置密钥。WSN 所有节点在配置前都要装载同样的密钥。

（2）明确节点的预先配置密钥。在这种方法中，网络中的每个节点需要知道与其通信的所有节点的 ID 号，每两个节点间共享一个独立的密钥。

（3）J 安全预先配置节点。在整个网络范围的预先配置节点密钥方法中，任何一个危险节点都会危及整个网络的安全。而在明确节点预先配置中，尽管有少数危险节点互相串接，但整个网络不会受到影响。J 安全方法提供组节点保护来对抗不属于该组的 $j$ 个危险节点的威胁。

#### 2. 仲裁密钥协议

仲裁协议包含用于确立密钥的第三个信任部分。根据密钥确立的类型，协议被分为秘密密钥和公开密钥。标准的秘密密钥协议发展成密钥分配中心（KDC）或者密钥转换中心。

成对密钥确立协议可以支持小组节点的密钥建立。有一种分等级的密钥确立协议叫做分层逻辑密钥（LKH）。在这种协议中，一个第三信任方（TTP）在网络的底层用一组密钥创建一个分层逻辑密钥，然后利用加密密钥（KEK）形成网络的内部节点。

#### 3. 自动加强的自治密钥协议

1）成对的不对称密钥

该种协议基于公共密钥密码技术。每个节点在配置之前，在其内部嵌入由任务权威授予的公共密钥认证。

2）组密钥协议

在 WSN 节点组中确立一个普通密钥，而不依赖信任第三方。这种协议也是基于公共密钥密码技术的，包括以下几种。

（1）简单的密钥分配中心。支持使用复合消息的小组节点。由于它不提供快速的保密措施，所以它适合路由方面的应用。

（2）Diffie-Hellman 组协议。该协议确保一组节点中的每个节点都对组密钥的值做出贡献。

（3）特征密钥。此协议规定只有满足发送消息要求特征的节点才能计算共享密钥，从而解密给定的消息。特征包括位置、传感器能力等。

#### 4. 使用配置理论的密钥管理

由于资源的限制，WSN 中的密钥管理显得尤为重要。文献[16]使用配置的密钥管理方案是对任意密钥预先分配方案的一种改进，它加入了配置理论，避免了不必要的密钥分配。配置理论的加入充分改进了网络的连通性、存储器的实用性以及抵御恶意节点捕获信息的能力，与前面提到的密钥管理方案相比，更适合于大型无线传感器网络。配置理论假设传感器节点在配置后都是静态的。配置点是节点配置时的位置，但它并不是节点的最终位置，而只是在节点最终位置的概率密度范围之内，驻点才是传感器节点的最终位置。

### 8.2.3 无线传感器网络的路由安全[1]

在 WSN 中提出了许多路由协议，使得有限的传感器节点与网络特殊应用的结合达到最优化，但是这些协议都忽视了路由安全。由于缺少必要的路由安全措施，敌手会使用具有高能量和长范围通信的膝上电脑来攻击网络。因此设计安全路由协议对保护路由安全，保护 WSN 安全显得非常重要。WSN 路由协议设计完成以后，不可能在其中再加入安全机制。所以在设计路由协议时,就要把安全因素加入到路由协议中去,这是保证网络路由安全唯一的有效方法。

**1. 无线传感器网络路由协议受到的攻击**

WSN 路由协议有多种,它们受到的攻击种类也不同。了解了这些攻击种类,才能在协议中加入相应的安全机制,保护路由协议的安全。归纳的攻击种类[17]如表 8-2 所示。

表 8-2 无线传感器网络路由协议的攻击类型

| 协 议 | 相 应 攻 击 |
| --- | --- |
| 微操作系统(TinyOS)信标 | Bogus Routing Information, Selective Forwarding, Sinkholes, Sybil, Wormholes, HELLO Floods |
| 定向扩散和协议的多路径变量 | Bogus Routing Information, Selective Forwarding, Sinkholes, Sybil, Worm holes, HELLO Floods |
| 地理路由(GPSR,GEAR) | Bogus Routing Information, Selective Forwarding, Sybil |
| 最小成本推进 | Bogus Routing Information, Selective Forwarding, Sinkholes, Wormholes, Hello flood |
| 基于聚类的协议(LEACH,TEEN,PEGASIS) | Selective Forwarding, HELLO Flood |
| 传闻路由 | Bogus Routing Information, Selective Forwarding, Sinkholes, Sybil, Wormholes |
| 能量保存的拓扑维护(SPAN,GAE,CEC,AFECA) | Bogus Routing Information, Sybil, Hello flood |

**2. 攻击对策**

针对以上的协议攻击,文献[17]提出了一系列的措施,包括链路层加密和认证、多路径路由行程、身份确认、双向连接确认和广播认证。但这些措施只有在路由协议设计完成以前加入协议中,对攻击的抵御才有作用,这是实现路由安全的重要前提。

## 8.2.4 数据融合安全

WSN 中有大量的节点,会产生大量的数据。如何把这些数据进行分类,集合出在网络传输中的有效数据并进行数据身份认证是数据融合安全所要解决的问题。

**1. 数据集合[18~20]**

数据集合通过最小化多余数据的传输来提高带宽和能量利用率。目前一种流行的安全数据集合协议——SRDA,是通过传输微分数据代替原始的感应数据来减少传输量的。SRDA 利用配置估算且不实施任何在线密钥分配,从而建立传感器节点间的安全连通。它把数据集合和安全概念融入 WSN,可以实现对目标的持续监控,实现传感器与基站之间的数据漂流。

**2. 数据认证**

数据认证是 WSN 安全的基本要求之一。网络中的消息在传输之前都要强制认证,否则敌手能够轻松地将伪造的消息包注入网络中,从而耗尽传感器能量,使整个网络瘫痪。数据认证可以分为三类。

(1) 单点传送认证[11](用于两个节点间数据包的认证)。使用的是对称密钥协议,用数据包中包含节点间共享的密钥作为双方身份认证。

(2) 全局广播认证[11](用于基站与网络中所有节点间数据包的认证)。$\mu$TESLA 是一种特殊的全局广播认证,适合于有严格资源限制的环境。

(3) 局部广播认证(支持局部广播消息和消极参与)。局部广播消息是由时间或事件驱动的。在文献[15]中,LEAP 中包括了一个有效的协议用于局部广播认证。

除了以上几个安全项目大类外,WSN 安全设计还包括能量有效的密钥管理、分层次的网络串算法、网络的分布式合作等项目,还有待将来进一步开发探索。

## 8.3 无线传感器网络安全协议

SPINS(Security Privacy In Sensor Network)[21]是一种通用的传感器网络安全协议,设计了两个子协议:一个是 SNEP(Secure Network Encryption Protocol),它提供数据保密性、两实体间数据认证和数据实时性(Data Freshness);另一个是 μTESLA(微型版本的 Timed, Efficient, Streaming, Losstolerant Authentication Protocol),它提供认证的广播。但是 SPINS 假设的前提基础是:在部署传感器网络之前,所有传感器节点都与一个基站共享一个密钥。这样对于拥有多个基站、网络拓扑不能事先决定的无线传感器网络,这种密钥建立机制明显不能满足需求。通过研究,可以把一种低能耗密钥管理协议应用到 SPINS 协议中,改善 SPINS 中的密钥管理,同时摒弃了 μTESLA,并对 SNEP 作了修改。

### 8.3.1 符号

用以下符号描述安全协议和加密操作(如表 8-3 所示)。

表 8-3  在安全协议中用到的符号

| 符号 | 描述 |
| --- | --- |
| $C$ | 命令节点 |
| $B_i$ | 基站节点 $i$ |
| $S_i$ | 传感器节点 $i$ |
| $B_h$ | 基站领导(用于密钥撤销) |
| $B$ | 所有基站 |
| $S$ | 所有传感器 |
| $id_i$ | 节点 $i$ 的标识号 |
| $N_A$ | Nonce 由节点 $A$ 生成的不可预测的位串 |
| $K_{A,B}$ | 表示在 $A$ 和 $B$ 共享的密钥 |
| $\{M\}_{K_{A,B}}$ | 用 $A$ 和 $B$ 共享的密钥加密消息 $M$ |
| $\{M\}_{K_{A,B},IV}$ | 用 $A$ 和 $B$ 的共享密钥以及初始向量加密消息 $M$,向量 $IV$ 用于诸如密码分组连接(CBC)、输出反馈(OFB)、计数器模式(CTR)等加密模式 |
| $\|$ | 连接操作 |

### 8.3.2 密钥管理

密钥管理协议采用对称密码机制,由密钥分发、增加、撤销和更新组成。这里借鉴了文献[2]的密钥管理协议。

密钥分发使得每个传感器节点存储两个密钥:一个是与基站共享的密钥,另一个是与命令节点共享的密钥。当传感器与其他传感器节点进行安全通信时,传感器节点通过安全通道请求其所属的基站为其生成临时的会话密钥。传感器节点不是可信的(有可能被破坏掉),并且内存有限,因此传感器节点尽量少存储密钥对于传感器网络安全来说有很大的好处,同时也可以节省存储空间。基站有丰富的存储资源,能够存储大量密钥。但是也不能完全信任基站。如果把所有密钥都存在一个基站上,当这个基站节点遭到破坏的时候,整个网络都会受影响。假设命令节点是安全的,并且有足够的存储空间。因此命令节点存储网络中的所有密钥。传感器节点的密钥是在网络部署之前,事先存入到传感器中的。这些密钥存储在传感器节点的 Flash RAM 中,在必要的时候可以删除。

存储在命令节点的密钥数量是 $|B|+|S|$,其中 $|B|$ 是基站的数量,$|S|$ 是传感器的数量。每个基站存储了其 cluster(每个 cluster 传感器成员数量平均为 $|S|/|B|$)内传感器节点的密钥,能够与 cluster 内的传感器节点成员通信。同时每个基站存储了与命令节点共享的一个密钥,基站间的共享的组密钥,以及与其他每个基站单独共享的密钥(有 $|B|-1$ 个)。因此基站节点存储的密钥数量平均是 $|S|/|B|+|B|+1$。

在初始化阶段为每个基站随机分配 $|S|/|B|$ 个密钥。然后每个基站使用 cluster 形成算法[5]组成自己的 cluster,并且需要从其他的基站获取本 cluster 内传感器节点的密钥。基站密钥交换完毕后,每个基站保存了自己 cluster 内传感器节点的密钥,删除其他传感器节点的密钥。如果某个基站被敌人控制,那么只有这个基站的 cluster 内密钥被泄漏。初始化阶段如下

$$S_i \rightarrow broadcast\ id_{B_j} \| id_{s_i} \| \{N_{S_i} \| data\}_{K_{S_i,B_j}} \qquad (8\text{-}1)$$

每个传感器事先设置基站 $(B_j, id)$ 的标识号,该基站拥有这个传感器的共享密钥。传感器把这个标识号放在信息里广播出去。集群过程如下

$$B_i \rightarrow B\ id_{B_i} \| \{N_{B_i} \| \{id\}_i\}_{K_{S_i,B_j}} \qquad (8\text{-}2)$$

收集集群信息之后,每个 $B_i$ 标识一组传感器标识号 $\{id\}_i$ 在它的 cluster 内,并且广播给其他的基站。其过程如下

$$B_i \leftarrow B_j \{N_{B_j} \| \{(K_{S_k,B_j}, id_{S_k})\}_i\}_{k_{B_i,B_j}} \qquad (8\text{-}3)$$

每个 $B_j$ 给 $B_i$ 回复一组密钥 $\{(K_{S_k,B_j}, id_{S_k})\}_i$。然后每个在 $B_i$ 的 cluster 中的传感器 $S_1$ 接收从 $B_i$ 发送的消息,并把 $B_i$ 作为自己的网关。过程如下

$$S_1 \leftarrow B_i\ id_{B_i} \| \{N_{B_i} \| id_{B_i} \| msg\}_{k_{S_i,B_i}} \qquad (8\text{-}4)$$

增加传感器节点时,由于新的传感器是任意部署的,不能提前指定在哪个基站的 cluster 内,但是可以像其他传感器节点一样事先存放两个密钥。

命令节点把 (indentigier, key) 列表随机地传输给基站 $B_h$(并不是发送到所有基站节点,这是为了降低被破坏的风险。),基站 $B_h$ 拥有新传感器节点共享密钥为

$$C \rightarrow B_b \{N_C \| \{(K_{S_k,B_h}, id_{S_k})\}_i\}_{K_{c,B_h}} \qquad (8\text{-}5)$$

另外,每个新加的传感器节点像初始化阶段即式(8-1)那样广播消息。

$$S_k \rightarrow broadcast\ id_{B_h} \| id_{s_k} \| \{N_{S_k} \| data\}_{K_{S_k,B_h}} \qquad (8\text{-}6)$$

集群机制调整自身,重新组织基站的 cluster。

每个基站向 $B$ 广播其自身范围的新加的传感器节点,请求这些传感器的密钥。

$$B_i \rightarrow B\ id_{B_i} \| \{N_{B_i} \| \{id\}_i\}_{K_B} \qquad (8\text{-}7)$$

$B_h$ 响应这些请求,然后把每个新传感器节点 $S_1$ 的密钥发送到其所属的基站 $B_i$。

$$B_i \leftarrow B_h \{N_{B_h} \| \{(K_{S_k,B_h}, id_{S_k})\}_i\}_{k_{B_i,B_h}} \qquad (8\text{-}8)$$

$$S_k \leftarrow B_i \, id_{B_i} \| \{N_{B_i} \| id_{B_i} \| msg\}_{k_{S_k,B_h}} \tag{8-9}$$

撤销假设入侵检测机制能够通知命令节点哪些传感器节点遭受破坏了,当检测到遭受破坏节点的时候,执行密钥撤销(驱逐节点)。如果一组传感器节点遭到入侵,命令节点通过发布传感器节点列表驱逐那些被入侵的节点,被入侵节点所属的基站也从自己的 cluster 中把这些节点驱逐出去。

如果驱逐的是基站($B_i$)节点,命令节点从 $B$ 中把 $B_i$ 驱逐出去,选择另外一个未被入侵的基站($B_h$)作为 head 网关。对于 $B_h$ 来说,它发送属于 $B_j$ 的 cluster 内的传感器识别号和新的所属基站 $B_i$,以及新的共享密钥。另外,新的传感器-基站密钥通过组播,被发送到 $B_i$。之后重新执行集群过程(clustering process)。

$$C \rightarrow B_h \{N_c \| \{(id_{s_k} \| id_{B_i} \| \{id_{S_k} \| K_{S_k,B_i} \| \\ \{id_{B_i} \| K_{S_k,B_i}\}_{K_{S_k,C}} \}_{K_{B_i,C}})_i\}_{K_{B_h,C}} \tag{8-10}$$

传感器接收到与 $B_i$ 共享的新密钥,这样传感器接受基站 $B_i$ 作为新的网关,不再理会任何来自基站 $B_j$ 的信息。

$$B_i \rightarrow S_k \{N_{B_i} \| id_{B_i} \| K_{S_k,B_i}\}_{K_{S_k,C}} \tag{8-11}$$

这时候命令节点需要更新基站的组密钥,生成一个新的组密钥,通过安全通道分别发送给各个基站。

密钥更新。一般情况下由于传感器网络生命周期很短,传感器电池能量很容易耗尽。如果需要更新传感器的密钥,命令节点会为传感器生成密钥,把密钥发送给基站,这个过程就像密钥撤销一样。对于 cluster 内两个传感器节点间的通信来说,想要进行安全通信,可以通过向 cluster 的基站请求两个传感器节点通信的会话密钥,这个密钥是临时的。

### 8.3.3 SNEP:数据加密、认证、完整性和实时性

SNEP(Sensor Network Encryption Protocol)[1] 是 SPINS 设计用来提供数据加密、认证、完整性和实时性的协议。第一,它具有较低的通信负载。第二,像许多加密协议一样,它使用计数器,通过保持两个端点的状态,避免传输计数器的值。第三,SNEP 支持语义安全(Semantic Security),能够防止窃听者从加密的信息中推断出信息原文。最后,这种简单有效的协议提供了数据认证、重放保护和弱信息实时性(Weak Message Freshness)。

数据保密性是安全的基本需求之一,几乎在每个安全协议中都提供有数据保密性。通过加密,可以实现简单的保密性,但是只是加密并不能满足需求。另一个重要的安全属性是语义安全(Semantic Security),这使得窃听者不能获得任何关于明文的信息,即使窃听者看到同一个明文的多个加密信息。例如,即使攻击者已经获得 0 的密文和 1 的密文,这也不能帮助攻击者来区分新获得的密文是 0 的密文还是 1 的密文。为了达到这个要求,基本的技术是采用随机数,在用加密函数加密信息之前,发送者先用一个随机的位串处理信息。如果攻击者已经知道一对明文/密文(这对消息是用相同密钥加密的),也不能从加密的消息中推断出明文。然而,通过 RF 通道发送随机数据需要更多的能量。所以需要构建另一种加密机制来达到语义安全,而不会造成更多的传输负载。另外,需要依赖一个在发送者和接收者之间共享的计数,该计数的初始值事先存储在网络节点内,可以通过命令节点或基站来触发开始计数。在通信实体之间共享计数,每组加密之后增加计数值,不需要在发送消息的时候发送计数值。为了达到双方的认证和数据完整性,需要使用消息认证码(MAC)。

这些机制的绑定形成了传感器网络加密协议 SNEP。加密的数据遵循如下格式

$$E = \{D\}_{(K_{encr},C)} \tag{8-12}$$

其中 $D$ 是数据,加密密钥是 $K_{encr}$,计数器是 $C$。MAC 是 $M = MAC(K_{mac}, C \| E)$,$MAC(K_{mac}, C \| E)$ 中用 $K_{mac}$ 生成 $C \| E$ 的认证码。密钥 $K_{encr}$ 和 $K_{mac}$ 是从共享密钥中推出的。这里使用伪随机函数(PRF)F 产生这些密钥,即 $F_{key}(x) = K$。

$$K_{encr} = F_{key}(1); \quad K_{mac} = F_{key}(2); \quad K_{rand} = F_{key} \tag{8-13}$$

$A$ 发送给 $B$ 的一个完整的消息是

$$A \to B: \{D\}_{(K_{encr},C)}, MAC(K, C \| \{D\}_{(K_{encr},C)}) \tag{8-14}$$

SNEP 具有如下优点。

(1) 语义安全:计数值随着消息的增加而增加,相同的消息在不同的时间会得到不同的密文。计数值足够长,以至于在节点生命周期内不会重复。

(2) 数据认证:如果 MAC 验证通过,接收者能够确认消息是来自其所声称的发送者。

(3) 重放保护:在 MAC 中的计数值能够抵御重放攻击。因为如果计数值不在 MAC 中,那么敌人能够很容易地重放消息。

(4) 弱的实时性:如果消息得到正确验证,接收者就会知道这个消息是接着前一个消息发送过来的。这增强了消息的顺序性,达到了弱的实时性。

(5) 低通信负载:在每个端点保持计数状态,不需要在每个消息中发送计数值。

SNEP 只能提供弱的数据实时性,因为它强调在节点 $B$ 中消息的发送顺序,但是不能向节点 $A$ 完全保证由节点 $B$ 创建的消息是响应节点 $A$ 的事件。

节点 $A$ 通过 $N_A$(这个随机数足够长,不会重复)作为响应节点 $B$,来达到强的数据实时性。节点 $A$ 随机生成 $N_A$,并和请求消息 $R_A$ 一起发送给节点 $B$。对于节点 $B$ 来说,以认证协议的方式返回响应消息 $R_A$ 和 $N_B$。然而,并不是把 $N_B$ 返回给发送者,通过在 MAC 计算中使用 $N_B$,可以优化这个过程。提供强的数据实时性的 SNEP 完整协议如下。

$A \to B:$

$$\{N_A \| R_A\}_{(K_{encr},C)}, MAC(K, C \| \{N_A \| R_A\}_{(K_{encr},C)})$$

$B \to A:$

$$\{R_B\}_{(K_{encr},C)}, MAC(K_{mac}, N_A \| C \| \{R_B\}(K_{encr},C))$$

如果 MAC 验证通过,节点 $A$ 就会知道节点 $B$ 生成的响应是在节点 $A$ 发出请求之后。

## 8.4 操作系统安全技术

### 8.4.1 无线传感器网络运行的操作系统

#### 1. TinyOS 概述[24]

TinyOS(微型操作系统)是一个开放源代码的嵌入式操作系统[25],由美国加州大学伯克利分校开发,主要应用于 WSN 方面。它采用了基于组件(Component Based)的架构方式,使其能够快速实现各种应用。

TinyOS 的程序采用模块化设计,程序核心很小(一般来说核心代码和数据大概在 400KB 左右),这样能够突破传感器资源少的限制,能够让 TinyOS 有效地运行在无线传感器网络上并去执行相应的管理工作。

TinyOS 在构建无线传感器网络时,会有一个基地控制台,主要用来控制各个传感器子节点,并聚集和处理它们所采集到的信息。

**2．TinyOS 特点**[24,26,27]

(1) 以组件为基础的结构。一个应用程序可以通过配件将各种组件连接起来,以完成它所需要的功能。

(2) 事件驱动的结构。系统的应用程序都是基于事件驱动模式的,采用事件触发去唤醒传感器工作。

(3) 任务和事件同步模式。任务一般用于对时间要求不是很高的应用中,且任务之间是平等的,执行时按先后顺序进行,每一个任务都很小,这样减少了任务运行时间,减轻了系统的负担。事件一般用于对时间要求很严格的应用中,它可以被一个操作的完成或是来自外部环境的事件触发,在 TinyOS 中一般由硬件中断处理来驱动事件。

(4) 分阶段操作。在 TinyOS 中由于任务之间不能互相抢先执行,所以 TinyOS 没有提供任何阻塞操作。为了让一个耗时较长的操作尽快完成,一般来说都是将对这个操作的需求和这个操作的完成分开来实现,以便获得较高的执行效率。

(5) 支持自动构造的传感器网络。

(6) 在 TinyOS 中的信息大小是固定的。

(7) 具有两种中断,即时钟信号和无线信号。

(8) 单一的堆栈。

(9) 与硬件完全融合。

(10) 先进先出(FIFO)的进程管理。

(11) 优先次序进程,每个任务都被指定优先权。

**3．TinyOS 的编程**[28]

TinyOS 使用的编程语言 nesC 是一种类似 C 语言。它是基于组件式的编程,模块化的设计。nesC 组件有两种:①模块,主要实现代码的编制。它可以使用和提供接口,在它的代码实现部分必须对提供接口里的命令和使用接口里的事件进行实现。②配件。将各个组件和模块连接起来成为一个整体,提供和使用接口。

**4．TinyOS 模拟器**

TinyOS 使用一种叫做 TOSSIM 的模拟器,它可以同时模拟多个传感器,运行同一个程序,提供运行时的调试和配置;可以实时监测网络状况,并向网络注入调试信息、无线和异步收发的信息包等;还可以与网络进行交互。

**5．TinyDB**

TinyDB 是 TinyOS 的查询处理系统,能够从无线网络中的传感器节点上提取数据和信息。它提供了一个简单的类似 SQL 的接口,只要指定感兴趣的数据,它就能将其提取出来,并且通过设置适当的参数,对数据进行过滤和聚集。TinyOS 为 TinyDB 提供了一个可视化的 Java API 窗口,可以进行实时查询。

### 8.4.2 链路层加密方案Ⅰ(TinySec)——TinyOS 的安全保护措施

上面提到的 TinyOS 只是 WSN 运行的操作系统,它不提供安全原语,网络的安全得不到保障。为此,文献[29~33]提出了美国加州大学伯克利分校的 Chris Karlof,Naveen Sastry,David Wagner 三位专家设计的 TinySec——一种链路层加密方案。

### 1. TinySec 概述

TinySec 作为一个研究平台用来测试和估算高水平安全信息包。TinySec 的核心是一种有效的块密码和密钥机制,它与伯克利的 TinyOS 无线通信堆栈紧密相连。TinySec 使用一个单对称密钥在一组传感器节点间共享。在传输一个消息包之前,每个节点会首先加密数据并应用消息认证码(MAC)来保护数据的完整性。接收者使用 MAC 来验证消息包在传输过程中是否被修改,然后解密消息。

### 2. TinySec 设计目标

1) 安全目标

(1) 访问控制。只有被授权的节点才能参与到网络的运行中来。

(2) 完整性。如果一个消息在传输过程中没有被改变,它应该被接收。这样可以防止消息在传输过程中被敌手偷听、改变和重复广播。

(3) 保密性。未授权的接收方不能推断出消息的内容。

2) 性能目标

改变安全机制的长度,这样既能限制消息的长度,减少能量的消耗,又能提供合理的安全保护。

3) 可用性

(1) 安全平台。高级的安全协议依赖链路层安全结构成为安全原语,比如密钥分配协议利用了公开密钥密码技术,使用 TinySec 在相邻节点间建立了安全成对通信。

(2) 透明度。在网络中配置安全机制通常在使用方面有一定的困难。为了克服这个困难,TinySec 被构建成为一个链路层安全协议,对 TinyOS 上的运行透明化。同时,伯克利的三位专家还试图使 TinySec 的安全级别定制得更加简单。

(3) 可携带性。TinyOS 可运行在不同的主机平台上,包括 Atmel、Intel X86 和 Strong Arm 等处理器。TinyOS 支持两种无线通信结构:Chipcon CC1000 和 RFM TR100,用一种无线通信堆栈连接这两类硬件。链路层安全结构必须适合无线通信堆栈,以便从一个平台到另一个平台之间的无线通信堆栈转移变得更加简单。

### 3. 安全原语

消息认证码(MAC):通常用来完成对消息真实性和完整性的认证,并且节点间要求一个共享的秘密密钥。初始化向量(IV):通常用于完成语义安全,对相同的无格式消息加密两次,就能分别得到两个不同的密码。

### 4. TinySec 设计

TinySec 支持两种不同的安全选项。

(1) TinySec2AE,认证和加密。TinySec2AE 用来加密有效数据负载,认证有一个 MAC 的信息包。这个 MAC 通过对加密数据和信息包头进行计算得出。

(2) TinySec2Auth,只有认证。TinySec 用来认证带有 MAC 的整个信息包,但是不加密有效数据负载。

1) 加密技术

使用语义安全加密技术需要两种设计:选择一个加密方案和指定 IV 格式。TinySec 设计使用了格式化的 8 位 IV,并且使用密码块链(CBC)。

(1) IV 格式:dst ∥ AM ∥ l ∥ src ∥ ctr。其中,dst 是接收者的地址,AM 是活动信息类型,l 是数据长度,src 是发送方地址,ctr 是一个 16 位的计数器。计数器的初始值为 0,在每条消息发送出去以后,发送方自动将计数器加 1。

(2) 加密方案。无线传感器网络的对称密钥加密方案一般分为两种,即流密码和块密码模式。流密码加密速度快,但是如果 IV 重复出现,流密码的加密就会失败。在 IV 重复出现的时候,CBC 的加密效果削减缓慢,只有极少的消息泄漏。

伯克利学校的专家通过调查发现 RC5 和 Skip Jack 算法最适合嵌入式微处理器的软件实现。虽然 RC5 算法较快,但是它要求必须有重新计算密钥进度表,这样每个密钥会多使用额外的 104 位的 RAM。由于这些缺陷,在 TinySec 中默认的 CBC 算法为 Skip Jack。对两者的比较在文献[32]中有具体的说明。

2) 信息包格式

TinySec 的信息包格式是基于 TinyOS 信息包发展而来的。它们的不同如图 8-1 所示。

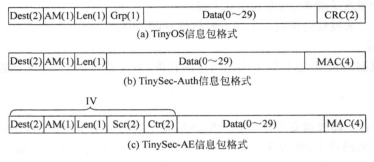

图 8-1　TinySec 信息包格式

三种信息包格式的共同部分包括接收者的目的地址(Dest)、活动消息类型(AM)和数据长度(Len)。这些部分由于自身的特点,在设计上并不需要对它们进行加密。TinyOS 使用 CRC 校验来检查传输中的错误,但是它并不能提供安全方法来抵御信息包受到的恶意修改和伪造。而 TinySec 用 MAC 来代替 CRC,保护了消息的完整性和认证性,防止数据被篡改,同时也能监测到传输的错误。

3) 密钥机制

TinySec 可以同多种密钥机制共存,主要有如下几种。

(1) 单密钥——支持消极参与和局部广播。

(2) 临近节点间的密钥链——在被俘获节点存在的情况下渐进消退。

(3) 组节点——在被俘获节点存在的情况下渐进消退,并且支持消息参与和局部广播。

4) TinySec 的执行

现今的 TinySec 主要应用到伯克利传感器节点上(诸如 Mica,Mica2 和 Mica2Dot 平台)。与 TOSSIM 相结合,其端口与 Atmel,Intel X86 和 Strong Arm 等处理器相连。资源使用方面,包括 3000 行的 nesC 代码,728 位的 RAM 和 7146 位的 ROM。它实现了 RC5 和 Skip Jack 算法,并且通过使用信息包 Len 部分的前两位来确定信息包的类型。

总的来说,伯克利分校的三位专家设计的 TinySec 是为无线传感器网络量身定造的。它依赖密码原语,满足了网络资源限制和安全的要求。

### 8.4.3　链路层加密方案Ⅱ(SenSec)——TinySec 的改进

部分研究者发现 TinySec 提供的安全措施比较随机,有时会搞乱网络布局,并且一个危险节点可能破坏整个网络。基于 TinySec 系统构架，文献[29]提出了一个新的系统构架 SenSec。

**1. SenSec 概述**

SenSec 提供了默认的安全功能并具有反弹的键控机构，能让发送接收数据包过程中的编码、解码和认证清晰化。这样使任意两个传感器之间消息的保密性和完整性得到保护，使得系统运算和通信更加有效。更重要的是这种新的结构中反弹键控机构能够抵御危险节点的攻击，弥补了 TinySec 的重要缺陷。

**2. SenSec 设计目标**

（1）安全应用程序接口——TinySec 工作在活动信息层。
（2）为上层应用和协议提供一个统一显著的界面。
（3）能很好地满足多点对一点的通信，适应 WSN 的层次结构。
（4）通过使用三组控键，最大化可使用性，最小化系统受到的攻击。

**3. SenSec 设计安全目标**

（1）访问控制（仅授权参与者）。
（2）完整性（使得改变和转发消息困难）。
（3）保密性。
（4）对应用软件和程序师进行公开。

**4. SenSec 特征**

（1）反弹的密钥管理。
（2）额外的小型源代码。
（3）使用安全程序接口更加容易。
（4）定制多点对一点的传输路线。
（5）软件分层结构设计。

**5. SenSec 的设计**

1) SenSec 的协议堆栈

SenSec 提供与上层 AM 相同的通信界面，并且可以使用无线电发送包界面。SenSec 提供安全服务，这样传感器在通信中就不会意识到会有编码和认证等操作。在完成发送无线电开始信号之前，系统就能完成安全操作。

2) SenSec 信息包格式分析

SenSec 信息包格式如表 8-4 所示。它基于当今的 TinyOS 信息包格式编制，采用同 TinySec 相同的策略，与 TinySec 信息格式相比做了微小的改动。只是它们的 IV 格式不同，这能为 WSN 提供足够的安全保障。因此，通过重复计算 MAC 系统能监测到信息包传输过程中的阻碍和错误。

表 8-4　SenSec 信息包格式

| Dest(2) | AM(1) | Len(1) | Grp(1) | Ran(3) | Data(0~29) | MAC(4) |
| --- | --- | --- | --- | --- | --- | --- |

3) SenSec 反弹键控机构

为了满足整个网络的等级结构，研究者大多使用分等级的访问控制。使用三组键来绘制传感器配置。三组键为：①球形键(GK)（用于在整个网络中广播）。由基站产生，用每个传感器节点提前配置,可以在所有传感器网络中共享。②串形键(CK)(用于局部监控系统)。由多轴头产生,可以分配为首先配置,在一小组临近节点间共享。③传感器键(SK)(用于个体传感器)。基于一个根据和传感器唯一的 ID 号并由基站产生,提前配置在每个节点上,每个传感器与基站都用一个传感器键相连。

通过使用不同的键,可以用一个反弹机构来抵御对手对节点的攻击,即当一个传感器遭到破坏时,它所属组的通信将被终止。

## 8.5 无线传感器网络安全的研究进展

传感器网络的研究起步于 20 世纪 90 年代末期,但安全问题的研究成果近几年才陆续出现,且大多数方案都是基于 Ad Hoc 及传统网络的安全机制,密钥管理体制也并非完全意义上的分布式自组织解决方案,而是分级式的管理方案。因此,在传感器网络还未被模型化之前,WSN 安全方案正处于理论研究阶段,距离实际应用和形成可接受的标准还相差甚远。目前,国际上对于传感器网络安全的研究,主要集中在如下几个方面。

### 8.5.1 密钥管理

密钥管理是数据加密技术中的重要一环,它处理密钥从生成到销毁的整个生命周期的有关问题,涉及系统的初始化、密钥的生成、存储、备份恢复、装入、验证、传递、保管、使用、分配、保护、更新、控制、丢失、吊销和销毁等多个方面的内容,也包括密钥的行政管理制度和管理人员的素质。它涵盖了密钥的整个生命周期,是整个加密系统中最薄弱的环节,密钥的泄漏将直接导致明文内容的泄漏。

Eschenauer 和 Gligor[34]提出了一种分布式传感器网络中的密钥管理方案。在该方案中,密钥分发包括密钥预分发、共享密钥发现和路径密钥建立三个过程;密钥更新通过基站生成一个简单的密钥撤销指令包括受攻击节点密钥环上所有的密钥标识符来完成,该指令使用基站与每个传感器节点共享的密钥加密并进行单播通信,来声明该列表被撤销;密钥更新通过基站重新分配给节点一个密钥环,并再次重新启动邻近节点发现机制和路径密钥建立机制来完成。

Chan[35]等提出一种传感器网络中的随机密钥预分发方案,该方案包括三种安全机制:一是 $q$ 个复合密钥管理方案,它与 Eschenauer 和 Gligor 提出的密钥分发方案相似,不同之处是任意传感器节点之间共享的密钥至少为 $q$ 个,而不是一个,以此来减小某个或某些节点被攻击者控制后对传感器网给安全的影响;二是多路径密钥加强方案,即节点 A 选择 $j$ 个随机数 $v_1$, $v_2$, $\cdots$, $v_j$,通过 $j$ 条路径传送给 B,节点 B 收到所有的随机数后,通过计算 $K' = K_{AB} \oplus V_1 \oplus V_2 \oplus \cdots \oplus V_j$ 实现对原始共享密钥 $K_{AB}$ 的更新,并将 $K'$ 作为新的共享密钥;三是随机密钥对分发方案,它支持分布式节点撤销,并能有效防止对传感器节点的恶意复制和生成。

Jolly[36]等提出一种节能的密钥管理协议,该协议建立在 IBSK(基于身份标识的对称密钥)方案[37]的基础上,由于假设每个节点只能与簇首或基站进行通信,因而每个传感器节点在密钥预分发时只需存储两个对称密钥,协议支持对受攻击节点的撤销。该方案采用多层网络体系结构,使得由密钥管理带来的能量消耗大大降低。

Perrig[21]等提出一种传感器网络安全协议 SPINS,它由两个部分构成:SNEP(安全网络加密协议)通过使用计数器和消息认证码来提供数据保密性、通信双方数据认证和数据新鲜性等基本安全机制,但它不能提供高效的广播认证,µTESLA 是 TESLA 的一种扩展形式,能够提供广播认证。

Satia 和 Jajodia[39]提出一种局部加密和认证协议 LEAP,它是一个专为传感器网络设计的用来支持网内数据处理和密钥管理协议,同时限制受攻击节点对网络中邻近节点的影响。LEAP 支持 4 种类型密钥的建立。与基站共享的主密钥,与其他节点共享的会计密钥,与多个簇内节点共享的簇密钥和与所有传感器网络内节点共享的群密钥。该协议的通信开销和能量消耗都较低,且在密钥建立和更新过程中能够最大限度地减少基站的参与。

Du 和 Deng[40]提出传感器网络中的一种密钥对预分发方案,它是 Blom[41]密钥预分发方案的一种改进形式,主要通过使用矩阵和连接图的方法实现密钥的分发。该方案能够最大限度地减少受攻击节点对网络中邻近节点的影响。当受攻击节点数目小于门限值时,除受攻击节点外的其他任何节点的受影响概率接近于 0。这种理想的特性降低了小规模网络的初始开销。

Liu 和 Ning[42]在基于多项式的密钥预分发方案的基础上,给出了建立密钥对的通用框架,并提出了两个实例:随机子集指派密钥预分发方案和基于栅格的密钥预分发方案,这两种方案具有密钥对建立概率高、通信开销低和允许节点失效等特点。

Wadaa[44]等提出一种可扩密钥管理方案,该方案借助基于位置信息的虚拟网络基础设施来完成密钥管理任务,其主要特征是节点能够动态自主地计算自己基于位置信息的标识符,并使用该标识符来计算群密钥的初始子集;方案的扩展性好,支持大规模传感器网络安全群通信中的密钥建立和管理;协议的通信开销较小,大大节省了能量消耗。

在建立密钥管理方案时,通常假设在网络配置前,与传感器节点分布相关的信息是未知的。Du 和 Deng[45]指出在许多应用环境中,特定的配置信息是事先可知的,从而提出一种新的运用配置信息的随机密钥预分发方案。该方案避免了不必要的密钥分配,其性能(如连接概率、存储效率和对受攻击节点影响程度的控制等)都有了显著的改善。

## 8.5.2 身份认证

由于传感器网络配置环境一般比较恶劣,加之无线网络本身固有的脆弱性,因而极易受到各种各样的攻击。为保证信息的安全传递,需要有一种机制来验证通信各方身份的合法性。在传统的有线网络中,公钥基础设施有效地解决了这个问题,它通过对数字证书的使用和管理,来提供全面的公钥加密和数字签名服务。通过公钥基础设施,可以将公钥与合法拥有者的身份绑定起来,从而建立并维护一个可信的网络环境。非对称加密机制具有很高的计算、通信和存储开销,这决定了在资源受限的传感器上使用数字签名和公钥证书机制是不可行的,必须建立一套综合考虑了安全性、效率和性能并进行合理折中的传感器网络身份认证方案。

Perrig[21]等在 µTESLA 方案中对 TESLA 进行了改进,通过引入推迟公布对称密钥的方法来达到非对称加密的效果。该方案解决了先前 TESLA 存在的认证初始数据包使用数字签名、密钥公开过程能量消耗大和存储单向密钥链开销高等问题,并使计算方法和步骤趋向简化。同时,该方案提供了两种广播流认证方法:节点通过基站广播数据和节点直接广播数据。

Satia 和 Jajodia[39]在局部加密和认证协议 LEAP 中指出,由于 µTESLA 不提供实时认证而导致时延和存储量偏大,因而它不适用于传感器网络中节点与节点之间的数据流认证。该文提出了基于单向密钥链的认证方案,该方案的突出特点是它支持数据源认证、网内数据处理和节点的被动加入,并运用概率型激励方案来有效地检测和阻止传感器网络中的假冒攻击。

Liu 和 Ning[46]指出，μTESLA 认证方案在广播认证消息之前，需要以单播的方式在基站和节点之间分发某些信息，这限制了该方案的可扩展性，尤其是对于大规模的传感器网络。该文通过预先决定并广播初始参数的方式，来取代基于单播的初始信息分发，并进一步研究了几种提高网络性能、鲁棒性和安全性的技术，最终提出的协议具有低开销、容许数据包丢失、可扩展性强和防止重放攻击以及拒绝服务攻击等特点。

Bohge 和 Trappe[47]根据传感器网络中无线设备计算和通信能力的不同，提出了三层分级式传感器网络的认证框架。该框架针对底层传感器节点的资源有限性，提出了使用 TESLA 证书来进行实体认证。这种认证方法保证了在网络拓扑变化时，对加入节点进行认证并最终建立信任关系。同时，该框架也提供了数据源认证功能，且可以根据节点的计算资源规模分配认证任务，高层节点可以进行数字签名运算。

### 8.5.3 攻防技术

目前 WSN 存在的主要攻击类型包括 DoS 攻击、Sybil 攻击、Sinkhole 攻击、Wormhole 攻击、Hello 泛洪攻击和选择转发攻击。

#### 1. DoS 攻击

许多网络都存在着拒绝式服务攻击，传感器网络也不例外。一些传感器网络的配置对于功能强大的攻击者来说是相当脆弱的。DoS 攻击是指任何能够削弱或消除传感器网络正常工作能力的行为或事件，硬件失效、软件漏洞、资源耗尽、环境干扰及这些因素之间的相互作用都有可能导致 DoS 攻击。Wood 和 Stankovic[48]详细分析了传感器网络物理层、链路层、网络路由层和传输层可能存在的 DoS 攻击，并给出了相应的对策。

#### 2. Sybil 攻击

Douceur[49]首次给出了 Sybil 攻击的概念，即在无线网络中，单一节点具有多个身份标识，通过控制系统的大部分节点来削弱冗余备份的作用。同时，提出了一种使用可信证书中心来验证通信实体身份以防止 Sybil 攻击，这种解决方案显然不适用于传感器网络。Newsome[50]系统分析了 Sybil 攻击对传感器网络诸多功能（包括路由、资源分配和非法行为检测等）的危害，对 Sybil 攻击进行了科学的分类，提出了运用无线资源检测来发现 Sybil 攻击，并使用身份注册和随机密钥分发方案建立节点之间的安全连接等方法来防止 Sybil 攻击[51]。

#### 3. Sinkhole 攻击

在这种攻击中，攻击者的目标是吸引所有的数据流通过攻击者所控制的节点进行传输，从而形成一个以攻击者为中心的黑洞。Sinkhole 攻击通常使用功能强大的处理器来代替受控节点，使其传输功率、通信能力和路由质量大大提高，进而使得通过它路由到基站的可靠性大大提高，以此吸引其他节点选择通过它进行路由。对于传感器网络中存在的 Sinkhole 攻击，目前一般通过对路由协议进行精细设计来进行有效的抵御。

#### 4. Wormhole 攻击

在 Wormhole 攻击中，攻击者将在一部分网络上接收的消息通过低时延的信道进行转发，并在网络内的各簇内进行重放。Wormhole 攻击最为常见的形式是两个相距较远的恶意节点互相勾结，通过使用攻击者拥有的带外信道中继数据包的方式进行转发。Hu 等提出了一种检测 Wormhole 攻击的技术，但该技术要求节点之间必须具备严格的时间同步，从而不适用于传感器网络。同时，Hu[52]等又提出了一种检测和阻止传感器网络中 Wormhole 攻击的方案[53]，该方案使用地理或临时约束条件来限制数据包的最大传输距离，并给出了一种新的高效协议 TIK 来对接收到的数据包进行认证。Kwok[54]提出一种由 GPS 节点和非 GPS 节点通信协作来防止 Rormhole 攻击的方法,并对其进行了实现。Hu 和 Evans[55]则提出了使用定向天线的防御方案,设计出了一种节点共享方向性信息的合作协议,来防止 Wormhole 终端冒充邻近节点。

### 5. Hello 泛洪攻击

它是一种针对传感器网络的新型攻击,由于许多协议要求节点广播 Hello 数据包来发现其邻近节点,收到该包的节点将确信它在发送者的传输范围内,即两者在同一簇内。假如攻击者使用大功率无线设备广播路由或其他信息时,它能够使用网络中的部分甚至全部节点确信攻击者就是其邻近节点。这样,攻击就可以与邻近节点建立安全连接,网络中的每个节点都试图使用这条路由与基站进行通信,但由于一部分节点距离攻击者相当远,加上传输能力有限,发送的消息根本不可能被攻击者接收到而造成数据包丢失,从而使网络陷入一种混乱状态。最简单的对付 Hello 泛洪攻击方法是通信双方采取有效措施进行相互的身份验证。

### 6. 选择转发攻击

多跳传感器网络通常是基于参与节点可靠地转发其收到信息这一假设的。在选择转发攻击中,恶意节点可能被拒绝转发特定的消息并将其丢弃,以使得这些数据包不再进行任何传播。然而,这种攻击者冒着邻近节点可能发现这条路由失败并寻找新路由的危险。另一种表现形式是攻击者修改节点传送来的数据包,并将其可靠地转发给其他节点,从而降低被人怀疑的程度,其解决方案是由节点进行概率否决投票并由基站或簇头对恶意节点进行驱赶。多径路由也是对付选择转发攻击比较有效的方法[56]。

## 8.6 小结[1,57~60]

WSN 的安全要求是根据其自身条件提出的,这是与一般的无线通信网络最大的不同之处。对 WSN 的安全研究主要包括 4 个方面:密码技术;密钥确立和管理;路由安全;数据融合安全。在安全实施方面,现今主要流行两种带安全保护机制的操作系统,即 TinySec 和 SenSec,它们提供了较为完善的安全机制。

WSN 还有很多研究工作要做,以下几方面值得考虑。

(1) 在基站方面,可以把节点间的随机提前配置密钥方案应用到基站以及基站和聚合节点之间。这样既能减少计算负担,又能防止网络通信堵塞。

(2) 现在使用的 TinySec 和 SenSec 这两种链路层安全结构的认证和密钥机制还不完善。希望能通过加入基于认证的公开密钥和密钥交换机制使其运行更加有效。

(3) 密钥管理协议要求大量的能量消耗,特别是在传输密钥的初始化消息时。下一步对密钥管理协议进行的修改主要是以减小能量消耗为目的。

WSN 是本世纪一项新兴的技术,其发展还处于开始阶段,还有广阔的发展空间,它的安全技术更是如此。未来的研究需要把 WSN 自身条件限制与普通无线通信网络安全技术结合起来,创造出更加安全和方便实施的协议、算法以及操作系统。

## 参考文献

[1] 代航阳,徐红兵. 无线传感器网络(WSN)安全综述. 计算机应用研究,2006(7):12-17.

[2] 任丰原,黄海宁,林闯. 无线传感器网络[J]. 软件学报,2003,14(7):1282-1290.
[3] Saurabh Ganeriwal, Srdjan Capkun. Wireless Sensor & Actuator Network Security: A User's Perspective[R]. Mani Srivastava UCLACENS, 2004.
[4] Security in Wireless Sensor Network [EB/OL]. http://www.antd.nist.gov/wctg.
[5] 王东安,张方舟,秦刚等. 无线传感器网络安全协议的研究. 计算机工程,2005,31(21):10-13.
[6] Gupta G, Younis M. Performance Evaluation of Load. Balanced Clustering of Wireless Sensor Networks. In: Proceedings of the 10th International Conference on Telecommunications (ICT'2003), Tahiti, Papeete-French Polynesia, 2003-02.
[7] Maleq Khan, Bryon Gloden. Secure Routing in Sensor Networks[R]. CS 555: Final Project, 2004.
[8] JingDeng, Richard Han, ShivakantMishra. Defending Against Traffic Analysis Attacks in Wireless Sensor Networks[R]. Department of Computer Sciences, University of Colorado at Boulder, 2003.
[9] Creighton Hager. A Framework for Wireless Network Security Protocols[C]. IREAN Research Workshop, 2003.25-26.
[10] James Esslinger. Security Aspects of Sensor Networks[D]. Computer Science Department Texas A&M University, 2003.
[11] Adrian Perrig, Robert Szewczyk, VictorWen. SPINS: Security Protocols for Sensor Networks[R]. Berkeley: Department of Electrical Engineering and Computer Sciences University of California.
[12] Yongdong Wu, DiMa, Tieyan Li. Classify Encrypted Data in Wireless Sensor Networks[J]. IEEE, 2004,(7).
[13] 郎为民,杨宗凯,吴世忠等. 无线传感器网络安全研究. 计算机科学,2005,32(5):54-58.
[14] Tieyan Li. Security Map of Sensor Network[R]. Singapore: Infocomm Security Department Institute for Infocomm Research, 2004.
[15] 徐胜波,马文平,王新梅. 无线通信网中的安全技术[M]. 北京:人民邮电出版社,2003.
[16] Wenliang Du, Jing Deng, Yunghsiang S Han. A Key Management Scheme for Wireless Sensor Networks Using Deployment Knowledge [R]. Department of Electrical Engineering and Computer Science SyracusUniversity, Syracuse, NY, 2003.
[17] Chris Karlof, DavidWagner. Secure Routing in Wireless Sensor Networks: Attacks and Countermeasures[R]. University of California at Berkeley, 2004.
[18] Sencun Zhu, Sanjeev Setia, Sushil Jajodia. LEAP: Efficient Security Mechanisms for LargeScale Distributed Sensor Networks[R]. Center for Secure Information Systems George Mason University Fairfax.
[19] Maleq Khan, et al. Self-configuring Node Clusters, Data Aggregation, and Security in Micro sensor Networks[R]. Department of Computer Sciences and Center for Education and Research in Information Assurance and Security Purdue University, West Lafayette.
[20] H Ozgur Sanli, Suat Ozdemir, Hasan Cam. SRDA: Secure Reference-based Data Aggregation Protocol for Wireless Sensor Networks[R]. Department of Computer Science and Engineering Arizona State University Temple.
[21] Perrig A. SPINS: Security Protocols for Sensor Network. Wireless Networks,2002,8(5):521-534.
[22] Jolly G. A Low-energy Key Management Protocols for Wireless Sensor Networks. IEEE,2003.
[23] Gupta G, Younis M. Performance Evaluation of Load. Balanced Clustering of Wireless Sensor Networks. In: Proceedings of the 10th International Conference on Telecommunications (ICT'2003), Tahiti, Papeete-French Polynesia, 2003-02.
[24] Tiny OS@MSP430[EB/OL]. http://page.mi.fu-berlin.de/~hutta/tinyos/tinyos.pdf.
[25] Embedded Sensor Networks[EB/OL]. http://cs.usc.edu/~ramesh/papers.
[26] Joe Polastre, Phil Levis, Rob Szewczyk. TinyOS Hardware[R]. University of California, Berkeley Intel Research Berkeley,2003.

[27] Robert Szewczyk, et al. TinyOS Tutorial[R]. Mobisys,2003.
[28] Tieyan Li, Hongjun Wu, FengBao. SenSec Design(Technical Report v1.0)[R]. Infocomm Security Department,Institute for Infocomm Research, 2004.
[29] TinySec: Security for TinyOS [EB/OL]. http://www.cs.berkeley.edu/~nks/tinysec.
[30] TinySec: Link Layer Encryption for Tiny Devices[EB/OL]. http://www.cs.berkeley.edu/nks/tinysec.
[31] TinySec: User Manual[EB/OL]. http://www.tinyos.net/tinyos-1.x/doc/tinysec.pdf.
[32] TinySec: A Link Layer Security Architecture for Wireless Sensor Networks[EB/OL]. http://www.cs.berkeley.edu/~nks/papers/tinysec-sensys04.pdf.
[33] Tieyan Li, HongjunWu, Feng Bao. SenSec Design[R]. Singapore: Institute for Infocomm Research, 2004.
[34] Eschenauer L,Gligor V D. A key-management scheme for distributed sensor networks. In: Proc. of the 9th ACM Conf. on Computer and Communications Security(CCS2002). Washinigton D.C.: ACM Press,Nov. 2002. 41-47.
[35] Chan H,Perrig A,Song D. Random key predistribution schemes for sensor networks. In: Proc. of IEEE 2003 Symposium on Research in Security and Privacy. Berkeley,CA: IEEE Computer Society, 2003. 197-213.
[36] Jolly G, Kuscu M C, Kokate P, et al. A low-energy Key Management Protocol for Wireless Sensor Network. In: Proc. of the Eighth IEEE Intl. Symposium on computers and communication(ISCC'03). Turkey: July 2003,1: 335-340.
[37] Carman D, Kruus P, Matt B. Constraints and approaches for distributed sensor network security: [Technial Report #00-010]. NAI Labs, September 2000, pages 1-26. Available at: http//download.nai.com/products/media/nai/zip/nailabsreport-00-010-final.zip.D.
[38] Perrig A,Canetti R,Tygar J D,et al. The TESLA broadcast Authentication Protocol. Cryptobytes, 2002,5(2): 2-13.
[39] Zhu S, Satia S, Jajodia S. LEAP: Efficient Security Mechanisms for Large-Scale Distributed Sensor networks. In: Proc. of ACM Conf. on Computing and communication Security (CCS'2003). Washington: ACM Press,Oct. 2003. 62-72.
[40] Du W, Deng J, Han Y S. Varshney P. A pairwise Key Pre-distribution Scheme for Wireless Sensor Networks. In: Proc. of the 10th ACM Conf. on Computer and Communications Security (CCs), Washington: ACM Press,Oct. 2003. 1-10.
[41] Blom R. An optimal class of symmetric key generation systems. In: Advances in Cryptology: Proc. of EUROCRYPT 84-A Workshop on the Theory and Application of Cryptographic Techniques. Paris: Springer-Verlag,Volum 209 of Lecture Notes in Computer Science,1985. 335-338.
[42] Liu D, Ning P. Establishing pairwise keys in distributed sensor networks. In: Porc. of the 10th ACM Conf. on computer and Communications Security(CCS),Washington: ACM Press,Oct. 2003,52-61.
[43] Blundo C,Santis A D,Herzberg A,et al. Perfectly-secure key distribution for dynamic conferences. In: Advances in Cryptology-CRYPTO'92: 12th Annual Intl. Cryptology conf. Santa Barbara, California, USA: Springer-Verlag, Volume 740 of Lecture Notes in Computer Science,1993,471-486.
[44] Wadaa A, Olariu s, Wilson L, et al. Scalable Cryptographic Key Management in Wireless Sensor Networks. In: Proc. of the 24th Intl. Conf. on Distributed Computing Systems Workshops (ICDCSW'04). Tokyo: IEEE Computer Society,March 2004. 796-802.
[45] Du W, Deng J, Han Y S, et al. A Key Management Scheme for Wireless Sensor Networks Using Deploying Knowledge. In: Proc. of INFOCOM2004. Hong kong: IEEE Computer society, March 2004,172-183.
[46] Liu D, Ning P. Efficient distribution of key chain commitments for broadcast authentication in

distributed sensor networks. In: Proc. of the 10th Annual Network and Distributed System Security Symposium(NDSS2003). San Diego,California: Internet Society Press,February 2003. 263-276.

[47] Bohge M,Trappe W. An Authentication framework for Hierarchical Ad Hoc Security(WISE'03). Sandiego. California,USA: ACM Press,Sep. 2003. 79-87.

[48] Wood A,Stankovic J. Denial of Service in sensor networks. IEEE Computer,2002,35(10): 54-62.

[49] Douceur J R. The sybil attack. In: Proc. of First International workshop on Peer-to-peer systems (IPTPS'02). Cambridge, MA, USA: Springer-Verlag, Volume 2429 of Lecture Notes in computer Science,2002,251-260.

[50] Newsome J,Shi E,Song D,et al. The Sybil Attack in Sensor Networks Analysis & Defenses. In: Proc. of Third Intl. Symposium on Information Processing in Sensor Networks (IPSN'04). Berkeley, California,USA: ACM Press,April 2004. 259-268.

[51] Karlof C,Wagner D. Secure routing in wireless sensor networks: Attacks and counter-measures. In: First IEEE Intl. Workshop on Sensor Network Protocols and Applications(SNPA 2003). Anchorage, AK,USA: IEEE computer Society,May 2003. 113-127.

[52] Hu Y C,Perrig A,Johnson D B. Wormhole detection in wireless ad hoc networks: [Technical report TR01-384]. Department of Computer Science,Rice University,June 2002.

[53] Hu YC,Perrig A,Johnson D B. Packet Leashes: A Defense against Wormhole Attacks in Wireless Ad Hoc Networks. In: Proc. of the Twenty-second Annual Joint Conf. of the IEEE Computer and Communications Society, 2003,3: 1976-1986.

[54] Kwok J. A Wireless Protocol to Prevent Wormhole Attacks. A Thesis in TCC 402 Presented to the Faculty of the School of Engineering and Applied Science University of Virginia, March 2004. 1-52. Available at: www. sc. virginia. edu/~evans/theses/dwok. pdf.

[55] Hu L,Evans D. Using Directional Antennas to Prevent Wormhole Attacks. In: Proc. of the 11th Annual Network and Distributed System Security Symposium(NDSS2004). San Diego,Cailfornia: Internet Society Press,Feb. 2004,144-154.

[56] Ganesan D,Govindan R,Shenker S,et al. Highly-resilient,energy-efficient multipath routing in wireless sensor networks. Mobile Computing and Communications Review,2001,4(5): 1-3.

[57] 郑强,王晓东. 无线传感器网络安全研究. 微计算机信息,2008,24(1): 116-117.

[58] 胡向东,邹洲,敬海霞等. 无线传感器网络安全研究综述. 仪器仪表学报,2006,27(6): 307-311.

[59] 朱祥贤,孙秀英,卢素锋. 无线传感器网络的安全技术的研究. 信息安全与通信保密,2009(12): 88-90.

[60] 覃伯平,周贤伟,杨军等. 无线传感器网络的安全路由技术研究. 传感技术学报,2006,19(1): 16-19.

# 第9章 协议标准

## 9.1 标准概述与网络简介

### 9.1.1 IEEE 802.15.4 标准概述[1~3]

随着通信技术的迅速发展,人们提出了在距离范围内进行通信的需求,这样就出现了个人区域网络(Personal Area Network,PAN)和无线个人区域网络(Wireless Personal Area Network,WPAN)的概念。WPAN 网络为近距离范围内的设备建立无线连接,把几米范围内的多个设备通过无线方式连接在一起,使它们可以相互通信甚至接入 LAN 或 Internet。1998年3月,IEEE 标准化协会正式批准成立了 IEEE 802.15 工作组。这个工作组致力于 WPAN 网络的物理层(PHY)和媒体访问控制子层(MAC)的标准化工作,目标是为在个人操作空间(Personal Operating space,POS)内相互通信的无线通信设备提供通信标准。POS 一般是指用户附近10米左右的空间范围,在这个范围内用户可以是固定的,也可以是移动的。

在 IEEE 802.15 工作组内有4个任务组(Task Group,TG),分别制定适合不同应用的标准。这些标准在传输速率、功耗和支持的服务等方面存在差异。下面是4个任务组各自的主要任务。

(1) 任务组 TG1:制定 IEEE 802.15.1 标准,又称蓝牙无线个人区域网络标准。这是一个中等速率、近距离的 WPAN 网络标准,通常用于手机、PDA 等设备的短距离通信。

(2) 任务组 TG2:制定 IEEE 802.15.2 标准,研究 IEEE 802.15.1 与 IEEE 802.11(无线局域网标准,WLAN)的共存问题。

(3) 任务组 TG3:制定 IEEE 802.15.3 标准,研究高传输速率无线个人区域网络标准。该标准主要考虑无线个人区域网络在多媒体方面的应用,追求更高的传输速率与服务品质。

(4) 任务组 TG4:制定 IEEE 802.15.4 标准,针对低速率无线个人区域网络(Low-Rate Wireless Personal Area Network,LR-WPAN)制定标准。该标准把低能量消耗、低速率传输、低成本作为重点目标,旨在为个人或家庭范围内不同设备之间低速互联提供统一标准。

任务组 TG4 定义的 LR-WPAN 网络的特征与传感器网络有许多相似之处,很多研究机构把它作为传感器网络的通信标准。本章主要针对这个标准的具体内容展开介绍。

LR-WPAN 网络是一种结构简单、成本低廉的无线通信网络,它使得在低电能和低吞吐量的应用环境中使用无线连接成为可能。与 WLAN 相比,LR-WPAN 网络只需很少的基础设施,其至不需要基础设施。IEEE 802.15.4 标准为 LR-WPAN 网络制定了物理层和 MAC 子层协议。

IEEE 802.15.4 标准定义的 LR-WPAN 网络具有如下特点。

(1) 在不同的载波频率下实现了 20Kbps、40Kbps 和 250Kbps 三种不同的传输速率；
(2) 支持星型和点对点两种网络拓扑结构；
(3) 16 位和 64 位两种地址格式，其中 64 位地址是全球唯一的扩展地址；
(4) 支持冲突避免的载波多路侦听技术（Carrier Sense Multiple Access with Collision Avoidance，CSMA-CA）；
(5) 支持确认（ACK）机制，保证传输可靠性。

### 9.1.2 IEEE 802.15.4 网络简介

IEEE 802.15.4 网络是指在一个 POS 内使用相同无线信道并通过 IEEE 802.15.4 标准相互通信的一组设备的集合，又名 LR-WPAN 网络。在这个网络中，根据设备所具有的通信能力，可以分为全功能设备（Full-function Device，FFD）和精简功能设备（Reduced-Function Device，RFD）。FFD 设备之间以及 FFD 设备与 RFD 设备之间都可以通信。RFD 设备之间不能直接通信，只能与 FFD 设备通信，或者通过一个 FFD 向外发送数据。这个与 RFD 相关联的 FFD 设备称为该 RFD 的协调器（Coordinator）。RFD 设备主要用于简单的控制应用，如灯的开关、被动式红外传感器等，传输的数据量较少，对传输资源和通信资源占用不多，这样的 RFD 设备可以用于非常低廉的实现方案。

在 IEEE 802.15.4 网络中，有一个称为 PAN 网络协调器（PAN coordinator）的 FFD 设备，是 LR-WPAN 网络中的主控制器。PAN 网络协调器（以后简称网络协调器）除了直接参与应用以外，还要完成成员身份管理、链路状态信息管理以及分组转发等任务。图 9-1 是 IEEE 802.15.4 网络的一个例子，给出了网络中各种的设备的类型以及它们在网络中所处的地位。

无线通信信道的特性是动态变化的，节点位置或天线的微小改变、物体移动等周围环境的变化都有可能引起通信链路信号强度和质量的剧烈变化，因而无线通信的覆盖范围是不确定的。这就造成了 LR-WPAN 网络设备的数量以及它们之间关系的动态变化。

**1. IEEE 802.15.4 网络的拓扑结构**

IEEE 802.15.4 网络根据应用的需要可以组织成星型网络，也可以组织成点对点网络，如图 9-2 所示。在星型结构中，所有设备都与中心设备 PAN 网络协调器通信。在这种网络中，网络协调器一般使用持续电力系统供电，而其他的设备采用电池供电。星型网络适合家庭自动化、个人计算机的外设以及个人健康护理等小范围的室内应用。

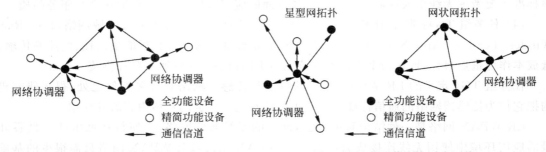

图 9-1 LR-WPAN 网络组件和拓扑关系 　　　图 9-2 星型网络和点对点网络

与星型网络不同，点对点网络只要彼此都在对方的无线辐射范围之内，任何两个设备之间都可以直接通信。点对点网络中也需要网络协调器，负责实现管理链路状态信息，认证设备身份等功能。点对点网络模式可以支持 Ad hoc 网络,允许通过多跳路由的方式在网络中传输数据。不过一般认为自组织问题应该由网络层来解决,不在 IEEE 802.15.4 标准讨论的范围之类。点对点网络可以构造更复杂的网络结构,适合于设备分布范围广的应用,比如在工业检测与控制、货物库存跟踪和智能农业等方面有非常好的应用前景。

**2. 网络拓扑的形成过程**

虽然网络拓扑结构的形成过程属于网络层的功能,但 IEEE 802.15.4 为形成各种网络拓扑结构提供了充分的支持。这部分主要讨论 IEEE 802.15.4 对形成网络拓扑结构提供的支持,并详细地描述了星型网络和点对点网路的形成过程。

1) 星型网络的形成

星型网络以网络协调器为中心,所有设备只能与网络协调器进行通信,因此在星型网络的形成过程中,第一步就是建立网络协调器。任何一个 FFD 设备都有成为网络协调器的可能,一个网络如何确定自己的网络协调器由上层协议决定。一种简单的策略是:一个 FFD 设备在第一次被激活后,首先广播查询网络协调器的请求,如果接收到回应说明网络中已经存在网络协调器,再通过一系列认证过程,设备就成为这个网络中的普通设备。如果没有收到回应,或者认证不成功,这个 FFD 设备就可以建立自己的网络,并且成为这个网络的网络协调器。当然,这里还存在一些更深入的问题:一个是网络协调器过期问题,如原有的网络协调器损坏或者能量耗尽;另一个是偶然因素造成多个网络协调器竞争问题,如移动物体的阻挡会导致一个 FFD 自己建立网络,当移动物体离开的时候,网络中将出现多个协调器。

网络协调器要为网络选择一个唯一的标识符,所有该星型网络中的设备都是用这个标识符来规定自己的属主关系。不同星型网络之间的设备通过设置专门的网关完成相互通信。选择一个标识符后,网络协调器就允许其他设备加入自己的网络,并为这些设备转发数据分组。星型网络中的两个设备如果需要相互通信,都是先把各自的数据包发送给网络协调器,然后由网络协调器转发给对方。

2) 点对点网络的形成

点对点网络中,任意两个设备只要能够彼此收到对方的无线信号,就可以进行直接通信,不需要其他设备的转发。但点对点网络中仍然需要一个网络协调器,不过该协调器的功能不再是为其他设备转发数据,而是完成设备注册和访问控制等基本的网络管理功能。网络协调器的产生同样由上层协议规定,比如把某个信道上第一个开始通信的设备作为该信道上的网络协调器。簇树网络是点对点网络的一个例子,下面以簇树网络为例描述点对点网络的形成过程。图 9-3 是一个多级簇树网络的例子。

在簇树网络中,绝大多数设备是 FFD 设备,而 RFD 设备总是作为簇树的叶子设备连接到网络中。任意一个 FFD 都可以充当 RFD 协调器或者网络协调器,为其他设备提供同步信息。在这些协调器中,只有一个可以充当整个点对点网络的网络协调器。网络协调器可能和网络中其他设备一样,也可能拥有比其他设备更多的计算资源和能量资源。网络协调器首先将自己设为簇头(Cluster Header,CLH),并将簇标识符(Cluster Identifier,CID)设置为 0,同时为该簇选择一个未被使用的 PAN 网络标识符,形成网络中的第一个簇。接着,网络协调器开始广播信标帧。邻近设备收到信标帧后,就可以申请加入该簇。设备可否成为簇成员,由网络协调器决定。如果请求被允许,则该设备将作为簇的子设备加入网络协调器的邻居列表。新加入的设备会将簇头作为它的父设备加入到自己的邻居列表中。

上面讨论的只是一个由单簇构成的最简单的簇树。PAN 网络协调器可以指定另一个设

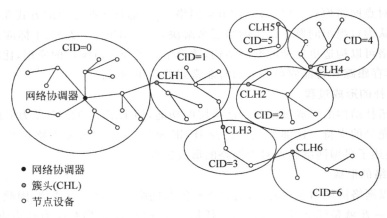

图 9-3 多级簇树网络

备成为邻接的新簇头,以此形成更多的簇。新簇头同样可以选择其他设备成为簇头,进一步扩大网络的覆盖范围。但是过多的簇头会增加簇间消息传递的延迟和通信开销。为了减少延迟和通信开销,簇头可以选择最远的通信设备作为相邻簇的簇头,这样可以最大限度地缩小不同簇间消息传递的跳数,达到减小延迟和开销的目的。

## 9.2 IEEE 802.15.4 协议

工业无线技术是继现场总线技术之后工业控制领域出现的另一个热点技术,它是一种设备间短程、低速率信息交互的无线通信技术,适合在恶劣的工业现场环境中使用,具有很强的抗干扰能力、超低能耗以及实时通信等技术特征。该技术是现有无线技术在工业应用上的功能扩展和技术创新,并将最终转化为新的无线技术标准。

### 9.2.1 工业无线通信协议

工业无线通信网络协议包括以 IEEE 802.11 系列标准为代表的无线局域网技术 WLAN (Wireless Local Area Network)、以 IEEE 802.15.1/Bluetooth 标准和 IEEE 802.15.4 标准为代表的无线个域网技术 WPAN(Wireless Personal Area Network)[4,5]。

**1. IEEE 802.11 系列标准**

为了能够给设备间提供具有较高吞吐量的连续网络连接,IEEE 发布了 802.11 协议,主要用于无法布线或移动环境中计算机的无线接入。经过近年来的补充,802.11 协议现已形成一系列的协议标准,包括物理层的 IEEE 802.11a、IEEE 802.11b、IEEE 802.11g 和数据链路层的 IEEE 802.2。

从网络层次结构来看,IEEE 802.11 无线局域网包括物理层和 MAC 层的内容,而 MAC 层以上并未涉及。MAC 层协议结合了物理载波侦听多址访问与碰撞退避 CSMA/CA (Carrier Sense Multi-Access/Collision Avoidance)机制以及基于控制分组 RTS、CTS 握手对话的 CSMA/CA 机制。前者面向发送方,后者面向接收方。

**2. IEEE 802.15.1 标准**

IEEE 802.15.1 是一种蓝牙通信标准,主要应用于无线个域网,具有近距离通信、低能耗、低成本的特点。IEEE 802.15.1/Bluetooth 规定了 OSI 模型中物理层和数据链路层下的 4 个子层标准:射频层(RF Layer)、基带层(Baseband Layer)、链路管理器(Link Manager)以及逻辑链路控制和适配协议 LLCAP(Logical Link Control and Adaptation Protocol)。

蓝牙网络采用"微微网结构"(Bluetooth Pico Networking),提供 1Mbps 的数据率。每个微微网由一个主设备和至多 7 个从设备组成,主从设备共同协商负责初始化和单元间的通信控制。主设备负责定义和同步微微网间的跳频模式,主从单元间的通信通过异步无链接 ACL(Asynchronous Connectionless Link)链路和同步面向链接 SCO(Synchronous Connection-Oriented)链路传输。前者主要保障通信的可靠性,后者主要用于控制保证实时传输的情况。

一个蓝牙设备实际上最高可以用 721Kbps 的速率收发数据,并可同时开通三路语音信道。每个蓝牙信道被分成若干个长为 $625\mu s$ 的时隙,每一个时隙对应不同的跳频。频率跳变速率为 1600 跳/s,每个时隙可传输一个数据包。跳频方案采用了自动重传请求 ARQ(Automatic Repeat Request)、循环冗余校验 CRC(Cyclic Redundancy Check)和前向纠错 FEC(Forward Error Correction)技术。

### 3. IEEE 802.15.4 标准

IEEE 802.15.4 是用于低速无线个域网 LR-WPAN 的物理层和媒体访问控制层的规范,是 ZigBee、Wireless HART 及 MiWi 规范的基础。IEEE 802.15.4 旨在为无线个域网中的通信设备提供一种基本的底层网络,它支持两种网络拓扑,即单跳星状和当通信线路距离超过 10m 时的多跳对等拓扑。

IEEE 802.15.4 定义了两个物理层,即 2.4GHz 频段和 868/915MHz 频段物理层,其中 2.4GHz 频段有 16 个速率为 250Kbps 的信道。

低功耗是 IEEE 802.15.4 最重要的特点,协议在数据传输过程中引入了延长器件电池寿命或节省功率的机制。为了突出该特点,数据传输分为直接数据传输、间接数据传输和有保证时隙传输三种方式,前两种数据传输方式中带有载波 CSMA/CA 机制。

1) ZigBee

ZigBee 是由 ZigBee 联盟推出的短距离无线通信技术标准,是一种低复杂度、低功耗、低数据速率、低成本、近距离的双向无线通信技术,适用于低速率、数据流量较小的应用场合。图 9-4 所示为 ZigBee 协议与 OSI 模型中各层之间的对应关系。

图 9-4 ZigBee 协议对应的 OSI 模型

ZigBee 协议主要由物理层、数据链路层、网络/安全层、应用框架及高层应用规范构成,其中物理层和数据链路层采用了 IEEE 802.15.4 规范。ZigBee 联盟在此基础上定义了标准化的网络层、应用层和安全层,其中安全层主要实现密钥管理、存取等功能,用以支持应用层和网络层的安全操作[2]。同时,它通过 profile,对各种可能的应用进行了标准化操作。

ZigBee 标准目前主要有三个版本。前期两个版本主要适用于家庭自动化、无线抄表等领域。ZigBeePRO 为最新版本，主要针对前期版本在工业领域的应用，增加了高级功能和更高灵活性的 ZigBeePRO 框架堆栈；特别在易用性和对大型网络的支持方面，它增加了网络可伸缩性、分解片段、频率捷变和自动设备寻址管理能力[3]。

2）Wireless HART 标准

无线 HART 是 HART 通信基金会制定的一种专门为过程自动化应用设计的无线网格型网络通信协议。该协议工作于 2.4GHz 频段，具有安全、稳健的网格拓扑联网技术，它将所有信息统统打包在一个数据包内，通过与 IEEE 802.15.4 兼容的直序扩频和跳频技术进行数据传送[4]。无线 HART 的架构是按以下原则进行设计的，即易于使用、可靠，以及与无线传感器网格型协议相兼容。它强制规定所有的兼容设备必须支持可互操作性；同时，无线 HART 要向后兼容 HART 的核心技术，如 HART 的命令结构和设备描述语言 DDL（Device Description Language）。

目前，在世界上已安装的 4～20mA 信号的现场仪表中，采用 HART 的约占 26%，采用气动信号的约占 13%。因此，无线 HART 协议无疑具有极好的技术前景和商业应用前景。

3）IEEE 802.15.4a 标准

IEEE 802.15.4a 协议是 IEEE 802.15.4 协议的修订版。在 IEEE 802.15.4 中指定了 4 种不同物理层的实现方式，其中三种应用了直序扩频技术 DSSS（Direct-Sequence Spread Spectrum），另一种使用了并序扩频技术（Parallel-Sequence Spread Spectrum）。IEEE 802.15.4a 协议中又新增了两种物理层实现方式，即超宽带技术 UWB（Ultra-WideBand）和 Chirp 扩频（Chirp spread spectrum）技术[5]。超宽带物理层可以工作在低于 1GHz，3～5GHz 之间以及 6～10GHz 这三种 UWB 频率范围，其工作效率高且能够精确测距定位，即使在较低的发送功率下仍具有较好的鲁棒性。Chirp 扩频物理层用于 2.45GHz 工频带[6]，与原有的 IEEE 802.15.4 相比，它支持器件在高速移动及更长距离情况下的通信。上述两种方式在数据传输速率、传输范围及低功耗方面的扩展，使协议更符合低成本、可靠的通信。

4. IEEE 802.15.4a 中采用的关键技术

1）多维度多存取技术（MDMA）

在现有的调制方法中，调幅（AM）、调频（FM）或调相（PM）的优点会受到其自身缺点的影响，都不是理想的调制方式。但在不浪费带宽的情况下，建立一个理想的信息传输系统还是有可能的，这就要将上述三种调制方式结合起来，取各自的优势，形成多维度多存取技术 MDMA（Multiple Dimensional Multiple Access）。

（1）正弦脉波和 Chirp 脉波

MDMA 使用正弦脉波和 Chirp 脉波两种基本信号来处理和传递符号，它们具有互补的属性，并且拥有相同的频谱。

在信号的发送端和接收端使用理想正弦脉波函数进行基带处理。Chirp 信号的时间带宽积为 TB，根据香农极限定理，TB=1，在给定带宽 B 时，这些脉波具有最短的持续时间。从时域上看，TB 积越大，压缩脉冲的能量就越大；从频域上看，TB 积越大，其幅度谱越接近理想带通滤波器[7]。除此之外，发送端相对较容易产生正弦脉波，并且在接收端仅需简单的振幅鉴别就可将正弦脉波检测出来。

MDMA 利用 Chirp 脉波在空气中传输信号。Chirp 脉波是具有固定幅值的线性频率调制 LFM（Linear Frequency Modulated）信号，其频率随时间作线性变化，而且此变化是呈单调递增或递减的趋势。图 9-5 是两种不同的 Chirp 脉波。频率在给定的时间范围内从低频升到高频的为 Up-Chirp,如图 9-5(a)所示;频率从高频降到低频的是 Down-Chirp,如图 9-5(b)所示,它们可以分别代表"0"和"1"进行信息传输。Chirp 脉波将在预先设定好的时间间隔 T 内,将可用带宽 B 完全填充满,这样可以使时间带宽积 TB 大于 1。时间带宽积越大,Chirp 脉波在传输过程中可抵抗干扰的能力也越大。

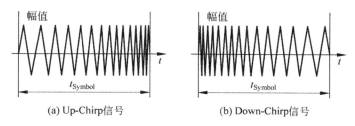

图 9-5 两种 Chirp 脉冲波形

（2）调制技术对 MDMA 的作用

Chirp 脉波的数学表达式如下。

$$U(t) = \frac{U_0}{\sqrt{Bt}}\cos\left(w_0 t + \frac{ut^2}{2} + \phi\right) \qquad (9-1)$$

从式（9-1）可以看出,Chirp 脉波融合了调幅 AM、调频 FM 和调相 PM 三种技术。信号的能量通过振幅调制 $U_0$ 来改变;每个信号经过频率调制后都使用了完整的带宽 $B$;而相位调制的部分则代表传送的不同信息。因此,AM、FM 和 PM 三种技术发挥了不同的作用。

① 振幅调制 AM:传输信号的能量最主要是由振幅 $U_0$ 来决定的,在发送端可以很容易地调整振幅使其满足发送要求,如发送范围和误码率 BER。当信息比较重要时,可将 $U_0$ 调大,信号能量就会变大,相对的信号误码率就会变小;反之,则将 $U_0$ 调小。

② 频率调制 FM:保证了信息传输对干扰的鲁棒性。MDMA 使信息在传输时始终利用全部可用的信道带宽,即使数据速率并不需要用到整个带宽,这种技术称为扩频技术。因此,窄带噪声将不会对信号的传输产生很大的影响,从而保证有足够多的未受干扰影响的信号能够传递到接收端,具有很好的抗干扰性。

③ 相位调制 PM:实际传输的信息可隐藏在信号相位中,通过相位的不同来传递信息。这是 MDMA 技术的主要优点之一,且传送时信号的振幅可始终保持固定值。

2) Chirp 扩频技术

Chirp 扩频技术是 MDMA 的一种简单应用,是为满足低功耗高速传感器网络的要求而定制的。它工作在 2.45GHz 频段,最大传输速率可达 2Mbps,每个传送的信号都是一个 Chirp 脉波,带宽为 80MHz,固定持续时间为 1μs,系统增益为 17dB。除了上节中提及的 MDMA 所具有的优点之外,CSS 还具有以下特性。

（1）抗多路径衰减:信号受周围环境影响而发生多路传播,接收端收到带有回波和反射的信号,这就使一些信号被放大或衰减,从而导致窄带传输系统的通信链路中断;而 CSS 集成的宽带技术可使被放大或衰减的信号维持平衡,有效抵抗多路衰减。

（2）低功率、低功耗、低成本:CSS 技术允许用模拟器件来制作,成本和功耗很低。

CSS 技术已经得到一定程度的认同,并正逐步应用于商用,而满足 UWB 定义的 CSS 技术研究还处于起步阶段。目前,人们对 Chirp 超宽带的研究主要有多址、高速率传输、符号间干扰消除、单音干扰消除、SAW 制作方法等[12]。

### 9.2.2 IEEE 802.15.4 网络协议栈[13,14]

IEEE 802.15.4 网络协议栈基于开放系统互联模型(OSI),如图 9-6 所示,每一层都实现一部分通信功能,并向高层提供服务。

IEEE 802.15.4 标准只定义了 PHY 层和数据链路层的 MAC 子层。PHY 层由射频收发器以及底层的控制模块构成。MAC 子层为高层访问物理信道提供点到点通信的服务接口。

MAC 子层以上的几个层次,包括特定服务的聚合子层(Service Specify Convergence Sub-Layer,SSCS),链路控制子层(Logical Link Control,LLC)等,只是 IEEE 802.15.4 标准可能的上层协议,并不在 IEEE 802.15.4 标准的定义范围之内。SSCS 为 IEEE 802.15.4 的 MAC 层接入 IEEE 802.2 标准中定义的 LLC 子层提供聚合服务。LLC 子层可以使用 SSCS 的服务接口访问 IEEE 802.15.4 网络,为应用层提供链路层服务。

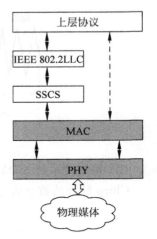

图 9-6 IEEE 802.15.4 协议层次图

**1. 物理层**

物理层定义了物理无线信道和 MAC 子层之间的接口,提供物理层数据服务和物理层管理服务。物理层数据服务从无线物理信道上收发数据,物理层管理服务维护一个由物理层相关数据组成的数据库。

物理层数据服务包括以下 5 个方面的功能:
① 激活和休眠射频收发器;
② 信道能量检测(Energy Detect);
③ 检测接收数据包的链路质量指示(Link Quality Indication,LQI);
④ 空闲信道评估(Clear Channel Assessment,CCA);
⑤ 收发数据。

信道能量检测为网络层提供信道选择依据。它主要测量目标信道中接收信号的功率强度,由于这个检测本身不进行解码操作,所以检测结果是有效信号功率和噪声信号功率之和。

链路质量指示为网络层或者应用层提供接收数据帧时无线信号的强度和质量信息,与信道能量检测不同的是,它要对信号进行解码,生成的是一个信噪比指标。这个信噪比指标和物理层数据单元一道提交给上层处理。

空闲信道评估判断信道是否空闲。IEEE 802.15.4 定义了三种空闲信道评估模式:第一种是简单判断信道的信号能量,当信号能量低于某一个门限值就认为信道空闲;第二种是通过判断无线信号的特征,这个特征主要包括两个方面,即扩频信号特征和载波频率;第三种模式是前两种模式的综合,同时检测信号强度和信号特征,给出信道空闲判断。

1) 物理层的载波调制

PHY 层定义了三个载波频段用于收发数据。在这三个频段上发送数据使用的速率、信号处理过程以及调制方式等方面存在一些差异。三个频段总共提供 27 个信道(channel):868MHz 频段 1 个信道,915MHz 频段 10 个信道,2450MHz 频段 16 个信道。具体分配如表 9-1 所示。

## 第9章 协议标准

表 9-1 载波信道特性一览表

| PHY(MHz) | 频段(MHz) | 序列扩频参数 | | 数据参数 | | |
|---|---|---|---|---|---|---|
| | | 片(chip)速率(Kchip/s) | 调制方式 | 比特速率(Kbps) | 符号速率(Ksymbol/s) | 符号(symbol) |
| 868/915 | 868~868.6 | 300 | BPSK | 20 | 20 | 二进制位 |
| | 902~928 | 600 | BPSK | 40 | 40 | 二进制位 |
| 2450 | 2400~2483.5 | 2000 | O-QPSK | 250 | 62.5 | 十六进制 |

在 868MHz 和 915MHz 这两个频段上,信号处理过程相同,只是数据速率不同。处理过程如图 9-7 所示,首先将物理层协议数据单元(PHY Protocol Data Unit,PPDU)的二进制数据差分编码,然后再将差分编码后的每一个位转换为长度为 15 的片序列(Chip Sequence),最后使用 BPSK 调制到信道上。

PPDU比特数据 → 差分编码器 → 比特到片序列转换 → BPSK调制 → 调制信号

图 9-7 868/915MHz 频段的调制过程

差分编码是将数据的每一个原始比特与前一个差分编码生成的比特进行异或运算:$E_n = R_n \oplus E_{n-1}$。其中 $E_n$ 是差分编码的结果,$R_n$ 为要编码的原始比特,$E_{n-1}$ 是上一次差分编码的结果。对于每个发送的数据包,$R_1$ 是第一个原始比特,计算 $E_1$ 时假定 $E_0 = 0$。差分解码过程与编码过程类似,即 $R_n = E_n \oplus E_{n-1}$ 对于每个接收到的数据包,$E_1$ 为第一个需要解码的比特,计算 $E_1$ 时假定 $E_0 = 0$。

差分编码以后,接下来就是直接序列扩频。每一个比特被转换为长度为 15 的片序列。扩频过程按表 9-2 进行,扩频后的序列使用 BPSK 调制方式调制到载波上。

表 9-2 868/915MHz 比特到片序列转换

| 输入比特 | 片序列值($c_1 c_2 \cdots c_{14}$) |
|---|---|
| 0 | 111101011001000 |
| 1 | 000010100110111 |

2.4GHz 频段的处理过程如图 9-8 所示,首先将 PPDU 的二进制数据中每 4 位转换为一个符号(symbol),然后将每个符号转换成长度为 32 的片序列。

PPDU比特数据 → 比特到符号转换 → 符号到片序列转换 → O-QPSK调制 → 调制信号

图 9-8 2.4GHz 频段的调制过程

在把符号转换为片序列时,用符号在 16 个近似正交的伪随机噪声序列中选择一个作为该符号的片序列,表 9-3 是符号到伪随机噪声序列的映射表,这是一个直接序列扩频的过程。扩频后,信号通过 O-QPSK 调制方式调制到载波上。

表 9-3 2.4GHz 符号到片序列映射表

| 十进制符号 | 二进制符号($b_0 b_1 b_2 b_3$) | 序列值($c_0 c_1 \cdots c_{30} c_{31}$) |
|---|---|---|
| 0 | 0000 | 11011001110000110101001000101110 |
| 1 | 1000 | 11101101100111000011010100100010 |
| 2 | 0100 | 00101110110110011100001101010010 |
| 3 | 1100 | 00100010111011011001110000110101 |

续表

| 十进制符号 | 二进制符号($b_0 b_1 b_2 b_3$) | 序列值($c_0 c_1 \cdots c_{30} c_{31}$) |
|---|---|---|
| 4 | 0010 | 01010010001011101101100111000011 |
| 5 | 1010 | 00110101001000101110110110011100 |
| 6 | 0110 | 11000011010010001011101101111001 |
| 7 | 1110 | 10011100001101010001011101101101 |
| 8 | 0001 | 10011001001011000000111011111011 |
| 9 | 1001 | 10111000110010010110000001110111 |
| 10 | 0101 | 01111011100011001001011000000111 |
| 11 | 1101 | 01110111101110001100100101100000 |
| 12 | 0011 | 00000111011110111000110010010110 |
| 13 | 1011 | 01100000011101111011100011001001 |
| 14 | 0111 | 10010110000011101111011100011100 |
| 15 | 1111 | 11001001011000000111011110111000 |

2) 物理层的帧结构

图 9-9 描述了 IEEE 802.15.4 标准物理层数据帧格式。物理帧第一个字段是 4 个字节的前导码,收发器在接收前导码期间,会根据前导码序列的特征完成片同步和符号同步。帧起始分隔符(Start-of-Frame Delimiter, SFD)字段长度为一个字节,其值固定为 0xA7,标识一个物理帧的开始。收发器接收完前导码后只能做到数据的位同步,通过搜索 SFD 字段的值 0xA7 才能同步到字节上。帧长度(Frame Length)由一个字节的低 7 位表示,其值就是物理帧负载的长度,因此物理帧负载的长度不会超过 127 个字节。物理帧的负载长度可变,称之为物理服务数据单元(PHY Service Data Unit, PSDU),一般用来承载 MAC 帧。

| 4 字节 | 1 字节 | 1 字节 | | 长度可变 |
|---|---|---|---|---|
| 前导码(preamble) | SFD | 帧长度(7 比特) | 保留位 | PSDU |
| 同步头 | | 物理帧头 | | PHY 负载 |

图 9-9 物理帧结构

### 2. MAC 子层

在 IEEE 802 系列标准中,OSI 参考模型的数据链路层进一步划分为 MAC 和 LLC 两个子层。MAC 子层使用物理层提供的服务实现设备之间的数据帧传输,而 LLC 子层在 MAC 子层的基础上,在设备间提供面向连接和非连接的服务。本小节将从传输模型和帧格式等方面介绍 IEEE 802.15.4 标准中 MAC 子层的功能。

MAC 子层提供两种服务:MAC 层数据服务和 MAC 层管理服务(MAC sub-Layer Management Entity, MLME)。前者保证 MAC 协议数据单元在物理层数据服务中的正确收发,后者维护一个存储 MAC 子层协议状态相关信息的数据库。

MAC 子层主要功能包括下面 6 个方面。

(1) 协调器产生并发送信标帧,普通设备根据协调器的信标帧与协调器同步;

(2) 支持 PAN 网络的关联(association)和取消关联(disassociation)操作;

(3) 支持无线信道通信安全;

(4) 使用 CSMA-CA 机制访问信道;

(5) 支持时槽保障(Guaranteed Time Slot, GTS)机制;

(6) 支持不同设备的 MAC 层间可靠传输。

关联操作是指一个设备在加入一个特定网络时,向协调器注册以及身份认证的过程。LR-WPAN 网络中的设备有可能从一个网络切换到另一个网络,这时就需要进行关联和取消关联操作。

时槽保障机制和时分复用(Time Division Multiple Access,TDMA)机制相似,但它可以动态地为有收发请求的设备分配时槽。使用时槽保障机制需要设备间的时间同步,IEEE 802.15.4 中的时间同步通过下面介绍的"超帧"机制来实现。

1) 超帧

在 IEEE 802.15.4 中,可以选用以超帧为周期来组织 LR-WPAN 网络内设备间进行通信。每个超帧都以网络协调器发出的信标帧(beacon)为始,在这个信标帧中包含了超帧将持续的时间以及对这段时间的分配等信息。网络中的普通设备接收到超帧开始时的信标帧后,就可以根据其中的内容安排自己的任务,例如进入休眠状态直到这个超帧结束。

超帧将通信时间划分为活跃和不活跃两个部分。在不活跃期间,PAN 网络中的设备不会相互通信,从而可以进入休眠状态以节省能量。超帧的活跃期间划分为三个阶段:信标帧发送时段、竞争访问时段(Contention Access Period,CAP)和非竞争访问时段(Contention-Free Period,CFP)。超帧的活跃部分被划分为 16 个等长的时槽,每个时槽的长度、竞争访问时段包含的时槽数等参数,都由协调器设定,并通过超帧开始时发出的信标帧广播到整个网络。图 9-10 所示为一个超帧结构。

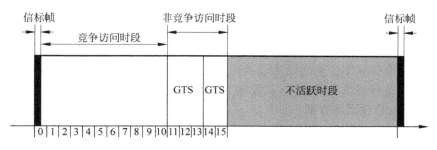

图 9-10 超帧结构

在超帧的竞争访问时段,IEEE 802.15.4 网络设备使用带时槽的 CSMA-CA 访问机制,并且任何通信都必须在竞争访问时段结束前完成。在非竞争时段,协调器根据上一个超帧期间 PAN 网络中设备申请 GTS 的情况,将非竞争时段划分成若干个 GTS。每个 GTS 由若干个时槽组成,时槽数目在设备申请 GTS 时指定。如果申请成功,申请设备就拥有了它指定的时槽数目。如图 9-10 中第一个 GTS 由时槽 11~13 构成,第二个 GTS 由时槽 14,15 构成。每个 GTS 中的时槽都指定分配给了时槽申请设备,因而不需要竞争信道。IEEE 802.15.4 标准要求任何通信都必须在自己分配的 GTS 内完成。

超帧中规定非竞争时段必须跟在竞争时段后面。竞争时段的功能包括网络设备可以自由收发数据,域内设备向协调者申请 GTS 时段,新设备加入当前 PAN 网络等。非竞争阶段由协调者指定的设备发送或者接收数据包。如果某个设备在非竞争阶段一直处在接收状态,那么拥有 GTS 使用权的设备就可以在 GTS 阶段直接向该设备发送消息。

2) 数据传输模型

LR-WPAN 网络中存在着三种数据传输方式:设备发送数据给协调器、协调器发送数据给设备、对等设备之间的数据传输。星型拓扑网络中只存在前两种数据传输方式，因为数据只在协调器和设备之间交换；而在点对点拓扑网络中，三种数据传输方式都存在。

在 LR-WPAN 网络中，有两种通信模式可供选择：信标使能通信（Beacon-Enabled）和信标不使能通信（Non Beacon-Enabled）。

在信标使能的网络中，PAN 网络协调器定时广播信标帧。信标帧表示超帧的开始。设备之间通信使用基于时槽的 CSMA-CA 信道访问机制，PAN 网络中的设备都通过协调器发送的信标帧进行同步。在时槽 CSMA-CA 机制下，每当设备需要发送数据帧或命令帧时，它首先定位下一个时槽的边界，然后等待随机数目个时槽。等待完毕后，设备开始检测信道状态：如果信道空闲，设备就在下一个可用时槽边界开始发送数据；如果信道忙，设备需要重新等待随机数目个时槽，再检查信道状态，重复这个过程直到有空闲信道出现。在这种机制下，确认帧的发送不需要使用 CSMA-CA 机制，而是紧跟着接收帧发送回源设备。

在信标不使能的通信网络中，PAN 网络协调器不发送信标帧，各个设备使用非分时槽的 CSMA-CA 机制访问信道。该机制的通信过程如下：每当设备需要发送数据或者发送 MAC 命令时，它首先等候一段随机长的时间，然后开始检测信道状态：如果信道空闲，该设备立即开始发送数据；如果信道忙，设备需要重复上面的等待一段随机时间和检测信道状态的过程，直到能够发送数据。在设备接收到数据帧或命令帧而需要回应确认帧的时候，确认帧应紧跟着接收帧发送，而不使用 CSMA-CA 机制竞争信道。

图 9-11 是一个信标使能网络中某一设备传送数据给协调器的例子。该设备首先侦听网络中的信标帧，如果接收到了信标帧，它就同步到由这个信标帧开始的超帧上，然后应用时槽 CSMA-CA 机制，选择一个合适的时机，把数据帧发送给协调器。协调器成功接收到数据以后，回送一个确认帧表示成功收到该数据帧。

图 9-12 是一个信标不使能的网络设备传送数据给协调器的例子。该设备应用无时槽的 CSMA-CA 机制，选择好发送时机后，就发送它的数据帧。协调器成功接收到数据帧后，回送一个确认帧表示成功收到该数据帧。

图 9-13 是在信标使能网络中协调器发送数据帧给网络中某个设备的例子。当协调器需要向某个设备发送数据时，就在下一个信标帧中说明协调器拥有某个设备的数据正在等待发送。目标设备在周期性的侦听过程中会接收到这个信标帧，从而得知有属于自己的数据保存在协调器中，这时就会向协调器发送请求传送数据的 MAC 命令。该命令帧发送的时机按照基于时槽的 CSMA-CA 机制来确定。协调器收到请求帧后，先回应一个确认帧表明收到请求命令，然后开始传送数据。设备成功接收到数据后再回送一个数据确认帧，协调器接收到这个确认帧后，才将消息从自己的消息队列中移走。

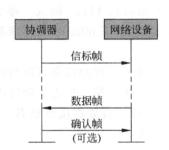

图 9-11　信标使能网络中设备发送数据给协调器

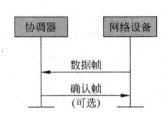

图 9-12　信标不使能网络中设备发送数据给协调器

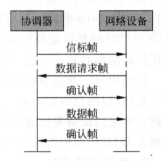

图 9-13　信标使能网络中协调器发送数据给设备

图 9-14 是在信标不使能网络中协调器发送数据帧给网络中某个设备的实例。协调器只是为相关的设备存储数据,被动地等待设备来请求数据,数据帧和命令帧的传送都使用无时槽的 CSMA-CA 机制。设备可能会根据应用程序事先定义好的时间间隔,周期性地向协调器发送请求数据的 MAC 命令帧,查询协调器是否存有属于自己的数据。协调器回应一个确认帧表示收到数据请求命令,如果有属于该设备的数据等待传送,则利用无时槽的 CSMA-CA 机制选择时机开始传送数据帧;如果没有数据需要传送,则发送一个 0 长度的数据帧给设备,表示没有属于该设备的数据。设备成功收到数据帧后,回送一个确认帧,这时整个通信过程就完成了。

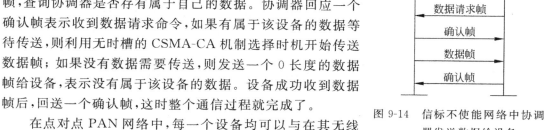

图 9-14 信标不使能网络中协调器发送数据给设备

在点对点 PAN 网络中,每一个设备均可以与在其无线辐射范围内的设备进行通信。为了保证通信的有效性,这些设备需要保持持续接收状态或者通过某些机制实现彼此同步。如果采用持续接收方式,设备只是简单地利用 CSMA-CA 收发数据;如果采用同步方式,需要采取其他措施来达到同步的目的。超帧在某种程度上可以用来实现点到点通信的同步,前面提到的 GTS 监听方式,或者在 CAP 期间进行自由竞争通信都可以直接实现同步的点对点通信。

3) MAC 层帧结构

MAC 层帧结构的设计目标是用最低复杂度实现在多噪声无线信道环境下的可靠数据传输。每个 MAC 子层的帧都由帧头(MAC HeadeR,MHR)、负载和帧尾(MAC FooteR,MFR)三部分组成,如图 9-15 所示。帧头由帧控制信息(Frame Control)、帧序列号(Sequence Number)和地址信息(Addressing Fields)组成。MAC 子层负载具有可变长度,具体内容由帧类型决定,后面将详细解释各类负载字段的内容。帧尾是帧头和负载数据的 16 位 CRC 校验序列。

| 字节数:2 | 1 | 0/2 | 0/2/8 | 0/2 | 0/2/8 | 可变 | 2 |
|---|---|---|---|---|---|---|---|
| 帧控制信息 | 帧序列号 | 目的设备PAN标识符 | 目标地址 | 源设备PAN标识符 | 源设备地址 | 帧数据单元 | FCS校验码 |
| | | 地址信息 | | | | | |
| 帧头 | | | | | | MAC负载 | MFR帧尾 |

图 9-15 MAC 帧格式

在 MAC 子层中设备地址有两种格式:16 位(两个字节)的短地址和 64 位(8 个字节)的扩展地址。16 位短地址是设备与 PAN 网络协调器关联时,由协调器分配的网内局部地址;64 位扩展地址是全球唯一地址,在设备进入网络之前就分配好了。16 位短地址只能保证在 PAN 网络内部是唯一的,所以在使用 16 位短地址通信时需要结合 16 位的 PAN 网络标识符才有意义。两种地址类型的地址信息的长度是不同的,从而导致 MAC 帧头的长度也是可变的。一个数据帧使用哪种地址类型由帧控制字段的内容指示。在帧结构中没有表示帧长度的字段,这是因为在物理层的帧里面有表示 MAC 帧长度的字段,MAC 负载长度可以通过物理层帧长和 MAC 帧头的长度计算出来。

IEEE 802.15.4 网络共定义了 4 种类型的帧:信标帧,数据帧,确认帧和 MAC 命令帧。

### (1) 信标帧

信标帧的负载数据单元由4部分组成：超帧描述字段、GTS分配字段、待转发数据目标地址（Pending Address）字段和信标帧负载数据，如图9-16所示。

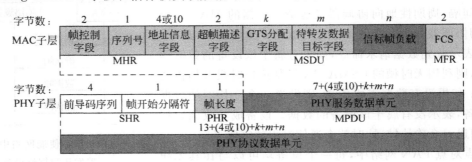

图 9-16　信标帧的格式

① 帧中超帧描述字段规定了这个超帧的持续时间，活跃部分持续时间以及竞争访问时段持续时间等信息。

② GTS分配字段将无竞争时段划分为若干个GTS，并把每个GTS具体分配给了某个设备。

③ 转发数据目标地址列出了与协调者保存的数据相对应的设备的地址。一个设备如果发现自己的地址出现在待转发数据目标地址字段里，则意味着协调器存有属于它的数据，所以它就会向协调器发出请求传送数据的MAC命令帧。

④ 信标帧负载数据为上层协议提供数据传输接口。例如在使用安全机制的时候，这个负载域将根据被通信设备设定的安全通信协议填入相应的信息。通常情况下，这个字段可以忽略。

在信标不使能网络里，协调器在其他设备的请求下也会发送信标帧。此时信标帧的功能是辅助协调器向设备传输数据，整个帧只有待转发数据目标地址字段有意义。

### (2) 数据帧

数据帧用来传输上层发到MAC子层的数据，它的负载字段包含了上层需要传送的数据。数据负载传送至MAC子层时，被称为MAC服务数据单元（MAC Service Data Unit，MSDU）。它的首尾被分别附加了MHR头信息和MFR尾信息后，就构成了MAC帧，如图9-17所示。

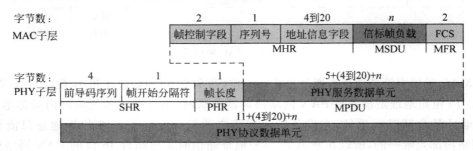

图 9-17　数据帧格式

MAC帧传送至物理层后，就成为物理帧的负载PSDU。PSDU在物理层被"包装"，其首部增加了同步信息SHR和帧长度PHR字段。同步信息SHR包括用于同步的前导码和SFD字段，它们都是固定值。帧长度字段PHR标识了MAC帧的长度，为一个字节长而且只有其中的低 7 位才是有效位,所有 MAC 帧的长度不会超过 127 个字节。

(3) 确认帧

如果设备收到目的地址为其自身的数据帧或 MAC 命令帧,并且帧的控制信息字段的确认请求位被置 1,设备需要回应一个确认帧。确认帧的序列号应该与被确认帧的序列号相同,并且负载长度为零。确认帧紧接着被确认帧发送,不需要使用 CSMA-CA 机制竞争信道,如图 9-18 所示。

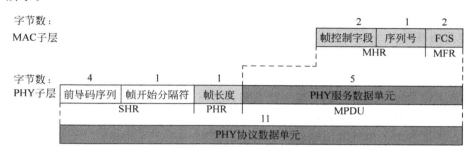

图 9-18　确认帧的格式

(4) 命令帧

MAC 命令帧主要用于组建 PAN 网络,传输同步数据等。目前定义好的命令帧有 9 种类型,主要完成三方面的功能:把设备关联到 PAN 网络,与协调器交换数据,分配 GTS。命令帧在格式上和其他类型的帧没有太多的区别,只是帧控制字段的帧类型位有所不同。帧头的帧控制字段的帧类型为 011B(B 表示二进制数据)表示这是一个命令帧。命令帧的具体功能由帧的负载数据表示。负载数据是一个变长结构,所有命令帧负载的第一个字节是命令类型字节,后面的数据针对不同的命令类型有不同的含义,如图 9-19 所示。

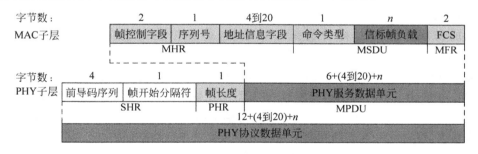

图 9-19　命令帧的格式

**3. 鲁棒性**

LR-WPAN 网络采用 CSMA-CA 机制、帧确认机制和帧校验机制来保证数据传送的鲁棒性。

CSMA-CA 是带冲突避免的载波多路侦听访问技术,通过随机退避减少数据发送冲突。LR-WPAN 网络根据网络配置可采用两种信道访问机制:信标使能网络中使用带时槽的 CSMA-CA 机制,信标不使能网络中使用无时槽的 CSMA-CA 机制。CSMA-CA 机制降低了无线信道传输数据时发生冲突的可能性,提高了信道传输数据的成功率。

帧确认机制是一种可选机制,发送帧的设备可以要求目的设备在成功接收数据后发送确认,也可以不要求发送。设备只对数据帧和命令帧使用帧确认机制,在任何情况下都不会为信标帧或确认帧回应确认。设备发送一帧后，如果在一定的时间内没有收到确认帧，就认为传输失败，需要重新选择时机发送该帧。对于不要求确认的数据帧，发送以后就认为发送成功，并从本地缓冲队列中删除该数据帧。

在无线信道中数据传输会有比较高的误码率。在 LR-WPAN 网络中有两种机制解决传输误码问题。一种机制是使用短帧格式（小于 128 字节）以减小单个帧出错的概率；另一种机制是利用 MAC 帧中的校验机制验证收到的数据是否出错。MAC 帧的校验码长 16 位，使用 ITU 标准的 16 位 CRC 校验生成算法产生。

### 4. 能量消耗

在 LR-WPAN 网络中，很多应用的设备使用电池供电。要求频繁更换电池或者频繁充电是不太现实的，因此此 LR-WPAN 网络中，能量消耗是一个需要十分仔细考虑的问题。电池供电的设备可以通过"轮换值班"来减少能量消耗。这些设备大部分时间都处在休眠状态，只是周期性苏醒过来发送数据或者检测信道的状态，以确定是否有属于自己的消息。这种机制要求应用设计者在电池消耗和消息延迟之间作出权衡。

### 5. 安全服务

IEEE 802.15.4 提供的安全服务是在应用层已经提供密钥的情况下的对称密钥服务。密钥的管理和分配都由上层协议负责。这种机制提供的安全服务基于这样一个假定：即密钥的产生、分配和存储都在安全方式下进行。在 IEEE 802.15.4 中，以 MAC 帧为单位提供了 4 种帧安全服务，为了适用于各种不同的应用，设备可以在三种安全模式中进行选择。

1）帧安全

MAC 子层可以为输入输出的 MAC 帧提供安全服务。提供的安全服务主要包括 4 种：访问控制、数据加密、帧完整性检查和顺序更新（Sequential Freshness）。

访问控制提供的安全服务是确保一个设备只和它愿意通信的设备进行通信。在这种方式下，设备需要维护一个列表，记录它希望与之通信的设备。

数据加密服务使用对称密钥来保护数据，防止第三方直接读取数据帧信息。在 LR-WPAN 网络中，信标帧、命令帧和数据帧的负载均可使用加密服务。

帧完整性检查通过一个不可逆的单向算法对整个 MAC 帧进行运算，生成一个消息完整性代码（Message Integrity Code，MIC）并将其附加在数据包的后面发送。接收方式用同样的过程对 MAC 帧进行运算，对比运算结果和发送端给出的结果是否一致，以此判断数据帧是否被第三方修改。信标帧、数据帧和命令帧均可使用帧完整性检查保护。

顺序更新使用一个有序编号避免帧重发攻击。接收到一个数据帧后，新编号要与最后一个编号比较。如果新编号比最后一个编号新，则检验通过，编号更新为最新的；反之，校验失败。这项服务可以保证收到的数据是最新的，但不提供严格的与上一帧数据之间的时间间隔信息。

2）安全模式

在 LR-WPAN 网络中，设备可以根据自身需要选择不同的安全模式、无安全模式、ALC 模式和安全模式。

无安全模式是 MAC 子层默认的安全模式。处于这种模式下的设备不对接收到的帧进行任何安全检查。当某个设备接收到一个帧时，只检查帧的目的地址。如果目的地址是本设备地址或广播地址，这个帧就会被转发给上层，否则丢弃。在设备被设置为混杂模式（promiscuous）的情况下，它会向上层转发所有接收到的帧。

访问控制列表(Access Control List,ACL)模式为通信提供了访问控制服务。高层可以通过设置 MAC 子层的 ACL 条目指示 MAC 子层根据源地址过滤接收到的帧。因此这种方式下,MAC 子层没有提供加密保护,高层有必要采取其他机制来保证通信的安全。

安全模式对接收或发送的帧提供全部的 4 种安全服务:访问控制、数据加密、帧完整性检查和顺序更新。

## 9.3 ZigBee 协议标准

### 9.3.1 ZigBee 是什么

ZigBee 是一种新兴的短距离、低功耗、低数据速率、低成本、低复杂度的无线网络技术[6,7]。采用了 IEEE 802.15.4 强有力的无线物理层所规定的全部优点:省电、简单、成本又低的规格;增加了逻辑网络、网络安全和应用层。主要应用领域包括工业控制、消费性电子设备、汽车自动化、家庭和楼宇自动化、医用设备控制等场合。ZigBee 可使用的频段有三个,分别是 2.4GHz 的 ISM 频段、欧洲的 868MHz 频段以及美国的 915MHz 频段,而不同频段可使用的信道分别是 16,1,10 个,在中国采用 2.4GHz 频段,是免申请和免使用费的频率。

### 9.3.2 ZigBee 标准概要

ZigBee 是一个协议的名称,这一协议基于 IEEE 802.15.4 标准,其目的是为了适用于低功耗,无线连接的监测和控制系统。这一协议标准由 ZigBee 联盟维护。IEEE 802.15.4 是 ZigBee 协议的底层标准,主要规范了物理层和 MAC 层的协议,其标准由国际电工学协会 IEEE 组织制定并推广。ZigBee 和 802.15.4 标准都适合于低速率数据传输,最大速率为 250Kbps,与其他无线技术比较,适合传输距离相对较近的应用;ZigBee 无线技术适合组建 WPAN 网络,就是无线个人设备的联网,对于数据采集和控制信号的传输是非常适合的。ZigBee 技术的应用定位是低速率、复杂网络、低功耗和低成本应用。

### 9.3.3 ZigBee 技术优势

ZigBee 的传输带宽在 20～250Kbps 范围,适合传感器数据采集和控制数据的传输;ZigBee 可以组建大规模网络,网络节点容量达到 65 535 个,具有非常强大的组网优势;ZigBee 技术特有的低功耗设计,可以保证电池工作很长时间。图 9-20 显示出了不同的无线网络标准数据传输的比较。表 9-4 是无线网络标准的比较。

表 9-4 无线网络标准的比较

| 市场名标准 | GPFS/GSM 1xRTT/CDMA | Wi-Fi 802.11b | Bluetooth 802.15.1 | ZigBee 802.15.4 |
|---|---|---|---|---|
| 应用重点 | 声音和数据 | Web,E-mail,图像 | 电缆代替品 | 监测和控制 |
| 系统资源 | 16MB+ | 1MB+ | 250KB+ | 4KB～32KB |
| 电池寿命(天) | 1～7 | 0.5～5 | 1～7 | 100～1000 |
| 网络大小 | 1 | 32 | 7 | 255/65000 |
| 带宽(KB/s) | 64～128+ | 11000+ | 720 | 20～250 |
| 传输距离(m) | 1000+ | 1～100 | 1～10+ | 1～100+ |
| 成功尺度 | 覆盖面积,质量 | 速度,灵活性 | 价格,便携 | 可靠,功耗,价格 |

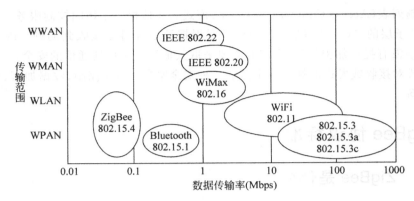

图 9-20　无线网络标准数据传输率比较

ZigBee 的技术优势表现在如下几个方面。
（1）数据传输率低：10～250Kbps，专注于低速数据传输方面的应用；
（2）功耗低：在低功耗模式下，两节普通 5 号电池可使用 6～24 个月；
（3）成本低：ZigBee 数据传输率低，协议简单，大大降低了成本；
（4）网络容量大：网络可容纳 65000 个设备；
（5）时延短：典型搜索设备时延为 30ms，休眠激活时延为 15ms，活动设备信道接入时延为 15ms；
（6）网络的自组织、自愈能力强，通信可靠；
（7）数据安全：ZigBee 提供了数据完整性检查和鉴权功能，采用 AES-128 加密算法，可灵活确定其安全属性；
（8）工作频段灵活：ZigBee 可使用的频段有三个，分别是 2.4GHz 的 ISM 频段、欧洲的 868MHz 频段，以及美国的 915MHz 频段，而不同频段可使用的信道分别是 16,1,10 个，均为免费频段。在中国采用 2.4GHz 的 ISM 频段，是免申请和免使用费的频率，在 2.4GHz 的频段上具有 16 个信道，带宽为 250Kbps。

ZigBee 在 2.4GHz 的频段上具有 16 个信道，从 2.405～2.4835GHz 间分布，信道间隔是 5MHz，具有很强的信道抗串扰能力，如图 9-21 所示。

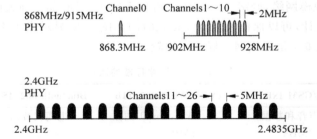

图 9-21　ZigBee 物理信道

## 9.3.4　ZigBee 协议栈

ZigBee 标准定义了一种网络协议，这种协议能够确保无线设备在低成本、低功耗和低数据速率网络中的互操作性。ZigBee 协议栈构建在 IEEE 802.15.4 标准基础之上，802.15.4 标准定义了 MAC 和 PHY 层的协议标准。MAC 和 PHY 层定义了射频以及相邻的网络设备之间的通信标准。而 ZigBee 协议栈则定义了网络层，应用层和安全服务层的标准，如图 9-22 所示。

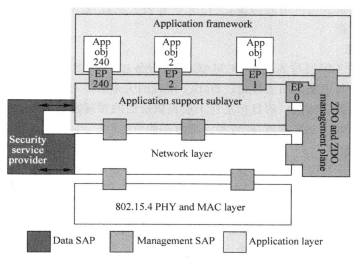

图 9-22　ZigBee 协议栈

**1．ZigBee 堆栈层**

每个 ZigBee 设备都与一个特定类别(profile)有关，可能是公共类别或私有类别。这些类别定义了设备的应用环境、设备类型以及用于设备间通信的丛集。公共类别可以确保不同供货商的设备在相同应用领域中的互通作业性。

设备是由类别定义的，并以应用对象(Application Objects)的形式实现。每个应用对象透过一个端点连接到 ZigBee 堆栈的余下部分，它们都是组件中可寻址的组件。

从应用角度看，通信的本质就是端点到端点的连接(例如，一个带开关组件的设备与带一个或多个灯组件的远程设备进行通信，目的是将这些灯点亮)。端点之间的通信是透过称之为丛集的数据结构来实现的。这些丛集是应用对象之间共享信息所需的全部属性的容器，在特殊应用中使用的丛集在类别中都有定义。每个接口都能接收(用于输入)或发送(用于输出)丛集格式的数据。一共有两个特殊的端点，即端点 0 和端点 255。端点 0 用于整个 ZigBee 设备的配置和管理。应用程序可以透过端点 0 与 ZigBee 堆栈的其他层通信，因而实现对这些层的初始化和配置。附属在端点 0 的对象被称为 ZigBee 设备对象(ZDO)。端点 255 用于向所有端点进行广播。端点 241 到 254 是保留端点。

所有端点都使用应用支持子层(APS)提供的服务。APS 透过网络层和安全服务提供层与端点相接，并为数据传送、安全和固定服务，因此能够适配不同但兼容的设备，如带灯的开关。APS 使用网络层(NWK)提供的服务。NWK 负责设备到设备的通信，并负责网络中设备初始化所包含的活动、消息路由和网络发现。应用层可以透过 ZigBee 设备对象(ZDO)对网络参数进行配置和存取。

**2．802.15.4 MAC 层**

IEEE 802.15.4 标准为低速率无线个人局域网络(LR-WPAN)定义了 OSI 模型开始的两层。PHY 层定义了无线射频应该具备的特征，它支持两种不同的射频讯号，分别位于

2450MHz 波段和 868/915MHz 波段。2450MHz 波段射频可以提供 250Kbps 的数据速率和 16 个不同的信息信道。868/915MHz 波段中，868MHz 支持 1 个数据速率为 20Kbps 的信息信道，915MHz 支持 10 个数据速率为 40Kbps 的信息信道。MAC 层负责相邻设备间的单跳数据通信。它负责设立与网络的同步，支持关联和去关联以及 MAC 层安全；它能提供两个设备之间的可靠连接。

### 3．服务接取点

ZigBee 堆栈的不同层与 802.15.4 MAC 透过服务接取点（SAP）进行通信。SAP 是某一特定层提供的服务与上层之间的接口。ZigBee 堆栈的大多数层有两个接口：数据实体接口和管理实体接口。数据实体接口的目标是向上层提供所需的常规数据服务。管理实体接口的目标是向上层提供存取内部层参数、配置和管理数据的机制。

### 4．ZigBee 安全性

安全机制由安全服务提供层提供。然而值得注意的是，系统的整体安全性是在类别级定义的，这意味着类别应该定义某一特定网络中应该实现何种类型的安全。每一层（MAC、网络或应用层）都能被保护，为了降低存储要求，它们可以分享安全密钥。SSP 是透过 ZDO 进行初始化和配置的，要求实现先进加密标准（AES）。ZigBee 规格定义了信任中心的用途。信任中心是在网络中分配安全密钥的一种令人信任的设备。

### 5．ZigBee 堆栈容量和设备

ZigBee 标准规定可以在一个单一的网络中容纳 65535 个节点，所有的 ZigBee 网络节点都属于以下三种类型中的一种。

Co-ordinator：不论 ZigBee 网络采用何种拓扑方式，网络中都需要有一个并且只能有一个 Co-ordinator 节点。在网络层上，Co-ordinator 通常只在系统初始化的时候起到重要的作用。在一些应用中网络初始化完成后，即便是关闭了 Co-ordinator 节点，网络仍然可以正常地工作。但是如果 Co-ordinator 还负责提供路由路径，比如说在星型网络的拓扑结构中，Co-ordinator 就不能被关闭，而必须持续地处于工作状态。同样如果 Co-ordiantor 在应用层提供了一些服务，比如 Co-ordinator binding，Co-ordinator 也必须持续地处于工作状态。

Co-ordinator 在网络层的任务是：①选择网络所使用的频率通道，通常应该是最安静的频率通道；②开始运行；③将其他节点加入网络；④Co-ordinator 通常还会提供信息路由，安全管理和其他的服务。

Router：如果 ZigBee 网络采用了树形和星型，拓扑结构就需要用到 Router 这种类型的节点。

Router 类型节点的主要功能就是：①在节点之间转发信息；②允许子节点通过他加入网络。需要注意的是通常 Router 节点不能够休眠。

End Device：End Device 节点的主要任务就是发送和接收信息。通常一个 End Device 节点是利用电池供电的，并且当它不在数据收发状态的时候它通常都是处于休眠状态以节省电能。End Device 节点不能够转发信息也不能够让其他节点加入网络。

## 9.3.5 ZigBee 协议的消息格式及帧格式

### 1．消息格式

一个 ZigBee 消息由 127 个字节组成，它主要包括以下几个部分。

MAC 报头：该报头包含当前被传输消息的源地址及目的地址。若消息被路由，则该地址

有可能不是实际地址,产生及使用该报头对于应用代码来说是透明的。

NWK 报头:该报头包含了消息的实际源地址及最终的目的地址,该报头的产生及使用对于应用代码是透明的。

APS 报头:该报头包含了配置 ID,簇 ID 及当前消息的目的终端。同样,报头的产生及使用是透明的。

APS 有效载荷:该域包含了待应用层处理的 ZigBee 协议帧。

### 2. ZigBee 协议帧格式

ZigBee 协议定义了两种帧格式:KVP 关键值对及 MSG 消息帧。

KVP:是 ZigBee 规范定义的特殊数据传输机制,通过一种规定来标准化数据传输格式和内容,主要用于传输较简单的变量值格式。

MSG:是 ZigBee 规范定义的特殊数据传输机制,其在数据传输格式和内容上并不作更多规定,主要用于专用的数据流或文件数据等数据量较大的传输机制。

KVP 帧是专用的比较规范的信息格式,采用键值对的形式,按一种规定的格式进行数据传输。通常用于传输一个简单的属性变量值;而 MSG 帧还没有一个具体格式上的规定,通常用于多信息、复杂信息的传输。KVP、MSG 是通信中的两种数据格式。如果将帧比作一封邮件,那么信封、邮票、地址人名等信息都是帧头、帧尾,里面的信件内容就是特定的数据格式 KVP 或 MSG。根据具体应用的配置文件(Profile),KVP 一般用于简单属性数据,MSG 用于较复杂的、数据量较大信息。

### 3. 寻址及寻址方式

1) ZigBee 协议中的两类地址

ZigBee 网络协议的每一个节点皆有两个地址:64 位的 IEEE MAC 地址及 16 位网络地址。每一个使用 ZigBee 协议通信的设备都有一个全球唯一的 64 位 MAC 地址,该地址由 24 位 OUI 与 40 位厂家分配地址组成,OUI 可通过购买由 IEEE 分配得到,由于所有的 OUI 皆由 IEEE 指定,因此 64 位 IEEE MAC 地址具有全球唯一性。

当设备执行加入网络操作时,它们会使用自己的扩展地址进行通信。成功加入 ZigBee 网络后,网络会为设备分配一个 16 位的网络地址。由此,设备便可使用该地址与网络中的其他设备进行通信。

2) 寻址方式

单播:当单播一个消息时,数据包的 MAC 报头中应含有目的节点的地址,只有知道了接收设备的地址,消息才可以以单播方式进行发送。

广播:要想通过广播来发送消息,应将信息包 MAC 报头中的目的地址域置为 0xFF。此时,所有射频收发使能的终端皆可接收到该信息。

该寻址方式可用于加入一个网络、查找路由及执行 ZigBee 协议的其他查找功能。ZigBee 协议对广播信息包实现一种被动应答模式。即当一个设备产生或转发一个广播信息包时,它将侦听所有邻居的转发情况。如果所有的邻居都没有在应答时限内复制数据包,设备将重复转发信息包,直到它侦听到该信息包已被所有邻居转发,或广播传输时间被耗尽为止。

### 4. 数据传输机制

对于非信标网络,当一个设备想要发送一个数据帧时,它会等待信道空闲,直到检测到信道为空后设备会传输该帧。

若目的设备为 FFD(全功能设备),它的接收器应始终保持开启状态,以便其他的设备可随时向它传输数据。但是若设备为RFD(精简功能设备)，无操作时设备将关闭收发器以节约能量。此时RFD设备无法接收到任何数据。因此，其他设备只能通过RFD的FFD父节点向RFD设备请求或发送数据。直到RFD上电RX收发器后，它会向父节点请求自己的信息数据，若父节点缓冲区中存有发给子节点的信息，则将该信息发给子节点。该操作模式可降低RFD的功耗，但相应的FFD父节点应拥有足够的RAM空间，以便为子节点缓冲信息。若子节点没有在规定的时间内请求信息，信息将被丢失。

### 5. ZigBee 无线网络的形成

首先，由ZigBee协调器建立一个新的ZigBee网络。一开始，ZigBee协调器会在允许的通道内搜索其他的ZigBee协调器。并基于每个允许通道中所检测到的通道能量及网络号，选择唯一的16位PAN ID，建立自己的网络。一旦一个新网络被建立，ZigBee路由器与终端设备就可以加入到网络中。网络形成后，可能会出现网络重叠及PAN ID冲突的现象。协调器可以初始化PAN ID冲突解决程序，改变一个协调器的PAN ID与信道，同时相应修改其所有的子节点。通常，ZigBee设备会将网络中其他节点信息存储在一个非易失性的存储空间——邻居表。加电后，若子节点曾加入过网络，则该设备会执行孤儿通知程序来锁定先前加入的网络。接收到孤儿通知的设备检查它的邻居表，并确定设备是否是它的子节点，若是，设备会通知子节点它在网络中的位置，否则子节点将作为一个新设备来加入网络。而后，子节点将产生一个潜在双亲表，并尽量以合适的深度加入到现存的网络中。

通常，设备检测通道能量所花费的时间与每个通道可利用的网络可通过ScanDuration扫描持续参数来确定，一般设备要花费1分钟的时间来执行一个扫描请求，对于ZigBee路由器与终端设备来说，只需要执行一次扫描即可确定加入的网络。而协调器则需要扫描两次，一次采样通道能量，另一次则用于确定存在的网络。

## 9.3.6 ZigBee 网络拓扑

ZigBee网络可以实现星形、树形和网状三种网络拓扑形式。

星形拓扑包含一个Co-ordinator节点和一系列的End Device节点，如图9-23所示。

每一个End Device节点只能和Co-ordinator节点进行通信。如果需要在两个End Device节点之间进行通信必须通过Co-ordinator节点进行信息的转发。这种拓扑形式的缺点是节点之间的数据路由只有唯一的一条路径，Co-ordinator有可能成为整个网络的瓶颈。实现星形网络拓扑不需要使用ZigBee的网络层协议，因为本身IEEE 802.15.4的协议层就已经实现了星形拓扑形式，但是这需要开发者在应用层做更多的工作，包括自己处理信息的转发。

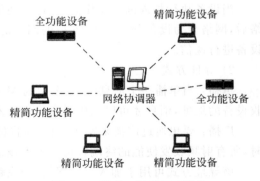

图 9-23 ZigBee 网络星形结构

树形拓扑包括一个Co-ordinator以及一系列的Router和End Device节点。Co-ordinator连接一系列的Router和End Device，它的子节点的Router也可以连接一系列的Router和End Device。这样可以重复多个层级。树形拓扑的结构，如图9-24所示。Co-ordinator和Router节点可以包含自己的子节点；End Device不能有自己的子节点；有同一个父节点的节点之间互相称为兄弟节点；有同一个祖父节点的节点之间互相称为堂兄弟节点。

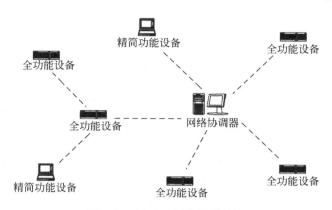

图 9-24 ZigBee 网络树形结构

树形拓扑中的通信规则：①每一个节点都只能和它的父节点和子节点之间通信；②如果需要从一个节点向另一个节点发送数据，那么信息将沿着树的路径向上传递到最近的祖先节点然后再向下传递到目标节点。

这种拓扑方式的缺点就是信息只有唯一的路由通道，另外信息的路由是由协议栈层处理的，整个的路由过程对于应用层是完全透明的。

Mesh 拓扑包含一个 Co-ordinator 和一系列的 Router 和 End Device。这种网络拓扑形式和树形拓扑相同，请参考上面所提到的树形网络拓扑。但是，网状网络拓扑具有更加灵活的信息路由规则，在可能的情况下，路由节点之间可以直接地通信。这种路由机制使得信息的通信变得更有效率，而且意味着一旦一条路由路径出现了问题，信息可以自动地沿着其他的路由路径进行传输，网状拓扑的示意图，如图 9-25 所示。

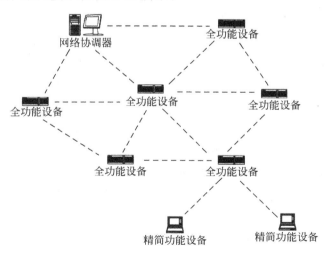

图 9-25 ZigBee 网络网状结构

通常在支持网状网络的实现上，网络层会提供相应的路由探索功能，这一特性使得网络层可以找到信息传输的最优路径。

在这几种网络拓扑中，星形网络对资源的要求最低。以上所提到的特性都是由网络层来实现的，应用层不需要进行任何的参与。

## 9.4 小结

IEEE 802.15.4 标准是一个低功耗、低速率无线个人区域网（LR-WPAN）技术，IEEE 802.15.4 网络是一种结构简单、成本低廉的无线通信网络，它使得在低电能和低吞吐量的传感器网络应用环境中无线连接成为可能。它的设计目标是在传感器节点能量、处理能力、存储能力和通信能力等都十分有限的条件下提供可靠的无线连接。

ZigBee 是一种新兴的短距离、低功耗、低数据速率、低成本、低复杂度的无线网络技术。这一协议基于 IEEE 802.15.4 标准，采用了规范的物理层和 MAC 层协议，其目的是为了适用于低功耗、无线连接的监测和控制系统。ZigBee 技术的应用定位是低速率、复杂网络、低功耗和低成本应用。

传感器网络需要低功耗、短距离的无线通信技术。IEEE 802.15.4 标准是针对低速率无线个人区域网络的无线通信标准，把低功耗、低成本作为设计的主要目标，旨在为个人或者家庭范围内不同设备之间低速联网提供统一的标准。由于 IEEE 802.15.4 标准的网络特征与无线传感器网络存在很多相似之处，所以可把它作为无线传感器网络的无线通信平台。

## 参考文献

[1] 李宜安. 基于 IEEE 802.15.4 标准的无线传感器网络研究. 东南大学, 2006.
[2] 张立峰. IEEE 802.11n 高速无线技术标准研究. 电信工程技术与标准化, 2009(5): 41-44.
[3] 郑霖, 曾志民, 万济萍等. 基于 IEEE 802.15.4 标准的无线传感器网络. 传感器技术, 2005, 24(7): 86-88.
[4] 黄丹青, 费敏锐. IEEE 802.15.4a 工业无线标准的研究与应用. 自动化仪表, 2010, 31(1): 5-9.
[5] 曾鹏. 工业无线技术的标准化与应用. 中国仪器仪表, 2008(3): 40-44.
[6] 顾瑞红, 张宏科. 基于 ZigBee 的无线网络技术及其应用[J]. 电子技术应用, 2005(6): 1-3.
[7] 王东亮. 基于 ZigBee 的 WSN 研究与应用[D]. 吉林: 吉林大学, 2008.
[8] 杨傲雷, 侯维岩. 基于 IEEE 802.15.4a 标准的工业无线网络节点设计. 计算机工程与设计, 2009, 30(12): 2834-2837.
[9] IEEE Computer Society. IEEE Standard 802.15.4a-2007. New York, NY: IEEE, 2007.
[10] 李旻松, 刘东远. 无线工业控制的网络结构及协议研究. 微计算机信息, 2008, 24(9): 104-106.
[11] 张鹏. 基于 Chirp 的宽带超宽带通信技术研究. 西安: 西安电子科技大学, 2007.
[12] 苏理云, 庞武. 超宽带无线技术——短距离无线通信的前沿技术[J]. 技术与市场, 2005(5A): 35.
[13] 唐小军. 基于 IEEE 802.15.4 无线传感器网络的研究与实现. 重庆大学, 2007.
[14] 刘文娟. 基于 IEEE 802.15.4 标准的无线传感器网络设计. 北京: 北京交通大学, 2009.

# 第3篇 ZigBee实践开发技术——CC2430

- 第10章 ZigBee硬件平台
- 第11章 CC2430开发环境IAR
- 第12章 开发实践——环境监测

# 第10章 ZigBee硬件平台

## 10.1 ZigBee 无线 SoC 片上系统 CC2430/CC2431 概述

CC2430/CC2431 是 Chipcon 公司推出的用来实现嵌入式 ZigBee 应用的片上系统。它支持 2.4GHz 的 IEEE 802.15.4/ZigBee 协议。位于挪威奥斯陆的 Chipcon 公司(已在 2006 年被美国德州仪器 TI 公司收购),作为全球领先的供应商,在低系统成本、低功耗的射频芯片和网络软件方面,推出了实用的 CC2430/CC2431 产品家族,这是世界上首个真正的单芯片 ZigBee 解决方案,是世界上第一个真正意义上的 SoC ZigBee 一站式产品,具有芯片可编程闪存以及通过认证的 ZigBee TM 协议栈,并都集成在一个硅片内。CC2431 也是 Chipcon 公司 SmartRF03 家族中的一个关键产品,基于 Chipcon 占主导地位的 CC2420 ZigBee 无线收发器其出货量已经超过一百万片,芯片尺寸是 7mm×7mm。CC2431 表现出了相当清晰的设计架构,其主要结合了一颗强大的鲁棒射频、可编程的微控制器、闪存和 IEEE 802.15.4/ZigBee 兼容软件,所有都集成到一颗易用并有效的芯片上。CC2430/CC2431 SoC 家族包括 3 个不同产品,即 CC2430-F32、CC2430-F64 和 CC2430-F128。它们的区别是在内置闪存的容量上有所不同,以及针对不同的 IEEE 802.14.5/Zigbee 应用进行了成本优化。

Chipcon 公司的 ZigBee SoC 解决方案对于制造商来说是一个巨大的飞跃,产品面向家庭和楼宇自动化、供暖、通风和空调系统、自动抄表、医疗设施、家庭娱乐、物流和其他终端市场,这些市场都可以使用相当便宜和低功耗的 CC2430/CC2431 系列无线通信芯片。CC2430/CC2431 能够让制造商开发出紧凑、高性能和可靠的无线网络产品。用该芯片作为在系统中的主动设备,可以缩短上市时间并将生产和测试成本降到最低。CC2430/CC2431 结合了市场领先的 Z-Stack,ZigBee 协议软件和 Chipcon 公司其他的软件工具,成为市面上非常全面、具有竞争力的 ZigBee 解决方案。它提供了重要的设计方案并降低了工程风险。

市场研究公司 In-Stat 的 Joyce Putscher 说:"对于一个行业,全球标准在自动化应用市场制造了很多的机会,完全的 SoC 解决方案对制造商来说,可以用更少的专业技术增加无线网络产品的容量。犹如 Chipcon 公司的 CC2430/CC2431,它是真正的单芯片解决方案,将使标准 ZigBee TM 解决方案的成本降低,从而提升对 ZigBee 标准的市场可接受性和需求。"Pat Gonia 是 Honeywell 公司的前瞻技术实验室和 ZigBee 董事会的成员,他评价道:"这是市场的一个必经之路。从一开始,我们就给自己定位,不能仅仅宣传 ZigBee 解决方案,而是确实要付诸使用"。

Chipcon 公司的董事长 Geir Forre 讲道:"Chipcon 公司今天发布的产品,具有针对不同 ZigBee 方案的完整的开发工具。当其他供应商比较他们的第一代方案时,Chipcon 已经拥有了第 2 代 ZigBee TM,并逐渐会有第 3 和第 4 代。事实上,Chipcon 公司是 ZigBee 协会的发起者并已经制造出了全球第一个符合 IEEE 802.15.4 协议的射频芯片,也是全球第一个提供了一站式解决方案。世界领先的 ZigBee 软件的产生绝不是一个偶然,它寄予了我们要实现真正市场领先方案的厚望。"

CC2430/CC2431 表明 Chipcon 公司第 2 代 ZigBee TM 平台是一种真正的 SoC 解决方案,它结合了行业中领先的 2.4GHz 射频收发器和符合 IEEE 802.15.4 协议的 CC2420,具有工业级、小体积的 8051 微处理器。CC2430/CC2431 SoC 家族包括 3 个产品:CC2430-F32、CC2430-F64 和 CC2430-F128,区别在于内置闪存的容量不同,分别为 32,64 和 128KB。产品还具有 8KB 的 RAM 和其他强大的支持特性。CC2430/CC2431 基于 Chipcon 公司的 SmartRF 技术平台采用 $0.18\mu m$ CMOS 工艺生产,工作在 7mm×7mm 48PIN 封装下,在接收和发射模式下,电流损耗分别低于 27mA 和 25mA。CC2430/CC2431 对于那些要求电池寿命非常长的应用,其休眠模式可短时间内转换到主动模式,使之能够成为最理想的解决方案。这个配置可以被应用于所有 ZigBee TM 的无线网络节点,包括 Coordinators,Routers 和 End devices。

## 10.2　CC2430/CC2431 芯片主要特点

CC2430/CC2431 采用增强型 8051MCU,32/64/128KB 闪存,8KB SRAM 等高性能模块,并内置了 ZigBee 协议栈。加上超低能耗,使得它可以用很低的费用构成 ZigBee 节点,具有很强的市场竞争力。

CC2430/CC2431 是一颗真正的片上系统(SoC)CMOS 解决方案。这种解决方案能够提高系统性能并满足以 ZigBee 为基础的 2.4GHz ISM 波段应用对低成本、低功耗的要求。它结合了一个高性能 2.4GHz DSSS(直接序列扩频)核心射频收发器和工业级的 8051 控制器。

CC2430/CC2431 芯片(如图 10-1 所示)沿用了以往 CC2420 芯片的架构,在单个芯片上整合了 ZigBee 射频(RF)前端、内存和微控制器。它使用一个 8 位 MCU(8051),具有 32/64/128KB 可编程闪存和 8KB 的 RAM,还包含模拟数字转换器(ADC)、几个定时器(Timer)、AES128 协同处理器、看门狗定时器(Watchdog Timer)、32kHz 晶振的休眠模式定时器、上电复位电路(Power On Reset)、掉电检测电路(Brown Out Detection)以及 21 个可编程 I/O 引脚。

CC2430 和 CC2430 区别在于:只有 CC2431 有定位跟踪引擎,CC2430 无定位跟踪引擎。除此以外,在外观上,CC2430 与 CC2431 是完全一样的。

CC2430/CC2431 芯片采用 $0.18\mu m$ CMOS 工艺生产,工作时的电流损耗为 27mA;在接收和发射模式下,电流损耗分别低于 27mA 和 25mA。CC2430/CC2431 的由休眠模式转换到主动模式的快速性,特别适合那些要求电池寿命非常长的应用。

CC2430/CC2431 芯片的主要特点如下。

(1) 高性能、低功耗的 8051 微控制器内核;

(2) 适应 2.4GHz IEEE 802.15.4 的 RF 收发器;

(3) 极高的接收灵敏度和抗干扰能力;

(4) 32/64/128KB 闪存;

(5) 8KB SRAM,具备在各种供电方式下的数据存储能力;

(6) 强大的 DMA 功能;

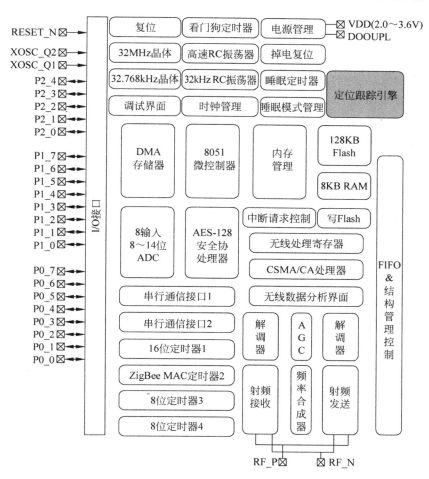

图 10-1 CC2430/CC2431 芯片结构示意图

(7) 只需极少的外接元件；

(8) 只需一个晶体，即可满足组网需要；电流消耗小（当微控制器内核运行在 32MHz 时，Rx 为 27mA，Tx 为 25mA）；

(9) 掉电方式下，电流消耗只有 $0.9\mu A$，外部中断或者实时控制器（RTC）能唤醒系统；

(10) 挂起方式下，电流消耗小于 $0.6\mu A$，外部中断能唤醒系统；

(11) 硬件支持避免冲突的载波侦听多路存取（CSMACA）；

(12) 电源电压范围宽（2.0～3.6V）；

(13) 支持数字化的接收信号强度指示器/链路质量指示器（RSSI/LQI）；

(14) 电池监视器和温度传感器；

(15) 具有 8 路输入的 8～14 位 ADC；

(16) 高级加密标准（AES）协处理器；

(17) 两个支持多种串行通信协议的 USART；

(18) 看门狗；

(19) 一个 IEEE 802.5.4 媒体存取控制（MAC）定时器；

(20) 一个通用的 16 位和两个 8 位定时器；

(21) 支持硬件调试；

(22) 21 个通用 I/O 引脚，其中两个具有 20mA 的电流吸收和电流供给能力；

(23) 提供强大、灵活的开发工具；

(24) 小尺寸 QLP 48 封装，为 7mm×7mm。

## 10.3 CC2430/CC2431 芯片功能结构

图 10-2 为 CC2430/CC2431 芯片引脚示意图。其中，外露的芯片安装衬垫必须连接到 PCB 的接地层，芯片通过该处接地。CC2430/CC2431 具有 CC2420 RF 接收器以及增强性能的 8051 MCU，8KB RAM 等，其增强的 8051 MCU 核的性能是工业标准 8051 核的性能的 8 倍。CC2430/CC2431 还具备直接存储器访问（DMA）功能（能够被用于减轻 8051 微控制器内核数据搬移的负载，因此提高了芯片整体的性能）、可编程看门狗定时器、AES-128 安全协处理器、多达 8 路输入的 8～14 位 ADC、USART、睡眠模式定时、上电复位、掉电检测电路（Brown Out Detection）、21 个可编程 I/O 管脚等。两个可编程的 USART 用于主/从 SPI 或 UART 操作。带外部功放的 CC2430/CC2431 参考设计可提供 +10dBm 的输出功率。

CC2431 片上系统（SoC）由 CC2430 加上 Motorola 的基于 IEEE 802.15.4 标准的无线电定位引擎组成。CC2431 和 CC2430 的最大区别在于 CC2431 具有包括 Motorola 有许可证的定位检测硬件核心部件。

采用该核心部件，可以实现 0.25m 的定位分辨率和 3m 左右的定位精度，这个精度已经大大高于卫星定位的精度，定位时间小于 40μs。采用 CC2431 组成定位系统，最少需要 3 个参考节点组成一个无线定位网络。

CC2430/CC2431 芯片采用 7mm×7mm QLP 封装，共有 48 个引脚（如图 10-2 所示）。全部引脚可分为 I/O 端口线引脚、电源线引脚和控制线引脚三类。

CC2430 片上系统的功能模块集成了 CC2420RF 收发器、增强工业标准的 8 位 8051 微控制器内核。

### 1. I/O 端口线引脚功能

CC2430/CC2431 有 21 个可编程的 I/O 端口引脚，P0、P1 端口是完全的 8 位端口，P2 端口只有 5 个可使用的位。通过软件设定一组 SFR 寄存器的位和字节，可使这些引脚作为通用的 I/O 端口或作为连接 ADC、计时器或 USART 部件的外围设备 I/O 端口使用。

I/O 端口有下面的主要特性：

(1) 可设置为通用的 I/O 端口，也可设置为外围 I/O 端口使用。

(2) 在输入时有上拉和下拉能力。

(3) 全部 21 个数字 I/O 端口引脚都具有响应外部中断的能力。如果需要外部设备，可用 I/O 端口引脚来产生中断，同时外部的中断事件也能被用来唤醒休眠模式。

(4) 1～6 脚（P1_2～P1_7）：具有 4mA 的输出驱动能力。

(5) 8～9 脚（P1_0～P1_1）：具有 20mA 的输出驱动能力。

(6) 11～18 脚（P0_0～P0_7）：具有 4mA 的输出驱动能力。

(7) 43,44,45,46,48 脚（P2_4,P2_3,P2_2,P2_1,P2_0）：具有 4mA 的输出驱动能力。

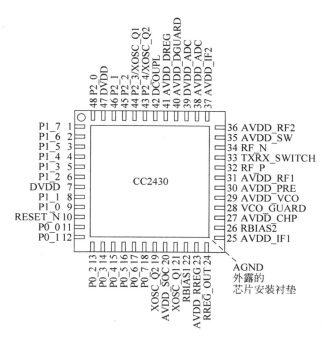

图 10-2 CC2430 引脚示意图

## 2．电源线引脚功能

(1) 7 脚(DVDD)：为 I/O 提供 2.0～3.6V 的工作电压。

(2) 20 脚(AVDD_SOC)：为模拟电路连接 2.0～3.6V 的电压。

(3) 23 脚(AVDD_RREG)：为模拟电路连接 2.0～3.6V 的电压。

(4) 24 脚(RREG_OUT)：为 25，27～31，35～40 引脚端口提供 1.8V 的稳定电压。

(5) 25 脚(AVDD_IF1)：为接收器波段滤波器、模拟测试模块和 VGA 的第一部分电路提供 1.8V 电压。

(6) 27 脚(AVDD_CHP)：为环状滤波器的第一部分电路和充电泵提供 1.8V 电压。

(7) 28 脚(VCO_GUARD)：VCO 屏蔽电路的报警连接端口。

(8) 29 脚(AVDD_VCO)：为 VCO 和 PLL 环滤波器最后部分电路提供 1.8V 电压。

(9) 30 脚(AVDD_PRE)：为预定标器、Div2 和 LO 缓冲器提供 1.8V 的电压。

(10) 31 脚(AVDD_RF1)：为 LNA、前置偏置电路和 PA 提供 1.8V 的电压。

(11) 33 脚(TXRX_SWITCH)：为 PA 提供调整电压。

(12) 35 脚(AVDD_SW)：为 LNA/PA 交换电路提供 1.8V 电压。

(13) 36 脚(AVDD_RF2)：为接收和发射混频器提供 1.8V 电压。

(14) 37 脚(AVDD_IF2)：为低通滤波器和 VGA 的最后部分电路提供 1.8V 电压。

(15) 38 脚(AVDD_ADC)：为 ADC 和 DAC 的模拟电路部分提供 1.8V 电压。

(16) 39 脚(DVDD_ADC)：为 ADC 的数字电路部分提供 1.8V 电压。

(17) 40 脚(AVDD_DGUARD)：为隔离数字噪声电路提供电压。

(18) 41 脚(AVDD_DREG)：向电压调节器核心提供 2.0～3.6V 电压。

(19) 42 脚(DCOUPL)：提供 1.8V 的去耦电压，此电压不为外电路所使用。

(20) 47 脚(DVDD)：为 I/O 端口提供 2.0～3.6V 的电压。

### 3. 控制线引脚功能

(1) 10 脚(RESET_N)：复位引脚，低电平有效。

(2) 19 脚(XOSC_Q2)：32MHz 的晶振引脚 2。

(3) 21 脚(XOSC_Q1)：32MHz 的晶振引脚 1，或外部时钟输入引脚。

(4) 22 脚(RBIAS1)：为参考电流提供精确的偏置电阻。

(5) 26 脚(RBIAS2)：提供精确电阻，43kΩ，±1%。

(6) 32 脚(RF_P)：在 Rx 期间向 LNA 输入正向射频信号；在 Tx 期间接收来自 PA 的输入正向射频信号。

(7) 34 脚(RF_N)：在 Rx 期间向 LNA 输入负向射频信号；在 Tx 期间接收来自 PA 的输入负向射频信号。

(8) 43 脚(P2_4/XOSC_Q2)：32.768kHz XOSC 的 2.3 端口。

(9) 44 脚(P2_4/XOSC_Q1)：32.768kHz XOSC 的 2.4 端口。

## 10.4 SoC 无线 CC2430 之 8051 的 CPU 介绍

### 10.4.1 简介

针对协议栈、网络和应用软件对 MCU 处理能力的要求，CC2430/CC2431 包含一个增强型工业标准的 8 位 8051 微控制器内核，运行时钟为 32MHz。由于更快的执行时间和通过使用除去被浪费掉的总线状态的方式，使得使用标准 8051 指令集的 CC2430/CC2431 增强型 8051 内核，具有 8 倍于标准 8051 内核的性能。

CC2430/CC2431 包含一个 DMA 控制器。8KB SRAM，其中的 4KB 是超低功耗 SRAM。32、64 或 128KB 的片内 Flash 块提供了在电路可编程非易失性存储器。

CC2430/CC2431 集成了 4 个振荡器用于系统时钟和定时操作：一个 32MHz 晶体振荡器，一个 16MHz RC 振荡器，一个可选的 32.768kHz 晶体振荡器和一个可选的 32.768kHz RC 振荡器。

CC2430/CC2431 也集成了可用于用户自定义应用的外设。一个 AES 协处理器被集成在 CC2430/CC2431 中，以支持 IEEE 802.15.4 MAC 安全所需的(128 位关键字)AES 的运行，并尽可能少地占用微控制器。

中断控制器为总共 18 个中断源提供服务，它们中的每个中断都被赋予 4 个中断优先级中的其中一个。调试接口采用两线串行接口，该接口被用于在电路调试和外部 Flash 编程。I/O 控制器的职责是对 21 个通过 I/O 端口进行灵活分配和可靠控制。

CC2430/CC2431 增强型 8051 内核使用标准的 8051 指令集，具有 8 倍于标准 8051 内核的性能。这是因为：①每个时钟周期为一个机器周期，而标准 8051 中是 12 个时钟周期为一个机器周期。②具有除去被浪费掉的总线状态的方式。

大部分单指令的执行时间为一个系统时钟周期。除了速度的提高，CC2430/CC2431 增强型 8051 内核还增加了两个部分：一个数据指针以及扩展的 18 个中断源。

CC2430/CC2431 的 8051 内核的目标代码兼容标准 8051 的微处理器。换句话说，CC2430/CC2431 的 8051 目标码与标准 8051 完全兼容，可以使用标准 8051 的汇编器和编译器进行软件开发，所有的 CC2430/CC2431 的 8051 指令在目标码和功能上与同类的标准的 8051 产品完全等价。然而由于 CC2430/CC2431 的 8051 内核使用不同于标准 8051 的指令时钟,因此在编程时候与标准的 8051 代码略有不同,也是因为外设,如定时器等不同于标准的 8051。

### 10.4.2 存储器

8051 CPU 有 4 个不同的存储空间。

(1) 代码(CODE):16 位只读存储空间,用于程序存储(如图 10-3 所示)。

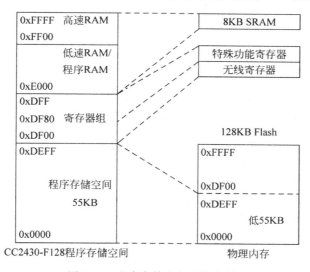

图 10-3　程序存储空间及其映射

(2) 数据(DATA):8 位可存取存储空间,可以直接或间接被单个的 CPU 指令访问。该空间的低 128 字节可以直接或间接访问,而高 128 字节只能够间接访问。

(3) 外部数据(XDATA):16 位可存取存储空间,通常需要 4~5 个 CPU 指令周期来访问(如图 10-4 所示)。

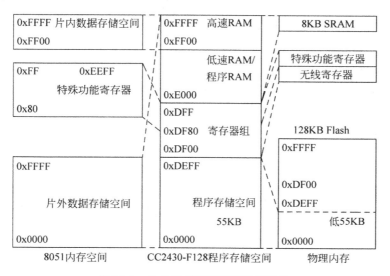

图 10-4　片内数据存储空间及其映射

(4) 特殊功能寄存器(SFR)：7位可存取寄存器存储空间，可以被单个的 CPU 指令访问。

### 1. 存储器映射图

与标准 8051 存储器映射图不同之处有两个方面。

(1) 为了使得 DMA 控制器能够访问全部物理存储空间，全部物理存储器都映射到 XDATA 存储空间；

(2) 代码存储器空间可以选择，因此全部物理存储器可以通过使用代码存储器空间的统一映射到代码空间。

### 2. 存储器空间

1) 外部数据存储器空间

对于大于 32KB 闪存的芯片，最低的 55KB 闪存程序存储器被映射到地址 0x0000～0xDEFF；而对于 32KB 闪存的芯片，32KB 闪存被映射到地址 0x0000～0x7FFF。所有的芯片，其 8KB SRAM 都映射到地址 0xE000～0xFFFF，而特殊功能寄存器的地址范围是 0xDF00～0xDFFF。这样就允许 DMA 控制器和 CPU 在一个统一的地址空间中对所有物理存储器进行存取操作。

2) 代码存储器空间

对于物理存储器，代码(CODE)存储器空间既可以使用统一映射，又可以使用非统一映射。代码存储器空间的统一映射类似外部存储器空间的统一映射。对于大于 32KB 的闪存存储器，在采用统一映射时，其最低端的 55KB 闪存被映射到代码存储器空间。这与外部存储器空间的映射类似。8KB SRAM 包括在代码地址空间之内，从而允许程序的运行可以超出 SRAM 的范围。

为了在代码空间内使用统一存储器映射，特殊功能寄存器(SFR)的指定位 MEMCTR, MUNIF 必须置 1。闪存为 128KB 的芯片(CC2430-F128)，对于代码存储器，就要使用分区的办法。由于物理存储器是 128KB，大于 32KB 的代码存储器空间需要通过闪存区的选择位映射到 4 个 32KB 物理闪存区中的一个。闪存区的选择，由设置特殊功能寄存器的对应位 (MEMCTR, FMAP)完成。注意，闪存区的选择仅当使用非统一映射代码存储器空间时才能够进行。当使用统一映射代码存储器空间映射时，代码存储器映射到位于 0x0000～0xDEFF 的 55KB 闪存空间。

3) 数据存储器空间

数据(DATA)存储器的 8 位地址，映射到 8KB SRAM 的高端 256 字节。在这个范围中，也可以对地址范围为 0xFF00～0xFFFF 的代码空间和外部数据空间进行存取。

4) 特殊功能寄存器空间

特殊功能寄存器(SFR)可以对具有 128 个入口的硬件寄存器进行存取，也可以对地址范围为 0xDF80～0xDFFF 的 XDATA/DMA 进行存取。

### 3. 数据指针

CC2430 有两个数据指针(DPTR0 和 DPTR1)，主要用于代码和外部数据的存取。例如：

```
MOVC A,@A+DPTR
MOV A,@DPTR
```

数据指针选择位是第 0 位。如表 10-1 所列，在数据指针中，通过设置寄存器 DPS(0x92) 就可以选择哪个指针在指令执行时有效。两个数据指针的宽度均为两个字节，存储于特殊功能寄存器之中,详细描述如表 10-2 所列。

表 10-1 选择数据指针

| 位 | 名称 | 复位 | 读/写 | 描述 |
|---|---|---|---|---|
| 7:1 | — | 0x00 | R0 | 不使用 |
| 0 | DPS | 0 | R/W | 数据指针选择,用来使选中的数据指针有效 0: DPTR0 1: DPTR1 |

表 10-2 两个数据指针的高低位字节

| 位 | 名称 | 复位 | 读/写 | 描述 |
|---|---|---|---|---|
| | | DPH0(0x83)——DPTR0 的高位字节 | | |
| 7:0 | DPH0[7:0] | 0 | R/W | 数据指针 0,高位字节 |
| | | DPL0(0x82)——DPTR0 的低位字节 | | |
| 7:0 | DPL0[7:0] | 0 | R/W | 数据指针 0,低位字节 |
| | | DPH1(0x85)——DPTR1 的高位字节 | | |
| 7:0 | DPH1[7:0] | 0 | R/W | 数据指针 1,高位字节 |
| | | DPL1(0x84)——DPTR1 的低位字节 | | |
| 7:0 | DPL1[7:0] | 0 | R/W | 数据指针 1,低位字节 |

**4. 外部数据存储器存取**

CC2430 提供一个附加的特殊功能寄存器 MPAGE(0x93),详细描述见表 10-3。该寄存器在执行指令"MOVX A,@Ri"和"MOVX @R,A"时使用。MPAGE 给出高 8 位的地址,而寄存器 Ri 给出低 8 位的地址。

表 10-3 MPAGE 选择存储器页

| 位 | 名称 | 复位 | 读/写 | 描述 |
|---|---|---|---|---|
| 7:0 | MPAGE[7:0] | 0x00 | R/W | 存储器页,执行 MOVX 指令时地址的高位字节 |

### 10.4.3 特殊功能寄存器

特殊功能寄存器(SFR)用于控制 8051CPU 核心和外部设备。一部分 8051CPU 核心寄存器与标准 8051 特殊功能寄存器的功能相同;另一部分寄存器不同于标准 8051 的特殊寄存器。它们用作外部设备单元接口,以及控制 RF 收发器。

特殊功能寄存器控制 CC2430/CC2431 的 8051 内核以及外设的各种重要的功能。大部分的 CC2430/CC2431 特殊功能寄存器与标准的 8051 特殊功能寄存器功能相同,只有少部分与标准 8051 的不同。不同的特殊功能寄存器主要是用于控制外设以及射频发射。

表 10-4 介绍了所有的特殊功能寄存器的地址。大写字母的为 CC2430/CC2431 的特殊功能寄存器,小写字母为标准 8051 的特殊功能寄存器。

下面,分别介绍 CC2430/CC2431 的 8051 内核内在寄存器。

**1. R0～R7**

CC2430/CC2431 提供了 4 组工作寄存器,每组包括 8 个功能寄存器。这 4 组寄存器分别映射到数据寄存空间的 0x00～0x07,0x08～0x0F,0x10～0x17,0x18～0x1F。每个寄存器组

表 10-4 寄存器地址一览表

| | \multicolumn{8}{c}{8 bytes} | | | | | | | |
|----|------|-------|--------|--------|---------|----------|---------|-------|
| | 0 | 1 | 2 | 3 | 4 | 5 | 6 | 7 |
| 80 | p0 | sp | dpl0 | dph0 | dpl1 | dph1 | U0CSR | pcon | 87 |
| 88 | tcon | P0IFG | P1IFG | P2IFG | PICTL | P1IEN | — | P0INP | 8F |
| 90 | p1 | RFIM | dps | MPAGE | T2CMP | ST0 | ST1 | ST2 | 97 |
| 98 | s0con | HSRC | ien2 | slcon | T2PEROF0 | T2PEROF1 | T2PEROF2 | — | 9F |
| A0 | p2 | T2OF0 | T2OF1 | T2OF2 | T2CAPLPL | T2CAPHPH | T2TLD | T2THD | A7 |
| A8 | ien0 | ip0 | — | FWT | FADDRL | FADDRH | FCTL | FWDATA | AF |
| B0 | — | ENCDI | ENCDO | ENCCS | ADCCON1 | ADCCON2 | ADCCON3 | RCCTL | B7 |
| B8 | ien1 | ip1 | — | ADCL | ADCH | RNDL | RNDH | — | BF |
| C0 | ircon | U0BUF | U0BAUD | T2CNF | U0UCR | U0GCR | CLKCON | MEMCTR | C7 |
| C8 | 12con | WDCTL | T3CNT | T3CTL | T3CCTL0 | T3CC0 | T3CCTL1 | T3CC1 | CF |
| D0 | psw | DMAIRQ | DMA1CFGL | DMA1CFGH | DMA0CFGL | DMA0CFGH | DMAARM | DMAREQ | D7 |
| D8 | TIMIF | RFD | T1CC0L | T1CC0H | T1CC1L | T1CC1H | T1CC2L | T1CC2H | DF |
| E0 | acc | RFST | T1CNTL | T1CNTH | T1CTL | T1CCTL0 | T1CCTL1 | T1CCTL1 | E7 |
| E8 | ircon2 | RFIF | T4CNT | T4CTL | T4CCTL0 | T4CC0 | T4CCTL1 | T4CC1 | EF |
| F0 | b | PERCFG | ADCCFG | P0SEL | P1SEL | P2EL | P1INP | P2INP | F7 |
| F8 | U1CSR | U1BUF | U1BAUD | U1UCR | U1GCR | P0DIR | P1DIR | P2DIR | FF |

包括 8 个 8 位寄存器 R0~R7。可以通过程序状态字 PSW 来选择这些寄存器组。

### 2．程序状态字 PSW

程序状态字（如表 10-5 所示）显示 CPU 的运行状态，可以理解成为一个可位寻址的功能寄存器。程序状态字包括进位标志、辅助进位标志、寄存器组选择、溢出标志、奇偶标志等。其余两位没有定义而留给用户定义。

表 10-5　程序状态字 PSW

| 7 | 6 | 5 | 4 | 3 | 2 | 1 | 0 |
|---|---|---|---|---|---|---|---|
| CY | AC | F0 | RS | | OV | F1 | P |

说明：CY——进位标志；AC——辅助进位标志；F0——用户定义；RS——寄存器组选择；OV——溢出标志；F1——用户定义；P——奇偶标志。

### 3．ACC 累加器

ACC 是一个累加器，又称为 A 寄存器。它主要用于数据累加以及数据移动。

### 4．B 寄存器

B 寄存器主要功能是配合 A 寄存器进行乘法或除法运算。进行乘法运算时，乘数放在 B 寄存器，而运算结果，高 8 位放在 B 寄存器；进行除法运算时，除数放在 B 寄存器，而运算的结果，余数放在 B 寄存器。若不进行乘/除法运算，B 寄存器也可当成一般寄存器使用。

### 5．堆栈指针 SP

在 RAM 中开辟出某个区域用于重要数据的储存。但这个区域中数据的存取方式却和 RAM 中其他区域有着不同的规则：它必须遵从"先进后出"，或称"后进先出"的原则，不能无顺序随意存取。这块存储区称作堆栈。在需要把这些数据从栈中取出时，必须先取出最后进栈的数据，而最先进栈的那个数据却要在最后才能被取出。取出数据称为出栈。

为了对堆栈中的数据进行操作，还必须有一个堆栈指针 SP，它是一个 8 位寄存器，其作用是指示堆栈中允许进行存取操作的单元，即栈顶地址。堆栈指针 SP 在出栈操作时具有自动减 1 的功能，而在进栈操作时具有自动加 1 的功能，以保证 SP 永远指向栈顶。进栈使用 PUSH 命令。

SP 的初始地址是 0x07，再进栈一个就变为 0x08，这是第二组寄存器 R0 的地址。为了更好地利用存储空间，SP 可以初始化一块未使用的存储空间。

### 6．CPU 寄存器和指令集

CC2430 的 CPU 寄存器与标准的 8051 的 CPU 寄存器相同，包括寄存器 R0~R7，程序状态字 PSW、累加器 ACC、B 寄存器和堆栈指针 SP 等，CC2430 的 CPU 指令集与标准的指令集相同，具体这里就不详细叙述了，可以参考标准 8051 指令集及使用方法。

## 10.5　CC2410/CC2431 主要外部设备

### 10.5.1　I/O 端口

CC2430/CC2431 包括三个 8 位输入输出端口，分别是 P0,P1,P2。P0 以及 P1 有 8 个引脚，P2 有 5 个引脚，总共就是 21 个数字 I/O 引脚。这些引脚都可以用作为通用的 I/O 端口，同时，通过独立编程还可以作为特殊功能的输入/输出，通过软件设置还可以改变引脚的输入输出硬件状态配置。因此,这 21 个 I/O 引脚具有以下功能:①数字输入输出引脚;②通用 I/O 或外设 I/O;③弱上拉输入或推拉输出;④外部中断源输入口。21 个 I/O 引脚都可以用作于外部中断源输入口,因此如果需要外部设备还可以产生中断。外部中断功能也可以映醒睡眠模式。

I/O 每个引脚通过独立编程能作为数字输入或数字输出,还可以通过软件设置改变引脚的输入输出硬件状态配置和硬件功能配置。在应用 I/O 端口前需要通过不同的特殊功能寄存器对它进行配置。

值得注意是:不同的单片机的 I/O 端口配置寄存器和配置方法不完全相同,在使用某种单片机后,一定要查看它的使用手册。CC2430/CC2431 的 I/O 寄存器有:P0,P1,P2,PERCFG,P0SEL,P1SEL,P2SEL,P0DIR,P1DIR,P2DIR,P0INP,P1INP,P2INP,P0IFG,P1IFG,P2IFG,PICTL,P1IEN。PERCFG 为外设控制寄存器,PXSEL(X 为 0,1,2)为端口功能选择寄存器,PXDIR(X 为 0,1,2)端口为用法寄存器,PXIN(X 为 0,1,2)为端口模式寄存器,PXIFG(X 为 0,1,2)为端口中断状态标志寄存器,PICTL 为端口中断控制,P1IEN 端口 1 (P1)为中断使能寄存器。

CC2430 有 21 个数字 I/O 引脚,可以配置为通用数字 I/O,也可以作为外部 I/O 信号,配置为连接 ADC、计数器(计时器)或者 USART 等外部设备。这些 I/O 端口的用途多可以通过一系列寄存器配置,由用户软件加以实现。

I/O 具有如下重要特性:21 个数字 I/O 引脚;可以配置为通用 I/O 或外部设备 I/O;输入端口具备上拉或下拉能力;具有外部中断能力。

### 1. 通用 I/O

当用作通用 I/O 时,引脚可以组成 3 个 8 位端口(口 0~2),定义为 P0、P1 和 P2。其中,P0 和 P1 是完全的 8 位口,而 P2 仅有 5 位可用。所有的口均可以位寻址,或通过特殊功能寄存器由 P0,P1 和 P2 字节寻址。每个端口都可以单独设置为通用 I/O 或外部设备 I/O。除了两个高输出口 P1_0 和 P1_1 之外,所有的口用于输出,均具备 4mA 的驱动能力;而 P1_0 和 P1_1 具备 20mA 的驱动能力。

寄存器 PxSEL(其中 x 为口的标号,其值为 0~2),用来设置 I/O 端口为 8 位通用 I/O 或者是外部设备 I/O。任何一个 I/O 端口在使用之前,必须首先对寄存器 PxSEL 赋值。作为缺省的情况,每当复位之后,所有的输入/输出引脚都设置为通用 8 位 I/O;而且,所有通用 I/O 都设置为输入。在任何时候,要改变一个引脚口的方向,使用寄存器 PxDIR 即可。只要设置 PxDIR 中的指定位为 1,其对应的引脚口就被设置为输出。用作输入时,每个通用 I/O 端口的引脚可以设置为上拉、下拉或三态模式。作为缺省的情况,复位之后,所有的口均设置为上拉输入。要将输入口的某一位取消上拉或下拉,就要将 PxINP 中的对应位设置为 1。

### 2. 通用 I/O 中断

通用 I/O 引脚设置为输入后,可以用于产生中断。中断可以设置在外部信号的上升或下降沿触发。每个 P0、P1 或 P2 口的各位都可以中断使能,整个端口中所有的位也可以中断使能。

P0,P1,P2 口对应的寄存器为 IEN1 和 IEN2。

(1) IEN1 P0 IE:P0 中断使能;

(2) IEN2 P1 IE:P1 中断使能;

(3) IEN2 P2 IE:P2 中断使能。

除了所有的位中断使能之外,每个口的各位都可以通过位于 I/O 端口的特殊功能寄存器实现中断使能。P1 中的每一位都可以单独使能,P0 中的低 4 位或高 4 位可以各自使能,P2_0～P2_4 可以共同使能。

用于中断的 I/O 特殊功能寄存器,其中断功能如下。

(1) P1 IEN:P1 中断使能;
(2) PICTL:P0/P2 中断使能,P0～P2 中断触发沿设置;
(3) P0FG:P0 中断标志;
(4) P1IFG:P1 中断标志;
(5) P2IFG:P2 中断标志。

**3. 通用 I/O DMA**

当用作通用 I/O 引脚时,每个 P0 和 P2 口都关联一个 DMA 触发。对于 P0 中的任何一个引脚,当输入传送发生时,DMA 的触发为 IOC_0。同样,对于 P1 中的任何一个引脚,当输入传送发生时,DMA 的触发为 IOC_1。

**4. 外部设备 I/O**

数字 I/O 引脚可以配置为外部设备 I/O。通常选择数字 I/O 引脚上的外部设备 I/O 功能,需要将对应的寄存器位 PxSEL 置 1。注意,该外部设备具有两个可以选择的位置对应它们的 I/O 引脚。外部设备 I/O 引脚映射参见图 10-2。

SFR 寄存器位 PERCFG。U0CFG 选择计数器上 I/O 的位置,确定是位置 1 或者位置 2 个口将设置为模拟模式。

**5. 未使用的引脚**

未使用的引脚应当定义电平,而不能悬空。一种方法是:该引脚不连接任何元器件,将其配置为具有上拉电阻器的通用输入端口。这也是所有的引脚在复位期间的状态。这些引脚也可以配置为通用输出端口。为了避免额外的能耗,无论引脚配置为输入端口还是输出端口,都不可以直接与 VDD 或者 GND 连接。

**6. I/O 寄存器**

I/O 寄存器有 19 个,分别是:P0(端口 0)、P1(端口 1)、P2(端口 2)、PERCFG(外部设备控制寄存器)、ADCCFG(ADC 输入配置寄存器)、P0 SEI(端口 0 功能选择寄存器)、P1SEI(端口 1 功能选择寄存器)、P2SEI(端口 2 功能选择寄存器)、P0DIR(端口 0 方向寄存器)、P1DIR(端口 1 方向寄存器)、P2DIR(端口 2 方向寄存器)、P0INP(端口 0 输入模式寄存器)、P1INP(端口 1 输入模式寄存器)、P2INP(端口 2 输入模式寄存器)、P0IFG(端口 0 中断状态标志寄存器)、P1IFG(端口 1 中断状态标志寄存器)、P2IFG(端口 2 中断状态标志寄存器)、P1CTL(端口 1 中断控制寄存器),以及 P1IEN(端口 1 中断屏蔽寄存器)。

## 10.5.2 DMA 控制器

CC2430 内置一个存储器直接存取(DMA)控制器。该控制器可以用来减轻 8051CPU 内核传送数据时的负担,实现 CC2430 能够高效利用电源。只需要 CPU 极少的干预,DMA 控制器就可以将数据从 ADC 或 RF 收发器传送到存储器。DMA 控制器控制所有的 DMA 传送,确保 DMA 请求和 CPU 存取之间按照优先等级协调、合理地运行。DMA 控制器含有若干可编程设置的 DMA 信道,用来实现存储器—存储器的数据传送。

DMA 控制器控制数据传送可以超过整个外部数据存储器空间。由于 SFR 寄存器映射到

DMA 存储器空间,使得 DMA 信道的操作能够减轻 CPU 的负担。例如,从存储器传送数据到 USART,按照规定的周期在 ADC 和存储器之间传送数据;通过从存储器中传送一组参数到 I/O 端口的输出寄存器,产生需要的 I/O 波形。使用 DMA 可以保持 CPU 在休眠状态(即低能耗模式下)与外部设备之间传送数据,这就降低了整个系统的能耗。

DMA 控制器的主要性能如下。

(1) 5 个独立的 DMA 信道;

(2) 3 个可以配置的 DMA 信道优先级;

(3) 31 个可以配置的传送触发事件;

(4) 对源地址和目标地址的独立控制;

(5) 3 种传送模式:单独传送、数据块传送和重复传送;

(6) 支持数据从可变长域传送到固定长度域;

(7) 既可以工作在字(Word-size)模式,又可以工作在字节(Byte-size)模式。

**1. DMA 操作**

DMA 控制器有 5 个信道,即 DMA 信道 0~4。每个 DMA 信道能够从 DMA 存储器空间传送数据到外部数据(XDATA)空间。DMA 操作流程如图 10-5 所示。

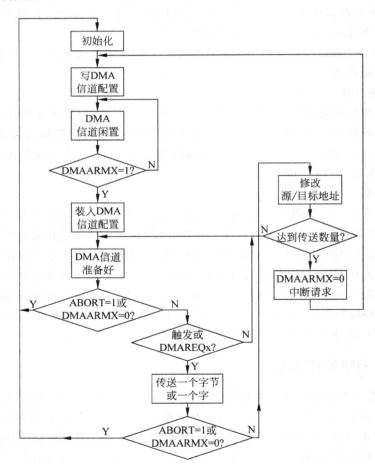

图 10-5　DMA 操作流程

当 DMA 信道配置完毕后,在允许任何传送初始化之前,必须进入工作状态。DMA 信道通过将 DMA 信道工作状态寄存器中指定位(即 DMAARM)置 1,就可以进入工作状态。

一旦 DMA 信道进入工作状态,当设定的 DMA 触发事件发生时,传送就开始了。可能的 DMA 触发事件有 31 个,例如 UARS、传送、计数器溢出等。为了通过 DMA 触发事件开始 DMA 传送,用户软件可以设置对应的 DMAREQ 位,使 DMA 传送开始。

**2. MAC 定时/计数器**

CC2430/CC2431 包括 4 个定时器:一个通用的 16 位(Timer1)和两个通用的 8 位(Timer3,4)定时器,支持典型的定时/计数功能,例如测量时间间隔,对外部事件计数,产生周期性中断请求,输入捕捉、比较输出和 PWM 功能。一个 16 位 MAC 定时器(Timer2),可以为 IEEE 802.15.4 的 CSMA-CA 算法提供定时功能以及为 IEEE 802.15.4 的 MAC 层提供定时功能。

由于三个通用定时器与普通的 8051 定时器相差不大,下面重点讨论 MAC 定时器(Timer2)。MAC 定时器主要用于为 IEEE 802.15.4 的 CSMA-CA 算法提供定时/计数功能和 802.15.4 的 MAC 层的普通定时功能。如果 MAC 定时器与睡眠定时器一起使用,当系统进入低功耗模式时,MAC 定时器将提供定时功能。系统进入和退出低功耗模式之间,可使用睡眠定时器设置周期。

以下是 MAC 定时器的主要特征。

(1) 16 位定时/计数器提供的符码/帧周期为:$16\mu s/320\mu s$。

(2) 可变周期可精确到 31.25ns。

(3) 8 位计时比较功能。

(4) 20 位溢出计数功能。

(5) 20 位溢出计数比较功能。

(6) 帧首定界符捕捉功能。

(7) 定时器启动/停止同步于外部 32.768MHz 时钟以及由睡眠定时器提供定时。

(8) 比较和溢出产生中断。

(9) 具有 DMA 功能。

当 MAC 定时器停止时,它将自动复位并进入空闲模式。当 T2CNF.RUN 设置为"1"时,MAC 定时器将启动,它将进入定时器运行模式,此时 MAC 定时器要么立即工作要么同步于 32.768MHz 时钟。

可通过向 T2CNF.RUN 写入"0"来停止正在运行的 MAC 定时器。此时定时器将进入空闲模式,停止的定时器要么立即停止工作要么同步于 32.768MHz 时钟。MAC 定时器不仅只用于定时,与普通的定时器一样,它也是一个 16 位的计数器。

MAC 定时器使用的寄存器包括如下。

T2CNF——定时器 2 配置。

T2HD——定时器 2 计数高位。

T2LD——定时器 2 计数低位。

T2CMP——定时器 2 比较值。

T2OF2——定时器 2 溢出计数 2。

T2OF1——定时器 2 溢出计数 1。

T2OF0——定时器 2 溢出计数 0。

T2CAPHPH——定时器 2 捕捉高位。

T2CAPLPL——定时器 2 捕捉低位。
T2PEROF2——定时器 2 溢出/比较计数 2。
T2PEROF1——定时器 2 溢出/比较计数 1。
T2PEROF0——定时器 2 溢出/比较计数 0。

### 10.5.3 AES(高级加密标准)协处理器

CC2430 数据加密是由支持高级加密标准的协处理器完成的。正是由于有了 AES 协处理器的加密/解密操作,极大地减轻了 CC2430 内置 CPU 的负担。

AES 协处理器具有下列特性。

(1) 支持 IEEE 802.15.4 的全部安全机制。

(2) ECB(电子编码加密)、CBC(密码防护链)、CBF(密码反馈)、OFB(输出反馈加密)、CTR(计数模式加密)和 CBC~MAC(密码防护链消息验证代码)模式。

(3) 硬件支持 CCM(CTR+CBC-MAC)模式。

(4) 128 位密钥和初始化向量(IV)/当前时间(Nonce)。

(5) DMA 传送触发能力。

**1. AES 操作**

加密一条消息的步骤如下:①装入密码;②装入初始化向量(IV);③为加密/解密而下载/上传数据。

AES 协处理器中,运行 128 位的数据块。数据块一旦装入 AES 协处理器,就开始加密。在处理下一个数据块之前,必须将加密好的数据块读出。每个数据块装入之前,必须将专用的开始命令送入协处理器。

**2. 密钥和初始化向量**

密钥或初始化向量(IV)/当前时间装入之前,应当发送装入密钥或 IV/当前时间的命令给协处理器。装入密钥或初始化向量,将取消任何协处理器正在运行的程序。密钥一旦装入,除非重新装入,否则一直有效。在每条消息之前,必须下载初始化向量。通过 CC2430 复位,可以清除密钥和初始化向量值。

**3. 填充输入数据**

AES 协处理器运行于 128 位数据块。最后一个数据块少于 128 位,因此必须在写入协处理器时,填充 0 到该数据块中。

**4. CPU 接口**

CPU 与协处理器之间,利用三个特殊功能寄存器进行通信:ENCCS(加密控制和状态寄存器)、ENCDI(加密输入寄存器)以及 ENCDO(加密输出寄存器)。

状态寄存器通过 CPU 直接读/写,而输入/输出寄存器则必须使用存储器直接存取(DMA)。有两个 DMA 信道必须使用。其中一个用于数据输入,另一个用于数据输出。在开始命令写入寄存器 ENCCS 之前,DMA 信道必须初始化。写入一条开始命令会产生一个 DMA 触发信号,传送开始。当每个数据块处理完毕时,产生一个中断。该中断用于发送一个新的开始命令到寄存器 ENCCS。

**5. 操作模式**

当使用 CFB、OFB 和 CTR 模式时,128 位数据块分为 4 个 32 位的数据块。每 32 位装入 AES 协处理器,加密后再读出,直到 128 位加密完毕。注意,数据是直接通过 CPU 装入和读出的。当使用 DMA 时,就由 AES 协处理器产生的 DMA 触发自动进行。实现加密和解密的操作类似。

CBC-MAC 模式与 CBC 模式不同。运行 CBC-MAC 模式时,除了最后一个数据块,每次以 128 位的数据块下载到协处理器。最后一个数据块装入之前,运行的模式必须改变为 CBC。当最后一个数据块下载完毕后,上传的数据块就是 MAC 值了。CCM 是 CBC-MAC 和 CTR 的结合模式。因此有部分 CCM 必须由软件完成。

1) CBC-MAC

当运行 CBC-MAC 加密时,除了最后一个数据块改为运行于 CBC 模式之外,其余都是由协处理器按照 CBC-MAC 模式,每次下载一个数据块。当最后一个数据块下载完毕后,上传的数据块就是 MAC 消息(message)了。CBC-MAC 解密与加密类似。上传的 MAC 消息必须通过与 MAC 比较加以验证。

2) CCM 模式

CCM 模式下的消息加密,应该按照下列顺序运行(密码已经装入)。

(1) 数据验证阶段

① 软件将 0 装入初始化向量(至 IV)。

② 软件创建数据块 B0。数据块 B0 是 CCM 模式中第一个验证的数据块,其结构如图 10-6 所示。

| 字节 | 0 | 1 | 2 | 3 | 4 | 5 | 6 | 7 | 8 | 9 | 10 | 11 | 12 | 13 | 14 | 15 |
|---|---|---|---|---|---|---|---|---|---|---|---|---|---|---|---|---|
| | 标志 | NONCE | | | | | | | | | L_M | | | | | |

图 10-6 CCM 模式中第一个验证的数据块结构图

其中,NONCE(当前时间)值没有限制。L_M 是以字节为单位的消息长度。对于 IEEE 802.15.4,NONCE 有 13 个字节,而 L_M 有 2 个字节。FLAG/B0 为 CCM 模式的验证标志域。验证的内容和标志字节如图 10-7 所示。在这个实例中,L 设置为 6。因此,L_1 为 5。M 和 A_Data 可以设置为任意值。

| 位 | 7 | 6 | 5 | 4 | 3 | 2 | 1 | 0 |
|---|---|---|---|---|---|---|---|---|
| | 保留 | A_Data | (M_2)/2 | | | L_1 | | |
| | 0 | × | × | × | × | 1 | 0 | 1 |

图 10-7 验证的内容和标志字节

③ 如果需要某些添加的验证数据(即 A_Data=1),则鉴软件就会创建 A_Data 的长度域,称为 L(a)。设 l(a)为字符串的长度。

如果 l(a)=0,即 A_Data=0,那么 L(a)是一个空字符串。注意 l(a)是用字节表示的。如果 0<L(a)<2M-28,则 L(a)是 2 个 l(a)编码的 8 位字节。

添加的验证数据附加到 A_Data 长度域 L(a)。附加的验证数据块用 0 来填充,直到最后一个附加的验证数据块填满。该字符串的长度没有限制。AUTH_DATA=L(a)+验证数据+(0 填充)。

④ 最后一个消息数据块用 0 填满(当该消息的长度不是 128 的整数倍时)。

⑤ 软件将 B0 数据块、附加的验证数据块(如果有)和消息连接起来。输入消息=B0+

AUTH-DATA+消息+(消息的 0 填充)。

⑥ 一旦 CBC-MAC 输入消息验证结束,软件将脱离上传的缓冲器。该缓冲器的内容保持不变(M=16),或者保持缓冲器的高位 M 字节不变。与此同时,设置低位为 0(M≠16),结果称为 T。

(2) 消息加密

① 软件创建密钥数据块 A0。数据块 A0 是用于 CCM 模式的第一个 CTR 值(在当前有 CTR 产生的例子中,L=6),其结构如图 10-8 所示。

图 10-8  CCM 模式消息加密结构图

除了 0 之外,所有的数值都可以用于 CTR 值。

FLAG/A0 为用于 CCM 模式的加密标志域。加密标志字节的内容如图 10-9 所示。

| 位 | 7 | 6 | 5 | 4 | 3 | 2 | 1 | 0 |
|---|---|---|---|---|---|---|---|---|
| | 保留 | | — | | | L_1 | | |
| | 0 | 0 | 0 | 0 | 0 | 1 | 0 | 1 |

图 10-9  加密标志字节的内容

② 软件通过选择 IV/Nonce 命令装载 A0。只有在选择装入 IV/Nonce 命令时,设置模式为 CFB 或 OFB 才能完成这个操作。

③ 软件在验证数据 T 中,调用 CFB 或 OFB 加密。上传缓冲内容保持不变(M=16),至少 M 的首字节不变,其余字节设置为 0(M-16)。这时的结果为 U,后面将会用到。

④ 软件立刻调用 CTR 模式,为刚填充完毕的消息块加密。不必重新装载 IV/CTR。

⑤ 加密验证数据 U 附加到加密消息之中。这样给出最后结果为:结果 e=加密消息(m)+U。

(3) 消息解密

采用 CCM 模式解密。在协处理器中,CTR 的自动生成需要 32 位空间。因此最大的消息长度为 $128 \times 2^{32}$,即 $2^{36}$ 个字节。其幂指数可以写入一个 6 位的字中,因而数值 L 设置为 6,要解密一个 CCM 模式已处理好的消息,必须按照下列顺序进行(密码已经装入)。

① 消息分解阶段

软件通过分开 M 的最右面的 8 位组(命名为 U,剩余的其他 8 位组,称为"字符串 C")来分解消息。

C 用 0 来填充,直到能够充满一个整数数值的 128 位数据块。

U 用 0 来填充,直到能够充满一个 128 位的数据块。

软件创建密钥数据块 A0。所用的方法和 CCM 加密一样。

软件通过选择 IV/Nonce 命令装入 A0,只有在选择装入 IV/Nonce 命令时,设置模式为 CFB 或 OFB 才能完成这个操作。

软件调用 CFB 或 OFB 加密验证数据 U。上传的缓冲器的内容保持不变(M=16),至少这些内容的前 M 个字节保持不变。其余的内容设置为 0(M≠16),此时的结果为 T。

软件立刻调用 CTR 模式解密已经加密的消息数据块 C,而不必重新装入 IV/CTR。

② 基准验证标签生成阶段

这个阶段，与 CCM 加密的验证阶段相同。唯一不同的是，此时的结果名称是 MACTag，而不是 T。

③ 消息验证校核阶段

该阶段中，利用软件来比较 T 和 MACTag。

（4）在各个通信层次之间共享 AES 协处理器

AES 协处理器是各个层次共享的通用源。AES 协处理器每次只能用来处理一个实例。因此需要在软件中设置某些标签来安排这个通用源。

（5）AES 中断

当一个数据块的加密或解密完成时，就产生 AES 中断（ENC）。该中断的使能位是 IENOENCIE，中断标志位是 SOCONENCIF。

（6）AES DMA 触发

与 AES 协处理器有关的 DMA 触发有两个，分别是 ENC_DW 和 ENC_UP。当输入数据需要下载到寄存器 ENCDI 时，ENC_DW 有效；当输出数据需要从寄存器 ENCDO 上传时，ENC_UP 有效。要使 DMA 信道传送数据到 AES 协处理器，寄存器 ENCDI 就需要设置为目的寄存器；而要使 DMA 信道从 AES 协处理器接收数据，寄存器 ENCDO 就需要设置为源寄存器。

## 10.6 无线模块

一个基于 802.15.4 的 CC2430/CC2431 无线收发模块如图 10-10 所示。无线核心部分是一个 CC2420 射频收发器。

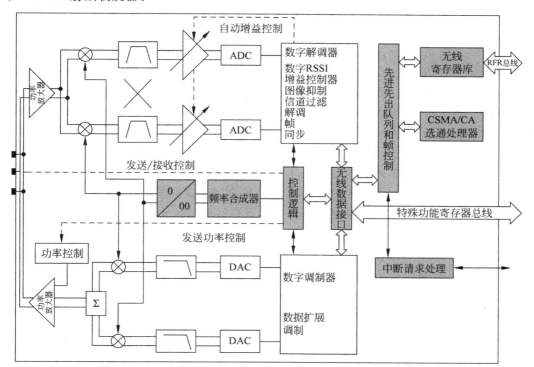

图 10-10 CC2430 无线模块

CC2430/CC2431 的无线接收器是一个低中频的接收器。接收到的射频信号通过低噪声放大器放大而正交降频转换到中频。在中频 2MHz 中,当 ADC 模数转换时,输入/正交调相信号被过滤和放大。

CC2430/CC2431 的数据缓冲区通过先进先出(FIFO)的方式来接收 128 位数据。使用先进先出读取数据需要通过特殊功能寄存器接口。内存与先进先出缓冲区数据移动使用 DMA 方式来实现。

CRC 校验使用硬件实现。接收信号强度指标(RSSI)和相关值添加到帧中。在接收模式中可以用中断来清除通道评估(CCA)。

CC2430/CC2431 的发送器是基于上变频器。接收数据存放在一个接收先进先出(区别于发送先进先出)的数据缓冲区内。发送数据帧的前导符和开始符由硬件生成。通过数模转换把数字信号转换成模拟信号发送出去。

CC2430/CC2431 无线部分主要参数以下。

(1) 工作频带范围:$2.400 \sim 2.4835 GHz$;

(2) 采用 IEEE 802.15.4 规范要求的直接序列扩频方式;

(3) 数据速率达 250Kbps,碎片速率达 2Mchip/s;

(4) 采用 O-QPSK 调制方式;

(5) 高接收灵敏度($-94dBm$);

(6) 抗邻频道干扰能力强(39dBm);

(7) 内部集成有 VCO,LNA,PA 以及电源稳压器;

(8) 采用低电压供电($2.1 \sim 3.6V$);

(9) 输出功率编程可控;

(10) IEEE 802.15.4MAC 硬件可支持自动帧格式生成、同步插入与检测、10bit 的 CRC 校验、电源检测、完全自动 MAC 层保护(CTR,CBC-MAC,CCM)。

图 10-10 为简化的适用于 IEEE 802.15.4 的无线模块,该模块内置于 CC2430 中。其核心为领先工业界的 RF 收发器 CC2420。

低中频(10w-IF)接收是 CC2430 的特性之一。CC2430 收到的 RF 信号被低噪声放大器(LNA)放大,并且将收到的同相信号和正交相位信号(I/Q)降频转换为中频(IF)信号。过滤掉残余在中频(2MHz)信号中的 I/Q 信号后,放大中频信号。然后通过 ADC 数字化、自动增益控制,以及信道的过滤、解扩频(De-spreading)、符号相关(Symbol Correlation)和字节同步(Byte Synchronization)等,所有这些都通过数字逻辑完成。

检测出帧开始定界符,就产生中断。CC2430 将收到的数据缓冲存入 128 字节的先进先出(FIFO)接收(RX)队列。用户可以通过特殊功能寄存器来读这个 RXFIFO 队列。建议采用存储器直接存取(DMA)来传送存储器和 FIFO 之间的数据。

CC2430 通过硬件校验 CRC,将接收信号强度指示器(RSSI)的相关数值附加到数据帧之中;在接收模式下,通过中断提供空闲信道评估(CCA)。

CC2430 的发送基于直接升频转换。数据存放在 128 字节的 TXFIFO 之中(与 RXFIFO 彼此分隔)。要发送的帧引导序列和帧开始定界符由硬件产生。每个符号(4 位)使用 IEEE 802.15.4 扩展序列扩展为 32 位码片序列,输出到 DAC 之中。

经过 DAC 变换的信号,通过模拟低通滤波器送到 90°I/Q 相移升频转换混频器口无线射频(RF)信号通过功率放大器(PA)馈送到天线。

由于采用了内部发送/接收(T/R)开关电路,天线的接口以及匹配很容易实现,RF 为差动连接。单极天线可以使用不平衡变压器。通过外接直流通路,连接引脚 TXRX_SWITCH 到引脚 RF_P 和引脚 RF_N,实现功率放大器和低噪声放大器的偏置。

频率合成器包括一套完整的片上电感器电容器(LC)、电压控制振荡器(VCO)和一个 90 度分相器,用来产生同相信号、正交相位信号(I/Q)和本地振荡器(LO)信号。在接收模式下,这些信号到达降频转换混频器;而在发送模式下,这些信号到达升频转换混频器。电压控制振荡器(VCO)工作频率范围是 4800~4966MHz。分相 I/Q 时,频率一分为二。

数字基带包括支持帧操作、地址识别、数据缓冲、CSMA-CA 选通处理器和 MAC 安全等。片上稳压器提供校准的 1.8V 供电。

### 10.6.1 IEEE 802.15.4 调制方式

IEEE 802.15.4 的数字高频调制使用 2.4G 直接序列扩频(DSSS)技术。扩展调制功能如图 10-11 所示。在调制前需要将数据信号进行转换处理,每个字节分为两组符号,4 位一组,低位符号首先传送。对于多字节域,是低位字节首先传送。每个符号映射到一个超过 16 位的伪随机序列,即 32 位片码序列。片码序列以 2Mchip/s 的速率传送。对于每个符号首先传送低位片码 C。

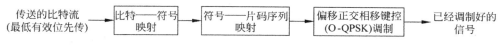

图 10-11　调制和扩展功能

调制方式为偏移正交相移键控(O-QPSK),具有半正弦片的形状,相当于最小相位频移键控(MSK)。每片的形状如同半个正弦波,交替在同相(I)信道和正交相位(Q)信道传送。每个信道占用半个片码偏移周期,见图 10-12。

| 符　号 | 片码序列($C_0,C_1,C_2,\cdots,C_{31}$) | 符　号 | 片码序列($C_0,C_1,C_2,\cdots,C_{31}$) |
| --- | --- | --- | --- |
| 0 | 11011001110000110101001000101110 | 8 | 10001100100101100000111101111011 |
| 1 | 11101101100111000011010100100010 | 9 | 10111000110010010110000001110111 |
| 2 | 00101110110110011100001101010010 | 10 | 01111011000110010010011000000111 |
| 3 | 00100010111011011001110000110101 | 11 | 01110111101110001100100101100000 |
| 4 | 01010010001011101101100111000011 | 12 | 00000111011110111000110010010110 |
| 5 | 00110101001000101110110110011100 | 13 | 01100000011101111011100011001001 |
| 6 | 11000011010100100010111011011001 | 14 | 10010110000001110111101110001100 |
| 7 | 10011100001101010010001011101101 | 15 | 11001001011000000111011110111000 |

图 10-12　传送符号 0 片码序列时的 I/Q 相位 $Tc=0.5\mu s$

### 10.6.2 接收模式

在接收模式中,当帧开始定界符 SFD 全部收到之后,中断标志 RFIF.IRQ_SFD 置 1,而且发出 RF 中断请求。如果地址识别已经禁止或者已经获得成功,则 RFSTATUS.SFD 位清零。

当 RXFIFO 中有数据时,RFSTATUS.FIFO 置 1。存放在 RXFIFO 中的第一小字节是收到的帧长度所在域。也就是说,当长度域写入 RXFIFO 时,RFSTATUS.FIFO 置 1。在 RXFIFO 变空之前,RFSTATUS.FIFO 一直置高。RF 寄存器 RXFIFOCNT 存放当前 RXFIFO 中的字节的数量。

当 RXFIFO 中未读过的字节超过编程设置在 IOCFGO.FIFOP_THR 中的阈值时,RFSTATUS.FIFOP 置 1;而当地址识别使能时,除非收到的帧通过地址识别,否则,即使 RXFIFO 中的字节超过编程设置的阈值,RFSTATUS.FIFOP 也不会置 1。

当收到新的包中最后一个字节时,即使 RXFIFO 中的字节没有超过阈值,RFSTATUS.FIFOP 也会置 1。一旦读出 RXFIFO 一个字节,RFSTATUS.FIFOP 就立即清零。

当地址识别使能时,如果地址没有全部收到,则数据不能够从 RXFIFO 读出。这是由于如果地址识别失败,接收帧就会被 CC2430 自动清除。由于 RFSTATUS.FIFOP 只有接收帧通过地址识别才会置 1,可以利用这项功能来控制数据的读出。

图 10-13 为一个实例。该实例表明从 RXFIFO 中读一个包时状态位的活动情况。包的大小是 8 个字节,IOCFGO.FIFOP_THR=3,MODEMCTRL0.AUTOCRC 置 1,数据长度是 8 字节。图 10-13 中,在接收包期间,RSSI 存放 RSSI 电平的平均值;FCS/Corr 存放 FCS 信息的校验结果及相互关系。

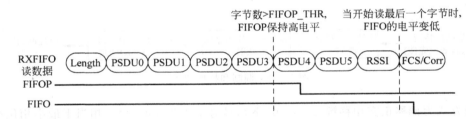

图 10-13 读 RXFIFO 的状态活动实例

### 10.6.3 发送测试模式

为了实现性能评估,CC2430 可以设置成为不同的发送测试模式。测试模式首先需要芯片复位,使用选通命令 SXOSCON 使能晶体振荡器,让其稳定运行。

**1. 未调制的载波**

设置 MDMCTRLIL.TX_MODE 为 2,当寄存器 DACTSTH,DACTSTL 中写入 0x1800,且下达选通命令 STXON 后,未调制的载波即可发送。当发送器的同相信号和正交相位信号 DAC 不考虑静态值时,即可使能发送器。这样,未调制的载波就可以提供给 RF 输出引脚。图 10-14 为 CC2430 输出的单载波(Single Carrier)频谱。

**2. 已调制的频谱**

CC2430 有一个内置的测试样品发生器。可以通过设置 MDMCTRL1L.TX_MODE 为 3, 且下达选通命令 STXON,使得该发生器使用 CRC 发生器生成一个伪随机数据序列。这样,就可以提供已调制的频谱到 RF 引脚,发送低位字节的 CRC 字。对每个新字节,CRC 更新为 0xFF。发送数据序列的长度是 65535 比特。该数据序列为[同步头][0x00,0x78,0xB8, 0x4B,0x99,0xC3,0xE9,…]。

由于同步头(帧引导序列+SFD)在 TX 模式下发送,因此这个测试模式也可以用来发送一个已知伪随机数据的比特序列,用于比特出错测试。注意,为了确保正确接收,CC2430 不

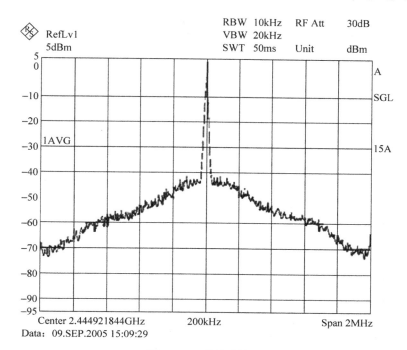

图 10-14　单载波输出

但需要位同步,也需要符号同步。因此,与比特差错率相比,包差错率是测试 RF 性能的更好的方法。

另一种用来产生已调制频谱的方法,是用伪随机数据来填充 TXFIFO。此时设置 MDM_CTRL1L.TX_MODE 为 2,CC2430 将从 TXFIFO 中发送数据,而不管 FX1FIFO 是否为空。发送的伪随机数据序列长度是 1024 比特(128 字节)。

图 10-15 为 CC2430 输出的已调制频谱。注意,为了从已调制频谱中找到输出功率,解析度带宽(RBW)必须设置为 3MHz 或更高。

## 10.6.4　CSMA-CA/选通处理器

在 CC2430 中,CSMA-CA/命令选通处理器(CSP)提供 CPU 和无线模块之间的控制接口。CSP 通过 SFR 寄存器 RFST,以及 RF 寄存器 CSPX、CSPY、CSPZ、CSP7 和 CSPCTRL 与 CPU 之间的接口。CSP 向 CPU 发出中断请求。除此之外,CSP 与 MAC 之间的计数器接口,接收 MAC 计数器溢出事件。CSP 允许 CPU 对无线模块发送选通命令,从而控制无线模块的运行。CSP 具体描述参考有关文献。

CSP 有两种操作模式。

(1) 直接选通命令执行模式:直接将命令写给 CSP,CSP 立即下达给无线模块。该模式中的直接选通命令仅用于控制 CSP。

(2) 程序执行模式:CSP 执行用户定义的短程序。该短程序存储在程序存储器(即指令存储器)之中。CC2430 运行时,该短程序首先由 CPU 装入 CSP,然后 CPU 指示 CSP 开始执行。

程序执行模式与 MAC 计数器允许 CSP 自动进行 CSMA-CA 运算。这样,CSP 就成为 CPU 的一个协处理器。下面介绍 CSP 操作的详细情况。

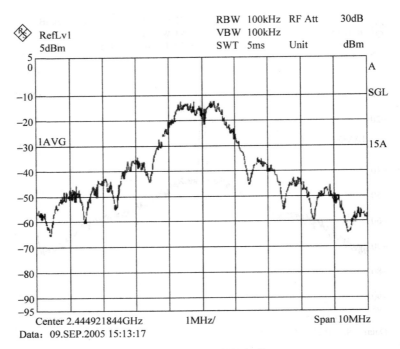

图 10-15 已调制的频谱

**1. 指令存储器**

CSP 执行从 24 字节指令存储器读出的单字节指令。通过 SFR 寄存器 RFST 连续写入指令存储器,指令写指针保留在 CSP 中。

复位之后,指令写指针复位到位置 0。在每次寄存器 RFST 写入期间,指令写指针累加 1,直至到达存储器的终点;此时,指令写指针停止累加。第一个写入 RFST 的指令将存放在位置 0,也就是程序运行的起始点。至此,24 条指令通过寄存器 RFST 写入指令存储器。

指令写指针可以通过下达立即命令选通指令 ISSTOP 复位到 0。除此之外,指令写指针也可以由在程序中执行选通命令 SSTOP 复位到 0。复位之后,指令存储器中填满 SNOP(无操作)指令。

当 CSP 运行程序时,不可以使用 RFST 将指令写入指令存储器,否则会导致程序出错,进而破坏指令存储器的内容。然而,立即命令选通指令可以写到 RFST。

**2. 数据寄存器**

CSP 有 4 个数据寄存器,分别为 CSPT、CSPX、CSPY 和 CSPZ。它们像 RF 寄存器一样,可以被 CPU 读/写,也可以被某些指令读取或修改。这样,CPU 就可以设置 CSP 的程序能够使能的参数,也可以读取 CSP 的程序状态。

任何指令都不可以修改数据寄存器 CSPT。数据寄存器 CSPT 用来设置 MAC 计数器溢出比较值。一旦运行的程序已经启动 CSP,该寄存器的内容就会因为每次 MAC 计数器的溢出而递减 1。当 CSPT 递减到 0 时,程序挂起,中断请求 IRQ_CSP-STOP 发出。如果 CPU 将 0xFF 写入数据寄存器 CSPT,则 CSPT 就不递减 1 了。如果寄存器 CSPT 不使用比较功能,那么该寄存器必须在程序运行之前设置为 0xFF。

**3. 程序运行**

指令存储器填充完毕之后,当立即命令选通指令 ISSTART 写入寄存器 RFST 时,就开始运行程序。程序将一直运行到指令的最后位置,即运行到数据寄存器 CSPT 的内容为 0,或者运行到 SSTOP 指令已经执行,或者运行到立即停止指令 ISSTOP 已经写入 RFST,或者运行到指令 SKIP 返回到超过指令存储器的最后位置。

当程序即将运行时,可以将立即命令选通指令写入 RFST。在这种情况下,立即指令会绕过指令存储器里的指令执行,而指令存储器里的指令会在立即指令完成后执行。程序运行期间,读 RFST 将返回当前指令即将执行的位置。只有一个例外,就是正在执行的立即选通命令。届时,RFST 将返回 C0h。

### 4. 中断请求

CSP 有 3 个中断标志,它们可以产生 RF 中断向量。

(1) IRQ_CSP_STOP:当 CSP 执行完毕存储器中最后一个指令,或者 CSP 由于下达指令 SSTOP 或 ISSTOP 而停止,或者寄存器 CSPT 等于 0 时,该中断标志有效;

(2) IRQ_CSP_WT:当 CSP 在指令"WAITW"或"WAITX"之后,继续执行下一条指令时,该中断标志有效;

(3) RQ_CSP_INT:当 CSP 执行指令 INT 时,该中断标志有效。

### 5. 随机数指令

在更新指令 RANDXY 使用的随机数时,应当有一段时间延迟。如果指令 RANDXY 在上一个指令 RANDXY 之后立即发送随机数,则两次发送的随机数数值相同。

### 6. 运行 CSP 程序

装入和运行 CSP 程序的基本流程如图 10-16 所示。当程序由于结束而停止运行时,当前程序遗留在程序存储器之中。这样一来,执行命令 ISSTART 就可以开始重新运行同样的程序。然而,当程序通过执行指令 SSTOP 或 ISTOP 而停止时,将清空程序存储器。

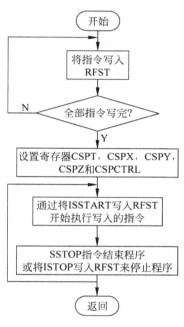

图 10-16  运行 SCP 程序

### 7. 程序实例

第一个 CSP 程序实例表明由 IEEE 802.15.4 定义的时隙式(slotted)CSMA-CA 算法是如何实现的。代码如下:

```
0xba,//LABEl
0xbb,//WAITX 为随机补偿(backoffs)而延迟
0x22,//SKIP2,C2RX 开启
0xc2,//SRXON 是的,RX 开启
0xb8,//WEVENT 等待 RX 稳定
0x58,//SKIP5,ICOCCA = TRUE
0xb8,//WEVENTCCA = TRUE,CW = CW - 1
0x38,//SKIPC3,ICOCCA = TRUE
0xc3,//STXONTX 开启
0xb9,//NT 是的,信号成功到达 CPU
0xdf,//SSTOPCSMA 成功完成,停止处理
0x2,//SKIP1,C2 为节约电能,关断 RX
0xc5,//SRFOFF 是的,关断 RX
0xb5,//INCMAXY5BE-rain(BE + 1,aMaxBE)
```

0xbc,//RANDXY 下一个延迟随机单位补偿周期
0xbf,//DECZNB = NB - 1
0xae,//RPTIC6 继续,直到 NB = 0(NB > macMaxCSMABackoKs)

第二个 CSP 程序实例表明由 IEEE 802.15.4 定义的非时隙式(non-slotted)以及 CSMA-CA 算法如何通过 CSP 来实现。代码如下:

0xba,//LABEL
0xb{ = },//WAITX 为随机补偿(backoffs)而延迟
0x22,//SKIP 2,C2 RX 开启
0xc2,//SRXON 是的,RX 开启
0xb8,//WEVENT 等待 RX 稳定
0x38,//SKIP3,ICOCCA = TRUE
0xc3,//STXON TX 开启
0xb9,//NT 是的,信号成功到达 CPU
0xdf,//SSTOP CSMA 成功完成,停止处理
0x12,//SKIP1,C2 为节约电能,关断 RX
0xc5,//SRFOFF 是的,关断 RX
0x1 = )5,//INCMAXY5BE-rain(BE~1,taMaxBE)
0xbc.//RANDXY 下一个延迟随机单位补偿周期
0xbf,//DECZ NB = NB - 1
0xae,// RPTIC6 继续,直到 NB = 0(NB > macMaxCSMABackoKs)

## 10.7 CC2430/CC2431 所涉及的无线通信技术

为了更好地处理网络和应用操作的带宽,CC2430/CC2431 集成了大多数对定时要求严格的一系列 IEEE 802.15.4MAC 协议以减轻微控制器的负担。

### 10.7.1 清除信道评估 CCA

在 ZigBee 物理层中可通过如下三种方法来进行清除信道评估(CCA):
(1) 超出阈值的能量:当 CCA 检测到一个超出能量检测的阈值能量时,给出一个忙的信息。
(2) 载波判断:当 CCA 检测到一个具有 IEEE 802.15.4 标准特性的扩展调制信号时,给出一个忙信息。
(3) 带有超出阈值能量的载波判断,当 CCA 检测到一个具有 IEEE 802.15.4 标准特性,并超出阈值能量的扩展调制信号时,给出一个忙信息。
对于上述模式中任何一种 CCA 模式,如果物理层正在接收一个物理层协议数据单元,收到 PLME-CCA 请求时,CCA 也给出一个忙信息。在 ZigBee 设备中,在帧定界符检测后,才考虑接物理层协议数据单元。帧定界符检测时间为检测到物理层包头的 8 比特(bit)组数据为止。
物理层的个人网络信息库(PIB)的属性 phyCCAMode 表示所选择的清除信道评估的工作模式。通常清除信道评估的参数符合以下标准。
(1) 能量检测阈值最多超出协议标准接收机灵敏度的 10dB。
(2) 清除信道评估的检测时间等于 8 个符号周期。

## 10.7.2 无线直接频谱技术 DSSS

CC2430/CC2431 数字高频部分,采用了直接序列扩频(DSSS)(Direct Sequence Spread Spectrum)技术,不仅能够非常方便地实现 IEEE 802.15.4 短距离无线通信标准兼容,而且大大提高了无线通信的可靠性。下面,简单介绍直接序列扩频(DSSS)的原理。

直接序列扩频(DSSS)技术是当今人们所熟知的扩频技术之一。它是二战期间开发的,最初的用途是为军事通信提供安全保障。直接序列扩频技术将窄带信息信号扩展成宽带噪声信号。这种技术使敌人很难探测到信号。即便探测到信号,如果不知道正确的编码,也不可能将噪声信号重新汇编成原始的信号。

由于它的抗噪声的特性,直接序列扩频技术也非常适合商业应用。在容许无线设备公开使用的电磁环境里,它对其他传统微波设备造成最小的干扰,同时对附近其他设备有更高的抗扰性。20 世纪 80 年代末,晶体电子技术的先进程度已经足以提供商用的、成本效益好的直接序列扩频系统。

直接序列扩频 DSSS 是直接利用具有高码率的扩频码系列采用各种调制方式在发送端来扩展信号的频谱,而在接收端,用相同的扩频码序去进行解码,把扩展宽的扩频信号还原成原始的信息。它是一种数字调制方法,具体说,就是将信源与一定的 PN 码(伪噪声码)进行模二加。例如说在发送端将"1"用 11000100110,而将"0"用 00110010110 去代替,这个过程就实现了扩频,而在接收端处只要把收到的序列是 11000100110 就恢复成"1",是 00110010110 就恢复成"0",这就是解扩。这样信源速率就被提高了 11 倍,同时也使处理增益达到 10dB 以上,从而有效地提高了整机倍噪比。

直接序列扩频技术通过将射频载波和伪噪声(PN)数字信号有效地相乘来执行数据处理。首先,它通过相应的调制手段(如:BPSK、QPSK、QAM 等)将 PN 码调制到信息信号上。然后,用一个双重平衡混频器将射频载波和经 PN 码调制的信息信号相乘。

这种数据处理方法将射频信号替换成一个与噪声信号频谱相同的,但带宽很宽的信号。在接收端,它将接收的射频信号与同一个经 PN 码调制的载波相乘来进行解调。解调后输出一个接收端的射频信号。解调的射频信号和噪声信号的功率最接近时它的功率最高,并且和信道的噪声最"相关"(Correlated)。然后,将这"相关"的信号过滤、解调,就可以恢复初始数据。

由于 PN 码的带宽很宽,所以可在不丢失信息的情况下,将信号能量降低到噪声限度以下:通常将功率输出频谱主瓣的零值到零值(null to null)的带宽(2Rc)(Rc 是码片率)认定为直接序列扩频系统的带宽。应该注意的是,扩频主瓣中包含的能量构成了扩频信号 90% 以上的总能量。因此允许在较窄的射频带宽里把接收信号还原为清晰的时域脉冲信号。

### 1. 直接序列扩频通信的优点

直扩系统射频带宽很宽。小部分频谱衰落不会使信号频谱严重的畸变。

多径干扰是由于电波传播过程中遇到各种反射体(高山、建筑物)引起,使接受端接受信号产生失真,导致码间串扰,引起噪音增加。而直扩系统可以利用这些干扰能量提高系统的性能。

直扩系统除了一般通信系统所要求的同步以外,还必须完成伪随机码的同步,以便接收器用此同步后的伪随机码去对接受信号进行相关解扩。直扩系统随着伪随机码字的加长,要求的同步精度也就高,因而同步时间就长。

直扩和跳频系统都有很强的保密性能。对于直扩系统而言,射频带宽很宽,谱密度很低,甚至淹没在噪音中,很难检查到信号的存在。由于直扩信号的频谱密度很低,直扩系统对其他系统的影响很小。

直扩系统一般采用相干解调解扩,其调制方式多采用 BPSK、DPSK、QPSK、MPSK 等调制方式。而跳频方式由于频率不断变化、频率的驻留时间内都要完成一次载波同步,随着跳频频率的增加,要求的同步时间就越短。因此跳频多采用非相干解调,采用的解调方式多为 FSK 或 ASK,从性能上看,直扩系统利用了频率和相位的信息,性能优于跳频。

### 2. 直接序列扩频通信技术特点

1) 抗干扰性强

抗干扰是扩频通信主要特性之一,比如信号扩频宽度为 100 倍,窄带干扰基本上不起作用,而宽带干扰的强度降低了 100 倍,如要保持原干扰强度,则需加大 100 倍总功率,这实质上是难以实现的。因信号接收需要扩频编码进行相关解扩处理才能得到,所以即使以同类型信号进行干扰,在不知道信号扩频码情况下,由于不同扩频编码之间的不同的相关性,干扰也不起作用。正因为扩频技术抗干扰性强,美国军方在海湾战争等处广泛采用扩频技术的无线网桥来连接分布在不同区域的计算机网络。

2) 隐蔽性好

因为信号在很宽的频带上被扩展,单位带宽上的功率很小,即信号功率谱密度很低,信号淹没在白噪声之中,别人难以发现信号的存在,加之不知扩频编码,很难获取有用信号,而极低的功率谱密度,也很少对于其他电信设备构成干扰。

3) 易于实现码分多址(CDMA)

直扩通信占用宽带频谱资源通信,改善了抗干扰能力,是否浪费了频段?其实正相反,扩频通信提高了频带的利用率。正是由于直扩通信要用扩频编码进行扩频调制发送,而信号接收需要用相同的扩频编码作相关解扩才能得到,这就给频率复用和多址通信提供了基础。充分利用不同码型的扩频编码之间的相关特性,分配给不同用户不同的扩频编码,就可以区别不同用户信号,众多用户,只要配对使用自己的扩频编码,就可以互不干扰地同时使用同一频率通信,从而实现了频率复用,使拥挤的频谱得到充分利用。发送者可用不同的扩频编码,分别向不同的接收者发送数据;同样,接收者用不同的扩频编码,就可以收到不同的发送者送来的数据,实现了多址通信。美国国家航天管理局(NASA)的技术报告指出:采用扩频通信提高了频谱利用率。另外,扩频码分多址还易于解决随时增加新用户的问题。

4) 抗多径干扰

无线通信中抗多径干扰一直是难以解决的问题,利用扩频编码之间的相关特性,在接收端可以用相关技术从多径信号中提取分离出最强的有用信号,也可把多个路径来的同一码序列的波形相加使之得到加强,从而达到有效的抗多径干扰。

5) 直扩通信速率高

直扩通信速率可达 2M,8M,11M,无须申请频率资源,建网简单,网络性能好。在 IEEE 802.15.4 通信标准中,要求的无线通信的速度是 250Kbps,所以,CC2430/CC2431 高频部分也是使用这个通信速度。

### 3. 直接序列扩频系统的处理增益

在发射机端,通过使用伪随机噪声码片序列,将窄带调制信号的带宽扩大(至少 10 倍)。直接序列扩频信号的生成(扩展)扩频传输的主要特色是:窄带信号和扩频信号中,两者的射频功率和承载的信息都相同。但是在扩频信号里,由于窄带信号的功率被分解在扩宽的信道中,扩频信号的功率密度比窄带信号的功率密度小得多。因此,要探测到扩频信号比探测到窄带信号的难度要大得多。功率密度是信号在某个频率区间里的平均功率。在这个例子中,假定扩展比是11,那么,窄带信号的功率密度比扩频信号的功率密度大11倍。这个例子中使用11个芯片,是因为它符合FCC第15部分关于最小处理增益的规定。在接收端,扩频信号被解扩后,被还原为原始的窄带信号:如果同一频带设备在临近同时使用,便会引起干扰(同频干扰)。

一个直扩系统在扩频、解扩过程中,干扰信号将同时被扩展,因而大大降低了干扰的影响。这就是直接序列扩频设备的抗干扰能力的来源。干扰信号至少被扩展了10倍(扩展系数)。也就是说,干扰信号的幅度被大大降低了,至少降低90%。这就是直接序列扩频系统的"处理增益系数"。它等于传输带宽与信号带宽的比:$Gp=BWt/BWi$。处理增益还取决于所用的伪随机噪声序列(PN序列)中的码片数。PN序列的范例有M序列和巴克序列,Wi-Lan的直接序列扩频产品中都使用了这两种序列。这些PN序列都具有优良的自相关特性和交叉相关特性。

**4. 直接序列扩频技术和多径问题**

直接序列扩频技术还因它的抗多径干扰性能而闻名。多径干扰导致信号的衰落、抖动和分解。这是在市区应用的室内或室外无线电通信技术固有的问题,因为金属设备和建筑物结构很容易反射射频信号而形成干扰。这些反射使接收信号包含了多个不同传送路径的折射信号,这些折射波到达接收端的时间不同而做成多径干扰。标准的DSSS接收机用一个相关器(Correlator)自动选择幅度最大的折射波,并与之锁定同步。这样可以把多径干扰大大地降低。倾斜的 RakeDSSS 接收机不仅能减小了多径效应,同时更优化了无线电设备的性能。RakeDSSS 接收机可以使不同的折射波重新同步,并将它们组合起来,大大提高了接收信号的清晰度和强度。

**5. 直接序列扩频与窄带相比的优点**

低功率频谱密度:因为信号被扩展到一个宽频带上,功率频谱密度很低,不易被探测到。对其他系统没有干扰或干扰很小:因为它的功率频谱密度很低,所以邻近的通信系统不会受到很强的干扰(不过,高斯噪声水平增加了)。

在所有情况下,都使用整个频谱:因此干扰的情况比较恒定。

随机码难以识别,保护用户隐私:只有发射机和接收机能够识别所应用的PN码。这就意味着,几乎不可能译解另一用户的信息。

应用扩频技术,降低多径干扰:这取决于所使用的PN码的特性。

解决同区使用(Co-location)的问题:只要系统使用正交的扩频码,即可在同地区使用而不受同频干扰的限制。

上面的讨论,涉及很多无线通信和数据通信的基本原理和基础知识,对于刚刚进入这个新领域的学者,不一定能很快完全理解,但从上面的讨论中,已经了解到了直接序列扩频的简单原理和在抗干扰、兼容和符合FCC的要求、高可靠性无线通信方面的显著优点。由于这些高频电路已经完全集成到了芯片内部,所要做的,只是用C51工具进行应用软件开发,通过对若干寄存器的控制,就能在具体的实际应用中,使用先进的直接序列扩频无线通信技术。

### 10.7.3 载波侦听多点接入/避免冲撞 CSMA/CA

总线型局域网在 MAC 层的标准协议是 CSMA/CD,即载波侦听多点接入/冲突检测(Carrier Sense Multiple Access with Collision Detection)。但由于无线产品的适配器不易检测信道是否存在冲突,因此 802.15 全新定义了一种新的协议,即载波侦听多点接入/避免冲撞 CSMA/CA(Carrier Sense Multiple Access with Collision Avoidance)。一方面,载波侦听——查看介质是否空闲;另一方面,避免冲撞——通过随机的时间等待,使信号冲突发生的概率减到最小,当介质被侦听到空闲时,优先发送。不仅如此,为了系统更加稳固,802.15 还提供了带确认帧 ACK 的 CSMA/CA。在一旦遭受其他噪声干扰,或者由于侦听失败时,信号冲突就有可能发生,而这种工作于 MAC 层的 ACK 此时能够提供快速的恢复能力。

以太网属于广播形式的网络,当一个站点发送信息时,网络中的所有站点都能接收到,容易形成数据堵塞,导致网络速度变慢,甚至发生系统瘫痪。为了尽量减少数据的传输碰撞和重试发送。以太网中使用了 CSMA/CA(载波监听多路访问/冲突检测)工作机制。以防止各站点无序地争用信道。无线局域网中采用了与 CSMA/CD 相类似的 CSMA/CA(载波监听多路访问/冲突防止)协议,当其中一个站点要发送信息时。首先监听系统信道空闲期间是否大于某一帧的间隔。若是,立即发送,否则暂不发送,继续监听。CSMA/CA 通信方式将时间域的划分与帧格式紧密联系起来,保证某一时刻只有一个站点发送,实现了网络系统的集中控制。

因为传输介质的不同,所以传统的 CSMA/CD 与无线局域网中的 CSMA/CA 在工作方式上存在着差异。CSMA/CD 的检测方式是通过电缆中电压的变化来测得的,当数据传输发生碰撞时,电缆中的电压就会随着发生变化,而 CSMA/CA 使用空气作为传输介质.必须采用其他的碰撞检测机制。CSMA/CA 采取了三种检测信道空闲的方式:能量检测(ED)、载波检测(CS)和能量载波混合检测。

能量检测(ED):接收端对接收到的信号进行能量大小的判断,当功率大于某一确定值时,表示有用户在占用信道,否则信道为空。

载波检测(CS):接收端将接收到的信号与本机的伪随机码(PN 码)进行运算比较,如果其值超过某一极限时,表示有用户在占用信道,否则认为信道为空。

能量载波检测。它是能量检测和载波检测两种工作方式的结合。

在 IEEE 802.15.4 CSMA/CA 机制中,网络协调器在网络中,会发出信标给所有的可感应节点,而对于有数据需要传送的设备来说,它们会向网络协调器要求进行传送,由于在一个时间内只能有一个设备进行传输,因此所有想要传输的节点设备就会通过 CSMA/CA 机制来竞争传输媒体的使用权。所有准备传输数据的设备,会监测目前的无线传输媒体是否有其他设备在使用中,如果为空闲,此时,这些设备会产生一个倒退延迟时间,来错开这些设备同时送出数据从而造成碰撞的可能。若目前的无线传输媒体是忙碌中的,则这些设备将会在监测到媒体为空闲后,再进行 CSMA/CA 的竞争。

在 IEEE 802.15.4 CSMA/CA 算法中,CSMA/CA 算法是用于节点间数据传输时的信道争用机制,此算法中有三个重要的参数,由每个要传送数据的设备去维护:NB,CW 和 BE。

NB(后退次数,Number of Back):NB 的初始值为 0,当设备有数据要传送时,经过一段后退时间后,发送 CCA 检测,若检测到信道忙,则会再一次产生倒退时间,此时 NB 值会加 1,在 IEEE 802.15.4 中,NB 值最大定义为 4,当信道在经过 4 次的后退延迟时间后仍为忙,刚放弃此次的传送,以避免过大开销。

CW(碰撞窗口的长度, Content Window Length): 也就是后退延迟时间的长度, 单位是 Backoff, 一个后退周期的定义在 MAC PIB 中由参数 aUnitBackofPeriod 给出, 为 20symbol 的时间。CW 的初始值为 2, 最大值为 31。

BE(后退指数, Backoff Exponent): 取值范围为 0~5, 802.15.4 推荐的默认值为 3, 最大值为 5。当 BE 设为 0 时, 则只进行一次碰撞检测。在 IEEE 802.15.4 中, 失败的次数(重传)最多为 3 次。图 10-17 是 CSMA/CA 算法流程; 其中步骤(3)是完成 CCA 的部分。

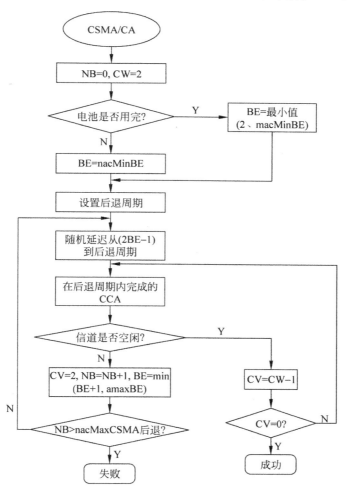

图 10-17  CSMA/CA 算法流程

## 10.8  CC2431 无线定位引擎介绍

CC2431 与 CC2430 的最重要区别在于 CC2431 具有一个无线定位跟踪引擎, 而 CC2430 没有。除了这个定位引擎外, CC2430 与 CC2431 功能完全一样。CC2431 的定位引擎用于无线网络中定位节点的位置。

在 CC2431 组成的无线定位网络中, 包括参考节点、定位节点以及网关三大部分。其中网关作用相当于 ZigBee 的协调器, 负责整个定位无线网络的服务、协调。参考节点为已知位置的节点, 并且其物理位置是固定不变的。定位节点为移动节点, 其位置是随时变化的, 具体位置由 CC2431 的定位引擎通过接收参考节点的 RSSI 值经过定位算法计算而得到。在 CC2431 无线网络定位系统中,定位精度与参考节点数量有关,一般而言,参考节点越多,定位精度越高。

CC2431 无线定位引擎有如下主要特点。

(1) 3～8 个参考节点参与定位计算;
(2) 最高定位精度可达 0.5m;
(3) 定位节点响应时间少于 40$\mu$s;
(4) 定位区域为 64m×64m;
(5) 定位误差小于 3m;
(6) 硬件定位计算,消耗非常少的 CPU 资源。

图 10-18 描述的是 CC2431 定位引擎定位操作过程,由此可知,定位节点(移动节点)首先读取所有参考节点的坐标($x,y$)值,然后再读取其他标准参数(A 值,N 值,RSSI 值)。其中 A 值为距离发射机(CC2430/CC2431)1m 远的 RSSI 绝对值,N 值为距离发射机每增加 1m 衰减的 RSSI 绝对值,RSSI 为 CC2430/CC2431 信号强度,单位为 dBm。当 CC2431 把所有必要的参考读取后,就开始定位计算,然后输出定位节点的定位坐标。

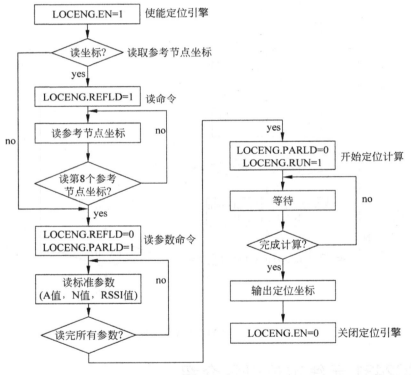

图 10-18 定位引擎定位过程

## 10.9 基于 CC2430/CC2431 的 ZigBee 硬件平台

### 10.9.1 扩展表演板硬件描述

图 10-19 展示了 CC2430 扩展表演板的主要部分。在开发系统中,扩展表演板提供了一个

开发平台完成 CC2430 功能测试,应用演示等任务。

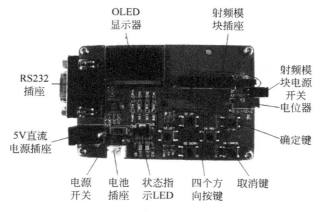

图 10-19 CC2430 扩展表演板硬件结构

### 1. 电源接口

CC2430 扩展表演板提供了一个直流电源插座,用于在室内使用直流电源为扩展表演板供电。同时在板上提供了一个电池盒插座,用于在需要移动测试的情况下使用。直流电源和电池两种供电方式之间利用直流电源插座自动切换。直流电源供电优先于电池供电,即在 CC2430 扩展表演板既安装了电池又插上了直流电源的情况下优先使用直流电源供电。

### 2. RS-232 接口

RS-232 接口是一种常用的用于同 PC 机或其他设备通信的接口,板上已集成了一个电荷泵用于将 3.3V 信号电平转换到双极性的 RS-232 信号电平。同表演板一同提供的软件包中已包含了 RS-232 接口的测试代码,用户可直接演示或调用,这将在其他文档中介绍。

### 3. 用户接口

CC2430 提供了上、下、左、右 4 个方向键和确认、取消两个功能键作为用户输入设备。4 个方向键采用 ADC 采样输入,功能键直接读取端口电平。在某些演示应用中按键的功能定义可能有所不同,具体请查阅相应演示项目说明。电路如图 10-20 所示。

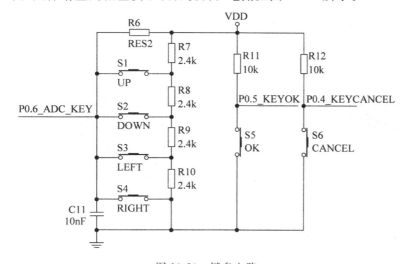

图 10-20 键盘电路

同时板上提供了 4 个 LED，一个用于电源指示，其余三个可由用户支配，以表明当前工作状态或测试用。一个 128×64 点阵的图形点阵 OLED 屏作为用户输出设备，提供尽可能详尽的当前信息。

在演示系统中输入设备提供用户参数输入，控制菜单选择和演示实例的执行，OLED 则向用户反馈当前的程序运行情况和测试结果，完成和用户的交互。

**4. 无线模块插座**

无线模块插座用于连接 CC2430 模块到扩展表演板。另外单独的两芯插座用于向模块提供电源。在插入扩展模块前务必确定 CC2430 无线模块插头和扩展板插座引脚一一对应。

CC2430 无线模块是一个完整、独立系统，既可以配合扩展表演板完成诸多测试任务，也可以在没有扩展表演板的情况下配合在线仿真器单独使用，只是所能完成的测试任务较少。

**5. 电位器**

扩展表演板左边电位器，用于在 ADC 测试时产生可调的模拟电压输出。右旋增大输出电压，左旋减小输出电压。电位器最大输出电压在 1.2V 左右。

### 10.9.2 进入演示

为防止电源接反而烧毁电源芯片，连接电源前确定直流电源正负是否正确。

**1. 开启电源**

有两种方式为 CC2430 扩展表演板供电。

(1) 电池。使用三节 5 号电池供电，一般用于需要移动测试时使用。

(2) 直流电源。用开发系统配套的 AC-DC 电源为扩展表演板供电。AC-DC 输入电压为交流 220V，50Hz，输出为直流 5V。如果用户使用其他电源适配器也应保证输出的电压不超过 5V，并且能提供足够的功率。

直流电源插座自动切换直流电源输入和电池输入，可同时接上两个电源而互不影响。扩展表演板输入电压极限范围为 2.7～5.5V，任何情况下都不要超过这个范围，否则可能造成系统工作不正常甚至烧毁板上的元件。

如图 10-21 所示，将电源开关拨到右边的位置时，开启整个扩展表演板电源，电源指示灯指示直流稳压器电源部分工作正常。拨到左边位置时关闭整个表演板电源。

在扩展板的右边有一个伸出电路的两芯插针，这既是模块的电源开关，也可作为模块电流测试点。正常使用时，用一短路帽短接，也可拨掉短路帽，接入电流表测试模块工作电流（如图 10-22 所示）。

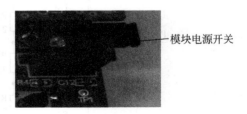

图 10-21 电源输入　　　　　　　　图 10-22 模块电源开关

**2. C51RF-3 开发系统演示**

在本节将介绍 CC2430 可用到的示例。每个示例都和 CC2430 的某个功能模块相关。开发系统在出厂时已固化了演示程序，连接好系统即可进行。一个工作的开发系统如图 10-23 所示。

1) 设置

(1) 分别插入两个 CC2430 模块到扩展表演板,如图 10-24 所示。

图 10-23　一个正在演示的系统

图 10-24　模块引脚与插座的对应关系

(2) 连接天线到两个 CC2430 模块。
(3) 通过 RS-232 电缆将扩展板连接到 PC。
(4) 连接直流电源到扩展表演板。见上节关于扩展表演板的电源供应方式。
(5) 拨动电源开关到合适的位置开启电源。

2) 按键功能定义

按键如图 10-25 所示,各个定义分别如下。

(1) 上移键。用于上移选择菜单或更改参数时增加参数值。
(2) 下移键。用于下移选择菜单或更改参数时减少参数值。
(3) 右移键。进行 OLED 对比度设置时增加对比度。
(4) 左移键。进行 OLED 对比度设置时减少对比度。
(5) 确定键。确定执行高亮显示的功能或确定输入的参数。
(6) 取消键。从当前菜单返回上一级菜单或忽略当前输入的参数。

上述按键定义只是一般性的功能定义,随着程序的更新功能定义可能会有所不同,请以程序为准。

### 3. 在线仿真器

C51RF-F-3 仿真器如图 10-26 所示。由图可知,该仿真器具有 1 个 USB 接口、1 个复位按键以及 1 根仿真线。通过 USB 接口可将 C51RF-CC2431-ZDK 仿真器与计算机进行通信,也可以通过它在 CC2430/CC2431 的 ZIGBEE 模块的开发上实现下载、调试、仿真等。复位按键用来实现 C51RF-CC2431-ZDK 仿真器的复位。当需要重新下载、调试、仿真时,可通过按此键来实现硬复位。仿真线上有一根 10 芯的下载、调试、仿真线,可通过它与 CC2430/CC2431 的 ZIGBEE 模块进行连接。

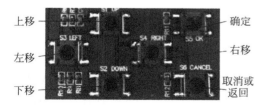

图 10-25　按键示意图

图 10-26　仿真器

# 第 11 章

## CC2430开发环境IAR

## 11.1 软件安装

首先要安装 CC2430 的开发环境 IAR7.2H,在安装开发环境的时候要注意,为了正常安装软件,必须使用 keygen.exe 程序。

这里主要用到了 License+Key,在使用 Hardware ID 的时候注意要把小写字母改成大写字母,比如,0x28c9e 应该改成 0x28C9E,如果是数字就不用改了,然后单击 Generate(如图 11-1 所示)。这样再把 License 用上就可以完成 EW8051-EV-720H.EXE 程序的安装了。开发环境安装完成后,就可以根据 Chipcon IAR IDE usermanual_1_22.pdf 的说明对 CC2430 进行编程操作。

图 11-1 开发环境 IAR7.2H 安装界面

## 11.2 ZigBee 精简协议

打开 ZigBee 精简协议(msstatePAN.zip)里面的程序,路径是 \msstatePAN\obj\compiletest\iar51_cc2430\compiletest.eww,打开应用实例 compiletest.eww 后有三种器件可供选择。

(1) 协调器(COORD)。
(2) 路由器(ROUTER)。
(3) RFD。

可分别用 IAR 7.2H 直接对它们进行编译和程序下载。

对于 ZigBee 精简协议的研究必须仔细阅读协议 msstate_lrwpan_doc_release.pdf 中的说明,该文档详细介绍了 ZigBee 精简协议。

## 11.3 软件设置及程序下载

打开 IAR Embedded Workbench for MCS-51,按 Alt+F7 打开项目工程的选项(也可以通过右击工程名选择打开,或者单击 Project 中的 Options 来打开)(如图 11-2 所示)。

选择 Options 中的 Linker 选项,在 Format 栏选中 Debug information for C-SPY。

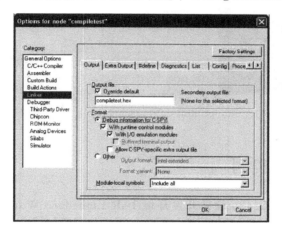

图 11-2 IAR Embedded Workbench for MCS-51 界面

选择 Debugger 选项中的 Setup 项,在 Driver 选项中的下拉框中选择 Chipcon,而非 Simulator(如图 11-3 所示)。从而完成编译环境的设置,现在就可以使用编程器进行在线下载程序或者在线仿真调试了。

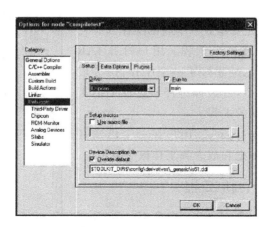

图 11-3 编译环境的设置界面

在 IAR 7.2H 环境下编译好的程序.hex 可以通过在线编程器用 USB 直接跟电脑相连，然后通过下面的 ChipconFlashProgrammer 程序直接在线下载（如图 11-4 所示）。详细的介绍说明可参考 User Manual Flash Programmer11.pdf，通过阅读该文档就可以完全掌握程序的烧写。

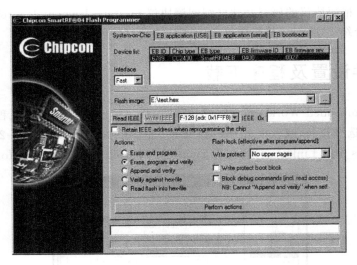

图 11-4　ChipconFlashProgrammer 程序直接在线下载

## 11.4　软件使用实例

本节主要介绍应用 CC2430 软件开发环境 IAR Embedded Wordbench for MCS-51 如何新建一个工程，完成自己的设计和调试。有关 IAR 的详细说明文档可浏览 IAR 网站或参考安装文件夹里的支持文档 Chipcon IAR IDE usermanual_1_22.pdf。这里仅通过一个简单的 LED 闪灯测试程序带领用户逐步熟悉 IAR for 51 工作环境。在这个测试程序中所需要的工具和硬件是 DTD243A_Demo 仿真器和一个 CC2430 模块 DTD243A。

### 11.4.1　创建一个工作区窗口

使用 IAR 开发环境首先要建立一个新的工作区。在一个工作区中可创建一个或多个工程。用户打开 IAR Embedded Workbench 时，已经建好了一个工作区，一般会显示如图 11-5 所示的窗口，可选择打开最近使用的工作区或向当前工作区添加新的工程。

单击 File→New→Workspace。用户在一个已建好工作区中可创建新的工程并把它放入到工作区中。

### 11.4.2　建立一个新工程

单击 Project 菜单，如图 11-6 所示，单击 Create New Project。

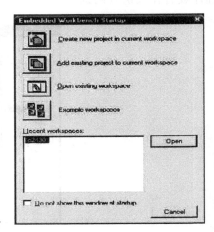

图 11-5　打开一个工作区

然后，弹出了如图 11-7 所示的建立新工程对话框，在 Tool chain 栏选择 8051，在 Project templates：栏中选择 Empty project，然后单击 OK 按钮。

图 11-6　建立一个新工程

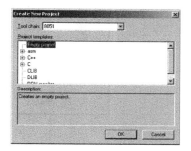

图 11-7　选择工程类型

根据需要选择工程保存的位置，更改工程名（如 ledtest），然后单击 Save，这样便建立了一个空的工程（如图 11-8 所示）。

这样工程就出现在工作区窗口中了（如图 11-9 所示）。

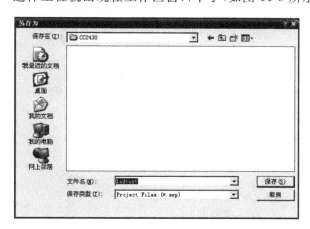

图 11-8　保存工程

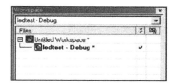

图 11-9　工作区窗口中的工程

系统产生了两个创建配置：调试和发布。在这里只使用 Debug。项目名称后的星号指示修改但还没有保存。

单击菜单 File→Save→Workspace，保存工作区文件，并指明存放路径，这里把它放到新建的工程目录下（如图 11-10 所示）。单击 Save 保存工作区。

## 11.4.3　添加文件或新建程序文件

单击菜单 Project→Add File 或在工作区窗口中，在工程名上右击，在弹出的快捷菜单中单击 Add File，将弹出文件打开对话框，选择需要的文件单击打开并退出。

如没有建好的程序文件，也可单击工具栏上的 □ 或单击菜单 File→New→File 新建一个空文本文件，向文件里添加如下代码。

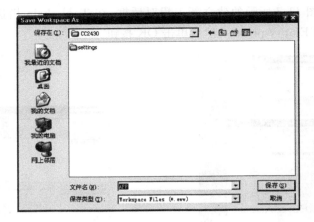

图 11-10　保存工作区

```
# include "ioCC2430.h"
void Delay(unsigned char n)
{
    unsigned char i;
    unsigned int j;
    for(i = 0; i < n; i++)
        for(j = 1; j; j++)
            ;
}
void main(void)
{
// CC2430 中,I/O 口做普通 I/O 使用时和每个 I/O 端口相关的寄存器有 3 个,分别是 //PxSEL
//功能选择寄存器,PxDIR 方向寄存器,PxINP 输入模式寄存器,其中 x 为 0,1,2
//这里选择 P1.0 上的绿色 LED D32 作为 I/O 测试
  SLEEP & = ~0x04;
  while(!(SLEEP & 0x40));                //晶体振荡器开启且稳定
  CLKCON & = ~0x47;                      //选择 1~32MHz 晶体振荡器
  SLEEP |= 0x04;
  P1SEL = 0x00;                          //P1.0 为普通 I/O 端口
  P1DIR = 0x01;                          //P1.0 输出
  while(1)
  {
      P1_0 = 1;
      Delay(10);
      P1_0 = 0;
      Delay(10);
  }
}
```

单击菜单 File→Save 弹出保存对话框(如图 11-11 所示)。

新建一个 source 文件夹,将文件名改为 test.c 后保存到 source 文件夹下。按照前面添加文件的方法将 test.c 添加到当前工程里。完成的结果如图 11-12 所示。

### 11.4.4　设置工程选项

单击 Project 菜单下的 Options,配置与 CC2430 相关的选项。

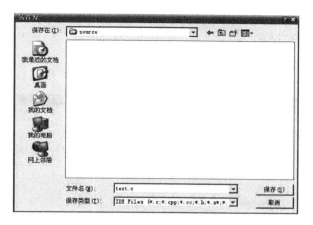

图 11-11　保存程序文件

图 11-12　添加程序文件后的工程

## 1. General Options

Target 标签：按图 11-13 所示配置 Target，选择 Code model 和 Data model，以及其他参数。

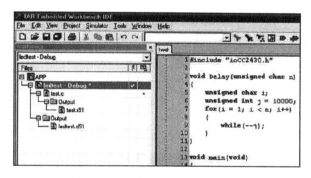

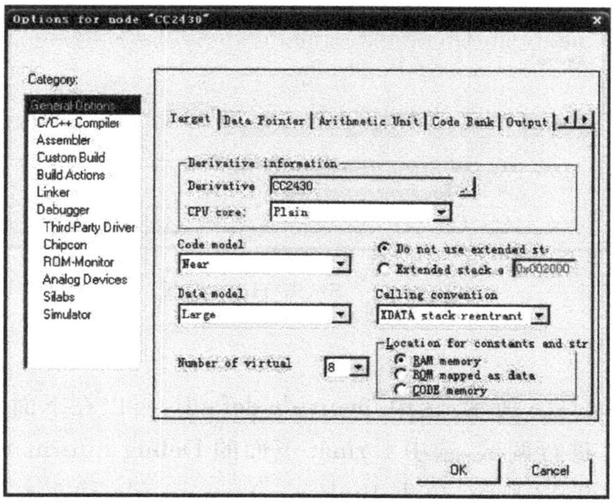

图 11-13　Target，Near Code model

单击 Derivative information 栏右边的 按钮,选择程序安装位置,如这里是 IAR Systems\ Embedded Workbench 4.05 Evaluation version\8051\config\derivatives\chipcon 下的文件 CC2430.i51。

DataPointer 标签:选择数据指针数 1 个,16 位(如图 11-14 所示)。

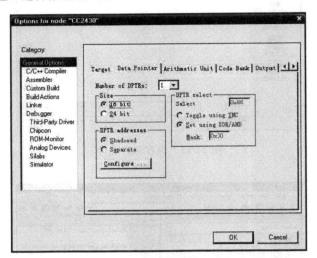

图 11-14　数据指针选择

Stack/Heap 标签:改变 XDATA 栈大小到 0x1FF(如图 11-15 所示)。

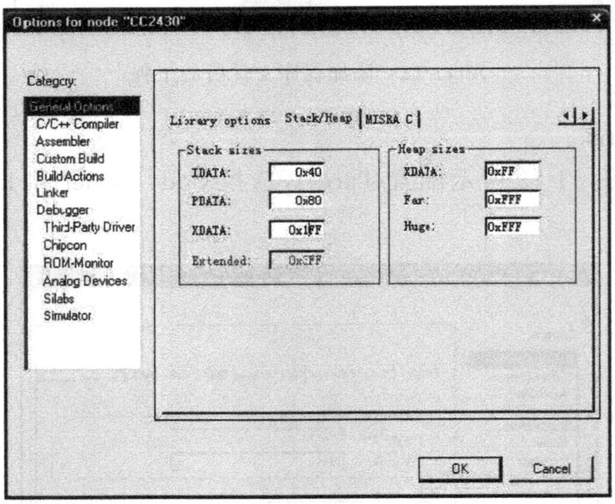

图 11-15　Stack/Heap 设置

## 2. Linker

Output 标签:如图 11-16 所示,选中 Override default,可以在下面的文本框中更改输出文件名。如果要用 C-SPY 进行调试,选中 format 下面的 Debug information for C-SPY。

Config 标签:如图 11-17 所示,单击 Linker command file 栏文本框右边的 按钮,选择正确的链接命令文件。

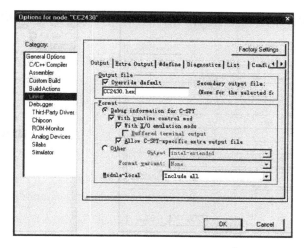

图 11-16　输出文件设置

| Code Model | File |
|---|---|
| Near | lnk51ew_cc2430.xcl |
| Banked | lnk51ew_cc2430b.xcl |

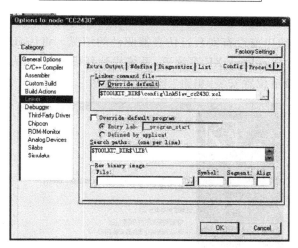

图 11-17　选择链接命令文件

### 3. Debugger

在 Setup 标签中,按图 11-18 所示进行设置。

在 Device Description file 选择 CC2430.ddf 文件,其位置在程序安装文件夹下,如 C:\Program Files\IAR Systems\Embedded Workbench 4.05 Evaluation version\8051\config\derivatives\chipcon。

## 11.4.5　编译和链接

单击 Project→Make 或按 F7 键编译和链接工程(如图 11-19 所示)。

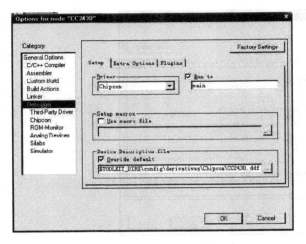 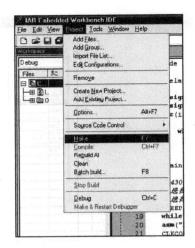

图 11-18　配置调试器　　　　　　　　图 11-19　编译和链接工程

## 11.4.6　调试

**1. 安装仿真器驱动**

安装仿真器前确认 IAR Embedded Workbench 已经安装好。

1）手动安装

手动安装适用于系统以前没有安装过仿真器驱动的情况。将仿真器通过开发系统附带的 USB 电缆连接到 PC，在 Windows XP 系统下，系统找到新硬件后会提示如图 11-20 所示的对话框，选择从列表或从指定位置安装，单击"下一步"按钮。

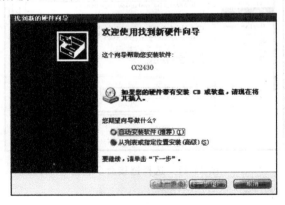

图 11-20　系统找到仿真器

如图 11-21 所示，设置好驱动安装选项，单击右边的浏览按钮选择驱动所在路径。

驱动文件在程序安装目录下，如 C:\Program Files\IAR Systems\Embedded Workbench 4.05 Evaluation version\8051\drivers\chipcon，如图 11-22 所示。

选中 chipcon 文件夹，单击确定退出，回到安装选项界面，单击下一步，系统安装完驱动后会弹出完成对话框（如图 11-23 所示），单击完成退出安装。

2）自动安装

将仿真器通过开发系统附带的 USB 电缆连接到 PC，在 Windows XP 系统下，系统找到

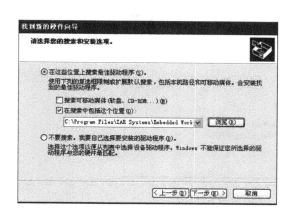

图 11-21 驱动安装选项

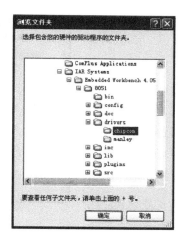

图 11-22 选择驱动路径

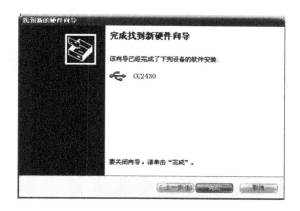

图 11-23 完成驱动安装

新硬件后会提示如图 11-24 所示对话框,选择自动安装软件,单击"下一步"按钮。

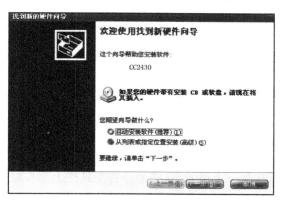

图 11-24 系统找到仿真器

选择自动安装软件(推荐),向导会自动搜索并复制驱动文件到系统(如图 11-25 所示)。系统安装完驱动后会弹出完成对话框,单击完成退出安装(如图 11-26 所示)。

图 11-25 安装驱动文件

### 2. 进入调试

单击菜单 Project→Debug 或按快捷键 Ctrl+D 进入调试状态,也可单击工具栏上的 按钮进入调试(如图 11-27 所示)。

图 11-26 仿真器驱动安装完成

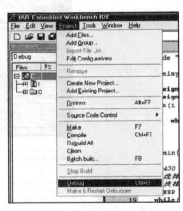

图 11-27 进入调试

### 3. 窗口管理

在 IAR Embedded Workbench 中,用户可以在特定的位置停靠窗口,并利用标签组来管理它们。也可以使某个窗口处于悬浮状态,即让它始终停靠在窗口的上层。状态栏位于主窗口底部,包含了如何管理窗口的帮助信息(如图 11-28 所示)。更详细信息可参考 EW8051_UserGuide。

### 4. 查看源文件语句

Step Into 用来执行内部函数或子进程的调用,Step Over 用来每一步执行一个函数调用,Next Statement 用来每次执行一个语句,这些命令在工具栏上都有对应的快捷键。

### 5. 查看变量

C-SPY 允许用户在源代码中查看变量或表达式,可在程序运行时跟踪其值的变化。

使用自动窗口:单击菜单 View→Auto,开启窗口(如图 11-29 所示)。自动窗口会显示当前被修改过的表达式。

连续步进观察 j 的值变化情况。

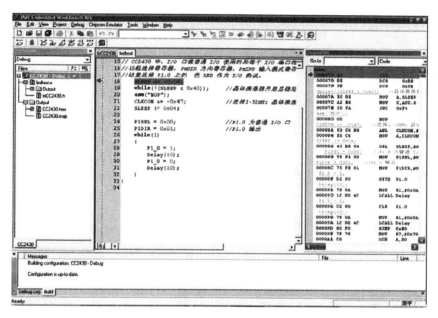

图 11-28　程序调试界面

设置监控点。使用 Watch 窗口来查看变量。单击菜单 View→Watch，打开 Watch 窗口。单击 Watch 窗口中的虚线框，出现输入区域时输入 j 并回车。也可以先选中一个变量将其从编辑窗口拖到 Watch 窗口（如图 11-30 所示）。

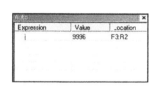

图 11-29　自动窗口

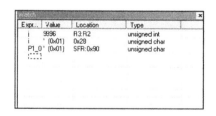

图 11-30　Watch 窗口

单步执行，观察 i 和 j 的变化。如果要在 Watch 窗口中去掉一个变量，先选中该变量然后按键盘上的 Delete 键或右击选择删除。

### 6．设置并监控断点

使用断点最便捷的方式是将其设置为交互式的，即将插入点的位置指到一个语句里或靠近一个语句，然后执行 Toggle Breakpoint 命令。

在 i++ 语句处插入断点：在编辑窗口选择要插入断点的语句，单击菜单 Edit→Toggle Breakpoint。或者在工具栏上单击 按钮（如图 11-31 所示）。

在这个语句设置好一个断点，用高亮表示并且在左边标注一个红色的 X 显示有一个

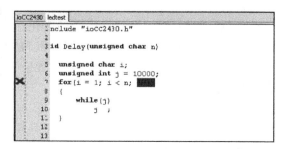

图 11-31　设置一个断点

断点存在。可单击菜单 View→Breakpoint 打开断点窗口,观察工程所设置的断点。在主窗口下方的调试日志 Debug Log 窗口中可以查看断点的执行情况。如要取消断点,在原来断点的设置处再执行一次 Toggle Breakpoint 命令。

### 7. 在反汇编模式中调试

在反汇编模式,每一步都对应一条汇编指令,用户可对底层进行完全控制。单击菜单 View|Disassembly,打开反汇编调试窗口(如图 11-32 所示),用户可看到当前 C 语言语句对应的汇编语言指令。

### 8. 监控寄存器

寄存器窗口允许用户监控并修改寄存器的内容。单击菜单 View→Register,打开寄存器窗口(如图 11-33 所示)。

图 11-32 汇编模式中调试程序

图 11-33 寄存器窗口

选择窗口上部的下拉列表,选择不同的寄存器分组。单步运行程序并观察寄存器值的变化情况。

### 9. 监控存储器

存储器窗口允许用户监控寄存器的指定区域。单击菜单 View→Memory,打开存储器窗口(如图 11-34 所示)。打开 test.c,选择 j,将它从源代码窗口拖到存储器窗口中。此时存储器窗口中对应的值也被选中。

单步执行程序,观察存储器中值的变化。用户可以在存储器窗口中对数据进行编辑和修改。在想进行编辑的存储器数值处放置插入点,输入期望值即可。

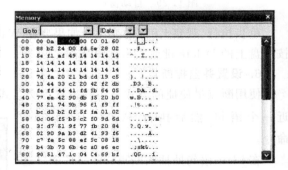
图 11-34 存储器窗口

### 10. 完整运行程序

单击菜单 Debug→Go,或单击调试工具栏上的 按钮,如果没有断点,程序将一直运行下去。可以看到 LED1 间隙点亮。如果要停止,单击菜单 Debug→Break 或单击调试工具栏

上的 ■ 按钮,停止程序运行。

### 11. 退出调试
单击菜单 Debug→Stop Debugging 或单击调试工具栏上的 ■ 按钮退出调试模式。

## 11.5 取片内温度实例

### 1. 实验介绍
取片内温度传感器为 AD 源,并将转换得到的温度值通过串口送至计算机。

### 2. 实验相关寄存器
实验中操作了的寄存器有如下几种。
CLKCON,SLEEP,PERCFG,U0CSR,U0GCR,U0BAUD,IEN0,U0DUB,ADCCON1,ADCCON3,ADCH,ADCL 等。

### 3. 实验相关函数
程序中的子函数及功能列写如下。

```
void Delay(uint n);
void initUARTtest(void);
```

函数原型:

```
void initUARTtest(void)
{
    CLKCON &= ~0x40;              //晶振
    while(!(SLEEP & 0x40));       //等待晶振稳定
    CLKCON &= ~0x47;              //TICHSPD128 分频,CLKSPD 不分频
    SLEEP |= 0x04;                //关闭不用的 RC 振荡器
    PERCFG = 0x00;                //位置 1 P0 口
    P0SEL = 0x3c;                 //P0 用作串口
    U0CSR |= 0x80;                //UART 方式
    U0GCR |= 10;                  //baud_e = 10
    U0BAUD |= 216;                //波特率设为 57600
    UTX0IF = 1;
    U0CSR |= 0X40;                //允许接收
    IEN0 |= 0x84;                 //开总中断,接收中断
}
```

函数功能:将 I/O P10 和 P11 口设置为输出来控制 LED,将系统时钟设为高速晶振,将 P0 口设置为串口 0 功能引脚,串口 0 使用 UART 模式,波特率设为 57600,允许接收。在使用串口之前调用。

```
void UartTX_Send_String(char *Data,int len)
```

函数原型如下。

```
void UartTX_Send_String(char *Data,int len)
{
    int j;
    for(j = 0;j < len;j++)
```

```
        {
            UODBUF = *Data++;
            while(UTX0IF == 0);
            UTX0IF = 0;
        }
    }
```

函数功能：串口发送数据，*data 为发送缓冲的指针，len 为发送数据的长度，在初始化串口后才可以正常调用。

```
void initTempSensor(void);
```

函数原型：

```
void initTempSensor(void){
    DISABLE_ALL_INTERRUPTS();
    SET_MAIN_CLOCK_SOURCE(0);
    *((BYTE __xdata *) 0xDF26) = 0x80;
}
```

函数功能：将系统时钟设为晶振，设 AD 目标为片机温度传感器。

```
INT8 getTemperature(void);
```

函数原型：

```
INT8 getTemperature(void){
    UINT8 i;
    UINT16 accValue;
    UINT16 value;
    accValue = 0;
    for( i = 0; i < 4; i++)
    {
        ADC_SINGLE_CONVERSION(ADC_REF_1_25_V|ADC_14_BIT|ADC_TEMP_SENS);
        ADC_SAMPLE_SINGLE();
        while(!ADC_SAMPLE_READY());
        value = ADCL >> 2;
        value |= (((UINT16)ADCH) << 6);
        accValue += value;
    }
    value = accValue >> 2; // devide by 4
    return ADC14_TO_CELSIUS(value);
}
```

函数功能：连续进行 4 次 AD 转换，对得到的结果求均值后，将 AD 结果转换为温度并返回。

### 4. 重要的宏定义

将片内温度传感器 AD 转换的结果转换成温度。

```
#define ADC14_TO_CELSIUS(ADC_VALUE) ( ((ADC_VALUE) >> 4) - 315)
```

# 第 12 章 开发实践——环境监测

## 12.1 系统总体方案

整个家居环境监测网络由温度、湿度和光照度传感器节点群、接收发送节点（Coordinator 节点）以及监控终端构成，系统结构框图如图 12-1 所示。由多个温度、湿度和光照度传感器节点在房间内组成自组网，节点能够实时准确地监测环境参数，将采集的数据进行实时处理，然后通过单跳和多跳中继方式发送到 Coordinator 节点，经过该节点将数据传输到监控上位机，以实现实时监测。

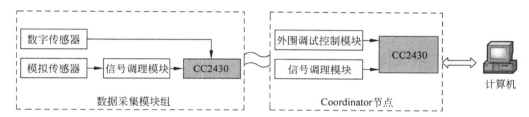

图 12-1 系统结构框图

在该系统中，温度、湿度和光照度传感器节点是整个网络的基本单位，构成家居环境监测无线传感器网络的基础层支持平台，其节点的主要功能和性能要求如下。

(1) 对房间内温度、湿度、光照度信号进行实时采集和处理；

(2) 当温度超过 25°或低于 20°，且当持续半分钟仍然没有改变时，节点能够发出报警信号；

(3) 当湿度低于 20%，且当持续半分钟仍然没有改变时，节点能够发出报警信号；

(4) 当光照度低于标定值 40 或高于 130，且当持续半分钟仍然没有改变时，节点能够发出报警信号；

(5) 根据不同房间内的温湿度参数自动对温湿度传感器校准，从而提高报警器的准确性；

(6) 监测上位机能够动态地以图文形式显示环境的温度、湿度和光照度；

(7) 传感器网络节点能够组成自组网，具有无线收发功能，无线模块可以把采集到的传感器数据值发送到 Coordinator 节点，再上传到上位机，以实现实时监测以及报警；

(8) 传感器节点功耗低，具有开启、睡眠、休眠等多种工作模式；

(9) 支持 ZigBee 协议；

(10) 支持更多监测传感器以及特殊需求功能的集成和接入；

(11) 高性能、高可靠性、长传输距离等。

## 12.2 ZigBee 芯片选择

市场上 ZigBee 主要的芯片提供商(2.4GHz)有：TI/Chipcon,Ember(ST),Jennic,Freescale,Microchip 及 UBEC(NEC,Fujitsu)5 家。目前 ZigBee 技术提供的方式有三种。

(1) ZigBee RF+MCU。例如：TI 的 CC2420+MSP430,Freescale 的 MC13XX+GT60,Microchip 的 MJ2440+PIC,台湾 UBEC 的 UZ2400+NEC。

(2) 单芯片内置 ZigBee 协议栈+外挂芯片,如 Jennic 的 SoC+EEPROM,Ember 的 260+MCU。

(3) 单芯片集成 SoC。例如：TI 的 CC2430/CC2431(8051 内核),Freescale 的 MC1321X 及 EM250。

CC2430/CC2431 采用增强型 8051 MCU,32/64/128KB 闪存、8KB SRAM 等高性能模块,并内置了 ZigBee 协议栈。加上超低能耗,使得它可以以很低的费用构成 ZigBee 节点,具有很强的市场竞争力。相比较其他 ZigBee 芯片,CC2430 具有以下优势。

(1) CC2430 芯片需要很少的外围部件配合就能实现信号的收发功能；

(2) 在休眠模式时仅 $0.9\mu A$ 的能耗,外部中断或 RTC 能唤醒系统；在待机模式时少于 $0.6\mu A$ 的能耗,外部的中断能唤醒系统；

(3) CC2430 芯片比较廉价,相比于其他芯片仅需要 3 美元,更加凸显其价格优势,也显示了 TI 公司对于 ZigBee 市场的信心和决心；

(4) 它结合 Chipcon 公司全球先进的 ZigBee 协议栈、工具包和参考设计,展示了领先的 ZigBee 解决方案；

(5) 在具有对 51 单片机的熟练应用能力的基础上,使用 CC2430 集成了加强型 8051 单片机的芯片进行 ZigBee 应用开发,更加高效。

因此,本设计采用 CC2430 芯片进行开发设计。

CC2430 芯片沿用了以往 CC2420 的芯片架构,在单个芯片上整合了 ZigBee 射频(RF)前端、内存和微控制器。它使用 1 个 8 位 MCU(8051),具有 128KB 可编程闪存和 8KB 的 RAM,还包含模拟数字转换器(ADC)、4 个定时器(Timer)、AES128 协同处理器、看门狗定时器(Watchdog-timer)、32MHz 晶振的休眠模式定时器、上电复位电路(Power-On-Reset)、掉电检测电路(Brown-Out-Detection),以及 21 个可编程 I/O 引脚。

CC2430 芯片采用 $0.18\mu m$ CMOS 工艺生产,工作时的电流损耗为 27mA；在接收和发射模式下,电流损耗分别低于 27mA 或 25mA。CC2430 的休眠模式和转换到主动模式的快速特性,特别适合那些要求电池寿命非常长的应用。

CC2430 内部示意图如图 12-2 所示。

CC2430 芯片的主要特点如下。

(1) 具有高性能和低功耗的 8051 微控制器核；

(2) 集成符合 IEEE 802.15.4 标准的 2.4GHz 的 RF 无线电收发器；

(3) 优良的无线接收灵敏度和强大的抗干扰性；

(4) 在休眠模式时仅 $0.9\mu A$ 的能耗,外部中断或 RTC 能唤醒系统；在待机模式时能耗少于 $0.6\mu A$,外部中断能唤醒系统；

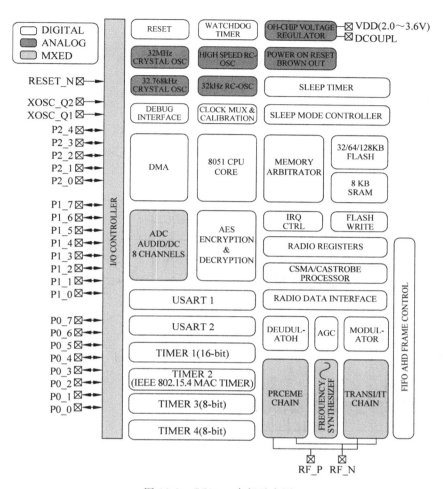

图 12-2　CC2430 内部示意图

(5) 硬件支持 CSMA/CA 功能；

(6) 较宽的电压范围(2.0～3.6V)；

(7) 数字化的 RSSI/LQI 支持和强大的 DMA 功能；

(8) 有电池监测和温度感测功能；

(9) 集成了 14 位模数转换的 ADC；

(10) 集成了 AES 安全协处理器；

(11) 带有 2 个强大的支持多组协议的 USART，以及 1 个符合 IEEE 802.15.4 规范的 MAC 计时器，1 个常规的 16 位计时器和 2 个 8 位计时器；

(12) 强大和灵活的开发工具；

(13) 支持硬件调试；

(14) QLP 48 封装，尺寸为 7mm×7mm。

典型的外围应用电路如图 12-3 所示，此图是 TI 公司提供的参考设计。

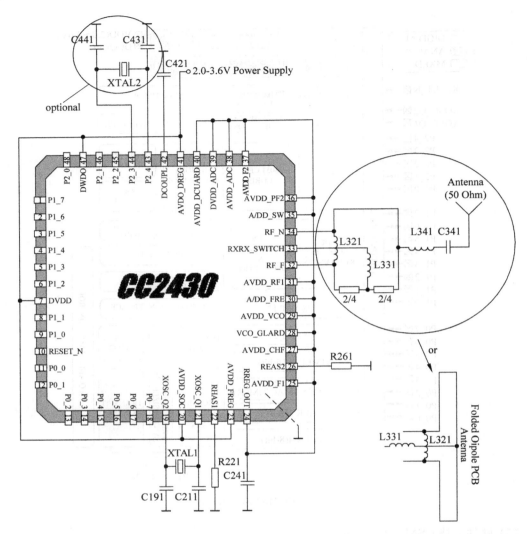

图 12-3 CC2430 典型应用电路

## 12.3 系统硬件研制

为了提高系统的通用性以及扩展性，在研制的过程中分成两个部分进行，分别是：射频传输模块和调试底板模块。其中调试底板模块又可分为采集节点底板模块和 Coordinator 节点底板模块。

### 12.3.1 射频传输模块

**1. 天线模块**

CC2430 射频信号的收发采用差分方式传送，其最佳差分负载是 $115+j180\Omega$，阻抗匹配电路应该根据这个数值进行调整。本设计采用 $50\Omega$ 单极子天线，阻抗匹配电路采用巴伦（Balun）。偶极天线属平衡型天线，而同轴电缆属于不平衡传输线，若将其直接连接，则同轴电缆的外皮就有高频电流流过（按同轴电缆传输原理，高频电流应在电缆内部流动，外皮是屏蔽层,是没有电流的),这样一来,就会影响天线的辐射。因此,就要在天线和电缆之间加入平衡——不平衡转换器,把流入电缆屏蔽层外部的电流滤除掉。

巴伦电路由成本低廉的电感和电容构成,L1 和 L3 用于阻抗匹配,L2 为 RF Block,C19 为 DC Block。除此之外,还设计了一个 1/2 波长的导线用来确保射频信号的正确相位,还有一个 $70\Omega,23°$ 的传输线用来阻抗匹配。PCB 布线如图 12-4 所示。

为了确保电路的性能,保证阻抗匹配,导线的长度,L2 的连接点位置,L3 和 1/2 波长导线之间的导线走向等必须有严格的规定。

### 2. 时钟系统

CC2430 有一个内部系统时钟。该时钟的振荡源既可以用 16MHz 高频 RC 振荡器,也可以采用 33MHz 晶体振荡器。在实际应用中,用 1 个 33MHz 的石英谐振器(Y1)和 2 个电容(C20 和 C21)构成一个 33MHz 的晶振电路。用 1 个 32.768kHz 的石英谐振器(Y2)和 2 个电容(C22 和 C23)构成一个 32.768kHz 的晶振电路。电路如图 12-5 所示。

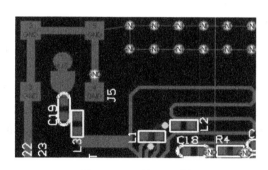

图 12-4 巴伦 PCB 图

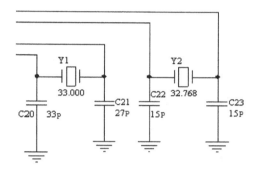

图 12-5 时钟电路

## 12.3.2 采集节点底板模块

### 1. 电源电路模块

电源是电路运转的动力源,电源模块是硬件系统中极为重要的一个模块。考虑到节点的便携性和易安装性,所以设计的采集节点底板模块必须采用电池供电,在硬件元器件的选取中,考虑到要尽量降低系统的功耗,各个模块的供电电压都比较低,综合比较,1.8~3.3V 的电压可以使所有模块都能够正常工作。因此,可以采用 2 节 AA 电池进行供电。按照 1500mA/h 的电池容量,每隔一分钟进行一次温度、湿度、光照度测量,估算至少可以工作半年时间。

电路设计如图 12-6 所示。

### 2. 复位电路

由于 CC2430 芯片的低功耗、高速运算、低电压导致其噪声容限较低,所以对电源的纹波、时钟源的稳定性、瞬态响应性能以及电源监控可靠性等方面也提出了更高的要求。因此,需要利用复位电路来提高系统的可靠性,复位电路原理图如图 12-7 所示。

### 3. 温湿度传感器模块

本设计中温湿度传感器选用数字温度传感器 SHT10。SHTlx 是瑞士 Sensirion 公司推出的一款数字温湿度传感器芯片。该芯片广泛应用于空调、汽车、消费电子、自动控制等领域。其主要特点如下[40]。

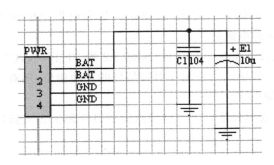
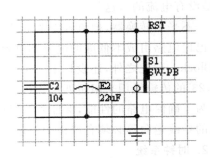

图 12-6　电池供电电源电路　　　　图 12-7　系统复位电路

(1) 全局校准,数字输出;
(2) 接口简单(2-wire),响应速度快;
(3) 超低功耗,自动休眠;
(4) 出色的长期稳定性;
(5) 测湿精度±4.5%RH,测温精度±0.5℃(25℃);
(6) 高度集成,将温度感测、湿度感测、信号变换、A/D 转换和加热器等功能集成到一个芯片上;
(7) 提供双线数字串行接口 SCK 和 DATA,接口简单,支持 CRC 传输校验,传输可靠性高;
(8) 同时集成温度传感器和湿度传感器,可以提供温度补偿的湿度测量值和高质量的露点计算功能;
(9) 封装尺寸超小,测量和通信结束后,自动转入低功耗模式。

SHT10 温湿度传感器采用 SMD(LCC)表面贴片封装形式,接口非常简单,其实物图及引脚图如图 12-8 所示。

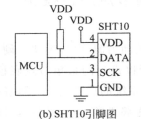

(a) SHT10实物图　　　(b) SHT10引脚图

图 12-8　SHT10 实物图及引脚图

SHT10 各引脚的功能和 SHT10 与 CC2430 的连接关系如下:①脚 1 和 4——信号地和电源,其工作电压范围是 2.4~5.5V;②脚 2 和脚 3——双线串行数字接口,其中 DATA 为数据线,在系统中接 CC2430 的 P1_2 引脚,并通过 4.7K 电阻连接 3.3V 电源;SCK 为时钟线,接 CC2430 的 P1_3 引脚。SHT10 与 CC2430 的接口示意图如图 12-9 所示。

**4. 光照度传感器模块**

本设计考虑成本问题,故选用光敏电阻作为测量室内光照度的传感器件。光敏电阻是利用半导体的光电效应制成的一种电阻值随入射光的强弱而改变的电阻器,入射光强,电阻减小,入射光弱,则电阻增大。暗电阻和亮电阻是光敏电阻的两个重要参数,光敏电阻在室温和

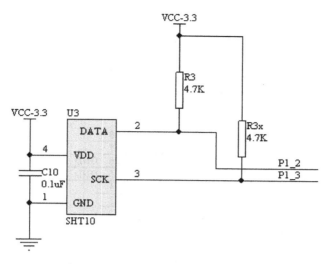

图 12-9　SHT10 与 CC2430 接口示意图

全暗条件下测得的稳定电阻值称为暗电阻。光敏电阻在室温和一定光照条件下测得的稳定电阻值称为亮电阻。

CC2430 本身具备 14 位 ADC，这既有利于减少电路模块，提高电路的可靠性，又有利于单个处理器同时处理多个传感器信息。本系统设计中，正是通过 CC2430 自带的 ADC 实现对光照信号的 AD 转换的，使用 P0_5 引脚。经测试，选用的光敏电阻的暗电阻在 2MΩ 左右，亮电阻在 5KΩ 左右。其接口如图 12-10 所示。

因为 CC2430 的 ADC 测量范围为 0～3.3V，为了使 ADC 输入电压在此范围之内，综合考虑到光敏电阻的暗电阻和亮电阻，所以将光敏电阻和一个阻值为 4.7KΩ 的电阻串联，光敏电阻端接 3.3V 电源，4.7K 电阻端接地，然后取 4.7K 电阻两端的电压作为 ADC 的输入。因为

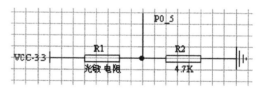

图 12-10　光照传感器与 CC2430 接口

4.7K 电阻两端的电压与光敏电阻的阻值有关，而光敏电阻的阻值与室内光照度有关，这样就建立起了室内光照度的检测方法。假设光敏电阻的瞬时阻值为 $r$kΩ，P0_5 的瞬时输入电压为 $v$mV，则从图 12-10 容易看出 $v=4.7/(4.7+r)$mV。

### 12.3.3　Coordinator 节点底板模块

Coordinator 节点底板模块基本和采集节点底板模块相似，不同的是为了使该节点能够与上位监控机通信，比采集节点多了 USB 供电及转串口部分。

本设计中选用 FTDI 公司推出的 USB 接口转换芯片 FT232R。FT232R 实现 USB 到串行 UART 接口的转换，也可转换到同步、异步 BIT－BANG 接口模式，提供各操作系统下的驱动。本芯片的功能和性能如下[41]。

（1）芯片整合了 EEPROM，可用于 I/O 的配置；
（2）芯片整合了电平转换器，使得其 I/O 端口电平支持 2.8～5V 的宽范围；
（3）I/O 管脚驱动能力强，可驱动多个设备或者较长的数据线；

(4) 芯片内部整合了上电复位电路,节约了成本;
(5) 芯片能自行产生时钟,无需外挂晶振,节约了成本;
(6) 内部集成了电源去耦 RC 电路;
(7) 此芯片为 28PIN SSOP 封装。

FT232R 与 CC2430 的接口电路如图 12-11 所示。

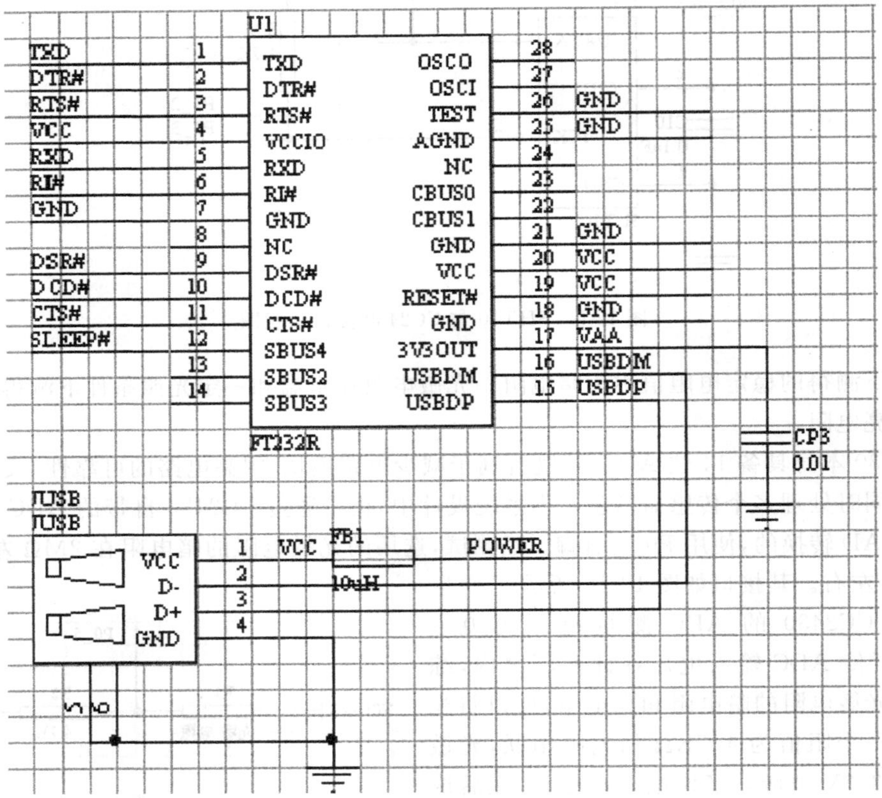

图 12-11  FT232R 与 CC2430 的接口电路

## 12.4 系统试验平台搭建

试验系统搭建时,根据实际情况,进行 5 个节点多下位机监测的调试,其结构如图 12-12 所示。在 5 个节点多下位机监测系统中,不同的监测下位机可以通过设置不同的 IEEE 地址加以区别,并通过集线器构架网络,实现采集节点和远端 Coordinator 节点以及监测上位机的通信。系统可以通过远端监测上位机 VB 软件进行可视化分析,设置不同监测下位机的不同参数,实时显示来自各个监测点的室内环境参数变化情况。

系统中下位机预留有 SoC 调试接口,将仿真器的 10 针接口通过转换器与 PC 的 USB 连接,从而给实验板供电并提供程序下载功能。其三者的连接关系如图 12-13 所示。

图 12-14 为正在调试中的家居环境监测系统实物构架连接图。

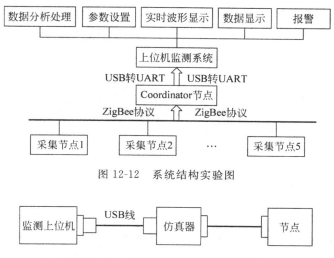

图 12-12　系统结构实验图

图 12-13　系统调试程序下载示意图

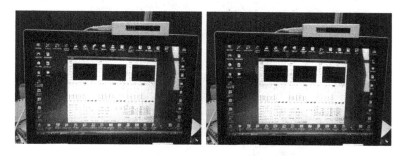

图 12-14　家居环境监测系统实物构架连接图

## 12.4.1　集成开发环境及调试器

IAR Embedded Workbench 是一套开发工具,用于对汇编、C 或 C++ 编写的嵌入式应用程序进行编译和调试。它同时也是一套高度精密且使用方便的嵌入式应用编程开发工具[42]。该集成开发环境包含有 IAR 的 C/C++ 编译器、汇编器、链接器、文件管理器、文本编辑器、工程管理器和 C-SPY 调试器。

用 USB 下载线将上下位机连接好后,可通过 IAR 将编译好的程序下载到 CC2430 芯片中,这样系统便可以脱机运行了。

## 12.4.2　系统联调与实现

对调试好的硬件系统进行组装之后,利用 USB 下载器把编译好的程序下载至系统下位机,便可以进行系统的调试工作,整个系统的联合调试实验主要由三个步骤构成。

(1) 节点组网:由一个 Coordinator 节点,5 个数据采集节点组成 mesh 网络;
(2) 家居环境参数采集;
(3) 上位机监测软件联调。

**1. 节点组网**

组网实验需要使用 1 个 Coordinator 节点和 5 个数据采集节点。图 12-15 为节点组合图。

图 12-15 节点组合图

图 12-16(a)为 Coordinator 节点；图 12-16(b)为数据采集节点正面；图 12-16(c)为数据采集节点背面，即传感器外露面。

(a) Coordinator 节点　　　　　　(b) 数据采集节点正面

(c) 数据采集节点背面

图 12-16 实验节点

组网整体的测试环境是在实验室，如图 12-17 所示。

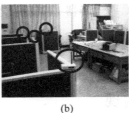

(a)　　　　　　(b)　　　　　　(c)

图 12-17 实际测试环境

在测试过程中，首先将 Coordinator 节点与上位机相连，打开由 VB 编写的监测界面，如果 Coordinator 节点工作正常，在监测界面的信息版中将显示"网络建立，等待节点加入"，如图 12-18 所示。

反之，如果 Coordinator 节点工作不正常，网络则无法建立，监测界面的信息板中会提示"没有发现网络，请检查设备"，如图 12-19 所示。

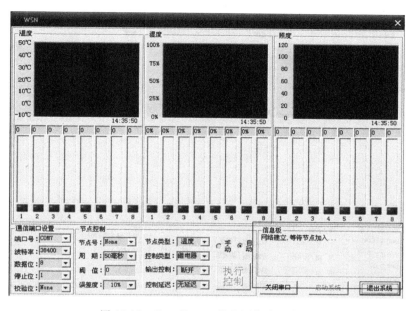

图 12-18　Coordinator 节点网络建立成功

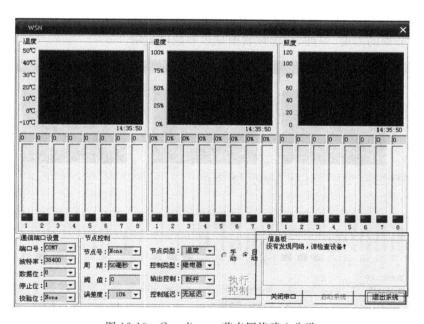

图 12-19　Coordinator 节点网络建立失败

当 Coordinator 节点组网成功后,网络开始查询是否有节点请求加入网络,如果有请求,则允许加入。图 12-20 为本测试中 5 个节点全部发出请求加入网络,并被网络接纳,成为子节点。

**2．数据采集与传输**

当有节点加入网络后,数据采集节点便开始采集传感器值,然后传给 Coordinator 节点,由 Coordinator 节点再上传给上位机显示。图 12-21 为 5 个数据采集节点开始向 Coordinator 节

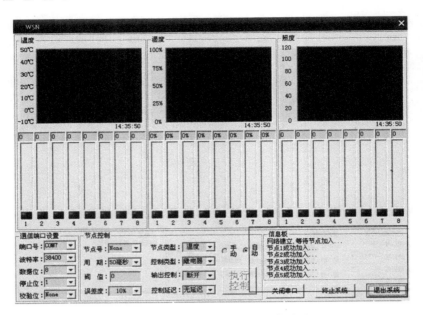

图 12-20 数据采集节点加入网络成功

点传递数据。从图 12-21 中可以看出,分别有温度、湿度、照度曲线图部分(默认情况下显示 1 号节点),不同节点的温度、湿度、照度柱状图显示和数值显示。

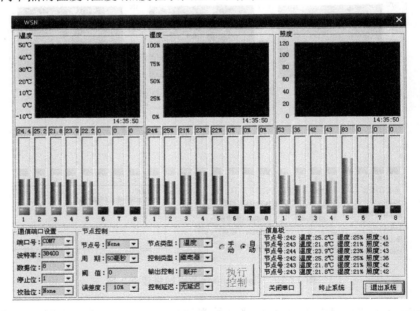

图 12-21 数据采集节点传送数据

当单击节点号上方的绿灯时,上方数据显示部分会变为红色,表示选中了该号节点,相应地会在曲线图中显示当前选中节点的数据曲线。如图 12-22 所示,是选中 2 号节点后的情况。

为了测试温湿度传感器数据的值,特别将 5 号节点放在实验室的空调处,并且在上位机选

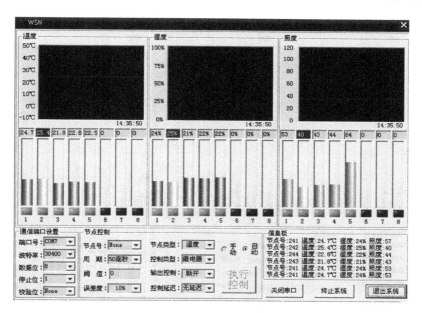

图 12-22 节点 2 被选中

中 5 号节点,如图 12-23 所示,温度明显比其他节点要高。而且因为冬天空调的运行具有除湿的作用,因此湿度值也明显下降。

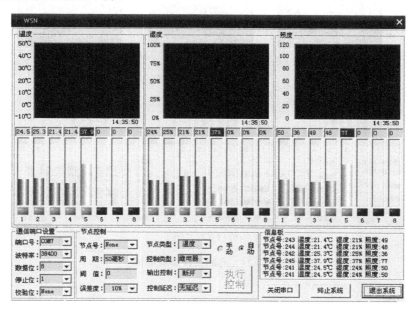

图 12-23 温湿度传感器测试

为了测试光照度传感器,分别测试了实验室日光灯开启和关闭时的两组数据。图 12-24(a)为日光灯开启时的测试结果;图 12-24(b)为日光灯关闭时的测试结果。从图 12-24 中可以看出当日光灯关闭时,照度值明显增大,因为对于光敏电阻来说,光线越强,数值越小;反之,光线越弱,数值越大。测试结果正确。

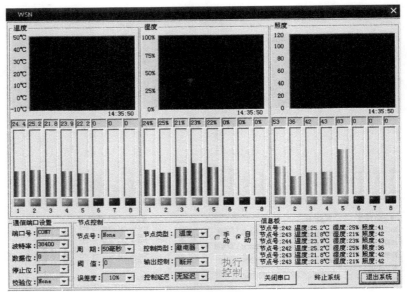

(a) 日光灯开启

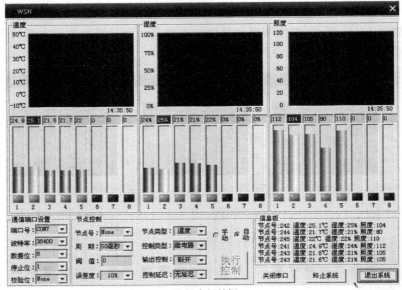

(b) 日光灯关闭

图 12-24　光照度传感器测试

## 12.5　小结

本章从系统硬件的总体结构着手,首先介绍了基于 CC2430 的射频传输模块的设计;然后研制了数据采集节点底板模块,其主要包括电源电路模块、复位电路模块、温湿度传感器模块、光照度传感器模块;随后研制了 Coordinator 节点底板模块,其在总体结构上与数据采集节点相同,不同的是多出了 USB 供电及转串口部分,从而完成了系统下位机的硬件研制。在系统测试中,首先进行了 ZigBee 节点的组网实验,并在此基础上,结合上位机监测软件进行了上下位机联调,从而完成了家居环境监测的调试,并得出了相应的实验结果。实验结果表明,所研制系统的各功能模块运行正常,实现了室内环境参数的采集、传输、监测等功能,达到了本课题的研究目标。可以看出,所研制的家居环境监测系统具有无线传输、易扩展、人机交互友好、可靠性高等优点,使其具有较好的应用前景。

## 参考文献

[1] 用于 2.4GHz ZigBee/IEEE 802.15.4 定位引擎的片上系统.pdf.
[2] CC2430 基础实验说明书.pdf.
[3] 基于 ZigBee 技术的射频芯片 CC2430.pdf.
[4] CC2430 开发环境 IAR 使用说明.pdf.
[5] CC2430/CC2431 中文使用说明手册.pdf,成都无线龙通讯科技有限公司,2008.
[6] C51RF-3-CC2430-PK 无线单片机开发系统用户手册.pdf.
[7] TI-ZigBee 芯片 CC2430 简介.pdf.

# 第 4 篇　ZigBee实践开发技术——JENNIC

- 第13章　硬件平台
- 第14章　软件平台
- 第15章　开发实践——基于ZigBee协议栈进行开发

# 第13章 硬件平台

## 13.1 概述

Jennic 是一家领导无线通信进入新纪元的 IC 设计公司,提供了无线个域网单芯片解决方案。Jennic 主要涉及世界级 RF、数字化芯片及结合系统和软件设计等领域,并将研究集中在 IEEE 802.15.4 和 ZigBee 标准上,以专业的技术为无线通信技术市场提供了一项低成本、高集成度的无线射频 SoC 解决方案。公司产品包括最新型的低功率射频 SoC 芯片、模块、开发平台、通信协议及应用软件,为客户提供了一站式 ZigBee 解决方案。

JN51xx 芯片是英国 Jennic 公司推出的一系列高性能、低功耗的无线 SoC 芯片,该系列芯片完全互相兼容,封装与管脚也完全一样,用户能够很容易地在该系列的产品中进行平台移植。Jennic 公司 JN5121 微控制器是市场上最早大量销售的全集成、单芯片 ZigBee 解决方案。JN513X 是继 JN5121 后又一颗高性能的全集成单芯片 ZigBee 解决方案,除了降低了新的价格门槛外,此系列产品不论在微控制器性能的表现还是成本及功率消耗等方面都优于现有的 JN5121 系列。除了推出芯片外,一系列基于 JN513X 的模块、开发工具、软件及通信协议软件也同时供应上市。

单芯片方案不但可以完成标准的 ZigBee 终端产品,还可以在很大程度上降低产品成本、缩短新产品的上市时间。Jennic 公司提供了基于 IEEE 802.15.4 规范的超低功耗、低速率(250Kbps)、短距离无线个域网单芯片解决方案,具有较好的数据安全性以及非常灵活的组网能力,能够满足大规模网络应用需求。

## 13.2 硬件平台介绍

本节主要介绍 GAINSJ 开发板和 JN5139 硬件平台的资源,为了加深理解,这里将以 JN5139W 为例,深入介绍 JN5121 及 JN5139 的片上资源及开发平台。

### 13.2.1 GAINSJ 开发板

GAINSJ 开发套件由 GAINSJ 节点、软件开发包、实验教程及软件后台 iSnamp-J 和 ZigBee 网络分析软件等组成(其中软件后台 iSnamp-J 和 ZigBee 网络分析软件将在后面进行详细地介绍),其中节点的数量和节点所用模块类型可以由用户根据自己的实验规模来定制,如图 13-1 所示。

开发套件具有以下特征。

(1) 板载温湿度传感器,用于检测节点所处环境状况。

(2) 提供 RS-232 接口,用于 Flash 编程、在线测试。

(3) 提供网络可视化后台软件 iSnamp-J。

(4) 提供开发板及其外围器件的参考设计。

(5) 提供完整的 SDK 和网络协议栈,协议栈使用 C 语言开发,易于开发与移植。

(6) 提供不受限制的软件开发环境、编译、Flash 编程器等工具链。

(7) 提供无线网络库、控制器和外围设备库。

(8) 开发套件中的主要部件是节点开发板。

图 13-1　开发套件

GAINSJ 节点采用 Jennic 公司的 JN51xx-Z01-Mxx 模块制成,针对 JN5121 和 JN5139 不同的模块,分别推出了 GAINSJ_5121 和 GAINSJ_5139 系列开发套件,使用该产品,可以用较短的时间和较少的费用实现 IEEE 802.15.4 和 ZigBee 协议。采用 GAINSJ 节点可以免去复杂的射频设计环节,以及高成本的开发和设计过程。同时 GAINSJ 的配置充分考虑到了用户需求,适合于教学和科研。

GAINSJ 传感器包含部件主要有。

(1) JN51xx-Z01-Mxx 模块(JN5421A 和 JN5139)。

(2) 高精度温湿度传感器 SHT10,用于精确测量温度和湿度。

(3) 开光控制 2 个,用于外设终端出发。

(4) LED 指示灯 3 个,用于程序调试和节点状态指示。

(5) RS-232 串口 1 个,用于编程或者连接其他的串口设备。

(6) 电源(两节 AA 电池)。

(7) 跳线开关 2 个(Flash 写保护和编程)。

(8) 外扩 40 针 I/O 端口,方便扩展功能。

(9) 2.4GHz 天线。

GAINSJ_5121 和 GAINSJ_5139 节点的原理图分别如图 13-2 和图 13-3 所示。

其中,温湿度传感器为芯片 SHT10。SHT10 是一款高度集成的温湿度传感器芯片,采用 LCC 封装,提供全量程标定的数字输出。传感器包括一个电容性聚合体湿度敏感元件和一个能隙材料制成的温度敏感元件,这两个敏感元件与一个 14 位的 A/D 转换器,以及一个串行接口电路设计在同一颗芯片上面。该传感器品质卓越、响应快、抗干扰能力强、性价比高。每个传感器芯片都在极为精确的恒温室中进行标定。以镜面冷凝式露点仪为参照。通过标定得到的校准系数以及程序形式变得快速而简单。体积微小、功耗极低等优点使其成为各类应用中的首选。SHT10 在 25℃下,测湿精度为 ±4.5,测温精度为 ±0.5℃。

## 13.2.2　JN5121 SoC 芯片

Jennic 的 JN5121 是业界第一款兼容于 IEEE 802.15.4 的低功耗、低成本 SoC 芯片,如图 13-4 所示,芯片的各个管脚的功能请参见 JN5121 的 DataSheet JN-DS-JN5121。

JN5121 主要特性如下。

(1) 全集成、单芯片。

(2) 2.4GHz,兼容 IEEE 802.15.4 规范。

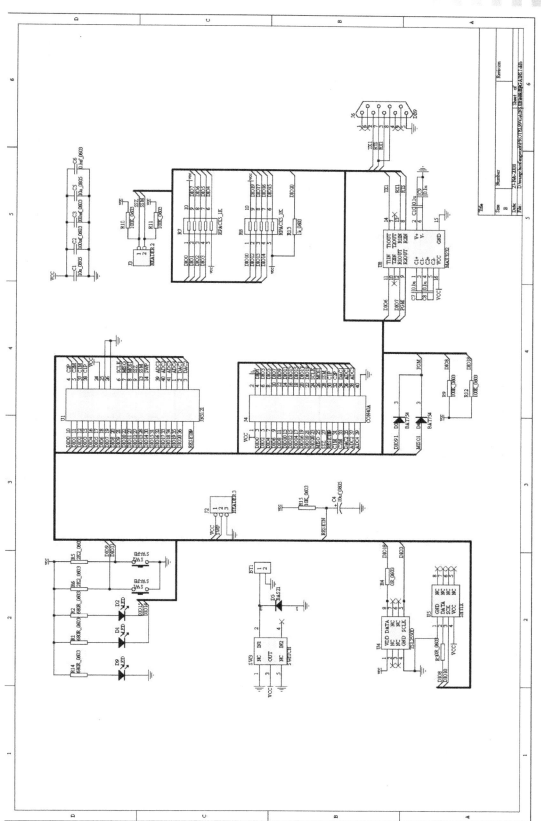

图 13-2 GAINSJ_5121 节点的原理图

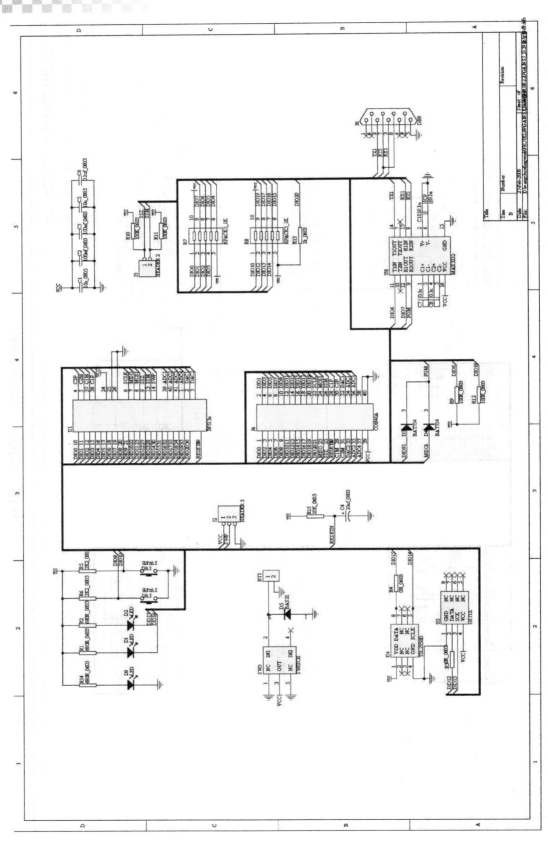

图 13-3 GAINSJ_5139 节点的原理图

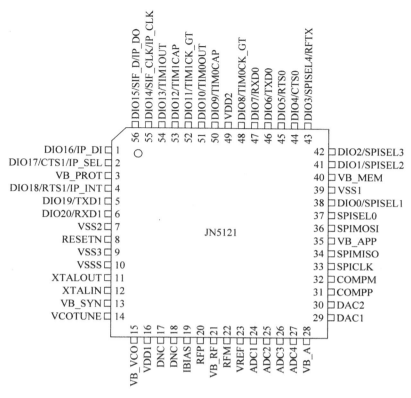

图 13-4　JN5121 封装图

(3) 内建 128 位 AES 安全协处理器。

(4) 内建高效的电源管理器。

(5) 内建 32 位 RISC 处理器。

(6) 内建 96KB 的 RAM 静态存储器。

(7) 内建 64KB 的 ROM 程序存储器。

(8) 内建 4 路 12 位 ADC、2 路 11 位 DAC、2 个比较器、1 个温度传感器接口。

(9) 内建 3 个系统 Timer 和 2 个用户 Timer。

(10) 内建 2 个 UART 端口。

(11) 内建 1 个 SPI 接口，带有 5 个片选线。

(12) 内建 1 个双线串行接口，兼容 SM-BUS 和 I²C 规范。

(13) 内建 21 个通用 I/O 口。

(14) 8mm×8mm 56-pin 的 QFN 封装。

## 13.2.3　JN5139 SoC 芯片

JN5139 SoC 芯片属于 JN513x 系列，JN5139 的芯片包装与引脚分布与第一代 JN5121 一样，客户无须修改硬件线路就可由现有的设计升级到第二代，适用于 IEEE 802.15.4 和 ZigBee 的软件应用。芯片集成了一个 32 位的 RISC 处理器、可充分兼容 2.4GH IEEE 802.15.4 收发器、192KB 的 ROM，RAM 的型号可在 8～96KB 的范围内选择，提供丰富的模拟量和数字外围设备接口。除了做无线通信外，还可以做性能非常强大的 MCU 使用，所有的硬件外设都有完善的 API 函数，可以快速优质地开发应用程序。单芯片的解决方案将大大降低开发的难度和成本，同时提高系统稳定性。其封装图如图 13-5 所示，芯片各个管脚的功能请参见 JN5139 的 DataSheet JN-DS-JN513x。

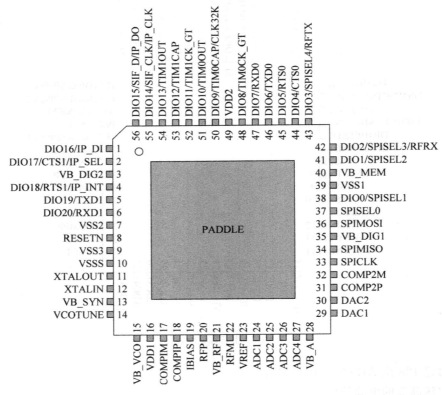

图 13-5　JN5139 封装图

与 JN5121 比较，JN5139 提高了 3dBm 的输出功率和 7dBm 的接收灵敏度，同时，减少了 20% 的功耗。另外还提供了更大的内存空间和支持无线升级 Fireware。由于与 JN5121 pin-to-pin 兼容，方便使用 JN5121 的用户不需要做任何的软硬件修改，就能升级到 JN5139，来实现更高效可靠的 ZigBee 产品。

JN5139 主要特性如下。

(1) 全集成、单芯片。

(2) 2.4GHz，兼容 IEEE 802.15.4 规范。

(3) 内建 128 位的 AES 安全协处理器。

(4) 内建高效的电源管理器。

(5) 内建 32 位的 RISC 处理器。

(6) 内建 96KB 容量的 RAM 静态存储器。

(7) 内建 192KB 的 ROM 程序存储器。

(8) 内建 4 路 12 位 ADC、2 路 11 位 DAC、2 个比较器。

(9) 内建 3 个系统 Timer 和 2 个用户 Timer。

(10) 内建 2 个 UART 端口。

（11）内建 1 个 SPI 接口，带有 5 个片选线。
（12）内建 1 个 2 线串行接口，兼容 SM-BUS 和 I²C 规范。
（13）内建 21 个通用 I/O 端口。
（14）8mm×8mm 56-pin 的 QFN 封装。
（15）符合 ROHS 规范。

JN5139 芯片的内部结构如图 13-6 所示，这些资源都为无线传感器网络提供了多种多样的解决方案，同时高度集成化的设计简化了总的系统成本。

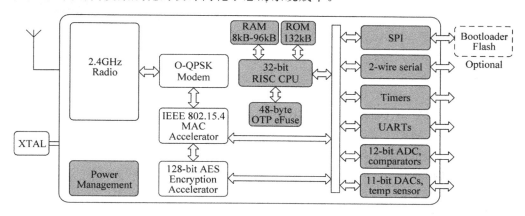

图 13-6　JN5139 微控制器内部结构

另外，JN5129 内置的 ROM 存储器集成了点对点通信与网状网络通信的完整协议栈；内置的 RAM 存储器支持网络路由和控制器功能，而不需要外部扩展任何的存储空间；内置的硬件 MAC 地址和高度安全的 AES 加密算法加速器降低了系统的功耗和处理的负载。JN5139 支持晶振休眠和系统节能功能，同时提供了对大量的模拟和数字外设的互操作支持，让用户可以方便地连接到自己的外部应用系统。

如果需要了解 JN5129 芯片的管脚和更多的参数细节，可以参考 JN5129 的 DataSheet JN-DS-JN512x，这些文档都可以从 Jennic 的网站找到。

### 13.2.4　JN5121 模块

JN5121 系列模块产品是一款基于表面贴片安装的模块，可以利用该模块快速开发 IEEE 802.15.4 兼容系统或 ZigBee 系统。该模块采用 Jennic 的 JN5121 无线 SoC 芯片，集成了所有的射频组件和无线微控制器。采用该模块进行开发可大大减少开发人员的工作量，缩短产品的开发周期。

目前已有三种不同型号的模块。
（1）JN5121-Z01-M00：标准模块(＋1dBm)，内置陶瓷天线，通信距离大于 50m。
（2）JN5121-Z01-M01：标准模块(＋1dBm)，带 SMA 天线接口，通信距离大于 100m。
（3）JN5121-Z01-M02：100mW 功耗，带 LNA 和 SMA 天线接口，通信距离大于 1km。
如图 13-7 所示，由上到下分别为 JN5121-Z01-M00，JN5121-Z01-M01，JN5121-Z01-M02 模块。这三款模块都可以通过对网络协议栈预编程设定通信距离。

ZigBee 网络模块 JN5121-Z01-M01(内部电路图如图 13-8 所示)使系统开发人员在设计传感器网络产品过程中可以不必设计 RF 电路和测试方案。该模块还提供经过验证的参考设计，并为那些向终端市场销售无线传感器模块的其他模块供应商提供封装制造服务。

模块参数如下。
- 2.4GHz，IEEE 802.15.4 兼容。
- 2.2～3.6V 工作电压。
- 休眠电流小于 $14\mu A$。
- 接收器灵敏度－90dBm。
- TX 电流小于 45mA。
- RX 电流小于 50mA。
- 18mm×30mm 尺寸。

图 13-7  JN5121 不同型号模块封装

处理器参数如下。

（1）16MHz，32 位 RISC CPU。

（2）128KB FLASH，64KB ROM，96KB RAM。

（3）4 路 12 位 ADC、2 路 11 位 DAC。

（4）2 个定时器/计数器。

（5）3 个系统时钟。

（6）2 个 UART 口。

（7）2 线串行接口。

（8）21 路 GPIO。

如果需要了解关于模块产品的更多细节，可以参考模块产品的 DataSheet JN-DS-JN5121MO。

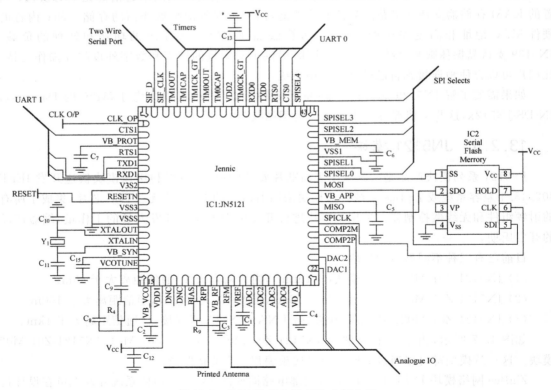

图 13-8  JN5121-Z01-M 模块内部电路

## 13.2.5 JN5139 模块

JN5139 系列的模块有陶瓷天线、SMA 和 UFL 连接器可供选择。标准功率和高功率组分别提供 100dB 和 119dB 的 Link budget。标准功率组分别位于距离 1km 及 4km 的空旷环境下传输操作。Jennic 模组符合且通过了 FCC、ETSI 和 TELEC 规范认证,由此可帮助客户减少不少未来终端产品的设计、开发与认证的工作量。JN5139 系列模块包括如下几种。

(1) JN5139-xxx-M00 低功率模块,集成陶瓷天线。
(2) JN5139-xxx-M01 低功率模块,集成 SMA 天线座。
(3) JN5139-xxx-M02 高功率模块,集成 SMA 天线座。
(4) JN5139-xxx-M03 低功率模块,集成 UFL 天线插槽。
(5) JN5139-xxx-M04 高功率模块,集成 UFL 天线插槽。

**1. 低功率模块**

不同低功率模块如图 13-9 所示。

JN5139-000-M00模块　　JN5139-000-M01模块　　JN5139-000-M02模块
　　(a)　　　　　　　　　(b)　　　　　　　　　(c)

图 13-9　不同定功率模块封装

低功率模块除了上述的天线不同外,具有如下特性。
模块特性如下。
(1) 兼容 2.4GHz IEEE 802.15.4 和 ZigBee 协议(按-001 或-Z01 标准区分)。
(2) 2.7~3.6V 操作电压。
(3) 睡眠电流(包括睡眠定时器处于活动状态)2.8μA。
(4) 接收灵敏度−96.5dBm。
(5) TX 功率为+2.5dBm。
(6) TX 电流小于 37mA。
(7) RX 电流小于 37mA。
(8) 开阔环境下,最远可达 1km 的通信距离。
(9) 18mm×30mm 尺寸。
MCU 特性如下。
(1) 16MHz 32 位 RISC CPU。
(2) 96KB RAM,192KB ROM。
(3) 4 个输入端口、12 位 ADC、2 个 11 位 DAC、2 个比较器。
(4) 2 个应用定时器/计数器。
(5) 3 个系统定时器。
(6) 2 个串口(一个用于系统在线调试)。
(7) 一个 SPI 接口,带有 5 个片选线。

(8) 2 线串行接口。
(9) 21 个 GPIO。

**2. 高功率模块介绍**

高功率模块除了和上述的天线部分不一样外，还具有如下特性。

模块特性如下。

(1) 兼容 2.4GHz IEEE 802.15.4 和 ZigBee 协议(按-001 或-Z01 标准区分)。
(2) 2.7~3.6V 操作电压。
(3) 睡眠电流(包括睡眠定时器处于活动状态)为 2.8μA。
(4) 接收灵敏度－100dBm。
(5) TX 功率为＋19dBm。
(6) TX 电流小于 120mA。
(7) RX 电流小于 45mA。
(8) 开阔环境下，最远可达 4km 的通信距离。
(9) 18mm×41mm 尺寸。

MCU 特性如下。

(1) 16MHz 32 位 RISC CPU。
(2) 96KB RAM，192KB ROM。
(3) 4 个输入端口、12 位 ADC、2 个 11 位 DAC、2 个比较器。
(4) 2 个应用定时器/计数器。
(5) 3 个系统定时器。
(6) 2 个串口(一个用于系统在线调试)。
(7) 1 个 SPI 接口，带有 5 个片选线。
(8) 2 线串行接口。

JN5139 模块内部电路图如图 13-10 所示，该模块为开发人员提供了访问 JN5139 芯片的全数字和模拟接口能力，包括 ADC、DAC、比较器、定时器、UART、串行口及 GPIO。其 I/O 访问确保模块可以(单独)使用，而不必增加额外的电路去实现许多低功耗无线系统所需要的功能。每一个模块都配备了 IEEE 802.15.4 MAC 层软件或 ZigBee 网络协议栈。

JN5139 模块提供高达－97dBm 的接受敏感，大大提高了工作范围，尤其是在多干扰源的恶劣环境中越显强固，对载波的偏移和 EVM 有更大的容忍度。发射功率也增强到＋3dBm。JN5139 模块是目前市面上唯一单芯片无线微控制器，拥有 100dB Link budget，同时支持工业温度标准及大工作电源电压范围。

当产品在等待外在事件激发，并进入深层休眠方式的时候，芯片功耗仅 400nA，几乎没有消耗任何电力。若内建芯片振荡器和通信协议定时器启动工作，休眠电流消耗也在 2μA 以下。这些休眠功耗方式与无线收发、通信协议软件、硬件紧密地结合在单芯片无线微控制器上，满足了无线传感器网络极高的电池寿命需求。

内存储器增加了 192KB ROM 和 96KB RAM，可以充分发挥 32 位 RISC 单芯片处理机的超强运算能力，完美地实现了复杂的应用与 ZigBee 或其他 mesh 通信协议软件的结合。芯片上的 ROM 已内含多种软件，包含 IEEE 802.15.4b 版本的 MAC 层软件，支持多种不同厂家的 EEPROM 装置。JN5139 同时提供 IEEE 802.15.4b 和 ZigBee 版本。

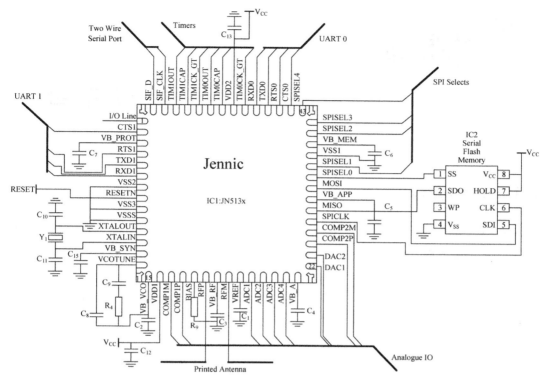

图 13-10 JN5139-Z01-M 模块内部电路

每颗出厂的芯片皆有唯一的网络地址识别码，如此可节省外接的 Flash 存储器。另有 256 位一次可编程的只读存储器供客户直接烧录 AES 安全密钥或其他专属的识别码。

# 第14章 软件平台

## 14.1 软件介绍

Jennic CodeBlocks 这个软件是 Jennic 所提供的代码编辑和编译环境,这个软件和基于 Cygwin 的 gcc 编译器进行连接完成代码的编译工作。CodeBlocks 是一款开源的 C/C++ 开发工具,Jennic 基于这个工具对其进行扩展形成了自己的开发平台。

Jennic Flash Programmer 这个程序是用来将编译好的二进制代码(.bin 文件)下载到控制器板或传感器板中的工具。

802.15.4 Stack 这个组件是 ZigBee 底层的协议栈,用户必须安装这个协议栈。

ZigBee Stack 这个协议栈是 Jennic 公司的 ZigBee 协议栈,如果用户是从 802.15.4 协议栈进行开发的话,用户可以不用装该组件。如果用户是从 ZigBee 协议栈进行开发,那么用户就必须同时安装两个协议栈。注意如下几项。

(1)在使用 CodeBlocks 时,对于某些工程,debug 模式会有问题。Debug 是调试模式,在最终使用程序时,请选择 release 模式进行编译;

(2)在使用高功率模块时,必须添加高功率库;

(3)光盘中的示例程序必须解压到程序安装磁盘(默认为 C 盘)下面的 Jennic\cygwin\jennic\SDK\Application 目录下;

(4)802.15.4 以及 ZigBee 协议栈的一些库文件、源文件、头文件在 SDK 目录下。

## 14.2 软件安装

(1)第一步,安装开发平台。双击 JN-SW-4031-SDK-Toolchain.exe。选择 Complete 模式进行安装(建议在默认路径下)(如图 14-1 所示)。

图 14-1 所示的组件都需要安装,安装完组件后,单击 Next,进行下一步安装(如图 14-2 所示)。

特别提醒:按照默认的路径进行安装,这样安装后,平台就不用进行另外的设置。然后单击 Next 完成安装。

(2)第二步,安装协议栈库文件,双击 JN-SW-4030-SDK-Libraries.exe,其安装路径如图 14-3 所示。

(3)第三步,安装产品测试库,双击 JN-SW-4022-Production-Test-API.exe,其安装路径

如图 14-4 所示。

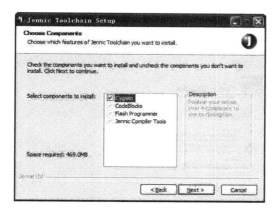

图 14-1　选择 Complete 模式的安装界面

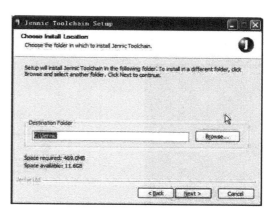

图 14-2　组件安装完后单击 Next 按钮出现的界面

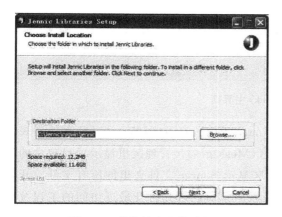

图 14-3　协议栈库文件路径

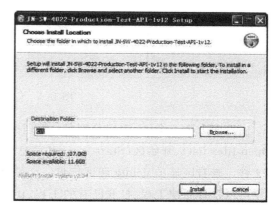

图 14-4　产品测试库路径

用户最好都按照上面默认的路径以及组件进行安装，尽量不要修改。安装完成后，桌面上会出现相应的图标。其中，Jennic CodeBlocks 为开发平台的快捷键图标，Jennic Flash Programmer 为程序下载工具（即烧写软件）快捷键图标。安装过程中 Typical 模式默认只安装 802.15.4 协议栈，默认路径是 C 盘的根目录；Custom 模式是用户可以选择安装的模式，用户可以选择安装组件与路径；建议用户选择 Complete 模式，这样会默认安装所有的开发平台组件（包含 802.15.4 协议栈和 ZigBee 协议栈），默认路径是 C 盘的根目录。对于 JN5139 模块，Flash Programmer 的版本不能低于 1.5.5，否则不能下载程序。

## 14.3　软件使用说明

### 14.3.1　打开工程文件

以控制器板程序为例，首先，把光盘里的 Semit_Controller 文件夹复制到安装目录（如 C:\）下的 Jennic\cygwin\jennic\SDK\Application 目录下。双击桌面上的 Jennic CodeBlocks 图标

或单击"开始"→"所有程序"→Jennic→Jennic CodeBlocks,将弹出 CodeBlocks 主界面,如图 14-5 所示。

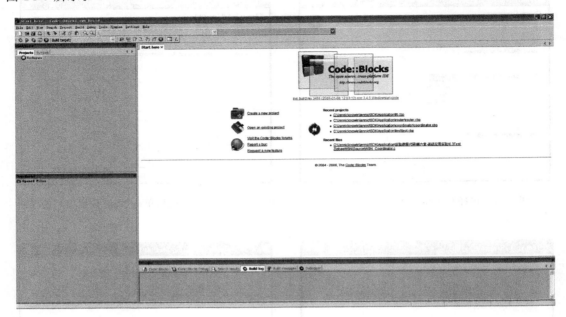

图 14-5　CodeBlocks 主界面

主界面分为 5 个区,它们分别是:管理区(Management)、查看区(Watches)、文件列表区(Open files list)、开始区(Start here)和信息反馈区(Messages)。管理区里显示项目包含的所有文件。查看区显示 debug 调试信息。文件列表区显示 Source 文件夹里的所有文件。开始区里可以选择新建工程、打开已有的工程、访问 CodeBlocks 论坛和打开最近访问的工程及文件。信息反馈区里会显示编译信息。

单击菜单栏上的 File→Open 或主界面上的 Open an existing project,选择 JN5139_WSN_Coordinator.cbp 工程文件,如图 14-6 所示。

### 14.3.2　编译程序

单击 Build→Select target 或选择 Build target 为 Release。然后在工程名上右击,选择 Build Options 命令确认工程的编译器为 JN51XX Compiler。

选择 JN5139_WSN_Coordinator.cbp 右击选择 Rebuild 重新编译程序,编译成功后在安装目录下的 Jennic\cygwin\jennic\SDK\Application\Semit_Controller\JN5139_Build\Release 里生成 JN5139_WSN_Coordinator.bin 二进制文件,即烧写文件,如图 14-7 所示。

### 14.3.3　烧写程序

首先将开发包中的串口连接线取出,连接到 PC 的串口,然后将另一端连接到控制器板的串口 1(传感器板的串口 2),将控制器板的烧写下载开关拨到"开"状态,安装电源和天线。

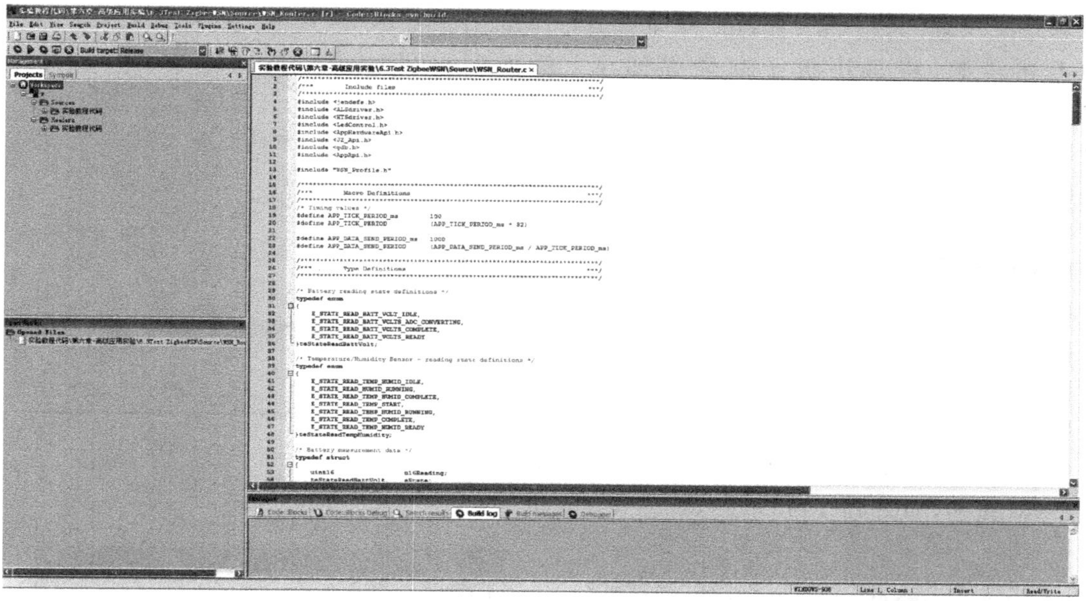

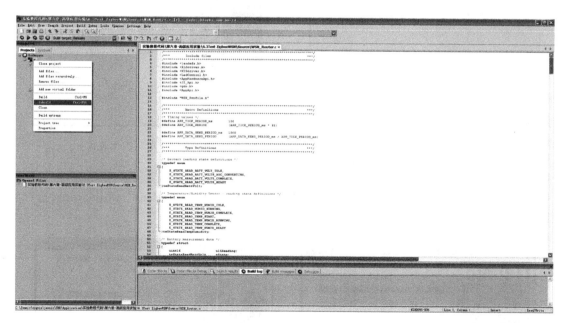

图 14-6　打开工程文件

图 14-7　程序编译

启动 Jennic Flash Programmer,然后给板子上电,单击 Refresh 按钮。如果能够看到正常的 MAC 地址被读取上来,可以确认所有的连接和供电都是正常的,否则请重新连接,如图 14-8 所示。

单击 Browse 按钮,选择刚才编译好的 JN5139_WSN_Coordinator.bin 文件。单击

Program 按钮把程序写入板子。断电,然后把烧写下载开关拨到"关"状态,重新上电即可运行。重复上述步骤,将每块板子都烧好即可。单击 Refresh 按钮可以看到实验板的 32 位 MAC 地址。传感器板的烧写步骤与控制器板类似,这里不再赘述。

### 14.3.4 新建工程

单击 File→new→Project 或在开始区里选择 Create a new project 创建一个新的工程,进入模板选择画面,如图 14-9 所示。

选择 Jennic 单击 Go,填写工程名称,如 test,单击 Next 按钮,如图 14-10 所示。

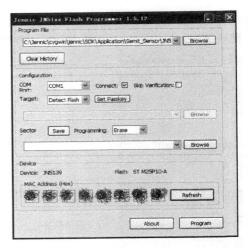

图 14-8　烧写程序

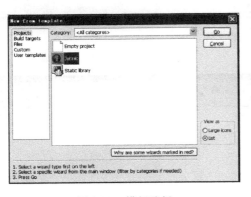

图 14-9　模板选择

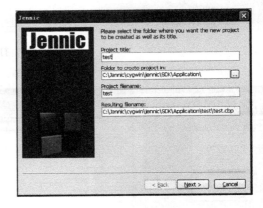

图 14-10　填写工程名称

选择 JN51xx Compiler 单击 Next,如图 14-11 所示。

在选择框内,选择一项应用程序,如 ZigBee 控制器板程序(ZigBee Coordinator),选择完毕单击 Next,如图 14-12 所示。

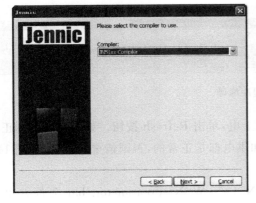

图 14-11　选择编辑器

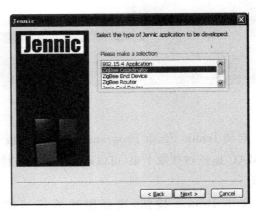

图 14-12　选择应用程序

选择目标板类型，由于所提供的实验板的 ZigBee 模块是 JN5139 系列的，所以用户应选择 DK2，选择完毕后单击 Next 按钮，如图 14-13 所示。

选择 JN513x，单击 Next 按钮，如图 14-14 所示。

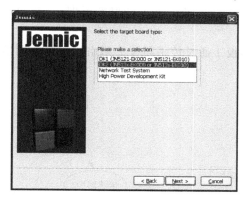
图 14-13 目标板选择

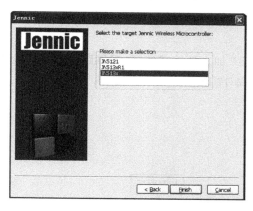
图 14-14 选择目标控制器

单击 Finish 按钮，完成工程的创建。在安装目录下的 Jennic\cygwin\jennic\SDK\Application 路径下会创建 test 文件夹。

## 14.4 实验平台功能演示

### 14.4.1 基本功能介绍

本实验平台包括 1 个控制器板和 5 个传感器板，所提供的实验板已事先烧写好程序，可以直接进行实验。也可以通过 Jennic Flash Programmer 软件手动烧写程序。下面简单介绍一下控制器板和传感器板的功能。

控制器板：控制器板的主要功能是读取传感器板发送来的各种数据。当控制器板启动成功后，LED1 指示灯会周期性地闪烁，表示程序正在运行。当有节点加入成功后，LED2 会闪烁。按键 3 为显示屏显示开关，按一下该按键，若 LED3 点亮，则显示屏显示数据；反之显示屏不显示数据。

传感器板：传感器板的主要功能是周期性地读取光强、温湿度数据并发送给控制器板。当传感器板启动成功后，LED1 会周期性地闪烁，表示程序正在运行。当有新的节点加入成功后，LED3 会闪烁。当收到控制器板发送的数据后，LED2 会点亮。当按下按键 1 时，马达旋转；当按下按键 2 时，LED 灯会亮；当按下按键 3 时，马达停止转动，LED 灯熄灭。

在实验操作时，首先启动控制器板，再启动传感器板。

### 14.4.2 开发案例介绍

**1. Mesh 网络**

Mesh 网络是一种具有灵活路由信息规则的网络拓扑结构，路由节点之间可以直接进行通信，使得信息的通信变得更有效率，而且一旦一个路由路径出现了问题，信息可以自动地沿着其他的路由路径进行传输。以下是 Mesh 网络的演示步骤图解。

(1) 建立由控制器和传感器板 1 组成的网络。首先启动控制器板,再启动传感器板。建立成功后,在控制器板上会显示出传感器板 1 的数据,如图 14-15 所示。

(2) 将传感器板 1 断电或移到远处,控制器板上的传感器板 1 的数据会消失,如图 14-16 所示。

(3) 加入新传感器板,提供路由路径。传感器板 1 通过传感器板 2 路由连接到控制器板,如图 14-17 所示。

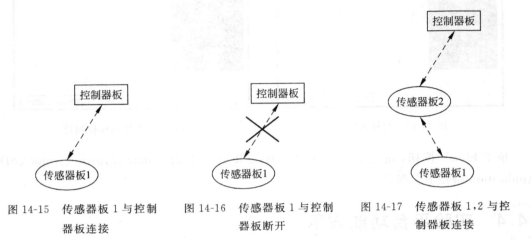

图 14-15　传感器板 1 与控制器板连接　　图 14-16　传感器板 1 与控制器板断开　　图 14-17　传感器板 1,2 与控制器板连接

(4) 再次加入新的传感器板 3,控制器板显示屏轮流显示 3 个传感器板的数据,如图 14-18 所示。

(5) 去掉传感器板 2,控制器板上的传感器板 2 的数据会消失,如图 14-19 所示。

(6) 几秒钟过后,路由路径重新建立,控制器板轮流显示传感器板 1,3 的数据,如图 14-20 所示。

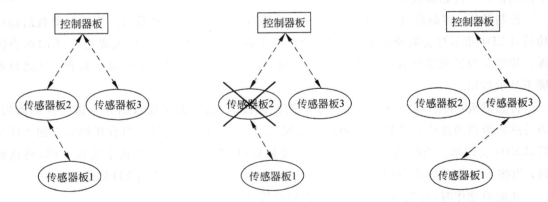

图 14-18　传感器板 1、2、3 与控制器板连接　　图 14-19　传感器 2 与控制器断开　　图 14-20　路由重新建立

### 2. 网络家庭自动化

所提供的传感器板上带有步进电机和 LED 指示灯(LED0),详见图 14-21 传感器板示意图。控制器板用于实时轮流显示各个传感器板读到的数据,传感器板则负责读取数据并作出

相应的处理。例如：当光线强度过低时，LED0 会点亮，反之熄灭；当温度过高时，步进电机开始运转，反之步进电机停止运转；当湿度过高时，步进电机开始运转，反之步进电机停止运转；当电压值过低时，LED3 会点亮，反之熄灭。以上是提供的基本功能演示，可以编程实现自己所需的更多功能，具体实现详见示例程序修改。

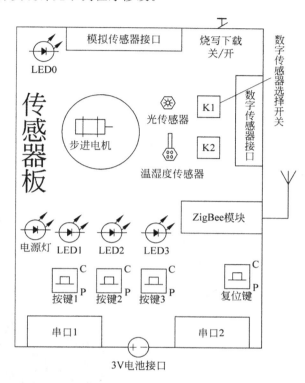

图 14-21　传感器板示意图

根据控制器板和传感器板所提供的功能，可以建立起一个网络家庭自动化的模型：控制器板作为中央控制器，放置在客厅里。5 个传感器板分别放置在厨房、浴室、卧室、阳台、书房等房间里。通过各个传感器板，可以收集各个房间的光强和温湿度数值，然后传送给客厅里的控制器板，并在显示屏上实时显示出各个传感器板读到的数据。各个传感器板上供电电池的电量也能显示在控制器板的显示屏上。

当某个房间的温度或湿度过高时，相应区域的传感器板的步进电机会运转，温度低时，则停止运转。也可以自己编程实现步进电机的控制。其他传感器板的功能与所述类似，这里不再赘述。

每个传感器板分布在不同的房间里，根据周围的不同环境控制着电器或给出不同的信息并对意外状况做出相应的处理，起到了监控和保护的作用。控制器板显示出各个传感器板发来的数据，根据这些数据就能了解各个房间的情况，这样就实现了网络家庭自动化。

如果将上述的功能进行扩展，将传感器节点装入各种家电内，如电视机、电饭煲、洗衣机、电热水器、空调、电动窗帘、电冰箱等，那么这些家电将能够通过 ZigBee 技术组成完整的家庭网络，实现智能家电的各项功能。

## 14.5 可视化工具软件 iSnamp-J

### 14.5.1 简介

iSnamp 是在 Snamp 基础上研发的新一代无线传感器网络可视化系统,该系统能够从传感器网络的汇聚(sink)节点获得传感器网络的数据包。

iSnamp-J 是特别针对 2.4GHz 开发套件——GAINSJ 的 ZigBee WSN 实验开发的新一代无线传感器网络可视化系统,该系统能够从 ZigBee 网络的 Coordinator 节点获得传感器网络的数据包,对其解析之后以多种可视化方式将数据显示出来,如单个节点的各个传感数据、整个监测区域的某种传感数据数值分布、整个监测区域的所有传感数据数值分布。

### 14.5.2 特性

#### 1. 丰富的可视化形式

如图 14-22 所示,iSnamp-J 除支持 Snamp 包含的曲线图之外,还增加了彩色、灰度场图和等值线图,根据传感器节点发回的数据使用克里金插值方法得到整个监测区域的传感器数值分布,使得整个区域的数据分布一目了然。

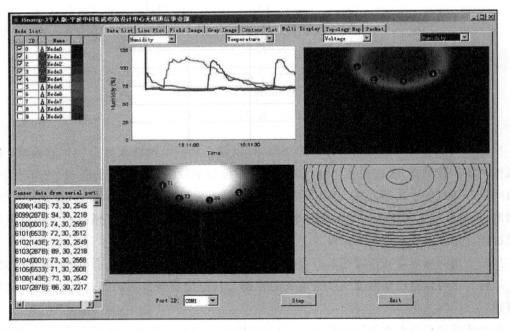

图 14-22  iSnamp-J 传感器数据可视化界面

#### 2. 良好的移植性

如图 14-23 所示,iSnamp-J 同时支持 C/S 模式和 B/S 模式,可同时作为独立的应用程序(application)或作为 Java 小程序(applet)嵌入浏览器执行,而无需修改代码或重新编译。支持 Windows,Linux,Solaris 等多种操作系统。

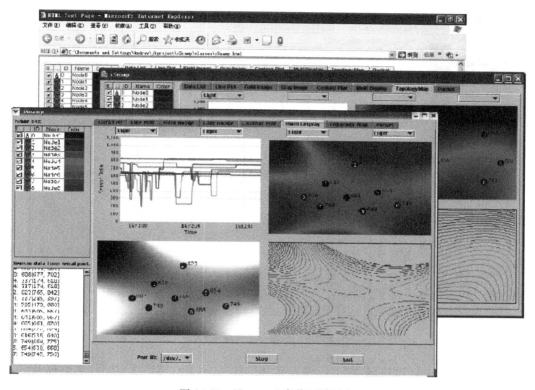

图 14-23　iSnamp-J 多种不同版本

### 3. 安装

运行 iSnamp-J_zigbeeWSN_setup.exe，打开如图 14-24 所示的安装界面，选择安装目录。

单击 Install 按钮，开始安装，等待安装完成，如图 14-25 所示。

单击"确定"按钮，安装完成，打开如图 14-26 所示的界面。

单击 Close 按钮完成安装。

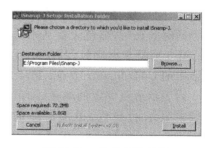

图 14-24　选择安装目录

### 4. 运行

运行 iSnamp-J 程序，打开如图 14-27 所示的程序界面。

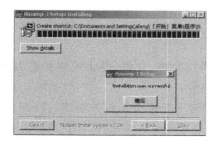

图 14-25　安装成功提示

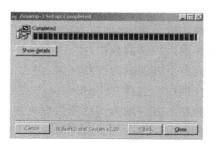

图 14-26　安装完成界面

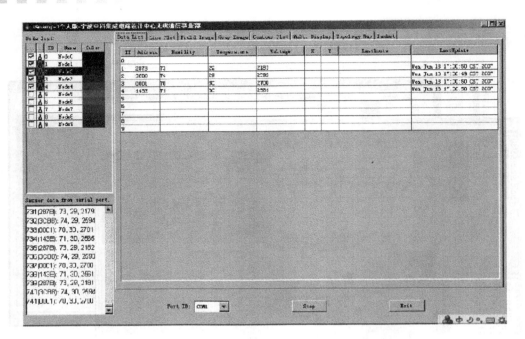

图 14-27　iSnamp-J 程序主界面

程序界面由 4 个区域组成,左上区域为节点列表,显示节点健康度、序号、名称以及绑定的颜色,第 1 列 Checkbox 用来标识节点是否激活,即是否在左侧的可视化区域中显示；第 2 列是节点健康度,以绿、黄、红、白分别显示节点的健康度,从绿色到红色表示上次收到该节点发送的数据包的时间长短,白色表示从未从该节点收到数据包；第 3 列是节点序号,其中 0 号节点表示 ZigBee 网络中的 Coordinator 节点；第 4 列为节点的名称；第 5 列表示节点绑定的颜色,即节点在右侧可视化区域中显示的颜色,单击对应的单元格,打开如图 14-28 所示的对话框,设置该点绑定的颜色。

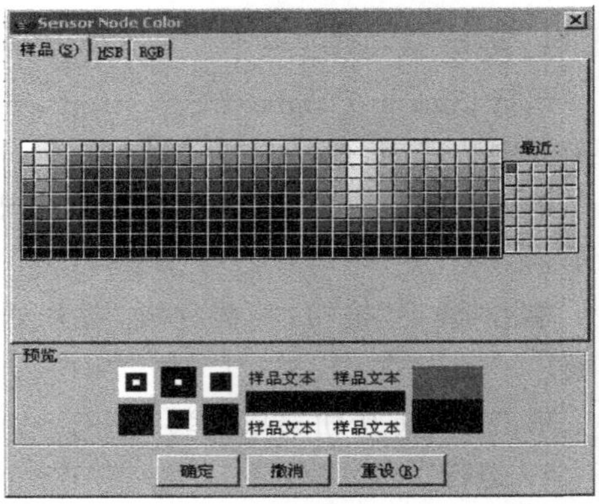

主界面的左下方区域为串口数据显示区域,显示程序从串口获得的数据,显示格式为

id: data[min, max]

图 14-28　节点绑定颜色对话框

其中:id 为发送该数据包的节点编号,由于每个数据包中包含多个数据,因此 data 为传感器数据的某种加权平均值(加权方法可以在程序中设定),而 min 和 max 分别为数据包中最小传感器数据和最大传感器数据。

主界面右下方区域为控制区域,包含了串口选择组合框、开始/停止按钮和退出按钮。串口选择组合框用于选择 Coordinator 节点连接的串口号。

主界面左上方区域为传感器数据可视化区域,通过一个多页面板来组织。Data List,Line Plot,Field Image,Gray Image,Contour Plot,Multi Display,Topology Map,Packet 分别为节点数据列表、曲线图、彩色场图、灰度场图、等值线图、混合显示、拓扑图以及数据包列表。各页分别介绍如下。

1）节点数据列表

如图 14-29 所示，节点数据列表以表格的形式显示实时更新的传感器节点数据，各列分别表示节点序号、节点名称、传感器数据——湿度温度和节点电池电压、传感器位置的 $x$ 坐标、传感器位置的 $y$ 坐标、最新的路由路径和更新时间。用户在软件主界面的 Topology Map 里面设置好节点网络拓扑图后，此处与节点对应的坐标才会显示出来，并根据节点位置的变化而改变。此版本不包括路由路径。

| ID | Address | Humidity | Temperature | Voltage | X | Y | LastRoute | LastUpdate |
|---|---|---|---|---|---|---|---|---|
| 0 | | | | | | | | |
| 1 | 287B | 71 | 30 | 2179 | | | | Mon Jun 18 17:08:56 CST 2007 |
| 2 | 3CB8 | 71 | 30 | 2562 | | | | Mon Jun 18 17:08:56 CST 2007 |
| 3 | 0001 | 69 | 30 | 2665 | | | | Mon Jun 18 17:08:56 CST 2007 |
| 4 | 143E | 71 | 30 | 2540 | | | | Mon Jun 18 17:08:55 CST 2007 |
| 5 | | | | | | | | |
| 6 | | | | | | | | |
| 7 | | | | | | | | |
| 8 | | | | | | | | |
| 9 | | | | | | | | |

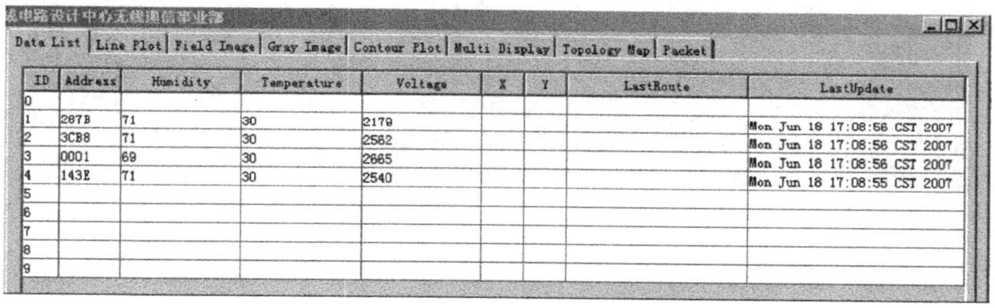

图 14-29　节点数据列表

2）曲线图

如图 14-30 所示，曲线图以动态曲线的形式显示各种传感器数据，曲线的颜色为节点绑定的颜色。

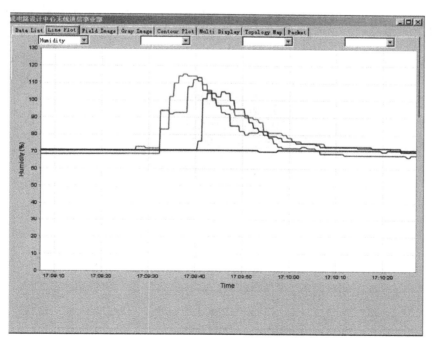

图 14-30　曲线图

3）彩色场图

如图 14-31 所示，彩色场图通过对传感器节点传回来的数据利用克里金插值方法获得整个区域的传感器数据分布，并以彩色的形式显示出来。彩色场图可以用来对温度场等数据场

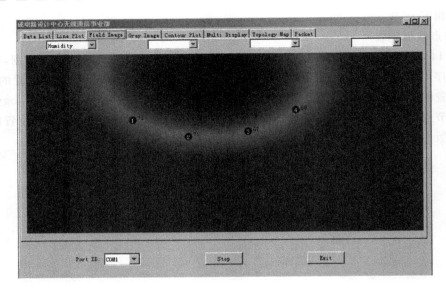

图 14-31　彩色场图

进行可视化。

4）灰度场图

如图 14-32 所示，灰度场图通过对传感器节点传回来的数据利用克里金插值方法获得整个区域的传感器数据分布，并以灰度的形式显示出来。灰度场图可以用来对光亮强度等数据场进行可视化。

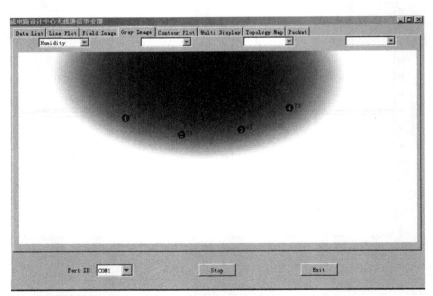

图 14-32　灰度场图

5）等值线图

如图 14-33 所示，等值线图通过对传感器节点传回来的数据利用克里金插值方法生成网格，并绘制等值线。等值线图可以对各种数据进行可视化。

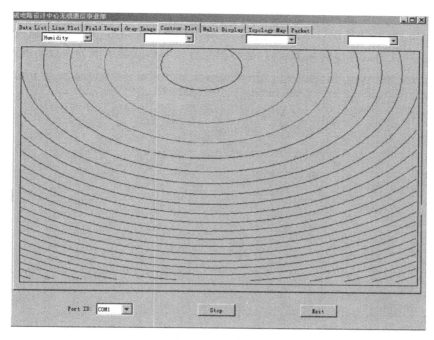

图 14-33　等值线图

6) 混合显示

如图 14-34 所示，混合显示页面可以使用上述的多种可视化手段对传感器数据进行可视化。可视化数据源可以从页面上部的组合框中选择，上述 4 种可视化界面也可以通过组合框选择不同的传感器数据进行可视化。

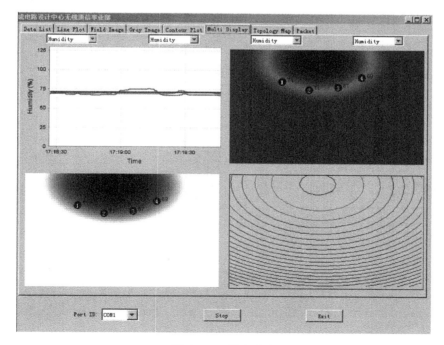

图 14-34　混合显示

7）拓扑图

如图 14-35 所示，拓扑图以节点绑定的颜色显示动态多跳路由，并可通过拖拽的方式设定节点的位置。并且当鼠标指向某节点时，会以黑色虚线的形式显示该节点最新的路由路径。

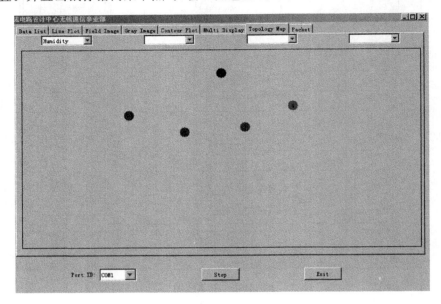

图 14-35　拓扑图

8）数据包列表

如图 14-36 所示，数据包列表显示节点收到的数据包，以及相应的时间。

| ID | Date | SeqNum | Address | Payload |
|---|---|---|---|---|
| 1736 | Mon Jun 18 17:05:50 CST 2007 | 1742 | 287B | 00 47 00 1e 08 87 |
| 1737 | Mon Jun 18 17:05:50 CST 2007 | 1743 | 3CB8 | 00 47 00 1e 0a 0a |
| 1738 | Mon Jun 18 17:05:50 CST 2007 | 1744 | 0001 | 00 45 00 1e 0a 71 |
| 1739 | Mon Jun 18 17:05:50 CST 2007 | 1745 | 0001 | 00 45 00 1e 0a 71 |
| 1740 | Mon Jun 18 17:05:51 CST 2007 | 1746 | 143E | 00 47 00 1e 09 f4 |
| 1741 | Mon Jun 18 17:05:51 CST 2007 | 1747 | 287B | 00 47 00 1e 08 85 |
| 1742 | Mon Jun 18 17:05:51 CST 2007 | 1748 | 3CB8 | 00 47 00 1e 0a 08 |
| 1743 | Mon Jun 18 17:05:52 CST 2007 | 1749 | 0001 | 00 45 00 1e 0a 73 |
| 1744 | Mon Jun 18 17:05:52 CST 2007 | 1750 | 143E | 00 47 00 1e 09 f5 |
| 1745 | Mon Jun 18 17:05:52 CST 2007 | 1751 | 287B | 00 47 00 1e 08 83 |
| 1746 | Mon Jun 18 17:05:52 CST 2007 | 1752 | 3CB8 | 00 47 00 1e 0a 09 |
| 1747 | Mon Jun 18 17:05:53 CST 2007 | 1753 | 0001 | 00 48 00 1e 0a 70 |
| 1748 | Mon Jun 18 17:05:53 CST 2007 | 1754 | 143E | 00 49 00 1e 09 f4 |
| 1749 | Mon Jun 18 17:05:54 CST 2007 | 1755 | 287B | 00 47 00 1e 08 85 |
| 1750 | Mon Jun 18 17:05:54 CST 2007 | 1756 | 3CB8 | 00 47 00 1e 0a 0a |
| 1751 | Mon Jun 18 17:05:54 CST 2007 | 1757 | 0001 | 00 48 00 1e 0a 71 |
| 1752 | Mon Jun 18 17:05:56 CST 2007 | 1758 | 143E | 00 49 00 1e 09 f1 |
| 1753 | Mon Jun 18 17:05:56 CST 2007 | 1759 | 287B | 00 47 00 1e 08 78 |
| 1754 | Mon Jun 18 17:05:56 CST 2007 | 1760 | 3CB8 | 00 47 00 1e 0a 09 |
| 1755 | Mon Jun 18 17:05:56 CST 2007 | 1761 | 0001 | 00 47 00 1e 0a 71 |
| 1756 | Mon Jun 18 17:05:57 CST 2007 | 1762 | 143E | 00 49 00 1e 09 f4 |
| 1757 | Mon Jun 18 17:05:57 CST 2007 | 1763 | 287B | 00 47 00 1e 08 65 |
| 1758 | Mon Jun 18 17:05:57 CST 2007 | 1764 | 3CB8 | 00 47 00 1e 0a 08 |
| 1759 | Mon Jun 18 17:05:57 CST 2007 | 1765 | 0001 | 00 47 00 1e 0a 71 |
| 1760 | Mon Jun 18 17:05:58 CST 2007 | 1766 | 143E | 00 49 00 1e 09 f1 |
| 1761 | Mon Jun 18 17:05:58 CST 2007 | 1767 | 287B | 00 47 00 1e 08 83 |
| 1762 | Mon Jun 18 17:05:58 CST 2007 | 1768 | 3CB8 | 00 47 00 1e 0a 0b |
| 1763 | Mon Jun 18 17:05:58 CST 2007 | 1769 | 0001 | 00 46 00 1e 0a 70 |
| 1764 | Mon Jun 18 17:05:59 CST 2007 | 1770 | 143E | 00 48 00 1e 09 f3 |



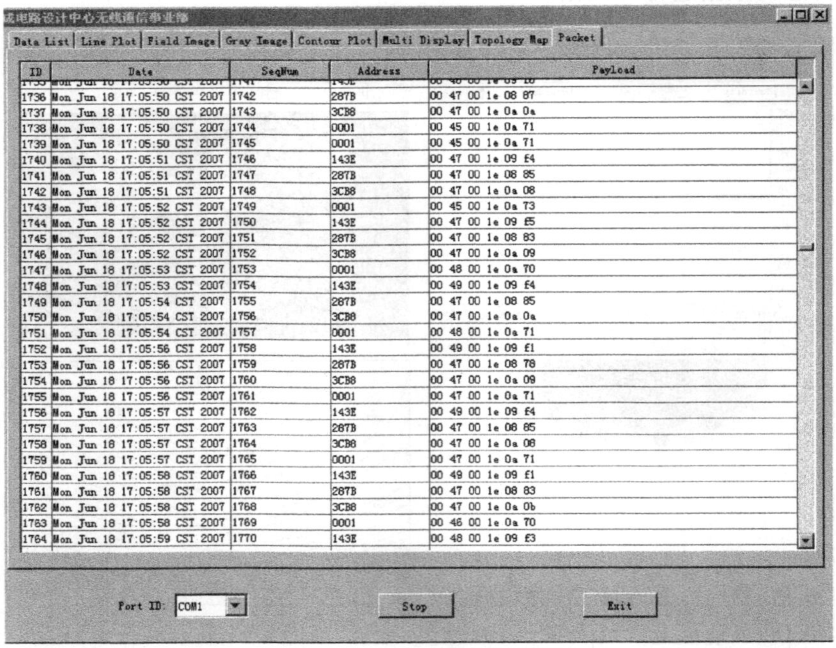

图 14-36　数据包列表

## 5. 配置文件

iSnamp-J 使用配置文件保存相关的配置参数，配置文件采用 XML 格式，文件名为 Config.xml，具体内容如图 14-37 所示。

图 14-37　配置文件内容

## 6. 传感器网络节点程序

iSnamp-J 个人版提供 GAINSJ ZigBee WSN 实验 bin 文件，可烧录在 GAINSJ 节点上运行。GAINSJ 上传感器为温湿度传感器，除了采集这两种传感数据外，还可以采集节点当前的电池电压值。

# 第 15 章 开发实践——基于ZigBee协议栈进行开发

## 15.1 协议栈架构简介

对于深入进行 ZigBee 应用开发,需要详细了解所使用的工具——ZigBee 协议栈,掌握基本的协议栈工作原理对于后续的工作会有非常大的帮助。

首先,ZigBee 标准定义了一种网络协议,这种协议能够确保无线设备在低成本、低功耗和低数据速率网络中的互操作性。ZigBee 协议栈构建在 IEEE 802.15.4 标准基础之上,802.15.4 标准定义了 MAC 和 PHY 层的协议标准。

MAC 和 PHY 层定义了射频以及相邻的网络设备之间的通信标准。而 ZigBee 协议栈则定义了网络层、应用层和安全服务层的标准。图 15-1 为 ZigBee 协议的层次架构。越向下越贴近硬件,越向上越贴近软件本身和应用。

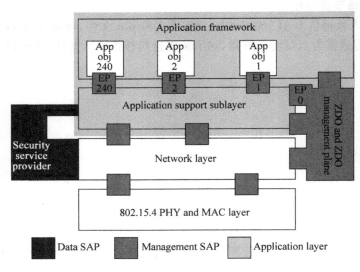

图 15-1　ZigBee 协议的层次架构

### 15.1.1 新的概念简介

Profile,每一个 ZigBee 的网络设备都应该使用一个 Profile,Profile 定义了设备的应用场景,比如是家庭自动化(HC)或者是无线传感器网络(WSN),另外定义了设备的类型还有设备之间的信息交换规范。Profile 分为两种，一种是公共的 Profile，通常由某个组织发布，用于实现不同厂商生产的 ZigBee 设备之间可以互相地通信使用；另一种是私有的 Profile，通常只是在公司内部或者项目内部的一个默认的标准。

App Obj，这个概念的全名叫 Application Objects，目前是一个纯概念范畴的东西，在 Jennic 的开发中看不到这个概念的具体表现，目前可以理解为凡是和一个应用的相关的操作和数据都可以属于这个应用的 Application Object。

End Point，它类似于端口号的概念，它是一个数据交换的接口，每一个 App Obj 连接一个 End Point，在 Jennic 开发中它表现为一个整型的数值，设备之间的通信实际上表现为 End Point 和 End Point 之间的数据交换。数据在通过协议栈请求发送的时候都需要指定发往哪一个 End Point。

两个特殊的 End Point 定义，Endpoint 0 用于配置和管理整个 ZigBee 设备，通过这个 End Point，应用可以和 ZigBee 协议栈的其他层进行通信，进行相关的初始化和配置工作。和这个 End Point 接口对应的是 ZigBee Device Object(ZDO)。另外一个特殊的 End Point 是 255，这个 End Point 用来向所有的 End Point 进行广播。241~254 是保留的 End Point，用户在自己的应用中不能使用。

Cluster，簇。它定义了 End Point 和 End Point 之间的数据交换格式。Cluster 包含一系列有着逻辑含义的属性。通常 Profile 都会定义自己的一系列 Cluster。每一个 End Point 上都会定义自己发送和接收的 Cluster。

Application support sublayer，提供了数据安全和绑定的功能，绑定(Binding)就是将不同的但是兼容的设备进行匹配的一种能力，比如开关和灯。

Network layer，完成了大部分的网络功能，包括设备之间的通信，设备的初始化，数据的路由等。

SAP，就是 Service Access Point，服务访问接口，也就是数据或者管理的接口。不同层之间通过这些接口进行数据的交换和管理。这又是一个纯概念上的含义，没有具体的表现形式和固定的实现形式。每两个层之间都有自己的 SAP 的实现方法。

网络层(Network layer)概念，正如前面所说，网络层完成了 ZigBee 网络的大部分功能，包括网络的建立、拓扑组织、数据的通信、路由等等。应用程序就是构建在这个层次之上的。ZigBee 协议栈的主要工作内容就是实现网络层的各种功能，并保证其标准性和兼容性。

ZigBee 节点，ZigBee 标准规定可以在一个单一的网络中容纳 65535 个节点，所有的 ZigBee 网络节点都属于以下三种类型中的一种。

(1) Co-ordinator。

(2) Router。

(3) End Device。

通常用户都会过于关注于节点的类型，但实际上以上所说的三种节点类型都是网络层的概念，它们决定了的网络的拓扑形式，而通常来说，ZigBee 网络采用任何一种拓扑形式只是为了实现网络中信息高效稳定地传输，用户在实际的应用中是不必关心 ZigBee 网络的组织形式的。节点类型的定义和节点在应用中所起到的功能并不相关，比如说一个 ZigBee 网络节点不论是 Co-ordinator，Router 还是 End-Device 都可以运行相应的程序来测量传感器的温度和湿度。

## 15.1.2 节点的类型简要解释

**1. Co-ordinator**

不论 ZigBee 网络采用何种拓扑形式,网络中都需要有一个并且只能有一个 Co-ordinator 节点。在网络层上,Co-ordinator 通常只在系统初始化的时候起到重要的作用。在一些应用中网络,当初始化完成后,即便是关闭了 Co-ordinator 节点,网络仍然可以正常地工作。但是如果 Co-ordinator 还负责提供路由路径,比如说在星形网络的拓扑结构中,Co-ordinator 就不能被关闭,而必须持续地处于工作状态。同样,如果 Co-ordiantor 在应用层提供一些服务,比如 Co-ordinator binding,则其也必须持续地处于工作状态。

Co-ordinator 在网络层的任务如下。
(1) 选择网络所使用的频率通道,通常应该是最安静的频率通道;
(2) 开始运行;
(3) 将其他节点加入到网络;
(4) Co-ordinator 通常还会提供信息路由、安全管理和其他的服务。

**2. Router**

如果 ZigBee 网络采用了树形和 Mesh 拓扑结构就需要用到 Router 这种类型的节点。Router 类型节点的主要功能如下。
(1) 在节点之间转发信息;
(2) 允许子节点通过它加入网络;
(3) 需要注意的是通常 Router 节点不能够休眠。

**3. End Device**

End Device 节点的主要任务就是发送和接收信息。通常一个 End Device 节点是由电池供电的,并且当它不在数据收发状态的时候通常都是处于休眠状态以节省电能。End Device 节点不能够转发信息也不能够让其他节点加入网络,父节点给 End Device 子节点的数据通常会在 BUFFER 中缓存,等待 End Device 来 poll 数据,因此 Coordinate(Router)与 End Device 之间的通信是比较慢的。如果用户不考虑节点的休眠,可以用 Router 来代替 End Device。

## 15.1.3 网络拓扑形式

ZigBee 网络可以实现星形、树形和网状三种网络拓扑形式。

**1. 星形拓扑**

这种拓扑形式是最简单的一种拓扑形式。星形拓扑包含一个 Co-ordinator 节点和一系列的 End Device 节点。每一个 End Device 节点只能和 Co-ordinator 节点进行通信。如果需要在两个 End Device 节点之间进行通信就必须通过 Co-ordinator 节点进行信息的转发。图 15-2 所示为星形拓扑结构的示意图。

这种拓扑形式的缺点是节点之间的数据路由只有唯一的一条路径。Co-ordinator 有可能成为整个网络的瓶颈。实现星形网络拓扑不需

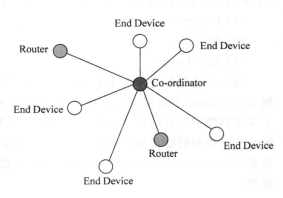

图 15-2 星形网络(Star)结构的示意图

要使用ZigBee的网络层协议,因为本身IEEE 802.15.4的协议层就已经实现了星形拓扑形式,但是这需要开发者在应用层做更多的工作,包括自己处理信息的转发。

**2. 树形拓扑**

树形拓扑包括一个Co-ordinator以及一系列的Router和End Device节点。Co-ordinator连接一系列的Router和End Device,它的子节点的Router也可以连接一系列的Router和End Device。这样可以重复多个层级。树形拓扑的结构如图15-3所示。

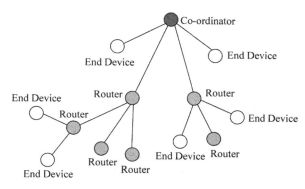

图15-3 树形拓扑示意图

需要注意以下几点。

(1) Co-ordinator和Router节点可以包含自己的子节点。
(2) End Device不能有自己的子节点。
(3) 有同一个父节点的节点之间称为兄弟关系。
(4) 有同一个祖父节点的节点之间称为堂兄弟关系。

树形拓扑中的通信规则:每一个节点都只能和它的父节点和子节点进行通信。如果需要从一个节点向另一个节点发送数据,那么信息将沿着树的路径向上传递到最近的祖先节点然后再向下传递到目标节点。这种拓扑方式的缺点就是信息只有唯一的路由通道。另外信息的路由是由协议栈层处理的,整个的路由过程对于应用层是完全透明的。

**3. Mesh拓扑**

Mesh拓扑包含一个Co-ordinator和一系列的Router和End Device。这种网络拓扑形式和树形拓扑相同;请参考上面所提到的树形网络拓扑。但是,网状网络拓扑具有更加灵活的信息路由规则,在可能的情况下,路由节点之间可以直接地通信。这种路由机制使得信息的通信变得更有效率,而且意味着一旦一个路由路径出现了问题,信息可以自动地沿着其他的路由路径进行传输。网状拓扑的示意图如图15-4所示。

通常为了支持网状网络的实现,网络层会提供相应的路由探索功能,这一特性使得网络层可以找到信息传输的最优路径。以上所提到的特性都是由网络层来实现的,应用层不需要进行任何的参与。

## 15.1.4 地址模式

IEEE MAC地址:这是一种64位的地址,这个地址由IEEE组织进行分配,用于唯一地标识设备,全球没有任何两个设备具有相同的MAC地址。在ZigBee网络中,有时也称MAC地址为扩展地址。

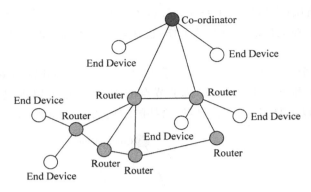

图 15-4　Mesh 网络示意图

16 位短地址：16 位短地址用于在本地网络中标识设备，所以如果是处于不同的网络中，有可能具有相同的短地址。当一个节点加入网络的时候将由它的父节点给它分配短地址。

## 15.2　ZigBee 协议栈的开发接口 API

图 15-5 为 ZigBee 设备的程序大体架构示意图。

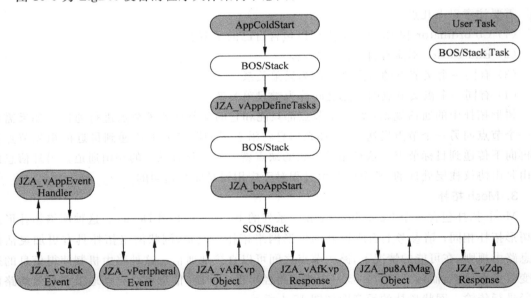

图 15-5　ZigBee 设备的程序大体架构示意图

用户的 ZigBee 应用程序实际上是和 ZigBee 协议栈交替地对处理器和外围部件进行操作，为了实现这个目标，Jennic 在 ZigBee 协议栈的基础上提供了 BOS（Basic Operating System）。图 15-5 所示的深绿色的部分就是 BOS 调用用户程序的接口。

本章将介绍基于 Jennic ZigBee 协议栈开发的基本接口函数，可以打开任何一个 ZigBee 的应用，找到以下一些函数的接口。

JZA_boAppStart

JZA_vStackEvent

JZA_vPeripheralEvent
JZA_vAppEventHandler
JZA_vAppDefineTasks
JZA_bAfKvpObject
JZA_vAfKvpResponse
JZA_bAfMsgObject
JZA_vZdpResponse
AppColdStart
AppWarmStart

还有对于下面这两个函数的调用。

JZS_u32InitSystem
JZS_vStartStack

这些函数是应用和 ZigBee 协议栈进行交互的基本接口。主要分成三类。

（1）第一类是应用的初始化函数，它们用于在设备上电时对协议栈进行初始化。主要有 AppColdStart 和 AppWarmStart。

（2）第二类是应用程序调用协议栈的函数，这类函数通常由第一类函数进行调用。主要包括如下几种。

JZS_u32InitSystem
JZS_vStartStack
JZS_vStartNetwork
JZS_vDiscoverNetworks
JZS_vJoinNetwork
JZS_vRejoinNetwork
JZS_vRemoveNode
JZS_vEnableEDAddrReuse
JZS_vPollParent
vAppSaveContexts
u16AppGetContextSize
vAppGetContexts
eAppSetContexts
JZS_vEnableBroadcastsToED
JZS_vSwReset
JZS_vEnableModifiedJoining

（3）第三类是协议栈调用应用程序的函数，这类函数通常作为协议栈和应用程序进行通信的接口。主要包括如下几种。

JZA_boAppStart
JZA_vStackEvent
JZA_vPeripheralEvent
JZA_vAppEventHandler
JZA_vAppDefineTasks

JZA_bAfKvpObject

JZA_vAfKvpResponse

JZA_bAfMsgObject

JZA_vZdpResponse

下面将分别介绍这三类函数,并建议同时打开一个 ZigBee 工程来对照查看这些函数在实际项目中的功能。

### 15.2.1 应用的初始化函数

**AppColdStart**：这个函数是用户应用程序的入口。设备上电后应用程序就从这个函数开始运行了。Jennic 的程序并没有 C 语言程序中的 main 函数。在这个函数的函数体中应该调用一系列的协议栈和 BOS(Basic Operation System)的初始化函数。下面是一个实际的例子,代码中的注释说明了每个语句的具体用途。

```
PUBLIC void AppColdStart(void)
{
/* 设置网络所使用的通道和网络 ID */
JZS_sConfig.u32Channel = 0x13;
JZS_sConfig.u16PanId = 0x1aab;
…
/* 初始化协议栈 */
(void)JZS_u32InitSystem(TRUE);
/* 启动 BOS */
bBosRun(TRUE);
}
```

**AppWarmStart**：当设备从内存供电的休眠模式唤醒的时候将进入这个函数。启动后所有的内存数据都没有丢失。如果设备不需要休眠唤醒功能,这个函数可以为空。通常在范例代码中会看到这样的代码:

```
PUBLIC void AppWarmStart(void)
{
    AppColdStart();
}
```

它通过简单地调用 AppColdStart 来重新启动整个设备。

### 15.2.2 应用程序调用协议栈的函数

**JZS_u32InitSystem**：这个函数初始化了 Jennic 的 ZigBee 协议栈。

**JZS_vStartStack**：调用这个函数后,设备将作为 Co-ordinator,Router 或者 End Device 启动。如果是 Co-ordinator 将启动网络,如果是 Router 或者 End Device 将试着加入网络。设备的网络角色可以通过编译选项中 Linker 中连接的库来设置(如图 15-6 所示)。

**JZS_vStartNetwork**：手动控制 Coordinate 网络启动,相对于自动网络启动,使用该功能,需要设置 JZS_sConfig.bAutoJoin＝FALSE。该函数执行后,返回的协议栈事件为:
ZS_EVENT_NWK_STARTED,JZS_EVENT_FAILED_TO_START_NETWORK。

**JZS_vDiscoverNetworks**：手动控制 Router 或 End Device 网络发现,相对于自动网络发现,使用该功能,需要设置 JZS_sConfig.bAutoJoin＝FALSE。该函数执行后,返回的协议栈

第15章 开发实践——基于 ZigBee 协议栈进行开发 291

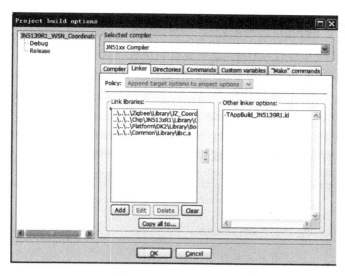

图 15-6 库文件修改

事件为：

JZS_EVENT_NETWORK_DISCOVERY_COMPLETE。

JZS_vJoinNetwork：手动控制 Router 或 End Device 网络加入，使用该功能，需要设置 JZS_sConfig.bAutoJoin=FALSE。该函数执行后返回的协议栈事件为：JZS_EVENT_NWK_JOINED_AS_ROUTER，JZS_EVENT_NWK_JOINED_AS_ENDDEVICE JZS_EVENT_FAILED_TO_JOIN_NETWORK。

JZS_vRejoinNetwork：当 End Device 与它的父节点失去通信联系后，这个函数会被 End Device 来调用用来重新加入网络。当重新加入网络后，产生的协议栈事件为：

JZS_EVENT_NWK_JOINED_AS_ENDDEVICE。

JZS_vRemoveNode：父节点强制子节点离开网络，执行后，会产生的协议栈事件为：

JZS_EVENT_REMOVE_NODE。

JZS_vEnableEDAddrReuse：该函数被 Coordinate 或 Router 调用来重新利用 End Device 的短地址。执行后会产生的协议栈事件为 JZS_EVENT_INACTIVE_ED_DELETED。

JZS_vPollParent：该函数被 End Device 调用来请求父节点的数据，使用时需要设置 ZS_Config.bAutoPoll=FALSE，执行后产生的协议栈事件为 JZS_EVENT_POLL_COMPLETE。

vAppSaveContexts：保存网络参数以及用户的数据，如果应用是固定点的话，建议进行网络参数的保存。

u16AppGetContextSize：用来获取保存的网络参数以及用户数据的尺寸。

vAppGetContexts：读取保存的网络参数的内容。

eAppSetContexts：修改保存的网络参数。

JZS_vEnableBroadcastsToED：设置是否对终端 End Device 进行广播。

JZS_vSwReset：软件（协议栈）重启。

JZS_vEnableModifiedJoining：Coordinate 和 Router 用来修改是否允许子节点加入网络以及对加入网络的时间进行控制。

### 15.2.3 协议栈调用应用程序的函数

这些函数是协议栈在运行过程中,如果需要应用程序进行相应的处理,就把控制权交给应用程序的接口。所有这些函数都需要在应用中定义接口,即便不使用其中的一些函数。

JZA_boAppStart:这个函数让用户可以在协议栈启动前定义 End Point 的 Descriptor。通常开发人员应该在这个函数中调用 JZS_vStartStack 来启动协议栈。

JZA_vStackEvent:协议栈将通过这个函数反馈网络层的一些网络事件,比如网络启动成功或者节点加入成功,或者数据发送完成等,此处列举两个例子如下。

```
PUBLIC void JZA_vStackEvent(teJZS_Eventidentifier eEventid,
                            tuJZS_StachEvent * puStackEvent)
{
    if (eEventId == JZS_EVENT_NWK_STARTED)
    {
        bNwkStarted = TRUE;
    }
}
```

上面这段代码就是判断出 Co-ordinator 是否已经网络启动成功。

```
PUBLIC void JZA_vStackEvent (teJZS_EventIdentifier eEventId,
tuJZS_StackEvent * puStackEvent)
{
switch(eEventId)
{
case JZS_EVENT_APS_DATA_CONFIRM;
if(puStackEvent -> sApsDataConfirmEvent.u8Starus != APS_ENUM_SUCCESS)
{
bTxProblems = TRUE;
}
break;
}
}
```

而这段代码就是判断出数据发送出现了问题,需要应用层进行相应的处理。关于这个函数的参数具体说明请参考 JN-RM-2014 的相关资料。

JZA_vPeripheralEvent:这个函数主要用来处理外部的硬件中断,比如说时钟还有串口等。此处列举两个例子如下。

```
PRIVATE bool_t bTimerFired = FALSE;
PUBLIC void JZA_vPeripheralEvent (uint32 u32Device,
uint32 u32ItemBitmap)
{
   if(u32Device == E_AHI_DEVICE_SYSCTRL)
    &&(u32ItemBitmap &(1 << E_AHI_SYSCTRL_WKO))
     {
     bTinerFired = TRUE;
     }
}
```

上面的代码检查了硬件中断是否来自于唤醒时钟 0。

```
PUBLIC void JZA_vPeripheralEvent(uint32 u32Device, uint32 u32ItemBitmap)
{
    if(u32Device == E_AHI_DEVICE_UART0)
        {
            /* If data has been received */
            if ((u32ItemBitmap & 0x000000FF) == E_AHI_UART_INT_RXDATA)
            {
                /* Process UART0 RX interrupt */
                cCharIn = ((u32ItemBitmap & 0x0000FF00)>> 8);
            }
            else if (u32Item Bitmap == E_AHI_UART _INT_TX)
            }
                vUART_TxCharISR();
            }
        }
}
```

上面这段代码用来检测 UART0 的事件并完成相应的串口传输。

JZA_vAppDefineTasks：这个函数用于向 BOS 注册自己的用户任务。属于较少用到的接口。这里就不详细讲解，感兴趣可以参考 BOS API Reference Manual。

JZA_eAfKvpObject：用于用户程序接收处理其他节点发送来的 KVP 数据。JZA_u8AfMsgObject 用于用户程序接收处理其他节点发送来的 MSG 数据。当远程节点发送数据的时候可以选择是发送 KVP 数据，还是 MSG 数据。从某种程度上看，这两种发送方式没有什么本质的区别，在接收端的处理方式上就是用不同的函数来接收。详细的代码可以参考 WSN Coordinator 的代码的部分或者 Wireless Uart 的相应部分。

这两个范例分别展示了 MsgObject 和 KvpObject 的处理过程。关于数据发送的函数将在下一个小节来介绍。

JZA_vAfKvpResponse：这个函数用来接收所发送的 KVP 包的回应。这一回应由远程节点发出。通常这个函数用来判断和远程节点通信是否通畅。

JZA_vZdpResponse：这个函数用来接收所发送的 ZDP 请求的回应，比如说 Binding 或者 Match Desciptor 的请求。

```
PRIVATE void vPerformMatchRequest(void)
{
    AF_SIMPLE_DESCRIPTOR * pAfSimpleDesc;

    /* obtain simple descriptor */
    pAfSimpleDesc = afmeSearchEndpoint(sWuart.sSystem.u8WuartEndpoint);

    if(pAfSimpleDesc)
    {
      /* Send Match Descriptor request */
      zdpMatchDescReq(0xffff,
                 pAfSimpleDesc->u16Profileid,
                 pAfSimpleDesc->u8OutClusterCount,
                 pAfSimpleDesc->au8OutClusterList,
                 pAfSimpleDesc->u8InClusterCount,
```

```
                        pAfSimpleDesc->au8InClusterList,
                        APS_TXOPTION_NONE);
        sWuart.sSystem.eBound = E_BIND_BINDING;
    }
}


PUBLIC void JZA_vZdpResponse (uInt8 u8Type,uint8 u8Lqi,uint8 * pu8Payload,uint8 u8PayloadLen)
{
    /* if already matched with another node,ignore any incoming responses */
    if(sWuart.sSystem,eBound == E_BIND_MATCHED)
    {
        retum;
    }

    switch(u8Type)
    {
    caes Match_Desc_rsp:
    /* response to a MatchDescriptor request has been received.If valid
    extract the short address and endpoint form the response and store it.
    Turn off LED to indicate successful matching */
        if ((pu8Payload [0] == ZDP_SUCCESS_VALID)&&(pu8Payload[3]>0))
        {
            sWuart.sSystem.u16MatchAddr = (uint16)(pu8Payload[2]<<8);
            sWuart.sSystem.u16MatchAddr = pu8Payload[1];

            sWuart.sSystem.u8MatchEndpoint = pu8Payload[4];
            sWuart.sSystem.eBound = E_BIND_MATCHED;
            /* turn off LED2 to indicate matching successful */
            vAHI_DioSetOutput(LED2_MASK,0);
        }
        break;

    case End_Device_Bind_rsp:
    /* this would be used to receive responses if a Bind Request
    had been used */
        break;

    default;
        break;

    }
}
```

上面两段代码演示了一对ZigBee无线串口设备是如何完成match操作的。

以上所介绍的全部函数具体的参数说明可以参考JN-RM-2014。在实际的开发过程中，只需要在所介绍的这些开发接口上添加自己的应用逻辑,定义自己的数据处理过程并且通过这些接口函数在适当的时机进行调用。这些函数就好比整个应用的骨架,把应用程序的代码和ZigBee协议栈紧密地联系在一起。

下面将继续学习Application Framework(API,应用框架接口函数),具体讲述如何利用协议栈发送数据和处理设备描述。

## 15.3 应用框架接口函数

本节将利用应用框架接口函数来解决发送数据和处理设备描述的问题。详细的函数文档可以参考 JN-RM-2018,在这里只介绍具体的函数使用。

应用框架接口函数主要分为两大类。

(1) 一类是 AF sub-layer Data Entity(AFDE)API:用来创建和发送数据请求,这类函数定义在 af.h 文件中。

(2) 另一类是 AF sub-layer Management Entity (AFME) API:用来添加、修改、删除设备的描述(device descriptor),这一系列函数在 afProfile.h 中定义。

AFDE 类函数只有一个,就是 afdeDataRequest(),这个函数用来向网络层发出数据发送的请求。这个函数非常重要,下面将详细解释其中每个参数的含义。

```
Stack_Status_e afdeDataRequest(APS_Addrmode_e eAddrMore,
                               uint16 u16AddrDst,
                               uint8 u8DstEP,
                               uint8 u8SrcEP,
                               uint16 u16ProfileId,
                               uint8 u8ClusterId,
                               AF_Frametype_e eFrameType,
                               uint8 u8TransCount,
                               AF_Transaction_s * PauTransactions,
                               APS_TxOptions_e u8txOptions,
                               NWK_DiscoverRoute_e eDiscoverRoute,
                               uint8 u8RadiusCounter);
```

先来看这个函数的原型,下面是每一个参数的具体含义。

(1) eAddrMode:这个参数是数据要发送的目标地址模式,它是 APS_Addrmode_e 类型的数据,具体定义如下:

```
typedef enum
{
    APS_ADDRMODE_NOT_PRESENT = 0x00,
    APS_ADDRMODE_SHORT
}APS_Addrmode_e
```

(2) u16AddrDst:这个参数是数据要发送的目标地址,地址范围为 0x0000 到 0xFFFE。

(3) U8DstEP:目标地址的端口号,范围是 0x01 到 0xF0。

(4) U8SrcEP:源地址的端口号,范围是 0x01 到 0xF0。

(5) U16Profileid:所采用的 profile ID。

(6) U8ClusterId:所采用的 cluster ID。

(7) eFrameType:使用的数据帧类型 0x01=KVP 0x02=MSG。

(8) u8TransCount:本次请求发送的数据事务的数量。就目前的理解,数据请求一次可以发送多个数据包,这个参数就表示了数据包的数量,不过通常在应用中只发送一个,所以这个参数通常就是 1。

(9) * pauTransactions:这个参数是一个 AF_Transaction_s 类型数据的数组,是用户需要发送数据的指针。其中每一个数据都描述了每个数据包的一些信息。具体的内容可以参考

AF_Transaction_s 的数据结构：

```
typedef struct
{
  uint8 u8SequenceNum;
  union
  {
    AF_Msg_Transaction_s sMsg;
    AF_Kvp_Transaction_s sKvp;
  }uFrame;
}AF_Transaction_s;
```

其中字段名与描述如表 15-1 所示。

表 15-1 字段名与描述

| 字 段 名 | 描 述 |
| --- | --- |
| U8SequenceNum | 标识 KVP 和 MSG 数据帧的序列号，这个号应该是单增的，用来跟踪数据的丢包。 |
| sMsq | MSG 类型数据 |
| sKvp | KVP 类型数据 |

这里涉及了很多具体的 struct 类型的定义，更多的信息请参考 JN-RM-2018-ZigBeeAppFramework-API.pdf。

（10）txOptions 发送模式，可以选择下面的值，并且下面的值可以用 or 的方式联合使用。
APS_TXOPTION_NONE(0x00)为没有任何选项；
SECURITY_ENABLE_TRANSMISSION(0x01)为使用安全传输；
USE_NWK_KEY(0x02)为使用网络键；
ACKNOWLEDGED_TRANSMISSION(0x03)采用确认传输模式。

（11）U8DiscoverRoute：设定所采用的路由发现模式。
SUPPRESS_ROUTE_DISCOVERY(0x00)为使用强制路由发现模式，采用这种模式，如果路由表已经建立，那么数据将使用现有的路由表进行路由，如果路由表没有建立，那么数据将沿着树状路径路由。
ENABLE_ROUTE_DISCOVERY(0x01)为路由发现使能，采用这种模式，如果路由表已经建立，那么数据将使用现有路由，如果路由表没有建立，那么此次数据发送请求将引发路由探索动作。
FORCE_ROUTE_DISCOVERY(0x02)，这一模式将明确地引发路由探索操作，路由表将重新建立。

（12）u8RadiusCounter：数据发送的深度，也就是数据包所发送的转发次数限制，如果设置为 0，那么协议栈将采用 2 倍的 MaxDepth。

下面是一个典型的数据发送请求例程。

```
PRIVATE void vTxData (uint8 u8SwitchValue)
{
  uint8           u8SrcEP = sSwitch.u8Endpoint;
  APS_Addrmode_e  eAddrMode;
  uint16   u16DestAddr;
  uint8    u8DestEndpoint;
```

```
    AF_Transaction_s      Transaction;
    uint8                 transCount = 1;

    /* Specify destination address as coordinator,and address mode as Devic
    address not present, so use indirect (Coordinator)binding */
    eAddrMode = APS_ADDRMODE_NOT_PRESENT;
    u16DestAddr = 0x0000;
    u8DestEndpoint = 0x00;

    /* Specify the transaction sequence number */
    Transaction.u8SequenceNum = u8AfGetTransactionSequence(TRUE);

    /* We want to send data to an input,so use the SET command type */
    Transaction.uFrame.sKvp.eCommandTypeID = KVP_SET;
    Transaction.uFrame.sKvp.eAttributeDataType = KVP_UNSIGNED_8BIT_INTEGE

    /* Use the OnOff attribute for a OnOffSrc cluster, as specified in the
    Home Control, Lighting ZigBee public profile */
    Transaction.uFrame.sKvp.u16AttributeID = ATTRIBUTE_ON_OFF;
    Transaction.uFrame.sKvp.eErrorCode = KVP_SUCCESS;
    Transaction.uFrame.sKvp.uAttributeData.UnsignedInt8 = u8SwitchValue;
    /* send KVP data request */
    afdeDataReques(eAddrMode,
      u16DestAddr,
      u8DestEndpoint,
      u8SrcEP,
      PROFILEID_HC,
      CLUSTERID_ON_OFF_SRC,
      AF_KVP,
      transCount,
      &Transaction,
      APS_TXOPTION_NONE,
      ENABLE_ROUTE_DISCOVERY,
      0);
}
```

ZigBee 协议的作用就是为了实现低成本的设备之间进行无线通信,那么这就涉及来自不同厂商的设备之间能够互相地兼容并且连通的问题,于是在 ZigBee 协议的规范中定义了一种标准的、设备用于自我描述的机制,便于 ZigBee 兼容设备之间进行互相地识别和访问。在 ZigBee 规范中,有三种主要的 descriptor 和两种可选的 descriptor。三种主要的 descriptor 分别是 Node,Node Power 和 Simple descriptor。两种可选的 descriptor 是 Complex 和 User descriptor。

下面分别简单介绍每种 descriptor 的含义。

(1) Node Descriptor:描述了网络节点的各种基本特性,比如节点类型(End Device,Router 还是 Co-ordinator),所使用的频率等。

(2) Node Power Descriptor:描述了网络节点的供电特性,比如供电的模式(常供电还是其他)可选的电源模式,当前电源模式等。

以上种类的 Descriptor 每个网络节点设备通常只有一份,用户可以根据设备的实际情况进行修改和更新。

(3) User Descriptor：通常都是用户定义的一些设备描述。

(4) Complex Descriptor：是扩展的设备描述。

(5) Simple Descriptor：用于对网络节点上的 End Point 进行描述。通常设备上每一个 End Point 都需要定义自己的 Simple Descriptor。所以一个网络节点设备可以包含多个 Simple Descriptor。它描述了 End Point 所定义的 Profile ID，设备标识和版本，以及发送和接收的 cluster。

如果一个 End Point 上没有正确定义的 Simple Descriptor，那么它就不能正确地接受别的节点发送来的数据，这是特别需要注意的。下面详细介绍如何为一个 End Point 添加 Simple Descriptor。如果开发者需要了解更多关于 descriptor 的操作，可以参考 JN-RM-2018，使用 afmeAddSimpleDesc 函数来对 End Point 添加 Descriptor。先看一下这个函数的原型。

```
uint8 afmeAddSimpleDesc(
uint8 u8Endpoint,
uint16 u16ProfileID,
uint16 u16DeviceID,
uint8 u8DeviceVersion,
uint8 u8Flags,
uint8 u8InClusteCount,
uint8 * Pau8nClusterList,
uint8 u8OutClusterCount,
uint8 * pau8OutClusterList);
```

参数说明如下。

(1) u8Endpoint：EndPoint 序号（范围是 0x01 到 0xF0）。

(2) u16ProfileID：所使用的 Profile ID（范围是 0 到 0xFFFF）。

(3) u16DeviceID：设备 ID（范围是 0 到 0xFFFF）。

(4) u8DeviceVersion 设备版本（范围是 0 到 0xFF）。

(5) u8Flags 标志参数。其中，bit0 表示是否有 Complex Descriptor；bit1 表示是否有 User Descriptro；bit2，bit3 是保留的。

(6) u8InClusterCount：输入 cluster 数量。

(7) * pau8InClusterList：输入 cluster 数组。

(8) u8OutClusterCount：输出 cluster 数量。

(9) * pau8OutClusterList：输出 cluster 数组。

下面是一个在 Coordinate 端添加简单设备描述的实际例子。

```
PUBLIC void JZA_vStackEvent(teJZS_EventIdentifier eEventId,
                            tuJZS_StackEvent *puStackEvent)
{
    switch(eEventId)
      {
      case JZS_EVENT_NWK_STARTED;
        {
            vAddDesc();
            bNwkStarted = TRUE;

        }
```

```
              break;
         case JZS_EVENT_FAILED_TO_START_NETWORK:
                JZS_vSwReset();
           break;

         case   JZS_EVENT_APS_DATA_CONFIRM:
            {
if (puStackEvent->sApsDataConfirmEvent.u8Status == APS_ENUM_SUCCESS)//或者直接为 0x00
            {
            }
            break;

case JZS_EVENT_NEW_NODE_HAS_JOINED:
        vAppSaveContexts();
        break;
case JZS_EVENT_CONTEXT_RESTORED:
        vAddDesc();
        bNwkStarted = TRUE;
        break;

case JZS_EVENT_REMOVE_NODE:
        vAppSaveContexts();
        break;
default:
        break;
    }
}
/*******************************************/
/***        设备描述                    ***/
/*******************************************/
PRIVATE void vAddDesc()
{
    //load the simple descriptor now that the network has started
                uint8 u8InputClusterCnt       = 1;
                uint8 au8InputClusterList[]   = {WSN_CID_SENSOR_READINGS};
                uint8 u8OutputClusterCnt      = 1;
                uint8 au8OutputClusterList[] = {WSN_CID_SENSOR_READINGS};

                (void)afmeAddSimpleDesc(WSN_DATA_SINK_ENDPOINT,
                                      WSN_PROFILE_ID,
                                      0x0000,
                                      0x00,
                                      0x00,
                                      u8InputClusterCnt,
                                      au8InputClusterList,
                                      u8OutputClusterCnt,
                                      au8OutputClusterList);
}
```

通常 Simple Descriptor 应该在设备建立网络成功或者加入网络成功后处添加。上面的代码是 WSN 例程中数据汇聚节点的定义,这个定义出现在 Co-ordinator 的代码中,开发者可以参考前面的函数说明来分析代码。其他的操作函数请参考 RM-2018,基本上各种

Descriptor 的操作都是大同小异。

## 15.4　ZigBee Device Profile API

通过上面的介绍，可以完成 ZigBee 网络的创建和数据发送的功能。这一节将介绍一些关于 ZigBee Device Profile 的 API。这一系列 API 可以完成更复杂的应用和服务。

ZDP API 是用来和远程节点的 ZigBee Device Objects 打交道的函数接口。它主要包含以下三类函数。

(1) ZDP Device Discovery API：用来获得远程节点的网络标识。

(2) ZDP Service Discovery API：用来获得远程节点所能提供的服务。

(3) ZDP Binding API：用来实现设备之间的绑定和反绑定。

ZDP 系列的 API 通过请求应答的模式来工作。发送请求的节点将相应的请求通过函数调用的形式发往网络(指定地址，或者广播)，然后由网络中能够应答的节点发出回应信息。如果需要根据 MAC 地址找到相应设备的网络短地址，那么相应的请求就被发往网络，符合这个 MAC 地址的节点就会发出回应告知自己的网络短地址，回应的信息通过发出请求的节点的 JZA_vZdpResponse()接口函数返回给应用程序。了解了 ZDP API 的基本运行模式，就可以参考 JN-RM-2017 来查找需要的函数以及其相应的回应说明。

下面是一些典型的 ZDP API 的应用。

### 1. Binding

Binding 在节点之间提供了一种逻辑上的对应关系，为数据在相关节点之间的传输提供了一种更加方便的方式。只有使用同一个 Profile ID 并且 cluster 之间的输入输出关系相互匹配的节点之间才能够进行绑定。绑定关系被保存在叫做 Binding table 的数据结构中。绑定关系包括下面几种基本的形式：

(1) one-to-one；

(2) one-to-many；

(3) many-to-one。

### 2. Binding table

根据保存位置的不同可以分为直接绑定和间接绑定。

(1) 直接绑定：binding table 保存在数据的发送节点，对于直接绑定而言，当需要发送数据时协议栈会搜索整个 binding table 然后找到所有匹配的数据传输关系，然后将信息发送到所有匹配的目标节点(如图 15-7 所示)。

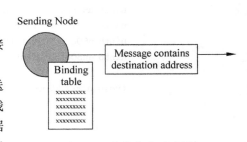

图 15-7　直接绑定示意图

(2) 间接绑定：binding table 保存在 Co-ordinator 节点。发送数据的节点通过 Co-ordinator 来转发数据。Co-ordinator 扫描整个 binding table 找到匹配的数据接收节点，然后将数据发送到所有匹配的节点(如图 15-8 所示)。

下面通过实现家庭控制中，开关和灯泡的绑定例子，来介绍如何使用 ZDP API 来实现 binding。

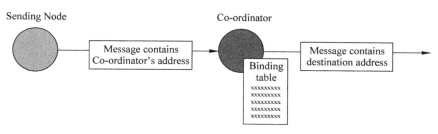

图 15-8 间接绑定示意图

```
PRIVATE void vPerformEndBindRequest(uint8 u8End Point)
{
    AF_SIMPLE_DESCRIPTOP  *pAfSimpleDesc;
    uint16              u16BindingTarget = 0x0000;
    /* recall endpoints simple descriptor from the application framework */
    pAfSimpleDesc = afmeSearchEndpoint(u8Endpoint);

    /* create and send a request for binding */
    if(pAfSimpleDesc)
    {
        zdpEndDeviceBindReq(u16BindingTarget,
                            pAfSimpleDesc -> u8Endpoint,
                            pAfSimpleDesc -> u16ProfileId,
                            pAfSimpleDesc -> u8OutClusterCount,
                            pAfSimpleDesc -> au8OutClusterList,
                            pAfSimpleDesc -> u8InClusterCount,
                            pAfSimpleDesc -> au8InclusterList,
                            APS_TXOPTION_NONE);
    }

    /* update programs binding state variable *
    sSwitch.eBound = E_BIND_BINDING;
}


PRIVATE void vPerformEndBindRequest(uint8 u8Endpoint)
{
    AF_SIMPLE_DESCRIPTOR  *pAfSimpleDesc;
    uint16              u16BindingTarget = 0x0000;
    /* recall endpoints simple descriptor from the application framework */
    pAfSimpleDesc = afmeSearchEndpoint(u8Endpoint);

    /* create and send a request for binding */
    if(pAfSimpleDesc)
    {
        zdpEndDeviceBindReq(u16BindingTarget,
                            pAfSimpleDesc -> u8Endpoint,
                            pAfSimpleDesc -> u16ProfileId,
                            pAfSimpleDesc -> u8OutClusterCount,
                            pAfSimpleDesc -> au8OutClusterList,
                            pAfSimpleDesc -> u8InClusterCount,
                            pAfSimpleDesc -> au8InClusterList,
```

```
                    APS_TXOPTION_NONE);
    }
    /* update programs biding state variable */
    sLight.eBound = E_BIND_BINDING;
}
```

上面是相应的对灯泡和开关进行的绑定请求过程。可以发现这个例程使用的是间接绑定，所以 BindingTarget = 0x0000，把 binding 的请求发送到了 Co-ordinator。这样就在 Co-ordiantor 建立了相应的 binding table。相应的 API 函数使用的是 zdpEndDeviceBindReq。

下面是 binding 请求的回应处理过程。

```
PUBLIC void JZA_vZdpResponse(uint8 u8Type,uint8 u8Lqi,uint8 * pu8Payload,
                                uint8 u8PayloadLen)
{
    /* if already matched with another node, ignore any incoming responses */
    if(sSwitch.eBoundI = E_BIND_BINDING)
    {
        return;
    }
    //根据回应的类型 u8Type 来决定具体的操作
    switch (u8Type)
    {
    case Match_Desc_rsp://匹配请求的处理过程

        break;

    case End_Device_Bind_rsp://绑定请求的处理过程
        if (pu8Payload[0] == ZDP_SUCCESS_VALID)//数据负载的第一个字节标志着请求是否有效
        {
            sSwitch.eBound = E_BIND_BOUND;//请求成功了,设定设备的状态
            vLedControl(LED2,FALSE);//用指示灯标志绑定的成功
        }
        else
        {
            sSwitch.eBound = E_BIND_NONE;//绑定失败,设定设备的状态
        }
        break;
    default;
        break;
    }
}
```

绑定成功后数据发送的过程为：

```
hDstAddr.hAddrMode = DEV_ADDR_NOT_PRESENT;
hDstAddr.u16Address = 0x0000;
```

由此可见,在 switch 的数据发送端,数据发送请求的地址模式设置为 DEV_ADDR_NOT_PRESENT。地址设置为 0x0000,也就是 Co-ordinator 的地址,因为 binding table 是保存在

Co-ordinator 上的，Co-ordinator 会自动地根据 binding table 来处理数据的转发。

Zigbee Stack 的 Match 服务。关于 Match 服务，可以在 Jennic Application Notes 的 JN-AP-1016-Zigbee-Wireless-UART 找到具体的应用案例。这个 API 的使用就是通过广播的模式找到网络中可以匹配的相应的 End Point。具体的代码如下。

```
PRIVATE void vPerformMatchRequest(void)
{
    AF_SIMPLE_DESCRIPTOR * pAfSimpleDesc;

    /* obtain simple descriptor */
    pAfSimpleDesc = afmeSearchEndpoint(sWuart.sSystem.u8WuartEndpoint);

    if(pAfSimpleDesc)
    {
      /* Send Match Descriptor request */
      zdpMatchDescReq(0xffff,
                  pAfSimpleDesc -> u16ProfileId,
                  pAfSimpleDesc -> u8OutClusterCount,
                  pAfSimpleDesc -> au8OutClusterList,
                  pAfSimpleDesc -> u8InClusterCount,
                  pAfSimpleDesc -> au8InClusterList,
                  APS_TXOPTION_NONE);
      sWuart.sSystem.eBound = E_BIND_BINDING;
    }
}
```

这个函数发出了相应的匹配请求，以找到网络中可以通信的无线串口节点。请求的发送地址是 0xffff，那么这个请求将在整个无线网络中进行广播。匹配节点 ZDO 将返回回应信息，使发出请求的节点能够找到自己。下面代码是回应的处理过程。

```
PUBLIC void JZA_vZdpResponse(uint8,u8Type uint8 u8Lqi,uint8 * pu8Payload,
                    uint8 u8PayloadLen)
{
    /* 如果该设备已经和其他的节点匹配了,那么就无条件的返回,这样保证无线串口节点只和一个
    其他节点进进匹配 */
    if(sWuart .sSystem.eBound == E_BIND_MATCHED)
    {
      return;
    }

    switch(u8Type)
    {
    case Match_Desc_rsp;
    /* 匹配成功 */
       if ((pu8Payload[0] == ZDP_SUCCESS_VALID)&&(pu8Payload[3]>0))
       {
          //将相应的匹配节点的地址信息保存,以备发送数据使用
          sWuart.sSystem.u16MatchAddr = (unit16)(pu8Payload[2]<<8);
          sWuart.sSystem.u16MatchAddr|= pu8Payload[1];
          //将匹配节点的 endpoint 信息保存,以备发送数据使用
```

```
                sWuart.sSystem.u8MatchEndpoint = pu8Payload[4];
                sWuart.sSystem.eBound = E_BIND_MATCHED;
                /*通过指示灯告知用户匹配成功*/
                vAHI_DioSetOutput(LED2_MASK,0);
            }
            break;
        case End_Device_Bind_rsp:
            /*处理绑定请求的回应,这个例子中没有用到*/
            break;
        default;
            break;

        }
    }
```

由上面的一些简短的例子已经了解了 ZDP API 的大致应用方法,ZDP API 包含了大量的函数,其使用方法大同小异,可以参考 JN-RM-2017 来了解所有的接口函数。

## 15.5  外围部件的操作

前面已经介绍了基于 ZigBee 协议栈 API 进行无线应用开发的基本内容。如:15.1 节介绍 ZigBee 网络的一些基本概念和术语。15.2 节介绍了 ZigBee 应用程序的运行过程以及协议栈的基本接口函数,15.3 节介绍如何发送数据和定义 End Point 上的 Simple Descriptor,15.4 节介绍了一些 ZDP 的基本内容以及相应的 binding 和 match 操作。

下面将讲解如何开发基于 802.15.4 的网络应用以及模块外围部件的接口函数。所有的函数都可以在 JN-RM-2001-Integrated-Peripherals-API 这个参考手册中找到,故这里重点不是介绍每个 API 函数,而是采用主题问答的形式面向实际的问题来提供可供参考的代码片断和相应的解释。

### 15.5.1  如何实现定时休眠唤醒

最简单的方法就是在 JZA_vStackEvent 事件中来实现,这样就会在数据发送完成后实现定时的休眠唤醒。

```
PUBLIC void JZA_vStackEvent(teJZS_EventIdentifier eEventId,
                    tuJZS_StackEvent * puStackEvent)
{
    if(eEventId == JZS_EVENT_NWK_JOINED_AS_ROUTER)
        {
            bNwkJoined = TRUE;
        }
    if(eEventid == JZS_EVENT_APS_DATA_CONFIRM)
        {
            if(puStackEvent -> sApsDataConfirmEvent.u8Status == APS_ENUM_SUCCESS)
            {
                /*唤醒时钟使能*/
                vAHI_WakeTimerEnable(E_AHI_WAKE_TIMER_0,TRUE);
                /*设置休眠周期*/
```

```
            vAHI_Wake TimeStart(E_AHI_WAKE_TIMER_0,1920000);

            u8AHI_WakeTimerFiredStatus();
            vBosRequestSleep(TRUE);//False->不带内存休眠；TRUE->带内存休眠    }
    }
}
```

这段代码将在数据发送完成后休眠一分钟，然后执行 warmstart。

## 15.5.2　如何使用 SPI 接口

下面这段代码展示了一个基本的 SPI 接口的命令发送和数据接收的过程。

```
vAHI_SpiConfigure(1,/*所使用的 SPI 设备数量*/
                E_AHI_SPIM_MSB_FIRST,/*send data MSB first*/
                E_AHI_SPIM_TXPOS_EDGE,/*TX  上升沿*/
                E_AHI_SPIM_RXPOS_EDGE,/*PX  上升沿*/
                3,/*  SPI 时钟速率 16MHz/2^n*/
                E_AHI_SPIM_INT_DISABLE,/*是否使用 SPI 中断*/
                E_AHI_SPIM_AUTOSLAVE_DSABL);/*自动片选设置           */

vAHI_SpiSelect(E_AHI_SPIM_SLAVE_ENBLE_1);//片选第一个 SPI 设备

uint8 u8Cmd = 0x9f;
uint8 u8Temp = 0;
vAHI_SpiStartTransfer8(u8Cmd);//发送 SPI 命令
vAHI_SpiWaitBusy();

//Bit1
vAHI_SpiStartTransfer8(0xFF);//发送一个无意义的数据来激活 SPI 时钟
vAHI_SpiWaitBusy();
u8Temp = u8AHI_SpiReadTransfer8();//读取返回的数据
vAHI_SpiWaitBusy();

vAHI_SpiSelect(SPI_SLCT_NONE);//取消片选
```

## 15.5.3　如何使用 UART

最简单的方法就是使用 JN-AN-1015 中的标准串口操作函数，包括 printf.c，printf.h。把这两个文件加入到工程中，然后在主程序的代码头部 include 下面包含头文件，比如：

```
#include"..\..\..\Chip\Common\Include\Printf.h"
```

然后在代码的初始化设备的函数里加入

```
vUART_printInit();
```

一般应该在（void）bBosRun（TRUE）的前面加入。这样就可以在代码的任何地方使用 printf 来向串口输出信息了。比如：

```
vPrintf("Temp = %d\r\n",u16Temp);
```

如果还需要在程序中从串口接收数据，那么就需要做如下的修改：

首先把下面的代码加入到 PUBLIC void JZA_vPeripheralEvent(uint32 u32Device,uint32 u32ItemBitmap)这个事件中，以便接收到串口中断。

```
if(u32Device == E_AHI_DEVICE_UART0)
        {
          /* if data has been received */
          if((u32ItemBitmap & 0x000000FF) == E_AHI_UART_INT_RXDATA)
          {
            /* Process UART0 RX interrupt */
            cCharIn = ((u32ItemBitmap & 0x0000FF00)>> 8);
          }
        }
```

### 15.5.4 如何使用 GPIO

Jennic 的模块具有 21 路通用的 GPIO，可以通过软件的方式进行设置，这些 I/O 口和其他的外围接口是共用的。其共用关系如表 15-1 所示。

对于 GPIO 的操作相对来讲是非常简单的，首先需要通过调用 vAHI_DioSetDirection 来进行 I/O 输入输出的设置。这个函数的原型如下。

表 15-1  21 路通用的 GPIO

| DIO pin | Shared with |
|---|---|
| 0 | SPI slave select 1 |
| 1 | SPI slave select 2 |
| 2 | SPI slave select 3 |
| 3 | SPI slave select 4 |
| 4~7 | UART 0 |
| 8~10 | Timer 0 |
| 11~13 | Timer 1 |
| 14~15 | Serial interface |
| 16 | IP data in |
| 17~20 | UART 1 |

```
PUBLIC void vAHI _ DioSetDirection ( uint32 u32Inputs, Uint32 u32Outputs);
```

u32inputs 和 u32outputs 是设置 I/O 输入输出的 mask 码。下面，通过简单例子来说明此问题。比如说需要设置 DIO14、DIO15 为输入，DIO8，DIO9 为输出，那么 mask 设置如下。

| | 0 | 1 | 2 | 3 | 4 | 5 | 6 | 7 | 8 | 9 | 10 | 11 | 12 | 13 | 14 | 15 | 16 | 17 | 18 | 19 | 20 |
|---|---|---|---|---|---|---|---|---|---|---|---|---|---|---|---|---|---|---|---|---|---|
| input | 0 | 0 | 0 | 0 | 0 | 0 | 0 | 0 | 0 | 0 | 0 | 0 | 0 | 0 | 1 | 1 | 0 | 0 | 0 | 0 | 0 |
| output | 0 | 0 | 0 | 0 | 0 | 0 | 0 | 0 | 1 | 1 | 0 | 0 | 0 | 0 | 0 | 0 | 0 | 0 | 0 | 0 | 0 |

那么得到的输入 mask 码就是 0xC000，输出的 mask 码就是 0x300，调用

```
vAHI_DioSetDirection(0xC000,0x300);
```

就可以完成 I/O 的设置。需要注意的是，对于 GPIO 的输入输出设置不要冲突。对于 I/O 的输入和输出操作比较简单，通过调用

```
vAHI_DioSetOutput(uint32 u32On,uint32 u32Off)
PUBLIC uint32 u32AHI_DioReadInput(void)
```

就可以完成，其参数的含义基本上也是按照 mask 码的使用方法来操作。这里可能涉及很多对数据位的操作，具体可以参考 C 语言中的位操作方法。

# 参考文献

[1] 张宏亮,王少克. Jennic 软件开发人员指南(基于 Jennic JN51XX),北京博讯科技有限公司,2008.
[2] ZigBee 嵌入式开发平台指导手册 V2.0,南京东大移动互联技术有限公司,2009.
[3] iSnamp-J 个人版 V 1.0 用户指南,宁波中科集成电路设计中心无线通信事业部.
[4] Data Sheet:JN5139-001 and JN5139-Z01,IEEE 802.15.4 and ZigBee Wireless Microcontrollers.
[5] JN5121-xxx-Myy JN5121-xxx-M00 | M01 | M03 | M02 | M04 无线处理器模块.
[6] JennicJN51XX 编程开发概述,硬件,安装和编程初步,博讯科技.

# 第 5 篇　TinyOS实践开发技术

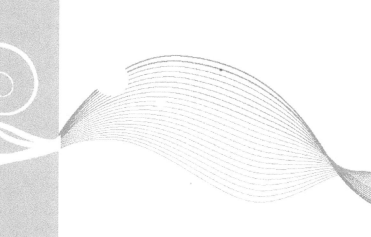

- 第16章　nesC语言
- 第17章　TinyOS操作系统
- 第18章　TinyOS示例

# 第16章 nesC语言

## 16.1 nesC 语言简介

### 16.1.1 nesC 语言概述

最初的 TinyOS 是用汇编和 C 语言编写的,但是经过进一步的研究发现,C 语言并不能有效、方便地支持面向传感器网络的应用和操作系统开发。于是开发人员经过仔细地研究和设计,对 C 语言进行了一定的扩展,形成一种类 C 的语言,开发了适合无线传感器网络特点的 nesC(C language for network embedded systems)语言。nesC 最大的特点就是支持组件化编程模型,将组件化、模块化的思想和事件驱动的执行模型结合起来。TinyOS 以及基于 TinyOS 的应用都是用 nesC 编写的。

nesC 是为了支持组件化编程,对 C 语言进行扩展而形成的语言。设计该语言的主要目的就是把组件化/模块化思想和基于事件驱动的执行模型结合起来,并利用该语言对 TinyOS 进行了重新的编写。改写后的 TinyOS 与以前相比提高了应用开发的便利性和应用执行的可靠性,以有效地、方便地支持面向传感器网络的应用和操作系统的开发。

nesC 是对 C 的扩展,它基于体现 TinyOS 的结构化概念和执行模型而设计。TinyOS 是为传感器网络节点而设计的一个事件驱动的操作系统,传感器网络节点拥有非常有限的资源(举例来说,8KB 的程序储存器,512B 的随机存取储存器)。nesC 和 TinyOS 是天然的结合,TinyOS 本身也是用 nesC 语言实现的,使用 nesC 语言实现 TinyOS 代码要比用 C 实现要少得多。

nesC 提供了一种在传感器网络这一特殊领域内较好的编程模式,这种模式的特点是合作的事件驱动、灵活的并发机制和面向组件的应用设计。nesC 定义了组件的模型,支持事件驱动系统。这种模型对简单的时间流程提供了双向的接口,同时支持灵活的软硬件边界处理。nesC 定义了一个简单的但是很有效的并发机制,这样可以让 nesC 的编译器在编译的时候发现竞争的数据,同时可以在资源很有限情况下实现很好的并发行为。nesC 没有动态的内存分配机制,这个限制使整个系统调用非常简单并且更加得准确。

### 16.1.2 nesC 语言组成

**1. 构件组装示意**

组件化的体系结构已经被广泛应用在嵌入式操作系统之中。在这种体系结构中,TinyOS 用组件来实现各种功能,用户在编写应用程序时通过裁剪不必要的组件,只包含必要的组件以达到提高操作系统紧凑性、减少代码量和占用存储资源的目的。TinyOS 的组件化体系结构为用户提供了一个 WSN 开发应用的编程框架,在这个框架中可以将 TinyOS 提供的操作系统组件和用户自己设计编写的应用程序组件结合起来,方便地构建整个节点应用程序。

nesC 是为支持 TinyOS 开发而设计的构件编程语言,可看做是 C 语言在软件构件技术开发中的扩展,具有构件描述和构件组装两种构件化机制。构件描述提供接口定义和模块构件的语言规范;构件组装提供配置构件和配线规范(即 nesC 的构件组装技术)。模块构件是功能实现构件,配置构件是功能关联构件,模块构件是原子构件,配置构件是复合构件,配置构件通过配线规范实现不同构件的灵活组装,生成所需的整体功能代码。图 16-1 是 nesC 语言的构件组装示意图。其中,AppM,Main,TempM,LightM 是模块构件,AppC,SensorsC 是配置构件。矩框内外三角分别代表构件提供和使用的接口,配置构件内部连线代表构件组装的配线。

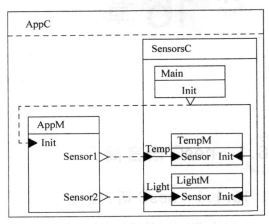

图 16-1　nesC 语言构件组装示意图

**2. nesC 语言结构及组成**

图 16-2 为基于 nesC 语言的应用程序框架,应用程序由一系列组件(Component)及接口(Interface)构成,一个组件一般提供一些接口,接口可以看做是这个软件组件实现的一系列函数的声明。其他组件通过引用相同接口声明,就可以使用这个组件的函数,从而实现组件间的功能相互调用。

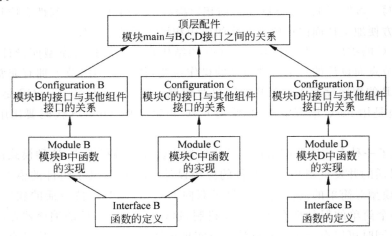

图 16-2　基于 nesC 语言的应用程序框架

nesC 语言的组成部分有组件和接口。此外还包括它们之间的连接(wiring)。

1) 组件

nesC 程序的基本单元。一个组件包括定义和实现两部分。组件分为模块(module)和配件(configuration)两种。实际上,模块是主要用 C 语言实现的组件规范,它是组件的功能实体,主要包括命令、事件、任务等具体实现。配件通过连接一系列相关组件来实现一个组件规范。其主要是实现组件之间的相互访问方式。配件的语法定义如下:

```
configuration:
configuration identifier specification configuration–implementation
configuration–implementation:
implementation{component–list connection–list}
```

component-list 用来列出实现此配件的组件列表,connection-list 定义了这些组件相互连接以及与配件的连接方式。

2) 接口

接口是一系列声明的有名函数集合,同时接口是连接不同组件的纽带。实际上,nesC 中的接口是双向的,这种接口是提供者组件和使用者组件之间的一个多功能交互信道。接口定义了"命令"和"事件",接口的提供者组件实现接口的一组功能函数,称之为"命令";接口的使用者组件实现接口的一组功能函数,称之为"事件"。

3) 连接

连接用来把定义的元素(接口、命令、事件等)联系在一起,以完成相互之间的调用。连接的语法的定义如下。

```
connection–list:
    connection
    connection–list connection
connection–list:
    endpoint = endpoint
    endpoint ← endpoint
    endpoint → endpoint
    endpoint;
identifier–path
identifier–path[argument–expression–list]
identifier–path:
identifier
identifier–path, identifier
```

连接语句连接两个终点(End Point),一个终点的 identifier 指明了一个规范元素。argument-expression-list 定义了接口参数。

### 16.1.3　nesC 语言基本特点

(1) nesC 是 C 语言的一个扩展。C 语言可以为所有在传感器网络中可能被用到的目标微控制器生成高效代码。C 为硬件访问提供了所有必要的底层功能部件,并且简化了和现存 C 代码的交互过程。而且许多程序开发人员都熟悉 C 语言。但是,C 语言也有很多的不足之处,C 语言在安全性和应用程序结构化方面不够强大。nesC 需要通过控制表达能力来提供安全性,通过组件来实现结构化设计。

(2) 整体程序分析。nesC 采用了基于由编译器生成完整程序代码的需求设计,这考虑到了较好的代码重用和分析。这方面的一个例子是 nesC 的编译-时间数据竞争监视器。节点应用程序的大小都很有限,这使得整体程序分析成为现实。nesC 的编译器要对用 nesC 编写的程序进行整体程序分析(为安全性考虑)和整体程序优化(为性能考虑)。

(3) 程序的结构机制和组合机制分离。程序由组合(绑定)在一起的组件构成,是一个顶层配置构件,它由各底层的构件通过配线规范逐级组装。整个程序由多个组件(component)

连接(wired)构成。组件定义了两种范围,一个是为其接口(interface)定义的范围,另一个是为其实现(implementation)定义的范围。组件可以以任务(task)形式存在,并具有内在并发性。基于组件概念的 nesC 直接支持基于事件的并发控制模型。线程控制可以通过组件的接口传递给组件本身,这些线程可能源于一个任务或者一个硬件中断。

(4) 通过一组接口说明组件行为。组件可以提供接口,也可以使用接口。组件提供的接口描述组件为它的使用者提供需要的功能,组件使用的接口描述组件在完成任务时需要的功能。

(5) 接口双向性。接口是一类功能定义的集合,包括命令和事件两种类型的声明,其中命令(command 函数)声明描述提供服务的标识,事件(event 函数)声明描述索取服务的标识。这种机制使得一个接口可以描述两个组件间的复杂的交互作用。这个概念很重要,因为在基于事件的并发模型中,所有费时的命令(如 send packet)的是非阻塞的;这些命令完成时会触发一个事件(事件 send done)。通过指定接口,可以阻止组件在尚未提供事件 sendDone 的实现的情况下调用命令 send。通常命令调用是向下的,比如,从应用组件到那些更接近硬件的组件,而事件调用是向上的。一些特定的原始事件和硬件中断捆绑在一起。

(6) 组件通过接口彼此静态地相连。在连接配置文件中,主要是将各个组件和模块连接起来成为一个整体,它也可以提供和使用接口。这将增加运行时效率、设计的健壮性,而且允许更好地对程序进行静态分析。nesC 是一种静态语言,nesC 的组件模型和参数化的接口减少了许多动态内存分配和动态分发的需求。用 nesC 编写的程序里不存在动态内存分配,而且在编译期间就可以确定函数调用流程。这些限制使得整体程序分析和优化操作得以简化,同时操作也更加精确。

(7) 设计 nesC 时,期望由"整体程序"编译器产生代码。这个概念更有利于良好代码的产生和分析。编译时刻资料竞争分析就是一个很好的例子。

(8) nesC 的并发控制模型是基于任务和中断处理程序的。任务间由 FIFO 方式调度,任务一旦开始运行,就一直运行到任务结束为止,中间不会有别的任务来抢先执行。而中断处理程序可抢占任务或者其他的处理程序。如果中断处理程序引发了潜在的数据竞争,nesC 的编译器会发出相应的信息。

### 16.1.4 nesC 编译技术

由于在传感器网络中,许多组件长时间不能维护,需要具有一定的稳定性和健壮性,而且资源受限,要求非常有效的简单接口,只能静态分析资源和静态分配内存。nesC 就是满足这种要求的编译器,它使用 atomic 原子操作和单任务模型来实现变量竞争检测,消除了许多变量共享带来的并发错误;它使用静态的内存分配和不提供指针来增加系统的稳定性和可靠性;它使用基于小粒度的函数剪裁方法(inline)来减少代码量和提高执行效率(减少了 15%~34%的执行时间);并利用编译器对代码整体的分析进行全局优化[31]。nesC 提供的功能,整体地优化了通信和计算的可靠性和功耗。又如 galsC 编译器,它是对 nesC 语言的扩展,具有更好的类型检测和代码生成方法,并具有应用级的良好的结构化并发模型,很大程度上减少了并发错误,如死锁和资源竞争。

### 16.1.5 nesC 程序开发平台

TinyOS 是一个开源的嵌入式微型操作系统,系统功能用 nesC 语言以库的形式提供。节点的应用程序开发必须借助一定的平台进行交叉编译后生成目标程序。下面介绍在 Windows 平台中开发 nesC 程序两种方式。

#### 1. Cygwin

Cygwin 是一个 Windows 平台上运行的 UNIX 模拟环境,适于在 Windows 上进行嵌入式系统开发。通过采取共享库(Cygwin dll),弥补了 Win32 的 API 中所没有的 UNIX 风格。通过调用封装在共享库里面的方法,形成一个 UNIX 系统库的模拟层。从而,可以在 Windows 平台上编译 nesC 程序,相当于在 UNIX 上进行工作。

这个安装文件包含有 Cygwin、Java 和 TinyOS 等软件。下载完毕后,执行安装文件即可。执行桌面的快捷方式,运行 toscheck,系统自动执行脚本程序,如果安装成功,则会在最后一行显示 toscheck completed without error。

Cygwin 为 nesC 程序编译提供 UNIX 模拟环境,通过交叉编译器 ncc 生成目标代码。使用记事本或其他编辑器开发的 nesC 程序,就可在 Cygwin 中进行编译。

#### 2. Eclipse

Eclipse 是一个非常流行的 Java 集成开发环境(IDE),Eclipse IDE 实际上由插件的交互式组件的集合组成。这些插件组成了 IDE 的基础,通过它们可用于创建其他桌面应用程序,包括 TinyOS 的 nesC 程序。

通过安装相应的 TinyOS 插件,就可在 Eclipse IDE 中开发 nesC 程序。

下面是安装插件程序步骤。

(1) 确认 TinyOS 系统和 Eclipse 已经安装好,同时可以运行。
(2) 下载 TinyOS 插件 TinyOS Eclipse Plug vinversion 0.0.6。
(3) 将压缩包文件解压后放在 Eclipse 的插件目录 plugins 中。
(4) 将 TinyOS 的解析外壳 bash 放到 Windows 系统环境中。
(5) 启动 Eclipse,即可在 IDE 中进行 nesC 程序开发。

## 16.2 语法与术语

### 16.2.1 变化

nesC 1.0 版本同 nesC 1.1 版本的变化如下。

(1) 原子的陈述。这些单一化协同数据结构的实现,能够被新的编译-时间数据竞争监视器识别。

(2) 编译-时间数据竞争监视为可能的协同的两个中断操作者或一个中断操作者和一件作业,同时存取变量提出警告。

(3) 指令和事件必须明确地标出存储型说明才能安全地被中断操作者执行。

(4) 对指令或"扇出"事件的调用返回结果自动地被新的类型-特性的组合器执行联合。

(5) uniqueCount 是一个新的"常数功能",具有独特的作用。

(6) nesC 预处理程序符号指出语言版本。对于 nesC 1.1 版本它是 110。

### 16.2.2 语法

对 nesC 来说,as、call、command、components、configuration、event、implementation、 interface，module，post，provides，signal，task，uses，includes 等是新的关键字。这些关键字在 C 文件中是不被保留的。对应的 C 符号,通过加上_nesc_keyword 前缀(举例来说,_nesc_keyword _as),则在 nesC 文件中是可用的。

nesC 所有的标识符均以_nesc 开头保留作为内部使用。TinyOS 保留所有的标识符以 TOS_和 TOSH_开头。

nesC 文件遵循 nesC 文件要求;.h 文件可通过 includes 来包含,遵循来自 K&R 指令编译单位的新规则。

```
nesC-file:
    includes-listopt interface
    includes-listopt module
    includes-listopt configuration
includes-list:
    includes
    includes-list includes
includes:
    includes identifier-list;
interface:
    interface identifier { declaration-list }
module:
    module identifier specification module-implementation
module-implementation:
    implementation { translation-unit }
configuration:
    configuration identifier specification configuration-implementation
configuration-implementation:
    implementation { component-listopt connection-list }
component-list:
    components
    component-list components
components:
    components component-line;
component-line:
    renamed-identifier
    component-line, renamed-identifier
renamed-identifier:
    identifier
    identifier as identifier
connection-list:
    connection
    connection-list connection
connection:
    endpoint = endpoint
    endpoint -> endpoint
    endpoint <- endpoint
endpoint:
    identifier-path
    identifier-path [ argument-expression-list ]
identifier-path:
    identifier
```

```
        identifier – path . identifier
specification：
    { uses – provides – list }
uses – provides – list：
    uses – provides
    uses – provides – list uses – provides
uses – provides：
    uses specification – element – list
    provides specification – element – list
specification – element – list：
    specification – element
    { specification – elements }
specification – elements：
    specification – element
    specification – elements specification – element
specification – element：
    declaration
    Interface renamed – identifier parametersopt
parameters：
    [ parameter – type – list ]
```

**改变的规则：**

```
storage – class – specifier: also one of
    command event async task norace
declaration – specifiers: also
    default declaration – specifiers
direct – declarator: also
    identifier . identifier
    direct – declarator parameters ( parameter – type – list )
init – declarator – list: also
    init – declarator attributes
    init – declarator – list, init – declarator attributes
function – definition: also
    declaration – specifiersopt declarator attributes declaration – listopt compound – statement
attributes：
    attribute
    attributes attribute
attribute：
    _attribute_ ( ( attribute – list ) )
attribute – list：
    single – attribute
    attribute – list, single – attribute
single – attribute：
    identifier
    identifier ( argument – expression – list )
statement: also
    atomic – statement
atomic – statement：
    atomic statement
postfix – expression: replaced by
    primary – expression
```

```
        postfix-expression [ argument-expression-list ]
        call-kindopt primary ( argument-expression-listopt )
        postfix-expression . identifier
        postfix-expression -> identifier
        postfix-expression ++
        postfix-expression --
call-kind: one of
call signal post
```

### 16.2.3　术语

**联合函数**：是连接前一个扇出中指令（或事件信号）调用的多个返回结果的 C 函数。

**指令，事件**：是一个函数，作为组件说明的一部分，它要么直接地作为规格元素，要么在组件的一个接口实例中。当直接作为规格元素时，指令和事件有自己的角色（提供者、使用者），而且可以有接口参数。而对于接口实例，可分为没有接口参数的简单指令（事件）和有接口参数的复杂指令（事件）。指令或事件的接口参数可以从它的常用函数参数中了解到。

**编译-时间错误**：一个 nesC 编译器在编译时必须报告的错误。

**组件**：nesC 程序的基本单位。成分有名字并且有两个类型：模块和结构。组件有说明和实现。

**结构**：一种组件，其实现由别的组件通过一特殊配线来提供。

**端点**：是在结构的配线陈述中特别规格元素的说明，和可选的一些接口参数值。参数化端点是没有符合参数化规格元素参数值的端点。

**事件**：见指令。

**作用域**：变量的生存时间。nesC 有标准的 C 作用域，模糊的、函数和区段。

**外部的**：在一个结构 C 中，描述 C 称述中的一种规格元素。见内部的。

**扇入**：描述有多个调用接口的提供指令或事件。

**扇出**：描述连接多个指令或事件实现的使用指令或事件。连接函数连接调用这些使用指令或事件的返回结果。

**接口**：当上下文清楚时，使用接口引用接口类型或接口实例。

**接口实例**：组件说明中，某一接口类型的实例。接口实例有实例名，角色（提供者或使用者），接口类型和可选的接口参数。没有接口参数的接口实例是简单的接口实例，带有参数的是参数化接口实例。

**接口参数**：接口参数有接口参数名且一定是整数类型。参数化接口实例的每个参数清单都有（概念的）一个独立的简单的接口实例（并且，同样的，在参数化指令或事件的情况下，都有独立的简单的指令或事件）。参数化接口实例允许运行时根据参数值在一套指令（或一套事件）中选择运行。

**接口类型**：接口类型陈述两组件，提供者和使用者间的交互作用。这种陈述使用一套指令或事件的形式。每个接口类型都有一个明确的名字。接口是双向的：接口供给者实现它的指令，接口使用者实现它的事件。

**中间函数**：表现组件指令和行为的虚函数，由整个程序的配线结构指定。

**内部的**：在一个结构 C 中，描述 C 的组件列表中声明的一个组件的规格元素。见外部的。

**模块**：由 C 代码提供实现的组件。

命名空间：nesC 有标准的 C 变量（也为函数和宏使用），类型标识符（结构，联合，枚举标识名）和标签命名空间。另外，nesC 有组件和接口类型命名空间用于组件和接口类型名。

参数化指令，参数化事件，参数化接口实例，端点：见指令，事件，接口实例，端点。

提供，提供者：规格元素的一个角色。接口实例的提供者必须在接口中实现指令；提供指令和事件必须被实现。

K 的提供指令：一个指令，它要么是 K 提供的规格元素，要么是 K 的提供接口的指令。

K 的提供事件：一个事件，它要么是 K 的规格元素，要么是 K 使用接口的事件。

范围：nesC 拥有标准的 C 全局，函数参数和段落范围。另外，组件中还有说明和实现范围和每一接口类型范围。范围被分为命名空间。

规格：说明组件和其他组件交互作用的规格元素列表。

规格元素：规格中提供或使用的接口实例，指令或事件。

作业：一个 TinyOS 作业。

使用，使用者：规格元素的一种角色。接口实例的使用者必须实现接口中的事件。

K 的使用指令：一个指令，它要么是 K 的使用规格元素，要么是 K 的使用接口的指令。

K 的使用事件：一个事件，它要么是 K 的使用规格元素，要么是 K 的提供接口的事件。

配线：由结构指定的组件规格元素间的连接。

## 16.3 接口

nesC 语言中，应用程序由各个组件组成，组件之间通过接口相连。接口声明了一些命令处理程序和一些事件处理程序，是一系列声明的有名函数集合，同时接口是连接不同组件的纽带。接口声明的这些程序说明了组件具有的功能。接口是由组件提供和被组件使用的，具有双向性，它们是描述提供者组件与使用者组件之间的一个多功能交互渠道。每个组件需要声明其提供的接口和使用的接口。如图 16-3 所示的接口结构，它具有双向性。

接口的作用是进行功能描述。每个接口提供给使用者一个或几个可以使用的方法（command），或者定义一个或几个使用者必须处理的事件（event）。每套接口描述一套相对完整的功能。组件则要说明其使用了哪些接口，并提供哪些接口。

接口的使用者（上层组件）通过接口中的命令来调用接口的提供者（下层组件）所提供的该接口的命令处理程序；当下层组件中的一个事件（如硬件中断）发生的时候，下层组件通过接口中的事件通知来通报上层组件该事件的发生，上层组件需要提供该事件的处理程序。组件间通过这种接口的连接节省了运行时动态连接的开销。

一方面接口的提供者实现了接口中称为命令（commands）的一组功能函数；另一方面接口的使用者需要实现该接口中称为事件（events）的一组功能函数。即在接口中定义了一组称为"命令"的有名函数，这些函数由接口提供者实现；此外，接口中还可定义一组称为"事件"的有名函数，这些函数由接口使用者实现。

nesC 语言编写程序是通过接口将不同组件连接起来。接口是一系列有名称函数的集合，是不同组件间的纽带，形成了一种双向通道，如图 16-3 所示。

接口中函数通过关键字 command 和 event 完成双向通道的功能：用 command 声明的函数称为命令，表示通过此接口可以调用哪

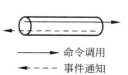

图 16-3　接口示意图

些功能；用 event 声明的函数称为事件，表示通过此接口可以获得哪些事件的通告。

接口是组件间进行通信的规范，组件通过关键字 provides 和 uses 声明对接口使用的方式：provides 表明组件可以向外提供接口，uses 表明组件完成自身功能需要其他组件提供的接口。

接口声明语法如下：

```
Interface name                        //定义了该接口的名称
{
asy command result_t Cname(pram p);   //声明了命令处理函数
    event result_t Ename(pram p);     //声明了事件处理函数
}
```

在接口中声明命令和事件可以完成不同的功能，命令是接口具有的功能，事件是接口具有通告事件发生的能力。asy 声明的命令或事件可在中断处理程序中调用。

接口分为简单接口和参数化接口，如

```
Interface ReceiveMSg Receive[uint_t id]
```

则表明是参数化的接口，可通 id 对同一接口不同的句柄事件进行分别处理。

接口由接口类型定义，接口语法定义如下所示：

```
nesC-file:
includes-listopt interface
...
interface:
interface identifier {declaration-list}
storage-class-specifier: also one of command event async
```

上面声明了接口类型标识符(identifier)，这一标识符有全局的作用范围，并且属于单独的命名空间：组件和接口类型命名空间。所以各个接口和组件应该具有不同的名称，同时能和一般的 C 的声明不发生任何冲突。

在接口标识符后面的声明列表(declaration-list)中给出了相应接口的定义。声明列表必须由具有命令或事件的存储类型的函数定义组成，否则会产生编译时错误。可选的 async 关键字指出此命令或事件能在一个中断处理函数(interrupt handler)中执行。

一个简单的接口如下：

```
Interface SendMsg{
Command result_t send(uint16_t address,uint8_t length,TOS_MsgPtr msg);
Event result_t sendDone(TOS_MsgPtr msg,result_t success);
}
```

可以看到，接口包括一个命令 send 和一个事件 sendDone。提供接口 SendMsg 的组件需要实现 send 命令函数，而使用此接口的组件需要实现 sendDone 事件函数。

## 16.4 组件

### 16.4.1 组件概述

组件是 nesC 程序的基本组成单位，通过组件可以实现各层定义的逻辑功能。数据在不同层中可用不同的组件相对应：应用层为应用程序的高层组件；消息层为主动消息组件；消息包层为无线消息包组件；字节层为字节包组件；比特层为具体物理硬件组件。网络协议栈基于分层思想在 TinyOS 中是以组件作为其体现形式的。

  nesC 的应用程序通过编写、组合组件(components)构造而成。一个组件提供和使用接口(interface)。组件的使用者只能通过这些接口访问组件。一个接口通常代表某项服务，并且会有一个接口类型说明。nesC 中的界面是双向的：它们包括命令(command)和事件(event)，两者都是必要的函数。接口的提供者要实现接口的命令，而事件由接口的使用者来实现。将命令请求和事件响应放在同一个接口中，轻而易举就实现了分段操作。

  在组件中，将接口类型的定义和接口的使用分离有助于定义标准接口让组件有更高的可重用性和更大的弹性。一个组件可以提供和使用同种接口类型，也可以多次提供同一个接口类型。组件同时是抽象软硬件之间边界的一个简明方法。双向接口使得支持硬件中断变得非常简单。相反地，基于过程调用的单行接口不得不采用硬件轮询，或者采用两个独立的接口分别处理硬件操作和相应的中断。

  nesC 中有两种组件：模块(module)和配件(configuration)。Module 类型的组件提供应用程序代码，实现一个或多个接口。configuration 类型的组件用于将别的组件绑定在一起，将组件使用的接口连接到其他组件提供的接口上。nesC 的每个应用程序都有一个顶层的 configuration 类型的组件，这个组件将该应用程序使用的组件绑定在一起。

  Module 类型组件的内容用类 C 的代码写成，其中也有一些扩展，如某个接口 i 的某个命令/事件 f 用"i.f"表示。命令调用类似于通常的函数调用，只是加了一个关键词 call 作为前缀，类似地，一个事件的触发也和函数调用差不多，只是多了一个关键词前缀 signal 等等。这些批注符号能够很好地提高程序代码的清晰度。一个组件的一个接口可能被绑定 0 次，1 次或者多次。nesC 允许扇出为 0，前提是 module 类型的组件为未绑定的命令提供了一个缺省的实现。只要命令的返回值有一个用于合并所有调用结果的关联函数，扇出大于 1 的情况也是允许的。相应地，事件触发表达式的处理也是一样的。组件之间通过接口显式绑定，有了这个措施之后就不再需要函数指针类型了，这也使得组件之间的控制流变成显式的了。总之，以上这些做法都使得程序员更容易编写正确的组件，将各个组件绑定到某个应用程序中时更容易了解各个组件的行为。绝大多数组件都代表某项服务或者某个硬件装置，因此只存在一个实例。

  组件就是实现一定逻辑功能模块，是 nesC 程序的基本单位。整个 TinyOS 节点中程序就是由许多组件构成的，如图 16-4 所示。

  TinyOS 中将组件分为三种不同类型的组件：高层组件、合成组件和硬件抽象组件。网络节点应用程序是高层组件，高层组件形成独立的功能模块。数据处理、通信处理、传感器数据读取是合成组件，合成组件如数据处理，完成相对抽象的操作，在概念上形成一个更加强大的物理硬件。相应的硬件模块是硬件抽象组件，如定时器。它是应用程序同节点操作系统的分界线，也是硬件和软件的分界线。

  组件可以能调用其他组件提供的功能以实现新的功能，即一个组件可通过多个组件完成一定的逻辑功能，对外声明需要哪些接口和提供哪些接口。如图 16-5 所示，由组件 A，B 和 C 形成了新的功能组件 D。

  组件 D 的功能是由组件 A，B，C 和接口②提供的命令和事件通告完成的，同时组件 D 可对外提供接口①的命令和事件通告。

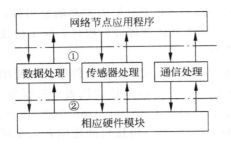

图 16-4　TinyOS 节点程序

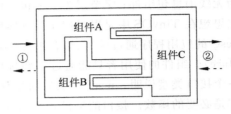

图 16-5　组件 D 结构图

nesC 语言中的组件采用双向接口的设计模式。任意组件可以使用其下层组件提供的接口，同时通过接口向上层组件提供自己实现的功能。前面已经讲述过，在 nesC 语言中的组件可以分为两类：模块组件（module）和配置组件（configuration）。Module 声明模块文件，是实现具体功能的组件，不同的 module 组件实现的接口和功能也各不相同。但是 module 组件本身不知道其使用的接口的功能由哪些 module 组件实现，它也不关心自己提供的接口由谁使用。Configuration 声明配线文件，配线文件只是完成组件中使用其组件的接口连接情况。Configuration 组件所起到的作用就将各种 module 组件相连接，以实现某一具体的功能。Configuration 组件本身也可以向外提供接口，但是这些接口的功能并不在 configuration 组件本身的代码中实现，而是由其他 module 组件连接实现。在配线文件中必须定义其组件功能实现的核心模块组件。

nesC 中通过关键字 provides, uses 来声明使用接口情况。组件对接口的使用或提供不是必须的，是否使用或提供接口完成特定接口的功能取决于组件的功能需要。一个组件可以使用或提供多个接口以及同一个接口的多个实例。provides 声明组件可以向外提供接口。Command 声明函数的功能和接口。Event 声明函数的事件通告，因此在组件的核心模块组件中，应给出接口中 command 所声明函数的实现，同时对接口中 event 声明的函数进行 Signal 通告。Uses 申明组件可以调用接口。

### 16.4.2　组件语法与说明

nesC 组件分为模块（module）和配件（configuration）两种类型。其语法定义如下。

```
module:
module identifier specification module-implementation
configuration:
configuration identifier specification configuration-implementation
```

组件的名字由标识符指定。这一标识符有全局的作用范围并且属于组件和接口类型命名空间。

组件规范（specification）列出该组件提供或使用的规范元素（接口实例，命令或事件）。一个组件必须实现它所提供的接口的命令和它所使用的接口的事件。典型地，命令向下调用下层硬件组件，而事件向上调用上层应用组件。组件间的交互只能通过组件的规范元素。每个规范元素有一个名字（接口实例名、命令名或事件名）。这些名字属于每个组件特有的、规范范围内的可变命名空间。

一个 nesC 组件或是一个模块或是一个结构：

```
nesC-file:
includes-listopt module
includes-listopt configuration
...
module:
module identifier specification module-implementation
configuration:
configuration identifier specification configuration-implementation
```

组件的名字由标识符指定。这一标识符有全局的作用范围并且属于组件和接口类型命名空间。一个组件介入两个分组件的作用域：一个规格作用域,属于C中全局的作用域,和一个实现作用域,属于规格作用域。

通过包含列表,一个组件能可选择地包括C文件。

组件规格列出该组件提供或使用的规格元素(接口请求、指令或事件)。一个组件必须实现它提供接口的指令和它使用的接口事件。另外,它必须实现它所提供的指令和事件。

典型地,指令向下调用硬件组件,而事件向上调用应用组件(这表现为 nesC 应用,如一个应用组件处于顶端的组件曲线图)。一个控制线程只有通过它的规格元素来越过组件。

每种规格元素有一个名字(接口实例名、命令名或事件名)。这些名字属于总组件-规格作用域的变量命名空间。

```
specification:
{uses-provides-list}
uses-provides-list:
uses-provides
uses-provides-list uses-provides
uses-provides:
uses specification-element-list
provides specification-element-list
specification-element-list:
specification-element
{specification-elements}
specification-elements:
specification-element
specification-elements specification-element
```

一个组件说明中可以有多个使用和提供指令。多个使用和提供规格元素可以通过包含在{and}中而组合在一个指令中。举例来说,下面两个说明是一样的：

```
module A1 {                     module A1 {
uses interface X;                 uses {
uses interface Y;                     interface X;
} ...                                  interface Y;
                                  }
                                } ...
```

一个接口实例描述如下：

```
specification-element:
interface renamed-identifier parametersopt
...
```

```
renamed-identifier:
identifier
identifier as identifier
interface-parameters:
[parameter-type-list]
```

接口实例声明的完整语法是 interface X as Y,明确地指明 Y 作为接口的名字。interface X 是 interface X as X 的一个速记。

如果接口-参数被省略,那么 interface X as Y 就声明一个简单的接口实例,对应这一组件的一个单一接口。如果接口-参数是给出的(举例来说,interface SendMsg S[uint8 t id]),那么就是一个参量接口实例声明,对应这一组件的多个接口,每个接口对应不同参数值(因此 interface SendMsg S[uint8 t id]声明 SendMsg 类型的 256 个接口)。参数的类型必须是完整的类型(这里 enums 是不允许的)。指令或事件能通过包括一个声明了指令或事件及存储类型的标准 C 函数,而作为规格元素直接地被包含,如下所示。

```
specification-element:
declaration
...
storage-class-specifier: also one of
command event async
```

如果该声明不是带有指令或事件存储类型的函数声明就会产生一编译-时间错误。在接口中,文法指出指令或事件能被一中断操纵者运行。

作为接口实例,如果没有指定接口参数,指令(事件)就是简单的指令(简单的事件),如果接口参数是指定的,就是参数化指令(参数事件)。接口参数被放置在一般的函数参数列表之前,举例来说,如下:

```
command void send[uint8 t id](int x):
direct-declarator: also
direct-declarator interface-parameters (parameter-type-list)
...
```

注意,只在组件说明里面的指令或事件,接口参数才被允许,而在接口类型里面是不允许。如下例子。

```
configuration GenericComm {
provides {
interface StdControl as Control;
//该接口以当前消息序号作参数
interface SendMsg[uint8_t id];
interface ReceiveMsg[uint8_t id];
}
uses {
//发送完成之后为组件作标记
//重试失败的发送
event result_t sendDone();
}
}...
```

在这个例子中,一般有:

(1) 提供简单的接口实例类型 StdControl 的控制。

(2) 提供接口类型 SendMsg 和 ReceiveMsg 的参数实例；参数实例分别地叫做 SendMsg 和 ReceiveMsg。

(3) 使用事件 sendDone。

在组件 K 的规格中提供的一个指令(事件)是 K 的提供指令(事件)F；同样地，一个被用于组件 K 的规格的指令(事件)是 K 的使用指令(事件)F。

组件 K 的提供接口实例 X 的指令 F 是 K 的提供指令 X.F；组件 K 的使用接口实例 X 的指令 F 是 K 的使用指令 X.F。K 的提供接口实例 X 中的事件 F 是 K 的使用事件 X.F；K 的使用接口实例 X 中的事件 F 是 K 的提供事件 X.F(注意事件的使用和提供根据接口双向属性的颠倒)。

当使用/提供区别关系不大时，常常只简单的提到"K 的指令或事件 a"。K 的指令或事件 a 可能是参数化的或简单的，取决于其通信的规格元素的参数化或简单状态。

### 16.4.3 模块及其组成

模块是主要用 C 语言实现的组件规范，它实际上是组件的逻辑功能实体，主要包括命令、事件、任务等的具体实现。其定义如下。

```
module:
module identifier specification module-implementation
module-implementation:
implementation {translation-unit}
```

这里 translation-unit 是一连串的 C 声明和定义。模块中 translation-unit 的顶层声明属于模块的组件实现范围。这些声明可以是：任意的标准 C 声明或定义；任务的声明或定义；命令或事件实现。

#### 1. 命令调用和事件通知

对 C 语法的下列扩展用于命令调用和事件通知如下。

```
Postfix-expression:
Postfix-expression[argument-expression-list]
call-kindopt primary(argument-expression-listopt)
…
Call-kind:oneof
Call signal post
```

一个简单的命令 a 使用 call a(…)调用，而用 signal b(…)来通知一件简单事件 b。举例来说，在一个模块中使用 SendMsg 类型接口 Send 中的命令的实现如下：

```
call Send.send(l, sizeof(Message),&msgl)
```

命令和事件的执行是立即的，与函数调用相似。

一个模块能为其调用的命令或通知的事件指定一个默认的实现。如果命令调用或事件通知没有与任何实现有联系，则这个默认的实现将被执行。默认的命令或事件由带有默认关键字的命令或事件实现。

```
Declaration-specifiers:also
Default deelaration-specifiers
```

举例来说,在接口 Send 中 send 命令的默认实现定义如下。

default command result_t Send.send(uint16_4 address,uint8_t length, TOS_MsgPtr msg)
{
return SUCCESS;
}
/* 有了上面的命令默认实现的定义,则既使接口 Send 未连接,也允许调用 send 命令 */
…call Send.send(1,sizeof(Message),&msg1)…

**2. 任务**

任务是一个返回类型为 void 且无参数的 task 存储类型的函数。在 TinyOS 中,任务是一个可以被调度的逻辑实体,它类似与传统操作系统中的进程/线程概念。

使用带 post 的任务调用来提交任务,如:post myTask()。post 将任务挂入队列中,并立即返回;如果任务提交成功则返回 1,否则返回 0。

Post 表达式的类型是 unsignedehar。定义如下:

storage-class-specifier: also one of task
call-kind: also one of
post

**3. 原子陈述**

原子的陈述如下。

Atomic-stmt:
Atomic statement

顾名思义,原子陈述的执行是不可再被中断的,因此原子陈述执行过程中就好像没有其他的运算发生一样。并且该陈述是互斥的,它用于更新并发的数据结构等。

示例如下。

```
bool busy;                        //全局变量
voidf()
{
bool available;
atomic {
available = !busy;
busy = TRUE;
}
if(available)do_something;
atomic busy = FALSE;
}
```

原子陈述的区段应该很简短,为了达到这个要求,nesC 语言不允许在原子陈述中调用命令或触发事件。任何的 goto,break 或 continue 跳转入或转出原子陈述都是错误的。

### 16.4.4 配件及其组成

配件主要功能是用于组件的功能和相互间连接形式的描述,它通过接口将不同组件连接起来,成为逻辑和功能的统一体。

nesC 中配件定义如下。

```
configuration 配件名{
    uses interface-list;           //该配件使用的接口名
    provides interface-list;       //该配件提供的接口名
}
implementation{
    component-list                 //实现此配件的组件列表
    connection-list                //定义的元素(接口、命令、事件等)的连接关系
}
```

例如,下面定义的一个配件 Example 描述了图 16-6 中的组件连接结构。

```
configuration Example{
//该配件没有提供和使用任何接口
}
implementation{
    components A,B,C;              //实现此配件的组件列表
    A.A —> C.A                     //定义的元素(接口、命令、事件等)的连接关系
    A.A —> B.A
    B.B —> C.B
}
```

如图所示,配件 Example 由组件 A,B,C 组成,其中组件 B 和组件 C 都提供了接口 A,组件 A 使用接口 A 与 B,C 相连,组件 B 使用由组件 C 提供的接口 B 与 C 相连。接口 A 只定义了命令处理函数,接口 B 定义了命令处理函数和事件处理函数,所以接口 B 是双向的。

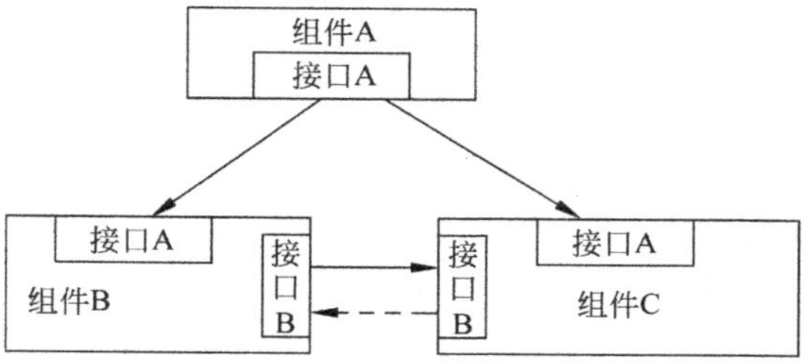

图 16-6 配件 Example 的结构

### 1. 配件中包含的组件

组件列表列出用来实现此配件的组件,这些组件即为配件中包含的组件,它们可以在配件中重新命名,这就解决了与配件规范元素的名字冲突问题。为组件选择名字属于组件的实现域。组件列表的语法定义如下。

```
Component-list:
    components
    component-list components
components:
    component component-line
component-line:
    renamed-identifier
    component-line,renamed-identifier
renamed-identifier:
    identifier
    identifier as identifier
```

如果两个组件使用 as 给出相同的名字,则会导致编译时错误。一个组件始终只有一个实例,如果组件 K 被用于两个不同的配件(或两次用于相同的配件里面),在程序中也仍然只有 K 的唯一一个实例。

### 2. 连接

连接是配件中一个关键内容,也是在课题开发中分析源代码时的关键所在。连接用来把

定义的元素(接口、命令、事件等)联系在一起,以完成相互之间的调用。连接的语法定义如下。

```
Connection - list:
    connection
    connection - list connection
connection:
    endpoint = endpoint
    endpoint - > endpoint
    endpoint <- endpoint
endpoint:
    identifier - Path
    identifier - Path[argument - expression - list]
identifier - path:
    identifier
    identifier - path. identifier
```

连接语句连接两个端点,nesC 有三种连接语句,如下所示。

(1) endpoint1=endpoint2(使相等连接):该连接语句有效地使两规格元素相等。

(2) endpoint1<-endpoint2(link 连接):这种连接把 endpoint1 定义的被使用规范元素连接到 endpoint2 定义的被提供规范元素上。

(3) endpoint2->endpoint1(link 连接):该连接等价与 endpoint1<-endpoint2 连接,只是指定了相反的连接方向。

在连接的三种类型中,两个被指定的规格元素必须是互相兼容的,即它们必须或都是命令,或都是事件,或都是接口实例。同时,如果它们是命令(或事件),则它们必须有相同的函数名;如果它们是接口实例,它们必须有相同的接口类型。如果这些条件都不能满足,就会发生编译时错误。

### 16.4.5 属性声明

从接口、组件分析过程中,程序模块之间好像是绝对分开的,只能通过接口来实现信息流动。组件中除拥有接口中声明的函数系列外,可以定义特定函数,通过属性声明,改变其作用域。nesC 语言使用_attribute_来声明一些变量和函数的属性,声明放在函数的后面,申明格式如下。

```
Datatype function()_attribute_(attribute_list)
```

nesC 支持三种类型的属性,如下所示。

(1) C 通常在模板顶层配件文件中,使其范围为全局域,而不是模块所在的域。函数将声明为全局函数。

(2) Spontaneous 表示此函数不仅可以在本文件中访问到,也可以在其他文件中访问到。

(3) combine(fname)指定通过 typedef 中定义的数据类型的组合函数,组合函数指明如何组合命令和事件。

## 16.5 模块

模块是实现特定功能的子系统,它是组件的逻辑功能实体。模块主要包含 4 个部分的内容。

（1）用于存储该模块当前状态的数据变量。TinyOS 不支持动态内存分配，数据变量占用的存储空间是在编译时静态分配的。采用静态内存分配的目的主要是为了省去动态分配产生的额外开销，适应节点有限的资源；避免动态分配引发的与指针相关的错误等。

（2）该模块提供的接口对应的命令处理程序的实现代码。命令处理程序是接口的提供者提供给接口的使用者的服务。使用接口的组件通过接口调用接口提供组件中的命令处理程序。命令处理程序的典型操作是：设置模块的数据变量，调用另一个接口提供组件的命令处理程序，执行一项具体操作或者向操作系统提交一个任务等。

（3）该模块使用的接口对应的事件处理程序的实现代码。当数据包到来、定时时间到等硬件中断触发时，底层的硬件抽象组件通过它们提供的接口中的事件通知通报使用该接口的上层组件，触发使用该接口的上层组件中的事件处理程序，对该事件做出反应与处理。事件处理程序的典型操作是：设置模块的数据变量，触发上层组件的事件处理程序，或调用另一个接口提供组件的命令处理程序，执行一项具体操作或者向操作系统提交一个任务等。TinyOS 不允许在命令处理程序中触发事件处理程序，以免造成循环调用的情况。

（4）任务实现代码。上文提到的命令处理程序和事件处理程序只是进行设置模块变量，调用或触发其他组件的命令处理程序或事件处理程序等少量操作，当需要进行如通信和数据处理等复杂操作时，需要向操作系统提交任务来完成。

nesC 中模块定义如下。

```
module 模块名{
    uses interface-list;          //使用接口
    provides interface-list;      //提供接口
}
implementation{
    translation-unit              //一系列 C 语言声明的定义
    command result_t              //命令处理程序和事件处理程序的实现代码
    event result_t
}
```

### 16.5.1　说明

模块用 C 代码实现组件说明。

```
module-implementation:
implementation {translation-unit}
```

这里编译基本单位是一连串的 C 声明和定义。

模块编译基本单位的顶层声明属于模块的组件说明域。这些声明的范围是模糊的而且可以是：任意的标准 C 声明或定义，一种作业声明或定义，指令或事件实现。

编译基本单位必须实现模块的所有的提供指令（事件）。例如，所有的直接提供指令和事件，以及提供接口的所有指令和使用接口的所有事件。一个模块能调用它的任一指令和它的任一事件的信号。

这些指令和事件的实现由如下的 C 语法扩展指定。

```
storage-class-specifier: also one of
    command event async
declaration-specifiers: also
```

```
        default declaration - specifiers
direct - declarator: also
        identifier. identifier
        direct - declarator interface - parameters (parameter - type - list)
```

简单指令或事件由带有存储类型指令或事件的 C 函数定义的语法实现（注意允许在函数名中直接定义的扩展）。另外,语法关键字必须被包含如果它被包含在指令或事件的声明中。举例来说,在 SendMsg 类型的提供接口 Send 的模块中：

```
command result_t Send.send(uint16_t address, uint8_t length, TOS_MsgPtr msg) {
...
return SUCCESS;
}
```

带有接口参数 P 的参数指令或事件 a,由带有存储类型指令或事件的函数定义的 C 语法实现,这时,函数的普通参数列表要以 P 作为前缀,并带上方括号（这与组件说明中声明参数化指令或事件是相同的语法）。这些接口参数声明 P 属于 a 的函数参数作用域而且和普通的函数参数有相同的作用域。举例来说,在 SendMsg 类型提供接口 Send[uint8 tid]的模块中：

```
command result_t Send.send[uint8_t id](uint16_t address, uint8_t length,
TOS_MsgPtr msg) {
...
return SUCCESS;
}
```

以下情况将报告编译-时间错误：
（1）提供指令或事件没有实现。
（2）类型标志、可选择的接口参数和指令或事件语法关键字缺失,或与模块说明不匹配。

### 16.5.2 调用命令和事件信号

对 C 语法的下列扩展用于调用事件和向指令发出信号。

```
postfix - expression:
        postfix - expression [ argument - expression - list ]
        call - kindopt primary ( argument - expression - listopt )
...
call - kind: one of
        call signal post
```

一个简单的指令 a 使用 call_(…)调用,一件简单的事件使用 signal a(…)发送信号。举例来说,在一个模块中,使用 SendMsg 类型接口 Send：call Send. send(1,sizeof(Message),&msg1)。

一个参数指令 a（个别地,一个事件）有 n 个接口参数,类型为 t1,…,tn,由接口参数表达式 e1,…,en 调用,call_[e1,…,en](…)（个别地,signal_[e1,…,en](…)）。接口参数表达式 ei 必须分配类型 ti；实际的接口参数值 ei 映射到 ti。举例来说,在一个组件中使用类型 SendMsg 的接口 Send[uint8 t id]：

```
int x = ...;
call Send.send[x + 1](1,sizeof(Message),&msg1);
```

指令和事件的执行是立即的,也就是,调用和发送信号行为和函数调用是相同的。实际的指令或事件是由调用还是用信号表达运行取决于程序结构联系说明。这些联系说明可能指定 0 个,1 个或更多的实现将被运行。当超过 1 个实现被运行,则称模块的指令或事件为"扇出"。

一个模块能为一使用指令或事件 a 指定默认的调用或信号实现。提供指令或事件的默认实现会引起编译-时间错误。如果 a 未与任何指令或事件实现联系,默认的实现将被执行。默认的指令或事件由带有默认关键字的指令或事件实现前缀定义。

```
declaration-specifiers: also
        default declaration-specifiers
```

举例来说,在一个类型 SendMsg 使用接口 Send 的模块中:

```
default command result_t Send.send(uint16_t address, uint8_t length, TOS_MsgPtr msg) {
    return SUCCESS;
}
/* 允许调用即使接口发送未连接 */
...call Send.send(1, sizeof(Message), &msg1) ...
```

### 16.5.3 任务

作业是一个独立的控制点,由一个返回空存储类型的无二义性的函数定义:task void myTask() {…}。作业也能预先声明,举例来说,为 task void myTask()。

作业通过前缀 post 调用通知,举例来说,为 post myTask()。通知结果迅速返回;如果独立执行通知成功则返回 1,否则返回 0。通知表达式的类型是 unsigned char。

```
storage-class-specifier: also one of
        task
call-kind: also one of
        post
```

### 16.5.4 原子陈述

原子的陈述声明如下。

```
atomic-stmt:
        atomic statement
```

确保陈述被运行"好像"没有其他的运算同时发生一样。它用于更新并发数据结构的互斥变量等。一个简单的例子如下。

```
bool busy;                    //全局
void f() {
    bool available;
    atomic {
        available = !busy;
        busy = TRUE;
    }
    if (available) do_something;
    atomic busy = FALSE;
}
```

原子的区段应该很短,虽然这常常并不是必需的。控制只能"正常地"流入或流出原子的陈述:任何的 goto,break 或 continue,跳转入或跳转出一个原子陈述都是错误的。返回陈述决不允许进入原子陈述。

## 16.6 结构

结构通过连接、或配线,集合其他组件来实现一个组件说明。

```
configuration - implementation:
        implementation {component - listopt connection - list}
```

组件列表列出用来建立这一个结构的组件,连接列表指明各组件之间,以及与结构说明之间是怎样装配在一起的。在这一节的其余部分中,将介绍如何调用来自结构外部的规格元素和来自结构内在成分之一的规格元素。

### 16.6.1 包含组件

组件列表列出用来建立这一个结构的一些组件。在结构里面这些组件可随意地重命名,使用共同的外形规格元素,或简单地改变组件结构从而避免名称冲突。(以避免必须改变配线)为组件选择的名字属于成分的实现域。

```
component - list:
        components
        component - list components
components:
        components component - line ;
component - line:
        renamed - identifier
        component - line, renamed - identifier
renamed - identifier:
        identifier
        identifier as identifier
```

如果两个组件使用 as 给出相同的名字,则会发生编译-时间错误(举例来说,如 componentsX,Y as X)。

只有一个特殊的例子:如果组件 K 被用于两个不同的结构(或甚至两次用于相同的结构里面),在程序中仍然只有 K(及它的变量)的唯一实例。

### 16.6.2 配线

配线用于连接规格元素(接口、指令、事件)。本节和以后小节将定义配线的语法和编译-时间规则,详细说明程序配线声明就是指出如何在每个调用和信号表达中调用哪个函数。

```
connection - list:
        connection
        connection - list connection
connection:
        endpoint = endpoint
        endpoint -> endpoint
```

```
        endpoint < - endpoint
endpoint:
        identifier - path
        identifier - path[ argument - expression - list]
identifier - path:
        identifier
        identifier - path. identifier
```

配线陈述连接两个端点。每个端点的标识符路径指明一个规格要素。自变量表达式列表指出可选的接口参数值。如果端点的规格要素是参数化的,而端点又没有参数值,那么该端点是参数化的。如果一个端点有参数值,而下面的任一事件成立时,就会产生一个编译-时间错误。

（1）参数值不全是常量表达式。

（2）端点的规格元素不是参数化的。

（3）参数个数比规格要素中限定的参数个数多(或少)。

（4）参数值不在规格元素限定的参数类型范围中。

（5）如果端点的标识符路径不是以下三种形式之一,就会产生一个编译-时间错误:-X,此处 X 用来命名一种外部的规格元素;-K.X,此处 K 是组件列表中的一个组件,而 X 是 K 的规格元素;-K,此处 K 是组件列表中的一些组件名。这种形式用在固定的连接中,将在下面章节中讨论。注意,当参数值指定时这种形式不能够使用。

nesC 有三种配线陈述。

（1）endpoint1＝endpoint2：(赋值配线)任何连接包括一外部规格元素。这些有效地使两规格元素相等。设 S1 是 endpoint1 的规格要素,S2 是 endpoint2 的规格要素。必须满足下面两个条件之一,否则就会产生编译-时间错误。S1 是内部的而 S2 是外部的(反之亦然),并且 S1 和 S2 都是被提供或都是被使用；S1 和 S2 都是外部的,而且一个被提供,而另一个被使用。

（2）endpoint1－＞endpoint2：(联编配线)一个连接包括两种内在的规格元素。联编配线总是连接一个由 endpoint1 指定的使用规格元素到一个 endpoint2 指定的提供规格元素。如果这两个条件都不能满足,就会发生编译-时间错误。

（3）endpoint1＜－endpoint2 与 endpoint2－＞endpoint1 是等价的。

在配线的所有三种类型中,有两种被指定的规格元素必须是一致的,就是说,它们必须都是指令、或都是事件、或都是接口实例。同时,如果它们都是指令(或事件),则它们必须有相同的函数名。如果它们都是接口实例,它们必须有相同的接口类型。它们一定是有相同的接口类型的。如果这些条件不能被满足,就会发生编译-时间错误。

如果一个端点是参数化的,则另一个必须也是参数化的而且必须有相同的参数类型；否则就会发生编译-时间错误。相同的规格元素可以被多次连接,举例来说,如下所示。

```
configuration C {
   provides interface X;
} implementation {
   components C1, C2;
   X = C1.X;
   X = C2.X;
}
```

在这个例子中,当接口 X 中的命令被调用时,多次的配线将会导致接口 X 的事件具有多重信号（"扇入"），以及导致多个函数的执行（"扇出"）。注意，当两个结构独立地连接相同接口的时候，多重配线也能发生，举例来说，如下所示。

```
configuration C { }            configuration D { }
implementation {               implementation {
  components C1, C2;             components C3, C2;
  C1.Y -> C2.Y;                  C3.Y -> C2.Y;
}                              }
```

所有的外部规格元素必须配线，否则发生编译-时间错误。可是，内部的规格元素可以不配线（它们可能在另外一个结构中配线，或者如果模块有适当的默认事件或指令实现时，它们也可以不配线）。

### 16.6.3 隐含连接

隐含连接可以写成 K1<- K2.X 或 K1.X <- K2（=和->是等价的）。该用法通过规格元素 K1(不妨 K2)来引用规格元素 Y，因此 K1.Y<-K2.X(不妨 K1.X<-K2.Y)形成一个合法连接。如果能正确地引用 Y，则连接建立，否则发生编译-时间错误。举例来说，如下所示。

```
module M1 {                         module M2 {
    provides interface StdControl;      uses interface StdControl as SC;
} ...                               } ...
        configuration C { }
        implementation {            module M {
interface X {                           provides interface X as P;
    command int f();                    uses interface X as U;
    event void g(int x);                provides command void h();
}                                   } implementation { ... }
configuration C {
    provides interface X;
    provides command void h2();
}
implementation {
    components M;
    X = M.P;
    M.U -> M.P;
    h2 = M.h;
}
    components M1, M2;
    M2.SC -> M1;
}
```

M2.SC->M1 这一行与 M2.SC -> M1.StdControl.是等价的。

### 16.6.4 配线语义

首先撇开参数化接口来讨论配线语义。下面将讨论参数化接口和程序配线声明上的要求。将会用到 16.6.3 节中的简单程序作为运行的例子。

根据中间函数定义配线的意义。每个组件的每个指令或事件都有中间函数。举例来说，在16.6.3节的程序例子中,模块 M 有中间函数 IM.P.f,IM.P.g,IM.U.f,IM.U.g,IM.h。在例子中,组件以任意接口实例名,函数名为基础来命名中间函数。中间函数不是被组件使用就是由组件提供。每个中间函数会接受与组件说明中相应指令或事件相同的自变量。中间函数体 I 是调用(执行系列)其他中间函数的列表。I 通过程序配线说明连接到其他中间函数。I 接受的自变量不变地经过被调用的中间函数。I 返回结果列表(列表元素类型是相应指令或事件返回给 I 的结果类型),列表通过连接调用中间函数返回结果构成。返回空值的中间函数适合不互相连接的指令或事件;返回两个或两个以上值的中间函数适合"扇出"。

nesC 允许在没有直接中间函数的情况下进行编译,所以本节中描述的行为没有运行开销,实际的函数调用需要参数化的指令或事件。

中间函数和结构的配线说明用来指定中间函数体。首先扩展配线说明到中间函数而不限于规格元素,并取消配线说明中＝和－＞的区别。用 I1＜－＞I2 表示中间函数 I1 和 I2 之间的连接。举例来说,16.6.3节代码中的结构 C 叙述了下列中间函数连接:

IC.X.f<-> IM.P.f     IM.U.f<-> IM.P.f     IC.h2<-> IM.h
IC.X.g<-> IM.P.g     IM.U.g<-> IM.P.g

在结构 C 的连接 I1＜－＞I2 中,二个中间函数之一是被调用的,另一个是调用者。如果下列任何一个条件成立(使用内部或外部的用作规格说明并不妨碍结构 C 包含连接),则 I1(同样地,也可以是 I2)是被调用的。

(1) 如果 I1 符合一个被提供指令或事件的内部规格元素。

(2) 如果 I1 符合一个被使用指令或事件的外部规格元素。

(3) 如果 I1 符合一个接口实例 X 的指令,而 X 是内部的且被提供,或是外部的且被使用的规格元素。

(4) 如果 I1 符合一个接口实例 X 的事件,而 X 是外部的且被提供,或是内部的且被使用的规格元素。

(5) 如果这些情况没有一个成立,则 I1 是调用者。配线规则确保一个连接 I1＜－＞I2 不会同时连接两个调用者或两个被调用者。16.6.3节代码的结构 C 中,IC.X.f,IC.h2,IM.P.g,IM.U.f 是调用者,而 IC.X.g,IM.P.f,IM.U.g,IM.h 是被调用者。如此,C 的连接可以说明 IC.X.f 调用 IM.P.f,IM.P.g 调用 IC.X.g 等。

中间函数和模块模块中的 C 代码调用中间函数,或被中间函数调用。模块 M 中提供指令或事件 a 的中间函数 I 包含一个单独调用,以运行 M 中的 a。其结果是一个单独的调用返回列表。表达式 call a(e1,…, en)的性质如下。

(1) 自变量 e1,…, en 被赋值为 v1,…, vn。

(2) a 对应的中间函数被自变量 v1,…, vn 调用,返回结果列表 L。

(3) 如果 L＝(w)(一个独立列表),调用的返回结果就是 w。

(4) 如果 L＝(w1,w2,…,wm)(两个或更多的元素),调用的返回结果依赖于 a 的返回类型 t。如果 t＝void,则结果是 void。否则,t 一定有一个联合函数 c,若没有就会发生编译-时间错误。联合函数接受类型 t 的两个值并且返回一个类型 t 的结果。该调用的返回结果是 c(w1, c(w2,…, c(wm－1,wm)))(注意 L 中元素次序是任意的)。

(5) 如果 L 为空则默认以 v1,…, vn 为自变量调用执行 a,并返回该调用结果。下节内容表明,如果 L 为空且 a 没有默认实现,则会发生编译-时间错误。

信号表达式的规则是一样的。中间函数例子如下,其使用类 C 语法演示了 16.6.3 节代码中组件产生的中间函数,其中 list(x)产生一个包含 X 的独立列表,空列表是表示含 0 个元素列表的常量,连接列表如锁链般连接两个列表。对于 M.P.f, M.U.g, M.h,可以调用模块 M 中实现的指令和事件(未给出)。

```
list of int IM.P.f() {                    list of void IM.P.g(int x) {
    return list(M.P.f());                     list of int r1 = IC.X.g(x);
}                                             list of int r1 = IM.U.g(x);
                                              return list concat(r1, r2);
                                          }

list of int IM.U.f() {                    list of void IM.U.g(int x) {
    return IM.P.f();                          return list(M.U.g(x));
}                                         }

list of int IC.X.f() {                    list of void IC.X.g(int x) {
    return IM.P.f();                          return empty list;
}                                         }

list of void IC.h2() {                    list of void IM.h() {
    return IM.h();                            return list(M.h());
}                                         }
```

**1. 配线和参数化函数**

如果组件 K 的一条指令或事件 a 带有类型 $t_1, \cdots, t_n$ 的接口参数,则对每一个数组($v_1$:$t_1, \cdots, v_n$:$t_n$)存在一个中间函数($I_a, v_1, \cdots, v_n$)。在模块中,如果中间函数($I_a, v_1, \cdots, v_n$)符合参数化的提供指令(或事件)a,则($I_a, v_1, \cdots, v_n$)中对 a 的实现的调用将传递 $v_1, \cdots, v_n$ 作为 a 的接口参数。下面是对表达式 call_[$e0_1, \cdots, e0_m$]($e_1, \cdots, e_n$)讨论。

(1) 自变量 $e_1, \cdots, e_n$ 被赋值为 $v_1, \cdots, v_n$。

(2) 自变量 $e0_1, \cdots, e0_m$ 被赋值为 $v0_1, \cdots, v0_m$。

(3) $v0_i$ 对应 $t_i$ 类型,这里 $t_i$ 是 a 的第 i 个接口参数的类型。

(4) a 对应的中间函数($I_a, v0_1, \cdots, v0_m$)被以参数 $v_1, \cdots, v_n$ 调用,返回列表 L。

(5) 如果 L 有一个或更多的元素,在非参数化的情形下产生调用结果。

(6) 如果 L 为空,a 的默认实现会被以自变量 $v_1, \cdots, v_n$,以接口参数值 $v0_1, \cdots, v0_m$ 调用,且返回该调用的结果。下节表明如果 L 为空且 a 没有默认实现,则会产生编译-时间错误。

信号表达式的规则是一样的。配线说明中的一个端点关系到一参数化规格元素时,有两种情形:

(1) 端点指定参数值 $v_1, \cdots, v_n$。若端点符合指令或事件 $a_1, \cdots, a_m$,则相应的中间函数为($I_{a_1}, v_1, \cdots, v_n, \cdots, I_{a_m}, v_1, \cdots, v_n$),且配线方式不变。

(2) 端点未指定参数值。在这种情况下,配线说明的两个端点都对应相同接口参数类型 $t_1, \cdots, t_n$ 的参数化规格元素。如果一个端点对应指令或事件为 $a_1, \cdots, a_m$,而另一端点对应指令或事件为 $\beta_1, \cdots, \beta_m$,则对所有的 $1 <= i <= m$ 和所有的数组($w_1$:$t_1, \cdots, w_n$:$t_n$)有连接($I_{a_i}, w_1, \cdots, w_n$)<−>($I_{\beta_i}, w_1, \cdots, w_n$)(也就是说,端点是为所有对应的参数值进行连接的)。

**2. 应用级的需求**

一个应用的配线说明必须满足两个需求,否则就会发生编译-时间错误。

（1）没有只包含中间函数的无限循环。

（2）在应用模块中的每个 call a（或 signal a）表达式中：如果调用是非参数化的，调用返回空的结果列表，则 a 一定有默认实现（结果列表中元素个数只依赖于配线）。如果调用是参数化的，a 的接口参数的任何替代值都返回空结果列表，则 a 必定有默认的实现（给定参数值数组的返回结果列表中元素数目只依赖于配线）。

注意，在这种情况下，不考虑用来在调用点叙述接口参数值的表达。该调用的特色是包含在几个指令执行间的运行时选择——这是中间函数唯一的一处运行时开销。

## 16.7  nesC 协作

nesC 采用由一旦运行就直至作业完成（代表性的实时运算）和硬件异步触发中断控制构成的运行模型。编译器依靠用户提供的事件句柄和原语特征来识别中断源。nesC 调度程序能以任意次序运行作业，但是必须服从一旦运行就直至完成的规则（标准的 TinyOS 调度程序遵从 FIFO 策略）。因为作业不能独占且是一旦运行就直至完成的，所以它们是原子的、互不妨碍的，但能够被中断。

由于这种并行运行模型，在程序共享的状态下会进行特殊数据竞争，导致 nesC 程序状态是不稳定的。比如，它的全局和模块内变量（nesC 不含动态存储配置）。为避免竞争，要么只在作业内部访问共享状态，要么只在原子的声明内部访问。编译时，nesC 编译器会报告潜在的数据竞争。

在形式上，nesC 程序代码分为两个部分。

同步码（SC）：仅仅在作业内部可达的编码（函数、指令、事件、作业）。

异步码（AC）：至少一个中断源可达的代码。

虽然非抢占消除了作业之间的数据竞争，但是在 SC 和 AC，以及 AC 和 AC 之间仍然有潜在的竞争。通常，任何从 AC 可达的共享状态更新都是一个潜在的数据竞争。nesC 运行的基本常量都是无竞争常量。

任何共享状态更新要么仅同步码可达，要么仅发生在原子陈述内部。只要所有对函数 f 的调用是在原子陈述内部的，就认为对 f 的调用就是在原子陈述内部的。这可能引入一种编译器不能够发现的竞争情况，但它一定是跨越多个原子陈述或作业的，并且是使用中间存储变量的。

如果所有的通路都被其他变量上的守卫保护，nesC 可能报告实际上不会发生的数据竞争。在这种情况下，为避免多余的消息，程序会用注释存储类型说明来注释一个变量 v，从而忽略所有关于 v 的数据竞争警告。注释关键字应谨慎使用。对任何异步码的、且没有声明异步的指令或事件，nesC 会报告编译-时间错误。这会确保那些不安全的代码不会在中断时被无意中调用。

## 16.8  应用程序

一个 nesC 应用程序有三个部分：一连串的 C 声明和定义、一组接口类型和一组组件。nesC 应用程序命名环境构造如下，最外层的是全局命名环境，包含三个命名域：一个 C 变量、一个用于 C 声明和定义的 C 标签命名域和一个用于组件和接口类型的组件和接口类型命名域。通常,C声明和定义可以在全局命名环境内部引入自己的嵌套命名域(用于函数声明和定义的函数内部代码段等)。

每个接口类型引入一个命名域,用于保存接口的指令或事件。这种命名域是嵌套于全局命名环境的,所以指令和事件定义能影响全局命名环境中的 C 类型和标签定义。

每个组件引入两个新命名域。规格命名域,嵌套于全局命名环境,包含一变量命名域用于存放组件规格元素。实现命名域,嵌套于规格命名域,包含一个变量和一个标签命名域。

对于结构,作用范围变量命名域包含组件用以引用其包含组件的名字。对于模块,作用范围包含作业以及模块体中的 C 声明和定义(主要涉及其他可能引入自己的嵌套在作用范围内的命名域(比如函数体、代码段等))。由于这种命名域的嵌套结构,模块中的代码可以访问全局命名环境中的 C 声明和定义,但是不能访问其他组件中的任何声明或定义。

构成一个 nesC 应用程序的 C 声明和定义,接口类型和组件由一个随机选择的装载程序来决定。nesC 编译器的输入是一个单独的组件 K。nesC 编译器首先装载 C 文件,然后装载组件 K。程序所有代码的装载就是装载这两个文件过程的一部分。nesC 编译器假定所有对函数、指令及事件的调用不以自然的属性都发生被装载的代码中(例如,没有对非自然的函数"看不见的"调用)。在装载文件预处理的时候,nesC 定义 nesC 符号,用于识别 nesC 语言和编译器版本的数字 XYZ。对于 nesC 1.1,XYZ 至少为 110。

nesC 通过接口、配件、模块搭建了一个组件化的编程框架,图 16-7 描述了在这种编程框架下的一个 TinyOS 应用程序的组件结构。其中硬件抽象组件为框架的最底层,传感器、收发器以及时钟等硬件能触发事件的发生,交由上层处理。相对下层的组件也能触发事件交由上层处理。而上层会发出命令给下层处理。为了协调各个组件任务进行有序处理,需要操作系统采取一定的调度机制。

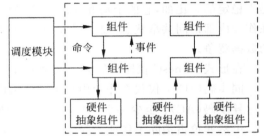

图 16-7  TinyOS 应用程序结构

### 16.8.1  装载 C 文件 X

如果 X 已经被装载,就不用再做什么。否则,就要定位并预处理文件 X.h。C 宏定义(由 #define 和 #undef)的改变会影响到所有的后面的文件预处理。来自被预处理的文件 X.h 的 C 声明和定义会进入 C 全局命名环境,因此如果对所有后来的 C 文件加工,就会影响接口类型和组件。

### 16.8.2  装载组件 K

如果 K 已经被装载,就不用再做什么。否则,就要定位并预处理文件 X.nc。对 C 宏定义(由 #define 和 #undef)的变化将被忽略。可以使用下面的语法分析预处理文件。

```
nesC-file:
    includes-listoptinterface
    includes-listopt module
    includes-listopt configuration
```

```
includes - list:
    includes
    includes - list includes
includes:
    includes identifier - list ;
```

如果 X.nc 没有定义模块 K 或结构 K,将报告编译-时间错误。否则,所有包含列表指定的 C 文件都将被装载。然后,在组件说明中用到的所有接口类型都将被装载。接着处理组件说明。如果 K 是一个结构,K 指定的所有组件被装载。最后,K 的实现被处理。

### 16.8.3　载入接口类型 I

如果 I 已经被装载,就不用再做什么。否则,就要定位并预处理文件 X.nc。对 C 宏定义(由 #define 和 #undef)的变化被忽略。对预处理文件的分析同 16.8.2 节一样。如果 X.nc 没有定义接口 I,将报告编译-时间错误。否则,所有的包含列表指定的 C 文件都将被装载。接着处理 I 的定义。

下面列举一个组件或接口包含 C 文件的例子,接口类型 Bar 可能包含用于定义 Bar 中使用类型的 C 文件 BarTypes.h。

```
Bar.nc:                                    BarTypes.h:
includes BarTypes;                         typedef struct {
interface Bar {                                int x;
    command result_t bar(BarType arg1);        double y
}                                          } BarType;
```

接口 Bar 的定义可参考 Bar 类型,同样,任何使用和提供接口 Bar 组件也能装载任何这些组件说明或实现之前,都要先装载接口 Bar,当然还有 BarTypes.h。

## 16.9　多样性

### 16.9.1　没有自变量的函数的 C 声明

没有自变量的 nesC 函数使用()声明,而不是(void)。后者的用法将报告编译-时间错误。旧式的 C 声明用()和函数定义,在自变量之后指定参数列表。然而在接口和组件中这样的做法是不允许的,会引起编译-时间错误。注意这些变化都不用于 C 文件,以便现有的.h 文件能被不变地直接使用。

### 16.9.2　注释

nesC 允许 C、接口类型和组件文件中用"//"注释。

### 16.9.3　属性

nesC 使用 gcc 的属性语法声明函数的一些属性、变量及类型。这些属性可以放置在声明(在声明符之后)或函数定义(在参数列表之后)中。X 的属性是 x 的声明和定义上所有属性的集合。

nesC 的属性语法是:

```
init-declarator-list: also
    init-declarator attributes
    init-declarator-list, init-declarator attributes
function-definition: also
    declaration-specifiersopt declarator attributesdeclaration-listoptcompound-statement
attributes:
    attribute
    attributes attribute
attribute:
    attribute ( ( attribute-list ) )
attribute-list:
    single-attribute
    attribute-list, single-attribute
single-attribute:
    identifier
    identifier ( argument-expression-list )
```

gcc 不允许在函数定义中带有参数列表后面的属性。

nesC 支持 5 种属性。

（1）C：这一属性用于在一个模块的顶层作为 C 声明或定义 d（它被所有其他声明忽略）。这指明 d 应该出现在全局范围内，而不是在模块的组件作用域。这将允许在 C 代码中使用（举例来说，如果它是一个函数，则可被调用）d。

（2）自然的：这一个属性可用于任何函数 f（在模块或 C 代码中）。对 f 的调用在源代码中是不可见的。典型地，函数会自然地被中断源和 C 主函数调用。

（3）事件句柄：这一个属性可用于任何函数 f（在模块或 C 代码中）。它指出 f 是一个中断处理函数，自动地被硬件调用。这意味着 f 既是自然的又是异步码（AC）。

（4）原子的事件句柄：这一个属性可用于任何函数 f（在模块或 C 代码中）。它指出 f 是一个中断处理函数，自动地被硬件调用，屏蔽中断的运行。这意味着 f 既是自然的又是异步码（AC）。而且，f 运行时就好像被封装进一个原子的陈述。

（5）联合(fname)：这一属性为类型定义声明中的一个类型指定联合函数。联合函数指定该如何联合调用一个指令或事件而"扇出"返回的多个结果。举例来说，如下所示。

```
typedef uint8_t result_t _attribute_((combine(rcombine)));
result_t rcombine(result_t r1, result_t r2)
{
    return r1 == FAIL ? FAIL : r2;
}
```

当联合指令（或事件）返回类型是 t 时，则叙述逻辑相似的行为。如果类型 t 的联合函数 c 没有类型 tc(t, t) 就会发生编译-时间错误。使用属性的例子如下，代码出现在文件 RealMain.td 中。

```
module RealMain { ... }
implementation {
    int main(int argc, char ** argv) _attribute_((C, spontaneous)) {
        ...
    }
```

}

这个例子表明主函数实际上应该出现在 C 全局命名空间中(C),所以连接器能找它。它还表明即使在程序任何地方都没有函数调用主函数,主函数同样能够被调用(自然的)。

### 16.9.4 编译-时间常量函数

nesC 中增加了新类型的常量表达式:常量函数。常量函数是在语言里面定义的函数,编译时当作一个常数。nesC 现有两种常量函数。

1) unsigned int unique(char * identifier)

返回值:如果程序包含 n 个有相同标识字符串对 unique 的调用,每个调用返回一个 0~n−1 之间的无符号整数。使用 unique 是为了传递一个独特的整数给参数化接口实例,以便一个组件只要提供一个参数化接口就能唯一地识别连接到那个接口的各种不同组件。

2) unsigned int uniqueCount(char * identifier)

返回值:如果程序包含 n 个有相同标识字符串对 uniqueCount 的调用,则每个调用都返回 n。使用 uniqueCount 是为了度量数组(或其他的数据结构),数组使用 uniqueCount 返回的数变址。

例如,一个定时器服务通过一个参数化接口识别它的客户(每个独立的定时器由此而来)并且 unique 可以使用 uniqueCount 来分配拥有正确个数的定时器数据结构。

# 参考文献

[1] J. Hill, R. Szewczyk, A. Woo, et al. 传感器网络系统结构指南. In Architectural Support for Programming Languages and Operating Systems, pages 93-104, 2000. TinyOS is available at http://webs.cs.berkeley.edu.

[2] B. W. Kernighan and D. M. Ritchie. C 语言程序设计, Second Edition. Prentice Hall, 1988.

# 第17章 TinyOS操作系统

## 17.1 TinyOS 简介

当前，对 WSN 的研究主要集中在通信协议、能耗管理、定位算法、体系结构设计和可靠性研究等方面，而对于系统软件尤其是操作系统的研究相对较少。然而，WSN 的操作系统（WSNOS）是 WSN 系统的基本软件环境，是众多 WSN 应用软件开发的基础，它的高效性、灵活性和实时性直接影响到系统的性能，因此有必要从 WSN 操作系统的角度着手解决 WSN 的一些典型问题，例如可靠性和低功耗等。

目前，出现了众多的 WSNOS，其中使用最广泛且最典型的嵌入式操作系统当属 UC Berkeley（加州大学伯克利分校）依托 Smartdust 项目开发出来的 TinyOS。它是一个开源的轻量级嵌入式操作系统，其特点是体积小、结构高度模块化、基于组件的架构方式、低功耗等，这使得它能够突破传感器节点各种苛刻的限制，可快速实现各种应用，非常适合 WSN 的特点和应用需求，因而被广泛应用于 WSN 中，并成为很多 WSNOS 的参考。

TinyOS（Tiny Micro threading Operating System）是依托美国国防部的"智能微尘"项目，于 2002 年开发的开源的构件化无线传感器网络操作系统。在 2006 年，他们又发布了 TinyOS 2.0 和 nesC 语言的 1.2 版。它是一个开放源代码的嵌入式操作系统。目前在世界范围内，有超过 500 个研究小组或者公司正在 Berkeley/Crossbow 的节点上使用 TinyOS。TinyOS 参考了很多以前具有支持轻量级线程和高效网络接口的体系结构。

TinyOS 系统、库及应用程序都是用 nesC 语言编写的，这是一种新的用于编写结构化的、基于组件的应用程序的语言。nesC 语言主要用于诸如传感器网络等嵌入式系统中。nesC 具有类似于 C 语言的语法，但支持 TinyOS 的并发模型，同时具有结构化机制、命名机制，能够与其他组件链接在一起形成一个鲁棒的网络嵌入式系统。其主要目标是帮助应用程序设计者建立可易于组合成完整、并发式系统的组件，并能够在编译时可以执行广泛的检查。

TinyOS 定义了许多在 nesC 中所表达的重要概念。首先，nesC 应用程序要建立在定义良好、具有双向接口的组件之上。其次，TinyOS 定义了并发模型，该模型是基于任务（tast）及硬件事件句柄（Hardware Event Handler）的，在编译时会检测数据争用（Data Race）。

TinyOS 是在有限资源、灵活、并行性和能量管理 4 个目标的驱动下设计开发的。其采用完全基于组件（Component-based）的架构设计。操作系统本身和其应用程序都由组件构成。组件全部由 nesC 语言编写，采用双向接口的模式设计，即一个组件可能需要使用其他组件的接口功能，同时又对外提供特有的一套接口功能。组件可以分为两类，一类是模块组件（module），另一类是配置组件（configuration）。模块组件完成具体的功能，而配置组件通过接口对模块进行配置，并在编译时进行链接。

TinyOS 是一个单线程、事件驱动的操作系统，其调度系统器按照不可抢占的 FIFO 的调度策略运行。TinyOS 的调度系统没有优先级，不能按照优先级调度，也不能进行抢占。任务只能按照发布的事件先后顺序保存在调度器的任务队列中，并只能按 FIFO 的方式执行。这样的设计导致处于队列前的大任务会长期占用处理器，队列后的小任务则被长期阻塞而得不到执行。TinyOS 2.0 在组件 SchedulerBasicP 中实现其调度算法。

TinyOS 的中断系统分散在各个硬件驱动组件中。在这些驱动组件包含中断信号的处理例程。中断处理例程的优先级比所有的任务的优先级都要高，所以它们可以对任务执行抢占操作。在 TinyOS 上，绝大多数中断处理例程包括其触发的事件都是在中断屏蔽的环境中执行。而中断处理例程触发的事件所要完成的工作却由驱动组件的使用者（用户组件）决定。这导致 TinyOS 长时间处于中断屏蔽状态，影响了中断响应和处理的速度，增加了中断延迟时间。

TinyOS 的并行性由调度系统和中断系统共同完成。虽然 TinyOS 的任务间不能执行抢占操作，但中断系统可以对任务执行抢占。这是因为 TinyOS 默认中断例程的执行优先级比所有的任务都要高。任务可以通过关中断实现原子操作。

TinyOS 的内存管理采用完全静态分配内存的策略。虽然 nesC 语言也支持指针操作，但 TinyOS 不采用动态分配内存策略。这样的策略有几点好处。首先，动态内存分配影响系统的稳定性，而完全的静态分配内存策略增强了 TinyOS 系统的稳定性。其次，静态分配内存简化了 TinyOS 管理内存的难度，提高了程序运行的效率。第三，静态分配内存提高了 TinyOS 对内存的使用率。动态内存分配策略会因为内存碎片而使内存使用率降低。

TinyOS 采用了几个方法来提高能源使用效率。首先，TinyOS 编译应用程序时只链接应用程序需要的组件和硬件设备，那么对于应用程序无用的硬件设备将处于休眠状态。这样，TinyOS 就不会把能源消耗在应用程序未使用的硬件设备上。其次，在调度器的任务队列为空时，TinyOS 将使处理器处于节电状态，以达到减少 CPU 消耗电能的目的。第三，TinyOS 提供了一套设备控制接口 StdControl。这套接口使应用程序能够依据所需要的命令功能模块（以及支持功能模块的子系统）进行初始化、启动和停止等控制操作。TinyOS 开放的这套接口使应用程序能够依据程序运行状态来调节能源的使用，减少能源的浪费。

编译器按照应用程序的配置和需要进行链接并编译组件，而组件通过命令（command）、事件（event）和任务（task）相互通信相互协作。组件经过编译器链接和编译后生成可执行的映像文件，然后下载到无线传感网络的节点上运行。这种架构拥有很好的灵活性。编译器在编译时可以判断出哪些是需要的组件，并将这些组件编译链接成可执行代码，而将不需要的组件剔除。这减小了编译生成的代码长度，减轻了存储器大小对代码长度的限制。TinyOS 的组件库包含网络协议、时钟、传感器驱动及数据识别工具等组件。

TinyOS 考虑到了无线传感器网络体系结构的 3 个高层目标。①考虑传感器网络和传感器网络节点当前的以及将来可能的设计；②允许操作系统服务和应用运行在不同的硬件（在不同系列的节点上）和软件上；③满足传感器网络特殊的挑战：有限的资源、严格的并发操作、健壮性、特定的应用需求。

TinyOS 是专为无线传感器网络设计的低功耗的嵌入式操作系统。目前，它已经被成功地应用到多种硬件平台上，具有很高的应用价值和研究意义。与一般的嵌入式操作系统相比，TinyOS 有其自身的特点，主要体现在以下几个方面。

(1) 模块化设计，核心尺寸小。核心代码和数据一般在 400B 左右，可突破 WSN 存储容量小的限制。

（2）组件化编程（Componented-Based Programming）。TinyOS 包含了经过特殊设计的组件模型，其目标是实现高效率的模块化和易于构造组件型应用软件。

（3）事件驱动模式（Event-Driven Model）。TinyOS 中，当一个任务完成后，就可以使其触发一个事件，然后 TinyOS 就会自动地调用相应的处理函数。

（4）任务和事件并发模式（Tasks And Events Concurrency Model）。任务之间是平等的，即在执行时是按顺序先后来的，而不能相互抢占。事件用在对于时间的要求很严格的应用中，而且它可以优先于任务执行。

（5）分段执行（Split-Phase Operations）。在 TinyOS 中由于任务之间不能互相抢占执行，所以 TinyOS 没有提供任何阻塞操作，为了让一个耗时较长的操作尽快完成，一般来说都是将对这个操作的需求和这个操作的执行分开来实现，以便获得较高的执行效率。

（6）主动消息（Active Message）模式。每一个消息都维护一个应用层和处理器，当目标节点收到这个消息后，就会把消息中的数据作为参数，传递给应用层的处理器进行处理。应用层处理器一般完成消息数据的解包、计算处理或发送响应消息等工作。

（7）基于可重用组件的体系结构，具有单一任务栈，内核非常简单，甚至在严格意义上说，称不上是内核，因为没有进程管理和虚拟存储。

这些特点使得 TinyOS 非常适合 WSN 的需求，所以它得到了广泛应用。

## 17.2　TinyOS 框架结构与特点

### 17.2.1　总体结构

伯克利大学开发的 TinyOS 采用了组件的结构，它是一个基于事件的系统，完整的系统由一个调度器和一些组件组成。组件由下到上可分为硬件抽象组件、综合硬件组件和高层软件组件。高层组件向低层组件发出命令，低层组件向高层组件报告事件。调度器具有两层结构，第一层维护着命令和事件，它主要是在硬件中断发生时对组件的状态进行处理；第二层维护着任务（负责各种计算），只有当组件状态维护工作完成后，任务才能被调度。TinyOS 的组件层次结构就如同一个网络协议栈，低层的组件负责接收和发送最原始的数据位，而高层的组件对这些位数据进行编码、译码，更高层的组件则负责数据打包、路由和传输数据。每个组件都完成一个特定的任务，当系统要完成某个任务时，就会调用事件调度器，事件调度器再有顺序地调用各种组件，从而高效、有序地完成各种功能。

TinyOS 采用基于组件的编程模式，应用程序由一个或多个组件构成。组件间通过配置文件链接在一起，形成一个可执行的程序。组件的功能模块如图 17-1 所示，它包括一组命令处理函数、一组事件处理函数、一组任务集合和一个描述状态信息和固定数据结构的框架。除了程序必须由 TinyOS 提供的处理器初始化、系统调度和 C 运行库（CRun-Time）三个组件外，每个应用程序可以非常灵活地选择和使用 TinyOS 提供的其他组件。

图 17-2 是 TinyOS 的总体框架。物理层硬件为框架的最底层，传感器、收发器以及时钟等能触发事件的发生，交由上层处理，相对下层的组件也能触发事件交由上层处理，而上层会发出命令给下层处理。为了协调各个组件任务的有序处理，需要操作系统采取移动的调度机制。

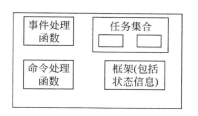

图 17-1　TinyOS 的功能模块图

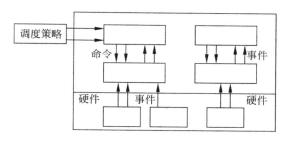

图 17-2　TinyOS 的总体框架

### 17.2.2　基于组件的程序模型

一个完整的 TinyOS 程序就是一个由若干组件按一定层次关系装配而成的复合组件。图 17-3 为一个典型的 TinyOS 程序模型：

在 TinyOS 程序模型中，处于最上层的是 Main 组件。该组件由操作系统提供，传感器上电复位后会首先执行该组件中的函数，其主要功能是初始化硬件、启动任务调度器以及执行用户组件的初始化函数。每个 TinyOS 程序至少应该具有一个用户组件，该用户组件通过接口调用下层组件提供的服务，实现各种功能，如数据采集、数据处理、数据收发等。用户组件的开发是 TinyOS 程序设计的重点。

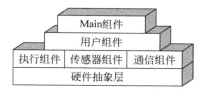

图 17-3　TinyOS 基于组件的程序模型

TinyOS 提供一些常用组件，如执行组件、传感器组件、通信组件。执行组件用于控制 LED 指示灯、继电器、步进电机等硬件模块。传感器组件用于采集环境数据，如温度、亮度等。通信组件则实现与其他节点通信。TinyOS 提供了两种通信组件：通过无线电收发器通信的组件和通过 UART 口通信的组件，后者仅应用于槽节点中。硬件抽象层对上层组件屏蔽了底层硬件的特性，从而实现上层组件的硬件无关性，方便程序移植。

### 17.2.3　组件化分层架构

TinyOS 由 nesC 语言编程和实现，nesC 是一种类 C 语言。TinyOS 的组件化分层架构方式实现了应用的可裁减性，针对某个应用只需要编译能够用到的组件。一个具体的应用程序通常由一个顶层配置文件（configuration），完成组件（component）之间接口的连接，将组件装配成一个具体的应用程序。

组件（component）分为配置（configuration）和模块（module）。配置实现具体描述不同组件之间接口、命令或事件的连接。顶层配置文件是配件的一种。模块实现具体描述命令和事件函数。接口（interface）是组件间的一个双向通道，表明接口具有的功能和事件通知能力，由一组命令和事件函数的声明组成。接口的提供者（provider）必须实现接口的命令，接口的调用者（user）必须实现接口的事件。一个接口可以被多个组件调用和提供。配置、模块及接口之间的关系如图 17-4 所示。

TinyOS 应用程序建立在树型结构的硬件抽象平台（HAA）上。硬件抽象功能由三层组件实现。每层组件都有明确的功能并为上层组件提供接口。这种树型结构使 TinyOS 源代码具有良好的可用性和可移植性。硬件抽象结构如图 17-5 所示。

硬件表示层（Hardware Presentation Layer，HPL）通过寄存器或 I/O 寻址直接访问硬件

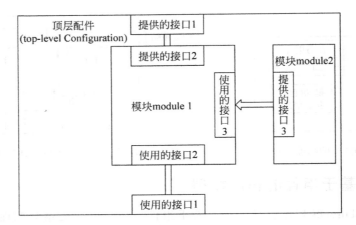

图 17-4 配件、模件及接口之间的关系

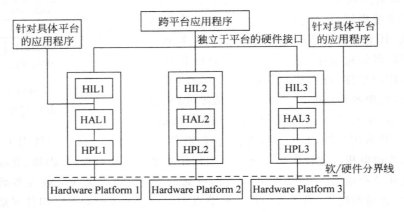

图 17-5 TinyOS 硬件抽象结构图

资源,同样硬件可以触发中断申请服务。通过内部通信机制,HPL 隐藏了硬件复杂的细节,为系统提供更具可读性的接口。例如,网络节点 MCU(microcontroller)通常有两个 USART 进行串口通信。它们具有相同的功能,但必须通过不同的寄存器访问,产生不同的中断向量。HPL 组件可以通过一个相容的接口隐藏这些不同之处。HPL 组件的状态由具体硬件状态决定,每个 HPL 组件都应该包括下列功能:①为有效地进行能量管理,需有初始化、开启和停止硬件的命令;②对于控制硬件操作的寄存器的读取(get)、设置(set)命令;③用标志位区分各种命令;④开启和关闭中断的命令;⑤硬件中断的服务程序,HPL 组件的中断服务程序只进行临界操作。

硬件适应层(Hardware Adaptation Layer,HAL)是硬件抽象结构的核心,它使用 HPL 组件提供的原始接口并进一步隐藏硬件资源的复杂性。与 HPL 不同,HAL 组件具有状态性,可以进行仲裁和资源控制。出于对传感器网络高效性的考虑,HAL 对具体的设备类别和平台进行了抽象,给出了硬件具有的特定功能。HAL 组件通常以 Alarm、ADC channel、EEPROM 命名,上层组件可以通过丰富的、定制化的接口进行访问,同时也使编译时的接口检测更加高效。

硬件接口层(Hardware Interface Layer,HIL)将 HAL 提供的、针对具体平台的抽象转化为独立于平台之间的接口。这些接口隐藏了硬件平台之间的不同，提供典型的硬件服务，更加简化了应用开发。

TinyOS 的三层硬件抽象结构有很大的灵活性。具体的应用程序可以将 HAL 和 HIL 组件结合使用，提高代码执行效率，称为硬件抽象结构的垂直分解。为了提高硬件资源抽象在不同平台上的重用率，还可以将硬件抽象结构进行水平分解。例如，在 TinyOS 中的 chip 文件夹中，定义了许多独立的硬件芯片抽象，如 microcontroller、radio-chip、flash-chip 等。每个芯片抽象都提供独立的 HIL 组件接口，可以将各个不同的芯片结合起来组成具体平台。但各个平台与芯片抽象间的通用接口会增加代码量，不利于代码的高效执行。

### 17.2.4 操作系统特点概述

一些学者针对无线传感器网络的硬件节点相对简单的特点，认为对现有的嵌入式操作系统，如 VxWorks、WinCE 和 Linux，进行必要的裁剪定制后，就可以在节点上运行。但上述嵌入式操作系统设计时没有考虑到无线传感网络节点的系统资源十分有限和运行特点，尽管可以进行必要的裁剪定制，却很难在无线传感器网络节点上取得较好的运行效果。

研究人员通过实验发现无线传感器网络节点有两个比较突出的特点。一个特点是并发性很密集，即可能存在多个需要同时执行的逻辑控制，需要操作系统能有效提供处理这种频繁发生、并发程度高、执行过程比较短的逻辑控制流的能力；另一个特点是无线传感器节点模块化程度高，一个节点通常划分为几个主要的部分，在不影响整体性能情况下，要求操作系统能够让程序方便地对模块进行控制，使程序中的各个部分能方便地进行组合。

针对上述无线传感器网络节点的系统资源十分有限和运行特点，加州大学伯克利分校科研人员在设计 TinyOS 微型操作系统过程中引入轻量线程(Lightweight Thread)、主动消息(Active Message)、事件驱动模式(Event-driven Model)、基于组件编程(Component- based Programming)、硬件抽象层(Hardware Abstraction Layer)和并行处理等，使之更好地满足无线传感器网络节点的运行特点。

**1. 轻量线程**

1) 轻量线程引入进程、线程和轻量线程概念的提出在于提高操作系统并发性

进程引入为了实现操作系统在内存级的并发性，即操作系统能够让多个进程都在内存中存在。进程产生于内存，在内存中改变自身的状态，在内存中排队，最后在内存中灭亡。

计算机研究人员研究发现程序最终是在 CPU 内部运行，应实现在 CPU 上的并发性，而进程始终在内存中，能分配到 CPU 资源但无法进入 CPU，为实现在 CPU 的并发，引入了"线程"，即将程序中若干控制流的功能进行模块化。线程是进程中能够独立运行的更小的单位。主要活动区域在 CPU 中，在 CPU 中运行，在 CPU 中灭亡。操作系统对线程的描述和管理是通过线程控制块 TCB(Thread Control Block)来执行的。线程产生时立即就产生描述此线程的 TCB，当线程灭亡时描述此线程的 TCB 也就随之消灭。线程间可以共享进程的内存空间。

线程间进行切换时，会将有关 CPU 寄存器状态信息存入 TCB 中。这样在线程间进行切换时 CPU 会用一部分时间处理这个过程。无线传感器节点中的处理器处理能力有限，处理器会花费很多时间在线程间切换过程中，这就是很多嵌入式操作系统虽然经过裁剪定制，却很难在无线传感器网络节点上取得好的运行效果的原因。为此 TinyOS 引入轻量线程，处理器只对线程处理，而不关心线程所处的上下文环境，对于轻量线程没有线程控制块 TCB。

2) TinyOS 中轻量线程实现

轻量线程在 TinyOS 以任务(Task)方式体现,系统运行时会不断地从任务队列中提取任务,完成任务后再提取下一任务,直到任务队列中没有任务。如果没有任务,系统进入节能状态。下面分别从不同侧面分析 TinyOS 中轻量线程的实现。

(1) 任务队列数据结构

```
Typedef struct
{
   void( * tp)();
} TOSH_Sched_entry_T:
TOSH_sched_entry_T TOSH_queue[TOSH_MAX_TASKS];
```

轻量线程在这里体现为一个函数指针,指向任务队列中特定功能模块。在任务队列结构体中只是定义了一个函数指针成员变量,没有更多的参数列表,这就意味着任务在执行过程中没有上下文之间的切换。CPU 不会花费时间在上下文之间的切换上,就可以快速响应网络上的服务事件。

(2) TinyOS 中任务调度机制

```
/ * 任务调度函数 * /
void TOSH_run_task()
{
while (TOSH_run_next_task())   / * 读取下一任务 * /;
TOSH_sleep();
TOSH_wait();
}
```

TOSH_run_task()供上层调用,其功能是从任务队列中取出一个任务并执行。若有多个任务,将所有的任务全部执行完毕,若没有任务就让 CPU 进行睡眠模式,以节约系统能量。

```
/ * 读取下一任务函数 * /
Bool TOSH_run_next_task()
{
void ( * func) (void)
…
func = TOSH_queue[(int)old_full].tp;
…
func();
… }
}
```

此函数没有参数,只是从队列中取出相关函数地址,在上下文无关的情况下执行相关函数。但是任务调用是在 FIFO 的队列中以非抢占式执行的:在执行完前一个任务后才能执行下一个任务,因此在设计任务时必须将需要完成的工作划分成大小适中的粒度。太大会使系统无法及时对网络中的事件进行响应。

**2. 主动消息**

1) 主动消息模式

面向消息通信(Message-based Communication)是早期应用在并行计算中的高性能通信模式,主动消息模式是其中一种模式。每个消息由一个应用层的句柄进行维护,当目标节点收到消息后,会将消息中的数据作为参数,传递给应用层的相应句柄进行处理。句柄首先从网络中获取消息,然后或者将数据合并到计算中,或者返回一个应答消息给消息发送者。它实现了将通信合并到计算中去,实现了通信和计算的重叠,为此通信的代价得到了大幅度降低。下面对其进行简单的数学分析。

如果通信和计算分开,则程序的运行时间

Time_Total = Time_compute + Time_communicate

其中:

通信时间:$\text{Time\_communicate} = Nc(Ts + Lc \cdot Tb)$。

启动时间:$Ts$。

通信时间/字节:$Tb$。

消息长度:$Lc$。

通信次数:$Nc$。

如果通信和计算两者重叠时,则程序的运行时间

Time_Total = MAX_time(Time - compute + Nc·Ts, Nc·Lc·Tb)

显然 Time_Total>Time_Total,采用主动消息使得系统效率提高,在完成相同的任务情况下,当通信和计算两者重叠时,系统所要的时间相对要少一些。

主动消息(AM)是一种异步通信机制,其基本思想是:消息头部的控制信息,是用户层的指令序列的地址,这些指令序列会从网络中取出消息数据,并将消息合并到此后的计算当中去。消息在它的头部包含一个用户层的处理程序地址,当消息到达时候,就会执行这个程序,消息体就作为一个参数。

2)非阻塞方式

TinyOS 采用非阻塞方式处理数据,发送不会等待相应的接收完成后才执行下一步操作,而将消息缓存起来,直到网络端可用时,将消息发送到接收方,接收方同样如此。当主动消息到达时,AM 组件会将该事件分派给所有带有相关消息处理程序的组件。每个组件通常会注册一个或者多个消息处理程序,消息处理程序的输入是由 AM 组件提供的运行时消息缓冲区的一个引用。

如下代码段:

```
TOS_MsgPtr buffer;                  //消息缓冲区指针
//发送消息任务调度
task void sendTask()
{  …
ok = call Radiosend.send(buffer);
…
}
//发送消息
Command result_t SendMsg.send[uint8_t id] (TOS_MsgPtr data)
{ …
if(!(post sendTask()))
{ … }
else   {buffer = data;}}
```

在发送消息函数 SendMsg.Send 中首先进行任务提交,所有的数据放在缓冲区 buffer 中。

由于采用指针传送,当这个指针为不同层所拥有时,就是一个私有区域,从而减少函数调用时进行参数拷贝所需的时间,提高系统效率。

3)消息句柄

采用消息句柄对具体的事件进行处理。事件处理是基于主动消息的类别,在 TinyOS 中可以处理 256 种消息,为无线传感器网络节点并发性提供了有力的软件支持。在节点设计过程中,将网络中不同的事件进行分类,可以实现接口统一处理。

```
//主动消息处理
Command result_t SendMsg.send[uint8_t id](参数列表)
{
Switch(id)
    {
    }
}
```

通过 id 来标记不同的消息句柄,当不同的消息到达时可以分别进行处理。

### 3. 事件驱动模式

在面向过程的程序设计中,应用程序自身控制决定执行哪一部分代码。代码从第一行开始执行,尽管程序在执行过程中会在必要时调用其他过程,但程序总是按预定的路径次序执行。

在事件驱动的程序设计中,代码执行路径事先不可确定。而是响应不同的事件时会执行不同区域的代码。事件可以由用户操作触发、也可由操作系统或其他应用程序的消息触发、甚至由应用程序本身触发。这些事件的顺序决定了代码执行的顺序,因此应用程序每次运行时所经过的代码的路径都是不同的。

无线传感器节点通常是无人值守的,对于网络中事件发生序列是无法获得的,但是事件的种类是可知的,因此事件驱动模式可针对每种事件进行处理,而无需关事件发生的次序,因而增强节点的灵活性和降低节点编程难度。

事件驱动是一个任务完成后,就触发一个事件,然后系统进入相应的处理函数,在处理过程中完成必要事件通告。TinyOS 有两种事件:硬件事件和软件事件。硬件事件是硬件中断处理程序,软件事件则是通过 signal 来触发。

事件可通过不同的属性声明指定不同的处理方式。TinyOS 中事件可定义 signal 属性和 interrupt 属性。其宏定义如下:

```
//将事件定义为 signal 属性
#define TOSH_SIGNAL(signame)
void signame()_attribute_((signal,spontaneous,C))
```

事件处理时不会被其他中断所中断,函数执行期间体现原子性。

```
//将事件定义为 interrupt 属性
#define TOSH_INTERRUPT(signame)
void signame()_attribute_((interrupt,spontaneous,C))
```

事件处理时会被其他中断程序中断,在函数开始执行时,将全局中断开启。

### 4. 基于组件编程

组件技术现在应用已经十分广泛:Windows 编程中使用的各种控件和公用对话框;

ActiveX 控件和 DirectX 的应用；微软公司的 COM 对象；Sun 公司的 EJB(Sun/Java)。组件 (component)技术是各种软件使用方法中最重要的一种,也是分布式计算和 Web 服务的基础。每个组件会提供一些标准且简单的应用接口,允许使用者设置和调整参数和属性。用户可以将不同来源的多个组件有机地结合在一起,快速构成一个符合实际需要的应用程序。

基于组件编程允许应用程序开发人员可以将独立组件组合到需要的地方,而无需关心其具体实现过程。TinyOS 不支持其他语言开发的组件,因为如果能使其他组件运行,TinyOS 必须提供组件容器,而无线传感器节点系统资源有限,不具备组件容器实现的物理基础。TinyOS 中只是借鉴组件思想,采用自定义的组件机制：TinyOS 中通过关键字 Configuration 和 Module 来声明组件。

**5．硬件抽象层**

为了便于操作系统在不同硬件平台上进行移植,美国微软公司首先提出了将底层与硬件相关的部分单独设计成硬件抽象层(HAL)的思想。这一思想提高了程序的可移植性和简化程序开发,隐藏特定平台的硬件接口实现细节,为操作系统提供统一的虚拟硬件平台接口,使其具有硬件无关性,可在多种平台上进行移植。

在无线传感器节点设计过程中,硬件抽象层的引入起到了重要作用。首先,节省了产品的设计时间。传统的设计流程是采用瀑布式设计开发过程,首先是硬件平台的制作和调试,而后是在已经定型硬件平台的基础上再进行软件设计。由于硬件和软件的设计过程是串行的,因此需要很长的设计周期;而硬件抽象层能够使软件设计可在硬件设计结束前开始进行,使整个节点系统的设计过程成为软硬件设计并行的 V 模式开发过程。这样软硬件设计的过程大致是同时进行的或是并发的,缩短了整个产品设计周期。其次,增加系统管理统一性来提高系统性能。TinyOS 将这一思想与组件化思想结合并融入 TinyOS 的各个模块中,对所有的硬件与软件的接口用硬件抽象层来描述：处理器模块支持 avr 和 msp430 芯片;无线电数字传收发模块支持 TR1000,CCI000 和 CC2420 芯片;对不同的传感板实现接口上的统一;对节点中所有的模块进行统一的电源管理。如图 17-6 所示,在 TinyOS 中,硬件抽象层由三个层面来实现。

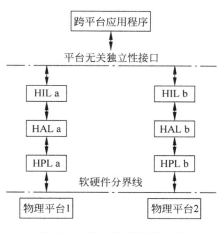

图 17-6　TinyOS 硬件抽象层

最后,实现节点级的程序移植。在 TinyOS 中,通过 makefile 配件文件中相关参数来改变硬件实现的库文件所在路径,相同的程序代码通过控制 make 的参数,可生成不同平台的目标代码。如生成 mica2 节点,使用 make mica2;如生成 mica 节点,使用 make mica。

**6．并发模型**

无线传感器节点上的数据到达具有突发性,在不确定的时间点可能需要处理大量数据。前面讨论的轻量线程是针对节点程序自身完成的任务方面进行优化,每个任务执行时间尽可能短,但从任务的调度函数分析可知,任务(Task)是在一个 FIFO 队列中依次执行,任务之间没有竞争且具有原子性,无法及时对外部事件进行响应。

TinyOS 采用硬件中断的方法来处理外界事件发生的不确定性。中断处理函数是通过宏定义实现：

```
//定义中断处理 SIG_COMPARATOR 函数
TOSH_INTERRUPT(SIGCOMPARATOR)
{
    …
}
```

这是一个宏函数,进行宏展开为:

```
#define TOSH_INTERRUPT(signame)
Void signame()_attribute_((interrupt,spontaneous,C))
SIG_COMPARATOR 在库中定义为一个中断向量的地址
#define SIG_COMPARATORVECTOR(4)
```

从上分析可知,硬件中断处理函数就是对每个中断向量进行映射,节点对外部事件响应种类的多少,取决于处理器所提供的中断向量表的大小。

TinyOS 并行处理是通过任务(Task)和中断处理事件(Interrupt hander event)来体现的。TinyOS 采用分级调度机制实现对不同级别事件的处理:对于不紧迫的事件采用任务方式,通过排队进行处理,任务执行具有原子性;对于紧急的事件采用中断处理事件,由于中断处理程序具竞争性和优先级,中断处理程序则可以中断任务执行,依据中断级别判断当前发生的中断是否可以终止正在处理的中断处理程序,因而可以实现对事件做出快速响应。

## 17.3 TinyOS 组件

### 17.3.1 组件说明与实现

**1. 组件说明**

任何一个 nesC 应用程序都是由一个或多个组件链接起来,从而形成一个完整的可执行程序。组件提供并使用接口。这些接口是组件的唯一访问点并且它们是双向的。接口声明了一组函数,称为命令(command),接口的提供者必须实现它们;还声明了另外一组函数,称为事件(event),接口的使用者也必须实现它们。对于一个组件而言,如果它要使用某个接口中的命令,它必须实现这个接口的事件。一个组件可以使用或提供多个接口以及同一个接口的多个实例。

**2. 组件实现**

在 nesC 中有两种类型的组件,分别称为模块(module)和配置(configuration)。模块提供应用程序代码,实现一个或多个接口;配置则是用来将其他组件装配起来,将组件所使用的接口与其他组件提供的接口连接在一起。这种行为称为导通(wiring)。每个 nesC 应用程序都由一个顶级配置所描述,其内容就是将该应用程序所用到的所有组件导通起来,形成一个有机整体。nesC 的所有源文件,包括 interface,module 和配置,其文件后缀(扩展名)都是".nc"。

### 17.3.2 并发模型

TinyOS 一次仅执行一个程序。组成程序的组件来自于两个方面,一部分是系统提供的组件,另一部分是为特定应用用户自定义的组件。程序运行时,有两个执行线程:一个称为任务(task),另一个称为硬件事件句柄(hardware event handler)。任务是被延期执行的函数,它们一旦被调度,就会运行直至结束,并且在运行过程中不准相互抢占。硬件事件句柄是用来响应和处理硬件中断的,虽然也要运行完毕,但它们可能会抢占任务或其他硬件事件句柄的执行。命令和事件要作为硬件事件句柄的一部分而执行必须使用关键字 async 来声明。

因为任务和硬件事件句柄可能被其他异步代码所抢占,所以 nesC 程序易于受到特定竞争条件的影响,导致产生不一致或不正确的数据。避免竞争的办法通常是在任务内以排他方式访问共享数据,或访问所有数据都使用原子语句。nesC 编译器会在编译时向程序员报告潜在的数据争用,这里面可能包含事实上并不可能发生的冲突。如果程序员确实可以担保对某个数据的访问不会导致错误的发生,可以将该变量使用关键字 norace 来声明。但使用这个关键字时一定要格外小心。

### 17.3.3 TinyOS 组件模型

TinyOS 本身是由一组组件构成的,为实现 TinyOS 和 TinyOS 应用程序的开发设计,Berkeley 推出了一种支持组件的程序设计语言 nesC。TinyOS 提供了大多数传感器网络硬件平台和应用领域里都可用到的组件,例如定时器组件、传感器组件、消息收发组件、电源管理组件等,而用户只需要开发针对特殊硬件和特殊应用需要开发少许的组件。

TinyOS 组件由 4 个部分组成:命令函数、事件函数、任务和一个固定大小的局部存储区。组件之间通过接口实现交互。接口就是声明的一组函数,其中函数有两种类型:一类称为命令函数,用关键字 command 描述,这类函数由接口的提供者实现;另一类称为事件函数,用关键字 event 描述,这类函数由接口的使用者实现。事件函数用于直接或间接地响应硬件事件。最底层组件的事件函数直接作为硬件中断的中断处理程序,如收发器中断、定时器中断等。组件之间交互的具体方式是:上层组件调用下层组件中的命令函数;下层组件触发上层组件中的事件函数,如图 17-7 所示。

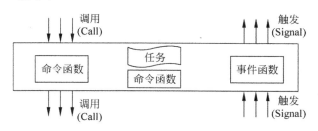

图 17-7 TinyOS 组件模型

TinyOS 包含了经过特殊设计的组件模型,其目标是实现高效率的模块化和易于构造组件型应用软件。对于嵌入式系统来说,为了提高可靠性而又不牺牲性能,建立高效的组件模型是必需的。组件模型允许应用程序开发人员方便快捷地将独立的组件组合到各层配置文件中,并在面对应用程序的顶层(top-level)配置文件中完成应用的整体配置。

nesC 作为一种类 C 语言的组件化扩展,可提供组件以及组件之间的事件命令接口。在 nesC 中,多个命令和事件可以成组地定义在接口中,接口则简化组件之间的相互连接。在 TinyOS 中,每个模块由一组命令和事件组成,这些命令事件成为该模块的接口。换句话说,一个完整的系统说明书就是一个其所要包含的组件列表加上对该组件间相互关联的说明。TinyOS 的组件有 4 个相互关联的部分:一组命令处理程序句柄、一组事件处理程序句柄、一个经过封装的私有数据帧、一组简单任务。任务、命令和事件处理程序在帧的上下文中执行并可以切换帧的状态。为了易于实现模块化,每个组件还声明了自己使用的接口及其所要使用的信号通知的事件，这些声明将用于组件的相互连接。图 17-8 所示为一个支持多跳无线通信的组件集合与这些组件之间的关系。上层组件对下层组件发命令，下层组件对上层组件发信号通知事件的发生，最低层的组件直接和硬件打交道。图 17-9 所示为 TinyOS 中 Timer 服务中的 TimerM 模块，其提供 TTimer 和 StdControl 接口，并使用了 Leds，Clock 以及 PowerManagement 接口。

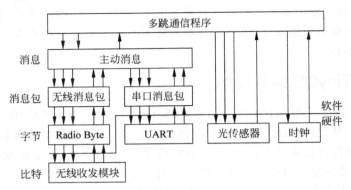

图 17-8 多跳无线通信的组件集合与组件之间的关系

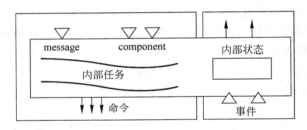

图 17-9 TinyOS 组件结构图与 TimerM 组件的描述

TinyOS 采用静态分配存储帧，这样在编译时就可以决定全部应用程序所需要的存储器空间大小。帧是一种特殊的复合 C 语法的结构体，它不仅采用静态分配而且只能由其所属的组件直接访问。TinyOS 不提供动态的储存保护，组件之间的变量越权访问检查是在编译过程中完成的。除了允许计算存储器空间要求的最大值，帧的预分配还可以消除与动态分配相关的额外开销，并且可以避免与指针相关的错误。另外预分配还可以节省执行时间的开销，因为变量的位置在编译时就确定了，而不是通过指针动态地访问其状态。

在 TinyOS 中，命令是对下层组件的非阻塞请求。典型情况下，命令将请求的参数储存在本地的帧中，并为后期的执行有条件地产生一个任务。命令也可以调用下层组件的命令，但是不必等待长时间的或延迟时间不确定的动作发生。命令必须通过返回值为其调用者提供反馈信息，如缓存区溢出、返回失败等。

事件处理程序被激活后，就可以直接或间接地处理硬件事件。这里首先要对程序执行逻辑的层次进行定义。越接近硬件处理的程序逻辑，则其程序逻辑的层次越低，处于整个软件体系的下层。越接近应用程序的程序逻辑，则其程序逻辑的层次越高，处于整个软件体系的上层。命令和事件都是为了完成在其组件状态上下文中出现的规模小且开销固定的工作。最底层的组件可以直接处理硬件中断，这些硬件中断可能是外部中断、定时器事件或者计算器时间事件。事件的处理程序可以存储信息到其所在的帧，可以创建任务，可以向上层发送事件发生的信号,也可以调用下层命令。硬件事件可以出发一连串的处理,其执行方向,既可以通过事件向上执行,也可以通过命令向下调用。为了避免产生命令/事件链的死循环,不可以通过信号机制向上调用命令。

任务是完成 TinyOS 应用主要工作的轻量级线程。任务具有原子性,一旦运行就要运行至完成,不能被其他任务中断。但任务的执行可以被硬件中断产生的事件中断。任务可以调用下层命令,可以向上层发信号通知事件发生,也可以在组件内部调度其他任务。任务执行的原子特性,简化了 TinyOS 的调度设计,使得 TinyOS 仅仅需要分配一个任务堆栈就可以保存任务执行中的临时数据。该堆栈仅由当前执行的任务占有。这样的设计对于存储空间受限的系统来说是高效的。任务在每个组件中模拟了并发性,因为任务相对于事件而言是异步执行的。然而,任务不能阻塞,也不能空等待,否则将会阻止其他组件的运行。

**1. TinyOS 组件类型**

TinyOS 中的组件通常可以分为以下三类:硬件抽象组件、合成组件、高层次软件组件。硬件抽象组件将物理硬件映射到 TinyOS 组件模型。RFM 射频组件是这种组件的代表,它提供命令以操纵与 RFM 收发器相连的各个单独的 I/O 引脚,并且发信号给事件,将数据位的发送和接收通知其他组件。该组件的帧包含射频模块当前的状态,如收发器处于发送模式还是接收模式、当前的数据传输率等。RFM 处理硬件中断并根据操作模式将其转化为接收(Rx)位事件或发送(Tx)位事件。在 RFM 组件中没有任务,这是因为硬件自身提供了并发控制。该硬件资源抽象模型涵盖的范围从非常简单的资源(如 I/O 引脚)到十分复杂的资源(如加密加速器)。

合成硬件组件模拟高级硬件行为,如 Radio Byte 组件。它将数据以字节为单位与上层组件交互,以位为单位与下面的 RFM 模块交互。组件内部的任务完成数据的简单编码或者解码工作。从概念上讲,该模块是一个能够直接构成增强型硬件的状态机。从更高层次上看,该组件提供了一个硬件抽象模块,将无线接口映射到 UART 设备接口上。提供了与 UART 接口相同的命令,发送信号通知相同的事件,处理相同的数据,并且在组件内部执行类似的任务(查找起始位或符号、执行简单编码等)。

高层次软件模块完成控制、路由以及数据传输等。这种类型组件的一个例子是主动消息处理模块,它履行在传输前填充包缓冲区以及将收到的消息分发给相应任务的功能。

图 17-10 是一个支持多跳无线通信的组件集合,通过该组件集合可以了解到不同组件的不同功能。

在图 17-10 中,无线发送模块是硬件抽象组件的代表,它发布命令以操作与其相连的各个单独 I/O 引脚,为事件提供信号,通过数据的发送和接收与其他组件交换信息[4];该组件的帧包含模块当前状态,如收发器处于发送模式还是接收模式、当前数据传输速率等;在该组件中没有任务,因为硬件自身提供了并发控制,所以说它是从物理硬件到 TinyOS 组件上的映射。

图 17-10 中 Radio Byte 组件是合成硬件组件的代表,它以字节为单位与上层组件交换数据,以位为单位与下面的无线发送模块交互;组件内部的任务用于完成数据的简单编、解码工作;该模块可以看成是一个能够直接构成增强型硬件的状态机。

图 17-10 中主动消息模块等上层组件属于高层次软件模块;主动消息模块履行在传输前填充缓冲区以及将收到的消息分发给相应任务的功能。高层次软件组件在系统中占了相当大的比例,是研究的重点,路由算法、数据集合计算都属于这一类型。

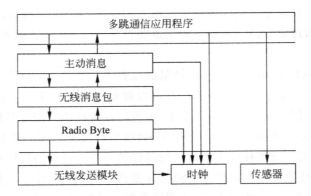

图 17-10 支持无线多跳通信的组件结构

**2．硬件/软件边界**

TinyOS 的组件模型使硬件/软件边界能够比较方便地进行迁移，因为 TinyOS 所采用的基于事件的软件模型是对底层硬件的有效扩展和补充。另外，在 TinyOS 设计中采用的固定数据结构大小、存储空间的预分配等技术都有利于硬件化这些软件组件。从软件迁移到硬件对于无线传感器网络来说是特别重要的，因为在无线传感器网络中，系统的设计者为了满足各种需求，需要获得集成度、电源管理和系统成本之间的折中方案。

**3．TinyOS 组件示例**

TinyOS 中一个典型的组件有 4 个相互关联的部分：内部帧、命令、事件处理程序句柄、命令和用于消息处理组件的任务大多数组件，都会提供用于初始化和电源管理的命令，另外，它还提供了初始化一次消息传输的命令，并且在一次传输完成或一条消息达到时，向相关组件发送消息。任务、命令和事件处理程序在帧的上下文中执行并切换帧的状态。为了易于实现模块化，每个组件都声明自己使用的接口及要信号通知的事件，这些声明将用于组件的相互连接。

**4．TinyOS 组件组合**

为了支持 TinyOS 的模块化特性，TinyOS 工作小组开发了一整套工具用于帮助开发者将组件连接起来。在 TinyOS 中，组件在编译时被连接在一起，消除了不必要的运行期间的系统开销。为了便于组合，在每个组件文件的开始描述该组件的外部接口。在这些文件中，组件实现了要提供给外部的命令和要处理的事件，同时也列出了要发信号通知的事件及其所使用的命令。从逻辑上讲，可把每个组件的输入输出看成 I/O 引脚，就好像组件是一种物理硬件。组件的向上和向下的接口的这种完整描述被编译器用于自动生成组件的头文件。

以下代码为组件文件 Blink 的示例，用于使 LED 闪烁的简单应用程序。该代码可以被分为两部分：第一部分直接列出了应用程序所包含的模块；第二部分列出了每个组件的接口之间的连接关系。

```
Configuration Blink{
}
    Implementation{
    Component Main,BlinkM,SIngleTmer,LedsC;
    Main.StdControl -> SingleTimer.StdControl;
    Main.StdControl -> Blink.StdControl;
    BlinkM.Timer -> SingleTimer.Timer;
```

```
    BlinkM.Leds -> LedsC;
}
```

### 17.3.4 应用示例——组件组合与无线通信

介绍两个概念：组件图形的层次分解与使用无线通信。作为讲解的例子应用程序是 CntToLedsAndRfm 和 RfmToLeds。CntToLedsAndRfm 应用程序是 Blink 程序的一个变种，所不同的是它将当前的计数值输出到两个输出接口，它们分别是 LED 接口和无线通信堆栈。应用程序 RfmToLeds 的功能是接收无线数据并将之显示在 LED 上。将 CntToLedsAndRfm 应用程序加载到传感器微粒中，它将会通过发射射频信号的无线传输方式将其计数值发送出去；同时，将 RfmToLeds 应用程序载入另一个微粒中，它将会把收到的数值显示在自己的 LED 上。这是一个分布式应用程序。

如果使用的是 mica2 或 mica2dot 微粒，有必要检查一下选择的无线电频率是否与微粒上使用的频率相兼容（433MHz vs 916MHz 微粒）。如果微粒上的标签丢失了，就要去查看电容器 C13(mica2) 或 C12(mica2dot)。若 C13/C12 不是板上组装（即电容器不在板子上面），那么其频段在 868/915MHz 范围内；若是板上组装（即电容器在板子上面），那么设备操作频率范围是 433MHz。到目前为止，还没有处理器可访问的设置方式来查看设备操作频段（如 EEPROM, FLASH 等）。为了让编译器知道正在使用的频率是多少，需要编辑 apps 目录下的 Makelocal 文件，有两种方法：一是定义 CC1K_DEF_PRESET 值（当前值在 tinyos-1.x/tos/platform/mica2/CC1000Const.h 文件中）；二是直接地显式定义频率值 CC1K_DEF_FREQ。

**1. CntToRfmAndLeds 应用程序**

该应用程序仅包含一个配置，所有组件模块都在库（tos\lib）中。

```
CntToLedsAndRfm.nc
/**
This application blinks the LEDS as a binary counter and also send
a radio packet sending the current value of the counter.
**/
configuration CntToLedsAndRfm {
}
implementation {
components Main, Counter, IntToLeds, IntToRfm, TimerC;
Main.StdControl -> Counter.StdControl;
Main.StdControl -> IntToLeds.StdControl;
Main.StdControl -> IntToRfm.StdControl;
Main.StdControl -> TimerC.StdControl;
Counter.Timer -> TimerC.Timer[unique("Timer")];
IntToLeds <- Counter.IntOutput;
Counter.IntOutput -> IntToRfm;
}
```
使用 make mica docs
命令可查看其源文件树：Source Tree
apps/
    CntToLedsAndRfm/
        CntToLedsAndRfm.nc
tos/
    interfaces/

```
        BareSendMsg.nc
        ByteComm.nc
        Clock.nc
        HPLPot.nc
        HPLUART.nc
        IntOutput.nc
        Leds.nc
        Pot.nc
        PowerManagement.nc
        RadioCoordinator.nc
        Random.nc
        ReceiveMsg.nc
        SendMsg.nc
        StdControl.nc
        Timer.nc
        TokenReceiveMsg.nc
    lib/
        Counters/
        Counter.nc
        IntToLeds.nc
        IntToLedsM.nc
        IntToRfm.nc
        IntToRfmM.nc
    platform/
        avrmote/
            HPLInit.nc
            HPLPotC.nc
            HPLUARTC.nc
            HPLUARTM.nc
            InjectMsg.nc
        mica/
            ChannelMon.nc
            ChannelMonC.nc
            HPLClock.nc
            HPLPowerManagementM.nc
            HPLSlavePin.nc
            HPLSlavePinC.nc
            MicaHighSpeedRadioM.nc
            RadioCRCPacket.nc
            RadioEncoding.nc
            RadioTiming.nc
            RadioTimingC.nc
            SecDedEncoding.nc
            SlavePin.nc
            SlavePinC.nc
            SlavePinM.nc
            SpiByteFifo.nc
            SpiByteFifoC.nc
    system/
        AMStandard.nc
        ClockC.nc
        FramerAckM.nc
```

```
FramerM.nc
GenericComm.nc
LedsC.nc
Main.nc
NoLeds.nc
PotC.nc
PotM.nc
RandomLFSR.nc
RealMain.nc
TimerC.nc
TimerM.nc
UART.nc
UARTFramedPacket.nc
UARTM.nc
```

该应用程序中所使用的各个组件一目了然。

首先值得注意的是一个接口需求(如 Main.StdControl 或 Counter.IntOutput)可能分散到多个实现中去。本例中,Main.StdControl 接口绑定到 Counter、IntToLeds、IntToRfm 以及 TimerC 等组件(除 TimerC 在 tos/System 中,其余组件都在 tos/lib/Counters 目录下)上。这些组件从其名称上就可以看出其含义:Counter 组件通过接收 Timer.fired()事件来维持一个计数器;IntToLeds 组件和 IntToRfm 组件提供 IntOutput 接口,该接口有一个命令 output()和一个事件 outputComplete(),前者带一个 16 位数值的参数,后者带一个 result_t 类型的参数。IntToLeds 组件将其值的低三位显示在 LED 上,而 IntToRfm 组件将 16 位数值通过无线电广播出去。

本例中,将 Counter.Timer 接口与 TimerC.Timer 接口导通,而 Counter.IntOutput 接口同时与 IntToLeds 和 IntToRfm 组件的响应接口绑定。这样,所有对 Counter.IntOutput.output()命令的调用都将会同时调用 IntToLeds 和 IntToRfm。这里需要注意的是,导通箭头既可以从左指向右,亦可反之。总之,箭头总是从使用接口的组件指向提供接口实现的组件。

假定使用 Mica 微粒,建立和装载该应用程序使用命令

```
make mica install;
```

运行结果是在微粒的 LED 上显示三位计数器,同时微粒还将计数值通过射频信号发送出去。

### 2. IntToRfm:发送信息

IntToRfm 是一个简单的组件,它通过 IntOutput 接口接收一个输出值并将其通过无线电广播出去。TinyOS 中的无线通信使用活动消息(Active Message)(AM)模型,在该模型框架下,网络中的每个数据包都指定一个句柄 ID,句柄将在接收节点中被调用。可以把句柄 ID 看作是一个在消息头部中的整数或"端口号"。当接收到消息时,与句柄 ID 相关的接收事件将被触发。不同的微粒可以将相同的句柄 ID 与不同的接收事件相关联。

TinyOS 中,成功的通信包含如下 5 个方面的要素:①指定要发送的消息数据;②指定哪个节点接收消息;③决定什么时候与输出消息关联的存储器可被重用;④缓存进入的消息;⑤处理接收到的消息。在 TinyOS 活动消息模型中,存储器管理是非常受限的,因为是在很小的嵌入式环境中使用它。

下面来看一看 IntToRfm.nc 文件的源代码:

```
IntToRfm.nc
configuration IntToRfm
{
provides {
interface IntOutput;
interface StdControl;
}
}
implementation
{
components IntToRfmM, GenericComm as Comm;
IntOutput = IntToRfmM;
StdControl = IntToRfmM;
IntToRfmM.Send -> Comm.SendMsg[AM_INTMSG];
IntToRfmM.SubControl -> Comm;
}
```

该组件提供了两个接口：IntOutput 和 StdControl 接口。此处与前面的例子不同，在配置里面提供接口。前面的课程中配置仅仅只是将其他组件导通起来，并不提供接口。本例中，IntToRfm 配置本身就是一个可供其他配置导通的组件。

在实现部分，语句

```
components IntToRfmM, GenericComm as Comm;
```

中"GenericComm as Comm"声明了该配置使用了 GenericComm 组件，但给它取了个本地名称 Comm。使用本地名称的好处是，若想使用其他的通信模型，只需简单地将之替换 GenericComm，总共只需更改这一行，而不需要更改与 Comm 相关的每一行。

此例中还使用了新的语法，如：

```
IntOutput = IntToRfmM;
StdControl = IntToRfmM;
```

其中等号（＝）表示的意思是：IntToRfm 提供的 IntOutput 接口"等同于（equivalent to）" IntToRfmM 中的实现。此处不能使用箭头（->），因为箭头的含义是将使用接口与提供实现的接口导通起来。本例中，"="是将 IntToRfm 提供的接口与 IntToRfmM 中的实现等同起来，这样做了之后，这两个组件中的该接口其实就是指同一个东西！

该配置中的最后两行是：

```
IntToRfmM.Send -> Comm.SendMsg[AM_INTMSG];
IntToRfmM.StdControl -> Comm;
```

其中最后一行很简单，将 IntToRfmM.StdControl 接口与 GenericComm.StdControl 接口导通起来。而它前面一行显示了参数化接口的另外一种使用方式，其意义是将 IntToRfmM 的 Send 接口与 Comm 提供的 SendMsg 接口导通起来。在 GenericComm 组件中声明提供了 SendMsg 接口：

```
provides{
   ...
   interface SendMsg[uint8_t id];
   ...
}
```

该组件提供了 256 个不同的 SendMsg 接口的实例,每一个实例占用一个 uint8_t 值。活动消息句柄 ID 就是通过这种方式导通在一起的。在 IntToRfm 组件中,将句柄 ID 为 AM_INTMSG 的 SendMsg 接口与 GenericComm. SendMsg 绑定。(AM_INTMSG 是一个全局值,定义在 tos/lib/Counters/IntMsg.h 中)。当命令 SendMsg 被调用时,句柄 ID 作为一个外部参数被传递给它。具体可参见文件 tos/system/AMStandard.nc(该文件是 GenericComm 组件的实现模块)。

```
command result_t SendMsg.send[uint8_t id](…){…};
```

当然,此处参数化接口并非是完全必需的。事实上,句柄 ID 可以作为命令 SendMsg.send 的参数。这里只是为了说明如何在 nesC 中使用参数化接口这个问题。

### 3. IntToRfmM:实现网络通信

为了了解消息通信是如何实现的,先来看看在 IntToRfmM.nc 文件中 IntOutput.output()命令的定义:

```
IntToRfmM.nc
bool pending;
struct TOS_Msg data;
/* … */
command result_t IntOutput.output(uint16_t value) {
IntMsg * message = (IntMsg *)data.data;
if(!pending){
pending = TRUE;
message -> val = value;
atomic{
message -> src = TOS_LOCAL_ADDRESS;
}
if(call Send.send(TOS_BCAST_ADDR, sizeof(IntMsg), &data))
return SUCCESS;
pending = FALSE;
}
return FAIL;
}
```

该命令使用了一个称为 IntMsg 的消息结构(在 tos/lib/Counters/IntMsg.h 中声明的)。它是一个简单的结构体,拥有两个域:val 和 src,前者是数据值,后者是消息的源地址。调用 Send.send()命令时需要三个参数:目的地址、消息大小和消息数据。消息数据的本地源地址字段使用全局常量 TOS_LOCAL_ADDRESS,而目的地址 TOS_BCAST_ADDR 是无线广播地址。

被 SendMsg.send()命令所使用的"原始"消息数据结构是结构体 TOS_Msg,声明在 tos/system/AM.h 文件中。它包含的字段有目的地址、消息类别(AM 句柄 ID)、长度、有效载荷等。最大有效载荷是 TOSH_DATA_LENGTH,其缺省值为 29。本例中,把 IntMsg 封装在 TOS_Msg 结构的有效载荷字段中。

SendMsg.send()命令是分相(split-phase);当消息发送完成时,它就触发 SendMsg.sendDone()事件。若 send()执行成功,消息将排队以等待发送;若失败,消息发送组件将不能接收到消息。

TinyOS 活动消息缓冲区执行严格的论题所有者协议以避免昂贵的内存管理，然而仍然允许并发操作。如果消息层接收到 send()命令，那么它将拥有发送缓冲区，并且请求组件不应该修改缓冲区直到发送完毕（sendDone()事件发生）。

IntToRfmM 模块使用一个挂起（pending）标志来跟踪缓冲区状态。若前面的消息仍在发送，由于不能修改缓冲区，必须放弃 output()操作并返回 FAIL。只有当发送缓冲区可用时才可以填充它并发送消息。

### 4. GenericComm 网络堆栈

GenericComm 组件是一个"通用"的 TinyOS 网络堆栈实现，位于 tos/system/GenericComm.nc 中。为了实现通信它使用了大量的低级接口：AMStandard 接口用来实现活动消息的发送和接收；UARTNoCRCPacket 用于在微粒的串口上通信；而 RadioCRCPacket 用来无线通信等。要了解通信的物理细节，可查看这些低级接口的具体实现。如可查看 AMStandard.nc 文件看看 ActiveMessage 层是如何建立的。它实现了 SendMsg.send()命令，在其中布置了一个任务从消息缓冲区中取出消息并通过串行端口（当目的地址为 TOS_UART_ADDR 时）或者射频信号（当目的地址为其他值时）将之传输出去。可以进一步深入查看代码的不同层次，直到发现任何一个字节的数据通过无线电或 UART 传输的机制。

### 5. 使用 RfmToLeds 接收消息

RfmToLeds 应用程序由一个简单的配置来定义，它使用 RfmToInt 组件来接收消息，并使用 IntToLeds 组件将接收到的值显示在 LED 上。与 IntToRfm 类似，RfmToInt 组件使用 GenericComm 来接收消息。RfmToInt.nc 中的大部分代码都很简单，不过请注意这一行：

```
RfmToIntM.ReceiveIntMsg -> GenericComm.ReceiveMsg[AM_INTMSG];
```

这句话是用来指定 AM_INTMSG 句柄 ID 接收到的活动消息应该绑定到 RfmToIntM.ReceiveMsg 接口上。这里，箭头的方向可能有的让人迷惑不解。ReceiveMsg 接口位于 tos/interfaces/ReceiveMsg.nc 文件中，它仅仅只声明了一个事件 receive()，该事件将被一个指向接收到的消息的指针所触发。因此，尽管 ReceiveMsg 接口不提供任何可供调用的命令而只定义了一个可被触发的事件，RfmToIntM 组件仍然使用了该接口。对进入的消息进行的内存管理本质上是动态的。消息到达后进入缓冲区，活动消息层将句柄类型进行解码并将之分发出去。应用程序组件通过 ReceiveMsg.receive()事件获得缓冲区，但是，为可靠起见，应用程序组件在接收完后必须返回一个指向缓冲区的指针，如：

```
RfmToIntM.nc
/* … */
event TOS_MsgPtr ReceiveIntMsg.receive(TOS_MsgPtr m) {
    IntMsg * message = (IntMsg * )m->data;
    call IntOutput.output(message->val);
    return m;
}
```

由于应用程序已经完成数据处理，所以最后一行将原始消息缓冲区返回。若应用程序某组件需要保存信息内容以备后用，就需要将信息复制到一个新的缓冲区，或者为网络堆栈返回一个新的可用的消息缓冲区。

### 6. 一些细节问题

TinyOS 消息在其头部包含一个"组 ID"，允许多个不同的微粒组共享相同的无线信道。

若实验中存在多个微粒组,应该为每个组分配一个独一无二的 8 位数值的组 ID,以避免相互间的消息发生冲突。缺省情况下,组 ID 值为 0x7D。可以在 Makefile 文件中通过定义预处理符号 DEFAULT_LOCAL_GROUP 来设置组 ID 值,如:

```
DEFAULT_LOCAL_GROUP = 0x42 # for example...
```

此外,消息头部还有一个 16 位的目的节点地址。在编译时给组内的每个通信节点都要分配一个唯一的节点地址。但下列两个目的地址是受保护的:TOS_BCAST_ADDR(0xfff)——用于作广播地址;TOS_UART_ADDR(0x007e)——用于将消息发送到串行端口。

节点的地址除了上述两个受保护的值外可以是任意其他的数值。给节点指定本地地址使用的语法形式为:make mica install.〈addr〉,其中〈addr〉是将要给微粒赋予的本地节点 ID 值。例如:make mica install.38,该命令不仅为某个 mica 微粒编译应用程序,同时还为该微粒设置一个值为 38 的 ID。

## 17.4 TinyOS 的系统模型

### 17.4.1 TinyOS 的系统模型

TinyOS 系统基于 nesC 的构件模型编程实现,具有清晰的构件层次结构,如图 17-11 所示。

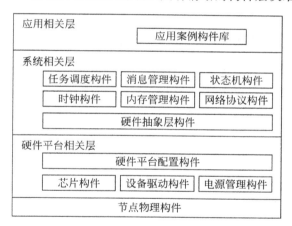

图 17-11 TinyOS 系统结构

1. 应用相关层:负责提供给用户一些基本的应用逻辑构件,即应用案例构件库(如数据结构模板构件、应用逻辑构件等)。

2. 系统相关层:是 TinyOS 的主体部分,负责提供给应用开发所需的系统构件和无线传感器节点正常运行的构件。具体包括:硬件抽象层构件(建立统一的硬件描述接口)、消息管理构件库(负责系统各个部分的通信)、状态机构件库(负责描述系统中运行的各个构件的状态)、内存管理构件库(负责系统运行所需内存申请、分配和回收)、任务调度构件库(负责组织管理系统中各个任务的运行)、时钟构件库(负责管理系统使用的时钟中断)、网络协议构件库(负责系统运行的网络协议,包括无线网络协议和有线网络协议)。

3. 硬件平台相关层:是 TinyOS 的 HAL(硬件抽象层)以下的构件库,划分的目的是为了使开发的系统具有可移植性。具体包括:硬件平台配置构件库(负责配置不同的节点开发板硬件配置)、设备驱动构件库(负责硬件中的各个设备的驱动)、芯片构件库(负责配置硬件平台中使用到的各个芯片)、电源管理构件库(负责管理系统使用的电源设备和各个芯片设备的低功耗状态的控制)。

TinyOS 的应用开发基于 nesC 的配线规范进行构件组装。根据构件实现的功能定制不同的构件集合。把不同的操作系统服务分解为不同的组件集合进行封装,任何一个应用都是由最顶层的配置组件进行组织,逐级组装底层构件所形成的构件集合。使用 nesC 将组装好的构件集合编译成 C 语言代码实现,最后由 gcc 交叉编译器生成节点硬件的执行映像文件。其简要的开发流程如图 17-12 所示。这种构件化定制组装方式具有高度的灵活性和复用性,有利于特定应用的开发。

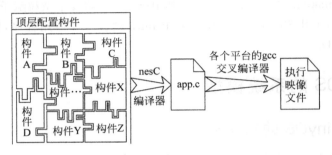

图 17-12 TinyOS 应用开发流程

### 17.4.2 TinyOS IDE 设计与实现机制

**1. IDE 的整体设计和工作原理**

根据 nesC 构件模型和 TinyOS 系统特性,结合现有的成熟嵌入式集成开发环境构造的思路,设计了 TinyOS 集成开发环境的系统结构,如图 17-13 所示。其主要功能包括如下。

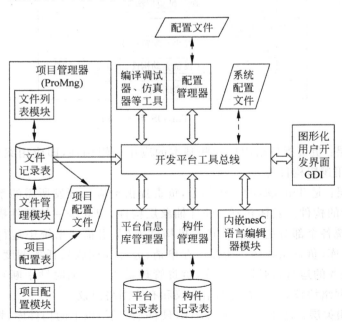

图 17-13 TinyOS 集成开发环境体系结构

(1) 基于构件的可视化的开发。研究 nesC 语法，提供友好的代码编辑环境，如对关键词自动识别、语法的检查等。着重研究 nesC 对构件的描述、构件的组装，实现可视化的构件编辑、生成和组装。如在可视化的构件编辑区设计如图 17-14 所示构件，IDE 能自动生成符合 nesC 语法的程序框架代码，并形成项目文件，由项目管理器进行集中管理。

(2) 提出一种工具总线规范。通过此总线能够方便管理开发过程中用到的各种工具，每个工具由规范接口的功能构件组成，以"即插即用"的方式加入到集成开发环境中。如 nesC 的代码编辑器和编译器、各硬件平台的 gcc 交叉编译器和 gdb 交叉调试器(如 TI 的 msp430 平台和 avr 的 atm128 平台等)、TinyOS 的构件管理器等。

(3) 平台信息库管理。针对无线传感器节点硬件平台的多样性特点，IDE 提供开发板及外设的基本平台信息。对使用较多的硬件平台如 micaz、mica2、telosb 等，可预先设置进入平台信息库，这样可以辅助使用成熟平台的开发人员很快地进入应用开发阶段。

(4) 设计分层的构件库管理器。提供对 TinyOS 系统中的构件注册入库、信息登记、浏览查询等功能。方便 TinyOS 的各层次系统和应用构件的开发管理。

IDE 工作原理和流程如图 17-15 所示。

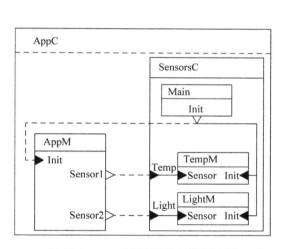

图 17-14  nesC 语言构件组装示意图

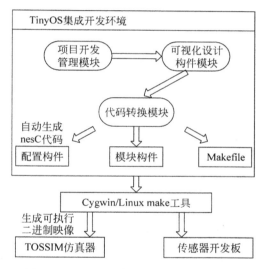

图 17-15  TinyOS 集成开发环境工作原理

(1) 项目开发模块负责整个开发过程中的项目管理。包括选定开发项目类型(应用构件项目、系统功能构件项目)，项目配置文件和项目框架构件代码的生成。

(2) 可视化构件编辑模块负责组装使用到的系统构件，编辑用户上层的构件使用和提供的接口函数的代码。

(3) 代码转换模块负责将可视化编辑的构件转化为符合 nesC 语言的语法和语意的构件代码。主要转化成各层的配置构件、功能模块构件和 Make 工具编译所需的 Makefile 文件。

**2．TinyOS 的构件管理器实现机制**

构件库管理器作为设计 IDE 中的重要子系统，其功能包括：采用构件信息管理工具，实现对已有的系统构件和应用构件及其信息的高效管理，如构件的分类、检索、删除和运行管理机制等。具体结构包括以下部分。

(1) 访问控制：访问控制功能提供外界对构件管理库的添加、修改、删除等操作。

(2) 代码分析器：根据 nesC 语言的语法对要添加入库的构件和接口进行语法错误的检查，确保正确的构件和接口入库。

(3) 用户界面(GUI)：提供用户对构件的可视化管理操作，其中包括添加、浏览、查询、删除等操作。

(4) 信息库：包括构件库和接口库，用于保存开发的构件和接口的实现代码，构件和接口用户描述信息，包括构件和接口的所属层次、功能描述、开发者、开发时间等。

构件库管理器的结构如图 17-16 所示。箭头 1,3 代表构件或接口开发者与访问控制模块之间的联系。用户要对构件库进行操作，必须具有一定的权限。箭头 2,4 代表构件使用者或系统管理员与访问控制模块之间的联系。系统管理员要对构件库进行管理操作，必须要具有一定的权限。箭头 5,7 代表访问控制模块与构件、接口入库模块之间的联系。构件或接口开发者取得权限后就可将构件或接口导入或添加到信息库中。箭头 6,8 代表访问控制模块与构件管理模块之间的联系，系统管理员可以对构件库进行各种管理操作。箭头 9,10 代表构件库管理器与数据库之间的联系。将注册的构件和接口存入数据库中。

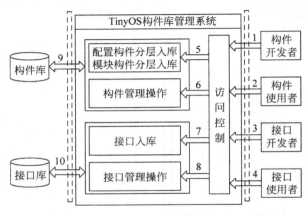

图 17-16 TinyOS 构件库管理器结构

### 3. TinyOS IDE 的原型实现

基于上述设计思想本系统使用 VC++ 6.0 开发工具在 Linux 仿真平台 Cygwin 上进行开发。

## 17.5 TinyOS 通信模型

### 17.5.1 主动消息概述

TCP/IP 是在计算机网络中应用非常普遍的通信协议，但它并不适用于无线传感器网络。首先，在传感器网络中，通信消耗的能量最为可观，因此必须尽可能减少报文的长度。而 TCP/IP 协议通信控制开销过大。其次，TCP/IP 协议采用了复杂的存储器管理机制，这既需要较大的存储器开销，又带来了较大的时延。

Active Message 是 UC Berkeley 为并行和分布式计算机通信开发的一种高效的通信机制。它可以被看成是一种轻量级的远程进程调用(RPC)，早期一般应用于并行和分布式计算机系统中。在主动消息通信方式中，每一个消息都维护一个应用层的处理器。当目标节点收到这个消息后,就会把消息中的数据作为参数,并传递给应用层的处理器处理。应用层处理器一般完成消息数据的解包操作、计算机处理或发送影响消息等工作。在这种情况下,网络就像是一条包含最小消息缓冲区的流水线,从而消除了一般通信协议中经常的缓冲区处理方面的困难。为了避免网络拥塞,还需要消息处理能够实现一步执行机制。

因此,其基本思想是让消息本身带有消息处理程序的地址和参数,消息到达目的节点后系统立即产生中断调用,并由中断处理机制启动消息处理程序。Active Message 能很好地实现通信与计算的重叠。与 TCP/IP 协议相比,Active Message 的另一个优势就是它不需要额外的通信缓冲区,在通信的接收方,消息中的用户数据可以直接送入应用程序预先为它分配好的存储区。

基于以上的原因,TinyOS 采用 Active Message 作为节点之间通信的机制。在 TinyOS 中,每种类型的消息都被分配一个独一无二的类型号,该类型号被包括在 Active Message 报文头中。接收到该消息的节点,将根据类型号去触发相应的事件处理函数。例如,一个典型的用于环境监测的网络中一般需要设置以下几种类型的消息。

Beacon 消息:该消息起源于槽节点,网络中的其他节点通过接收此消息建立从自己到槽节点的路由。

Report 消息:各节点通过此消息把采集到的环境数据发送至槽节点。

Hello 消息:用于相邻节点之间交换信息。

由于三种消息的功能不同,节点在收到消息所做的处理也不同,因此必须分别设置不同的事件处理函数。可以分别以类型号 10,11,12 来标识这三类消息。从图 17-17 中可以看到类型号为 10 的消息从节点 A 发送到节点 B 的流程。

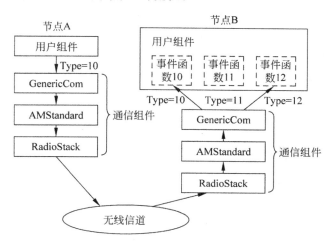

图 17-17 基于 Active Message 的 TinyOS 通信类型

节点 B 的通信组件在完整地接收到该消息后,将会主动触发(Signal)用户组件中与消息的类型号相对应的事件函数。

尽管主动消息起源于并行和分布计算领域,但其基本思想适合无线传感器网络的需求。主动消息的轻量体系结构在设计上同时考虑了通信框架的可扩展性和有效性。主动消息不但可以让应用程序开发者避免使用忙等方式等待消息数据的到来,而且可以在通信与计算之间形成重叠,这可以极大地提高 CPU 的使用效率,并减少节点的能耗。

### 17.5.2 基于主动消息的通信模型

TinyOS为满足WSN中低通信功耗，较高的通信可靠性(包的丢失率，包过载等)。提出了基于轻量级主动消息(Active Message)通信模型。

主动消息的概念最早来自于大规模并行处理机和计算群集(Computing Cluster)，它的提出是为了直接向用户提供一个贴近硬件功能基础的通信机制，用户可以利用它获得低开销的通信服务。

主动消息的思想是在消息头部控制信息中携带一个用户级指令序列(即消息处理程序)的地址，当消息到达目的时，该消息处理程序被调用，其作用是将消息中的数据提取出来，并集成到正在进行的计算中。在使用主动消息思想的通信方式中，每一个消息都维护一个应用层(Application-level)的处理器(handler)。当目标节点收到这个消息后就将消息中的数据作为参数，并传递给应用层的处理器处理。应用层的处理器完成消息数据的解包操作、计算处理或发送响应消息等工作。这样的方式消除了一般通信协议中经常出现的缓冲区处理方面的困难情况。

为了让主动消息更适合于无线传感器网络的需求，要求主动消息至少提供三个最基本的通信机制：带确认信息的消息传递，有明确的消息地址，消息分发。应用程序可以进一步增加其他通信机制以满足特定的要求。如果把主动消息通信实现为一个TinyOS的系统组件，则可以屏蔽下层的通信硬件，为上层应用提供基本的、一致的通信原语，方便应用程序开发人员开发各种应用。

在基本通信原语的支持下，开发人员可以实现各种功能的高层通信组件，如可靠性传输的组件、加密传输的组件等。这样上层应用可以根据具体需求，选择合适的通信组件。在无线传感器网络中，由于应用的千差万别和硬件的功能有限，TinyOS不可能提供功能丰富的通信组件，而只能提供最基本的通信组件，最后由应用程序选择或定制所需要的特殊通信组件。

TinyOS中，原始通信采用缓冲区交换来进行内存管理。主动消息的通信模型提供非常简单的存储管理。消息缓冲区数据结构是固定大小的。当数据通过网络到达节点时，首先要进行缓存，然后主动消息的分发(dispatch)层把缓存中的消息交给上层应用处理。在许多情况下，应用程序需要保留缓存中的数据，以便实现多跳(Multi-hop)通信。由于TinyOS不支持动态内存分配，无法实现动态申请消息缓存，所以要求每个应用程序在消息释放后返回一块未用的消息缓存用于接受下一个将要到来的消息。因为TinyOS中任务是"运行到底(Run to completion)"且不能相互抢占的，所以不会出现多个未使用的消息缓存发生冲突的情况。这样的情况下，TinyOS主动消息通信组件只需维持一个额外的消息缓存用于下一个接收的消息。

### 17.5.3 主动消息的设计与实现

在无线传感器网络中采用主动消息机制的主要目的是使无线传感器网络节点的计算和通信重叠，让软件层的通信原语与无线传感器网络节点的硬件能力匹配，充分节省无线传感器网络节点的有限存储空间。可以把主动消息通信模型看作一个分布式事件模型，在这个模型中各个节点相互间可并发地发送消息。

为了让主动消息更适用于无线传感器网络，要求主动消息至少提供三个最基本的通信机制：带确认信息的消息传递，有明确的消息地址，消息分发。应用程序可以进一步增加其他通信机制以满足特定的要求。如果把主动消息通信实现为一个 TinyOS 的系统组件,则可以屏蔽下层的通信硬件,为上层应用提供基本的、一致的通信原语,方便应用程序开发人员开发各种应用。

在基本通信原语的支持下,开发人员可以实现各种功能的高层通信组件,如可靠性传输的组件、加密传输的组件等。这样上层应用可以根据具体需求,选择合适的通信组件。在无线传感器网络中,由于应用的千差万别和硬件的功能有限,TinyOS 不可能提供功能丰富的通信组件,而只能提供最基本的通信组件,最后由应用程序选择或定制所需要的特殊通信组件。

由于 TinyOS 不支持动态内存分配,所以在主动消息通信组件中保存了一个固定尺寸且预先分配好的缓存队列。如果一个应用程序需要同时存储多个消息,则需要在其私有数据帧上静态分配额外的空间以保存消息。事实上在 TinyOS 中,所有的数据分配都是在编译时确定的。

### 17.5.4 主动通信的缓存管理机制

在 TinyOS 的主动通信实现中,如何实现消息的存储管理对通信效率具有显著影响。当数据通过网络到达节点时,首先要进行缓存,然后主动消息的分发(dispatch)层把缓存中的消息交给上层应用处理。在许多情况下,应用程序需要保留缓存中的数据,以便实现多跳(Multi-hop)通信。

如果节点上的系统不支持动态内存分配,则实现动态申请消息缓存就比较困难。TinyOS 为了解决该问题,要求每个应用程序在消息被释放后,能够返回一块未用的消息缓存,用于接收下一个即将到来的消息。在 TinyOS 中,各个应用程序之间的执行是不能互相抢占的,所以不会出现多个未使用的消息缓存发生冲突,这样 TinyOS 主动消息通信组件只需要维持一个额外的消息缓存用于接收下一个消息。

### 17.5.5 主动消息的显式确认消息机制

由于 TinyOS 只提供 Best-effort 消息传递机制,所以在接收方提供确认反馈信息给发送方以确定发送是否成功是很重要的。采用简单的确认反馈机制可极大简化路由和可靠传递算法。

在 TinyOS 中,每次消息发送后,接收方都会发送一个同步的确认消息。在 TinyOS 主动消息层的最底层生成消息确认包,这样比在应用层生成确认消息包省开销,反馈时间短。为了近一步节省开销,TinyOS 仅仅发送一个特殊的立即数作为确认消息的内容。这样发送方可以在很短的时间内确定接收方是否需要重新发送消息。从总体上看,这种简单的显式确认通信机制适合无线传感器网络的有效资源,是一种有效的通信手段。

## 17.6 TinyOS 事件驱动机制、调度策略

### 17.6.1 事件驱动机制

为了满足无线传感器网络需要的高水平的运行效率,TinyOS 使用基于事件的执行方式。事件驱动机制就是事件直接或间接地由硬件中断产生,TinyOS 接收到事件后,立即执行此事件对应的事件处理函数。事件处理可以抢占当前运行的任务,应用于时间要求严格的应用中,

但是产生事件的中断源极其有限,无法满足多任务的实时应用。

事件模块允许高效的并发处理运行在一个较小的空间内。相比之下,基于线程的操作系统则需要为每个上下文切换预先分配堆栈空间。此外,线程系统上下文切换的开销明显高于基于事件的系统。

为了高效的利用 CPU,基于事件的操作系统将产生低功耗的操作。限制能量消耗的关键因素是如何识别何时没有重要的工作去做而进入极低功耗的状态。基于事件的操作系统强迫应用使用完 CPU 时的隐式声明。在 TinyOS 中,当事件被触发后,与发出信号的事件关联的所有任务将被迅速处理。当该事件以及所有关联任务被处理完毕,未被使用的 CPU 循环被置于睡眠状态而不是积极寻找下一个活跃的事件。TinyOS 这种事件驱动方式使得系统高效地使用 CPU 资源,保证了能量的高效利用。

TinyOS 这种事件驱动操作系统。当一个任务完成后,就可以使其触发一个事件,然后 TinyOS 就会自动地调用相应的处理函数。

事件驱动分为硬件事件驱动和软件事件驱动。硬件事件驱动也就是一个硬件发出中断,然后进入中断处理函数。而软件驱动则是通过 signal 关键词触发一个事件。在这里所说的软件驱动是相对于硬件驱动而言的,主要用于在特定的操作完成后,系统通知相应程序做一些适当的处理。以 Blink 程序为例阐述硬件事件处理机制。Blink 程序中,是让定时器每隔 1000ms 产生一个硬件时钟中断。在基于 ATMega 128L 的节点中,时钟中断是 15 号中断。通过调用 BlinkM.StdControl.start()开启了一个时钟中断。

中断向量表是处理器处理中断事件的函数调度表格,它的位置和格式与处理器设计相关。有的处理器规定中断向量表直接存放中断处理函数的地址,由处理器产生跳转指令进入处理地点,如中断向量存放 0x3456,处理器在发生中断时,组织一条中断调用指令执行 0x3456 处的代码;还有一些则是为每个中断在表中提供一定的地址空间,产生中断时系统直接跳转到中断向量的位置执行。后一种情况直接在中断向量处存放中断处理代码,不用处理器组织跳转指令。不过一般与留给中断向量的空间有限,如果处理函数比较复杂,一般都会在中断向量的位置保存一条跳转指令。ATMega 128 处理器的中断向量的组织使用的是后一种处理方式。

中断向量表是在编译链接时根据库函数的定义连接的。0 号中断是初始化(reset)中断,1~43 号中断根据各个处理器的不同有可能不同,对于 ATMega128 中的 Timer 对应 15 号中断。于是在地址 0x3c 处的指令就是跳转到中断入口处,也就是 vector 处。而其他中断没有给定处理函数,所以就跳到 0xc6 处,也就是 ad interrupt 处理程序。

```
00000000 <vectors>:
00:0c 94 46 00  jmp 0xBc
04:0c 94 63 00  jmp 0xc6
08:0c 94 63 00  jmp 0xc6
3c:0c 94 8c 01  jmp 0x318         //vector 15 对应的程序入口
40:0c 94 63 00  jmp 0xc6
000000c6 <_bad_interrupt>:
c6:0c 94 00 00  jmp 0x0
```

由此可知,实际上 TinyOS 把定时器安装到中断号为 15 的中断向量表中了。

当定时器中断发生时,就会执行地址 0x3c 处的指令:jmp 0x3180 也就是程序中的 vector 15

处。vector 15 是在 Clock 界面的实现文件 HPLClock 中实现其界面的。

## 17.6.2 调度策略

在无线传感器网络中，单个节点的硬件资源有限，如果采用传统的进程调度方式，首先硬件无法提供足够的支持；其次，由于节点的并发操作比较频繁，而且并发操作执行流程又很短，这也使得传统的进程/线程调度无法适应。

TinyOS 采用比一般线程更为简单的轻量级线程技术和两层调度方式：高优先级的硬件事件句柄(Hardware Event Handlers)以及使用 FIFO 调度的低优先级的轻量级线程(task，即 TinyOS 中的任务)。任务之间不允许相互抢占；而硬件事件句柄，即中断处理线程可以抢占用户的任务和低优先级的中断处理线程，保证硬件中断快速响应。TinyOS 的任务队列如果为空，则让处理器进入极低功耗的 SLEEP 模式。但是保留外围设备的运行，以至于他们中的任何一个可以唤醒系统。

## 17.6.3 TinyOS 并发模型与执行模块

### 1. TinyOS 并发模型

在 TinyOS 中并发模块是由任务(task)和硬件事件句柄(hardware event handlers)构成，采用任务和事件驱动相结合的两级并发模型。

任务是可以被延期执行的函数。一旦被调度，任务会直到运行完成且彼此之间不能相互抢占。当任务运行完成，任务之间是不需要去管理上下文切换。在 TinyOS 中每个任务没有私有的上下文空间，而是所有的任务共享同一个上下文执行空间。由于任务运行完成的语法定义以及任务之间不能互相抢占，因此不需要在每个任务中存放上下文切换信息。当一个中断发生时，中断服务子程序(硬件事件句柄)将自动地保存和恢复下文切换。

任务机制任务由用户应用程序定义，可以由应用程序或事件处理程序创建。任务由 task 关键字定义，具体定义语法为：task void NeedTask(){…}。任务由 post 关键字创建，具体语法为：post NeedTask()。创建任务时，TinyOS 的调度器将任务加入任务队列的队尾。核心调度策略中的任务调度器把此任务加入任务队列后就立即返回，任务则延迟执行。在等待执行的任务队列中，各个任务之间采用 FIFO 原则进行调度，任务间不能相互抢占。任务机制没有实时调度能力，适用于非抢占、时间要求不严格的应用。TinyOS 任务事件驱动并发模型如图 17-18 所示。

任务一般用在对于时间要求不是很高的应用中，一般为了减少其运行时间，要求每一个任务都很短小，能够使系统的负担较轻；任务可以在一个组件内调用低级命令、发信号给高级事件、调用其他任务。TinyOS 这种共享上下文切换空间的特性在内存有限的系统中是十分必要的。下面的源代码实现在每次 Timer 事件到来时关闭/打开红灯。一个任务(processing)被定义用来实现该功能，在 Timer 事件句柄(Timer.fired)中执行 post 任务。

```
/**
 * Module task:processing
 *
 Toggles the red LED only,
```

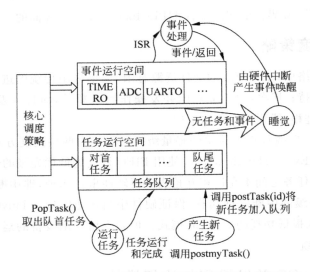

图 17-18 TinyOS 任务事件驱动并发模型示意图

```
 * The task is triggered by the <code> Timer. fired </code> event.
 * @return None
 **/task void processing()
{
    if (state)
        call Leds. red On();
    else
        call Leds. red Off();
}
/**
 * Toggle the red LED in response to the <code> Timer. Fired </code>
event
 * using the <code> processing </code> task
 * @ return Always returns <code> SUCCESS </code>
 **/
Event result_t Timer.fired()
{
    state = !state;
    Post processing();
    return SUCCESS;
}
```

硬件事件句柄被硬件事件直接或者间接地唤醒去处理硬件事件。最低层的组件直接处理和硬件中断关联的事件,如外部中断、定时器事件以及计数器事件。一个硬件事件句柄可以放置一些信息在它的框架中,如 post 任务、signal 高层事件或者调用的低层命令。一个硬件事件将会触发一系列的处理,如通过事件向上传导、通过命令向下传导。

硬件事件句柄一般用在对于时间要求很严格的应用中,而且它可以占抢占任务和其他硬件事件句柄的执行,它可以被一个操作的完成或是来自外部环境的事件触发,在 TinyOS 中一般由硬件中断处理来驱动事件。

### 2. 执行模块

为了满足无线传感器网络需要的高水平的运行效率，TinyOS 使用基于事件的执行方式。事件模块允许高效的并发处理运行在一个较小的空间内。相比之下，基于线程的操作系统则需要为每个上下文切换预先分配堆栈空间。此外，线程系统上下文切换的开销是明显高于基于事件的系统。

为了高效的利用 CPU，基于事件的操作系统将产生低功耗的操作。限制能量消耗的关键因素是如何识别何时没有重要的工作去做而进入极低功耗的状态。基于事件的操作系统强迫应用使用完 CPU 时的隐式声明。在 TinyOS 中当事件被触发后，与发出信号的事件关联的所有任务将被迅速处理。当该事件以及所有关联任务被处理完毕，未被使用的 CPU 循环被置于睡眠状态而不是积极寻找下一个活跃的事件。TinyOS 这种事件驱动方式使得系统高效地使用 CPU 资源，保证了能量的高效利用。

### 17.6.4 用事件驱动方式从传感器读取数据

本节将演示一个简单的传感器应用程序 Sense，它从传感器主板上的照片（photo）传感器上获取光强度值并将其低三位值显式在微粒的 LED 上。该应用程序位于 apps/Sense 目录下，其配置文件为 Sense.nc，实现模块文件为 SenseM.nc。

#### 1. SenseM.nc 模块

其源代码如下所示：

```
SenseM.nc
module SenseM {
    provides{
        interface StdControl;
    }
    uses {
        interface Timer;
        interface ADC;
        interface StdControl as ADCControl;
        interface Leds;
    }
}
implementation {
    // declare module static variables here
    /**
     * Module scoped method. Displays the lowest 3 bits to the LEDs,
     * with RED being the most significant and YELLOW being the least significant.
     *
     * @return returns <code> SUCCESS </code>
     **/
    // display is module static function
    result_t display(uint16_t value)
    {
        if (value &1) call Leds.yellowOn();
        else call Leds.yellowOff();
        if (value &2) call Leds.greenOn();
```

```
        else call Leds.greenOff();
        if (value &4) call Leds.redOn();
        else call Leds.redOff();
        return SUCCESS;
    }
    /**
     * Initialize the component. Initialize ADCControl, Leds
     *
     * @return returns <code> SUCCESS </code> or <code> FAILED </code>
     **/
    // implement StdControl interface
    command result_t StdControl.init() {
        return rcombine(call ADCControl.init(), call Leds.init());
    }
    /**
     * Start the component. Start the clock.
     *
     * @return returns <code> SUCCESS </code> or <code> FAILED </code>
     **/
    command result_t StdControl.start() {
        return call Timer.start(TIMER_REPEAT, 500);
    }
    /**
     * Stop the component. Stop the clock.
     *
     * @return returns <code> SUCCESS </code> or <code> FAILED </code>
     **/
    command result_t StdControl.stop() {
        return call Timer.stop();
    }
    /**
     * Read sensor data in response to the <code> Timer.fired </code>
     event.
     *
     * @return The result of calling ADC.getData().
     **/
    event result_t Timer.fired() {
        return call ADC.getData();
    }
    /**
     * Display the upper 3 bits of sensor reading to LEDs
     * in response to the <code> ADC.dataReady </code> event.
     * @return Always returns <code> SUCCESS </code>
     **/
    // ADC data ready event handler
    async event result_t ADC.dataReady(uint16_t data) {
        display(7 - ((data >> 7) &0x7));
        return SUCCESS;
    }
}
```

与 BlinkM 类似，SenseM 提供了 StdControl 接口并使用了 Timer 和 Leds 接口，同时还使用了另外两个接口，分别是：ADC 接口——用于从模拟—数字转换器上存取数据；StdControl 接口——用于初始化 ADC 组件。

该程序还使用了一个新的组件 TimerC，代替前面使用过了的 SingleTimer。原因是 TimerC 允许使用多个定时器实例，而 SingleTimer 仅提供一个组件能使用的单个计时器。有关定时器 Timer 的相关问题后面还会讨论。

值得注意的是：

```
interface StdControl as ADCControl;
```

其意义是本组件使用 StdControl 接口，但将该接口的实例命名为 ADCControl。使用这种方式，一个组件可以使用同一接口的多个实例，但可将它们分别命以不同的名字。例如，某个组件可能同时需要两个 StdControl 接口来分别控制 ADC 和 Sounder 两个组件，那么，可以按如下方式声明：

```
interface StdControl as ADCControl;
interface StdControl as SounderControl;
```

然后，使用该模块的配置负责将每个接口实例与真实的实现导通起来。

事实上，在 TinyOS 中，如果不使用 as 语句提供接口名称，那么缺省情况下实例与接口同名，也就是说，语句 interface ADC 实际上就是语句 interface ADC as ADC 的简写形式。

下面，简介 StdControl 接口和 ADC 接口（都在 tos/interfaces 目录下）。接口 StdControl 是用来对组件（通常为一片物理硬件）进行初始化并对之加电；接口 ADC 则是用来从 ADC 信道获取数据。若数据在 ADC 信道上已经准备好了，则 ADC 接口会触发事件 dataReady()。值得注意的是在 ADC 接口中使用了关键字 async，它表示所声明的命令和事件为异步代码。异步代码是可以对硬件中断予以及时响应的代码。

分析 SenseM.nc 源代码，不难看出，每当 Timer.fired() 事件触发时就会调用 ADC.getData() 函数；同样，当 ADC.dataReady() 事件触发时，就调用内部函数 display()，该显示函数用 ADC 值的低序位上的数值来设置 LED。

注意到 StdControl.init() 的实现中使用了函数 rcombine()，即

```
return rcombine(call ADCControl.init(), call Leds.init());
```

该函数是一个特殊的 nesC 连接函数，返回值为结果类型同为 result_t 的两个命令的逻辑"与"。

### 2. Sense.nc 配置

Sense 应用程序是如何知道 ADC 信道应该访问光传感器的呢？这正是 Sense.nc 配置所要解决的。

```
Sense.nc
configuration Sense {
    // this module does not provide any interface
}
implementation
{
```

```
        components Main, SenseM, LedsC, TimerC, Photo;
        Main.StdControl -> SenseM;
        Main.StdControl -> TimerC;
        SenseM.ADC -> Photo;
        SenseM.ADCControl -> Photo;
        SenseM.Leds -> LedsC;
        SenseM.Timer -> TimerC.Timer[unique("Timer")];
    }
```

该文件代码中大部分语句与 Blink 中的类似,如将 Main.StdControl 与 SenseM.StdControl 接口导通起来,Leds 接口也类似。ADC 的导通语句:

```
    SenseM.ADC -> Photo;
    SenseM.ADCControl -> Photo;
```

将 ADC 接口(被 SenseM 使用的)绑定到一个新的称为 Photo 的组件上;ADCControl 接口也一样,而这个接口是 SenseM 使用的 StdControl 接口的一个实例。其实,语句 SenseM.ADC->Photo 是语句 SenseM.ADC->Photo.ADC 的简写形式;而语句 SenseM.ADControl->Photo 并非是 SenseM.ADC->Photo.ADCControl 语句的简写形式。为什么呢?来看看 Photo.nc 组件(在 tos/sensorboards/micasb 目录下),它提供两个接口,分别是 ADC 接口和 StdControl 接口——而并无 ADCControl 接口。事实上,ADCControl 只是 SenseM 组件中给 StdControl 接口的某个实例取的一个新名字。nesC 编译器具有足够的智能可以区分出这一点,因为 SenseM.ADCControl 是 StdControl 接口的一个实例,它要与 Photo 提供的 StdControl 接口的一个实例绑定起来。如果 Photo 提供两个 StdControl 接口,那么这儿就会出错,因为无法确定到底该跟哪一个进行绑定。换言之,语句 SenseM.ADControl->Photo 其实就是语句 SenseM.ADControl->Photo.StdControl 的简写形式。

### 3. 定时器与参数化接口

语句 SenseM.Timer->TimerC.Timer[unique("Timer")]中包含了一种新的语法,称为"参数化接口(parameterized interface)"。参数化接口允许一个组件通过赋予运行时或编译时参数化而提供一个接口的多个实例。前面曾提到过,一个组件可提供一个接口的多个实例并给它们分别命以不同的名字,如:

```
provides {
        interface StdControl as fooControl;
    interface StdControl as barControl;
    }
```

此处用到的思想与上述思想相同,或者说是同一思想的范化(Generalization)。TimerC 组件中声明了这一句:

```
    provides interface Timer[uint8_t id];
```

表明它可以提供 256 个 Timer 接口的不同实例,每一个实例对应一个 uint8_t 值。

本例中,希望 TinyOS 应用程序创建和使用多个定时器,且每个定时器都被独立管理。例如,某个应用程序组件可能需要一个定时器以特定的频率(如每秒一次)来触发事件以收集传感器数据;同时另外一个组件需要另一个定时器以不同的频率来管理无线传输。这些组件中每个 Timer 接口分别与 TimerC 中提供的 Timer 接口的不同实例绑定起来,这样每个组件就可以有效地获取它自己"私有"的定时器了。

使用 TimerC. Timer[someval]可以指定 SenseM. Timer 接口应该被绑定到方括号中的值(someval)所指定的 Timer 接口的那个实例。这个值可能是任意一个 8 位的正数。但是若方括号中指定某个特定值,如 38 或 42 等,很可能会导致与其他组件使用的定时器相互冲突(若其他组件的方括号内也使用相同的值)。为解决这个问题,TinyOS 提供了一个编译时函数 unique(),其功能是根据参数字符串产生一个独一无二的 8 位标识。此处 unique("Timer")从一组响应的字符串"Timer"产生一个唯一的 8 位数字。只要参数中使用的字符串都相同,就可以保证使用 unique("")的每个组件都得到一个不同的 8 位数值。但是若某个组件使用 unique("Timer"),而另外一个组件使用 unique("MyTimer"),那么它们可能得到相同的数值。因此,当使用 unique()函数时,使用参数化接口本身的名字作为参数不失为一个好的做法。TinyOS 还提供另外一个编译时常数函数 uniqueCount("Timer"),利用它可计算出使用 unique("Timer")的总次数。

**4. 运行 Sense 应用程序**

跟前面的例子一样,只需在 Sense 目录下输入命令:make mica install,即可编译应用程序并将其安装到微粒中。本例中需要将一个带有照片传感器的传感器主板连接到微粒上。例如 Mica 传感器主板使用 51 针的连接头。传感器主板的类型可以在 ncc 的命令行上使用—board 选项来选择。在 Mica 微粒上,缺省传感器类型是 micasb。若使用老式的"basicsb"传感器主板,须将—board basicsb 选项传给 ncc。可以用如下方法实现,编辑 Sense 目录下的 Makefile 文件,在包含 Makerules 的那一句前面加上这样一行即可:SENSORBOARD = basicsb。TinyOS 所支持的所有传感器主板都在 tos/sensorboards 目录下,每个目录对应一个,目录名称与主板名称一致。

这里有必要强调一下 photo 传感器的运行行为,因为它有点特殊。ADC 将照片传感器取得大样本数据转化为 10 位的数字。期望的行为是当节点在光亮处时 LED 关掉,而在黑暗中 LED 发亮。因此将该数据的高三位求反,所以在 SenseM 的函数 ADC. dataReady()中有如下语句:

```
display(7-((data>>7)&0x7));
```

## 17.7 TinyOS 任务调度机制

### 17.7.1 调度机制概述

TinyOS 是专为无线传感器网络设计的轻量级、低功耗的嵌入式操作系统。它采用基于组件的架构方式,以快速实现各种应用。TinyOS 的编程语言为 nesC,其程序采用模块化设计,这使得它能适应硬件的多样性,允许应用程序重用一般的软件服务与抽象。目前,它已经被成功地应用到多种硬件平台上,具有很高的应用价值和研究意义。

在无线传感器网络中,单个节点的硬件资源有限,如果采用传统的进程调度方式,首先硬件无法提供足够的支持;其次,由于节点的并发操作比较频繁,而且并发操作执行流程又很短,这也使得传统的进程/线程调度无法适应。

TinyOS 的调度策略是基于硬件事件句柄(Hardware Event Handles)和任务(task)的两级调度方式,其中事件是由硬件中断触发的,任务则是基于 FIFO 的轻量级线程队列。任务具有较低的优先级,任务之间不能相互抢占,即任务一旦运行,就必须执行至结束,当任务主动放弃 CPU 使用权时才能运行下一个任务。而硬件中断触发的事件具有较高的优先级,可以打断正在执行的任务以保证硬件中断的快速响应,事件(大多数情况下是中断)可抢占。所以 TinyOS 实际上是一种不可剥夺型内核。内核主要负责管理各个任务,并决定何时执行哪个任务。

TinyOS 程序模型如图 17-19 所示。一个完整的 TinyOS 程序就是一个由若干组件按一定层次关系装配而成的复合组件。在 TinyOS 程序模型中,处于最上层的是 Main 组件。该组件由操作系统提供,传感器上电复位后会首先执行该组件中的函数,其主要功能是初始化硬件、启动任务调度器以及执行用户组件的初始化函数。每个 TinyOS 程序至少应该具有一个用户组件,该用户组件通过接口调用下层组件提供的服务,实现程序功能,如数据采集、数据处理、数据收发等。用户组件的开发是 TinyOS 程序设计的重点。TinyOS 提供一些常用组件,如执行组件、传感器组件、通信组件。执行组件用于控制 LED 指示灯、继电器、步进电

图 17-19　TinyOS 基于组件的程序模型

机等硬件模块。传感器组件用于采集环境数据,如温度、亮度等。通信组件则实现与其他节点通信。TinyOS 提供了两种通信组件:通过无线电收发器通信的组件和通过 UAET 口通信的组件,后者仅应用于槽节点中。硬件抽象层对上层组件屏蔽了底层硬件的特性,从而实现上层组件的硬件无关性,以方便程序移植。

完成了对用户组件的初始化以后开始运行队列中的任务。TinyOS 的任务调度采用先进先出的简单的策略,任务之间不允许互相抢占。在通用操作系统里,这种先进先出的调度策略是不可接受的,因为长任务一旦占据了处理器,其他任务无论是否紧急,都必须一直等待至长任务执行完毕。TinyOS 之所以可以采用先进先出的调度策略在于:在传感器网络绝大多数应用中,所需要执行的任务都是短任务。典型的任务有:采集一个数据,接收一条消息,发送一条消息。尽管如此,为进一步缩减任务的运行时间,TinyOS 采用了分阶段操作模式来减少任务的运行时间。在该操作模式下,数据采集、接收消息、发送消息等需要和低速外部设备交互的操作都被分为两个阶段进行:第一阶段,程序启动硬件操作后迅速返回;第二阶段,硬件完成操作后通知程序。分阶段操作的实质就是使请求操作的过程与实际操作的过程相分离。

### 17.7.2　中断处理

TinyOS 的中断处理程序具有比所有任务更高的优先级,一旦发生中断,处理器将停止执行任务,转而执行相应的中断服务程序。不同的是,TinyOS 中断处理程序往往是提交一个任务,而其他操作系统的中断处理程序则一般会向等待该中断事件而被阻塞的任务发送一条消息。TinyOS 的这种运行方式被称为事件驱动机制。

事件驱动分为硬件事件驱动和软件事件驱动。硬件事件驱动就是一个硬件发出中断,然后进入中断处理函数;而软件事件驱动则是通过 signal 关键字触发一个事件,主要用于在特

定的操作完成后，系统通知相应程序做一些适当处理的场合。采用事件驱动执行模型对节省能量有十分重要的作用。如果在持续的一段时间内没有中断事件发生，即任务队列为空，TinyOS 就可使处理器进入休眠模式。

为了减少中断服务程序的运行时间，降低中断响应延迟，中断服务程序的设计应尽可能精简，以此来缩短中断响应时间。TinyOS 把一些不需要在中断服务程序中立即执行的代码以函数的形式封装成任务，在中断服务程序中将任务函数地址放入任务队列，退出中断服务程序后由内核调度执行。内核使用一个循环队列来维护任务列表。默认情况下，任务列表大小为 8。图 17-20 是任务队列为空时的情形，图 17-21 表示有三个任务在队列中等待处理。

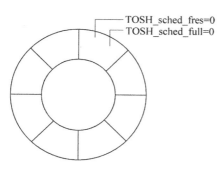
图 17-20　任务队列为空图

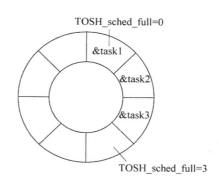
17-21　任务在队列中等待处理

### 17.7.3　任务队列

TinyOS 具有一个长度为 8 个单元的环形任务队列，每个单元用于存储任务函数入口地址，两个指针 FULL 和 FREE 分别指向最早进入队列的任务单元和第一个为空的单元。提交一个任务就是将任务函数入口地址填入到 FREE 指针所指向的队列单元，然后将 FREE 指针移至下一个单元；任务调度器在执行一个任务后，将把 FULL 指针移至下一个单元。如果 FREE 指针与 FULL 指针相等，表明队列中无任务，系统将进入睡眠状态。

内核根据任务进入队列的先后顺序依次调度执行，即调度算法为简单的 FIFO。TOSH_run_next_task() 函数负责从队列中取出指针 TOSH_sched_full 所指的任务并执行。内核在一个无限循环中调用 TOSH_run_next_task()，当队列不为空时依次执行所有任务函数。

### 17.7.4　调度策略与能量管理机制

在 TinyOS 中一个完整的系统配置是由一个微型的调度程序和一些组件组成。它采用是两级调度策略：高优先级的硬件事件句柄（Hardware Event Handlers）以及低优先级的使 FIFO 调度的任务。TinyOS 的任务队列如果为空，则让处理器进入极低功耗的 SLEEP 模式。但是保留外围设备的运行，以至于它们中的任何一个可以唤醒系统。部分调度程序源代码如图 17-22 所示，其中 TOSH_run_next_task() 函数判断队列是否为空。如果是则返回 0，系统进入睡眠模式，否则做出队列操作并执行队列该项所指向的任务并返回 1。一旦任务队列为空，另一个任务能被调度的唯一条件是事件触发的结果；因而不需要唤醒调度程序直到硬件事件的触发活动。TinyOS 的调度策略具有能量意识的。

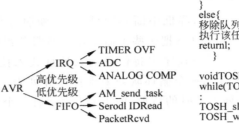

图 17-22　TinyOS 的调度结构以及部分调度程序源代码

无线传感器网络中大多数节点采用电池供电,如何延长整个网络的生命周期一直是研究的热点和难点。在 TinyOS 中采用相互关联的三个部分进行能量管理。首先,每个设备都可以通过调用自身的 StdControl.stop 命令停止该设备;负责管理外围硬件设备的组件将切换该设备到低功耗状态。第二,HPL PowerManagement 组件通过检测处理器的 I/O 管脚和控制寄存器识别当前硬件的状态,将处理器转入相应的低功耗模式。第三,TinyOS 的定时器服务可以工作在大多数处理器的极低功耗的省电模式下。

### 17.7.5　TinyOS 调度模型的特点

(1) 任务单线程运行到结束,任务之间不能相互切换,只分配单个任务栈,这对内存受限的系统很有利,这样主要是为了适应内存资源十分有限的 WSN 节点。

(2) 没有进程管理的概念,对任务按简单的 FIFO 队列进行调度。对资源采取预先分配,且目前这个队列里最多只能有 7 个待运行的任务。

(3) TinyOS 的调度策略是功耗敏感的,当任务队列为空时,则使处理器进入睡眠模式,保留外围设备运行,当外围设备发生中断,也即是产生了一个事件时,系统将被唤醒,对事件进行处理。

(4) 两级的调度结构可以实现优先执行少量与事件相关的处理,同时打断长时间运行的任务。

(5) 基于事件的调度策略,只需少量空间就可获得并发性,并允许独立的组件共享单个执行任务上下文。同事件相关的任务集合可以很快被处理,不允许阻塞,具有高度并发性。

(6) 任务之间互相平等,没有优先级的概念。

采用这样相对简单的调度策略一方面是考虑到节点硬件资源,另一方面也是由于节点并发操作比较频繁,而且并发操作流程很短,采用传统的进程调度方式在任务间的频繁切换,上下文的保存方面消耗极大的资源。TinyOS 的这种基于 FIFO 的任务事件两级调度赋予了系统并发处理能力和一定的实时性,并且适合无线传感器网络的特点。

尽管 TinyOS 被广泛使用,并且得到了相当的认可,但这并不意味着 TinyOS 能够适用于 WSN 的所有应用场合。事实上,在某些场合 TinyOS 工作得并非很好,可能出现过载问题,导致任务丢失、通信吞吐量下降,因此需要设计多任务系统。而多任务系统对硬件资源提出了更高的要求,将推动相关技术进一步向前发展。

### 17.7.6 TinyOS 的调度机制不足

传感器网络中，节点典型的三个任务为：接收待转发的路由数据包、将接收到的数据包转发出去、处理本地的传感数据并将其发送出去。节点上任务的多少取决于节点处理数据的方式。如果节点只是直接把原始数据发往基站，则任务大多数是通信路由任务；如果节点在本地采集数据并处理后才往基站发送，则本地处理任务比较多。当节点上待处理的任务超过其处理能力时，就会发生过载。对于前一种情况，如果节点上发送数据的频率过高或者网络节点密度过大导致通信任务过多时，就可能发生过载；对于后者，如果本地待处理的数据量过大或者本地任务发生频率过高，也会导致过载的发生。

另外，当节点上中断发生频率很高，导致 CPU 除了进行中断处理外不执行其他任何任务时也会出现过载（也叫接收活锁）。当系统处理任务的速率低于任务发生的频率时，任务队列（当前只能存放 7 个任务）很快就满了，则会导致任务的丢失。对于本地的传感采集速率，可以人为调节控制，例如降低节点采样频率；但对于通信路由任务的发生，则不太好人为干涉。这时如果发生过载，则直接导致通信数据包吞吐量的下降。

### 17.7.7 示例——用于处理应用数据的任务

以 SenseTask 应用程序为例介绍 TinyOS 中任务（task）的概念。

#### 1. 任务的创建和调度

TinyOS 提供由"任务"和"硬件事件句柄"组成的两级调度层次结构。前面讲过关键字 async 声明了可被硬件事件句柄执行的命令或事件。这意味着它们可在任何时候执行（可能抢占其他代码的执行），因此 async 命令和事件所做的工作应该尽可能地少而且应快速结束。除此之外，还要考虑被异步命令或事件访问的共享数据存在数据竞争使用的可能性。与硬件事件句柄不同，任务用来执行更长时间的处理操作，如背景数据处理等，同时，任务可以被硬件事件句柄所抢占。

任务在实现模块中使用如下语法声明。

task void taskname(){…}，其中 taskname() 是程序员任意指定的任务名称标识。任务的返回值类型必须是 void，而且不可以带参数。

分派任务的执行使用的语法形式为：

post taskname();

可以从一个命令、事件、甚至是另外一个任务内部布置（post）任务。布置操作将任务放入一个以先进先出（FIFO）方式处理的内部任务队列。当某个任务执行时，它会一直运行直至结束，然后下一个任务开始执行。因此，任务不应该被挂起或阻塞太长时间。虽然任务之间不能够相互抢占，但任务可能被硬件事件句柄所抢占。如果要运行一系列较长的操作，应该为每个操作分配一个任务，而不是使用一个过大的任务。

#### 2. SenseTask 应用程序

SenseTask 应用程序在 apps/SenseTask 目录下，它是 Sense 应用程序的改进版。SenseTaskM 组件中包含一个循环的数据缓冲区 rdata，用以存放最近的照片传感器的样本数据；putdata()函数的作用就是将新的样本数据插入到缓冲区中。dataReady()事件只是简单地将数据写进缓冲区，然后启动任务 processData()进行数据的处理。

```
SenseTaskM.nc
    //ADC data ready event handler
    async event result_t ADC.dataReady(unit16_t data)  {
        putdata(data);
        post processData();
        return SUCCESS;
    }
```

经过一段时间，异步事件完成以后（可能有其他任务挂起等待执行），processData()任务便得以执行。该任务计算当前 ADC 样本值之和并将其高三位显示在 LED 上。

```
SenseTaskM.nc, continued
    task void processData()  {
        int16_t  i,   sum = 0;

        atomic  {
        for   (i = 0; i < size; i ++ )
            sum += (rdata[i] >> 7);
        }
        display(sum >> log2size);
    }
```

在任务 processData()中使用了关键字 atomic，这样的语句在 nesC 中被称为"原子语句（atomic statement）"。代码中 atomic 的含义是其后花括号内的代码段在执行过程中不可以被抢占。在本例子中，对共享缓冲区 rdata 的访问是要受到保护的。

原子语句会推迟中断处理，从而使得系统的反应看起来不迅速。为了使这种影响降低到最小程度，nesC 中的原子语句应该尽可能地避免调用命令或触发事件，因为外部命令或事件的执行时间还要依赖于与之绑定的其他组件。

## 17.8  TinyOS 硬软件实现

### 17.8.1  系统的硬件实现

无线传感器网络中的节点大致可以分为两类：①传感器节点，它的作用是采集周边环境数据，以进行相应的存储及处理，并通过短距离无线通信把消息发送到网关节点，同时，每个节点都是一个路由器，具有自组网的能力；②汇聚节点，它的作用是充当网关，连接传感器网络和其他外部网络。本节主要介绍的是传感器节点的硬件平台，下面是该平台的硬件实现。

一个传感器节点一般包括传感器模块、处理控制器模块、无线通信模块和电源模块。其中，传感器模块负责对感知对象的信息采集和数据转换；处理器模块负责控制整个传感器节点的操作，存储与处理自身采集的数据以及其他节点发来的数据，并控制整个传感器节点的运行；无线通信模块负责与其他传感器节点通信，交互控制信息和收发数据业务；电源模块为传感器节点提供运行所需的能量。无线传感器节点的一般结构,如图 17-23 所示。

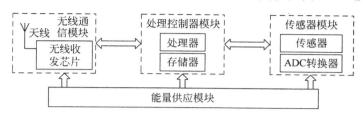

图 17-23 无线传感器节点结构

### 1. 微控制器

处理器模块是无线传感器节点的计算核心,所有的设备控制、任务调度、通信协议和数据存储程序都在这个模块的支持下完成,所以处理器的选择在传感器节点设计中至关重要,如图 17-24 所示。本系统中,传感器节点的处理控制器模块采用的是 TI 公司的 MSP430F1611 单片机。TI 公司的 MSP430 系列单片机是一种超低功耗的 16 位混合信号控制器,能够在低电压下以超低功耗状态工作,其控制器具有强大的处理能力和丰富的片内外设,最近几年在国内得到了很广泛的应用。MSP430 系列单片机最显著的特点就是它的超低功耗,在 1.8～3.6V 电压、1MHz 的时钟条件下运行。在活动模式时耗电电流仅为 280$\mu A$,在等待模式时耗电电流仅为 1.6$\mu A$,关闭模式下仅为 0.1$\mu A$,并且具有 5 种省电模式以及很短的唤醒时间(6$\mu s$ 内就可从等待状态唤醒)。而且 MSP430F1611 带有 "60KB+256B" 的 Flash,10KB RAM,可以方便高效地进行在线仿真和编程。MSP430F1611 还具有多个快速的 12 位 A/D 和 D/A 接口,两个通用串行同步/异步收发接口和丰富的 I/O 端口,其外围设备得到了简化。

### 2. 射频模块

射频模块是节点中重要的组成部分,主要完成传感器节点之间、节点与传感器网络网关之间的数据交换功能,射频芯片选用 Chipcon 公司的无线收发芯片 CC2420,如图 17-25 所示。CC2420 是 Chipcon 公司推出的一款符合 IEEE 802.15.4 规范的 2.4GHz 射频收发器,它基于 Chipcon 公司的 SmartRF03 技术,以 0.18$\mu m$ CMOS 工艺制成,只需极少外部元器件,性能稳定且功耗极低。CC2420 采用 IEEE 802.15.4 规范要求的直接序列扩频方式,数据速率达 250Kbps。

CC2420 使用 SPI 串行可编程接口协议与微控制器进行通信。SPI 接口由 CSn,SI,SO 和 SCLK 4 个引脚构成。处理器通过 SPI 接口访问 CC2420 内部寄存器和存储区。系统使用 SFD,FIFI,FIFOP 和 CCA 4 个脚表示收发数据的状态。

### 3. 主机通信接口

一般传感节点将所采集的数据传送给汇聚节点后,汇聚节点通过 RS-232 接口将数据传输给计算机,因此汇聚节点需要有主机接口。计算机进行串行通信的低电平为 -3～-15V,高电平为 3～15V,而从 MSP430F1611 单片机输出信号的高电平为 3V,低电平为 0V,要实现 MSP430F1611 单片机与计算机通信必须进行电平转换。这里采用 MAXIM 公司生产的收发两用接口 MAX3232,它可以进行 TTL 电平与标准 RS-2232 电平之间的转换。

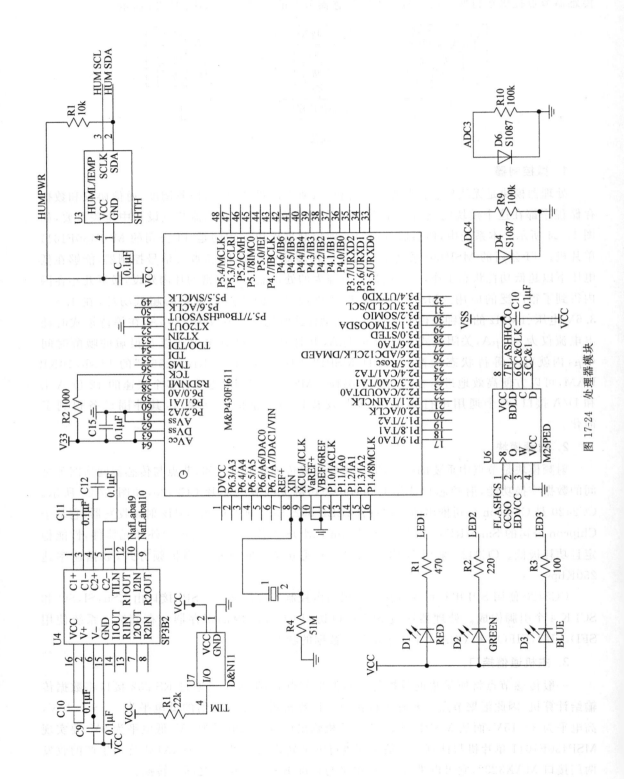

图 17-24 处理器模块

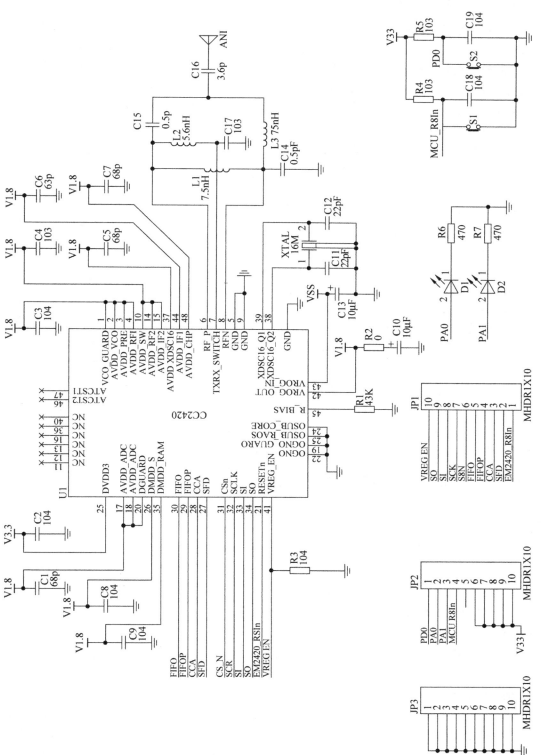

图 17-25 射频模块

### 17.8.2 系统的软件实现

节点的软件平台由传感器节点软件和汇聚节点软件组成，它基于 TinyOS 2.0 操作系统开发，由 nesC 语言编程实现。为了保证软件的可靠性并简化软件开发，一个软件程序可以同时运行于汇聚节点和一般传感器节点上。传感器节点在开机后首先进行硬件自检，如果自检失败，提示硬件故障并自动关机；如果自检通过，再进行工作模式判断，使之工作于汇聚节点工作模式或工作于一般节点工作模式。本节主要介绍传感器节点的软件实现。

传感器节点端软件的作用是实现定时采集感知对象的数据，根据 TinyOS 中特定的路由协议，发往汇聚节点。软件流程如图 17-26 所示。

为了实现低功耗运行，传感器节点在活动状态和休眠状态之间轮流工作。软件控制传感器节点大部分时间处于休眠状态，每隔一段时间唤醒一次，并实时采集感知对象的数据，周期性地将采集到的数据发送给汇聚节点，与其他节点交换路由信息后，又进入休眠状态。传感器节点活动时间到即进入休眠状态，微控制器进入低功耗状态，关闭射频收发器、传感模块，只保留微控制器内部定时器和中断。

传感器网络采用广播通信方式。为了在两个节点之间建立点对点的通信关系，每个节点有一个事先分配的 ID。当节点接收到一个数据包时，先取出该数据包包头的 ID 号与自己的 ID 号比较，如果一致则接收，否则就丢弃。

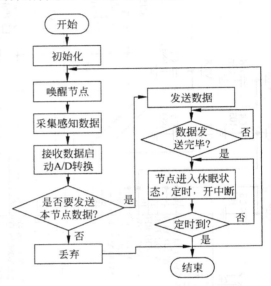

图 17-26　传感器节点主程序流程图

### 17.8.3　TinyOS 支持多种不同设备

TinyOS 开发环境包括许多特点，使得对各种不同设备进行程序设计变得十分简单易行。包括如下几项。

(1) 直接支持大量不同的编程器(编程接口)和方式，包括：

MIB500(crossbow)或其他标准并行端口编程主板；

MIB510(crossbow)基于串行端口的编程设备；

Atmel AVRISP(AVR In-System Programmer)标准；

EPRB 以太网编程主板。

(2) 允许使用唯一的地址属性对每个设备进行编程，而不必每次编译应用程序。

下面描述在 TinyOS 1.1 中如何使用上述这些特点。

**1．使用编程器**

在 TinyOS 中使用的标准编程软件是内置系统编程器，即 UISP。作为 TinyOS 的一部分，UISP 根据编程器硬件以及期望的程序装载行为(如擦除、验证、程序加载等)获取不同的参数。TinyOS 可随时根据用户发出的"install"(加载)或"reinstall"(重新加载)命令使用正确的参数调用 UISP。用户只需指定正在使用的设备类型以及如何与之通信即可。要做到这一点,需要使用环境变量。

1) MIB500 并口编程器

这是缺省的编程器设备,使用它时不需要指定额外的命令行参数。

2) MIB510

定义:MIB510=〈dev〉,其中〈dev〉是设备连接的串口名(即/dev/ttyS0)。

例如:bash% MIB510=/dev/ttyS1 make install mica。

3) AVRISP

定义:AVRISP=〈dev〉,其中〈dev〉是设备连接的串口名(即/dev/ttyS0)。

例如:bash% AVRISP=/dev/ttyS1 make install mica。

4) EPRB

定义:EPRB=〈host〉,其中〈host〉是 EPRB 设备的域名或 IP 地址。

例如:bash% EPRB=123.45.67.89 make install mica。

**2. 设备寻址**

UISP 提供一种不必直接编辑 TinyOS 源代码而为节点设置唯一地址的方法。在程序装载期间设置节点地址使用如下语法:make[re]install〈addr〉〈platform〉。其中,〈addr〉是期望的设备地址;〈platform〉是目标平台。命令 install 和 reinstall 的区别在于:前者为目标平台编译应用程序,并对设备设置地址和装载程序;后者仅为设备设置地址和装载程序。在使用地址时要注意,这个地址是保留值,不可使用。TOS_BCAST_ADDR(0xFFFF)和 TOS_UART_ADDR(0x007E)。

## 17.8.4 系统及硬件验证

使用嵌入式设备时,调试应用程序是十分困难的,因此,工作前一定要确保所使用的工具工作正常,以及各硬件系统功能完好。一旦某个部件或工具中真的存在某些问题而未及时发现,将会耗费大量的时间去调试。下面介绍如何检查各硬件设备和软件系统。

**1. PC 工具验证**

如果在 Windows 平台下使用 TinyOS 开发环境,需要使用 avr gcc 编译器、perl、flex、Cygwin 及 JDK 及以上版本。"toscheck"是一个专门用来检验这些软件是否正确安装以及相应的环境变量是否设置完好的工具。

在 Cygwin shell 命令行提示下,转到 tinyos-1.x/tools/scripts 目录,运行 toscheck,输出结果应该类似于如下情况。

```
toscheck
Path:
/usr/local/bin
/usr/bin
/bin
/cygdrive/c/jdk1.3.1_01/bin
/cygdrive/c/WINDOWS/system32
/cygdrive/c/WINDOWS
/cygdrive/c/avrgcc/bin

Classpath:
/c/alpha/tools/java:.:/c/jdk1.3.1_01/lib/comm.jar
```

```
avrgcc:
/cygdrive/c/avrgcc/bin/avr-gcc
Version: 3.0.2

perl:
/usr/bin/perl
Version:v5.6.1 built for cygwin-multi

flex:
/usr/bin/flex

bison:
/usr/bin/bison

java:
/cygdrive/c/jdk1.3.1_01/bin/java
java version "1.3.1_01"
Java(TM) 2 Runtime Environment, Standard Edition (build 1.3.1_01)
Java HotSpot(TM) Client VM (build 1.3.1_01, mixed mode)

Cygwin:
cygwin1.dll major: 1003
cygwin1.dll minor: 3
cygwin1.dll malloc env: 28

uisp:
/usr/local/bin/uisp
uisp version 20010909

toscheck completed without error.
```

最后一行十分重要,只有显示了这一行才表示安装无误;否则如果报告存在什么错误或问题,一定要将其修改好。

### 2. 硬件验证

TinyOS 的 apps 目录下有个应用程序"MicaHWVerify",它是一个专门用来测试 mica/mica2/mica2dot 硬件设备是否功能完好的工具。转到目录/apps/MicaHWVerify 下,输入:

(mica platform) make mica

(mica2/mica2dot) PFLAGS =-DCC1K_MANUAL_FREQ =〈freq〉make [mica2 | mica2dot] 若编译没问题,将输出一个内存描述,类似于如下情况。

```
compiled MicaHWVerify to build/mica2/main.exe
    10386 bytes in ROM
    390 bytes in RAM
avr-objcopy --output-target=srec build/mica2/main.exe build/mica2/main.srec。
```

如果输出结果与上述描述类似则说明应用程序已经编译好,下一步就将它加载到微粒中。将一个带电池的节点放到编程主板上,将微粒上的电源开关打开,这时,主板上的红色的 LED 灯将发亮。再把编程主板连接到 PC 机的并口(使用大的连接头——25 针)上,接下来就可以将程序加载到 mica 微粒中了。输入:

```
make reinstall [mica|mica2|mica2dot]
```

如果输出类似于如下情况。

```
installing mica2 binary
uisp -dprog=<yourprogrammer> -dhost=c62b270 -dpart=ATmega128 --wr_fuse_e=ff --erase
  --upload if=build/mica2/main.srec
Atmel AVR ATmega128 is found.
Uploading: flash
Fuse Extended Byte set to 0xff
```

说明编译工具及计算机的并口都已经在正常工作了。下面验证微粒硬件是否完好。首先确定加载了程序的微粒的 LED 像二进制计数器一样闪烁。然后利用串口线缆(小连接头——9 针)将编程主板连接到计算机串口(COM1)上。将要用来进行微粒硬件验证的工具是一个 Java 应用程序,称为"hardware_check.java",(位于/apps/MicaHWVerify 目录下)。编译并运行这个工具(若使用波特率为 576000 波特的 COM1 口),命令如下。

```
make -f jmakefile
MOTECOM=serial@COM1:57600 java hardware_check
```

(要想了解更多关于使用 hardware_check 如何指定串口或其他通信方法的信息,可参看"Serial-line communication in TinyOS"。)输出类似于如下情况。

```
hardware_check started
Hardware verification successful.
Node Serial ID: 1 60 48 fb 6 0 0 1d
```

这个程序将检查微粒的序列号(除 mica2dot)、Flash 连接性、UART 功能以及外部时钟。若所有状态都正常,PC 将输出硬件验证成功的信息;若有任何错误报告,则需要更换微粒。

**3. 无线传输验证**

再取一个节点并安装 TOSBASE 应用程序(在/apps/tosbase 目录下),将这个节点作为无线网关。安装完毕后,将它放置在编程主板上,并将上面那个已经通过硬件验证的节点放到它附近。重新运行 Java 应用程序"hardware_check",输出应类似于如下情况。

```
hardware_check started
Hardwar evrification successful.
Node Serial ID: 1 60 48 fb 6 0 0 1d
```

若将远处的微粒电源关掉或一些微粒已坏掉,将显示 Node transmission failure(节点传输失败)信息。

至此,若系统与硬件都通过上述所有测试,则说明两者都无问题,可以进行 TinyOS 的开发工作了。

## 17.9 TinyOS 协议栈

节点中主要处理以下几个方面事务:在无线信道上完成数据接收和发送;从传感器模块中读取物理数据;控制执行器;获取系统时钟。协议是完成通信功能的规范,从这个意义上而言,可形成广义的 TinyOS 协议栈,如图 17-27 所示。虚线①是软硬件通信的分界线;虚线

②左侧是通常所说的协议栈,因为消息交互完成需要通过多层实现,同时涉及同其他节点的通信。虚线②右侧完成的工作虽然没有同其他节点进行通信,其本身的功能实现同样涉及多层的封包,在硬件抽象层中已进行详细讨论,在此不再重复。箭头方向为接口中函数调用方向。

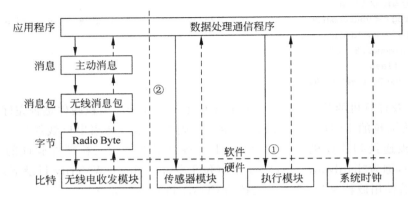

图 17-27  TinyOS 协议栈

TinyOS 协议栈只是定义数据在不同层间进行封包的单位。高层到底层的数据封包过程是:应用数据→主动消息→无线消息包→字节→比特。底层到高层则是除去底层的封包信息。应用程序向网络中发送的数据在消息层不可能一次性进行处理,必须经过数据分割成不同的消息再进行传送。消息层必须将消息填充必要的信息:数据的长度和接收地址,这样就形成了无线消息包。无线消息包通常是由多个字节组成,无线电收发模块只能完成比特级数据的发送和接收,因而中间必须有字节处理环节。各层之间通过接口来关联,各层通过组件来实现特定的逻辑功能。

无线传感器网络是应用相关性极强的网络,TinyOS 协议栈只是为具体协议的实现提供一个框架,只是指明数据在各层中进行处理的基本单位,通过 nesC 语言可实现特定协议。

组件是 nesC 程序的基本组成单位,通过组件可以实现各层定义的逻辑功能。数据在不同层中可用不同的组件相对应:应用层为应用程序的高层组件;消息层为主动消息组件;消息包层为无线消息包组件;字节层为字节包组件;比特层为具体物理硬件组件。网络协议栈基于分层思想,在 TinyOS 中是以组件作为其体现形式。

接口是组件间的双向通道,通过接口完成协议栈中的数据发送和接收,实现协议中数据服务和管理服务两大主要功能。通过接口中 command 声明的系列函数实现组件的功能,通过接口中 event 声明的系列函数实现组件的事件响应能力。通过关键字 provides,uses 来声明组件间使用接口情况,对应在协议栈中就是层之间的调用关系:上层利用接口 command 函数获取下层提供服务,利用接口 event 函数获得下层的事件通告。

接口参数化实现对同一接口的分类处理。网络协议栈通常由很多协议集组成,如 TCP/IP 协议栈中在 IP 之上有 TCP 和 UDP 协议,在 TCP 和 UDP 之上有 SMTP,DNS,FTP,Telnet 和 http 等,从数据流动来分析,形成树形图,每个子协议都是树的分支。相同的数据包,通过接口的参数来识别不同的子协议,实现协议的灵活处理。

在 nesC 中,通过上述组件、接口和接口参数化可以实现用于无线传感器网络的特定协议。无线传感器网络的协议的各层必须与 TinyOS 协议栈中各层一一对应,但可以通过多个组件完成无线传感器网络协议栈中特定层的功能。

## 17.10 TinyOS 应用示例

### 17.10.1 应用程序示例：Blink

下面来看一个完整的应用程序的例子，通过这个例子来具体了解在 TinyOS 环境中使用 nesC 应用程序的结构和使用细节。应用程序 Blink 位于 apps/Blink 目录下，这是一个简单的测试程序，其作用是使微粒上的红色的 LED 灯以 1Hz 的频率闪烁。

Blink 应用程序由两个组件组成：一个名为"BlinkM.nc"的模块和一个名为"Blink.nc"的配置。前面讲过，所有应用程序都需要一个顶级配置文件，习惯上其名称与应用程序本身同名。本例中，"Blink.nc"就是 Blink 应用程序的配置，也是 nesC 编译器用来生成可执行程序文件的源文件。另一方面，"BlinkM.nc"是提供 Blink 应用程序实际实现的文件。"Blink.nc"是用来将"BlinkM.nc"模块与 Blink 应用程序所需的其他组件导通起来的。

将模块和配置予以严格地区分，可以使系统设计者快速地重新装配（snap together）应用程序，从而使得应用程序的设计和更新更加方便易行。例如：某个应用设计者可能提供一个简单地将一个或多个模块导通在一起的配置，实际上并不设计其中任何一个模块；同时，由另一个开发者来提供一套全新的适用于该应用范围的"库"模块。这样，将不同粒度的设计工作有效地分开，符合软件设计的一般规则。

当然，配置和模块有时也同时出现在一起，如本例中的 Blink 和 BlinkM。在 TinyOS 源文件树形图中，通常用类似 Foo.nc 的文件表示配置，而用类似 FooM.nc 的文件表示相应模块。当然，程序员完全可以使用其他方式的命名规则，但采取上述方式会使问题简单明了。TinyOS 中的其他命名规则请参考 summary。

**1. Blink.nc 配置**

nesC 的编译器为 ncc，它可以将包含顶级配置的文件编译成可执行的应用程序。一般而言，TinyOS 应用程序还拥有一个标准的 Makefile 文件，允许进行平台选择以及在调用 ncc 时使用某些适当的选项。

这个应用程序的配置源文件 Blink.nc 如下：

```
Blink.nc
configuration Blink {
}
implementation {
    components Main, BlinkM, SingleTimer, LedsC;
    Main.StdControl -> SingleTimer.StdControl;
    Main.StdControl -> BlinkM.StdControl;
    BlinkM.Timer -> SingleTimer.Timer;
    BlinkM.Leds  -> LedsC;
}
```

首先看关键字 configuration，它表明这是一个配置文件。开头的两行为：

```
configuration Blink {
}
```

只是简单地声明了该配置名为 Blink。跟模块一样，在声明后的这个花括号内可以指定 uses

子句和 provides 子句。这一点非常重要,配置可以提供和使用接口。

配置的实际内容是由跟在关键字 implementation 后面的花括号部分来实现的。Components 这一行指定了该配置要引用的组件集合,此例中是 Main、BlinkM、SingleTimer 和 LedsC。实现的剩余部分将这些组件使用的接口与提供这些接口的其他组件连接起来,即是前面所说的"导通"操作。

Main 是在 TinyOS 应用程序中首先被执行的一个组件。确切地说,在 TinyOS 中执行的第一个命令是 Main.StdControl.init(),接下来是 Main.StdControl.start()。因此,TinyOS 应用程序在其配置中必须要有 Main 组件。接口 StdControl 是用来初始化和启动 TinyOS 组件的一个公共(通用)接口,它的源文件位于 tos/interfaces/StdControl.nc,代码如下所示。

```
StdControl.nc
interface StdControl
{
  /**
   * Initialize the component and its subcomponents
   *
   * @return Whether initialization was successful
   */
  command result_t init();
  /**
   * Start the component and its subcomponents
   *
   * @return Whether starting was successful
   */
  command result_t start();
  /**
   * Stop the component and pertinent subcomponents (not all
   * subcomponents may be turned off due to wakeup timers, etc.)
   *
   * @return Whether stopping was successful
   */
  command result_t stop();
}
```

可以看出 StdControl 接口定义了三个命令(command),分别是 init()、start() 及 stop()。当组件第一次初始化时调用 init() 命令,启动时调用 start() 命令。stop() 命令是在组件停止时调用,例如,将其控制的设备的电源断开。init() 命令可以被调用多次,但如果调用了 start() 命令或 stop() 命令以后就再也不能被调用。特别是,StdControl 的有效调用模式为 init * (start | stop) *。这三条命令都具有"深"层次的语义:调用某个组件上的 init() 命令必须使它调用其子组件上的所有 init() 命令。

Blink 配置中有如下两行:

```
Main.StdControl -> SingleTimer.StdControl;
Main.StdControl -> BlinkM.StdControl;。
```

其作用时将 Main 组件的接口 StdControl 与 BlinkM 和 SingleTimer 中的 StdControl 接口导通起来。SingleTimer.StdControl.init() 及 BlinkM.StdControl.init() 将被 Main.StdControl.init() 调用。同样的规则也适用于 start() 命令及 stop() 命令。

至于"被使用(used)"的接口,其子组件的初始化函数必须被使用组件显式地调用。如:BlinkM 模块使用接口 Leds,于是 Leds.init()命令要再 BlinkM.init()中被显式地调用。

nesC 使用箭头(—>)来指示和标识接口间的关系,其意义为"绑定",即左边的接口绑定到右边的实现上。换言之,使用接口的组件在左边,提供接口的组件在右边。

"BlinkM.Timer—>SingleTimer.Timer;"这一句话的意思是将组件 BlinkM 所使用的接口 Timer 与组件 SingleTimer 所提供的接口 Timer 导通起来。箭头左边的 BlinkM.Timer 引用名为 Time 的接口(tos/interfaces/Timer.nc),而箭头右边的 SingleTimer.Timer 则指向 Timer 的实现(tos/lib/SingleTimer.nc)。箭头的作用就是将其左边的接口与其右边的实现绑定起来。

nesC 支持同一个接口的多个实现。Timer 接口即是如此。SingleTimer 组件实现了一个单一的 Timer 接口;而另一个组件 TimerC(tos/system/TimeC.nc)使用 timer id 作为参数实现了多个 Timer。下一节将进一步讨论定时器的相关问题。

导通也可以使用隐式的写法,如:"BlinkM.Leds—>LedsC";就是"BlinkM.Leds—>LedsC.Leds"简写形式。若箭头右边没有指定接口名,nesC 编译器缺省情况下会尝试与箭头左边同名的接口进行绑定。

### 2. BlinkM.nc 模块

BlinkM.nc 模块如下。

```
BlinkM.nc
  /**
   * Implementation for Blink application. Toggle the red LED when a
   * Timer fires.
   **/
module BlinkM {
    provides {
        interface StdControl;
    }
    uses {
        interface Timer;
        interface Leds;
    }
}
implementation {
  /**
   * Initialize the component.
   *
   * @return Always returns <code>SUCCESS</code>
   **/
  command result_t StdControl.init() {
      call Leds.init();
      return SUCCESS;
  }
  /**
   * Start things up. This just sets the rate for the clock component.
   *
   * @return Always returns <code>SUCCESS</code>
   **/
```

```
command result_t StdControl.start() {
    // Start a repeating timer that fires every 1000ms
    return call Timer.start(TIMER_REPEAT, 1000);
}
/**
 * Halt execution of the application.
 * This just disables the clock component.
 *
 * @return Always returns <code>SUCCESS</code>
 **/
command result_t StdControl.stop() {
    return call Timer.stop();
}
/**
 * Toggle the red LED in response to the <code>Timer.fired</code> event.
 *
 * @return Always returns <code>SUCCESS</code>
 **/
event result_t Timer.fired()
{
    call Leds.redToggle();
    return SUCCESS;
}
}
```

BlinkM模块提供了StdControl接口,这意味着它必须实现这个接口。如前所述,要使BlinkM组件得以初始化和启动,必须要实现这个接口。BlinkM模块还使用了两个接口,分别是Leds和Timer。这意味着它可能调用这些接口中声明的任何命令以及必须实现这些接口中声明的任何事件。

Leds接口(tos/interfaces/Leds.nc)定义了多个命令,如:redOn(),redOff()等,其作用是将微粒上的LED(红、绿、黄)灯打开或关闭。由于BlinkM组件使用Leds接口,因此它可调用其中任一命令。但请注意,Leds仅仅只是一个接口,其实现由使用它的组件对应的配置文件指定。此例中,在Blink.nc中指定,为LedsC,即要由LedsC来实现Leds接口。LedsC位于tos/system/LedsC.nc与Timer.nc一样,同属于TinyOS的系统组件。

Timer接口代码如下。

**Timer.nc**
```
/**
 * This interface provides a generic timer that can be used to generate
 * events at regular intervals.
 */
includes Timer; // make TIMER_x constants available
interface Timer {
    /**
     * Start the timer.
     * @param type The type of timer to start. Valid values include
     * 'TIMER_REPEAT' for a timer that fires repeatedly, or
     * 'TIMER_ONE_SHOT' for a timer that fires once.
     * @param interval The timer interval in <b>binary milliseconds</b>
     (1/1024
     * second). Note that the
```

```
 * timer cannot support an arbitrary range of intervals.
 * (Unfortunately this interface does not specify the valid range
 * of timer intervals, which are specific to a platform.)
 * @return Returns SUCCESS if the timer could be started with the
 * given type and interval. Returns FAIL if the type is not
 * one of TIMER_REPEAT or TIMER_ONE_SHOT, if the timer rate
   is
 * too high, or if there are too many timers currently active.
 */
command result_t start(char type, uint32_t interval);
/**
 * Stop the timer, preventing it from firing again.
 * If this is a TIMER_ONE_SHOT timer and it has not fired yet,
 * prevents it from firing.
 * @return SUCCESS if the timer could be stopped, or FAIL if the timer
 * is not running or the timer ID is out of range.
 */
command result_t stop();
/**
 * The signal generated by the timer when it fires.
 */
event result_t fired();
}
```

可以看出,Timer 接口除了定义了两个命令 start() 和 stop() 以外,还定义了一个事件 fired()。

start() 命令用于指定定时器类型及闪烁时间间隔。时间间隔的单位是毫秒(ms)。计数器的有效值为 TIMER_REPEAT 和 TIMER_ONE_SHOT。后者会在指定的时间间隔后停止闪烁(即仅闪一次),而前者会不停地闪烁直至 stop() 命令执行。

应用程序是如何知道定时器时间到的呢?答案是它接收到了某个事件发生。Timer 接口提供了一个事件,即 event result_t fired()。事件是当某个事情发生时接口的实现就发出信号(signal)函数。在本例中,当指定的时间间隔到达时,fired() 事件就被触发(Timer.nc—>SingleTiemer.nc—>Timer.nc—>TimerM.nc)。这是一个双向接口的例子:不仅提供被该接口使用者调用的命令,而且触发事件,该事件再调用接口使用者的处理函数。可以认为事件是接口的实现者将会调用的一个回调函数。使用接口的模块必须实现接口使用的事件。

BlinkM 模块剩下的部分就很简单了,它实现了 StdControl.init(),StdControl.start() 及 StdControl.stop() 等命令,因为它提供了 StdControl 接口。它还实现了 Timer.fired() 事件,这一点是必需的,因为它必须实现其使用的接口的所有事件。

接口 StdControl 中 init() 命令的实现只是简单地调用了 Leds.init() 函数,从而将子组件 Leds 予以初始化。而 start() 命令则是调用 Timer.start() 函数,以创建一个反复循环计时器,其周期为 1000ms。stop() 命令用以终止计时器。每次 Timer.fired() 事件被触发时,函数 Leds.redToggle() 将被调用,从而使红色的 LED 灯发亮。

TinyOS 提供了一种在应用程序内将使用到的各组件之间的关系用图形化方法表示的工具。事实上,在 TinyOS 的源文件中包含了位于注释中的元数据,nesC 的编译器 ncc 可用之来自动生成 html 格式的文档。使用方法是在应用程序目录下,输入 make⟨platform⟩docs 命令。输出的结果文档将位于 doc/nesdoc/⟨platform⟩中,其中⟨platform⟩是正在使用的平台,如 mica

或 mica2 等。其中 doc/nesdoc/〈platform〉/index.html 是所有文档化的应用程序的索引页面。Blink 应用程序使用该方法生成的文档的索引页面内容如下。

```
Source Tree
apps/
    Blink/
        Blink.nc
        BlinkM.nc
        SingleTimer.nc
tos/
    interfaces/
        Clock.nc
        HPLPot.nc
        Leds.nc
        Pot.nc
        PowerManagement.nc
        StdControl.nc
        Timer.nc
    platform/
        avrmote/
            HPLInit.nc
            HPLPotC.nc
        mica/
            HPLClock.nc
            HPLPowerManagementM.nc
    system/
        ClockC.nc
        LedsC.nc
        Main.nc
        NoLeds.nc
        PotC.nc
        PotM.nc
        RealMain.nc
        TimerC.nc
        TimerM.nc
```

### 3. 编译 Blink 应用程序

TinyOS 支持多平台。每个平台在 tos/platform 目录下都有自己的目录。此处，以 mica 平台为例。为 mica 微粒编译 Blink 应用程序只需在 apps/Blink 目录下输入 make mica 命令即可。这里看不出任何调用 nesC 编译器的语句，要了解更多关于 make 的信息，请参看前面的有关章节。调用 nesC 编译器本身需要使用基于 gcc 的命令 ncc。例如：

ncc - o main.exe - target = mica Blink.nc,

该命令将顶级配置 Blink.nc 编译成 mica 微粒中的可执行程序 main.exe。再使用命令

avr - objcopy -- output - target = srec main.exe main.srec

来产生 main.srec 文件，该文件以一种可用来对微粒进行编程的文本格式来表示二进制的 main.exe 文件。然后再根据应用环境使用其他工具（如 uisp）将代码加载到微粒中。一般而言，并不需要手动调用 ncc 或 avr-objcopy 等，Makefile 都已经做好了一切。

### 4. 加载并运行 Blink

现在可以将应用程序加载到微粒中并运行。本例将使用 Mica 微粒以及基于并行端口的编程主板(mib500)。

先将微粒主板放到编程主板上，如图 17-28。再将 3 伏电源线接到编程主板的连接头上，或直接用电池供电。加电后，编程主板上的红色 LED 灯将会发亮。

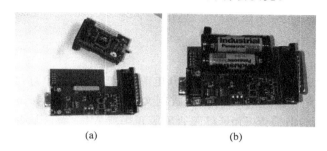

图 17-28　Mica 微粒与编程主板连接到编程主板上的 Mica 微粒

使用标准的 DB32 并行端口电缆将 32 针连接头插到 PC 的并口上，输入：make mica install，若显示错误信息如下。

```
uisp - dprog = dapa -- erase
pulse
An error has occurred during the AVR initialization.
  * Target status:
  Vendor Code = 0xff, Part Family = 0xff, Part Number = 0xff
Probably the wiring is incorrect or target might be 'damaged'.
make: *** [install] Error 2
```

检查电源是否打开，或者电源电量是否充足以及 uisp 版本是否正确。

若使用的 PC 是 IBM 的笔记本电脑，则必须使用不同的并口。只需在 apps/Makelocal 文件(若无此文件就创建一个)中加入一行：

```
PROGRAMMER_EXTRA_FLAGS = - dlpt = 3
```

Makefile 文件是特定用户的 Makefile 文件，要了解更多关于 Makefile 文件的信息，请参看前面的章节——"定制开发环境"。

若程序加载没有问题，则提示信息类似于如下情况。

```
compiling Blink to a mica binary
ncc - board = micasb - o build/mica/main.exe - Os - target = mica  - Wall - Wshadow
 - DDEF_TOS_AM_GROUP = 0x7d - finline - limit = 200 - fnesc - cfile = build/mica/app.c Blink.nc -lm
avr - objcopy -- output - target = srec build/mica/main.exe
build/mica/main.srec
    compiled Blink to build/mica/main.srec
    installing mica binary
uisp  - dprog = dapa -- erase
pulse
Atmel AVR ATmega128 is found.
Erasing device ...
Pulse
Reinitializing device
```

```
Atmel AVR ATmega128 is found.
sleep 1
uisp -dprog=dapa -- upload if=build/mica/main.srec
pulse
Atmel AVR ATmega128 is found.
Uploading: flash
sleep 1
uisp -dprog=dapa -- verify if=build/mica/main.srec
pulse
Atmel AVR ATmega128 is found.
Verifying: flash
```

现在可将微粒从编程主板上取下来。打开电源,若红色的 LED 灯每秒闪烁一下则表明程序编译和加载成功! 清除 Blink 目录下的二进制文件可使用 make clean 命令。

如果仍然存在问题,请检查 TinyOS 是否安装正确或 Mica 硬件是否完好。相关内容请参看有关章节——"系统及硬件验证"。

### 17.10.2 应用程序示例:数据收集应用程序

本节将讨论一个远程数据收集和聚集十分完整的应用程序,称为 SenseLightToLog。该应用程序扩展了 SimpleCmd,接收两个新的命令:一个命令使微粒收集传感器数据并将其写入 EEPROM;而另一个命令从 EEPROM 中读取传感器数据并通过无线电将其传送出去。

#### 1. SenseLightToLog 应用程序

要了解 SenseLightToLog 高级别的功能,可参看 apps/SenseLightToLog/SimpleCmdM.nc 组件。它是 SimpleCmd 的一个扩展版本。任务 cmdInterpret() 还要处理另外两个命令:①START_SENSING,该命令调用 Sensing 接口,以指定取样速率收集指定数量的样本,并将这些样本数据存入微粒的 EEPROM 中,接口 LoggerWrite 用于将数据写入 EEPROM。②READ_LOG,该命令从 EEPROM 中读取一行数据并以无线数据包的形式将其广播出去。

#### 2. Sensing 接口

前面粗略地提到通过 Sensing 接口得到大量传感器数据的概念,这是通过 SenseLightToLog 组件来实现的。该接口提供 start() 命令来初始化一系列传感器数据,当传感器工作完毕就触发 done() 事件。

```
SenseLightToLogM.nc
  command result_t Sensing.start(int samples, int interval_ms) {
    nsamples = samples;
    call Timer.start(TIMER_REPEAT, interval_ms);
    return SUCCESS;
  }
  event result_t Timer.fired() {
    nsamples--;
    if (nsamples == 0) {
      call Timer.stop();
      signal Sensing.done();
    }
    call Leds.redToggle();
    call ADC.getData();
    return SUCCESS;
  }
```

```
async event result_t ADC.dataReady(uint16_t this_data){
  atomic {
    int p = head;
    bufferPtr[currentBuffer][p] = this_data;
    head = (p+1);
    if (head == maxdata) head = 0; // Wrap around circular buffer
    if (head == 0) {
      post writeTask();
    }
  }
  return SUCCESS;
}
task void writeTask() {
  char * ptr;
  atomic {
    ptr = (char *)bufferPtr[currentBuffer];
    currentBuffer ^= 0x01;    // Toggle between two buffers
  }
  call LoggerWrite.append(ptr);
}
```

当 start() 被调用时,计时器启动。当计时器事件触发时,ADC.getData()将被调用以获取传感器数据。ADC.dataReady()事件将传感器数据存储在一个循环缓冲区内。当收集到适当数目的样本数据时,Sensing.done()事件就会被触发。

当 SimpleCmd 收到一个 READ_LOG 命令时,它就会初始化 EEPROM 读操作(通过 LoggerRead)。当读操作完成时,它就以一个数据包的形式将这个数据广播出去。每个 log 条目有 16 字节长,当运行 BcastInject 工具时就会显示出来。

请注意 ADC.dataReady()同步事件中的原子语句,它们对共享的变量头部、缓冲区指针 bufferPtr 以及当前缓冲区 currentBuffer 等资源实施访问保护。命令 LoggerWrite.append() 是被某个任务调用的,而非 ADC.dataReady()同步事件,因为 LoggerWrite.append()并非同步的,因此抢占其他代码并不安全,所以不应该从同步事件中调用。

### 3. Logger 组件、接口、用法和限制

Mica 微粒拥有一个嵌入的 512KB 的闪存 EEPROM,它是微粒的永久存储设备,对包括数据收集在内的许多应用程序来说是必不可少的,如传感数据以及调试跟踪。接口 EEPROMRead 以及 EEPROMWrite 是对这些硬件的抽象。EEPROM 读写单位为 16 字节的数据块,称为行。读写 EEPROM 是分阶段的操作:必须首先初始化读或写操作,并且在执行另一个操作之前必须等待相应的已做完的事件的到来。

为进一步简化对 EEPROM 的访问,应用程序提供了 Logger 组件(位于 tos/system/LoggerM.nc 中)。Logger 维持一个指向(读或写)下一个 EEPROM 行的指针,将 EEPROM 看作一个循环缓冲区就可顺序地访问它。Logger 不读写 EEPROM 开头的数据,这个地方是预留给微粒存储永久数据之用的。例如,当对微粒进行网络编程时,该区域就用来保存微粒的 TOS_LOCAL_ADDRESS 值。

接口 LoggerRead 和 LoggerWrite 分别用于读操作和写操作。LoggerRead 提供的命令包括如下几种。

readNext(buffer)——从 log 中读取下一行。

read(line,buffer)——从 log 中读取任一行。
resetPointer()——设置当前行到 log 开头的指针。
setPointer(line)——设置当前行到指定行的指针。
而 LoggerWrite 提供的命令包括如下几种。
append(buffer)——添加数据到 log 中。
write(line,buffer)——将数据写到 log 的指定行。
resetPointer()——设置当前行到 log 开头的指针。
setPointer(line)——设置当前行到指定行的指针。

**4．收集性能**

组件 Logger 并不能提供非常高的性能。如果用户对高频取样（可达 5kHz）感兴趣可参考 apps/HighFrequencySampling 应用程序，其中使用了 Byte EEPROM 组件。

**5．使用 SenseLightToLog 收集数据**

对一个微粒装载 SenseLightToLog 程序，另一个微粒装载 TOSBase 程序，并将传感器主板装到微粒上。首先向微粒发送指令，让其收集传感数据。输入：

```
export MOTECOM = serial@COM1:19200,
```

并运行：

```
java net.tinyos.tools.BcastInject start_sensing < num_samples > < interval >
```

其中 num_samples 是取样数目（如 8 或 16），interval 是取样间隔（单位是毫秒），例如

```
javanet.tinyos.tools.BcastInject start_sensing 16 100
```

当取样时红色的 LED 灯会闪烁。要得到微粒上的数据，使用：

```
java net.tinyos.tools.BcastInject read_log < mote_address >
```

其中 mote_address 是要读取的微粒地址，即如下所示。

```
% java net.tinyos.tools.BcastInject read_log 2
Sending payload: 65 6 0 0 0 2 0 0 0 0
serial@COM1:19200: resynchronizing
Waiting for response to read_log...
Received log message: Message < LogMsg > [ sourceaddr = 0x2 ]
Log values: 48 1 38 1 33 1 32 1 32 1 33 1 34 1 34 1
```

该程序将为响应的 read_log 命令等待 10 秒；若没有响应，请再试。若根本没有应答，可能是微粒没有得到命令（每当接收到一个命令时绿灯会亮），或者是微粒地址指定未获得。每发送一个 read_log 命令将从微粒中读取下一个条目；若要重置读指针，只需将微粒重启。EEPROM 中的数据是永久数据，但当前读指针是保存在瞬时存储器中的。

## 17.11 TinyOS 的安装

TinyOS 有两种安装方式，一种是使用安装向导自动安装，另一种是全手动安装。不管使用哪种方式，都需要安装相同的 RPM（RPM 即 Reliability Performance Measure，是广泛使用的用于交付开源软件的工具，用户可以轻松有效地安装或升级 RPM 打包的产品）。

## 17.11.1 在 Windows 平台下下载和安装 TinyOS 自动安装程序

TinyOS 自动安装程序下载地址为:

http://webs.cs.berkeley.edu/tos/dist-1.1.0/tinyos/windows/tinyos-1.1.0-lis.exe。
TinyOS 1.1.0 安装向导提供的软件包有:

——TinyOS1.1.0-TinyOS Tools 1.1.0;

—— NesC 1.1.0;

—— Cygwin;

—— Support Tools;

—— Java 1.4 JDK & Java COMM 2.0;

—— Graphviz;

—— AVR Tools;

—— avr-binutils 2.13.2.1;

—— avr-libc 20030512cvs;

—— avr-gcc 3.3-tinyos;

—— avarice 2.0.20030825cvs;

—— avr-insight cvs-pre6.0-tinyos。

用户可以选择"完全"安装和"自定义"安装两种类型之一。完全安装包括以上所有内容,而自定义安装允许用户选择自己需要的部分。

安装的粒度是单个的包。例如,用户可以选择安装 avr-binutils,而不选择 avarice。模块的选择可以通过模块树对话框来执行。

用户需要选择一个安装目录。所有选择的模块都会安装在这个目录下。以下称这个安装目录为 INSTALLDIR。

**1. JDK**

如果用户选择安装 JDK 模块,则会弹出一个对话框问是否阅读了 Sun 的版权声明等内容,若用户单击 No 安装将结束;否则安装会继续。

如果用户没有选择安装 JDK,则安装程序将执行两项检查:

(1) 查找 1.4 版的 JDK:安装程序在注册表中查找 HKEY_LOCAL_MACHINE\Software\JavaSoft\Java Development Kit\1.4\JavaHome 表项,如果存在则检查通过;否则,建议安装一个正确的 JDK1.4。

(2) 查找 java COMM:如果找到 JAVA_HOME\lib\javax.comm.properties 文件则检查通过(上一步检查通过后 JAVA_HOME 就会被设置好);否则建议安装 Java 的 COMM 包。

**2. Cygwin**

如果用户选择安装 Cygwin,那么 Cygwin 1.1.0 包中的所有内容将会被复制到 INSTALLDIR/cygwin-installationfiles 目录中。同时 setup.exe 将被调用,将那些文件执行自动安装到 INSTALLDIR/cygwin。

如果用户选择不安装 cygwin,安装程序将在注册表中查找表项 HKEY_LOCAL_MACHINE\Software\Cygnus Solutions\cygwin\mounts v2\/('/'安装点—'/'mount point)以定位 Cygwin,若找不到,安装程序将放弃安装,因为包含 RPM 的所有部分都需要 Cygwin。因此 Cygwin 是必不可少的。

为了将模块 RPM 放置在正确的地方，必须弄清楚先前安装好的 Cygwin 的具体位置，因此，关键名"native"将被找回并将其值（通常如 c:\cygwin 之类的）赋值给代表已知的 cygwin 位置的变量。

### 3. 安装向导继续安装

用户选择好安装路径以及安装类型以后，安装向导复制所有必需的文件并进行必要的注册以及环境变量的修改等。这一步做完之后就只剩下 RPM 或 Cygwin 的安装程序了。

下面列出的文件都复制完后，将启动 Cygwin 安装程序；Cygwin 安装完后，将从 Cygwin 的 shell 上安装具有 RPM 的模块。所有日志文件都保存在/home/Administrator/〈RPM-name〉.log 中。

TinyOS 文件包括如下几种。

1) TinyOS RPM

(1) 一个定制的.bashrc 文件放置在[INSTALLDIR]\cygwin\home\Administrator 中。

(2) 注册：无。

(3) 环境变量：无。

(4) TOSROOT 设置成 INSTALLDIR\tinyos-1.x。

2) TinyOS Tools

(1) 文件：TinyOS Tools -RPM。

(2) 注册：无。

(3) 环境变量：无。

3) NesC

(1) 文件：NesC RPM。

(2) 注册：无。

(3) 环境变量：无。

4) Cygwin

(1) 文件：tinyos-1.1.0,Cygwin 包放在[INSTALLDIR]\cygwin-installfiles 中。

(2) 注册：无。

(3) 环境变量：无。

5) Java

(1) Files:JDK1.4.1_02 安装文件目录树复制到[INSTALLDIR]\jdk_1.4\j2sdk1.4.1_02.中。

(2) 注册：HKEY_LOCAL_MACHINE/Software/JavaSoft 树被复制到注册表中，其值以[INSTALLDIR]为前缀。

(3) 环境变量：无。

6) Graphviz

(1) 文件：Graphviz 安装目录树复制到[INSTALLDIR]\ATT\Graphviz 中。

(2) 环境变量：PATH 加上 Graphviz bin 目录。

7) AVR Tools

(1) 文件：每个工具都有一个 RPM。

(2) 注册：无。

(3) 环境变量：无。

最后，设置一个环境变量：MOTECOM=serial@COM1:mica。

注意：TinyOS自动安装向导虽然允许用户可以自己决定选择安装某些部分，也可选择不安装某些部分，但是除非使用者对TinyOS各个不同模块、工具之间的交互及其联合工作的版本完全清楚，否则强烈建议选择完全安装。

在开始安装之前，要将所有与TinyOS相关的安装内容及工具全部删除。

必须以具有管理员权限的用户安装TinyOS，否则的话，安装可能不成功而且还会留下残损的文件。

### 17.11.2 手动安装

首先，将与前面已经安装过的TinyOS相关的所有内容全部删除，否则有可能引起问题。

第1步：从http://java.sun.com上下载JDK 1.4，安装在适当的地方。

第2步：从http://webs.cs.berkeley.edu/tos/dist-1.1.0/tools/windows/tinyos-cygwin-1.1.zip上下载Cygwin安装包，解压后运行install.bat脚本。

第3步：从http://java.sun.com/products/javacomm/上下载Sun的javax.comm包，在Cygwin shell命令行提示下按如下步骤安装（假定JDK安装在C:\Program Files\jdk下）。

(1) 解压javacomm20-win32.zip；

(2) cd commapi；

(3) cp win32com.dll "C:\Program Files\jdk\jre\bin"；

(4) chmod 755 "C:\Program Files\jdk\jre\bin\win32com.dll"；

(5) cp comm.jar "C:\Program Files\jdk\jre\lib\ext"；

(6) cp javax.comm.properties "C:\Program Files\jdk\jre\lib"；（此时按javax.comm包中的说明，运行BlackBox程序试试，如果正常就说明安装正常；否则，尝试将上述几个文件复制到c:\Program Files\java路径下对应的目录中，并设置好环境变量，再运行BlackBox）。

第4步：从http://webs.cs.berkeley.edu/tos/dist-1.1.0/tools/windows/graphviz-1.10.exe上下载graphviz，将其安装在适当的路径下；

第5步：从http://webs.cs.berkeley.edu/tos/dist-1.1.0/tools/windows上下载如下几个rpm：avr-binutils-2.13.2.1-1w.cygwin.i386.rpm avr-gcc-3.3tinyos-1w.cygwin.i386.rpm avr-insight-pre6.0cvs.tinyos-1w.cygwin.i386.rpm avr-libc-20030512cvs-1w.cygwin.i386.rpm再从http://webs.cs.berkeley.edu/tos/dist-1.1.0/tinyos/windows上下载nesc-1.1-1w.cygwin.i386.rpm tinyos-tools-1.1.0-1.cygwin.i386.rpm tinyos-1.1.0-1.cygwin.noarch.rpm一共8个rpm，在Cygwin shell命令行下转到这些rpm文件存放的目录执行如下命令进行安装："rpm --ignoreos -ivh *.rpm"。这些TinyOS的安装包在安装过程中需要编译并执行Java代码，因此需要占用一定时间。命令执行完毕后，TinyOS即被安装到Cygwin的/opt/tinyos-1.x目录下。

第6步：至此，安装工作已成功完成。要想知道更多信息和细节，请查看/opt/tinyos-1.x/doc/index.html；若想要安装更多的包，请参看Installing and Updating Packages。安装和更新包在http://webs.cs.berkeley.edu/tos/dist-1.1.0/tinyos/linux和http://webs.cs.berkeley.edu/tos/dist-1.1.0/tinyos/windows目录下包含许多可选择安装的包，还包含TinyOS的核心安装包的更新包。可随时下载适当的rpm，并使用如下命令安装：rpm-ivh〈rpm文件名〉(第一次安装)，rpm-Uvh〈rpm文件名〉(更新)。

# 第 18 章 TinyOS 示例

## 18.1 TinyOS 示例——用事件驱动方式从传感器读取数据

本节将以一个简单的传感器应用程序 Sense 为例,来说明从传感器主板上的照片传感器上获取光强度值并将其低三位值显示在微粒的 LED 上全过程。该应用程序位于 apps/Sense 目录下,其配置文件为 Sense.nc,实现模块文件为 SenseM.nc。

### 18.1.1 SenseM.nc 模块

其源代码如下所示。

```
SenseM.nc
module SenseM {
    provides {
        interface StdControl;
    }
    uses {
        interface Timer;
        interface ADC;
        interface StdControl as ADCControl;
        interface Leds;
    }
}
implementation {
    // declare module static variables here
    /**
     * Module scoped method. Displays the lowest 3 bits to the LEDs,
     * with RED being the most significant and YELLOW being the least
     significant.
     *
     * @return returns <code> SUCCESS </code>
     **/
    // display is module static function
    result_t display(uint16_t value)
    {
        if (value &1) call Leds.yellowOn();
        else call Leds.yellowOff();
        if (value &2) call Leds.greenOn();
        else call Leds.greenOff();
        if (value &4) call Leds.redOn();
```

```
      else call Leds.redOff();
      return SUCCESS;
  }
  /**
   * Initialize the component. Initialize ADCControl, Leds
   *
   * @return returns <code>SUCCESS</code> or <code>FAILED</code>
   **/
// implement StdControl interface
command result_t StdControl.init() {
    return rcombine(call ADCControl.init(), call Leds.init());
}
  /**
   * Start the component. Start the clock.
   *
   * @return returns <code>SUCCESS</code> or <code>FAILED</code>
   **/
command result_t StdControl.start() {
    return call Timer.start(TIMER_REPEAT, 500);
}
  /**
   * Stop the component. Stop the clock.
   *
   * @return returns <code>SUCCESS</code> or <code>FAILED</code>
   **/
command result_t StdControl.stop() {
    return call Timer.stop();
}
/**
 * Read sensor data in response to the <code>Timer.fired</code>
   event.
 *
 * @return The result of calling ADC.getData().
 **/
event result_t Timer.fired() {
    return call ADC.getData();
}
  /**
   * Display the upper 3 bits of sensor reading to LEDs
   * in response to the <code>ADC.dataReady</code> event.
   * @return Always returns <code>SUCCESS</code>
   **/
// ADC data ready event handler
async event result_t ADC.dataReady(uint16_t data) {
    display(7 - ((data >> 7) &0x7));
    return SUCCESS;
}
}
```

与 BlinkM 类似,SenseM 提供了 StdControl 接口并使用了 Timer 和 Leds 接口,同时还使用了另外两个接口,分别是:ADC 接口——用于从模拟-数字转换器上存取数据;StdControl 接口——用于初始化 ADC 组件。

该程序还使用了一个新的组件 TimerC,代替前面使用过的 SingleTimer。原因是 TimerC 允许使用多个定时器实例,而 SingleTimer 仅提供一个组件能使用的单个计时器。有关定时器 Timer 的相关问题后面还会讨论。

值得注意的是这一行:

```
interface StdControl as ADCControl;
```

其意义是本组件使用 StdControl 接口,且将该接口的实例命名为 ADCControl。使用这种方式,一个组件可以使用同一接口的多个实例,但可将它们分别命以不同的名字。例如:某个组件可能同时需要两个 StdControl 接口来分别控制 ADC 和 Sounder 两个组件,那么,可以按如下方式声明:

```
interface StdControl as ADCControl;
interface StdControl as SounderControl;
```

然后,使用该模块的配置负责将每个接口实例与真实的实现导通起来。

事实上,在 TinyOS 中,如果不使用 as 语句提供接口名称,那么缺省情况下实例与接口同名,也就是说,语句 interface ADC 实际上就是语句 interface ADC as ADC 的简写形式。

下面来看看 StdControl 接口和 ADC 接口(都在 tos/interfaces 目录下)。接口 StdControl 是用来对组件(通常为一片物理硬件)进行初始化并对其加电;接口 ADC 则是用来从 ADC 信道获取数据。若数据在 ADC 信道上已经准备好了,则 ADC 接口会触发事件 dataReady()。值得提醒的是在 ADC 接口中使用了关键字 async,它表示所声明的命令和事件为异步代码。异步代码是可以对硬件中断予以及时响应的代码。

分析 SenseM.nc 源代码,不难看出,每当 Timer.fired() 事件触发时就会调用 ADC.getData() 函数;同样,当 ADC.dataReady() 事件触发时,就调用内部函数 display(),该显示函数用 ADC 值的低序位上的数值来设置 LED。

同时,StdControl.init() 的实现中使用了函数 rcombine(),即

```
return rcombine(call ADCControl.init(), call Leds.init());
```

该函数是一个特殊的 nesC 连接函数,返回值为结果类型同为 result_t 的两个命令的逻辑"与"。

### 18.1.2 Sense.nc 配置

Sense 应用程序是如何知道 ADC 信道应该访问光传感器的呢?这正是 Sense.nc 配置所要解决的。

```
Sense.nc
configuration Sense {
    //this module does not provide any interface
}
implementation
{
  components Main, SenseM, LedsC, TimerC, Photo;
  Main.StdControl -> SenseM;
  Main.StdControl -> TimerC;
  SenseM.ADC -> Photo;
```

```
    SenseM.ADCControl -> Photo;
    SenseM.Leds  -> LedsC;
    SenseM.Timer  -> TimerC.Timer[unique("Timer")];
}
```

该文件代码中大部分语句与 Blink 中的类似，如将 Main.StdControl 与 SenseM.StdControl 接口导通起来，Leds 接口也类似。ADC 的导通语句为：

```
SenseM.ADC -> Photo;
SenseM.ADCControl -> Photo;
```

其作用是将 ADC 接口（被 SenseM 使用的）绑定到一个新的称为 Photo 的组件上；ADCControl 接口也一样，而这个接口是 SenseM 使用的 StdControl 接口的一个实例。其实，语句 SenseM.ADC—>Photo 是语句 SenseM.ADC—>Photo.ADC 的简写形式；而语句 SenseM.ADControl—>Photo 并非是 SenseM.ADC—>Photo.ADCControl 语句的简写形式。可以查看 Photo.nc 组件（在 tos/sensorboards/micasb 目录下），它提供了两个接口，分别是 ADC 接口和 StdControl 接口——而并无 ADCControl 接口。（事实上，ADCControl 只是 SenseM 组件中给 StdControl 接口的某个实例所取的一个新名字）。nesC 编译器具有足够的智能可以区分出这一点，因为 SenseM.ADCControl 是 StdControl 接口的一个实例，它要与 Photo 提供的 StdControl 接口的一个实例绑定起来。（如果 Photo 提供两个 StdControl 接口，那么这儿就会出错，因为无法确定到底该跟哪一个进行绑定）换言之，语句 SenseM.ADControl—>Photo 其实就是语句 SenseM.ADControl—>Photo.StdControl 的简写形式。

## 18.1.3 定时器与参数化接口

语句 SenseM.Timer—>TimerC.Timer[unique("Timer")]中包含了一种新的语法，称为"参数化接口（Parameterized Interface）"。参数化接口允许一个组件通过在运行时或编译时赋予参数值而提供一个接口的多个实例。前面曾提到过，一个组件可提供一个接口的多个实例并给它们分别命以不同的名字，如：

```
provides{
    interface StdControl as fooControl;
    interface StdControl as barControl;
}
```

此处用到的思想与上述思想相同，或者说是同一思想的范化（Generalization）。TimerC 组件中声明了这一句 provides interface Timer[uint8_t id]，表明它可以提供 256 个 Timer 接口的不同实例，每一个实例对应一个 uint8_t 值。

在本例中，希望 TinyOS 应用程序可以创建和使用多定时器，且每个定时器都被独立管理。例如，某个应用程序组件可能需要一个定时器以特定的频率（如每秒一次）来触发事件以收集传感器数据；同时另外一个组件需要另一个定时器以不同的频率来管理无线传输。这些组件中每个 Timer 接口分别与 TimerC 中提供的 Timer 接口的不同实例绑定起来，这样每个组件就可以有效地获取它自己"私有"的定时器了。

使用 TimerC.Timer[someval]可以指定 SenseM.Timer 接口应该被绑定到方括号中的值（someval）所指定的 Timer 接口的那个实例。这个值可能是任意一个 8 位的正数。但是若方括号中指定某个特定值，如 38 或 42 等，很可能会导致与其他组件使用的定时器相互冲突（若其他组件的方括号内也使用相同的值）。为解决这个问题，TinyOS 提供了一个编译时函数 unique()，其功能是根据参数字符串产生一个独一无二的 8 位标识。此处 unique("Timer")从一组响应的字符串"Timer"产生一个唯一的 8 位数字。只要参数中使用的字符串都相同，就可以保证使用 unique("")的每个组件都得到一个不同的 8 位数值。但是若某个组件使用 unique("Timer")，而另外一个组件使用 unique("MyTimer")，那么它们可能得到相同的数值。因此，当使用 unique()函数时，使用参数化接口本身的名字作为参数不失为一个好的做法。TinyOS 还提供另外一个编译时常数函数 uniqueCount("Timer")，利用它可计算出使用 unique("Timer")的总次数。

### 18.1.4 运行 Sense 应用程序

跟前面的例子一样，只需在 Sense 目录下输入命令：make mica install，即可编译应用程序并将其安装到微粒中。本例中需要将一个带有照片传感器的传感器主板连接到微粒上。例如 Mica 传感器主板使用 51 针的连接头。传感器主板的类型可以在 ncc 的命令行上使用-board 选项来选择。在 Mica 微粒上，缺省传感器类型是 micasb。若使用老式的"basicsb"传感器主板，须将-board basicsb 选项传给 ncc。可以用如下方法实现，编辑 Sense 目录下的 Makefile 文件，在包含 Makerules 的那一句前面加上这样一行即可：SENSORBOARD = basicsb。TinyOS 所支持的所有传感器主板都在 tos/sensorboards 目录下，每个目录对应一个主板，目录名称与主板名称一致。

这里有必要强调一下 photo 传感器的运行行为，因为它有点特殊。ADC 将照片传感器取得大样本数据转化为 10 位的数字。期望的行为是当节点在光亮处时将 LED 关掉，而在黑暗中使 LED 发亮。因此将该数据的高三位求反，所以在 SenseM 的函数 ADC.dataReady()中有如下语句：

```
display(7 - ((data >> 7)&0x7));
```

## 18.2 Crossbow-OEM 设计套件与网络操作

### 18.2.1 Crossbow-OEM 设计套件

克尔斯伯 OEM 设计套件支持无线传感器网络系统的快速发展。OEM 设计套件是针对工作在 2.4GHz 频带的应用。该套件提供有 OEM 模块、编程器、预编程参考设计板、传感器/数据采集板、调试器和一个与以太网相连的网关（如图 18-1 所示）。

MoteView：为基于 Windows 的个人计算机用户提供了一个直观的图形用户界面来监视和管理无线传感器网络。它使得用户能够观察网络拓扑图和从传感器读数，以及配置和管理节点。

射频处理器模块：邮票大小的 OEM 处理器/射频模块在 2.4GHz 的频带上，使用直接序列扩频（DSSS）技术，提供了低功耗和稳定的射频通信。68 引脚封装是专门为传感器

图 18-1 Crossbow-OEM 设计套件

集成设计的。参考板提供了较简化的集成设计。

传感器板：MDA300传感器与数据采集板提供了温度和湿度等基本传感功能，以及一个用于连接外部传感器的标准接口。

MoteWorks™：传感器应用发展是通过克尔斯伯公司的MoteWorks™软件平台开展的。MoteWorks™对低功耗电池操作的网络能进行专门的优化，且提供如下支持。

传感设备：具有网络堆栈和操作系统、标准支持(802.15.4)、OTAP和跨层开发工具。

服务器网关：连接线传感器网络到企业信息管理系统的中间件。

用户界面：具有远程分析、监视、管理和传感器网络配置等客户端应用。

OEM参考设计板是具有OEM模块的PCB工具，它提供天线、电源和一个用于连接传感器板的标准接口（如图18-2所示）。

MDA300CA是一个高性能的数据采集板，拥有多达11个通道的12位模拟输入和板载的温湿度传感器（如图18-3所示）。

MIB600网关提供了一个以太网接口，提供基站功能，可以连接无线传感器网络到IP网络（如图18-4所示）。

监控软件提供过去和实时图表及传感数据分析功能，提供拓扑图、数据输出、节点程序烧写和传感器网络命令接口（如图18-5所示）。

   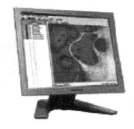

图18-2　参考板　　　图18-3　数据采集板　　　图18-4　网关　　　图18-5　MoteView客户端

邮票大小的OEM处理器/射频模块在2.4GHz频带上，运用直接序列扩频(DSSS)技术，提供了低功率的射频（如图18-6所示）。

MDA100CB传感器和数据采集板具有高精度的热敏电阻、光敏传感器和用于连接外部传感器的通用原型开发区域（如图18-7所示）。

程序烧写器提供了USB连接，并支持自定义硬件设计OEM模块的程序烧写（如图18-8所示）。

程序编程模块支持未植入PCB板上单独的OEM模块编程（如图18-9所示）。

图18-6　OEM模块　　　图18-7　传感器板　　　图18-8　USB程序烧写器　　　图18-9　程序编程模块

## 18.2.2　Crossbow-OEM网络操作

此部分主要介绍Crossbow无线传感器网络具体操作，主要包括以下内容：MoteView软件安装、MIB网关驱动安装和MoteView客户端程序演示。

## 1. MoteView 软件安装

MoteView 支持以下系统平台：Windows XP Home，Window XP Professional 和 Windows 2000 with SP4。硬盘的文件系统格式必须是 NTFS。

1）PC 接口

不同型号的 MIB 网关使用不同的接口，MoteView 也应使用相应的接口：MIB510 串口网关—RS-232 串口；MIB520 USB 网关—USB 接口；MIB600 以太网网关—带有以太网接口的路由器或交换机。

2）配套的软件

为保证 MoteView 正常运行，PC 必须安装以下软件：Postgre SQL 8.0 数据库软件、Postgre SQL ODBC 驱动和 Microsoft. NET 1.1 framework。以上软件在 MoteView 安装时也会自动安装。

3）安装 MoteView

双击 MoteViewSetup.exe 安装 MoteView 和相关软件，MoteView 安装程序可在安装 CD 中找到，后面将对其进行详细介绍。

## 2. MIB 网关驱动安装

MIB 网关型号如图 18-10 所示。

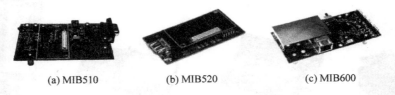

(a) MIB510　　　(b) MIB520　　　(c) MIB600

图 18-10　MIB 网关型号图

1）MIB510 驱动

将 MIB510 直接连接至 PC 的 DB9 串口。如果没有 DB9 串口，可选用 USB 转串口线。有些 USB 转串口线无法在 115200 波特率正常工作，如果 MIB510 工作不正常，可尝试重新安装 USB 转串口驱动。如果只有一种 MIB 网关，请跳过其他网关驱动安装步骤。

2）MIB520 驱动

安装 MIB520 的 USB 虚拟串口驱动，将 MIB520 插入到 PC，Windows 会检测到新硬件，选择"在指定目录安装驱动"，单击浏览，将文件夹指向 MIB520 的驱动根目录，PC 会自动完成相应的驱动安装。该操作可能要重复几次直到 PC 虚拟出两个串口。可以通过设备管理器查看虚拟出来的串口号(右击我的电脑→管理→设备管理器→端口(COM&LPT))。MIB520 的两个虚拟串口分别为 COM$n$ 和 COM($n+1$)，其中 COM$n$ 用于烧写程序，COM($n+1$)用于数据通信。如果 COM 口大于 16，请使用驱动文件夹中的 FTClean 工具清理 COM 口，然后重新插入 MIB520 获取新的串口号。MIB520 驱动可以在安装 CD 中找到。

3）MIB600

MIB600 有两种方式可连接：①连接到局域网的路由器或交换机；②使用交叉网线直接连接至 PC 的以太网口。使用 Lantronix 的 DeviceInstaller 配置 MIB600 参数，如表 18-1 所示。DeviceInstaller 可以在安装 CD 的/Misc/Lantronix Device Installer 目录下找到。

表 18-1　配置 MIB600 参数表

| Port # | 1（烧写程序） | 2（数据通信） |
|---|---|---|
| Baud rate | 115 200 | 57 600 |
| Data bit(s) | 8 | 8 |
| Parity | None | None |
| Stop bit(s) | 1 | 1 |
| Flow Control | None | None |
| Port | 10001 | 10002 |

**3. MoteView 客户端程序演示**

需要的设备：至少两个 Mote 节点（IRIS,MICAz 或 MICA2,本节以 IRIS 为例）、至少一个传感器板（本节以 MTS400 为例）、一个 MIB520 网关（或其他 MIB 系列网关,本节只以 MIB520 为示例），以及安装了 MoteView 的 PC。

打开 MoteView 软件,MoteView 首次打开可能需要几分钟的时间,与 PC 的配置有关。将已编译的演示程序烧写到 Mote 节点的 Flash 中,以如图 18-11 方式连接好 MIB520 和 Mote 节点。如果 Mote 节点带有电池,必须保证电源开关关闭。烧写程序时禁止插拔 Mote 节点,否则可能造成 MIB520 损坏。

单击 Program Mote 按钮 ，打开 MoteConfig,单击 Setting | Interface Board Setting 打开配置窗口（如图 18-12 所示），将 COM 口设为 COM$n$ 用于烧写程序。

图 18-11　MIB520 和 Mote 节点连接图

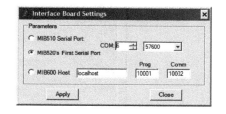
图 18-12　配置窗口图

单击 MoteConfig 面板的 Selecting 按钮找到 MTS400 的示例程序,默认安装目录为：C:\Program Files\Crossbow\MoteView\xmesh,不同 Mote 节点的程序在相应的文件夹下(IRIS,MICAz 或 MICA2),不同的传感器板必须选择相应的 .exe 文件。示例选用 IRIS 节点,故选择 C:\ProgramFiles\Crossbow\MoteView\xmesh\iris\MTS400\ XMTS400_M2110_hp.exe。MOTE ID 必须设为非 0 的数值,不同的节点必须指定不同的节点号。

单击 Program 完成节点的烧写,提示 Upload SUCCESSFUL! 则表示烧写成功。烧写成功后将 Mote 节点取下,与 MTS400 进行连接并打开电源开关。多个节点请修改节点号,重复以上操作。将路径指向 C:\Program Files\Crossbow\MoteView\xmesh\iris\XMeshBase\XMeshBase_M2110_hp.exe 烧写基站程序,基站的 MOTE ID 必须为 0。带 hp 的二进制文件是高功耗模式,lp 为低功耗模式；为保证演示时等待时间最短,一般使用高功耗的节点程序。MoteConfig 的详细使用请参考手册 MoteConfig_Users_Mannual。

### 18.2.3　使用 MoteView 客户端程序查看无线传感器网络数据

单击 MoteView 面板 Connect to WSN 按钮,选择 Acquire Live Data 以获取实时数据（如

图 18-13 所示)。

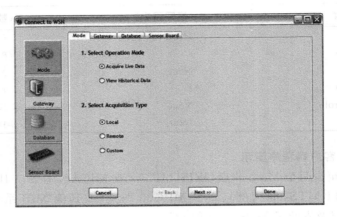

图 18-13 Acquire Live Data 选择界面

单击 Gateway 选项卡可以选定网关、端口号及波特率。本例设置为 MIB520 网关,端口号设为 COM($n+1$),波特率为 57 600(如图 18-14 所示)。

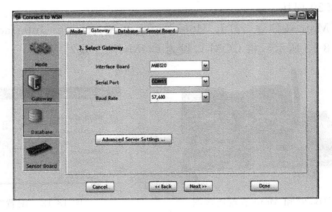

图 18-14 单击 Gateway 选项卡

单击 Sensor Board 选项卡,可设置 Application Name(如图 18-15 所示),本例选择 Application Name 为 XMTS400,然后单击 Done 按钮即可获取传感器网络的实时数据。

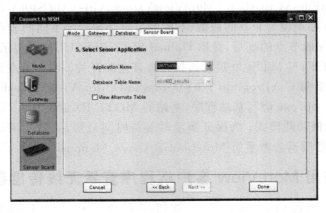

图 18-15 单击 Sensor Board 选项卡

有关 MoteView 的详细使用将在后面各节详细介绍。

## 18.3 传感器节点配置

### 18.3.1 MoteConfig

MoteConfig 是一个基于 Windows 的节点编程的图形化实用工具。此工具提供了接口，用于配置和下载预编译 XMesh / TinyOS 的应用程序到节点上。MoteConfig 允许用户配置节点 ID、组 ID、RF 频段和射频功率。用户还可以针对基于 XMesh 固件启用 OTAP 编程模式。高功率和低功率的 XMesh 适用于克尔斯伯公司生产的每一个传感器板和平台（如表 18-2 所示）。

表 18-2 预编译的 MICAz XMesh 应用

| 型　　号 | 二进制文件名 |
| --- | --- |
| MICAz 节点（MPR2400 和 MPR2600） | |
| MTS b 板 | |
| MTS101 | XMTS101_2420_<mode>.exe |
| MTS300CA | XMTS300CA_2420_<mode>.exe |
| MTS300CB | XMTS300CB_2420_<mode>.exe |
| MTS310CA | XMTS310CA_2420_<mode>.exe |
| MTS310CB | XMTS310CB_2420_<mode>.exe |
| MTS400 | XMTS400_2420_<mode>.exe |
| MTS410 | XMTS410_2420_<mode>.exe |
| MTS420 | XMTS420_2420_hp.exe |
| MTS450 | XMTS450_2420_<mode>.exe |
| MDA 板 | |
| MDA100CA | XMDA100CA_2420_<mode>.exe |
| MDA100CB | XMDA100CB_2420_<mode>.exe |
| XBW-DA100CA | XBW－DA100CA_2420_hp.exe |
| XBW-DA100CB | XBW－DA100CB_2420_hp.exe |
| MDA300 | XMDA300_2420_<mode>.exe |
| MDA300（precision） | XMDA300p_2420_<mode>.exe |
| MDA320 | XMDA320_2420_<mode>.exe |
| XBW-DA325 | XBW-DA325_2420_<mode>.exe |
| 基　　站 | |
| XMeshBase_2420_<mode>.exe | |

<模式>＝hp 或 lP。Hp＝高功率 mesh 网络。Lp＝采取了低功耗监听和实时数据传送的低功率 mesh 网络。

OTAP(Over The Air Programming)模式允许用户通过无线连接方式进行预编译。OTAP 允许 XMesh 网络中的一个或多个节点通过 XOtap 服务接收来自网络基站或服务器的新固件镜像（如图 18-16 所示）。

每个节点都有一个外部的 512KB 非易失性闪存，被划分成 4 个段，这些区域有默认的 128KB 存储容量。段 0 是为 OTAP 镜像所留，段 1，段 2 和段 3 用于存储用户指定的固件。

在 OTAP 进程中，服务器发送一个命令到节点，重新启动进入到段 0 的 OTAP 镜像。用

图 18-16 用户通过无线连接方式

户指定的固件将被分解,传输到节点并存储在段 1、段 2 或段 3 中。服务器可以发送信息,将新上传的固件上传到程序闪存里,并重新启动节点。

OTAP 工作模式需要如下组件:在服务器上运行 Xserve 和 XOtap,包括 XOTAPLiteM 组件的固件应用(在 XMesh 固件生成时就自动包含),节点需要在程序寄存器里预先配置好启动程序,以及在外部闪存的段 0 里载入 OTAP 镜像。为能满足这些条件,在 MoteConfig 下载过程中,开启 OTAP 就能够实现。

### 18.3.2 安装

**1. 所支持的操作系统**

MoteConfig 支持如下的操作系统:Windows XP 家庭版,Windows XP 专业版和 Windows 2000 SP4 版。

**2. PC 接口要求**

在基站使用的网关节点决定着 MoteConfig 所需 PC 接口。对于 MIB510 串行网关需要一个 RS-232 串行端口。对于 MIB520 的 USB 网关则需要一个 USB 接口。对于 MIB600 以太网网关需要有线以太网或 802.11 无线网卡。

**3. 安装步骤**

MoteConfig 已是 MoteView 和 MoteWorks 中的一个组件。①如果安装 MoteView 程序,MoteConfig 就会自动安装,参阅 MoteView 用户手册可获取更多资料。②MoteConfig 是 MoteWorks 安装的可选组件。如图 18-17 所示,要确保 MoteConfig 2.0 和 OTAP 项被选中。

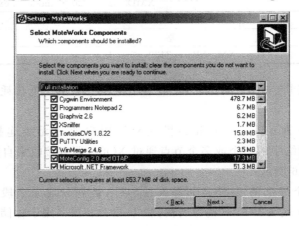

图 18-17 MoteConfig 2.0 和 OTAP -MoteWorks 安装

## 18.3.3 启动 MoteConfig

假如是通过 MoteView installer 安装的 MoteConfig,直接进行下面的步骤:①单击桌面上图标打开 MoteView1.4C,或者进入开始→程序→Crossbow→MoteView 1.4C。②单击 MoteView 工具栏上的 Program Mote 按钮,得到的 MoteConfig 图形界面如图 18-18 所示。假如 MoteConfig 是通过安装 MoteWorks 时安装的,请单击桌面快捷图标或选择开始→程序→Crossbow→MoteConfig 2.0。

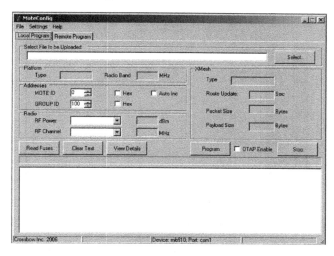

图 18-18  MoteConfig 应用图形界面

## 18.3.4 本地程序烧写

本地程序选项卡是通过网关节点将软件上载到节点中。为正确地对节点进行编程,设置硬件步骤如下:①网关必须供电,通过串口接口、USB 接口或以太网接口连接到 PC。②如果在使用 MIB510 中,SW2 开关应处于"关"位置。③节点必须牢固地连接到网关上。④节点必须在烧写程序前处于关闭状态。

### 1. 设置

单击 settings→Interface Booard Settings 选择正确的网关和端口设置。图 18-19 显示了 MIB510 在 COM 1 接口设置。

MIB520 虚拟 COM 端口是在驱动程序被安装在计算机上时所显示的两个串行端口。低编号端口用于编程,高编号端口是用于通信。图 18-20 所示为 MIB520 接口设置,其在计算机上创建了 COM 6 和 COM 7 两个串行端口。此例中,COM 6 端口被选择作为编程的串行端口。

   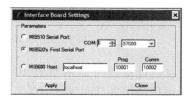

图 18-19  MIB510 网关设置 　　　　　图 18-20  MIB520 网关节点

MIB520 需要安装 FTDI FT2232C 驱动程序。一旦安装了这些驱动程序,设备管理器(开始→控制面板→系统→硬件)将显示 MIB520 为两个新的虚拟 COM 端口。可以从 MPR-MIB 用户手册上获得更为详细的资料。

**2. 编程**

通过安装 MoteView 生成的 XMesh 预编译应用程序位于 C:\Program Files\Crossbow\MoteView\ XMesh。单击 select 按钮,打开文件浏览器,如图 18-21 所示,选择与节点处理器/射频模块、射频频率(对于 MICA2 和 MICA2DOT)以及传感器板类型等相对应的程序。

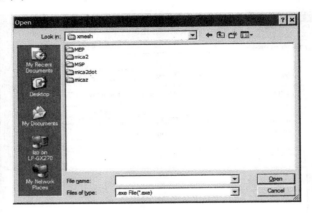

图 18-21 选择 XMesh 应用程序的浏览界面

绝大多数的传感器板都包括低功率和高功率应用。注意:MEP 和 MSP 节点的程序位于单独命名的文件夹中。基站节点必须用 XMeshBase_xxx_<mode>.exe 进行烧写,且将节点 ID 命名为 0。当选择了一个应用程序后,内置 MoteConfig 的二进制扫描特征将会显示应用程序里的默认参数,如图 18-22 所示。

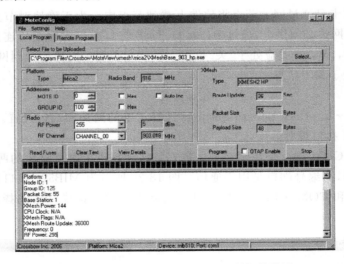

图 18-22 XMeshBase 应用的二进制扫描结果

用户可以通过指定所需的节点 ID、组 ID、射频功率和 RF 频段等覆盖这些默认参数。远程节点必须用一个非零的节点 ID 进行编程。点击编程按钮下载选择的固件和配置到节点中,如图 18-23 所示。当编程完成后,Upload SUCCESSFUL! 的消息被显示在状态栏里,如图 18-24 所示。停止按钮可用于取消正在进行的固件下载操作。

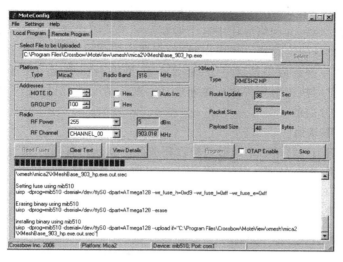

图 18-23　MoteConfig 正在进行程序下载

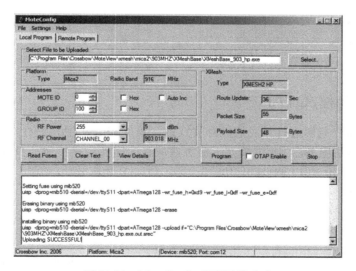

图 18-24　MoteConfig 程序下载成功

表 18-3 描述了在 MoteConfig 图形界面中的高级应用选项。

表 18-3　高级选项

| 高 级 选 项 | 描　　述 |
| --- | --- |
| 十六进制 | 用户指定十六进制数值作为节点 ID |
| 自增变量 | 当节点程序下载完毕后节点 ID 自动增 1 |
| OTAP 启动 | 允许用户启动一个节点的 OTAP 模式 |

### 3. 熔断设置

MoteConfig 允许用户覆盖 ATmega128 处理器默认的熔断设置。这些熔断是

ATmega128 处理器内部的软开关,它具有特定的功能。单击 Settings→Fuse Settings 打开对话框,如图 18-25 所示。检查熔断默认设置,可修改可用的熔断选项。这些选项是:①JTAG 熔断。它能激活 ATmega128 的 JTAG 调试模式。当启用后,处理器用到了额外的 3 mA 电流。默认情况下,在 XMesh 网络应用中这个熔断是处于关闭状态。②外部振荡器使得固件应用程序使用它作为自身的定时器。当启用时,处理器能用到更高的电流。默认情况下,这个熔断对于 XMesh 低功率网络应用是禁用的,对 XMesh 网络高功率应用是开启的。③禁用引导程序。它将防止节点因执行引导程序而重新启动。默认情况下,引导程序对于提供 OTAP 服务的 XMesh 网络是开启的。

### 4. 地址和射频默认值

与每个节点的组 ID、射频功率和射频频段相关联的默认值都可以通过修改地址和射频默认值对话框来改进其参数,如图 18-26 所示。这可以通过选择 Settings | Address and Radio Defaults 来打开对话框。当选中一个新的固件应用程序,其默认值如组 ID、射频功率和射频频段将:①保持不变(选择 Previous settings)。②被固件程序的值所取代(使用 Firmware scan)。

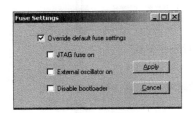

图 18-25　熔断设置对话框

图 18-26　地址和射频默认值对话框

## 18.3.5　远程/OTAP

OTAP 允许用户能够通过无线信道对节点进行预编程。OTAP 允许 XMesh 网络中的一个或多个节点从网络服务器,通过 XOtap 服务获取新的固件程序镜像。只有当节点被预编程高功率应用程序时,如 XMTS310CB_433_hp.exe,OTAP 才有效。

### 1. OTAP 准备

在节点能通过无线信道编程之前,必须准备引导程序,并且将 OTAP 镜像程序下载到闪存段 0。本过程概述为如下步骤。

(1) 通过 Settings→Interface Board Settings 选择适当的接口,并指定正确的 COM 端口号(如图 18-27 所示)。

(2) 切换到本地编程选项,单击 select 来选择一个 XMesh 应用。选择合适的节点 ID、组 ID、射频功率和射频频段。请确保 OTAP 启用框被选中,同时单击 Program 按钮(如图 18-28 所示)。

图 18-27　选择接口设置

(3) 对网络中所有节点重复步骤(2)。节点开关置于"开"位置,当引导程序安装成功时,发光二极管将闪烁两次。

(4) 将 XMeshBase 应用程序编程下载到基站节点上,将节点 ID 设置为 0。对于基站固件,OTAP 启用框应当不被选中(如图 18-29 所示)。

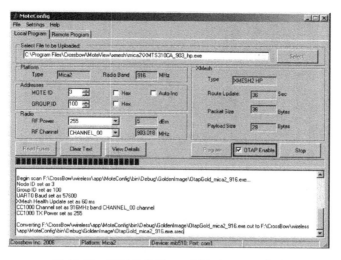

图 18-28  OTAP 编程——XMTS310CA 应用

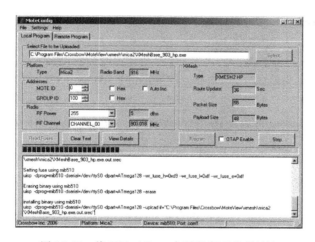

图 18-29  将 XMeshBase 应用程序下载到基站

## 2. OTAP

一旦所有节点都开启 OTAP 功能,通过下列步骤可用无线连接方式对它们进行编程。注意在启动 OTAP 服务之前,确保节点电池电量的高于 2.7V。

(1) 连接基站节点到 PC 接口,打开远程节点做好准备。

(2) 切换到远程编程选项。

(3) 单击 search 按钮,启动 Xserve 并侦听远程节点。在网络内被发现的节点将以树形视图控件显示,如图 18-30 所示。该基站节点将以紫红色为背景周期性地闪烁。这表明基站节点发出的数据包已被 PC 所接收,基站节点已得到正确配置。

(4) 通过树形图控制选择节点,这些节点就可以重新启动到 OTAP 镜像(OtapGold.exe),单击 Prepare 按钮,也可以进入选择节点文本框,输入节点 ID 号也可选中节点。在此过程中,Prepare 按钮将被禁用,被选中的节点会变成蓝色。在选择节点文本框里输入节点 ID,将覆盖在树形控制视图里所选择的节点。当节点重新启动进入 OTAP 镜像时,它们的背景颜色会变

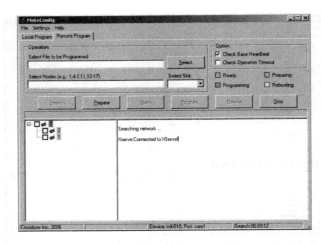

图 18-30　Mesh 网络搜寻节点

成金黄色,如图 18-31 所示。

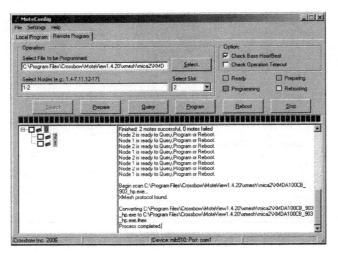

图 18-31　节点正在运行 OTAP 镜像

（5）当节点正在运行 OTAP 镜像时,单击 Query 按钮允许用户查看可用的段以及每个节点的内容,如图 18-32 所示。

Program 按钮可用于下载固件镜像到一个或多个选定的节点指定的闪存段中,基于如下步骤:①选择固件应用程序,如图 18-33 所示。②指定寄存段存储应用程序。③通过树形图视检查节点或在选择节点文本框中输入节点 ID 来选择节点。④点击 Program 按钮。如果在选择节点文本框里指定了节点,OTAP 操作就只在这些节点中运行。树形图示的节点检查就会被忽略。选择节点文本框是一项高级功能,使用时应当注意。

在 OTAP 运行过程中,被选定节点的颜色会变成橙色,如图 18-34 所示。状态消息区将显示出数页内容被下载到外部存储器的过程。当被选择的节点已成功地进行编程时,该节点会再次变成金黄色。

打开信息处理框（通过单击 Settings→Process Messages）来跟踪所有的下载步骤,如

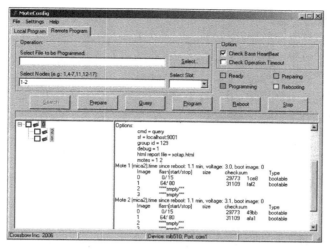

图 18-32  节点正被查询消息

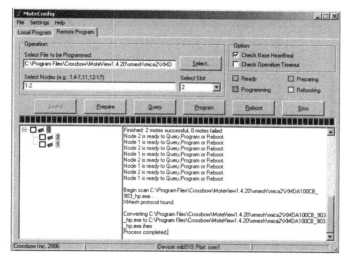

图 18-33  选择应用程序进行下载

图 18-35 所示。

（6）最后一步，重新启动节点到新加载的镜像，如图 18-36 所示，①选择要重新启动的节点。②指定需要重新启动进入的寄存器段。③单击 Reboot 按钮。

被选择的节点将变成绿色，如图 18-37 所示。当它们成功地重新启动后，重新加入无线网，并发送正常的数据包到服务器。节点现在将执行新上载的应用程序。

### 3．高级选项

单击 Settings→set Time Out 打开超时设置对话框，如图 18-38 所示。其默认值为一个约有 30 个节点组成的小型网络测试值。如果 Mesh 网络节点多于 30 个，请重置相关参数或者禁用超时检查功能。

为启用或禁用基站间跳超时或 OTAP 操作超时，请使用 MoteConfig 应用程序上的 Remote Program 选项卡中的复选框。

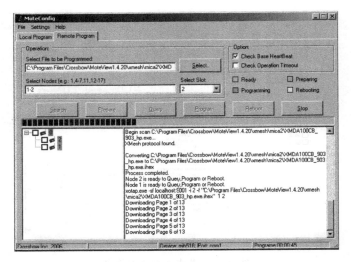

图 18-34　网络通过 XOTAP 对节点进行编程

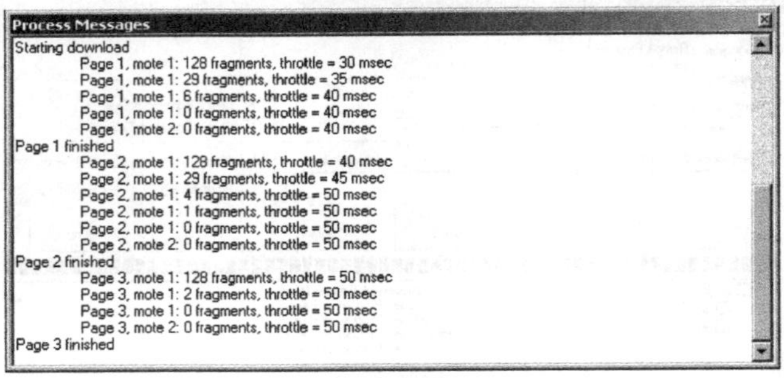

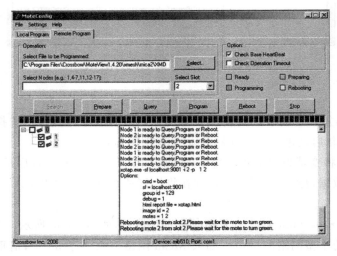

图 18-35　跟踪所有的下载步骤

图 18-36　重新启动节点到寄存器段 2

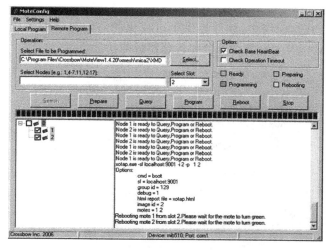

图 18-37　节点重新启动并加入无线网络

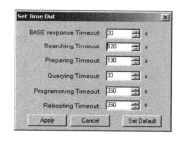

图 18-38　OTAP 超时设置

## 18.4　MoteView 操作示例

### 18.4.1　简介

**1. 无线 Mesh 网络概述**

无线传感器网络,由于其广泛应用而深受工业界的青睐,帮助实现其潜能的就是多跳 Mesh 网络,它具有可扩展性和可靠性。Mesh 网络是对嵌入式系统网络的统称,它具有如下特征:多跳性——以点对点的方式发送消息到基站,在一定范围内可进行扩展。自我配置,能够在没有人为干预的情况下自动形成网络。自我修复,能够自动地添加和移除网络节点而无须重新设置网络。动态路由,基于动态网络条件,例如连接质量、跳数、梯度或其他度量,能够自适应地确定路由。结合电源能量管理,这些特征使得传感器网络寿命延长、易部署以及对未知网络频段具有自适应能力。Mesh 网络使得普遍部署节点并获取传感数据能够得以实现。

无线网络部署由三个软件层次组成:客户层提供用户可视化软件和图形界面的网络管理。克尔斯伯公司提供了免费的客户端软件 MoteView。它集成了三层应用,提供了终端到终端的解决方案。服务器层是一个常开启的设备,对无线网络传来的数据进行交换和缓冲处理,并在无线节点和互联网用户间建立连接。Xserve 和 XOtap 是在 PC 或服务器上的服务层应用。节点层,XMesh 就是运行在一系列传感器节点上的软件。XMesh 软件提供了在网络节点和服务器中能够建立连接的可靠的骨干通信网络算法。

**2. Moteview 概述**

MoteView 是介于用户和已部署的无线传感器网络间的用户层界面。MoteView 能简化部署并监测无线传感器网络。这使得它较容易地连接到数据库进行分析,并以图形化显示传感器所读取的数据。

图 18-39 描述了传感器网络组成框架。第一部分是节点层或传感器 Mesh 网络部分。节点由编程植入 XMesh / TinyOS 的应用程序来执行一个具体的任务,如气候监测、资产跟踪和入侵检测等。第二层也就是服务器层。服务器层提供数据载入和数据库服务。在这一层中,

传感器将读到的数据传达到基站（例如 MIB510，MIB520，MIB600 或服务器），并将数据存储在服务器上。第三部分是客户端层。在这一层中，软件提供了可视化的监听和分析工具来显示和解释传感器数据。下面将阐述 MoteView、节点平台和传感器板的功能。

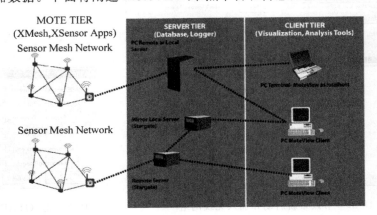

图 18-39　无线传感器网络软件框架

### 3．支持传感器板和节点平台

MoteView 支持所有克尔斯伯公司的传感器和数据采集板（见表 18-4），以及 MICA2，MICA2DOT 和 MICAz 处理器/射频平台（见表 18-5）。此外，MoteView 可适用于传感集成平台的部署及监测，如 MSP 节点安全/入侵监控系统和 MEP 节点环境监控系统（见表 18-6）。

表 18-4　传感器（MTS 系列）和 MoteView 所支持的数据采集板以及即插即用可以兼容的节点平台

| 传感器与数据采集板 | 节点平台 | | | |
| --- | --- | --- | --- | --- |
| | IRIS | MICAZ | MICA2 | MICA2DOT |
| MTS101 | | √ | √ | |
| MTS300/310 | √ | √ | √ | |
| MTS410 | | √ | | |
| MTS400/MTS420 | √ | √ | √ | |
| MTS450 | | √ | √ | |
| MTS510 | | | | √ |
| MDA100 | √ | √ | √ | |
| XBW-DA100 | | | | |
| MDA300 | √ | √ | √ | |
| MDA320 | √ | √ | √ | |
| XBW-DA325 | | √ | | |
| MDA500 | | | | √ |

### 4．支持节点软件应用

XMesh 是克尔斯伯公司的多跳 Mesh 网络路由协议。它具有多项特征，包括低功耗监听、时间同步、睡眠模式、多对一以及一对多的路由。XMesh 应用支持所有的传感器和数据采集板。

表 18-5 MoteView 支持的节点处理器/射频(MPR)平台

| 节点平台 | 型号(s) | 射 频 频 段(s) |
|---|---|---|
| IRIS | XM2110 | 2400MHz to 2483.5 MHz |
| | M2110 | 2400MHz to 2483.5 MHz |
| MICA2 | MPR2400 | 2400MHz to 2483.5 MHz |
| | MPR2600 | 2400MHz to 2483.5 MHz |
| | MPR400 | 868 MHz to 870 MHz; 903 MHz to 928 MHz |
| MICA2 | MPR410 | 433.05 to 434.8 MHz |
| | MPR420 | 315MHz(for Japan only) |
| | MPR600 | 868 MHz to 870 MHz; 903 MHz to 928 MHz |
| | MPR510 | 868 MHz to 870 MHz; 903 MHz to 928 MHz |
| MICA2DOT | MPR510 | 433.05 to 434.8 MHz |
| | MPR520 | 315MHz(for Japan only) |

表 18-6 MoteView 支持的传感器集成平台(MEP,MSP)

| 传感集成节点平台 | 用 法 描 述 |
|---|---|
| MEP410 | Microclimate and ambient light monitoring |
| MEP510 | Temperature and humidity monitoring |
| MSP410 | Physical security and intrusion detection |

## 18.4.2 安装

**1. PC 端口要求**

网关平台用来作为基站,决定了 PC 的 MoteView 所需要的端口。对于 MIB510 串行网关,使用 RS-232 串行端口。对于 MIB520 USB 网关,使用 USB 端口。对于 MIB600 以太网网关,有线连接的以太网,或当 MIB600 在局域网内用无线方式连接时使用 802.11 无线网卡。对于服务器,有线连接的以太网,当服务器有无线调制解调或在局域网内无线接入时使用 802.11 无线网卡。

**2. 配套软件需求**

对于此项应用,需要运行如下所需的组件:Postgre SQL 8.0 数据库服务,Postgre SQL ODBC 服务,Microsoft.NET 1.1 框架。MoteView 里的所有可视化工具都需要连接到数据库。此数据库是安装在 PC(称之为"localhost")或远程服务器里。数据库容量大小受系统可用存储空间影响。Postgre SQL 8.0 安装需要系统的管理特权,包括能够为 postgres 建立新用户。假如本地 PC 上安装了服务器和客户端功能,则需要运行 PostgreSQL 数据库服务。

**3. 安装步骤**

关闭正在计算机上运行的所有程序。插入 MoteView 光驱盘,在 MoteView 文件里,双击 MoteViewSetup.exe 进行安装。在 Welcome to the MoteView Setup Wizard 界面里单击 Next,选择安装目录,单击 Next(如图 18-40)。

选择在开始菜单上的文件名并单击 Next(如图 18-41)。出现如图 18-42 所示界面,然后,选择所有可安装项并单击 Next,出现如图 18-43 界面,确认选择并单击 Install。

按照操作步骤,执行.NET 组件和 Postgre SQL OBDC 的安装。如果有一个高于 MoteView 1.0 的版本,在进行数据库安装时,可能会得到一个 Postgre SQL 8.0.0-RC1 的窗口,出现如图 18-44 所示的数据库安装错误对话框。

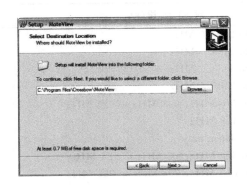

图 18-40  运行 MoteView 界面

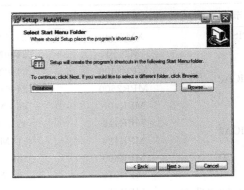

图 18-41  安装 Crossbow 界面

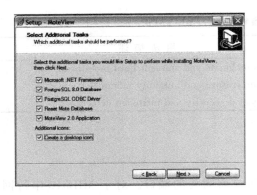

图 18-42  选择 Crossbow 所有选项的界面

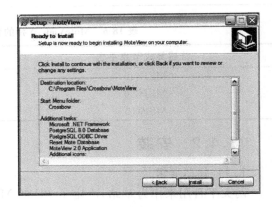

图 18-43  单击 install 界面

在 C:\Program Files\PostgreSQL\8.0.0-rc1\tmp\initdb.log 下记录了较为详细的错误信息。在很多情况下,可以单击 OK 按钮并继续。在其他情况下,可以采取如下措施:从 Start→Control Panel→Add or Remove Programs"卸载 Postgre SQL 8.0。通过 Windows 资源管理器(开始→右击→浏览)手动删除 C:\ Program Files \PostgreSQL 目录。重新安装除了.NET 外的 MoteView 所有组件。

图 18-44  数据库安装界面

如果接收到如图 18-45 所示的 MDAC 的警告时,可以忽略这个警告并继续安装。该警告仅告知你的操作系统已包含一个比 MoteView 正安装的更新的 MDAC 版本,可以点击 Cancel 忽略这个警告。

当安装完成后,会询问是否要启动 MoteView。可以启动 MoteView,但在某些情况下,它会要求重新启动计算机。当重新启动后,可以通过双击 MoteView 图标启动,也可以到默认安装文件路径(C:\Program Files\Crossbow\MoteView\)下,双击 MoteView.exe 来启动。

### 18.4.3  快速启动应用

一旦网络开始运行,并且在计算机上安装了 MoteView 软件,传感器网络里采集数据的最低配置显得很必要。

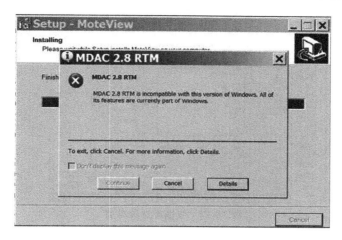

图 18-45　MDAC 的警告界面

### 1．PostgreSQL 的安装验证

在 MoteView 的安装过程中，一个静态数据库可以演示 MoteView 的功能特征，而无需连接到一个活动的传感器网络或远程服务器/数据库。这里描述的步骤也适用于查看从传感器网络里采集的数据。

（1）单击图标 ◎ 连接到无线传感器网络。在左上角菜单栏选择 File → Connect to WSN…连接到无线传感器网络的向导将会出现（如图 18-46 所示）。

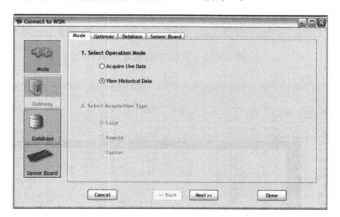

图 18-46　无线传感器网络的向导界面

（2）在模式栏中选择 View Historical Data，并单击 Next 按钮。

（3）确保数据库选项里能显示当前以 localhost 显示的数据库并点击 Next（如图 18-47 所示）。

（4）在 Sensor Board 栏目中，检查 View Alternate Table 栏，从数据库表名下拉列表中选择 sample_mts310，并单击 Done（如图 18-48 所示）。

如果任务数据库不可用，或者表名为空，说明 PostgreSQL 安装没有成功。使用控制面板→添加或删除程序向导检查 psqlODBC 驱动程序是否已经安装。使用任务管理器验证 Postgres 数据库服务是否已经启动。如果没有，使用控制面板→管理工具→启动 Postgres 服务。

（5）MoteView 将在数据库任务中访问 sample_mts310，并显示数据，如图 18-49 所示。

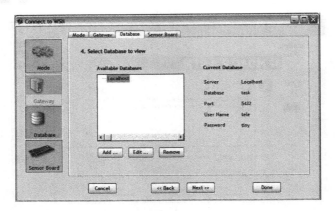

图 18-47　数据库选项界面

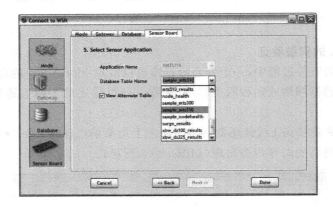

图 18-48　数据库表选定界面

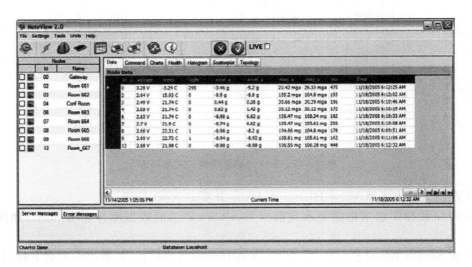

图 18-49　MoteView 的界面

有两种方法来修复已损坏的数据库安装：从 MoteView 菜单中选择 Toll→resetbd，或打开文件管理器，导航到 C:\Program Files\Crossbow\MoteView，并执行 resetdb.cmd。sample_mts300 表和 sample_node 的 health 栏目也包含在 MoteView 安装创建的默认数据库任务中。

## 2. 连接传感器网络到本地计算机

使用下面步骤,通过 MIB510,MIB520 或 MIB600 网关,从传感器网络采集数据到本地计算机。

(1) 从菜单中单击 File→Connect to WSN。选择节点选项,选择 Acquire Live Data 选项作为操作模式和单击 Local 作为数据获取方式,单击 Next(如图 18-50 所示)。

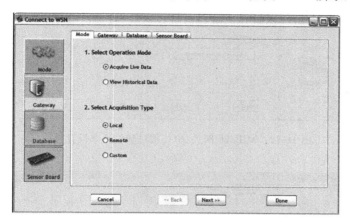

图 18-50　Acquire Live Data 选项和 Local 数据获取方式界面

(2) 在网关选项里,需指定接口类型和端口名等,如图 18-51 所示。

如果使用的网关是 MIB510,在网关选项里确保 MIB510 的串行端口设置正确,并指定波特率为 57 600。

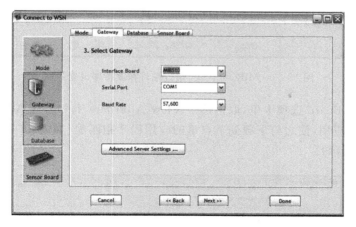

图 18-51　MIB510 网关、串行端口和波特率设置界面

如果使用 MIB520,输入在安装 MIB520 驱动程序时两个端口中较高的端口号,并设置波特率为 57 600(如图 18-52 所示)。

MIB520 需要安装 FTDI FT2232C 驱动程序。一旦这些驱动程序已安装,设备管理器("开始"→"控制面板"→"系统"→"硬件")会显示 MIB520 两个新的虚拟 COM 端口。

如果使用的是 MIB600,从界面下拉菜单中选择 MIB600,在 Hostname 文本框里输入 MIB600 的 IP 地址。端口号默认设置为 10002(如图 18-53 所示)。MIB600 的 IP 地址可以通过使用 Lantronix DeviceInstaller 应用进行确定。一旦网关设置完成,单击 Next 按钮。

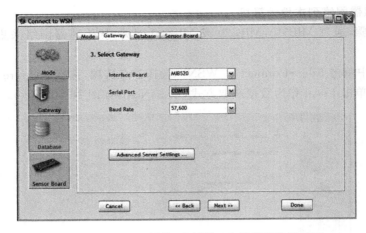

图 18-52　MIB520 网关、串行端口和波特率设置界面

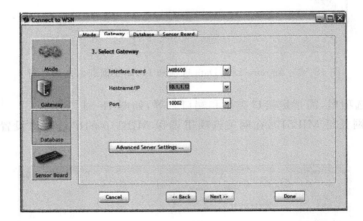

图 18-53　MIB600 网关、串行端口和波特率设置界面

(3) 在 Sensor Board 选项卡里,取消选中 View Alternate Table,从 Application Name 下拉菜单中选择网络应用,使之与下载到节点里的应用程序相匹配(如表 18-7 所示),单击 Done 按钮(如图 18-54 所示)。

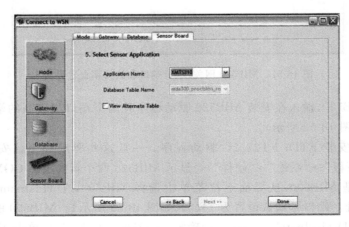

图 18-54　下载到节点里的应用程序相匹配界面

表 18-7 下载到节点里的应用程序匹配表

| XMesh 应用 | 在下拉菜单中选择一项 |
|---|---|
| 当用户没有看见如下应用时,使用默认值 | (无) |
| XMTS101_\<freq\>_\<mode\> | XMTS101 |
| XMTS300_\<freq\>_\<mode\> | XMTS300 |
| XMTS310_\<freq\>_\<mode\> | XMTS310 |
| XMTS400_\<freq\>_\<mode\> | XMTS400 |
| XMTS410_\<freq\>_\<mode\> | XMTS410 |
| XMTS420_\<freq\>_\<mode\> | XMTS420 |
| XMTS450_\<freq\>_\<mode\> | XMTS450 |
| XMTS510_\<freq\>_\<mode\> | XMTS510 |
| XMDA100_\<freq\>_\<mode\> | XMDA100 |
| XBW-DA100_\<freq\>_\<mode\> | XBW-DA100 |
| XMDA300_\<freq\>_\<mode\> | XMDA300 |
| XMDA300p_\<freq\>_\<mode\> | XMDA300P |
| XMDA320_\<freq\>_\<mode\> | XMDA320 |
| XBW-DA325_\<freq\>_\<mode\> | XBW-DA325 |
| XMDA500_\<freq\>_\<mode\> | XMDA500 |
| XMEP410_\<freq\>_\<mode\> | XMEP-SYS |
| XMEP510_\<freq\>_\<mode\> | XMEP-SYS |
| XMSP410_\<freq\>_hp.exe | XMSP410 |

(4) 如果无法接收数据,则需要选择 MoteView 主界面上之前未被选中的选项。使用 MoteView 界面上信息服务板来查看本地计算机是否已经接收到了节点数据。

### 3. 连接到传感器网络或远程 PC

要连接到传感器网络或远程 PC,需要改变数据库服务器和网关的设置。

(1) 从菜单中选择 File→Connect to WSN。选择 Mode 选项,选中 Acquire Live Data 作为操作选项和 Remote 作为数据采集方式,并单击 Next(如图 18-55 所示)。

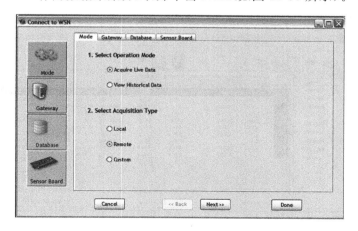

图 18-55 Mode 选项界面

(2) 在网关选项里,输入远程服务器主机名/IP 地址(如图 18-56 所示),端口默认为 9001,单击 Done 按钮。

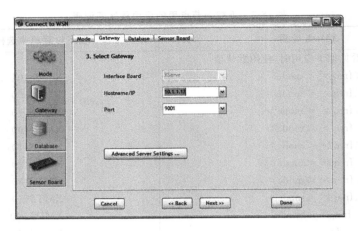

图 18-56　网关选项界面

端口号、用户名和密码字段都是预设的合适的默认值,不应改变。

(3) 在 Sensor Board 选项卡里,从应用程序名的下拉菜单中选择相应的 XMesh 应用程序名,使之与编程下载到节点的应用程序相匹配,单击 Done 按钮。

如果在远程数据库里无法查看,检查远程计算机的防火墙,能否接受来自客户端的计算机连接。此外,检查 pg_hba.conf 文件是否具有有效的授权认证信息,并且 postgresql.conf 文件中应有如下一行:

listen_addresses = '*

(4) 自动发现节点。新的节点也将出现在拓扑视图左上角。这些节点可以被拖动到它们在拓扑图上的正确位置,这些位置可以保存为数据库里的配置文件。

(5) MoteView 一览。MoteView 有 4 个主要的用户界面部分(如图 18-57 所示):工具栏/菜单,允许用户确定操作并初始化命令对话框。节点列表,显示所有已知的节点部署和健康状况概述。可视化选项,允许用户以不同的方式查看传感器数据。服务/错误信息,显示服务事件日志和收到的信息。

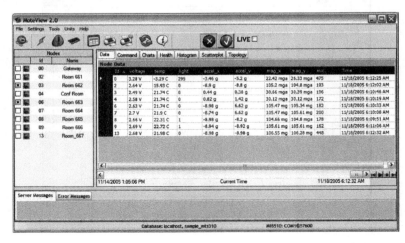

图 18-57　MoteView 图形用户界面

### 4. 节点列表

节点列表将显示所有已知的已部署的节点。这使得用户能够可视化地配置节点设置。用户可以通过单击列标题对节点进行分类。节点 IS 旁边的复选框可以选择节点绘制在图表/直方图/散点图中（如表 18-8 所示）。

表 18-8 节点列表的图标属性

| 节点列表按钮 | 描 述 |
| --- | --- |
| 灰色节点按钮 | 没有接收到消息 |
| 绿色节点按钮 | 20 分钟内没有接收到消息 |
| 浅绿色节点按钮 | 大于 20 分钟没有接收到消息 |
| 黄色节点按钮 | 大于 40 分钟没有接收到消息 |
| 橙色节点按钮 | 大于 60 分钟没有接收到消息 |
| 红色节点按钮 | 超过一天没有接收到消息 |

节点颜色变化的时间间隔可以在对话框中进行编辑。右击节点，在选择健康状态设置时，就会出现此对话框（如图 18-58 所示）。

1）添加节点

可以通过右击节点列表，选择 Add Node 来打开此对话框（如图 18-59 所示）。可以通过这个属性对话框创建一个新的节点。用户可以选择一个不同的节点 ID 并给此节点命名。

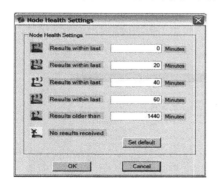

图 18-58 节点状态设置窗口截图

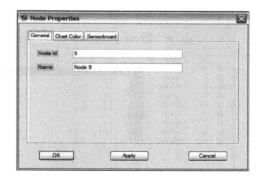

图 18-59 添加节点对话框窗口截图

2）删除节点

用户可以选择一个节点，右击并选择 Delete Node 来删除节点。将会弹出一个警告信息窗（如图 18-60 所示），要求确认删除操作。删除节点操作将永久删除在数据库中与此节点 ID 相关联的所有数据。

图 18-60 删除节点对话窗口截图

3）节点属性

在拓扑图中，通过右击节点，选择 Node Properties 就会打开此窗口，或者在节点列表中双击节点。这允许用户对节点指定一个名称（如图 18-61 所示）。颜色选项允许用户为节点选择图表颜色。对话框的 Sensor board 选项卡仅仅用来显示并对压力温度传感器的系数进行校准，如 MTS400，MTS420 和 MEP410。

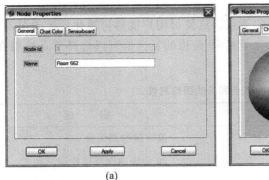 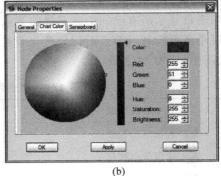

图 18-61 节点属性对话框截图

### 5．可视化选项

7个可视化选项(数据、命令、图表、健康、直方图、散点图和拓扑)提供传感器数据的不同查看方式。

1) 数据

数据选项显示从网络中所接收到的最近传感器节点读取的数据。该选项包括从传感器板固件中得到的节点 ID、服务器时间戳和传感器的值(如图 18-62 所示)。该传感器的数据自动转换成标准的工程单位。单击列标题，可以排序节点 ID、父节点、温度、电压、最后获取结果时间，或任何其他传感器读数。右击列标题显示出与有关传感器单位进行转换的弹出式菜单。

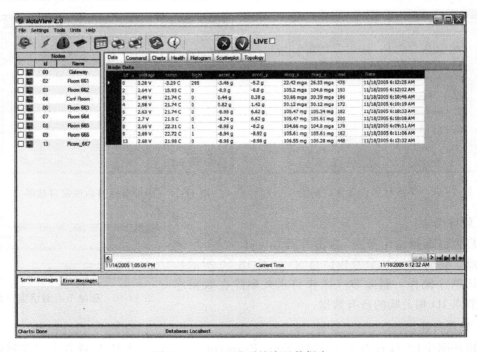

图 18-62 Data 选项的演示数据库

2) 命令

Command 选项可使用户改变不同节点的无线参数，这些命令并没有存储在 EEPROM

中,因此这些命令是易失的。

若要修改的数据样本和传输速率,执行下列操作：在 Command 选项左边单击 System 选项（如图 18-63 所示）。选择节点 ID。单击 All Nodes,修改网络中所有节点的数据传输率。输入数据速率并单击 SET。对于高功率节点能支持的最低数据传输速率是 300ms,对于大多数的高功率应用的数据传输率的默认值为 2s,低功率应用的数据传输率默认值为 3s。

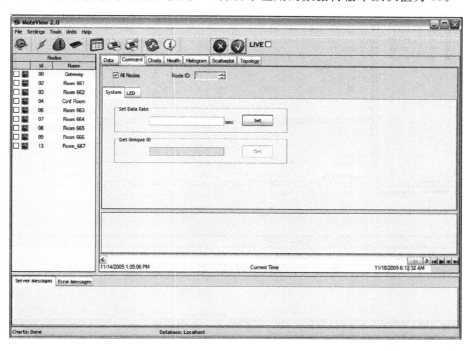

图 18-63　Command 选项的 System 配置图

为获得 64 位不同的节点 ID,执行以下操作：在 Command 选项里单击 System 选项。选择节点 ID,并单击 Get 按钮。

为更改 LED 状态,执行下列操作：在 Command 选项的左方,单击 LED 选项（如图 18-64 所示）。选择网络中的节点 ID。如果要更改所有节点的系统参数,单击 All Nodes 选项框。选择红色、黄色或绿色 LED。ON——打开 LED,OFF——关闭 LED,TOGGLE ——切换 LED 的状态。单击 SET,发送指定的命令到网络。单击 SET ALL,能同时激活所有的 LED。

3）图表

Chart 选项能够对一系列传感器所读取的数据图表化,下列特征可应用在该视图中进行绘图。可以选择多达 3 类传感器进行绘图选中位于左边紧挨着节点列表的对话框,可以选择多达 24 个不同节点进行绘图。每一个节点都可以选择一种颜色进行绘制,一个图例会显示在窗口的右侧（如图 18-65 所示）。图表 $x$ 轴将显示日期和时间。图表 $y$ 轴将以工程单位显示传感器读数。

用户可以放大和平移的数据,其中每一个命令都是相互独立的（如表 18-9 所示）。右击可允许用户选择一个固定的 $x$ 轴范围（最近一小时、最近一天、上一周、上个月、上一季度或所有数据）。

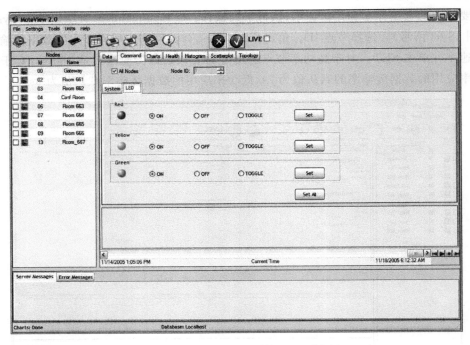

图 18-64　Command 选项的 LED 开启图

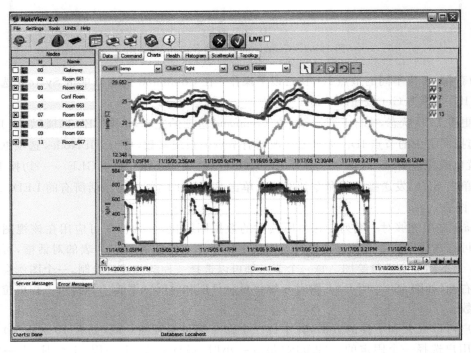

图 18-65　Chart 选项的演示数据库图

表 18-9　如何缩放、平移并重新设置图表/直方图/散点绘图

| 图　标 | 执行的操作 |
|---|---|
| 放大 | 单击 Zoom 按钮。单击,拖动一个区域进行放大。释放鼠标,完成区域选择。 |
| 平移数据 | 单击 Pan 按钮。单击,在视图中拖动一点到另一个地方。释放鼠标。 |
| 撤销放大\平移 | 单击 Undo 按钮一次,可撤销上一级操作。 |
| 缩小 | 单击 View All 按钮。 |

4) 健康状态

MoteView 里所包含的预编译的 XMesh 应用能定期产生健康信息包。这些健康信息包相隔一段时间后将包含无线网络的状态信息。Health 栏目将显示从无线网络中的每个节点所读取的最近的数据,图 18-66 为演示数据库示例。此例演示了最新的健康数据包中的每个网络节点收到的数据。这包括节点 ID、健康信息包和服务时间等内容。传感器的数据能自动地转换成合适的单位。

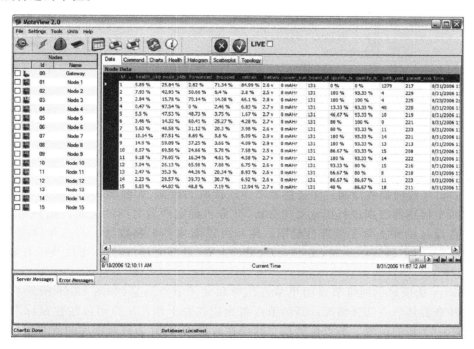

图 18-66　Health 演示数据库图

单击标题头,可以排列节点 ID、最近读取结果,或其他读取的健康信息包。右击标题头,可以显示出与与健康状态相关的一个弹出式菜单。

5) 直方图

Histogram 选项显示了一个条形图,显示了单独一个传感器的数据统计分析,可以看到它的中心、幅度和失真度等(如图 18-67 所示)。这些特点将显示传感器数据的分布情况。可以从传感器下拉菜单中选择一个单一传感器进行绘图。选中位于左边紧挨着节点列表的对话框,可以选择多达 24 个不同节点进行绘图。每一个节点都可以选择一种颜色进行绘制,一个图例会显示在窗口的右侧。图表 $x$ 轴以工程单位显示传感器数据值。图表 $y$ 轴显示其每一

个传感器的百分比值。用户可以缩放和平移数据。右击允许用户选择一个固定的 $x$ 轴范围（最近一小时,最近一天,最近上周,最近个月,最近一季度及所有数据）。

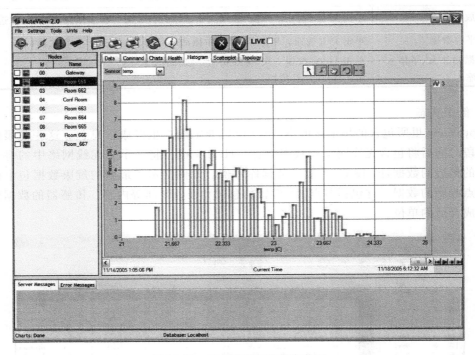

图 18-67　直方图演示数据库截图

6) 散点绘图

Scatterplot 选项能够绘制一个传感器节点所读取的数据（如图 18-68 所示）。该散点图将有助于对两个传感器数据进行视觉对比分析,并分析确定两者之间的关联。用户可以下拉式对话框中选择 $x$ 轴和 $y$ 轴变量进行绘图。用户可以缩放和平移数据。右击允许用户选择一个固定的 $x$ 轴范围（最近一小时,最近一天,最近上周,最近个月,最近一季度及所有数据）。

7) 拓扑

Topology 选项显示网络节点图里节点位置和父子节点信息（如图 18-69 所示）。这允许用户定义并查看其节点部署情况。新的节点将出现在左上角。用户可以按住鼠标左键,拖动节点到图中一个新的位置。节点位置信息存储在数据库中,并为该数据库的所有用户共享。

用户右击背景位图时,将出现可视化弹出式菜单（如表 18-10 所示）。

表 18-10　右击拓扑视图所出现的弹出式菜单条目

| 可视化菜单 | 描　　述 |
| --- | --- |
| 添加节点 | 在当前鼠标位置创建新的节点。将弹出节点属性对话框,允许设置节点的名字和 ID 号 |
| 排列节点 | 将自动地在网格中排列所有节点,这对于大量未置放的节点是非常有用的 |
| 视图化特征 | 允许用户能直观地观察温度梯度变化,或用一种特定的颜色图案显示节点的其他属性 |
| MSP 属性 | 在拓扑视图中设置与图像相关的第一象限,适用于 MSP410 用户 |
| 下载位图 | 允许用户从文件系统中选择一位图作为背景图。支持背景图片的格式包括:.bmp,.gif,.ico 和.jpg。图像将被自动缩放到适合屏幕尺寸 |
| 使用默认位图 | 使用标准网格作为拓扑视图的背景 |

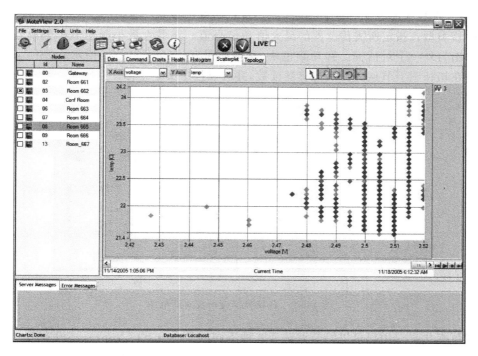

图 18-68　Histogram 视图中演示数据库截图

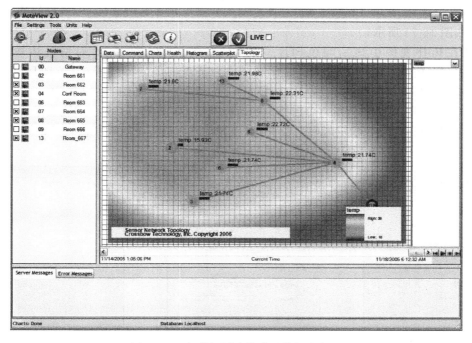

图 18-69　拓扑视图中的演示数据库截图

可视化特征可使用户自定义如下。

传感器颜色梯度允许用户指定传感器的最大值和最小值,并且可以指定特定的颜色。右击拓扑位图,选择 Visualization Properties。在对话框中单击 Sensor 选项。在下拉式菜单中选择传感器类型。指定所需传感器的最大值和最小值。在最大最小颜色值栏旁单击颜色块。这将会弹出另外一个对话框。移动颜色块,选择所需颜色(如图 18-70 所示)。Sensor info 可以使用户在拓扑图上节点旁显示传感器读数,并可以指定文字字体。

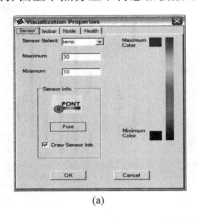
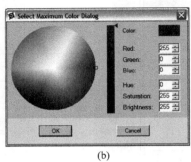

图 18-70　传感器梯度可视对话框图

　　节点可视化——用户可以给节点选择 3 种不同的显示方式。None——没有节点可显示。BlackDot-显示的一个黑点代表节点。MoteGlow——一个彩色圈将出现在节点 ID 旁。圆圈的颜色是基于当前传感器值,Visualization Properties 里指定传感器最小值和最大值。用户可以在多节点里选择 Draw Links 选项,并确定网关节点上是否有传感器节点,以便能进行可视化分析(如图 18-71 所示)。

　　为能在拓扑视图中显示颜色梯度变化,在 Isobar Visualization 对话框中单击 Draw Gradient radio 按钮。用户可以确定设置半径作为节点周围的梯度覆盖(位图尺寸百分比,0＝0％,10＝100％)。选中显示 ScaleBar Legend 选项并绘图(如图 18-72 所示)。

　　Health 可视化视图——用户可以指定的时间期限(如图 18-73 所示),之后节点之间的链接就会变成灰色。如果在指定时间后没有接收到数据包,链接会变成灰色。

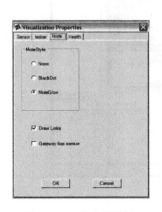

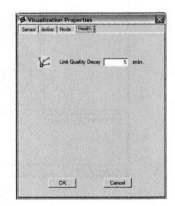

图 18-71　节点可视化对话框图　　图 18-72　Isobar 可视化对话框图　　图 18-73　链接质量可视化对话框图

8) Live/Historical/Playback 模式

为使 MoteView 能显示从传感器网络获取的数据,用户必须选中 Live 选项框。在 Live 模式中,当基站接收到数据时,MoteView 更新节点列表、图表和拓扑视图。如果 Live 没有被选中,可视化标签底部的 time-bar 将被启用。这允许用户前后滚动查看不同时间采集到的数据。time-bar 接口支持数据和拓扑选项。time-bar 右侧是 playback 控件。滚动时间栏可以指定时间,按下播放按钮可以查看一段时间内所收集到的数据。右击这些控件能够打开一个设置对话框,允许用户设置回放时间间隔(如图 18-74 所示)。

图 18-74　MoteView 的部分窗口截图以突出时间栏

# 图书资源支持

感谢您一直以来对清华版图书的支持和爱护。为了配合本书的使用,本书提供配套的资源,有需求的读者请扫描下方的"书圈"微信公众号二维码,在图书专区下载,也可以拨打电话或发送电子邮件咨询。

如果您在使用本书的过程中遇到了什么问题,或者有相关图书出版计划,也请您发邮件告诉我们,以便我们更好地为您服务。

**我们的联系方式:**

地　　址: 北京海淀区双清路学研大厦 A 座 707

邮　　编: 100084

电　　话: 010-62770175-4604

资源下载: http://www.tup.com.cn

电子邮件: weijj@tup.tsinghua.edu.cn

QQ: 883604(请写明您的单位和姓名)

用微信扫一扫右边的二维码,即可关注清华大学出版社公众号"书圈"。

书 圈